A Matilde

Antonio Machì

Gruppi

**Una introduzione a idee e metodi
della Teoria dei Gruppi**

 Springer

Antonio Mach
Dipartimento di Matematica
Università La Sapienza, Roma

ISBN 13 978-88-470-0622-5 Springer Milan Berlin Heidelberg New York

Springer-Verlag fa parte di Springer Science+Business Media

springer.com

Springer-Verlag Italia, Milano 2007

Impianti forniti dall'autore secondo le macro Springer
Progetto grafico della copertina(Simona Colombo, Milano
Stampa(Signum, Bollate (Mi)

Springer-Verlag Italia srl - Via Decembrio 28 - 20137 Milano

Prefazione

Questo libro raccoglie le lezioni di Teoria dei Gruppi da me tenute per vari anni presso il Dipartimento di Matematica dell'Università di Roma "La Sapienza". Riprendendo il filo di un discorso iniziato anni fa nel volume *Introduzione alla teoria dei gruppi*, pubblicato dall'editore Feltrinelli e dedicato principalmente ai gruppi finiti, mi sono proposto di ampliare il contenuto di quel mio lavoro, in particolare per quanto riguarda i gruppi di permutazioni e la coomologia. Ho trattato anche questioni relative ai gruppi infiniti (gruppi liberi, generatori e relazioni, proprietà residue) e problemi di carattere logico (problema della parola, decidibilità). Ho seguito in questo il rinnovato interesse per i gruppi infiniti al quale si è assistito negli ultimi anni, e a cui non è probabilmente estranea la soluzione del problema della classificazione dei gruppi semplici finiti, senz'altro il risultato più importante della storia recente della Teoria dei Gruppi (anche se per alcuni studiosi la cosa non è ancora completamente chiarita). Un problema che, sulla scorta del "programma di Hölder" ha orientato buona parte della ricerca per tutto l'ultimo secolo.

Il libro si rivolge agli studenti del terzo anno del corso di laurea e a quelli della laurea specialistica in Matematica, senza escludere gli studenti di Fisica e di Chimica che volessero acquisire una solida base per affrontare in seguito questioni della teoria di più diretto interesse applicativo.

Sono molte le persone che devo ringraziare per l'interesse mostrato per questo mio lavoro, spingendomi a continui miglioramenti con utilissime osservazioni; in particolare, Tullio Ceccherini–Silberstein, Alessandro D'Andrea e Marialuisa J. de Resmini. Va da sé che io resto l'unico responsabile per gli errori e i punti oscuri che ancora fossero presenti.

Roma, giugno 2007   Antonio Machì

Indice

Notazioni

1

Nozioni introduttive e primi teoremi

1.1 Definizioni ed esempi

1.1 Definizione. Un *gruppo* G è un insieme non vuoto nel quale è definita un'operazione binaria, cioè una funzione

$$G \times G \to G,$$

tale che, denotando con ab l'immagine della coppia (a, b),

i) l'operazione è associativa: $(ab)c = a(bc)$, per ogni terna di elementi $a, b, c \in G$;

ii) esiste un elemento $e \in G$ tale che $ea = a = ae$, per ogni $a \in G$. Questo elemento è unico. Infatti, se anche e' è tale che $e'a = a = ae'$, per ogni $a \in G$, allora $ee' = e$ e $ee' = e'$, e dunque $e' = e$ (la funzione $G \times G \to G$ non può associare due elementi diversi alla coppia (e, e'));

iii) per ogni $a \in G$ esiste $x \in G$ tale $ax = e = xa$.

Si dice allora che l'operazione così definita dà all'insieme G *struttura di gruppo*. G, considerato soltanto come insieme, è il *sostegno* del gruppo.

L'elemento ab di G, associato alla coppia (a, b), si chiama *prodotto* dei due elementi a e b (in quest'ordine). Altre notazioni sono $a \cdot b, a * b, a \circ b$, e simili, ovvero $a + b$; in quest'ultimo caso si parlerà di *somma* dei due elementi a e b. Se si vuol dare rilievo all'operazione si scrive $G(\cdot)$, $G(+)$, ecc.

L'elemento e si chiama *elemento neutro* dell'operazione (nel senso che operare con e è come non operare affatto). Altre denominazioni sono *elemento identico, identità* o *zero* (quest'ultimo se l'operazione si denota additivamente) e si hanno le notazioni 1 (ed è questa che useremo più frequentemente), I o 0 (zero). Se il gruppo si riduce alla sola identità, allora si tratta del *gruppo identico* $G = \{1\}$.

Dalle *i*), *ii*) e *iii*) segue la *regola di cancellazione*:

$$ab = ac \Rightarrow b = c \text{ e } ba = ca \Rightarrow b = c.$$

Infatti, se $ab = ac$, sia $x \in G$ tale che $xa = e$; dalla $x(ab) = x(ac)$ segue, per la *i*), $(xa)b = (xa)c$ e dunque $eb = ec$ cioè $b = c$. L'altra implicazione è analoga.

In particolare, se $ax = e = ay$, allora $x = y$, ovvero: dato a, l'elemento x di *iii*) è unico. Questo elemento si chiama *inverso* di a, e si denota con a^{-1} (nel caso della notazione additiva: *opposto* di a, e si denota con $-a$). Dalla $aa^{-1} = e$ si ha anche che a è un inverso per a^{-1}, e quindi l'unico; si ha perciò

$$(a^{-1})^{-1} = a.$$

La regola di cancellazione implica tra l'altro che *la moltiplicazione per un elemento del gruppo è una corrispondenza biunivoca*, nel senso che se S è un qualunque sottoinsieme di G, e x un elemento di G, la corrispondenza

$$S \to Sx$$

tra S e l'insieme dei prodotti $Sx = \{sx, \ s \in S\}$ è biunivoca. È chiaro che è surgettiva (sx proviene da s), ed è iniettiva in quanto se $sx = s'x$, allora per la regola di cancellazione $s = s'$. In particolare, prendendo per S tutto G si ottiene, per ogni $x \in G$, una corrispondenza biunivoca di G con se stesso, cioè una permutazione dell'insieme G (v. oltre, Teor. 1.22).

1.2 Teorema (PROPRIETÀ ASSOCIATIVA GENERALIZZATA). *I prodotti che si ottengono in corrispondenza ai vari modi di associare n elementi di un gruppo $a_1, a_2, \ldots, a_n$ nell'ordine scritto hanno tutti lo stesso valore.*

Dim. Induzione su n. Per $n = 1, 2$ non c'è niente da dimostrare. Sia allora $n > 2$ e supponiamo il teorema vero per un prodotto che consti di meno di n fattori. Occorre dimostrare che, per $1 < s < r < n$,

$$(a_1 \ldots a_r)(a_{r+1} \ldots a_n) = (a_1 \ldots a_s)(a_{s+1} \ldots a_n). \tag{1.1}$$

Per ipotesi induttiva,

$$a_1 \ldots a_r = (a_1 \ldots a_s)(a_{s+1} \ldots a_r) = ab,$$
$$a_{s+1} \ldots a_n = (a_{s+1} \ldots a_r)(a_{r+1} \ldots a_n) = bc,$$

e la (1.1) diventa $(ab)c = a(bc)$, che è vera in virtù della proprietà associativa del gruppo. $\diamond$

In particolare, scrivendo a^n per il prodotto di n volte a abbiamo, per m, n interi non negativi,

$$a^m a^n = a^{m+n}, \ (a^m)^n = a^{mn}, \tag{1.2}$$

ove si ponga $a^0 = e$. Scrivendo $a^{-m} = (a^{-1})^m$ (prodotto di m volte a^{-1}), la prima delle (1.2) si ha anche per m e n negativi; se uno solo dei due è negativo la stessa uguaglianza si ottiene sopprimendo gli elementi del tipo aa^{-1} (o $a^{-1}a$) che compaiono. Inoltre,

$$(a^{-m})^n = ((a^{-1})^m)^n = (a^{-1})^{mn} = a^{(-m)n},$$

e

$$(a^{-m})^{-n} = (((a^{-1})^m)^{-1})^n = (a^m)^n = a^{(-m)(-n)}.$$

Le (1.2) valgono dunque in ogni caso, con esponenti positivi, negativi o zero. In notazione additiva (le potenze diventano multipli) le (1.2) si scrivono

$$ma + na = (m + n)a,$$
$$m(na) = (mn)a.$$

Inoltre,

$$ab \cdot b^{-1}a^{-1} = a(bb^{-1})a^{-1} = a \cdot 1 \cdot a^{-1} = aa^{-1} = 1,$$

e quindi

$$(ab)^{-1} = b^{-1}a^{-1},$$

e più in generale,

$$(a_1 a_2 \cdots a_n)^{-1} = a_n^{-1} a_{n-1}^{-1} \cdots a_1^{-1}.$$

1.3 Definizione. L'*ordine* di un gruppo G è la cardinalità dell'insieme G; si denota con $|G|$. Se questa cardinalità è finita, G è un gruppo *finito*; altrimenti G è un gruppo *infinito*.

1.4 Definizione. Un gruppo G si dice *commutativo* o *abeliano* se $ab = ba$, per ogni coppia di elementi $a, b \in G$.

Se G è un gruppo finito di ordine n, la *tavola di moltiplicazione* di G è una tabella come la seguente:

$\cdot$	a_1	a_2	$\ldots$	a_n
a_1	$a_1 \cdot a_1$	$a_1 \cdot a_2$	$\ldots$	$a_1 \cdot a_n$
a_2	$a_2 \cdot a_1$	$a_2 \cdot a_2$	$\ldots$	$a_2 \cdot a_n$
$\ldots$	$\ldots$	$\ldots$	$\ldots$	$\ldots$
a_n	$a_n \cdot a_1$	$a_n \cdot a_2$	$\ldots$	$a_n \cdot a_n$

La tavola di moltiplicazione dipende dall'ordine scelto degli elementi di G; di solito si comincia con l'identità al primo posto ($a_1 = 1$). Si può dire che un gruppo è noto quando è nota la sua tavola di moltiplicazione: si sa dire qual è il prodotto $a_i \cdot a_j$ per ogni coppia di elementi a_i, a_j (in questo senso si possono considerare anche tabelle infinite).

Se $G(\cdot)$ è un gruppo e G_1 un insieme i cui elementi sono in una corrispondenza biunivoca φ con quelli di G, $\varphi : G \to G_1$, si può dare una struttura di gruppo a G_1 a partire da quella di G nel modo seguente. Siano $x_1, y_1 \in G_1$, $x_1 = \varphi(x), y_1 = \varphi(y)$, e sia $z = x \cdot y$. Definiamo allora il prodotto $x_1 * y_1$ come $\varphi(z)$, cioè $\varphi(x) * \varphi(y) = \varphi(x \cdot y)$. I due gruppi possono allora differire soltanto per la natura degli elementi e per il tipo di operazione, ma il modo di combinarsi degli elementi è lo stesso. Viceversa, dati due gruppi $G(\cdot)$ e $G_1(*)$, se esiste tra i due una corrispondenza biunivoca φ tale che, per ogni x e y di G,

$$\varphi(x \cdot y) = \varphi(x) * \varphi(y), \tag{1.3}$$

allora le due strutture di gruppo sono determinate l'una dall'altra.

1.5 Definizione. Due gruppi $G(\cdot)$ e $G_1(*)$ si dicono *isomorfi* se esiste una corrispondenza biunivoca $\varphi : G \to G_1$ tale che sussista la (1.3). Si scrive $G \simeq G_1$, e la corrispondenza φ è detta *isomorfismo*.

È chiaro che la relazione di isomorfismo è una relazione di equivalenza nell'insieme di tutti i gruppi[†]; si può quindi parlare di *classi* di isomorfismo. Diremo allora che una proprietà è una *proprietà di gruppo* se ne godono, assieme a un gruppo G, tutti i gruppi isomorfi a G. Una classe di isomorfismo si chiama anche *gruppo astratto*.

1.6 Teorema. *Se $\varphi : G \to G_1$ è un isomorfismo, allora $\varphi(1) = 1'$, dove 1 e $1'$ sono le unità di G e G_1, rispettivamente, e $\varphi(a^{-1}) = \varphi(a)^{-1}$.*

Dim. Si ha

$$\varphi(1)\varphi(g) = \varphi(1g) = \varphi(g),$$

e dunque, per l'unicità dell'elemento neutro, $\varphi(1) = 1'$. Inoltre,

$$\varphi(g^{-1})\varphi(g) = \varphi(g^{-1}g) = \varphi(1),$$

e così $\varphi(g^{-1})$ è l'inverso di $\varphi(g)$, cioè $\varphi(g^{-1}) = \varphi(g)^{-1}$.   ◇

Due gruppi isomorfi hanno la stessa tavola di moltiplicazione, a meno dei simboli che individuano gli elementi dei due gruppi e dell'ordine in cui questi compaiono nelle due tavole.

1.7 Esempi. 1. Gli interi relativi formano gruppo rispetto alla somma, con 0 elemento neutro e $-n$ opposto di n, gruppo che si denota con $\mathbf{Z}$ o $\mathbf{Z}(+)$. I multipli (positivi, negativi o nulli) di un fissato intero m formano anch'essi un gruppo, rispetto alla stessa operazione di somma: $hm + km = (h + k)m$, e $-(hm) = h(-m)$ (con hm intendiamo la somma di h volte m). La corrispondenza $\varphi : n \to nm$ è biunivoca e

$$\varphi(h + k) = (h + k)m = hm + km = \varphi(h) + \varphi(k).$$

Si tratta dunque di un isomorfismo. L'insieme dei multipli di m si denota con $\langle m \rangle$; si osservi che $\langle m \rangle = \langle -m \rangle$. In particolare, il gruppo $\mathbf{Z}$ è l'insieme dei multipli di 1 o di -1: $\mathbf{Z} = \langle 1 \rangle = \langle -1 \rangle$. Rispetto al prodotto, invece, gli interi non formano gruppo: il prodotto di due interi è ancora un intero, ed esiste un elemento neutro (l'unità 1), ma un intero $n \neq 1, -1$ non ha inverso.

[†] A rigore non si tratta di un insieme, e quindi sarebbe più appropriato parlare della "classe" di tutti i gruppi.

2. I numeri razionali, reali e complessi formano gruppo rispetto alla somma ordinaria; si denotano, rispettivamente, con $\mathbf{Q}$, $\mathbf{R}$, e $\mathbf{C}$. Togliendo lo zero si hanno i tre gruppi moltiplicativi $\mathbf{Q}^*$, $\mathbf{R}^*$ e $\mathbf{C}^*$, con 1 elemento neutro e $\frac{1}{x}$ inverso di x.

3. Anche i soli numeri reali positivi formano gruppo rispetto al prodotto. Questo gruppo, che denotiamo con $\mathbf{R}^+(\cdot)$, è isomorfo al gruppo $\mathbf{R}$: fissato un reale positivo a, l'applicazione φ_a che associa a un reale positivo il suo logaritmo, $\varphi_a : r \to \log_a r$, è un isomorfismo $\mathbf{R}^+(\cdot) \to \mathbf{R}(+)$. Si osservi che a è l'elemento che con φ_a va in 1. L'inversa della φ_a è la funzione esponenziale $r \to a^r$.

4. Anche i razionali positivi formano gruppo rispetto al prodotto, $\mathbf{Q}^+(\cdot)$, ma, contrariamente al caso dei reali, questo gruppo non è isomorfo a $\mathbf{Q}$. Se infatti $\varphi : \mathbf{Q}^+(\cdot) \to \mathbf{Q}(+)$ è un isomorfismo, sia $\varphi(2) = x$. Allora, se $\frac{x}{2}$ proviene da a secondo φ, deve aversi $\varphi(a^2) = x$, e quindi, essendo φ iniettiva, $a^2 = 2$; ma allora a non è razionale.

5. La congruenza modulo un intero n ripartisce l'insieme degli interi in classi di equivalenza: due interi appartengono alla stessa classe se divisi per n danno lo stesso resto, cioè se differiscono per un multiplo di n. Nell'insieme di queste classi possiamo introdurre un'operazione di somma come segue: se i è un intero, denotiamo con $[i]$ la classe cui i appartiene, e definiamo

$$[i] + [j] = [i + j].$$

Se h e k sono altri due elementi delle classi dette, allora per definizione $[h] + [k] = [h + k]$. Ma $h = i + sn$ e $k = j + tn$, per cui $h + k = i + j + (s + t)n$, e dunque $h + k$ e $i + j$ appartengono alla stessa classe: $[h + k] = [i + j]$. In altre parole, l'operazione di somma tra classi, pur essendo definita a partire da elementi della classe, non dipende dalla scelta di questi, ma è effettivamente un'operazione tra classi: è ben definita. (v. Nota 1.8 qui appresso).

Poiché i resti possibili nella divisione per n sono $0, 1, \ldots, n-1$, denotiamo queste classi con i resti corrispondenti:

$$[0], [1], \ldots, [n - 1].$$

Gli interi che appartengono alla classe i sono dunque quelli della forma $i + kn$, $k \in \mathbf{Z}$. Il gruppo ora definito è il gruppo delle *classi resto modulo n* e si denota con $\mathbf{Z}_n$.

6. Le rotazioni piane r_k di dato centro e di angolo $\frac{2k\pi}{n}$, $k = 0, 1, \ldots, n-1$, formano anch'esse un gruppo rispetto alla composizione di rotazioni: il "prodotto" di due rotazioni è la rotazione ottenuta operando prima l'una e poi l'altra, e prendendo poi il risultato mod 2π. La corrispondenza

$$k \to r_k, \ k = 0, 1, 2, \ldots, n-1,$$

è un isomorfismo tra il gruppo delle classi resto modulo n e il gruppo in questione. Le radici n−esime dell'unità nel campo complesso $\{e^{\frac{2k\pi}{n}i},\ k = 0, 1, 2, \ldots, n - 1\}$ formano un gruppo isomorfo ai due ora visti.

1.8 Nota. Quando si dice che un'applicazione f, cioè una funzione, è *ben definita*, si intende dire che si sta effettivamente definendo una funzione: la f non può associare a uno stesso elemento due immagini diverse. Nell'*Es.*[†] 5 di sopra l'applicazione f : $([i], [j]) \to [i + j]$ che dà la somma tra classi è definita a partire da rappresentanti delle due classi. Se si scelgono diversi rappresentanti h e k, essendo le classi le stesse l'immagine deve essere la stessa, altrimenti non si definisce una funzione. In generale, se denotiamo uno stesso oggetto con x e anche con y deve aversi, affinché una f sia una funzione, $f(x) = f(y)$, cioè

$$x = y \Rightarrow f(x) = f(y),$$

dove la scrittura $x = y$ significa appunto che x e y sono due nomi diversi per uno stesso oggetto (che sia lo stesso è indicato dal segno $=$).

In questi esempi tutti i gruppi sono commutativi. Vediamo ora un esempio di gruppo non commutativo.

1.9 Definizione. Una *permutazione* di un insieme Ω è una corrispondenza biunivoca di Ω in sé. L'insieme delle permutazioni di Ω si denota con S^Ω.

Con linguaggio geometrico, gli elementi di Ω vengono spesso detti *punti*.

Denotiamo con α^σ l'immagine di $\alpha \in \Omega$ secondo $\sigma \in S^\Omega$. Se $\sigma, \tau \in S^\Omega$, definiamo il *prodotto* $\sigma\tau$ come l'applicazione ottenuta facendo agire prima σ e poi τ:[‡]

$$\alpha^{\sigma\tau} = (\alpha^\sigma)^\tau,$$

(*prodotto operatorio*; si veda il prodotto tra rotazioni nell'*Es.* 5 di 1.7). Facciamo vedere che si tratta ancora di una permutazione (cioè che l'applicazione $S^\Omega \times S^\Omega \to S^\Omega$ definita da $(\sigma, \tau) \to \sigma\tau$ è effettivamente a valori in S^Ω). Infatti, $\sigma\tau$ è surgettiva: se $\alpha \in \Omega$, esiste $\beta \in \Omega$ tale che $\alpha = \beta^\tau$, in quanto τ è surgettiva. Ma poiché anche σ è surgettiva, esiste $\gamma \in \Omega$ tale che $\beta = \gamma^\sigma$. Dunque,

$$\alpha = \beta^\tau = (\gamma^\sigma)^\tau = \gamma^{\sigma\tau},$$

e $\sigma\tau$ è surgettiva. Se $\alpha^{\sigma\tau} = \beta^{\sigma\tau}$, allora $(\alpha^\sigma)^\tau = (\beta^\sigma)^\tau$, e quindi, per l'iniettività di τ, $\alpha^\sigma = \beta^\sigma$, da cui, per l'iniettività di σ, $\alpha = \beta$. Il prodotto $\sigma\tau$ è pertanto iniettivo.

Il prodotto operatorio è associativo:

$$\alpha^{(\sigma\tau)\eta} = (\alpha^{(\sigma\tau)})^\eta = ((\alpha^\sigma)^\tau)^\eta = (\alpha^\sigma)^{\tau\eta} = \alpha^{\sigma(\tau\eta)},$$

per ogni $\alpha \in \Omega$, e quindi $(\sigma\tau)\eta = \sigma(\tau\eta)$.

La permutazione identica $I : \alpha \to \alpha$ è l'elemento neutro:

[†] Qui e nel seguito, con *Es.* indicheremo un esempio e con *es.* un esercizio.

[‡] Alcuni autori fanno agire prima τ e poi σ; v. oltre, Nota 1.25.

$$\alpha^{I\sigma} = (\alpha^I)^\sigma = \alpha^\sigma,$$

per ogni $\alpha \in \Omega$, e quindi $I\sigma = \sigma$; analogamente, $\sigma I = \sigma$.

Per quanto riguarda l'inverso, dati σ e α esiste ed è unico β tale che $\alpha = \beta^\sigma$. L'applicazione τ definita per ogni α da $\alpha^\tau = \beta$ (cioè τ manda un elemento α nell'elemento da cui α proviene secondo σ) è ancora una permutazione di Ω. È surgettiva: dato α, τ porta α^σ in quell'unico elemento β tale che $\beta^\sigma = \alpha^\sigma$; ne segue $\beta = \alpha$ e α proviene secondo τ da α^σ. È iniettiva: se $\alpha^\tau = \gamma^\tau$, siano $\alpha = \beta^\sigma$ e $\gamma = \eta^\sigma$. Allora $\alpha^\tau = \beta$ e $\gamma^\tau = \eta$, e dunque $\beta = \eta$; ne segue $\alpha = \beta^\sigma = \eta^\sigma = \gamma$. Infine, $\alpha^{\sigma\tau} = (\alpha^\sigma)^\tau = \alpha$ per ogni α, e analogamente $\alpha^{\tau\sigma} = (\alpha^\tau)^\sigma = \alpha$. Dunque

$$\sigma\tau = I = \tau\sigma,$$

da cui $\tau = \sigma^{-1}$ e la iii) della Def. 1.1.

L'insieme delle permutazioni di Ω è così un gruppo rispetto al prodotto operatorio.

1.10 Definizione. Il gruppo S^Ω di tutte le permutazioni di un insieme Ω si chiama *gruppo simmetrico* su Ω.

Se per qualche α si ha $\alpha^\sigma = \alpha$, allora α si dirà *punto fisso* di σ. Particolare importanza ha il caso in cui Ω è finito. In questo caso, se $|\Omega| = n$, i suoi elementi si denotano con le cifre da 1 a n: $\Omega = \{1, 2, \ldots, n\}$, e si ha $|S^\Omega| = n!$. Infatti, una σ di S^Ω è individuata una volta assegnate le immagini degli elementi di Ω. Vi sono n scelte per l'immagine di 1; fatta questa scelta, ne restano $n-1$ per l'immagine di 2, e quindi $n-2$ per l'immagine di 3,..., 2 per l'immagine di $n-1$ e una sola per quella di n: in tutto $n(n-1)(n-2)\cdots 2\cdot 1 = n!$. La notazione usuale per una permutazione σ nel caso finito è

$$\sigma = \begin{pmatrix} 1 & 2 & \ldots & n \\ i_1 & i_2 & \ldots & i_n \end{pmatrix},$$

dove i_k è l'immagine di k secondo σ; si scrivono cioè uno sopra l'altro un elemento k di Ω e l'elemento immagine i_k. È chiaro che l'ordine in cui sono disposte le colonne non ha alcuna importanza.

Sia $\Omega = \{1, 2, 3\}$, e consideriamo le due permutazioni

$$\sigma = \begin{pmatrix} 1 & 2 & 3 \\ 2 & 1 & 3 \end{pmatrix}, \quad \tau = \begin{pmatrix} 1 & 2 & 3 \\ 3 & 2 & 1 \end{pmatrix}.$$

Allora il prodotto è $\sigma\tau = \begin{pmatrix} 1 & 2 & 3 \\ 2 & 3 & 1 \end{pmatrix}$, mentre $\tau\sigma = \begin{pmatrix} 1 & 2 & 3 \\ 3 & 1 & 2 \end{pmatrix}$. Abbiamo così un primo esempio di gruppo non commutativo. Ma se ora consideriamo un insieme Ω qualunque, $|\Omega| \geq 3$, anche infinito, e consideriamo tre elementi α, β e γ, per una permutazione σ che scambia α e β e lascia fissi tutti gli altri elementi, e una τ che scambia α e γ e lascia fissi gli altri elementi, si ha $\sigma\tau \neq \tau\sigma$, proprio come nel caso appena visto. Abbiamo allora:

1.11 Teorema. *Per $|\Omega| \geq 3$, il gruppo S^Ω è un gruppo non commutativo.*

Se Ω e Ω_1 sono due insiemi aventi la stessa cardinalità, e ϕ è una corrispondenza biunivoca $\Omega \to \Omega_1$, allora ϕ induce un isomorfismo $\overline{\phi}$ tra S^{Ω} e S^{Ω_1} dato da, per $\sigma \in S^{\Omega}$,

$$\overline{\phi} : \sigma \to \phi^{-1}\sigma\phi.$$

In altre parole, l'applicazione $\overline{\phi}(\sigma) : \Omega_1 \to \Omega_1$ è definita da

$$\Omega_1 \overset{\phi^{-1}}{\to} \Omega \overset{\sigma}{\to} \Omega \overset{\phi}{\to} \Omega_1.$$

La classe di isomorfismo di S^{Ω} dipende quindi soltanto dalla cardinalità di Ω. Scriveremo allora $S^{|\Omega|}$ invece di S^{Ω}, e S^n nel caso finito $|\Omega| = n$.

Osserviamo che se $\Omega = \Omega_1 \cup \Omega_2$, e σ e τ sono due elementi di S^n tali che σ fissa tutti i punti di Ω_1 e τ tutti quelli di Ω_2, allora è chiaro che è indifferente far agire prima σ o prima τ; in altre parole, σ e τ sono permutabili: $\sigma\tau = \tau\sigma$. Più in generale, se $\Omega = \Omega_1 \cup \Omega_2 \ldots \cup \Omega_t$ e $\sigma_1, \sigma_2, \ldots, \sigma_t$ sono elementi di S^n, tali che σ_i fissa tutti i punti di $\Omega \setminus \Omega_i$, allora $\sigma_i\sigma_j = \sigma_j\sigma_i$.

Per $\sigma \in S^n$, formiamo, a partire da una qualunque cifra i_1, le immagini $\sigma(i_1) = i_2$, $\sigma(i_2) = i_3,\ldots$. Poiché Ω è finito, a un certo punto deve aversi una ripetizione: per un certo i_k, l'elemento $\sigma(i_k) = i_{k+1}$ è una delle cifre già incontrate. Ma la prima di queste ripetizioni non può che essere i_1, cioè $i_{k+1} = i_1$, perché tutte le altre già compaiono come immagini secondo σ. Scriviamo

$$\gamma_1 = (i_1, i_2, \ldots, i_k)$$

per la restrizione di σ alle cifre scritte. Diremo che γ_1 è un *ciclo di σ di lunghezza k* o *$k-$ciclo di σ*, in quanto σ permuta ciclicamente gli elementi che compaiono in γ_1. Un ciclo di lunghezza 2 si chiama *trasposizione*. È chiaro che la stessa informazione si ottiene scrivendo

$$\gamma_1 = (i_2, i_3, \ldots, i_k, i_1) = (i_3, i_4, \ldots, i_1, i_2) = \cdots = (i_k, i_1, \ldots, i_{k-2}, i_{k-1});$$

vi sono cioè k modi di scrivere un $k-$ciclo. Si osservi che

$$\gamma_1 = (i_1, \sigma(i_1), \sigma^2(i_1), \ldots, \sigma^{k-1}(i_1)).$$

Se $k = n$, tutti gli elementi di Ω compaiono in γ_1; allora $\sigma = \gamma$ e σ è essa stessa un ciclo, un *$n-$ciclo* o una *permutazione ciclica*. Altrimenti, sia j_1 un elemento che non compare in γ_1 e formiamo, analogamente a quanto appena visto, il ciclo

$$\gamma_2 = (j_1, j_2, \ldots, j_h);$$

nessun elemento j_s può essere uguale a un i_t del ciclo γ_1, altrimenti

$$\sigma^{s-1}(j_1) = j_s = i_t = \sigma^{t-1}(i_1)$$

da cui $j_1 = \sigma^{t-s}(i_1)$, e j_1 sarebbe un elemento del ciclo γ_1. Proseguendo in questo modo si esauriscono tutti gli elementi di Ω, e possiamo scrivere σ come unione dei propri cicli:

$$\sigma = \gamma_1 \gamma_2 \ldots = (i_1, i_2, \ldots, i_k)(j_1, j_2, \ldots, j_h) \ldots$$

In questa scrittura è contenuta tutta l'informazione che permette di determinare σ: di ogni cifra i si conosce qual è l'immagine secondo σ. Un punto fisso dà luogo a un ciclo di lunghezza 1, e viceversa.

Possiamo raccogliere quanto detto nel seguente teorema.

1.12 Teorema. *Sia $\sigma \in S^n$. Allora l'insieme $\Omega = \{1, 2, \ldots, n\}$ si spezza nell'unione disgiunta di sottoinsiemi*

$$\Omega = \Omega_1 \cup \Omega_2 \cup \ldots \cup \Omega_t$$

su ciascuno dei quali σ è un ciclo.   ◇

Se γ_i è il ciclo di σ su Ω_i, possiamo estendere γ_i a una permutazione di tutto l'insieme Ω ponendo $\gamma_i(j) = j$ se $j \notin \Omega_i$. Denotando ancora con γ_i questa permutazione di Ω, σ risulta essere il prodotto delle γ_i, e queste sono tra loro permutabili. Il contenuto del teorema precedente si può allora esprimere dicendo che *ogni permutazione di S^n è prodotto dei propri cicli.* Una tale espressione è unica a meno dell'ordine in cui compaiono i cicli e di permutazioni circolari degli elementi all'interno dei cicli.

1.13 Esempio. Sia $n = 7$ e

$$\sigma = \begin{pmatrix} 1\,2\,3\,4\,5\,6\,7 \\ 4\,2\,7\,5\,1\,6\,3 \end{pmatrix}.$$

Allora $\Omega = \{1, 2, \ldots, 7\}$ si spezza nei quattro sottoinsiemi:

$$\Omega_1 = \{1, 4, 5\}, \Omega_2 = \{2\}, \Omega_3 = \{3, 7\}, \Omega_4 = \{6\},$$

e su ciascuno di questi σ è un ciclo; scriviamo:

$$\sigma = (1, 4, 5)(2)(3, 7)(6),$$

ed è chiaro che in una scrittura come $\sigma = (6)(5, 1, 4)(7, 3)(2)$, o in una qualunque altra ottenuta scambiando l'ordine dei cicli e circolarmente gli elementi all'interno dei cicli, è contenuta la stessa informazione.

1.14 Definizione. Un sottoinsieme non vuoto di un gruppo G è un *sottogruppo* di G se l'operazione di G ristretta alle coppie di elementi di H è un'operazione di gruppo in H.

In altre parole, H è un sottogruppo di G se è un gruppo rispetto alla stessa operazione di G. Si scrive $H \leq G$.

Un gruppo ha sempre almeno due sottogruppi: il sottogruppo ridotto alla sola identità $\{1\}$ (sottogruppo *identico* o *banale*) e tutto il gruppo. Se $H \neq G$, H si dice *proprio*, e si scrive $H < G$.

1.15 Lemma. *Sia $H \leq G$; allora:*

  i) l'unità di H coincide con quella di G;

  ii) se $a \in H$, l'inverso di a in H coincide con l'inverso di a in G.

Dim. i) Se $1'$ è l'unità di H e $a \in H$ si ha $1' \cdot a = a$. Ma a è elemento di G, e quindi $a = 1 \cdot a$, dove 1 è l'unità di G. Dunque $1' \cdot a = 1 \cdot a$, e cancellando a si ottiene $1' = 1$.

ii) Se b è l'inverso di a in H si ha $ab = 1$. Ma $1 = aa^{-1}$, dove a^{-1} è l'inverso di a in G, e cancellando a si ottiene $b = a^{-1}$.   ◇

1.16 Lemma. *Sia H un sottoinsieme non vuoto di un gruppo G. Allora H è un sottogruppo di G se, e solo se,*

  i) $a, b \in H \Rightarrow ab \in H$ (chiusura di H);

  ii) se 1 è l'unità di G, allora $1 \in H$;

  iii) $a \in H \Rightarrow a^{-1} \in H$.

Dim. Se H è un sottogruppo allora gode, per definizione, della proprietà di chiusura, cioè la *i)*. La *ii)* e la *iii)* si sono viste nel lemma precedente. Queste condizioni sono dunque necessarie affinché H sia un sottogruppo. Viceversa, se le tre condizioni sono soddisfatte, per la *i)* l'operazione di G è definita in H, e l'unità e l'inverso in G di un elemento di H appartengono ad H. Dunque H soddisfa le tre proprietà della definizione di gruppo, e poiché l'operazione è la stessa, è un sottogruppo di G.   ◇

1.17 Teorema. *Un sottoinsieme H di un gruppo G è un sottogruppo di G se, e solo se, per ogni coppia di elementi $a, b \in H$, ivi comprese le coppie $a, a \in H$, si ha $ab^{-1} \in H$:*

$$\forall a, b \in H, \ ab^{-1} \in H. \tag{1.4}$$

Dim. Se $H \leq G$ e $b \in H$ allora $b^{-1} \in H$ e, per la chiusura, $ab^{-1} \in H$. Viceversa, se sussiste la (1.4), H è chiuso rispetto all'operazione di G. Inoltre, poiché la (1.4) sussiste anche per la coppia a, a, si ha $aa^{-1} = 1 \in H$, e perciò l'unità appartiene ad H. Infine, con la coppia $1, b$ si ha $1b^{-1} \in H$, per cui anche l'inverso di ogni elemento di H appartiene ad H.   ◇

1.18 Teorema. *Se H e K sono sottogruppi di un gruppo G, la loro intersezione $H \cap K$ è ancora un sottogruppo di G. L'unione è un sottogruppo se e solo se uno dei due sottogruppi è contenuto nell'altro.*

Dim. Per l'intersezione sono soddisfatte le tre proprietà del Lemma 1.16:

  i) Se $x, y \in H \cap K$ allora $x, y \in H$ e $x, y \in K$, e dunque, essendo H e K sottogruppi, $xy \in H$ e $xy \in K$, cioè $xy \in H \cap K$;

  ii) $1 \in H$ e $1 \in K$, e dunque $1 \in H \cap K$;

  iii) se $x \in H \cap K$, allora $x^{-1} \in H$ e $x^{-1} \in K$, e dunque $x^{-1} \in H \cap K$.
Per quanto riguarda l'unione $H \cup K$, se $H \not\subseteq K$ e $K \not\subseteq H$ siano $x \in H \setminus K$ e $y \in K \setminus H$; allora $xy \notin H$ altrimenti assieme a $x \in H$ e quindi $x^{-1} \in H$

si avrebbe $x^{-1} \cdot xy \in H$ e dunque $y \in H$, contro l'ipotesi. Analogamente per $xy \notin K$, e quindi $H \cup K$ non può essere un sottogruppo. Se $H \subseteq K$, allora $H \cup K = K$, che per ipotesi è un sottogruppo, e lo stesso nell'altro caso. $\Diamond$

Con la stessa dimostrazione si vede che l'intersezione di una famiglia qualunque di sottogruppi è un sottogruppo. Data allora una unione (insiemistica) $H \cup K$ di sottogruppi di un gruppo G, si definisce *unione gruppale* di H e K l'intersezione di tutti i sottogruppi di G che contengono H e K (che contengono cioè l'insieme unione $H \cup K$); si denota con $H \cup K$ come nel caso dell'unione insiemistica, se non c'è ambiguità. Si osservi che questa intersezione non è mai vuota in quanto c'è almeno il gruppo G che contiene i sottogruppi H e K. Analogamente per l'unione di una famiglia qualunque di sottogruppi.

1.19 Definizione. Sia S un sottoinsieme di un gruppo G. Il sottogruppo *generato* dall'insieme S è l'intersezione di tutti i sottogruppi di G che contengono S. Si denota con $\langle S \rangle$. Se S è finito, si dirà che il sottogruppo $\langle S \rangle$ è *finitamente generato*. L'insieme S è un *insieme* o *sistema* di generatori per il sottogruppo $\langle S \rangle$. Ogni gruppo G ammette un insieme di generatori: basta prendere $S = G$.

1.20 Teorema. *Il sottogruppo generato dall'insieme non vuoto S nel gruppo G è l'insieme degli elementi di G che si ottengono come prodotti finiti di elementi di S e dei loro inversi:*

$$\langle S \rangle = \{s_1 s_2 \cdots s_n, \ s_i \in S \cup S^{-1}\},$$

per $n = 0, 1, 2, \ldots$, e dove S^{-1} denota l'insieme che consta degli inversi degli elementi di S. Se S è vuoto, $\langle S \rangle = \{1\}$.

Dim. Sia $\overline{S} = \{s_1 s_2 \cdots s_n, \ s_i \in S \cup S^{-1}\}$. Se H è un sottogruppo che contiene S, allora contiene, per la chiusura, tutti i prodotti tra gli elementi di S e i loro inversi, e dunque $H \supseteq \overline{S}$. Ne segue $\langle S \rangle \supseteq \overline{S}$. Viceversa, se $s = s_1 s_2 \cdots s_n \in \overline{S}$, allora $s^{-1} = s_n^{-1} \cdots s_2^{-1} s_1^{-1}$ è ancora un elemento di $\overline{S}$, e se $y = s_1' s_2' \cdots s_n' \in \overline{S}$, allora è anche $sy \in \overline{S}$. Inoltre $1 \in \overline{S}$ (basta prendere $1 = s^0$, $s \in S$). Dunque $\overline{S}$ è un sottogruppo, e perciò $\overline{S} \supseteq \langle S \rangle$. Se $S = \emptyset$, tutti i sottoinsiemi, e quindi anche tutti i sottogruppi, contengono S, e quindi anche $\{1\}$, che è il più piccolo. Ne segue $\langle S \rangle = \{1\}$. $\Diamond$

Scriveremo $s_1 s_2 \cdots s_k = s^k$ o, in notazione additiva, ks, se gli elementi s_i sono tutti uguali a uno stesso s.

Se S consta di un solo elemento, $S = \{s\}$, allora $\langle S \rangle$ consta dell'insieme delle potenze positive, negative e la potenza nulla di s (o dei multipli di s). Come abbiamo già visto, è questo il caso del gruppo additivo degli interi $\mathbf{Z}$, con $S = \langle 1 \rangle$ o $S = \langle -1 \rangle$. Ma anche $S = \{2, 3\}$ genera $\mathbf{Z}$. Infatti, per il teorema di Bézout, si ha $1 = -1 \cdot 2 + 1 \cdot 3$, e dunque per ogni $n \in \mathbf{Z}$, moltiplicando per n entrambi i membri della precedente uguaglianza, $n = (n \cdot -1) \cdot 2 + (n \cdot 1) \cdot 3$: n si ottiene così come somma di multipli di 2 e 3. Analogamente per due qualunque interi relativamente primi.

Può ben accadere che un elemento di $\langle S \rangle$ si scriva in più modi come prodotto di elementi di $\langle S \rangle$. Nell'esempio appena visto si ha $6 = 3 \cdot 2 + 0 \cdot 3 = 0 \cdot 2 + 2 \cdot 3 = 6 \cdot 2 + (-2) \cdot 3$, ecc.

1.21 Esempi. 1. *Sottogruppi degli interi.* Abbiamo già osservato che i multipli di un intero m formano un gruppo rispetto alla somma (isomorfo a $\mathbf{Z}$). Si tratta quindi di un sottogruppo di $\mathbf{Z}$. Dimostriamo ora che questi sono tutti e soli i sottogruppi di $\mathbf{Z}$. Sia $H \leq \mathbf{Z}$; se $H = \{0\}$ non c'è niente da dimostrare (H si può pensare come l'insieme dei multipli di 0). Sia $H \neq \{0\}$; poiché H è un sottogruppo, assieme a un elemento n contiene anche il suo opposto $-n$, e dunque, essendo $H \neq \{0\}$, contiene un intero positivo. Per il principio del minimo intero[†] esiste allora in H un intero positivo minimo m. Se $n \in H$, si ha, dalla divisione euclidea, $n = qm + r$, $0 \leq r < m$, dove qm significa q volte m (*Es.* 1 di 1.7); quindi $qm \in H$. Allora è anche $-qm \in H$, e perciò $n - qm \in H$, e $r \in H$. Se $r > 0$ si ha una contraddizione con la minimalità di m. Ne segue $r = 0$, cioè n multiplo di m e $H \subseteq \langle m \rangle$. Poiché H, contenendo m, contiene tutti i multipli di m, è anche $\langle m \rangle \subseteq H$, e quindi $H = \langle m \rangle$.

2. *Gruppi lineari.* Sia V uno spazio vettoriale di dimensione finita o infinita su un campo K. L'insieme delle trasformazioni lineari invertibili di V in sé è un gruppo, sottogruppo di S^V: si tratta delle permutazioni φ dell'insieme V che conservano la struttura di spazio vettoriale:

$$\varphi(v + w) = \varphi(v) + \varphi(w),$$
$$\varphi(kv) = k\varphi(v), \ k \in K.$$

Questo gruppo è il *gruppo lineare generale su K*; si denota con $GL(V)$. La cardinalità di $GL(V)$ è uguale al numero (cardinale) delle basi ordinate di V. Per dimostrarlo, occorre fissare una base ordinata di V. Infatti, sia $B = \{v_\lambda\}$, $\lambda \in \Lambda$, una tale base; se $\{w_\lambda\}$, $\lambda \in \Lambda$, è un'altra base ordinata, un'applicazione $\varphi : v_\lambda \to w_\lambda$ si estende in modo unico a una trasformazione lineare invertibile di V. Viceversa, se $\varphi \in GL(V)$, allora φ determina la base ordinata $B' = \{\varphi(v_\lambda)\}$. Ciò dimostra che gli elementi di $GL(V)$ sono in corrispondenza biunivoca con le basi ordinate di V.

Se il campo è finito, e di ordine q (è noto che q è una potenza di un numero primo), si denota con $\mathbf{F}_q$, o, se $q = p$, primo, anche con $\mathbf{Z}_p$ e se V è di dimensione finita n su $\mathbf{F}_q$ allora è finito e consta di q^n elementi; determiniamo il numero delle basi ordinate. Il primo elemento di una base si può scegliere in $q^n - 1$ modi (qualunque vettore non nullo), il secondo in $q^n - q$ modi (qualunque vettore non dipendente dal primo),..., l'n–esimo in $q^n - q^{n-1}$ modi. Abbiamo così:

$$|GL(V)| = (q^n - 1)(q^n - q) \cdots (q^n - q^{n-1}).$$

[†] Ricordiamo che il principio del minimo intero afferma che un insieme non vuoto di interi positivi contiene un intero minimo. È equivalente al principio di induzione.

È noto che, fissando una base di V, a ogni trasformazione lineare φ resta associata una matrice non singolare M_φ, e al prodotto $\varphi\psi$ di due trasformazioni lineari resta associato il prodotto righe per colonne delle due matrici M_φ e M_ψ. Questo gruppo di matrici, che si denota con $GL(n, K)$, o con $GL(n, q)$ se $K = \mathbf{F}_q$, è isomorfo a $GL(V)$ nell'isomorfismo $\varphi \to M_\varphi$. Le matrici a determinante 1 formano un sottogruppo, che si denota con $SL(n, K)$ ($SL(n, q)$), e il sottogruppo che ad esso corrisponde in $GL(V)$ è il *gruppo lineare speciale*, che si denota con $SL(V)$.[†]

Il sottogruppo di $GL(n, \mathbf{Q})$ che consta delle matrici a coefficienti interi (matrici *intere*) le inverse delle quali sono anch'esse intere si denota con $GL(n, \mathbf{Z})$. Si tratta delle matrici intere che hanno il determinante uguale a 1 o -1.

3. Matrici di permutazione. Tra le trasformazioni lineari di uno spazio V di dimensione n vi sono quelle che operano permutando gli elementi di una base fissata. Le matrici corrispondenti hanno un solo 1 in ogni riga e colonna e 0 altrove (e, precisamente, 1 nel posto (i, j) se $\varphi(v_i) = v_j$). Se $\varphi(v_i) = v_i$ sulla diagonale abbiamo 1 nel posto (i, i); la somma degli elementi sulla diagonale (la *traccia* della matrice) dà allora il numero dei vettori della base fissati da φ. È chiaro che questo gruppo di matrici è isomorfo a S^n, nella corrispondenza che associa a φ la permutazione σ che porta i in j se φ porta v_i in v_j (v. *es.* 26). Si ha così che $GL(n, K)$ contiene una copia di S^n.

4. Gruppo di Klein. Fissato nel piano un sistema di riferimento ortogonale, le riflessioni rispetto agli assi x e y e all'origine 0, che denoteremo rispettivamente con a, b e c, formano, assieme all'identità, un gruppo abeliano di ordine 4. Si osservi che il prodotto di due elementi non identici, in qualunque ordine, è uguale al terzo:

$$ab = ba = c, ac = ca = b, bc = cb = a.$$

Le quattro trasformazioni portano un punto di coordinate (x, y) rispettivamente nei punti:

$$I : (x, y) \to (x, y), a : (x, y) \to (x, -y), b : (x, y) \to (-x, y), c : (x, y) \to (-x, -y).$$

Questo gruppo si denota con V.[‡]

5. Più in generale, per uno spazio euclideo di dimensione 3, le riflessioni rispetto a tre piani ortogonali e all'origine costituiscono il gruppo abeliano di ordine $2^3 = 8$ delle trasformazioni $(x, y, z) \to (\pm x, \pm y, \pm z)$; analogamente, in uno spazio di dimensione n, si ha il gruppo abeliano di ordine 2^n delle trasformazioni:

$$(x_1, x_2, \ldots, x_n) \to (\pm x_1, \pm x_2, \ldots, \pm x_n).$$

[†] Nell'uso si confondono spesso i gruppi di trasformazioni lineari e quelli delle matrici corrispondenti.

[‡] Iniziale del tedesco *Vierergruppe*.

6. *Gruppi diedrali* D_n. È noto dalla geometria che un poligono regolare a n vertici ammette $2n$ simmetrie (isometrie): n di queste sono *rotatorie* attorno al centro del poligono, ottenute come potenze di una rotazione di $\frac{2\pi}{n}$, e altre n sono simmetrie *assiali*, così distribuite. Se n è dispari, esse si ottengono come ribaltamenti rispetto agli n assi che passano per un vertice e il centro del lato opposto. Se n è pari, ve ne sono $\frac{n}{2}$ rispetto agli assi passanti per coppie di vertici opposti (simmetrie *diagonali*), e altre $\frac{n}{2}$ rispetto agli assi passanti per i punti medi di lati opposti. In ogni caso si hanno in tutto n simmetrie. Definendo il prodotto di due simmetrie s_1 e s_2 come il loro prodotto operatorio, cioè come la simmetria che si ottiene applicando prima s_1 e poi s_2, si ha un gruppo. Infatti, il prodotto così definito è associativo; l'identità è la simmetria identica, quella cioè che lascia fissi tutti i punti del poligono, l'inversa di una simmetria assiale è la simmetria stessa, e l'inversa di una rotazione è la rotazione dello stesso angolo ma in senso inverso. Questo gruppo prende il nome di *gruppo diedrale*, e si denota con D_n. Si osservi che D_n, considerato come gruppo di permutazioni degli n vertici del poligono, è isomorfo a un sottogruppo di S^n. Numerando ciclicamente con $1, 2, \ldots, n$ i vertici del poligono, e fissando un vertice, ad esempio 1, una simmetria porta questo vertice in un certo vertice k, e poiché, conservando le distanze, essa porta lati in lati, due vertici consecutivi vanno in due vertici consecutivi. Se l'ordine della numerazione è conservato, la simmetria si ottiene ruotando il poligono attorno al centro di $\frac{2(k-1)\pi}{n}$; se è invertito, la simmetria si ottiene ribaltando il poligono attorno all'asse passante per il vertice 1 e poi ruotando dell'angolo detto. Si hanno così in tutto $2n$ simmetrie, che per quanto visto si possono descrivere come:

$$I, r, r^2, \ldots, r^{n-1}, a, ar, ar^2, \ldots, ar^{n-1},$$

dove a è la simmetria rispetto all'asse passante per il vertice fissato, r la rotazione attorno al centro di $\frac{2\pi}{n}$ e I la rotazione identica (che indicheremo anche con 1). Tutti gli elementi hanno quindi la forma

$$a^h r^k, \ h = 0, 1, \ k = 0, 1, \ldots, n-1, \tag{1.5}$$

dove $a^h r^k$ è la simmetria ottenuta operando sul poligono prima la simmetria a^h e poi la r^k (e $a^0 = r^0 = 1$ è la simmetria identica). Si ha, in particolare, che D_n ha ordine $2n$ ed è generato dai due elementi a e r. Se dopo ar si opera di nuovo il ribaltamento a il risultato finale sarà lo stesso che se si fosse ruotato il poligono in senso inverso: $ara = r^{-1}$; in generale si ha, con lo stesso argomento,

$$ar^k a = r^{-k},$$

ovvero, poiché per una simmetria assiale si ha $a = a^{-1}$,

$$r^k a = ar^{-k}.$$

Si ha da qui, in particolare, che D_n è un gruppo non commutativo, come del resto è chiaro per ragioni geometriche.

Osserviamo che la precedente uguaglianza permette di ridurre il prodotto di due elementi della forma (1.5) a un elemento della stessa forma:

$$a^h r^k \cdot a^s r^t = \begin{cases} a^h r^{k+t} & \text{se } s = 0, \\ a^{h+1} r^{t-k} & \text{se } s = 1 \end{cases}$$

(prendendo gli esponenti di a modulo 2 e quelli di r modulo n).

Il gruppo D_n è anche generato dalle due simmetrie a e ar. Infatti, il più piccolo sottogruppo di D_n che contiene a e ar contiene anche il prodotto $a \cdot ar = r$, e dunque contiene a ed r che generano D_n. Se n è dispari, a e ar sono simmetrie rispetto ad assi passanti per due vertici adiacenti; se n è pari, ar è una simmetria rispetto a un asse passante per i punti medi di lati opposti.

Nel piano euclideo, se si pone il poligono con il centro nell'origine di un sistema di coordinate ortogonali e i vertici nei punti $(\cos \frac{2k\pi}{n}, \sin \frac{2k\pi}{n})$ le n rotazioni si ottengono come trasformazioni lineari di matrici

$$\begin{pmatrix} \cos \frac{2k\pi}{n} & -\sin \frac{2k\pi}{n} \\ \sin \frac{2k\pi}{n} & \cos \frac{2k\pi}{n} \end{pmatrix}, \; k = 0, 1, \ldots, n-1.$$

7. *Isometrie del cubo.* Fissata una numerazione $1, 2, \ldots, 8$ dei vertici di un cubo, una isometria porta il vertice 1 in un vertice i. Vi sono 8 scelte per i, e per ciascuna di queste vi sono 3 scelte in corrispondenza ai tre vertici che giacciono sui tre spigoli passanti per i: il cubo può infatti ruotare di $2k\pi/3$, $k = 1, 2, 3$, attorno alla diagonale per i. Ciò determina completamente l'isometria, e vi sono dunque in tutto $8 \cdot 3 = 24$ isometrie.

Sia ora G un gruppo, x un fissato elemento di G. Moltiplicando (a destra) tutti gli elementi di G per x, l'insieme dei prodotti che si ottengono riproduce di nuovo G. Infatti, se due prodotti gx e hx sono uguali, allora $g = h$, cioè già g e h erano lo stesso elemento. Inoltre, ogni elemento g di G si ottiene come prodotto di un certo elemento y di G per x, e questo y è gx^{-1}. In altri termini, fissato $x \in G$, la corrispondenza $G \to G$ data da $g \to gx$ è una permutazione di G (o meglio, dell'insieme sostegno di G). Denotiamo con σ_x la permutazione di G indotta da x e consideriamo l'applicazione $G \to S^G$ che associa a $x \in G$ la permutazione σ_x. Questa applicazione è iniettiva: se $\sigma_x = \sigma_y$, allora $gx = gy$, per ogni $g \in G$, e quindi $x = y$ (si osservi che basta che l'uguaglianza $gx = gy$ valga per un elemento $g \in G$, perché poi valga per tutti). Inoltre, dalla proprietà associativa $g(xy) = (gx)y$ segue l'uguaglianza $\sigma_{xy} = \sigma_x \sigma_y$.

Definiamo *gruppo di permutazioni* di un insieme Ω un sottogruppo di S^Ω. Quanto appena visto dimostra il seguente teorema.

1.22 Teorema (CAYLEY). *Ogni gruppo è isomorfo a un gruppo di permutazioni (del proprio insieme sostegno). In particolare, se il gruppo è finito di ordine n esso è isomorfo a un sottogruppo di S^n.* ◇

1.23 Definizione. L'isomorfismo del Teor. 1.22 prende il nome di *rappresentazione regolare destra del gruppo.*

1.24 Corollario. S^n *contiene una copia di ogni gruppo di ordine n.*   ◇

Il numero dei gruppi non isomorfi di ordine n è al più uguale al numero di operazioni binarie che si possono definire su un insieme finito G di ordine n, ovvero al numero di funzioni da $G \times G$ a G, e cioè n^{n^2}. Dal corollario precedente si ottiene una maggiorazione dello stesso ordine di grandezza. Si ha infatti che il numero cercato è al più uguale a quello dei sottoinsiemi di ordine n in S^n, cioè $\binom{n!}{n} \sim (n!)^{n-1} \sim n^{n(n-1)}$. Vedremo (Cor. 1.57) che questa stima si può abbassare a $n^{n \log_2 n}$.

Anche moltiplicando a sinistra gli elementi di un gruppo G per un fissato $x \in G$ si ottiene una permutazione τ dell'insieme G, come si vede con lo stesso ragionamento di prima. Tuttavia, in questo caso la corrispondenza $x \to \tau_x$ non è un isomorfismo in quanto, dalla $(xy)g = x(yg)$ segue $\tau_{xy} = \tau_y \tau_x$ (si tratta di un *anti–isomorfismo*). Per ottenere un isomorfismo occorre associare a x la permutazione τ' ottenuta moltiplicando a sinistra per l'inverso x^{-1}, perché allora $(xy)^{-1}g = (y^{-1}x^{-1})g = y^{-1}(x^{-1}g)$, e quindi $\tau'_{xy} = \tau'_x \tau'_y$. Si ottiene così la *rappresentazione regolare sinistra*.

1.25 Nota. Nella definizione di prodotto operatorio $\sigma\tau$ di due permutazioni σ e τ, si può scegliere se far agire prima σ e poi τ, come abbiamo fatto noi, definendo in questo modo l'*azione a destra*, oppure prima τ e poi σ: $\alpha^{\sigma\tau} = (\alpha^\tau)^\sigma$, definendo l'*azione a sinistra*. I termini destra e sinistra si spiegano col fatto che, essendo naturale usare una notazione per la quale su α agisce prima l'elemento che si trova più vicino ad α, si scrivono, nel primo caso gli elementi del gruppo a destra: $\alpha\sigma$, di modo che $\alpha(\sigma\tau) = (\alpha\sigma)\tau$, e nel secondo a sinistra: $\sigma\alpha$, per cui $(\sigma\tau)\alpha = \sigma(\tau\alpha)$. Si hanno così due teorie perfettamente analoghe. L'azione a destra di $\sigma\tau$ è l'azione a sinistra di $\tau\sigma$. Se σ e τ permutano, $\tau\sigma = \sigma\tau$ e perciò l'azione a destra di $\sigma\tau$ è l'azione a sinistra di $\sigma\tau$: la differenza tra destra e sinistra cade. La situazione è analoga a quella della teoria dei moduli su un anello, dove se l'anello è commutativo non ha luogo la distinzione tra moduli destri e sinistri. Si osservi che, malgrado le denominazioni possano far pensare diversamente, nelle due rappresentazioni destra e sinistra di un gruppo viste sopra si tratta sempre di azioni a *destra* in quanto in entrambi i casi l'azione di un prodotto xy si ottiene facendo agire prima x e poi y. Le denominazioni derivano dal fatto che si moltiplica in un caso a destra e nell'altro (anche se per l'inverso) a sinistra.

Sia $a \in G$, ed esista un intero positivo k tale che $a^k = 1$. Per il principio del minimo intero esiste allora un intero positivo minimo n tale che $a^n = 1$.

1.26 Definizione. Sia $a \in G$; il più piccolo intero positivo n tale che $a^n = 1$ si chiama *ordine* o *periodo* di a; si denota con $o(a)$. Se per nessun intero positivo k si ha $a^k = 1$, a si dice di *ordine* o *periodo infinito*. Si osservi che $o(1) = 1$, e che l'unità è l'unico elemento di periodo 1.

Se G è un gruppo finito, le potenze a^k di $a \in G$ non possono essere tutte distinte. Sia $a^h = a^k$ con $h > k$; allora $a^{h-k} = 1$, e quindi a ha periodo finito. Tutti gli elementi di G hanno perciò periodo finito. Nel gruppo degli interi $km = 0$, $k > 0$, implica $m = 0$; tutti gli elementi diversi da 0 hanno quindi periodo infinito. Il gruppo moltiplicativo dei razionali $\mathbf{Q}^*(\cdot)$ ha l'elemento -1 che è di periodo 2 in quanto $(-1)^2 = 1$, e tutti gli altri (escluso 1) di periodo infinito. Se $o(a)$ è finito, a si dice anche elemento di *torsione*. Se tutti gli elementi di un gruppo hanno periodo finito il gruppo si dice di *torsione* (o *periodico*); si dice *privo di torsione* (o *aperiodico*) se nessun elemento (a parte l'elemento neutro) ha periodo finito. Se vi sono elementi sia di periodo finito che infinito, il gruppo si dice *misto*. Se gli ordini degli elementi di un gruppo periodico sono uniformemente limitati, il loro minimo comune multiplo si chiama *esponente* del gruppo.

1.27 Teorema. *Sia $a \in G$. Si ha:*

i) se $o(a) = n$ e $a^k = 1$, allora n divide k;

ii) un elemento e il suo inverso hanno lo stesso ordine;

iii) se a e b sono di ordine finito e permutabili, allora $o(ab)$ divide il minimo comune multiplo $\mathrm{mcm}(o(a), o(b))$;

iv) se a e b sono di ordine finito e permutabili e non hanno potenze non banali in comune (in particolare ciò accade se $(o(a), o(b)) = 1$), allora $o(ab) = \mathrm{mcm}(o(a), o(b))$ (che se $(o(a), o(b)) = 1$ è uguale al prodotto $o(a)o(b)$);

v) un elemento non identico coincide con il proprio inverso se e solo se ha ordine 2 (un tale elemento si chiama involuzione*);*

vi) ab e ba hanno lo stesso ordine;

vii) a e $b^{-1}ab$ hanno lo stesso ordine;

viii) se $o(a) = n$, allora $o(a^k) = \frac{n}{(n,k)}$, e in particolare l'ordine di una potenza di a divide l'ordine di a;

ix) se $o(a) = n = rs$ con $(r, s) = 1$, allora a si scrive in modo unico come prodotto di due elementi permutabili di ordini r ed s;

x) in un isomorfismo, un elemento e la sua immagine hanno lo stesso ordine.

Dim. i) Dividiamo k per n: $k = nq + r$, con $0 \le r < n$. Si ha:

$$1 = a^k = a^{nq+r} = a^{nq}a^r = (a^n)^q a^r = a^r.$$

Se $r > 0$ si va contro la minimalità di n. Ne segue $r = 0$ e k è multiplo di n.

ii) Sia $o(a) = n < \infty$. Si ha $(a^{-1})^n = (a^n)^{-1} = 1^{-1} = 1$ e perciò $o(a^{-1})|n$. Dunque anche $o(a^{-1})$ è finito ed essendo $(a^{-1})^{-1} = a$ si ha, simmetricamente, $n = o(a)|o(a^{-1})$, e quindi la tesi.

iii) Per ogni t, $(ab)^t = abab \cdots ab = aa \cdots abb \cdots b = a^t b^t$. Se $t = m = \mathrm{mcm}(o(a), o(b))$, allora $a^m = b^m = 1$ e quindi $(ab)^m = 1$, da cui $o(ab)|m$. Può ben accadere che $o(ab) < m$; basta prendere $b = a^{-1}$, perché allora $o(ab) = o(1) = 1$.

iv) Da $(ab)^t = 1$ segue $a^t b^t = 1$ da cui $a^t = b^{-t}$ e, se a e b non hanno potenze non banali in comune, $a^t = 1$ e $b^{-t} = b^t = 1$. Quindi t è multiplo di

$o(a)$ e $o(b)$, e perciò $t \geq m = \text{mcm}(o(a), o(b))$. Se $t = o(ab)$ si ha ovviamente $(ab)^t = 1$, e per quanto appena visto $o(ab) \geq m$. Ma sappiamo che $o(ab)|m$, e perciò $o(ab) = m$.

Se $(o(a), o(b)) = 1$, a e b non hanno potenze non banali in comune. Se infatti $a^h = b^k$, allora $(a^h)^{o(b)} = b^{ko(b)} = (b^{o(b)})^k = 1$, per cui $o(a)|ho(b)$, ed essendo primo con $o(b)$, $o(a)$ divide h. Allora $a^h = 1$.

$v)$ Se $a = a^{-1}$, moltiplicando ambo i membri per a si ha $a^2 = 1$. Viceversa, se $a^2 = 1$, moltiplicando ambo i membri per a^{-1} si ha $a = a^{-1}$.

$vi)$ Sia $o(ab) = n < \infty$. Si ha:

$$1 = (ab)^n = abab \cdots ab = a(ba \cdots ba)b = a(ba)^{n-1}b,$$

da cui, moltiplicando a destra per b^{-1} e a sinistra per a^{-1}, $(ba)^{n-1} = a^{-1}b^{-1}$, e quindi, moltiplicando ambo i membri per ba, $(ba)^n = 1$. Allora $o(ba)|n = o(ab)$. Lo stesso argomento applicato a ba porge $o(ab)|o(ba)$, e quindi si ha l'uguaglianza $o(ab) = o(ba)$. Se $o(ab) = \infty$ e $o(ba) = n < \infty$, per quanto appena visto si avrebbe anche $o(ab) = n$.

$vii)$ Se $o(a) = n$,

$$(b^{-1}ab)^n = b^{-1}abb^{-1}ab \cdots b^{-1}abb^{-1}ab$$
$$= b^{-1}a(bb^{-1})a \cdots a(bb^{-1})ab$$
$$= b^{-1}a^n b = b^{-1}b = 1,$$

e quindi $o(b^{-1}ab)$ è finito e $n|o(b^{-1}ab)$. Se $(b^{-1}ab)^k = 1$, $k < n$, allora come sopra $1 = (b^{-1}ab)^k = b^{-1}a^k b$, da cui $a^k = bb^{-1} = 1$, contro l'ipotesi $o(a) = n$.

$viii)$ Si ha $(a^k)^{\frac{n}{(n,k)}} = (a^n)^{\frac{k}{(n,k)}} = 1$, e quindi $o(a^k)|\frac{n}{(n,k)}$. Ma $(a^k)^{o(a^k)} = a^{ko(a^k)} = 1$, e perciò $n|ko(a^k)$. Ne segue $ko(a^k) = nt$, e dividendo entrambi i membri per (n,k), $\frac{k}{(n,k)}o(a^k) = \frac{n}{(n,k)}t$. Allora $\frac{n}{(n,k)}$ divide $\frac{k}{(n,k)}o(a^k)$, ed essendo primo con $\frac{k}{(n,k)}$ divide $o(a^k)$.

$ix)$ Con due interi u e v tali che $ru+sv = 1$ si ha $a = a^1 = a^{ru+sv} = a^{ru}a^{sv}$. Ora, $o(a^{sv}) = \frac{n}{(n,sv)} = \frac{rs}{(rs,sv)} = \frac{rs}{s} = r$, in virtù di $viii)$ e del fatto che r e v sono primi tra loro. Analogamente, $o(a^{ru}) = s$, e avendosi $(r,s) = 1$ si ha il risultato. Per l'unicità si veda l'$es.$ 15.

$x)$ Se $o(a) = n$ e $o(\varphi(a)) = k$, allora $1 = \varphi(a)^k = \varphi(a^k)$, e a^k e 1 hanno la stessa immagine 1 (Teor. 1.6); ne segue $a^k = 1$ e k è multiplo di n. Ma $\varphi(a)^n = \varphi(a^n) = \varphi(1) = 1$, e n è multiplo di k; quindi $k = n$. $\diamond$

Se $o(a) = n$, allora le n potenze di a: $a, a^2, \ldots, a^{n-1}, a^n = 1$ sono tutte distinte. Se infatti $a^h = a^k$, con $h, k < n$ e $h > k$, si ha $a^{h-k} = 1$, con $h-k < n$, contro la minimalità di n. Si osservi che le potenze scritte comprendono anche quelle negative in quanto, se $0 \leq t < n$, si ha $a^{-t} = a^{n-t}$. Inoltre, se $k > n$, sia $k = nq + r$, con $0 \leq r < n$. Ne segue $a^k = a^{nq+r} = a^{nq}a^r = a^r$, con $r < n$. Quindi, se $o(a) = n$ quelle scritte sono tutte e sole le potenze di a. Viceversa, se a ha n potenze distinte, allora con lo stesso argomento si vede che $o(a) = n$.

1.28 Esempi. 1. Gli elementi a, b e c del gruppo di Klein sono involuzioni, come pure quelli del gruppo di ordine 2^n dell'*Es*. 5 di 1.21.

2. Nel gruppo diedrale D_n le n rotazioni sono le n potenze r^k della rotazione r di $2\pi/n$, $k = 1, 2, \ldots, n$. r^k è dunque la rotazione di $\frac{2k\pi}{n}$, e ha periodo $\frac{n}{(n,k)}$. Le simmetrie assiali hanno periodo 2.

3. Se due elementi non sono permutabili, la *iii*) del teorema precedente non è più necessariamente vera: le due permutazioni su tre elementi viste prima del Teor. 1.11 hanno ordine 2 mentre il loro prodotto ha ordine 3. Ma può addirittura aversi che il prodotto di due elementi non permutabili di ordine finito abbia ordine infinito; le due matrici di $SL(n, \mathbf{Z})$:

$$\begin{pmatrix} 0 & -1 \\ 1 & 0 \end{pmatrix}, \; \begin{pmatrix} 0 & 1 \\ -1 & -1 \end{pmatrix},$$

hanno ordini 4 e 3, rispettivamente, e il loro prodotto è $\begin{pmatrix} 1 & 1 \\ 0 & 1 \end{pmatrix}$, che ha ordine infinito:

$$\begin{pmatrix} 1 & 1 \\ 0 & 1 \end{pmatrix}^k = \begin{pmatrix} 1 & k \\ 0 & 1 \end{pmatrix}, \; k = 1, 2, \ldots.$$

4. Sia $\sigma = (1, 2, \ldots, n)$ un n–ciclo di S^n; σ^k porta la cifra i in $i+k$, $i+k$ in $i+2k, \ldots$, e se r è il minimo intero tale che $rk \equiv 0 \bmod n$ si chiude il ciclo cui appartiene i con $i + (r-1)k$ che va in i. Sappiamo che $r = \frac{n}{(n,k)}$ (Teor. 1.27, *viii*)), e pertanto i cicli di σ^k hanno tutti la stessa lunghezza $\frac{n}{(n,k)}$ e sono perciò in numero di (n, k). Viceversa, sia τ una permutazione i cui cicli hanno tutti una stessa lunghezza m:

$$\tau = (i_1, i_2, \ldots, i_m)(j_1, j_2, \ldots, j_m) \ldots (k_1, k_2, \ldots, k_m);$$

allora τ è una potenza di un n–ciclo; precisamente,

$$\tau = (i_1, j_1, \ldots, k_1, i_2, j_2, \ldots, k_2, \ldots, i_m, j_m, \ldots, k_m)^{\frac{n}{m}}.$$

5. Sia $(a_1, a_2, \ldots, a_n)$ una n–pla di elementi non necessariamente distinti. Se permutando circolarmente k volte gli a_i si ottengono k n–ple distinte, e la $(k+1)$–esima è uguale alla n–pla iniziale: $(a_1, a_2, \ldots, a_n) = (a_{k+1}, a_{k+2}, \ldots, a_{k+n})$, allora $a_1 = a_{k+1} = a_{2k+1} = \ldots = a_{sk+1}$, e analogamente per gli altri a_i. Ciò significa che gli a_i sono uguali a $\frac{n}{k}$ a $\frac{n}{k}$ ($s + 1 = \frac{n}{k}$, cioè $sk + 1 = n - (k-1)$), ovvero le n n–ple che si ottengono con le n permutazioni circolari sono uguali a k a k; in particolare, k divide n. Pertanto, se $n = p$, primo, $k = 1$ o $k = p$. Se $k = 1$, allora $a_1 = a_2 = \ldots = a_p$, e dunque si ha una sola p–pla (il viceversa è ovvio: se gli a_i sono tutti uguali si ha una sola p–pla); se $k = p$ si hanno p p–ple distinte. Vedremo più in là un'applicazione di questo risultato (Teor. 1.50).

6. Se $m < n$, S^n contiene sottogruppi isomorfi a S^m: basta fissare $n - m$ cifre e considerare tutte le permutazioni sulle cifre restanti.

7. Gli elementi di un campo K, come elementi del gruppo additivo $K(+)$, hanno tutti lo stesso ordine (escluso lo zero, che ha ordine 1): se il campo è a caratteristica $p > 0$, questo ordine è p; se il campo è a caratteristica zero, questo ordine è infinito. Viceversa, se in un gruppo abeliano G tutti gli elementi $a \neq 1$ hanno ordine uno stesso primo p, allora G si può dotare della struttura di spazio vettoriale sul campo delle classi resto modulo p definendo $[h] \cdot a = a + a + \cdots + a$, h volte.

1.29 Definizione. Un gruppo G si dice *ciclico* se esiste un elemento $a \in G$ tale che ogni elemento di G è una potenza (positiva, negativa o nulla) di a. In tal caso a si dice *generatore* di G e il gruppo G si dice *generato* dall'elemento a; si scrive, come nel caso degli interi, $G = \langle a \rangle$.

Se G è ciclico, $G = \langle a \rangle$, e $x, y \in G$, allora $x = a^h$, $y = a^k$ per certi h e k, e quindi $xy = a^h a^k = a^{h+k} = a^{k+h} = a^k a^h = yx$: *un gruppo ciclico è abeliano* (la commutatività di G si riporta a quella della somma degli interi).

Se G è ciclico di ordine n, un elemento a che genera G ha n potenze distinte, e perciò ha ordine n. Abbiamo già visto esempi di gruppi ciclici: il gruppo additivo $\mathbf{Z}_n$ (generato dalla classe 1), e il gruppo degli interi (generato da 1 o da –1). Non vi sono altri esempi, come dimostra il teorema che segue.

1.30 Teorema. *Sia G un gruppo ciclico. Allora se G è finito e di ordine n, G è isomorfo a $\mathbf{Z}_n$, e se è infinito è isomorfo a $\mathbf{Z}$.*

Dim. Se G è finito e $G = \langle a \rangle$, allora l'elemento a ha n potenze distinte: $1, a, a^2, \ldots, a^{n-1}$. La corrispondenza $G \to \mathbf{Z}_n$ data da $a^i \to i$ è l'isomorfismo richiesto. Se G è infinito, dovendo le potenze di a esaurire G, si ha $o(a) = \infty$ e quindi $G = \{a^k, \ k \in \mathbf{Z}\}$. La corrispondenza $G \to \mathbf{Z}$ data da $a^k \to k$ è l'isomorfismo richiesto. $\diamond$

È chiaro che un gruppo isomorfo a un gruppo ciclico è anch'esso ciclico (l'immagine di un generatore del gruppo ciclico è un generatore per il gruppo immagine); i gruppi delle radici n−esime dell'unità e quello delle rotazioni sono, in quanto isomorfi a $\mathbf{Z}_n$, gruppi ciclici. Per denotare un generico gruppo ciclico di ordine n useremo la notazione C_n.

1.31 Teorema. *I sottogruppi di un gruppo ciclico sono ciclici.*

Dim. Se il gruppo è infinito, è isomorfo a $\mathbf{Z}$, e i sottogruppi di $\mathbf{Z}$ sono ciclici, come visto nell'*Es.* 1 di 1.21. Se G è finito, la dimostrazione è analoga a quella per $\mathbf{Z}$ (ma qui usiamo la notazione moltiplicativa, per cui multipli diventano potenze). Sia $H \leq G$ e sia $G = \langle a \rangle$. Come tutti gli elementi di G anche gli elementi di H sono potenze del generatore a (nel caso degli interi, ogni intero è multiplo del generatore 1); sia a^m la più piccola potenza positiva di a che appartiene ad H (negli interi, il più piccolo multiplo positivo m di 1 che appartiene ad H), e sia a^s un generico elemento di H. Dividendo s per m abbiamo $s = mq + r$ con $0 \leq r < m$, e quindi $a^s = a^{mq+r} = a^{mq} a^r$, da cui

$a^r = a^s(a^{-m})^q$, prodotto di due elementi di H, e pertanto $a^r \in H$. Se $r > 0$ ciò contraddice la minimalità di m; allora $r = 0$ e $a^s = a^{mq} = (a^m)^q$. Ogni elemento di H è perciò potenza di a^m: H è ciclico, generato da a^m.   ◇

Per ogni $m \neq 0$, $\mathbf{Z}$ è isomorfo a $\langle m \rangle$; abbiamo così che $\mathbf{Z}$ è isomorfo a ogni suo sottogruppo proprio (non banale).

Non è detto però che se tutti i sottogruppi (propri) di un gruppo sono ciclici allora il gruppo è ciclico (e nemmeno abeliano).

1.32 Esempio. *Il gruppo dei quaternioni.* Siano i, j, k i tre versori di una terna cartesiana ortogonale. Gli otto elementi $1, -1, i, -i, j, -j, k, -k$ formano, con il prodotto (vettoriale):

$$ij = k, jk = i, ki = j$$
$$ji = -k, kj = -i, ik = -j$$
$$(\pm i)^2 = (\pm j)^2 = (\pm k)^2 = -1,$$

un gruppo, non abeliano: il *gruppo dei quaternioni*[†], che denotiamo con $\mathcal{Q}$. Si osservi che l'inverso di i è $-i = i^3$, e analogamente per j e k. Inoltre, $\{1, i, -1, -i\}$, $\{1, j, -1, -j\}$, $\{1, k, -1, -k\}$ sono sottogruppi (ciclici di ordine 4, generati da i o da $-i$, ecc.) che hanno in comune il sottogruppo $\{1, -1\}$. Se $\{1\} \neq H < \mathcal{Q}$ e $H \neq \{1, -1\}$, sia ad esempio $i \in H$; allora anche tutte le potenze di i appartengono ad H, e perciò $|H| \geq 4$. Se $|H| > 4$, H deve contenere j o k; ma se contiene l'uno contiene anche l'altro perché deve contenere il prodotto con i. Ne segue che $H = \mathcal{Q}$. Allora, i sottogruppi propri non banali di $\mathcal{Q}$ sono, oltre a $\{1, -1\}$, quelli visti sopra, e sono tutti ciclici.

1.33 Teorema. *Un gruppo ciclico di ordine n contiene uno e un solo sottogruppo di ordine m per ogni per ogni divisore m di n.*

Dim. Sia $G = \langle a \rangle$ e $|G| = n$. Se $m|n$, l'elemento $a^{\frac{n}{m}}$ ha ordine $\frac{n}{(n, \frac{n}{m})} = \frac{n}{(\frac{n}{m})} = m$, e quindi genera un sottogruppo di ordine m. Viceversa, se $H \leq G$ e $|H| = m$, sia $H = \langle a^k \rangle$, $k \leq n$; avendosi $o(a^k) = m$, e $o(a^k) = \frac{n}{(n,k)}$, si ha $m = \frac{n}{(n,k)}$, $(n, k) = \frac{n}{m}$, per cui $\frac{n}{m}$ divide k. Sia $k = \frac{n}{m}t$; allora

$$a^k = a^{\frac{n}{m}t} = (a^{\frac{n}{m}})^t \in \langle a^{\frac{n}{m}} \rangle,$$

e quindi $\langle a^k \rangle \subseteq \langle a^{\frac{n}{m}} \rangle$. Ma questi due sottogruppi hanno entrambi ordine m, ed essendo uno dei due contenuto nell'altro sono lo stesso sottogruppo.   ◇

Questo teorema si inverte come segue: se un gruppo finito ha al più un sottogruppo per ogni divisore dell'ordine allora è ciclico (e dunque, per il teorema, ne ha uno e uno solo). Si veda l'*Es. 2 di 2.11*.

Il gruppo degli interi è generato da 1 e anche dal suo opposto -1, e solo da questi interi. Un gruppo ciclico finito generato da un elemento a è anche

---

[†] Più precisamente, *gruppo delle unità dei quaternioni*.

generato da a^{-1} (a e a^{-1} hanno lo stesso ordine). Ma possono esserci altri elementi che generano il gruppo. Ad esempio, $\mathbf{Z}_8$ è generato, oltre che da 1 e 7 (7 è congruo a $-1 \bmod 8$), anche da 3 e 5. Vedremo tra un momento che in $\mathbf{Z}_p$, p primo, tutti gli elementi non nulli sono generatori.

1.34 Definizione. La *funzione di Eulero* $\varphi(n)$ è definita per ogni intero positivo n da

  i) $\varphi(1) = 1$,
  ii) $\varphi(n)$=numero degli interi minori di n e primi con n, se $n > 1$.

1.35 Teorema. *In un gruppo ciclico di ordine n i generatori sono in numero di $\varphi(n)$.*

  Dim. Sia $G = \langle a \rangle$. Un elemento a^k genera G se e solo se è di ordine n. Ma $o(a^k) = \frac{n}{(n,k)}$, e questo intero è uguale a n se e solo se $(n,k) = 1$, cioè se e solo se k è primo con n. $\diamond$

  In $\mathbf{Z}_8$, 1,3,5 e 7 sono gli interi minori di 8 e primi con 8 ($\varphi(8) = 4$). Se p è primo, $\varphi(p) = p - 1$, e tutti gli elementi non nulli di $\mathbf{Z}_p$ sono generatori.

1.36 Esempi. 1. *Un gruppo di ordine $\varphi(n)$.* All'insieme degli interi positivi minori di n e primi con n si può dare una struttura di gruppo rispetto al prodotto usuale seguito dalla riduzione mod n. Infatti, se $a, b < n$ e $(a, n) = (b, n) = 1$, allora è anche $(ab, n) = 1$; dividendo ab per n si ha $ab = nq + r$, con $0 \leq r < n$ e $(r, n) = 1$. Possiamo allora definire $a \cdot b = r$. Si tratta del gruppo $U(n)$ degli elementi invertibili dell'anello $\mathbf{Z}_n$, rispetto al prodotto mod n. Così, per $n = 8$, abbiamo il gruppo $U(8)$ formato dai quattro elementi 1,3,5 e 7, e si ha $3^2 = 9 \equiv 1 \bmod 8$, $5^2 = 25 \equiv 1 \bmod 8$, $7^2 = 49 \equiv 1 \bmod 8$: gli elementi non identici hanno periodo 2. Inoltre, $3 \cdot 5 = 15 \equiv 7 \bmod 8$, $3 \cdot 7 = 21 \equiv 5 \bmod 8$ e $5 \cdot 7 = 35 \equiv 3 \bmod 8$. Il prodotto di due elementi non identici è uguale al terzo; è chiaro che questo gruppo è isomorfo al gruppo di Klein.

  I generatori del gruppo additivo $\mathbf{Z}_n$ formano dunque un gruppo moltiplicativo (abeliano e di ordine $\varphi(n)$). Se $n = p$, primo, $\mathbf{Z}_p$ è un campo, e quindi il suo gruppo moltiplicativo è ciclico (v. *Es.* 2 di 2.11). In altri termini, $U(p)$ è ciclico.

2. Se p è un primo fissato e n un intero positivo le radici p^n−esime dell'unità formano un gruppo moltiplicativo ciclico di ordine p^n, C_{p^n}, sottogruppo di $\mathbf{C}^*(\cdot)$, e generato da una radice primitiva, ad esempio $w_i = e^{2\pi i/p^n}$. Se $H \leq C_{p^n}$, H è generato da una radice p^h−esima z per un certo h, e se z_1 è una radice p^k−esima con $h \leq k \leq n$ si ha $H = C_{p^h} \subseteq C_{p^k}$. In altre parole, i sottogruppi di C_{p^n} formano una catena:

$$\{1\} \subset C_p \subset C_{p^2} \subset \ldots \subset C_{p^n}.$$

3. *Il gruppo C_{p^∞}*. Consideriamo l'unione dei gruppi C_{p^n}, per $n = 1, 2, \ldots$. Si ottiene ancora un gruppo moltiplicativo, sottogruppo di $\mathbf{C}^*(\cdot)$. Esso consta di tutte le radici p^n−esime dell'unità, e i suoi sottogruppi formano una catena infinita

$$\{1\} \subset C_p \subset C_{p^2} \subset \ldots \subset C_{p^n} \subset \ldots.$$

dei quali il gruppo è l'unione. Esso prende il nome di *gruppo di Prüfer*, e si denota con C_{p^∞}. Come unione infinita ascendente di sottogruppi esso non può essere finitamente generato (*es.* 27). Si ha $w_1 = w_2^p, w_2 = w_3^p, \ldots, w_i = w_i^p, \ldots$

4. L'insieme dei razionali dell'intervallo $[0, 1]$ che hanno a denominatore una potenza del primo p, $\frac{m}{p^n}$, $n \geq 0$, con la somma modulo 1 (si mandano a zero i multipli di 1, cioè tutti gli interi) è un gruppo; si denota con $\mathbf{Q}^p$. (Ad esempio, se $p = 2$, $\frac{1}{2} + \frac{1}{2} = 1 \equiv 0$, $\frac{1}{2} + \frac{3}{4} = \frac{5}{4} = 1 + \frac{1}{4} \equiv \frac{1}{4}$, ecc.). Si tratta di un gruppo nel quale tutti gli elementi hanno ordine una potenza di p: si ha infatti $p^n \frac{m}{p^n} = m \equiv 0$. Per un dato n gli elementi

$$0, \frac{1}{p^n}, \frac{2}{p^n}, \ldots, \frac{p^{n-1} - 1}{p^n}$$

formano un sottogruppo ciclico C_{p^n} di ordine p^n. Come nel caso di C_{p^∞}, al crescere di n questi sottogruppi formano una catena: $C_{p^m} \subset C_{p^n}$, se $m < n$. In realtà i due gruppi sono isomorfi: se z_1 è una radice p^n−esima dell'unità, allora $z_1 = z^k$ per un certo k e dove z è una radice primitiva p^n−esima dell'unità, e la corrispondenza $z_1 \to \frac{k}{p^n}$ è un isomorfismo.

Esercizi

1. Dimostrare che i), ii) e iii) della Def. 1.1 sono equivalenti a i) e
iv) (*assiomi dei quozienti*): dati comunque $a, b \in G$ esistono $x, y \in G$ tali che $ax = b$ e $ya = b$.

2. In un isomorfismo, un elemento e la sua immagine hanno lo stesso ordine.

3. i) Se $(ab)^2 = a^2b^2$ allora $ab = ba$;
ii) se $(ab)^n = a^n b^n$ per tre interi consecutivi allora $ab = ba$.

4. Siano a e b come nella iv) del Teor. 1.27 $ab = ba$, e siano d e m il massimo comun divisore e il minimo comune multiplo di $o(a)$ e $o(b)$. Dimostrare che $o((ab)^d) = \frac{m}{d}$.

5. Se un prodotto $a_1 a_2 \cdots a_n$ è uguale a 1, lo stesso vale per una qualunque permutazione ciclica dei fattori: $a_i a_{i+1} \cdots a_n a_1 a_2 \cdots a_{i-1} = 1$.

6. Se un elemento $a \in G$ è unico del proprio ordine, allora $a = 1$ oppure $o(a) = 2$.

7. Se un gruppo ha ordine pari allora contiene un'involuzione; più in generale, ne contiene un numero dispari. [*Sugg.*: se $a \neq a^{-1}$ per ogni a il gruppo ha ordine dispari].

8. Se $o(a) = o(b) = o(ab) = 2$ allora $ab = ba$. In particolare, se in un gruppo tutti gli elementi (diversi da 1) sono involuzioni il gruppo è abeliano.

9. Un gruppo di ordine 2, 3 o 5 è ciclico. [*Sugg.*: se $|G| = 3$, sia $G = \{1, a, b\}$; $ab \in G$, e dunque $ab = a$ o $ab = b$ si ha $b = 1$ o $a = 1$, escluso, e perciò $ab = 1$ e $b = a^{-1}$. Ma $a^2 \in G$, ecc.].

10. Gli interi 1 e -1 formano un gruppo rispetto al prodotto, che non è un sottogruppo di $\mathbf{Z}(+)$.

11. Dare un esempio di un gruppo che contenga due elementi permutabili a e b, $b \neq a^{-1}$, tali che $o(ab) < \mathrm{mcm}(o(a), o(b))$.

12. Un gruppo infinito ha infiniti sottogruppi. [*Sugg.*: un gruppo è unione dei sottogruppi generati dai suoi elementi.]

13. Sia $H \neq \emptyset$ un sottoinsieme di un gruppo G, e sia ogni elemento di H di periodo finito. Allora H è un sottogruppo di G se e solo se $a, b \in H \Rightarrow ab \in H$.

14. Sia $\varphi(n)$ la funzione di Eulero. Usando i teoremi 1.33 e 1.35 dimostrare che

$$\sum_{d \mid n} \varphi(d) = n,$$

dove la somma è estesa a tutti i divisori di n (compresi 1 e n). [*Sugg.*: suddividere gli elementi del gruppo ciclico C_n in base al loro ordine].

15. Sia $n = p_1^{h_1} p_2^{h_2} \cdots p_t^{h_t}$ la decomposizione di n in fattori primi. Dimostrare che:

i) se a è un elemento di un gruppo G e $o(a) = n$, allora a si scrive in modo unico come prodotto di elementi a due a due permutabili e di ordini $p_1^{h_1}, p_2^{h_2}, \ldots, p_t^{h_t}$, rispettivamente;

ii) se $\varphi(n)$ è la funzione di Eulero, allora:

$$\varphi(n) = \varphi(p_1^{h_1})\varphi(p_2^{h_2}) \cdots \varphi(p_t^{h_t}) \quad \text{e} \quad \varphi(p^k) = p^k - p^{k-1} = p^{k-1}(p-1).$$

16. Il gruppo diedrale D_n è isomorfo a S^n solo per $n = 3$.

17. D_4 ha tre sottogruppi di ordine 4: uno ciclico e due di Klein, e cinque sottogruppi di ordine 2.

18. D_6 contiene due sottogruppi isomorfi a S^3. [*Sugg.*: considerare i due triangoli che si ottengono prendendo vertici alterni di un esagono].

19. Determinare un gruppo di matrici 2×2 a elementi complessi isomorfo al gruppo dei quaternioni. [*Sugg.*: $j = \begin{pmatrix} -i & 0 \\ 0 & i \end{pmatrix}$, $k = \begin{pmatrix} 0 & 1 \\ -1 & 0 \end{pmatrix}$].

20. Le matrici $\begin{pmatrix} \pm 1 & k \\ 0 & 1 \end{pmatrix}$, dove $k = 0, 1, \ldots, n-1$, formano, rispetto al prodotto tra matrici seguito dalla riduzione mod n, un gruppo isomorfo a D_n.

21. Le matrici $\begin{pmatrix} a & b \\ -b & a \end{pmatrix}$ con a e b numeri reali non entrambi nulli formano, rispetto al prodotto tra matrici, un gruppo isomorfo al gruppo moltiplicativo dei numeri complessi non nulli.

22. Sia $\mathbf{Z}[x]$ il gruppo additivo dei polinomi in una indeterminata a coefficienti interi. Dimostrare che questo gruppo è isomorfo al gruppo moltiplicativo dei razionali positivi $\mathbf{Q}^+(\cdot)$. [*Sugg.*: usare il teorema fondamentale dell'aritmetica e ordinare i numeri primi: alla $n-$pla degli esponenti di $\frac{r}{s}$ corrisponde il polinomio che ha quella $n-$pla come coefficienti; ad es. al numero $\frac{7}{18} = 2^{-1}3^{-2}7$ corrisponde il polinomio $-1 - 2x + 7x^3$].

23. Determinare gli ordini degli elementi del gruppo $U(n)$ per $n = 2, 3, \ldots, 20$.

24. Siano $H \leq G$, $a \in G$, $o(a) = n$, e sia $a^k \in H$ con $(n, k) = 1$. Dimostrare che allora $a \in H$. [*Sugg.*: $mn + hk = 1$, $a = a^1 = a^{mn+hk}$, ecc.].

25. Dimostrare che, per $k = 1, 2, \ldots, n$, il numero dei k–cicli di S^n è

$$\frac{n(n-1)\cdots(n-k+1)}{k}.$$

In particolare, il numero degli n–cicli è $(n-1)!$.

26. Dimostrare che il determinante di una matrice di permutazione è uguale a 1 o -1 e che le matrici a determinante 1 formano un sottogruppo che contiene metà delle matrici di permutazione.[†] [*Sugg.*: per induzione sulla dimensione n della matrice. Se $n = 1$, la matrice è (1) o (-1); se $n > 1$, sopprimendo la riga e la colonna che contengono un dato 1, si ha una matrice $(n-1) \times (n-1)$ che per induzione ha determinante ± 1].

27. Dimostrare che un gruppo unione ascendente infinita di sottogruppi non può essere finitamente generato.

28. Dimostrare che il gruppo C_{p^∞} non ha altri sottogruppi oltre ai C_{p^n} della catena.

29. Se $H < G$, allora $G = \langle G \setminus H \rangle$.

1.2 Classi laterali e teorema di Lagrange

Sia H un sottogruppo di un gruppo G, finito o infinito. Introduciamo nell'insieme sostegno di G la seguente relazione:

$$a\rho b \quad \text{se} \quad ab^{-1} \in H.$$

Si tratta di una relazione di equivalenza; le tre proprietà di un'equivalenza corrispondono alle tre proprietà di un sottogruppo (Lemma 1.16):

i) riflessiva: $a\rho a$; infatti, $aa^{-1} = 1$ e $1 \in H$ (per la ii) di 1.16);

ii) simmetrica: se $a\rho b$ allora $b\rho a$; infatti, se $a\rho b$ si ha $ab^{-1} \in H$, e quindi (per la iii)) anche l'inverso $(ab^{-1})^{-1} \in H$, cioè $ba^{-1} \in H$, ovvero $b\rho a$;

iii) transitiva: se $a\rho b$ e $b\rho c$ allora $a\rho c$; infatti, se $ab^{-1}, bc^{-1} \in H$ anche il loro prodotto sta in H (per la i)): $ab^{-1}bc^{-1} = ac^{-1} \in H$, ovvero $a\rho c$.

Le classi di questa equivalenza sono le *classi laterali destre di H in G*, o più semplicemente i *laterali destri di H in G*. Due elementi $a, b \in G$ appartengono alla stessa classe se esiste $h \in H$ tale che $a = hb$. La classe di un elemento

---

[†] Si tratta del *gruppo alterno* (v. Def. 2.79).

$a \in G$ è dunque $[a] = \{ha, \ h \in H\}$, che in modo più compatto scriviamo $[a] = Ha$. Gli elementi della classe laterale destra cui appartiene a si ottengono moltiplicando a destra (onde il nome) gli elementi di H per a[†].

Scrivendo Ha si sceglie a come *rappresentante* della classe cui a appartiene. Ma un qualunque elemento della classe può essere scelto come rappresentante: se $b \in Ha$, cioè $b = ha$: $Hb = H \cdot ha = \{h'ha, h' \in H\} = Ha$ (sappiamo che la moltiplicazione di tutti gli elementi di un gruppo per un fissato elemento del gruppo non fa che permutare gli elementi).

L'insieme dei laterali destri è *l'insieme quoziente* G/ρ. Si definiscono analogamente i *laterali sinistri* o *classi laterali sinistre* mediante la relazione

$$a\rho b \quad \text{se} \quad a^{-1}b \in H.$$

La classe di un elemento $a \in G$ sarà allora $[a]' = \{ah, \ h \in H\} = aH$. Si osservi che sia nel caso di ρ che di ρ', la classe che contiene l'unità del gruppo è costituita da tutti e soli gli elementi di H: $[1] = [1]' = H$.

Un insieme di rappresentanti per i laterali di un sottogruppo (o in generale per le classi di un'equivalenza su un insieme) si chiama anche *trasversale*.

1.37 Teorema. *i) I laterali destri e sinistri di H hanno tutti la stessa cardinalità, che è la stessa del sottogruppo H;*
ii) gli insiemi quoziente G/ρ e G/ρ' hanno la stessa cardinalità.

Dim. i) La corrispondenza $H \to Ha$, data da $h \to ha$, è iniettiva (se $ha = h'a$ allora $h = h'$) e surgettiva (un elemento $ha \in Ha$ proviene da $h \in H$), e lo stesso vale per la corrispondenza $H \to aH$; dunque

$$|Ha| = |H| = |aH|.$$

ii) La corrispondenza:

$$G/\rho \to G/\rho',$$

data da $Ha \to a^{-1}H$, è ben definita: se invece di a si sceglie un altro rappresentante per Ha, e sia b, allora $b = ha$ e $b^{-1} = a^{-1}h^{-1}$, per cui

$$Ha = Hb \Rightarrow b^{-1}H = a^{-1}h^{-1}H = a^{-1}H.$$

Inoltre, ricordando che $h^{-1}H = H$,

$$a^{-1}H = b^{-1}H \Rightarrow b^{-1} \in a^{-1}H \Rightarrow ab^{-1} \in H \Rightarrow Ha = Hb,$$

cioè l'applicazione è iniettiva. Che sia surgettiva è ovvio. $\Diamond$

1.38 Nota. Nella Nota 1.8 abbiamo visto che una funzione è ben definita se

$$x = y \Rightarrow f(x) = f(y).$$

L'implicazione inversa:

[†] Ma per alcuni autori, ad esempio M. Hall, queste sono le classi laterali sinistre.

$$f(x) = f(y) \Rightarrow x = y$$

significa che la f è iniettiva. Si è visto un esempio del fatto che le due implicazioni sono una l'inversa dell'altra nella dimostrazione della parte ii) del teorema precedente.

1.39 Definizione. Se H è un sottogruppo di un gruppo G, la cardinalità dell'insieme quoziente G/ρ (o G/ρ') si chiama *indice di H in G*, e si denota con $[G : H]$. L'indice del sottogruppo identico è la cardinalità di G.

Il teorema precedente è particolarmente importante nel caso dei gruppi finiti. Si ha infatti:

1.40 Teorema (LAGRANGE). *Se H è un sottogruppo di un gruppo finito G l'ordine di H divide l'ordine di G.*

Dim. Nella relazione ρ (o ρ') G ha $[G : H]$ classi, ciascuna con $|H|$ elementi; dunque

$$|G| = |H|[G : H].$$

Allora $|H|$ divide $|G|$ e il quoziente è l'indice di H in G.   ◊

1.41 Nota. Il teorema è già stato dimostrato nel caso dei gruppi ciclici (Teor. 1.33). Il viceversa del teorema: se m è un divisore dell'ordine di G, esiste in G un sottogruppo di ordine m, è vero per i gruppi ciclici (sempre per il Teor. 1.33, e con in più l'unicità), e per altre classi di gruppi (v. ad esempio, l'*es.* 35), ma è falso in generale (v. Teor. 2.86).

1.42 Corollario. *L'ordine di un elemento a di un gruppo finito G divide l'ordine di G. In particolare, $a^{|G|} = 1$.*

Dim. Se $a \in G$ e $o(a) = m$, allora a genera un sottogruppo ciclico di ordine m. Per il teorema, m divide $|G|$.   ◊

1.43 Corollario. *Un gruppo G di ordine un numero primo p è ciclico.*

Dim. Un elemento $1 \neq a \in G$ genera un sottogruppo $\langle a \rangle$ il cui ordine deve dividere l'ordine p del gruppo. Poiché $|\langle a \rangle| > 1$, si ha necessariamente $|\langle a \rangle| = p$, e quindi $\langle a \rangle = G$ (essendo a generico, G è generato da un qualunque elemento non identico).   ◊

Si ha, in particolare, che un gruppo di ordine primo non ha sottogruppi propri non banali. Ma è vero anche il viceversa.

1.44 Teorema. *Un gruppo G privo di sottogruppi propri non banali è finito e ha ordine primo.*

Dim. Sia $1 \neq a \in G$. Allora $\langle a \rangle = G$, altrimenti $\langle a \rangle$ sarebbe un sottogruppo proprio non banale, per cui G è ciclico. Se G è infinito, G è isomorfo a **Z**, che ha sottogruppi. Allora G è finito. Se $|G|$ non è primo, sia m un divisore proprio di $|G|$. Per il Teor. 1.33 G ha un sottogruppo di ordine m, contro l'ipotesi. Allora $|G|$ è un numero primo.   ◇

1.45 Esempi. 1. La relazione di congruenza modulo un intero n ripartisce **Z** in n classi, a seconda del resto che si ottiene nella divisione per n: due interi appartengono alla stessa classe se divisi per n danno lo stesso resto, cioè se la loro differenza è divisibile per n. Si ha quindi

$$a \equiv b \bmod n \text{ se } a - b = kn, \, k \in Z$$

e quindi, nella nostra notazione,

$$a\rho b \text{ se } a - b \in \langle n \rangle.$$

Si hanno perciò n classi, in ciascuna delle quali si può prendere come rappresentante il resto della divisione per n; il sottogruppo $\langle n \rangle$ ha perciò indice n (v. *Es.* 5 di 1.7).

2. Facendo uso del teorema di Lagrange dimostriamo che esistono due soli gruppi di ordine 4 (a meno di isomorfismi): ciclico e Klein. Siano $1, a, b, c$ i quattro elementi del gruppo G. Gli ordini di a, b e c sono 2 o 4 (Cor. 1.42). Se c'è un elemento di ordine 4, e sia a, questo ha 4 potenze distinte, e quindi $a^2 = b$ e $a^3 = c$ (o viceversa). Allora $G = \{1, a, a^2, a^3\}$, e G è ciclico. Altrimenti, a, b e c hanno ordine 2; il prodotto ab deve appartenere al gruppo, e perciò si hanno quattro possibilità: $ab = 1$, $ab = a$, $ab = b$, $ab = c$. Le prime tre portano a una contraddizione (ad esempio, $a = b^{-1} = b$, $b = 1$, $a = 1$), per cui non resta che $ab = c$, e analogamente $ba = c$. Il prodotto di due elementi è quindi uguale al terzo: è chiaro che siamo in presenza del gruppo di Klein.

3. Sia $S^3 = \{I, (1,2)(3), (1,3)(2), (2,3)(1), (1,2,3), (1,3,2)\}$, e consideriamo il sottogruppo $H = \{I, (2,3)(1)\}$. H consta delle permutazioni di S^3 che fissano la cifra 1. I laterali destri di H sono

$$H = \{I, (2,3)(1)\},$$
$$H(1,2)(3) = \{(1,2)(3), (1,2,3)\},$$
$$H(1,3)(2) = \{(1,3)(2), (1,3,2)\}.$$

Come si vede, i tre laterali constano degli elementi che portano rispettivamente 1 in 1, 1 in 2 e 1 in 3.

I laterali sinistri sono invece:

$$H = \{I, (2,3)(1)\},$$
$$(1,2)(3)H = \{(1,2)(3), (1,3,2)\},$$
$$(1,3)(2)H = \{(1,3)(2), (1,2,3)\},$$

e portano 1 in 1, 2 in 1 e 3 in 1. Si osservi come i laterali destro e sinistro cui appartiene l'elemento $(1,2)(3)$ (e $(1,3)(2)$) siano distinti.

In generale, nel gruppo S^n, gli elementi che fissano una cifra, ad esempio 1, sono in numero di $(n-1)!$ (tutte le permutazioni sulle altre cifre), e formano un sottogruppo, isomorfo a S^{n-1}, di indice n. Anche qui, gli n laterali destri constano degli elementi che portano 1 in 1, 1 in 2, ..., 1 in n. La dimostrazione è analoga a quella ora vista per S^3. Se σ è una permutazione che lascia fisso 1 e $\tau_i = (1, i)$ è una trasposizione, allora $\sigma\tau_i$ porta 1 in i. D'altra parte, se η è una permutazione che porta 1 in i, allora $\eta\tau_i$ fissa 1. Ma si ha $\eta = (\eta\tau_i)\tau_i$, e quindi tutti gli elementi che portano 1 in i si ottengono moltiplicando per τ_i una permutazione che fissa 1. Il laterale $S^{n-1}\tau_i$ consta quindi degli elementi che portano 1 in i, e si ha la decomposizione di S^n nei laterali destri di S^{n-1}:

$$S^n = S^{n-1} \cup S^{n-1}\tau_2 \cup \ldots \cup S^{n-1}\tau_n.$$

Analogamente per i laterali sinistri. Dunque S^{n-1} ha indice n in S^n, come del resto è confermato dal fatto che $[S^n : S^{n-1}] = \frac{n!}{(n-1)!} = n$.

4. In un gruppo diedrale D_n, vi è, oltre all'identità, una sola simmetria che fissa un dato vertice v del poligono di n lati, ed è quella rispetto all'asse passante per v. Il sottogruppo H che fissa v ha dunque due elementi, e quindi è di indice n. Gli elementi di H portano v su v, e gli altri laterali di H constano degli elementi di D_n che portano v sugli altri vertici.

5. Le coppie di numeri reali (x, y) (punti del piano cartesiano $\mathbf{R}^2$) formano un gruppo additivo, con la somma data dalla regola del parallelogramma $(x_1, y_1) + (x_2, y_2) = (x_1 + x_2, y_1 + y_2)$. Dato ora un punto (x, y), con x e y non entrambi nulli, l'insieme dei punti $(\lambda x, \lambda y)$, $\lambda \in \mathbf{R}$, è un sottogruppo di $\mathbf{R}^2$ e, geometricamente, una retta r passante per l'origine. Se $(x_1, y_1) \notin r$, i punti

$$\{(x_1, y_1) + (\lambda x, \lambda y), \lambda \in \mathbf{R}\} = (x_1, y_1) + r$$

costituiscono la retta passante per (x_1, y_1) e parallela a r, e, algebricamente, il laterale del sottogruppo r cui appartiene (x_1, y_1). I laterali di r sono le rette del piano parallele a r.

1.46 Nota. I punti di una retta r per l'origine hanno coordinate che sono multipli secondo gli elementi di $\mathbf{R}$ di uno qualunque dei suoi punti (x, y), e i vettori contenuti nella retta sono i multipli del vettore v di estremi O e (x, y). Il sottogruppo che così si ottiene, pur essendo l'insieme dei multipli di un elemento, non è però un gruppo ciclico: in λv lo scalare λ non varia soltanto tra gli interi. Questo sottogruppo contiene un sottogruppo ciclico, quello formato appunto dai λv con λ intero.

6. Data la funzione razionale intera di quattro variabili commutative $x_1 x_2 + x_3 x_4$, quanti valori formali (funzioni) distinti si ottengono permutando in tutti i modi possibili le x_i? Si vede facilmente che si ottengono tre valori

$$\varphi_1 = x_1 x_2 + x_3 x_4, \quad \varphi_2 = x_1 x_3 + x_2 x_4, \quad \varphi_3 = x_1 x_4 + x_2 x_3,$$

ciascuno dei quali resta invariato permutando le x_i secondo, rispettivamente, gli elementi dei tre sottogruppi di S^4:

$$D^{(1)} = \{I, (1,2), (3,4), (1,2)(3,4), (1,3)(2,4), (1,4)(2,3),$$
$$(1,3,2,4), (1,4,2,3)\},$$
$$D^{(2)} = \{I, (1,3), (2,4), (1,3)(2,4), (1,4)(2,3), (1,2)(3,4),$$
$$(1,2,3,4), (1,4,3,2)\},$$
$$D^{(3)} = \{I, (1,4), (2,3), (1,4)(2,3), (1,3)(2,4), (1,2)(3,4),$$
$$(1,2,4,3), (1,3,4,2)\},$$

(le cifre non scritte si intendono fissate). Si dice allora che la funzione φ_i *appartiene* al sottogruppo $D^{(i)}$, $i = 1, 2, 3$, e gli elementi di ciascun $D^{(i)}$ scambiano tra loro gli altri due valori. Questi tre gruppi sono isomorfi al gruppo diedrale D_4, come si vede numerando con 1 un vertice di un quadrato e con 3,2,4; 2,3,4 e 2,4,3 gli altri in senso circolare, ad esempio orario, e hanno in comune il sottogruppo

$$V = \{I, (1,2)(3,4), (1,3)(2,4), (1,4)(2,3)\},$$

isomorfo al gruppo di Klein. I tre D_4 hanno ciascuno tre laterali destri in S^4: gli elementi di un D_4 fissano uno dei tre valori, e quelli dei suoi laterali permutano ciclicamente i tre valori, mentre i laterali di V o fissano tutti e tre i valori (il laterale V), o ne fissano uno e scambiano gli altri due, o infine permutano ciclicamente i tre valori. Si osservi che i laterali destri di V in S^4 coincidono con i laterali sinistri.

7. Abbiamo visto che nel gruppo degli interi tutti i sottogruppi non banali hanno indice finito (*Es.* 1 di 1.45). Un esempio del caso opposto è dato dal gruppo additivo dei razionali, nel quale tutti i sottogruppi propri hanno indice infinito.

Osserviamo dapprima che, in un qualunque gruppo, se due potenze distinte, o due multipli, di un elemento a appartengono allo stesso laterale di un sottogruppo H, allora una potenza non banale di a appartiene ad H. Infatti, se $Ha^s = Ha^t$, con $s \neq t$, allora $ha^s = h'a^t$ e $a^{s-t} \in H$.

Sia $H \leq \mathbf{Q}$ di indice finito m:

$$\mathbf{Q} = H \cup (H + a_2) \cup \ldots \cup (H + a_m).$$

Se nessun multiplo intero di un a_i appartiene ad H, allora, per quanto appena osservato, i laterali $H + ta_i, t \in \mathbf{Z}$, sono tutti distinti, e quindi H avrebbe indice infinito. Sia $n = \text{mcm}(n_i)$, dove $n_i a_i \in H, i = 2, \ldots, m$. Se $q \in \mathbf{Q}$, consideriamo $\frac{q}{n}$; questo elemento apparterrà a un certo laterale $H + a_i$, per cui $\frac{q}{n} = h + a_i$, con $h \in H$. Ma allora $q = n\frac{q}{n} = nh + na_i \in H$, e dunque $H = \mathbf{Q}$.

1.47 Teorema. *Siano H e K con $K \subseteq H$ due sottogruppi di un gruppo G e siano gli indici $[G : H]$ e $[H : K]$ finiti. Allora anche l'indice di K in G è finito e si ha:*

$$[G : K] = [G : H][H : K].$$

Dim. Sia

$$G = Hx_1 \cup Hx_2 \cup \ldots \cup Hx_n,$$
$$H = Kh_1 \cup Kh_2 \cup \ldots \cup Kh_m.$$

Ne segue, per $i = 1, 2, \ldots, n$,

$$Hx_i = Kh_1x_i \cup Kh_2x_i \cup \ldots \cup Kh_mx_i.$$

Tutti i laterali di K così ottenuti al variare di Hx_i sono disgiunti: se $kh_jx_i = k'h_sx_t$, allora, essendo $kh_j, k'h_s \in H$, si avrebbe $Hx_i = Hx_t$. Il gruppo G è quindi unione dei Kh_jx_i, e questi sono in numero di $nm = [G : H][H : K]$. ◇

1.48 Teorema. *Siano H e K due sottogruppi di un gruppo G. Allora:*

$$[H : H \cap K] \leq [H \cup K : K]$$

(unione gruppale), e se $([H \cup K : K], [H \cup K : H]) = 1$ vale il segno di uguaglianza.

Dim. Ovviamente la cosa ha senso nel caso di indici finiti. Sia

$$H = \bigcup_{i=1}^{r} (H \cap K)h_i,$$

la partizione di H in classi laterali di $H \cap K$. Se $Kh_i = Kh_j$ allora $h_i = kh_j$, $k \in H \cap K$ e perciò $(H \cap K)h_i = (H \cap K)h_j$. Ne segue che K ha almeno r classi laterali in $H \cup K$. Per il teorema precedente si ha

$$[H \cup K : H \cap K] = [H \cup K : K][K : H \cap K] = [H \cup K : H][H : H \cap K],$$

e pertanto $[H \cup K : K]$ divide $[H \cup K : H][H : H \cap K]$, ed essendo primo con $[H \cup K : H]$ divide $[H : H \cap K]$. Con la disuguaglianza dimostrata sopra si ha il risultato.   ◇

1.49 Teorema. *L'intersezione di due sottogruppi di indice finito ha indice finito. Più in generale, l'intersezione di un numero finito di sottogruppi di indice finito ha indice finito.*

Dim. Siano H e K i due sottogruppi e sia $y \in (H \cap K)x$; si ha $y = zx$, con $z \in H \cap K$. Allora $z \in H$, $y \in Hx$, e $z \in K$, per cui $y \in Kx$; ne segue $y \in Hx \cap Kx$ e dunque $(H \cap K)x \subseteq Hx \cap Kx$. Viceversa, se $y \in Hx \cap Kx$ è $y = hx = kx$, e dunque $h = k$ e $h \in H \cap K$. Ne segue $y = hx \in (H \cap K)x$ e perciò $Hx \cap Kx \subseteq (H \cap K)x$. In definitiva,

$$(H \cap K)x = Hx \cap Kx,$$

e dunque un laterale di $H \cap K$ si ottiene come intersezione di un laterale di H con uno di K, e se questi sono in numero finito anche le loro intersezioni sono in numero finito. L'estensione al caso di un numero finito qualunque di sottogruppi è immediata.   ◇

Dati un gruppo finito G e un intero m che ne divide l'ordine, vi sono due modi di affrontare il problema dell'esistenza in G di un sottogruppo di ordine m: fare ipotesi sulla struttura di G (ciclico, abeliano, ecc.), oppure fare ipotesi su m (primo, potenza di un primo, prodotto di primi distinti, ecc.). Si è già visto un esempio del primo modo: il teorema di Lagrange si inverte per i gruppi ciclici. Il teorema che segue affronta il problema nel secondo modo.

1.50 Teorema (CAUCHY). *Se p è un primo che divide l'ordine di un gruppo finito G, allora esiste in G un sottogruppo di ordine p.*

Dim. Osserviamo intanto che se p è primo, l'esistenza di un sottogruppo di ordine p equivale a quella di un elemento di ordine p. Facciamo allora vedere che G ha un elemento di ordine p. Consideriamo il seguente insieme di p−uple di elementi di G: $S = \{(a_1, a_2, \ldots, a_p) | a_1 a_2 \cdots a_p = 1\}$. L'insieme S contiene n^{p-1} elementi, dove n è l'ordine di G (i primi $p-1$ elementi si possono scegliere ciascuno in n modi, e la scelta del p−esimo è obbligata: deve essere l'inverso del prodotto dei primi $p-1$). Diciamo equivalenti due p−uple quando una si ottiene dall'altra permutandone ciclicamente gli elementi (con una tale permutazione il prodotto resta uguale a 1; v. *es.* 5). Se gli a_i sono tutti uguali, allora la p−upla è l'unico elemento della propria classe di equivalenza; se almeno due a_i sono distinti, la classe contiene p p−uple (v. *Es.* 5 di 1.28). Se r è il numero di elementi $x \in G$ tali che $x^p = 1$, r uguaglia il numero delle classi con un solo elemento; se vi sono s classi con p elementi abbiamo allora $r + sp = n^{p-1}$. Ora, $r > 0$ perché c'è almeno la p−upla $(1, 1, \ldots, 1)$, p divide n e quindi anche n^{p-1}, e divide sp. Ne segue che p divide r, e perciò $r > 1$, e ciò significa che esiste almeno un p−pla del tipo $(a, a, \ldots, a)$, con $a \neq 1$. Ma allora a è un elemento di ordine p.   ◇

1.51 Nota. Il caso particolare $p = 2$ si è già visto nell'*es.* 7. Vedremo più in generale (Cap. 3, teorema di Sylow) che se p^k è una qualunque potenza del primo p che divide l'ordine di G allora esiste in G un sottogruppo di ordine p^k.

1.52 Definizione. Sia p un numero primo. Un p−*elemento* in un gruppo G è un elemento di ordine una potenza di p. G è un p−*gruppo* se tutti i suoi elementi hanno ordine una potenza del primo p. Un p−*sottogruppo* di G è un sottogruppo di G che è un p−gruppo.

Abbiamo già visto esempi di p−gruppi: il gruppo ciclico di ordine una potenza di un primo p; i diedrali D_n, con n potenza di 2, e il gruppo dei quaternioni sono 2−gruppi. Il gruppo C_{p^∞} è un p−gruppo infinito.

1.53 Teorema. *Un gruppo finito è un p−gruppo se e solo se ha ordine una potenza di p.*

Dim. Se $|G| = p^n$, avendosi $a^{p^n} = 1$ per ogni $a \in G$, si ha $o(a)|p^n$ e dunque $o(a) = p^k$, $k \leq n$; perciò G è un p–gruppo. Viceversa, se G è un p–gruppo, e $q||G|$ con q primo, $q \neq p$, per il teorema di Cauchy esiste in G un elemento di ordine q, contro l'ipotesi. $\diamond$

1.54 Esempi. 1. Dimostriamo che esistono due soli gruppi di ordine 6: quello ciclico ed S^3 (o D_3). Se G ha un elemento di ordine 6 è ciclico. Escluso questo caso, siano $a, b \in G$ con $o(a) = 2$ e $o(b) = 3$; questi due elementi esistono per Cauchy. Se $ab = ba$ allora $o(ab) = 6$ e G è ciclico. I sei elementi $1, b, b^2, a, ab, ab^2$ sono distinti (ogni uguaglianza porta a una contraddizione; ad esempio, se $b^2 = a$, allora $b^4 = 1$, mentre $o(b) = 3$). L'elemento ba deve essere uno dei sei scritti, e si vede subito che non può che essere ab^2. Come nel caso dei gruppi diedrali (*Es.* 6 di 1.21), l'uguaglianza $ba = ab^2$ determina il prodotto del gruppo, e la corrispondenza $a^h b^k \to a^h r^k$, con $h = 0, 1$ e $k = 0, 1, 2$, è un isomorfismo tra G e il gruppo D_3.

2. *Gruppi di ordine* 8. Conosciamo $C_8, D_4, \mathcal{Q}$, il gruppo delle riflessioni rispetto ai tre piani coordinati (che denotiamo con $\mathbf{Z}_2^{(3)}$) e il gruppo $U(15)$.

Nella tabella che segue i numeri della prima colonna denotano gli ordini, e all'incrocio della riga che riporta l'ordine i con la colonna j è segnato il numero di elementi di ordine i che ha il gruppo j:

	C_8	$\mathbf{Z}_2^{(3)}$	$U(15)$	D_4	$\mathcal{Q}$
1	1	1	1	1	1
2	1	7	3	5	1
4	2	0	4	2	6
8	4	0	0	0	0

Poiché due gruppi isomorfi hanno lo stesso numero di elementi per ogni dato ordine, i cinque gruppi sono a due a due non isomorfi. Vedremo (*Es.* 5 di 2.74) che non vi sono altri gruppi di ordine 8.

1.55 Definizione. Un sottogruppo proprio H di un gruppo G si dice *massimale* rispetto a una proprietà $\mathcal{P}$ se non è contenuto propriamente in alcun sottogruppo proprio di G avente la proprietà $\mathcal{P}$. In altri termini, se H ha la proprietà $\mathcal{P}$, e $H \leq K$, allora o $H = K$ oppure K non ha proprietà $\mathcal{P}$.

Ad esempio, se $\mathcal{P}$ è la proprietà di essere abeliano, allora "abeliano massimale" significa "non contenuto in alcun altro sottogruppo abeliano", ecc. Dicendo semplicemente "sottogruppo massimale", senza altra specificazione, si intende che $\mathcal{P}$ è la proprietà di essere un sottogruppo proprio. In questo caso, se H è massimale, e $H \leq K$, allora o $H = K$ oppure $K = G$.

Un gruppo finito contiene certamente sottogruppi massimali, e anzi ogni sottogruppo è contenuto in uno massimale. Nel gruppo degli interi, i sottogruppi generati dai numeri primi sono massimali (e solo questi lo sono). Ma un gruppo infinito può non averne. Ad esempio, nel gruppo C_{p^∞} i sottogruppi formano una catena infinita crescente (*es.* 28) e dunque nessun sottogruppo può essere massimale.

1.56 Teorema. *In un gruppo di ordine n esiste sempre un sistema di generatori la cui cardinalità non supera $\log_2 n$.*

Dim. Sia M un sottogruppo massimale del gruppo G in questione e sia $x \notin M$. Il sottogruppo $\langle M, x \rangle$ contiene propriamente M e dunque coincide con G. Avendosi $M < G$, possiamo per induzione supporre il teorema vero per il gruppo M, e cioè che M può essere generato da $\log_2 m$ elementi, dove $m = |M|$. Allora G è generato da $\log_2 m + 1$ elementi. D'altra parte, per il teorema di Lagrange m divide n, e dunque $m \leq n/2$. Ne segue $\log_2 m + 1 \leq \log_2 \frac{n}{2} + 1 = \log_2 n - \log_2 2 + 1 = \log_2 n$.

Il logaritmo del teorema precedente nasce in questo modo. Sia

$$G = H_0 \supset H_1 \supset H_2 \supset \cdots \supset H_{s-1} \supset H_s = \{1\}$$

una catena di sottogruppi ciascuno massimale nel precedente. Poiché l'indice $[H_i : H_{i+1}]$ è almeno 2, $i = 0, 1, \ldots, s - 1$, ed essendo il prodotto di questi indici uguale all'ordine n di G, abbiamo $n \geq 2 \cdot 2 \cdots 2 = 2^s$, e passando ai logaritmi $s \leq \log_2 n$. Facciamo vedere che G si può generare con s elementi. Prendendo un elemento x_1 in $G \setminus H_1$, per la massimalità di H_1 in G si ha $G = \langle H_1, x_1 \rangle$. Analogamente se $x_2 \in H_1 \setminus H_2$ abbiamo $H_1 = \langle H_2, x_2 \rangle$, e dunque $G = \langle x_1, x_2, H_2 \rangle$. Procedendo in questo modo si ha $G = \langle x_1, x_2, \ldots, x_s \rangle$, come si voleva.

1.57 Corollario. *Il numero dei gruppi non isomorfi di ordine n è al più $n^{n \log_2 n}$.*

Dim. Il prodotto di due elementi di un gruppo G è determinato una volta che si conosce il prodotto di un qualunque elemento di G per gli elementi di un insieme X di generatori di G. Ciò segue dalla proprietà associativa; infatti, dati $g, h \in G$, se $h = x_1 x_2 \ldots x_t$ si ha:

$$gh = g x_1 x_2 \ldots x_t = (g x_1) x_2 \ldots x_t = (g_1 x_2) x_3 \cdots x_t = \ldots = g_{t-1} x_t,$$

dove si è posto $g_i = g_{i-1} x_i$ ($g_0 = g$). Dunque il numero di operazioni di gruppo su $n = |G|$ elementi è al più uguale al numero delle funzioni da $G \times X \to G$, cioè $|G|^{|G| \cdot |X|}$. Poiché, per il teorema precedente, possiamo scegliere un insieme X con al più $\log_2 n$ elementi, il numero di operazioni di gruppo su $n = |G|$ elementi è al più uguale a $n^{n \log_2 n}$. ◊

Esercizi

30. Una relazione di equivalenza definita in un gruppo G si dice *componibile* a destra (a sinistra) se $a\rho b \Rightarrow ag\rho bg$ ($ga\rho gb$), per ogni $g \in G$. Dimostrare che una relazione di equivalenza componibile coincide con una delle due relazioni che danno le classi laterali di un sottogruppo.

31. Se $H \leq G$, H è l'unico laterale di H che è anche un sottogruppo di G.

32. Se $H, K \leq G$ e $Ha = Kb$ per certi $a, b \in G$ allora $H = K$.

33. (TEOREMA DI EULERO). Se $n > 1$ e a sono due interi e $(a, n) = 1$, allora $a^{\varphi(n)} \equiv 1 \bmod n$.

34. (PICCOLO TEOREMA DI FERMAT.) Se p è un numero primo che non divide a, allora $a^{p-1} \equiv 1 \bmod p$.

35. Dimostrare che il teorema di Lagrange si inverte per i gruppi diedrali D_p, p primo, e che se $p > 2$ i sottogruppi di D_p sono dati da $\langle r \rangle$ e $\langle ar^i \rangle$, $i = 0, 1, 2, \ldots, p-1$. (Vedremo in seguito che il teorema di Lagrange si inverte per tutti i D_n, per ogni intero n).

36. Determinare i sottogruppi dei gruppi D_4 e D_p, p primo.

37. In un gruppo di ordine dispari ogni elemento è un quadrato (cioè, dato $x \in G$ esiste $y \in G$ tale che $x = y^2$).

38. Nel caso di un gruppo finito, dimostrare direttamente che due classi laterali di un sottogruppo H o coincidono o sono disgiunte, e usare questo fatto per dimostrare il teorema di Lagrange.

39. Dimostrare che esistono due soli gruppi di ordine $2p$, il ciclico e il diedrale.

40. Un sottogruppo di indice finito di un gruppo infinito ha intersezione non banale con ogni sottogruppo infinito del gruppo.

41. Dimostrare che i laterali di $\mathbf{Z}$ in $\mathbf{R}$ sono in corrispondenza biunivoca con i punti dell'intervallo $[0,1)$.

42. Dimostrare che il gruppo di ordine 8 dell'*Es.* 5 di 1.21 ha 7 sottogruppi di ordine 2 e 7 sottogruppi di ordine 4.

Se $a, b, c, a+b, a+c, b+c, a+b+c$ sono i 7 elementi del gruppo dell'*es.* precedente, i corrispondenti sottogruppi di ordine 2 sono i punti del *piano di Fano*, il piano proiettivo di ordine 2, e i 7 sottogruppi di ordine 4 le 7 rette di questo piano. Vi sono 3 punti su ogni retta (tre elementi in un sottogruppo, più lo zero) e 3 rette passanti per ciascun punto (tre sottogruppi si intersecano in un sottogruppo di ordine 2). Si può rappresentare come segue (lo zero non è segnato):

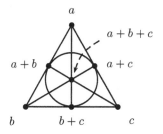

1.3 Automorfismi

1.58 Definizione. Un isomorfismo di un gruppo con se stesso si chiama *automorfismo*.

L'insieme degli automorfismi di un gruppo G è un gruppo rispetto al prodotto operatorio, come subito si vede. Si denota con $\mathbf{Aut}(G)$. Inoltre, essendo un automorfismo una corrispondenza biunivoca e quindi una permutazione, $\mathbf{Aut}(G)$ è un sottogruppo di S^G.

1.59 Esempi. 1. Sia G un gruppo ciclico, $G = \langle a \rangle$. Se $g \in G$, allora $g = a^k$, per un certo intero k, e se $\alpha \in \mathbf{Aut}(G)$ si ha $\alpha(g) = \alpha(a^k) = \alpha(a)^k$, per cui α è determinato dal valore che assume sul generatore a di G.

Distinguiamo due casi.

1. G finito, di ordine n. Se $\alpha(a) = a^k$, si ha $o(a^k) = o(a) = n$, in quanto α conserva gli ordini, e perciò $(n, k) = 1$ (Teor. 1.27, *viii*)). Viceversa, se $(n, k) = 1$, la corrispondenza $\alpha : a^s \to a^{sk}$, $s = 0, 1, \ldots, n-1$, è iniettiva in quanto se $a^{sk} = a^{tk}$ con $s > t$ allora $a^{(s-t)k} = 1$ e n divide $(s-t)k$, ed essendo primo con k divide $s - t$, che è minore di n, assurdo. Poiché G è finito è anche surgettiva. Inoltre, $a^s \cdot a^t = a^{s+t} \to a^{(s+t)k} = a^{sk} \cdot a^{tk}$, per cui α conserva l'operazione, ed è perciò un automorfismo. L'ordine di α è il più piccolo intero m tale che $k^m \equiv 1 \bmod n$.

La corrispondenza $\mathbf{Aut}(G) \to U(n)$, che associa all'automorfismo α l'intero k minore di n e primo con n che esso determina, è un isomorfismo. Ne segue che $\mathbf{Aut}(G)$ è abeliano e ha ordine $\varphi(n)$. In particolare, se $n = p$, primo, $\mathbf{Aut}(G) \simeq U(p)$, ciclico di ordine $p - 1$.

Consideriamo $G = \langle a \rangle$, ciclico di ordine 7. Allora $\mathbf{Aut}(G)$ è ciclico di ordine 6 e generato ad esempio da $\alpha : a \to a^k$, dove $1 < k < 7$. Sia $k = 3$; l'automorfismo $\alpha : a \to a^3$ dà luogo alla permutazione $(1)(a, a^3, a^2, a^6, a^4, a^5)$ degli elementi di G, il suo quadrato $\alpha^2 : a \to a^2$ alla $(1)(a, a^2, a^4)(a^3, a^6, a^5)$, e il cubo $\alpha^3 : a \to a^6$ alla $(1)(a, a^6)(a^3, a^4)(a^2, a^5)$. Analogamente per le altre potenze di α.

1.60 Note. 1. Sussiste in proposito il seguente lemma di Gauss: se G è un gruppo ciclico di ordine n, $\mathbf{Aut}(G)$ è abeliano, ed è ciclico se e solo se $n = 2, 4, p^e, 2p^e$, p primo dispari ed $e \geq 1$.

2. Le simmetrie di un poligono di n lati con i vertici nei punti $e^{2\pi i/n}$ di un cerchio di raggio 1 date dalle rotazioni piane formano un gruppo ciclico di ordine n. Gli automorfismi di questo gruppo si possono considerare, con Gauss, come "simmetrie nascoste" del poligono.

2. G infinito. Se $\alpha \in \mathbf{Aut}(G)$ e $\alpha(a) = a^k$, avendosi $a = \alpha(g)$ per un certo g (α è biunivoca) e $g = a^h$ per un certo h, si ha $a = \alpha(g) = \alpha(a^h) = \alpha(a)^h = (a^k)^h = a^{kh}$, da cui $a^{kh-1} = 1$. Ma essendo l'ordine di a infinito ciò implica $kh - 1 = 0$, $kh = 1$, e perciò, essendo h e k interi, $k = \pm 1$. Ne segue che vi sono soltanto due automorfismi: l'identità e quello che scambia un elemento

a con il suo inverso a^{-1}. $G \simeq \mathbf{Z}$, e negli interi quest'ultimo automorfismo è il "cambiamento di segno" $n \to -n$.

2. È chiaro che gruppi isomorfi hanno gruppi di automorfismi isomorfi. Il viceversa però è falso: C_3, C_4, C_6 e $\mathbf{Z}$ hanno tutti e quattro C_2 come gruppo di automorfismi.

3. Le trasformazioni lineari invertibili di uno spazio vettoriale V su un campo K sono particolari automorfismi del gruppo additivo dello spazio: hanno in più la proprietà di permutare con la moltiplicazione per gli elementi di K (scalari). Se K è un campo primo ($\mathbf{Z}_p$ o il campo razionale $\mathbf{Q}$), linearità e additività sono equivalenti: tutti gli automorfismi di $V(+)$ permutano con gli scalari e sono perciò tutti trasformazioni lineari. Infatti, se $K = \mathbf{Z}_p$, la moltiplicazione $[h] \cdot v$ di $v \in V$ per uno scalare $[h] \in \mathbf{Z}_p$ significa la somma di v con se stesso un numero h di volte (v. *Es.* 7 di 1.28), e dunque per $\alpha \in \mathbf{Aut}(V(+))$ si ha $\alpha([h] \cdot v) = \alpha(v + v \cdots + v) = \alpha(v) + \alpha(v) + \cdots + \alpha(v) = [h] \cdot \alpha(v)$. Pertanto, $\mathbf{Aut}(V(+)) \simeq GL(V)$, e se V è di dimensione n su $\mathbf{Z}_p$,

$$\mathbf{Aut}(V(+)) \simeq GL(n, \mathbf{Z}_p).$$

In particolare, se $n = 1$, $V(+) \simeq \mathbf{Z}_p(+)$, ciclico di ordine p, e si ha, come sappiamo (v. *Es.* 1),

$$\mathbf{Aut}(\mathbf{Z}_p(+)) \simeq U(p)$$

(le matrici 1×1 invertibili su $\mathbf{Z}_p$ vengono identificate con gli elementi invertibili di $\mathbf{Z}_p$, cioè con i suoi elementi non nulli).

Se $K = \mathbf{Q}$, α additiva significa in particolare lineare per gli interi, e dunque per s intero $\alpha(s \cdot v) = s\alpha(v)$. Facciamo vedere che la linearità per gli interi implica la linearità per tutti i razionali, cioè $\alpha(\frac{r}{s}v) = \frac{r}{s}\alpha(v)$. Infatti,

$$s\alpha(\frac{r}{s}v) = \alpha(s \cdot \frac{r}{s}v) = \alpha(rv) = r(\alpha v),$$

e dividendo il primo e l'ultimo per s si ha il risultato.

Se $V(+)$ è di dimensione n su $\mathbf{Q}$ abbiamo allora

$$\mathbf{Aut}(V(+)) \simeq GL(n, \mathbf{Q}),$$

e se V è di dimensione 1, $V(+) \simeq \mathbf{Q}(+)$,

$$\mathbf{Aut}(\mathbf{Q}(+)) \simeq \mathbf{Q}^*(\cdot);$$

in altre parole gli automorfismi del gruppo additivo dei razionali sono le moltiplicazioni per i razionali non nulli: essendo tutti lineari si ha infatti $\alpha(x) = \alpha(x \cdot 1) = x\alpha(1)$ e, fissata l'immagine di 1, α resta determinata come la moltiplicazione per $\alpha(1)$.

1.61 Nota. Anche nel caso del gruppo additivo dei reali $\mathbf{R}(+)$ le moltiplicazioni per un reale fissato danno automorfismi. È chiaro che una α data da $\alpha(x) = cx$, $c \in \mathbf{R}$, è una funzione continua. Viceversa, se α è additiva, analogamente a quanto visto sopra, si ha, per r razionale, $\alpha(r) = r\alpha(1)$. Scrivendo ora x reale come limite di una successione di razionali, $x = \lim r_i$, abbiamo, se α è continua, $\alpha(x) = \alpha(\lim r_i) = \lim \alpha(r_i) = \lim r_i \alpha(1) = \alpha(1) \lim r_i = \alpha(1)x$. In altre parole, le sole funzioni additive e continue sono le moltiplicazioni per un reale fissato. Vi sono altri automorfismi di $\mathbf{R}(+)$ (nessuno dei quali è una funzione misurabile secondo Lebesgue in quanto una funzione additiva e misurabile è continua).

4. Se $V = \{1, a, b, c\}$ è il gruppo di Klein, un automorfismo fissa 1 e permuta i tre elementi non identici: $\mathbf{Aut}(V)$ è dunque isomorfo a un sottogruppo di S^3. Ma ogni permutazione sui tre elementi non identici è un automorfismo; ad esempio, sia α dato da $\alpha(a) = b$, $\alpha(b) = a$, $\alpha(c) = c$. Allora $\alpha(a \cdot b) = \alpha(c) = c = b \cdot a = \alpha(a) \cdot \alpha(b)$, $\alpha(b \cdot c) = \alpha(a) = b = a \cdot c = \alpha(b) \cdot \alpha(c)$, e analogamente per gli altri prodotti. Se $\alpha(a) = b$, $\alpha(b) = c$, $\alpha(c) = a$, è $\alpha(a \cdot b) = \alpha(c) = a = b \cdot c = \alpha(a) \cdot \alpha(b)$, ecc. Si ha allora $\mathbf{Aut}(V) \simeq S^3 \simeq GL(2, \mathbf{Z}_2)$.

5. La corrispondenza $\alpha : a \to a^{-1}$, che in un qualunque gruppo è biunivoca, in un gruppo abeliano conserva l'operazione, e dunque è un automorfismo. Infatti, $\alpha(ab) = (ab)^{-1} = b^{-1}a^{-1} = a^{-1}b^{-1} = \alpha(a)\alpha(b)$. Questo fatto caratterizza i gruppi abeliani: per definizione di α, $\alpha(ab) = (ab)^{-1} = b^{-1}a^{-1}$; ma se la corrispondenza α è un automorfismo, $\alpha(ab) = \alpha(a)\alpha(b) = a^{-1}b^{-1}$, e pertanto $a^{-1}b^{-1} = b^{-1}a^{-1}$, cioè $(ba)^{-1} = (ab)^{-1}$, da cui $ab = ba$. Dunque: *la corrispondenza $\alpha : a \to a^{-1}$ è un automorfismo se e solo se il gruppo è abeliano.* (v. 2 dell'*Es.* 1 qui sopra).

Se $\alpha \in \mathbf{Aut}(G)$ e $H \leq G$, allora $\alpha(H)$ è ancora un sottogruppo di G ed è isomorfo ad H.

1.62 Definizione. Un sottogruppo H di un gruppo G si dice *caratteristico* in G se è mutato in sé da ogni automorfismo di G:

$$\alpha(H) = H, \quad \forall \alpha \in \mathbf{Aut}(G).$$

Ovviamente, $\{1\}$ e G sono caratteristici.

1.63 Esempi. 1. Il gruppo $\mathbf{Z}$ ha un solo automorfismo non identico, quello che porta n in $-n$, e quindi muta in sé ogni sottogruppo. Lo stesso accade nel caso di un gruppo ciclico finito perché allora un sottogruppo è unico del proprio ordine e dunque è necessariamente mutato in sé da un automorfismo. Se ne conclude che in un gruppo ciclico tutti i sottogruppi sono caratteristici.

2. Nel gruppo di Klein nessun sottogruppo proprio è caratteristico come si vede dall'*Es.* 4 di 1.61.

3. $\mathbf{Q}(+)$ non ha sottogruppi caratteristici propri. Infatti, se $0 \neq a \in H < \mathbf{Q}(+)$, sia $b \notin H$; allora l'automorfismo dato dalla moltiplicazione per $\frac{b}{a}$ porta $a \in H$ in $b \notin H$.

4. I due esempi precedenti sono casi particolari del fatto che in uno spazio vettoriale V nessun sottospazio W diverso da $\{0\}$ e da V è, come gruppo abeliano $W(+)$, caratteristico in $V(+)$. Infatti, se $0 \neq v \in W$ e $v' \notin W$, allora v e v' fanno parte di due basi B e B', rispettivamente, e quindi esiste una trasformazione lineare invertibile dello spazio V, che in particolare è un automorfismo di $V(+)$, che porta B in B' e v in v'.

5. Il sottogruppo delle rotazioni di D_n è caratteristico: si tratta infatti dell'unico sottogruppo ciclico di ordine n di D_n.

Esercizi

43. Dimostrare che in un gruppo abeliano di ordine dispari la corrispondenza che manda ogni elemento nel proprio quadrato è un automorfismo (v. *es.* 37).

44. Dimostrare che se $\alpha \in \mathbf{Aut}(G)$, l'insieme degli elementi $g \in G$ tali che $g^\alpha = g$ (cioè l'insieme degli elementi di G lasciati fissi da α) è un sottogruppo di G.

45. Dimostrare che nel gruppo $GL(n, K)$ la corrispondenza $\alpha : M \to (M^{-1})^t$ che manda una matrice nella trasposta dell'inversa è un automorfismo. Il sottogruppo delle matrici fissate da α consta delle matrici ortogonali ($M^t = M^{-1}$).

46. Dimostrare che il solo automorfismo del campo dei razionali è l'identità.

47. Dimostrare che il solo automorfismo del campo dei reali è l'identità. [*Sugg.*: φ conserva l'ordine: se $r < s$ allora $s - r > 0$ e quindi è un quadrato: $s - r = t^2$ e $\varphi(s) - \varphi(r) = \varphi(t)^2 > 0$; se q è un numero razionale tra r e $\varphi(r)$ e $\varphi(r) \neq r$, allora avendosi, per l'*es.* precedente, $\varphi(q) = q$ si ha che φ inverte l'ordine tra r e q].

1.64 Nota. A differenza dei reali, il campo complesso $\mathbf{C}$ ha infiniti automorfismi. È ben noto il coniugio $a + ib \to a - ib$, a, b reali, che lascia fissi i reali, e che oltre all'identità è l'unico continuo. Inoltre, ogni automorfismo di un sottocampo di $\mathbf{C}$ (ad esempio, l'automorfismo di $\mathbf{Q}(\sqrt{2})$ ottenuto scambiando $\sqrt{2}$ e $-\sqrt{2}$) si estende a uno di $\mathbf{C}$.[†]

[†] Si veda l'articolo di Paul B. Yale, *Automorphisms of the complex numbers*, Math. Magazine, 39 (1966), 135–141.

2

Sottogruppi normali, coniugio e teoremi di isomorfismo

2.1 Prodotto di Frobenius

2.1 Definizione. Siano A e B due sottoinsiemi di un gruppo G. Il *prodotto* $A \cdot B$ è definito come l'insieme

$$A \cdot B = \{ab, \ a \in A, b \in B\}$$

(*prodotto di Frobenius*).

2.2 Nota. In $A \cdot B$ uno stesso elemento può essere ripetuto più volte (può cioè aversi $ab = a'b' = \ldots$), ma va contato una volta sola (parliamo infatti dell'insieme $A \cdot B$). Così, ad esempio, con $A = \{1, a\}$ e $B = \{1, a^{-1}\}$ abbiamo i quattro prodotti $1, a, a^{-1}, 1$ e $A \cdot B = \{1, a, a^{-1}\}$.

Il prodotto $A \cdot B$ (o, più semplicemente, AB) è associativo, perché tale è il prodotto di G. Ma non è in generale commutativo. Siano infatti, nel gruppo S^3, $A = \{I, (1,2)(3)\}$, $B = \{I, (2,3)(1)\}$; allora:

$$AB = \{I, (1,2)(3), (2,3)(1), (1,3,2)\} \neq \{I, (1,2)(3), (2,3)(1), (1,2,3)\} = BA.$$

2.3 Nota. È appena il caso di osservare che la commutatività $AB = BA$ non significa che $ab = ba$ per ogni $a \in A$ e $b \in B$. Significa, invece, che ogni elemento di AB è uguale a uno di BA, e viceversa, cioè che per ogni prodotto ab esistono b' e a' tali che $ab = b'a'$, e viceversa. Si tratta di una commutatività tra insiemi e non tra elementi.

Poiché A e B nell'*Es.* precedente sono sottogruppi, si ha anche che il prodotto di due sottogruppi non è in generale un sottogruppo: AB ha infatti 4 elementi e 4 non divide $6 = |S^3|$ (ovvero AB contiene $(1,3,2)$ ma non l'inverso). Il teorema seguente dà una condizione necessaria e sufficiente affinché il prodotto di due sottogruppi sia un sottogruppo.

2.4 Teorema. *Siano H e K due sottogruppi di un gruppo G. Allora il prodotto HK è un sottogruppo di G se e solo se i due sottogruppi sono permutabili.*

Dim. Se il prodotto HK è un sottogruppo, avendosi $K, H \subseteq HK$ è $kh \in HK$ per ogni $k \in K$ e $h \in H$, e dunque $KH \subseteq HK$. Per l'altra inclusione, se $x \in HK$ è anche $x^{-1} \in HK$, e pertanto $x^{-1} = hk$ per certi h e k; ne segue $x = k^{-1}h^{-1} \in KH$, e quindi, valendo ciò per ogni $x \in HK$, si ha l'altra inclusione $HK \subseteq KH$.

Viceversa, sia $HK = KH$. Allora $1 \in HK$, e se $x \in HK$ allora $x = hk$ e quindi $x^{-1} = k^{-1}h^{-1} \in KH = HK$. Infine, se $x = hk$ e $y = h_1 k_1$ si ha $xy = hkh_1k_1 = h(kh_1)k_1 = h(h_1'k')k_1 = (hh_1')(k'k_1) \in HK$. $\Diamond$

2.5 Teorema. *Siano H e K due sottogruppi di un gruppo finito G. Allora:*

$$|HK| = \frac{|H||K|}{|H \cap K|}. \tag{2.1}$$

Dim. In generale (anche se G non è finito) la cardinalità di $H \cap K$ dà il numero di modi in cui un elemento di HK si può scrivere come prodotto di un elemento di H per uno di K. Si stabilisce infatti una corrispondenza biunivoca φ tra le scritture di $g \in HK$ e gli elementi di $H \cap K$ in questo modo. Fissiamo una scrittura $g = hk$ e poniamo $\varphi : hk \to 1$. Se $h_1 k_1$ è un'altra scrittura di hk (e quindi $h_1 \neq h$, da cui $k_1 \neq k$) sia $h_1 k_1 \to h^{-1}h_1 (= kk_1^{-1})$ ($hk \to 1$ corrisponde ad $hk = kh$). Questa corrispondenza è iniettiva perché se $h^{-1}h_1 = h^{-1}h_2$ allora $h_1 = h_2$, e dalla $h_1 k_1 = h_2 k_2$ si ha anche $k_1 = k_2$, e le due scritture sono la stessa. Ma è anche surgettiva: se $x \in H \cap K$, allora x proviene da $(hx)(x^{-1}k)$: $(hx)(x^{-1}k) \to h^{-1} \cdot hx = x$. Nel caso finito, ognuno degli $|H||K|$ prodotti è ripetuto $|H \cap K|$ volte e pertanto sussiste la (2.1). $\Diamond$

2.6 Note. 1 L'uguaglianza (2.1) è analoga a quella della teoria elementare dei numeri, dove si ha $\mathrm{mcm}(a,b) = \frac{a \cdot b}{(a,b)}$.

2. Se $G = HK$, dalla (2.1) si ha $[G : H] = [K : H \cap K]$.

2.7 Corollario. *Se H e K sono due sottogruppi di un gruppo finito G di indici relativamente primi, allora*

$$G = HK \quad e \quad [G : H \cap K] = [G : H][G : K].$$

Più in generale, se i sottogruppi H_i, $i = 1, 2, \ldots, n$, hanno indici relativamente primi, allora $[G : \bigcap_{i=1}^{n} H_i] = \prod_{i=1}^{n}[G : H_i]$.

Dim. Si ha $[G : H][H : H \cap K] = [G : K][K : H \cap K]$ perché entrambi uguali a $[G : H \cap K]$ (Teor. 1.47). Allora $[G : K]$ divide $[H : H \cap K]$, essendo primo con $[G : H]$, e in particolare $[G : K] \leq [H : H \cap K]$. Ne segue

$$|HK| = \frac{|H||K|}{|H \cap K|} = \frac{|H|}{|H \cap K|}|K| \geq [G : K]|K| = |G|,$$

e dunque $G = HK$. Dalla dimostrazione del Teor. 1.48 si ha $[G : H \cap K] \leq [G : H][G : K]$, e per quanto visto sopra entrambi i fattori a secondo membro dividono il primo, e quindi, trattandosi di numeri relativamente primi, anche il loro prodotto lo divide. Il caso generale segue per induzione. $\Diamond$

2.2 Sottogruppi normali e gruppi quoziente

Abbiamo denotato con Ha la classe laterale di un sottogruppo H di un gruppo G a cui appartiene l'elemento $a \in G$. Avendosi $Ha = \{ha, h \in H\}$, l'insieme Ha coincide con il prodotto di Frobenius dei due sottoinsiemi H e $\{a\}$. Ci chiediamo ora: sotto quali condizioni per H il prodotto di due qualunque classi laterali:

$$Ha \cdot Hb = \{h_1 a \cdot h_2 b;\ h_1, h_2 \in H\}$$

è ancora una classe laterale? Intanto, questo prodotto contiene la classe Hab (che si ottiene per $h_2 = 1$), e dunque se è una classe laterale sarà necessariamente la classe Hab. Ci chiediamo allora sotto quali condizioni per H si abbia, per ogni $a, b \in G$,

$$Ha \cdot Hb = Hab. \tag{2.2}$$

Resta dunque da stabilire in quale caso

$$Ha \cdot Hb \subseteq Hab. \tag{2.3}$$

Se la (2.3) è soddisfatta per ogni $h_1, h_2 \in H$, esiste $h_3 \in H$ tale che $h_1 a \cdot h_2 b = h_3 ab$, cioè $ah_2 = h_1^{-1} h_3 a = h'a$. Allora, condizione necessaria affinché sussista la (2.3) è che, dato comunque $h \in H$, esista $h' \in H$ tale che

$$ah = h'a. \tag{2.4}$$

Ma la (2.4) è anche sufficiente; da essa si ha infatti:

$$h_1 a \cdot h_2 b = h_1 (ah_2) b = h_1 (h'_2 a) b = h_1 h'_2 \cdot ab = hab$$

cioè la (2.3).

La (2.4) si può esprimere anche come segue: per ogni $a \in G$,

$$aH = Ha \tag{2.5}$$

ovvero le classi laterali destre e sinistre di H coincidono, e anche come

$$a^{-1}ha \in H, \tag{2.6}$$

per ogni $a \in G$ e $h \in H$, ovvero $a^{-1}Ha = H$.

La (2.4) è equivalente alla seguente condizione su H:

$$x, y \in G \text{ e } xy \in H \Rightarrow yx \in H; \tag{2.7}$$

in parole: se H contiene il prodotto di due elementi di G in un certo ordine, allora contiene anche il prodotto dei due elementi nell'ordine inverso. Infatti, per la (2.4) con $a = x^{-1}$ e $h = xy$ abbiamo $x^{-1}(xy) = h'x^{-1}$, cioè $y = h'x^{-1}$, ovvero $yx = h' \in H$, cioè la (2.7). Viceversa, se sussiste la (2.7) consideriamo, per $a \in G$ e $h \in H$, l'elemento aha^{-1}. Con $ha^{-1} = x$ e $a = y$ abbiamo

$xy = ha^{-1} \cdot a = h \in H$; per ipotesi, $yx = h' \in H$; ma $yx = aha^{-1}$, e dunque $aha^{-1} = h'$, cioè la (2.4).

Il fatto che H soddisfi le condizioni equivalenti (2.4) e (2.7) ha la seguente notevole conseguenza: *l'insieme delle classi laterali di H è un gruppo rispetto all'operazione* (2.2). Infatti:

i) *proprietà associativa*:

$$Ha \cdot (Hb \cdot Hc) = Ha \cdot (Hbc) = Ha(bc),$$
$$(Ha \cdot Hb) \cdot Hc = H(ab) \cdot Hc = H(ab)c,$$

e per la proprietà associativa di G i due prodotti sono uguali.

ii) *Elemento neutro*. È la classe H:

$$Ha \cdot H = Ha \cdot H1 = H(a \cdot 1) = Ha$$

e analogamente per $H \cdot Ha$.

iii) *Inverso*; l'inversa $(Ha)^{-1}$ della classe Ha è la classe cui appartiene l'inverso di a:

$$Ha \cdot Ha^{-1} = Haa^{-1} = H1 = H,$$

e analogamente per $Ha^{-1} \cdot Ha$.

2.8 Definizione. Un sottogruppo H di un gruppo G che soddisfa una delle condizioni equivalenti (2.2), (2.4), (2.5), (2.6), (2.7) si dice *normale*. Si scrive $H \trianglelefteq G$ (se H è proprio, $H \triangleleft G$). Il gruppo definito dalla (2.2) è il *gruppo quoziente* di G rispetto ad H e si denota con $G/H^\dagger$. È chiaro che se H è normale in G e K è un sottogruppo di G che contiene H, allora H è normale nel gruppo K, e i laterali di H che contengono gli elementi di K formano un gruppo.

Inoltre, se H è un sottogruppo non necessariamente normale di G, e K è un sottogruppo di G che contiene H, può ben accadere che la (2.5) sia soddisfatta solo per gli elementi a di K. Diremo in questo caso che H è un sottogruppo normale del gruppo K: $H \trianglelefteq K$. Se H è normale in G allora la (2.5) sussiste per tutti gli $a \in G$ e dunque in particolare per quelli di K, per cui $H \trianglelefteq K$.

2.9 Esempi. 1. In un gruppo abeliano ogni sottogruppo è normale: la (2.4) è soddisfatta con $h' = h$.

2. Un sottogruppo di indice 2 in un qualunque gruppo è normale. Infatti, per $a \notin H$, $G = H \cup Ha$ e $G = H \cup aH$, unioni disgiunte. Pertanto $aH = Ha$ perché entrambi uguali a $G \setminus H$.

---

† Ovviamente, all'insieme delle classi laterali G/H si può dare struttura di gruppo anche se H non è normale: a qualunque insieme si può dare una struttura di gruppo. Ma non sarà quella data dall'operazione (2.2). In altre parole, l'operazione di G si trasferisce al quoziente G/H se e solo se H è normale, e solo in questo caso si parla di "gruppo quoziente".

3. Nel gruppo dei quaternioni Q ogni sottogruppo è normale. I tre sottogruppi di ordine 4 sono normali perché hanno indice 2. Il sottogruppo $N = \{1, -1\}$ di ordine 2 è normale in quanto consta di elementi che permutano con tutti gli altri, e dunque la (2.4) è soddisfatta. Abbiamo così un esempio di gruppo in cui tutti i sottogruppi sono normali ma che non è abeliano.

Il quoziente Q/N è un gruppo di ordine 4, e dunque si tratta o di C_4 oppure del gruppo di Klein V. Ma i sei elementi di ordine 4 hanno per quadrato -1, e -1 ha quadrato 1: il quadrato di ogni elemento appartiene quindi a N, e ciò significa che ogni elemento del quoziente ha ordine 2 $((Ng)^2 = Ng^2 = N)$. Dunque $Q/C_2 \simeq V$.

Poiché i sottogruppi propri di Q sono tutti ciclici, questo esempio mostra anche che se N è un sottogruppo normale di un gruppo G non è detto che G contenga un sottogruppo isomorfo a G/N. (Non così nel caso abeliano; v. Teor. 4.41).

Un gruppo (non abeliano) nel quale ogni sottogruppo è normale si dice *hamiltoniano*. Il gruppo dei quaternioni è il più piccolo gruppo hamiltoniano.

4. Nel gruppo D_n il sottogruppo delle rotazioni è normale. Si ha infatti (v. *Es.* 6 di 1.21) $ar^k a = r^{-k}$, $r^{-h} r^k r^h = r^k$ e dunque (si ricordi che $a^{-1} = a$):

$$(ar^h)^{-1} r^k (ar^h) = r^{-h}(ar^k a)r^h = r^{-h} r^{-k} r^h = r^{-k},$$

e la (2.6) è soddisfatta. La cosa si vede anche osservando che il sottogruppo delle rotazioni ha indice 2 in D_n.

5. Nel gruppo S^3 il sottogruppo di ordine 3 è normale (indice 2). Nessuno dei tre sottogruppi di ordine 2 è invece normale. Ad esempio, per $H = \{I, (1, 2)(3)\}$ e $a = (1, 2, 3)$ abbiamo

$$Ha = \{(1, 2, 3), (1, 3)(2)\} \neq \{(1, 2, 3), (2, 3)(1)\} = aH.$$

6. Nel gruppo D_4, i tre sottogruppi di ordine 4 (*es.* 17) sono normali (indice 2), esauriscono gli 8 elementi del gruppo e contengono tutti e tre il sottogruppo $N = \{1, r^2\}$. Poiché questi tre sottogruppi sono abeliani, r^2 permuta con tutti i loro elementi, e dunque con tutti gli elementi di D_4. La (2.4) è così soddisfatta, e si ha $N \lhd G$.

I due elementi di ordine 4 di D_4 hanno per quadrato r^2, gli altri hanno ordine 2 e dunque hanno per quadrato l'identità. Il quadrato di ogni elemento appartiene perciò a N, e così $G/N \simeq V$.

Nessuno degli altri quattro sottogruppi di ordine 2 è invece normale. Se $H = \{1, d\}$, dove d è una simmetria diagonale, si ha $r^{-1} H r = \{1, d'\} \neq H$, dove d' è l'altra simmetria diagonale. Analogamente per gli altri tre sottogruppi.

7. Il gruppo $\mathbf{Z}_n$ delle classi resto modulo n con l'operazione di somma modulo n è il gruppo quoziente $\mathbf{Z}/n\mathbf{Z}$ (v. 1.7, *Es.* 5).

8. Il gruppo $SL(n, K)$ delle matrici a determinante 1 è un sottogruppo normale di $GL(n, K)$ (v. *Es.* 2 di 1.21). Infatti, se $A \in SL(n, K)$ e se B è una qualunque matrice di $GL(n, K)$, si ha $\det(B^{-1}AB) = \det(B)^{-1}\det(A)\det(B)$ $= \det(A) = 1$, e dunque $B^{-1}AB \in SL(n, K)$. Si osservi che due matrici appartengono alla stessa classe laterale di $SL(n, K)$ se e solo se hanno lo stesso determinante, e poiché ogni elemento non nullo di K è determinante di una matrice di $GL(n, K)$ si ha $GL(n, K)/SL(n, K) \simeq K^*$.

Se $A \in SL(n, K)$ è $\det(A) = 1$ e 1 appartiene al sottocampo fondamentale (*sottocampo primo*) di K. L'argomento precedente dimostra allora che le matrici il cui determinante appartiene a un fissato sottocampo di K formano un sottogruppo normale di $GL(n, K)$.

9. Un sottogruppo normale è permutabile con ogni altro sottogruppo. Se $H \trianglelefteq G$ si ha infatti $ah = h'a$, per ogni $a \in G$. In particolare, per $k \in K$ si ha $kh = h'k$ e dunque $KH = HK$. La condizione $kh = h'k'$ si ottiene qui, grazie alla normalità di H, con $k' = k$. Per il Teor. 2.4, allora, il prodotto di un sottogruppo normale per un qualunque altro sottogruppo è ancora un sottogruppo.

10. Il prodotto di due sottogruppi normali è normale: se $hk \in HK$, con $H, K \trianglelefteq G$, allora $x^{-1}hkx = x^{-1}hxx^{-1}kx = (x^{-1}hx)(x^{-1}kx) \in HK$. Con la stessa dimostrazione si vede che il prodotto di un numero finito qualunque di sottogruppi normali è normale.

11. L'intersezione di due sottogruppi normali è normale. Se $x \in H \cap K$, con $H, K \trianglelefteq G$, allora $a^{-1}xa \in H$, in quanto $H \trianglelefteq G$ e $a^{-1}xa \in K$, in quanto $K \trianglelefteq G$. Dunque $a^{-1}xa \in H \cap K$. Con la stessa dimostrazione si vede che l'intersezione di un numero qualunque di sottogruppi normali è normale.

Che i sottogruppi $\{1, -1\}$ di Q (*Es. 3*) o $\{1, r^2\}$ di D_4 (*Es. 6*) siano normali si vede quindi anche dal fatto che sono intersezioni di sottogruppi normali.

12. Se $H \trianglelefteq K$ e $K \trianglelefteq G$ non è detto che $H \trianglelefteq G$ (*la normalità non è transitiva*)[†]. Ad esempio, nel gruppo D_4, sappiamo che il sottogruppo $H = \{1, a\}$ (v. *Es. 6*), non è normale in D_4, mentre H è normale in uno dei due gruppi di Klein V, perché V è abeliano, e $V \trianglelefteq G$ perché ha indice 2.

13. L'immagine di un sottogruppo normale secondo un automorfismo del gruppo è normale. Si ha $a^{-1}H^\alpha a = (a^{-\alpha^{-1}}Ha^{\alpha^{-1}})^\alpha = H^\alpha$.

2.10 Teorema. *Due sottogruppi normali a intersezione $\{1\}$ permutano elemento per elemento.*

Dim. Abbiamo, per la normalità di H, $hk = kh'$, con lo stesso k, e, per la normalità di K, $kh' = h'k'$, con lo stesso h'. Dunque $hk = h'k'$. Ma per il Teor. 2.5 la scrittura di un elemento come prodotto di un elemento di H per uno di K è unica in quanto per ipotesi $|H \cap K| = 1$; quindi $h = h'$ (e $k = k'$), ovvero $hk = kh$. $\diamond$

[†] Si ha $H \trianglelefteq G$ se H è caratteristico in K (v. l'osservazione prima del Teor. 2.53), oppure se K è un fattore diretto di G (Nota 1 di 2.64).

2.11 Esempi. 1. Nel gruppo dei quaternioni i due sottogruppi $H = \langle i \rangle$ e $K = \langle j \rangle$ sono entrambi normali perché di indice 2 e dunque sono permutabili, ma non lo sono elemento per elemento: $ij = k$ e $ji = -k$. Si ha $|H \cap K| = 2$, e quindi l'ipotesi $|H \cap K| = 1$ è necessaria nel teorema precedente.

2. Come applicazione del Teor. 2.10 dimostriamo che *se un gruppo finito ha al più un sottogruppo per ogni divisore dell'ordine allora è ciclico* (e quindi ha uno e un solo sottogruppo per ogni divisore dell'ordine). Facciamo vedere che un elemento x di ordine massimo genera tutto il gruppo, cioè che ogni elemento y del gruppo appartiene al sottogruppo $\langle x \rangle$. Intanto, $o(y)|o(x)$. Se infatti $o(y)$ non divide $o(x)$, per un certo primo p si ha $o(x) = p^k s$ e $o(y) = p^h r$, con $h > k$ e r e s primi con p. Sia $x_1 = x^{p^k}$, $y_1 = y^r$; allora $o(x_1) = s$, $o(y_1) = p^h$, e $(o(x_1), o(y_1)) = 1$. Ma $\langle x_1 \rangle$ e $\langle y_1 \rangle$ sono normali: per ogni a, $a^{-1}x_1 a$ ha lo stesso ordine di x_1, per il Teor. 1.27, *viii)*, e dunque generano sottogruppi dello stesso ordine; per l'unicità si tratta allora dello stesso sottogruppo, e $a^{-1}x_1 a = x^k$, da cui $x_1 a = a x^k$, cioè la (2.4); lo stesso per $\langle y_1 \rangle$. I due sottogruppi $\langle x_1 \rangle$ e $\langle y_1 \rangle$ sono allora permutabili elemento per elemento (Teor. 2.10). Ne segue $o(x_1 y_1) = o(x_1)o(y_1) = p^h s > p^k s = o(x)$, contro la massimalità di $o(x)$. Sia $o(y)|o(x)$; allora $\langle x \rangle$, essendo ciclico, contiene un sottogruppo di ordine $o(y)$, il quale, essendo unico, è necessariamente il sottogruppo $\langle y \rangle$. Dunque $y \in \langle x \rangle$. Questo risultato si può anche esprimere nel modo seguente. Sia $\mathcal{H}$ l'insieme dei sottogruppi del gruppo (finito) G, e $\mathcal{D}$ l'insieme dei divisori dell'ordine di G. *Se l'applicazione* $\mathcal{H} \to \mathcal{D}$ *che associa a un sottogruppo il suo ordine è iniettiva, allora è anche surgettiva*[†] (e il gruppo è ciclico). Quanto detto si può utilizzare per dimostrare che un sottogruppo finito del gruppo moltiplicativo K^* di un campo K è ciclico. Ciò segue dal fatto che in un campo K, anche infinito, K^* ha al più un sottogruppo di ordine m per ogni intero m. Se infatti $|H| = m$, allora $h^m = 1$ per ogni $h \in H$, e dunque h è radice del polinomio $x^m - 1$. Poiché questo polinomio ha al più m radici in K, non può esistere in K^* più di un sottogruppo di ordine m. In particolare, se K è finito, K^* è ciclico.

Vediamo ora che relazione c'è tra i sottogruppi di G e quelli di un quoziente.

2.12 Teorema. *Esiste una corrispondenza biunivoca tra i sottogruppi di G/N e i sottogruppi di G che contengono N. In questa corrispondenza si conservano la normalità e gli indici: $H/N \trianglelefteq G/N$ se e solo se $H \trianglelefteq G$, e se $N \leq K \leq H$ allora $[H : K] = [H/N : K/N]$.*

Dim. Sia $S = \{N, Na, Nb, \ldots\}$ un sottogruppo di G/N, e consideriamo

$$K = N \cup Na \cup Nb \cup \ldots.$$

K è dunque l'insieme degli elementi di G che appartengono alle classi laterali di N che sono elementi di S. K è un sottogruppo di G: se $xa, yb \in K$, allora

---

[†] *L'unicità dell'immagine implica la sua esistenza.*

$xa \cdot yb = xy'ab = zab$ con $z \in N$, e dunque K è chiuso rispetto al prodotto. Inoltre, $1 \in N$ e perciò $1 \in K$, e infine se $xa \in K$, allora $xa \in Na \in S$ e $(xa)^{-1} = a^{-1}x^{-1} = x_1a^{-1} \in Na^{-1}$; ma $Na^{-1} \in S$ perché $Na \in S$ e S è un sottogruppo.

Ne segue che S consta dei laterali di N cui appartengono gli elementi di K e poiché $N \subseteq K$, si ha $S = K/N$. In questo modo S determina un sottogruppo di G che contiene N, e cioè il sottogruppo K.

Viceversa, se K è un sottogruppo che contiene N, allora i laterali di N che contengono gli elementi di K formano un gruppo: $Nk_1Nk_2 = Nk_1k_2$, e $k_1k_2 \in K$ implica $Nk_1k_2 \in K/N$. Inoltre $N \in K/N$, e se $Nk \in K/N$ allora $(Nk)^{-1} = Nk^{-1} \in K/N$. Ne segue $K/N \leq G/N$. Si osservi che, per $K = N$, si ha $N/N = \{N\}$.

Per quanto riguarda la normalità, sia $S = K/N \trianglelefteq G/N$; facciamo vedere che allora $K \trianglelefteq G$. Infatti, siano $k \in K$, $x \in G$, e consideriamo l'elemento $x^{-1}kx$. Si ha:

$$Nx^{-1}kx = Nx^{-1}NkNx = (Nx)^{-1}NkNx = Nk'$$

per un certo $k' \in K$, per la normalità di K/N. Allora $x^{-1}kxk'^{-1} \in N \subseteq K$, e dunque $x^{-1}kx \in K$. In altre parole, se K/N è normale in G/N allora K è normale in G.

Viceversa, se $K \supseteq N$ e $K \trianglelefteq G$,

$$(Nx)^{-1}NkNx = Nx^{-1}kx = Nk' \in K/N$$

per ogni $k \in K$ e $x \in G$, cioè $K/N \trianglelefteq G/N$.

Infine, se $N \leq K \leq H$ la corrispondenza $Kh \to (K/N)Nh$ è ben definita:

$$Kh = Kkh \to (K/N)Nkh = (K/N)Nh$$

in quanto Nkh e Nh differiscono per un elemento di K/N:

$$Nkh(Nh)^{-1} = Nkhh^{-1} = Nk.$$

È iniettiva:

$$(K/N)Nh = (K/N)Nh' \Rightarrow Nhh'^{-1} = NhNh'^{-1} \in K/N$$

e dunque $hh'^{-1} \in K$ per cui $Kh' = Kh$. Che sia surgettiva è ovvio. $\Diamond$

Se H è un sottogruppo di G che non contiene necessariamente N, e S è l'insieme delle classi laterali di N cui appartengono gli elementi di H:

$$S = \{N, Nh_1, Nh_2, \ldots\},$$

allora, per quanto visto nella dimostrazione del teorema precedente, S è un sottogruppo di G/N, e il sottogruppo di G contenente N che ad esso corrisponde è $K = NH$ (per l'*Es.* 9 di 2.9 sappiamo che NH è un sottogruppo). Dunque $S = NH/N$.

Se $N \unlhd G$ e G/N è dotato dell'operazione (2.2), la corrispondenza

$$\varphi : G \longrightarrow G/N, \tag{2.8}$$

ottenuta associando a un elemento di G la classe modulo N a cui esso appartiene, è tale che $\varphi(ab) = Nab = NaNb = \varphi(a)\varphi(b)$.

2.13 Definizione. Siano G e G_1 due gruppi. Un *omomorfismo* tra G e G_1 è un'applicazione $\varphi : G \to G_1$ tale che, per $a, b \in G$,

$$\varphi(ab) = \varphi(a)\varphi(b). \tag{2.9}$$

Se $G_1 = G$, φ è un *endomorfismo*. L'insieme degli endomorfismi di G si denota con $\mathbf{End}(G)$. Se φ è surgettiva diremo che G_1 è *omomorfo* a G. Se φ è surgettiva e iniettiva, allora (Def. 1.5) G_1 è isomorfo a G. Ritroviamo così la nozione di isomorfismo come caso particolare di quella di omomorfismo.

L'applicazione data dalla (2.8) è un omomorfismo, che prende il nome di omomorfismo *canonico*.

Se φ è un omomorfismo, $\varphi(1) = 1$, come si vede prendendo $a = b = 1$ nella (2.9); inoltre, $\varphi(a^{-1}) = \varphi(a)^{-1}$ (si prenda $b = a^{-1}$).

Sia K l'insieme degli elementi di G che hanno per immagine l'elemento neutro di G_1, $K = \{a \in G \mid \varphi(a) = 1\}$. Allora K è un sottogruppo di G, in quanto:

i) $\varphi(1) = 1$, e quindi $1 \in K$;
ii) se $a \in K$, allora $\varphi(a^{-1}) = \varphi(a)^{-1} = 1$, e perciò $a^{-1} \in K$;
iii) se $a, b \in K$ allora $\varphi(ab) = \varphi(a)\varphi(b) = 1 \cdot 1 = 1$, e dunque $ab \in K$.

Inoltre, K è un sottogruppo normale di G: se $k \in K$, $\varphi(x^{-1}kx) = \varphi(x^{-1})\varphi(k)\varphi(x) = \varphi(x)^{-1}\varphi(x) = 1$.

2.14 Definizione. Se $\varphi : G \to G_1$ è un omomorfismo, l'insieme degli elementi di G che hanno per immagine l'elemento neutro di G_1 è il *nucleo* dell'omomorfismo φ. Si denota con $Ker(\varphi)$.

Come abbiamo visto, $Ker(\varphi)$ è un sottogruppo normale di G.

Se $\varphi : G \to G_1$ è un omomorfismo, e due elementi di G hanno la stessa immagine secondo φ, $\varphi(a) = \varphi(b)$, allora $\varphi(a)\varphi(b)^{-1} = 1 = \varphi(ab^{-1})$, cioè $ab^{-1} \in Ker(\varphi)$, e dunque a e b appartengono allo stesso laterale di $Ker(\varphi)$. Viceversa, se a e b appartengono allo stesso laterale di $Ker(\varphi)$, si ha $ab^{-1} \in Ker(\varphi)$. Se ne conclude che *due elementi hanno la stessa immagine secondo φ se e solo se appartengono allo stesso laterale del nucleo di φ*. In altri termini, la relazione di equivalenza "$a\rho b$ se $\varphi(a) = \varphi(b)$" coincide con la relazione "$a\rho b$ se $ab^{-1} \in Ker(\varphi)$"; le sue classi sono dunque le classi laterali di $Ker(\varphi)$. La corrispondenza $\varphi(a) \to Ka$ tra gli elementi dell'immagine di φ e gli elementi del gruppo quoziente G/K, dove $K = Ker(\varphi)$ è quindi biunivoca. Si tratta inoltre di un omomorfismo, in quanto se $\varphi(a) \to Ka$, $\varphi(b) \to Kb$

allora $\varphi(a)\varphi(b) = \varphi(ab) \to Kab = KaKb$. Denotando con $Im(\varphi)$ l'immagine di φ abbiamo così:

2.15 Teorema (PRIMO TEOREMA DI ISOMORFISMO[†]). *Se G e G_1 sono due gruppi e $\varphi : G \to G_1$ è un omomorfismo, allora:*

$$Im(\varphi) \simeq G/Ker(\varphi).$$

Un omomorfismo $G \to G_1$ si compone quindi di un omomorfismo surgettivo $G \to G/Ker(\varphi)$ seguito da uno iniettivo $G/Ker(\varphi) \to Im(\varphi) \subseteq G_1$.

2.16 Corollario. *Tutti e soli i gruppi omomorfi a un gruppo G sono, a meno di isomorfismi, i gruppi quoziente G/N, dove N è un qualunque sottogruppo normale di G.*

Dim. Se G_1 è omomorfo a G in un omomorfismo φ, allora $G_1 = Im(\varphi)$, e così per il teorema precedente $G_1 \simeq G/N$ con $N = Ker(\varphi)$. Viceversa, se $N \trianglelefteq G$, già sappiamo che il gruppo G/N è omomorfo a G (nell'omomorfismo canonico). $\diamond$

Uno stesso sottogruppo normale può essere nucleo di diversi omomorfismi (le immagini saranno però tutte isomorfe): il sottogruppo normale $\{1\}$, ad esempio, è il nucleo di tutti gli automorfismi.

È chiaro che in un omomorfismo $\varphi : G \to G_1$ sottogruppi vanno in sottogruppi: se $H \leq G$, $\varphi(h_1)\varphi(h_2) = \varphi(h_1 h_2) \in \varphi(H)$, e così per l'unità e l'inverso. Nell'omomorfismo canonico $\varphi : G \to G/N$ sappiamo (Teor. 2.12) che l'immagine di un sottogruppo H di G è NH/N.

2.17 Teorema (SECONDO TEOREMA DI ISOMORFISMO). *Siano $H \leq G$ e $N \trianglelefteq G$. Allora:*
  i) $H \cap N \trianglelefteq H$;
  ii) $NH/N \simeq H/H \cap N$.

Dim. Sappiamo che NH è un sottogruppo perché N è normale. Consideriamo allora l'omomorfismo canonico del gruppo NH dato da $\varphi : NH \to NH/N$. L'immagine del sottogruppo H di NH è NH/N, e dunque la restrizione di φ ad H è surgettiva: $\varphi|_H : H \to NH/N$. È ovvio che $\varphi|_H$ è ancora un omomorfismo. Il suo nucleo è dato dagli elementi di H che appartengono al laterale N di N in NH, e dunque si tratta degli elementi di $H \cap N$. Essendo il nucleo di un omomorfismo, $H \cap N$ è normale, da cui la *i*). Il Teor. 2.15 applicato alla restrizione $\varphi|_H$ fornisce la *ii*). $\diamond$

2.18 Teorema (TERZO TEOREMA DI ISOMORFISMO). *Siano H e K due sottogruppi normali di un gruppo G con $K \subseteq H$. Allora,*
  i) $H/K \trianglelefteq G/K$;
  ii) $(G/K)/(H/K) \simeq G/H$.

[†] Noto anche come "teorema fondamentale degli omomorfismi".

Dim. La i) è stata già vista (Teor. 2.12), ma qui la ritroviamo facendo vedere che H/K è il nucleo di un certo omomorfismo. La corrispondenza $G/K \to G/H$ data da $Ka \to Ha$ è ben definita: se $Ka = Kb$ allora $a = kb$, per un certo $k \in K$, e dunque $Ha = Hkb = Hb$, essendo $k \in K \subseteq H$. Si tratta inoltre di un omomorfismo in quanto $Ka \cdot Kb = Kab \to Hab = Ha \cdot Hb$, ed è ovviamente surgettiva. Il nucleo è costituito dai laterali Ka tali che $a \in H$, e dunque è H/K, e si ha la i). La ii) segue dal Teor. 2.15. $\diamond$

2.19 Teorema. *Se $\varphi : G \to G_1$ è un omomorfismo, e $a \in G$ con $o(a)$ finito, allora l'ordine dell'immagine $\varphi(a)$ divide l'ordine di a.*

Dim. Sia $o(a) = n$. Allora $\varphi(a)^n = \varphi(a^n) = \varphi(1) = 1$, e dunque $o(\varphi(a))$ divide $o(a)$. $\diamond$

2.20 Corollario. *Se G è un gruppo finito e $N \trianglelefteq G$, l'ordine di una classe laterale di N, come elemento del gruppo quoziente G/N, divide l'ordine di ogni elemento contenuto nella classe.*

Dim. È il teorema precedente relativamente all'omomorfismo canonico $G \to G/N$. $\diamond$

Può ben accadere che l'ordine di una classe divida propriamente l'ordine di ogni elemento che essa contiene. Ad esempio, nel gruppo dei quaternioni sia $N = \langle i \rangle$; allora $G/N = \{N, Nj\}$, e la classe $Nj = \{j, -j, k, -k\}$ è un elemento di ordine 2 e gli elementi $j, -j, k, -k$ hanno ordine 4.

2.21 Nota. La considerazione di sottogruppi e gruppi quoziente di gruppi finiti permette spesso di dimostrare teoremi usando il principio di induzione. Vediamo come si può usare questo principio nella forma del principio del minimo intero (v. p. 13 in nota). Sia $\mathcal{C}$ una classe di gruppi finiti definita da una certa proprietà (essere abeliano, ciclico, di ordine divisibile per un dato primo p, ecc.) e sia T un teorema riguardante i gruppi appartenenti a $\mathcal{C}$. Se T è falso, esiste almeno un gruppo di $\mathcal{C}$ per il quale T è falso, e questo gruppo avrà un certo ordine n. L'insieme I degli interi che sono ordini di gruppi per i quali il teorema è falso è quindi non vuoto. Poiché si tratta di interi positivi, per il principio del minimo intero I contiene un intero positivo minimo m. Questo intero m sarà ordine di un gruppo $G \in \mathcal{C}$. G è un *minimo controesempio* al teorema. Per tutti i gruppi della classe $\mathcal{C}$ di ordine minore di $|G|$ il teorema T è dunque vero. Se allora si riesce a dimostrare che un certo sottogruppo proprio H di G o un quoziente proprio G/N appartengono a $\mathcal{C}$, e dunque per questi T è vero, e che da ciò segue che è vero per G, avremo la contraddizione

$$\text{``}T \text{ falso per } G\text{''} \Rightarrow \text{``}T \text{ vero per } G\text{''}. \tag{2.10}$$

Un tale G, e quindi l'intero m, non può esistere, e perciò l'insieme I è vuoto. Allora T è vero per tutti i gruppi della classe $\mathcal{C}$.

2.22 Esempi. 1. Dimostriamo il teorema di Cauchy per gruppi abeliani (Teor. 1.50) usando la tecnica vista nella nota precedente. La classe $\mathcal{C}$ è ora la classe dei gruppi abeliani di ordine divisibile per un dato primo p, e il teorema T

afferma che un gruppo della classe $\mathcal{C}$ contiene un elemento (un sottogruppo) di ordine p. Sia G un minimo controesempio, e sia $1 \neq a \in G$. Se a ha un ordine che è multiplo di p, $o(a) = kp$, allora $o(a^k) = p$, e quindi l'implicazione (2.10). Se $p \nmid o(a)$, sia $H = \langle a \rangle$. Allora $H \trianglelefteq G$ perché G è abeliano, $p \| |G/H|$ e dunque $G/H \in \mathcal{C}$, e poiché $H \neq \{1\}$, si ha $|G/H| < |G|$, e pertanto T è vero per il gruppo G/H. Esiste perciò un elemento del gruppo G/H, cioè una classe Ha, di ordine p. Ma l'ordine di una classe divide l'ordine di ogni elemento in essa contenuto (Cor. 2.20); dunque $o(a) = kp$, e siamo nel caso precedente. In ogni caso, l'esistenza del minimo controesempio G porta a una contraddizione. Se ne conclude che G non esiste e pertanto T è vero per tutti i gruppi della classe $\mathcal{C}$.

2. Come altro esempio di questa tecnica dimostriamo che il teorema di Lagrange si inverte per i gruppi abeliani. La classe $\mathcal{C}$ è ora quella dei gruppi abeliani finiti. Sia G un minimo controesempio al teorema, e sia $m \| |G|$. Se $m = p$, primo, basta applicare l'esempio precedente. Se m non è primo, e p è un primo che divide m, sia H un sottogruppo di ordine p. Ovviamente $G/H \in \mathcal{C}$; inoltre, $|G/H| < |G|$ e $\frac{m}{p} \| |G/H|$, e dunque esiste in G/H un sottogruppo K/H di ordine $\frac{m}{p}$. Ma $\frac{m}{p} = |K/H| = |K|/|H|$ implica $|K| = m$, e K è il sottogruppo cercato.

Esercizi

1. Un sottoinsieme H di un gruppo G è un sottogruppo di G se e solo se l'inclusione $H \to G$ è un omomorfismo (e quindi un omomorfismo iniettivo).

2. $i)$ L'operazione (2.2) è ben definita se e solo se H è normale.

   $ii)$ Se $H \trianglelefteq G$, la (2.2) è l'unica operazione tra laterali di H per la quale la proiezione $G \to G/H$ è un omomorfismo.

3. Se G è finito, l'unico omomorfismo tra G e il gruppo degli interi è quello banale che manda tutto G nello zero.

4. Un sottogruppo normale di ordine primo con l'indice in un gruppo finito G è unico del proprio ordine in G.

5. Se $p > 2$ è primo, il sottogruppo delle rotazioni è l'unico sottogruppo normale di D_p. [*Sugg.* v. *es.* precedente].

6. Se G è un gruppo ciclico finito e $p \| |G|$, allora G contiene $|G|/p$ elementi che sono potenze p–esime. [*Sugg.*: la corrispondenza $x \to x^p$ è un omomorfismo; considerare il nucleo].

7. Se G è finito e H è un sottogruppo di indice 2, allora H contiene tutti gli elementi di ordine dispari di G. [*Sugg.*: $x^{2k-1} = 1$ implica $x = (x^2)^k$].

8. Se G ha due sottogruppi normali di indice p, primo, e di intersezione $\{1\}$, allora G ha ordine p^2 e non è ciclico.

9. Se $A, B \leq G$, $H \trianglelefteq G$, $H \subseteq A \cap B$ e $(A/H)(B/H) \leq G/H$, allora $AB \leq G$ e $(A/H)(B/H) = AB/H$.

2.3 Coniugio

Se a e b sono due elementi di un gruppo G abbiamo visto (Teor. 1.27, vi)) che gli elementi ab e ba, pur essendo in generale diversi, hanno tuttavia lo stesso ordine. Si osservi ora che ba si può ottenere da ab mediante la

$$ba = a^{-1}(ab)a. \tag{2.11}$$

2.23 Definizione. Due elementi x e y di un gruppo G si dicono *coniugati* se esiste $g \in G$ tale che $y = g^{-1}xg$. Diremo allora che y è coniugato a x mediante g. La relazione tra gli elementi di G:

$$x \sim y \text{ se esiste } g \in G \text{ tale che } y = g^{-1}xg$$

è di equivalenza. Infatti, $x \sim x$ mediante 1 (o mediante una qualunque potenza di x); se $x \sim y$ mediante g, allora $y \sim x$ mediante g^{-1}, e infine se $x \sim y$ mediante g, e $y \sim t$ mediante s, allora $x \sim t$ mediante gs.

2.24 Definizione. La relazione di equivalenza ora definita tra gli elementi di un gruppo G si chiama *coniugio*. Le classi di questa equivalenza sono le *classi di coniugio* (o classi *coniugate*). Due elementi si dicono *coniugati* se appartengono alla stessa classe di coniugio. Un elemento si dice *autoconiugato* se è coniugato solo di se stesso. La classe di coniugio alla quale appartiene l'elemento x si denota con $\mathbf{cl}(x)$.

In questo linguaggio, dati due elementi $a, b \in G$ la (2.11) dice allora che gli elementi ab e ba sono coniugati. Il teorema che segue mostra come quello espresso dalla (2.11) sia l'unico modo in cui due elementi di un gruppo possono essere coniugati.

2.25 Teorema. *Due elementi x e y di un gruppo G sono coniugati se e solo se esistono due elementi a e b tali che*

$$x = ab \ \ e \ \ y = ba.$$

Dim. La condizione è sufficiente per la (2.11). Per la necessità, sia $y = g^{-1}xg$; ponendo allora $g = a$ e $g^{-1}x = b$ otteniamo il risultato. $\diamond$

Dalla (2.6) o (2.7) abbiamo così che un sottogruppo è normale se e solo se assieme a un elemento contiene tutti i suoi coniugati.

Dal Teor. 1.27, vi) e vii) si ha:

2.26 Corollario. *Due elementi coniugati hanno lo stesso ordine.*

2.27 Corollario. *Un gruppo è abeliano se e solo se le classi di coniugio constano tutte di un solo elemento.*

Fissato ora un elemento g di un gruppo G, consideriamo la corrispondenza $\gamma_g : G \to G$ che manda un elemento $x \in G$ nel suo coniugato mediante g:

$$\gamma_g : x \to g^{-1}xg. \tag{2.12}$$

La γ_g è iniettiva (se $g^{-1}xg = g^{-1}yg$ allora $x = y$) e surgettiva ($x \in G$ proviene da gxg^{-1}); inoltre,

$$\gamma_g(xy) = g^{-1}xyg = g^{-1}xg \cdot g^{-1}yg = \gamma_g(x)\gamma_g(y),$$

per cui γ_g conserva l'operazione. Ne segue che γ_g è un automorfismo.

2.28 Definizione. L'automorfismo γ_g del gruppo G dato dalla (2.12) si chiama *automorfismo interno* indotto dall'elemento $g \in G$.

L'automorfismo identico è interno (e indotto, ad esempio, da $g = 1$). L'automorfismo inverso γ_g^{-1} è indotto da g^{-1}: $\gamma_g^{-1} = \gamma_{g^{-1}}$, e il prodotto $\gamma_g\gamma_{g_1}$ è indotto dal prodotto gg_1. Gli automorfismi interni di un gruppo G formano dunque un sottogruppo del gruppo degli automorfismi $\mathbf{Aut}(G)$ di G; si denota con $\mathbf{I}(G)$. Dalla (2.6) si ha allora un'altra definizione di sottogruppo normale: *un sottogruppo è normale se e solo se è mutato in sé da ogni automorfismo interno* (è *invariante* per automorfismi interni). Infatti, se $a^{-1}ha \in H$ per ogni h e a, ovvero $a^{-1}Ha \subseteq H$ per ogni a, si ha anche, con a^{-1} al posto di a, $aHa^{-1} \subseteq H$. Ma dalla $a^{-1}Ha \subseteq H$ segue, moltiplicando per a, $H \subseteq aHa^{-1}$, da cui l'uguaglianza $aHa^{-1} = H$, per ogni a, e $a^{-1}Ha = H$. (Se G è infinito, può però accadere che, per dati a e H, si abbia $a^{-1}Ha \subset H$, e $a^{-1}Ha \neq H$; v. *Es.* 4 di 4.1).

È chiaro che se un gruppo G è abeliano, il solo automorfismo interno è quello identico: $\mathbf{I}(G) = \{I\}$. Viceversa, se $\mathbf{I}(G) = \{I\}$, allora il gruppo G è abeliano. In un gruppo non abeliano invece esistono sempre automorfismi interni che non sono l'identità: se x e y sono due elementi tali che $xy \neq yx$, allora l'automorfismo γ_x non è l'identità perché manda y in $x^{-1}yx$ che è diverso da y.

Se C è una classe di coniugio di un gruppo G e $\alpha \in \mathbf{Aut}(G)$, allora C^α, l'insieme delle immagini degli elementi di C secondo α, è ancora una classe di coniugio di G in quanto, se x e y sono coniugati mediante g, x^α e y^α sono coniugati mediante g^α. Se α è interno, allora per definizione $C^\alpha = C$, ma possono esistere automorfismi che fissano tutte le classi di coniugio e che tuttavia non sono interni[†].

Il sottogruppo $\mathbf{I}(G)$ è normale in $\mathbf{Aut}(G)$: se $\alpha \in \mathbf{Aut}(G)$ abbiamo, scrivendo x^α per l'immagine di x secondo α,

$$x^{\alpha^{-1}\gamma_g\alpha} = ((x^{\alpha^{-1}})^{\gamma_g})^\alpha = (g^{-1}x^{\alpha^{-1}}g)^\alpha = (g^{-1})^\alpha x g^\alpha = (g^\alpha)^{-1}xg^\alpha,$$

e dunque, coniugando mediante $\alpha \in \mathbf{Aut}(G)$ l'automorfimo interno indotto da un elemento g, si ottiene l'automorfismo interno indotto dall'immagine di g secondo α.

[†] Per un esempio si veda HUPPERT, p. 22.

2.29 Definizione. Il gruppo quoziente $\mathbf{Aut}(G)/\mathbf{I}(G)$ prende il nome di gruppo degli automorfismi *esterni* di G. Si denota con $\mathbf{Out}(G)$.

È chiaro che se G è abeliano, allora $\mathbf{I}(G) = \{1\}$, e dunque in un gruppo abeliano nessun automorfismo è interno (eccetto l'automorfismo identico, ovviamente).

Due elementi g e g_1 di G possono indurre lo stesso automorfismo interno:

$$g^{-1}xg = g_1^{-1}xg_1, \;\; \forall x \in G, \tag{2.13}$$

e ciò accade se e solo se $gg_1^{-1}x = xgg_1^{-1}$, per ogni $x \in G$. In altre parole, $\gamma_g = \gamma_{g_1}$ se e solo se gg_1^{-1} permuta con tutti gli elementi di G.

Consideriamo allora l'insieme $\mathbf{Z}(G)$ degli elementi di $x \in G$ che permutano con ogni elemento di G:

$$\mathbf{Z}(G) = \{x \in G \mid xy = yx, \;\; \forall y \in G\}.$$

È chiaro che $1 \in \mathbf{Z}(G)$. Se $xy = yx$ allora $x^{-1}y = yx^{-1}$, e dunque se $x \in \mathbf{Z}(G)$ anche $x^{-1} \in \mathbf{Z}(G)$, e infine se $x_1, x_2 \in \mathbf{Z}(G)$,

$$(x_1x_2)y = x_1(x_2y) = x_1(yx_2) = (x_1y)x_2 = (yx_1)x_2 = y(x_1x_2),$$

e anche il prodotto $x_1x_2 \in \mathbf{Z}(G)$. $\mathbf{Z}(G)$ è quindi un sottogruppo di G.

2.30 Definizione. Il sottogruppo $\mathbf{Z}(G)$ ora definito prende il nome di *centro* di G[†].

Ovviamente $\mathbf{Z}(G)$ è abeliano e normale (come ogni suo sottogruppo), e consta degli elementi di G che sono autoconiugati. Inoltre, se $x \in \mathbf{Z}(G)$ e $\alpha \in \mathbf{Aut}(G)$ allora

$$x^\alpha y^\alpha = (xy)^\alpha = (yx)^\alpha = y^\alpha x^\alpha$$

per ogni $y \in G$, e dunque x^α permuta con tutte le immagini secondo α degli elementi di G, ed essendo α biunivoca, con tutti gli elementi di G, cioè $x^\alpha \in \mathbf{Z}(G)$. In altre parole, *il centro è un sottogruppo caratteristico*. Infine è chiaro che G è abeliano se e solo se coincide con il proprio centro.

La discussione di sopra si può ora riassumere come segue:

2.31 Teorema. *i) Due elementi inducono lo stesso automorfismo interno se e solo se appartengono allo stesso laterale del centro.*

ii) $\mathbf{I}(G) \simeq G/\mathbf{Z}(G)$.

Dim. La *i)* è stata vista sopra. Per la *ii)*, la corrispondenza $G \to \mathbf{I}(G)$ data da $g \to \gamma_g$ è surgettiva e il nucleo è precisamente il centro. $\diamond$

[†] Z è l'iniziale del tedesco *Zentrum*.

L'argomento che dimostra come il centro sia un sottogruppo dimostra più in generale che l'insieme degli elementi che permutano con un dato elemento di G è un sottogruppo.

2.32 Definizione. Il *centralizzante* in G di un elemento $x \in G$ è il sottogruppo degli elementi di G che permutano con x:

$$\mathbf{C}_G(x) = \{g \in G \mid gx = xg\}.$$

Il seguente teorema è immediato.

2.33 Teorema. *i) Il centro di un gruppo è l'intersezione dei centralizzanti di tutti gli elementi del gruppo;*
   ii) $x \in \mathbf{Z}(G)$ se e solo se $\mathbf{C}_G(x) = G$.

L'indice del centralizzante di un elemento x permette di determinare quanti sono gli elementi coniugati a x :

2.34 Teorema. *Si ha:*

$$|\mathbf{cl}(x)| = [G : \mathbf{C}_G(x)], \tag{2.14}$$

cioè il numero (cardinale) degli elementi coniugati a x è uguale all'indice del centralizzante di x. In particolare, se G è finito questo numero divide l'ordine di G.

Dim. La dimostrazione è analoga a quella del Teor. 2.31, come si vede considerando la (2.13) relativamente a un fissato elemento x di G. ◇

Un gruppo G è unione disgiunta delle classi di coniugio, per cui, se G è finito,

$$|G| = \sum_i |\mathbf{cl}(x_i)|, \tag{2.15}$$

dove x_i appartiene alla i−esima classe. Nella (2.15) possiamo raccogliere gli elementi del centro e scrivere

$$|G| = |\mathbf{Z}(G)| + \sum_i |\mathbf{cl}(x_i)|. \tag{2.16}$$

La (2.16) prende il nome di *equazione delle classi*. Vediamone due applicazioni. La prima è la proprietà fondamentale dei p−gruppi.

2.35 Teorema. *Il centro di un p−gruppo finito è non banale.*

Dim. Se $|G| = p^n$, $n > 0$, per il Teor. 2.34 l'ordine di una classe di coniugio è una potenza di p. Ogni addendo della somma che compare nella (2.16) è maggiore di 1, e dunque è della forma p^k, $k > 0$. Detta somma è pertanto divisibile per p, e poiché $|G|$ è divisibile per p, anche $|\mathbf{Z}(G)|$ lo è. In particolare, $\mathbf{Z}(G) \neq \{1\}$.   ◊

2.36 Teorema. *Un gruppo G di ordine p^2, p primo, è abeliano.*

Dim. Per il teorema precedente $Z = \mathbf{Z}(G)$ ha ordine almeno p, e quindi (Lagrange) $|Z| = p$ o p^2. Nel primo caso, sia $x \notin Z$. Allora $\mathbf{C}_G(x)$ contiene Z e x e perciò ha ordine maggiore di p. Ne segue $|\mathbf{C}_G(x)| = p^2$, cioè $\mathbf{C}_G(x) = G$. Ogni elemento di G permuta allora con x e ciò significa $x \in Z$, contro la scelta di x. Non vi sono dunque elementi al di fuori del centro, e perciò $Z = G$ e G è abeliano. Un altro modo di ottenere questo risultato è il seguente. Come sopra, sia $x \notin Z$, e sia $H = \langle x \rangle$. Allora HZ è un sottogruppo di G che contiene propriamente Z e dunque $HZ = G$. Pertanto G è abeliano: $hz \cdot h'z' = hh' \cdot zz' = h'h \cdot zz' = h'z' \cdot hz$.   ◊

2.37 Esempi. 1. Riprendiamo l'*Es.* 1 di 2.22 e dimostriamo il teorema di Cauchy nel caso di un qualunque gruppo finito G. Possiamo supporre G non abeliano, e quindi esiste $x \notin \mathbf{Z}(G)$. Se p divide $|\mathbf{C}_G(x)|$, essendo $|\mathbf{C}_G(x)| < |G|$ il teorema si ha per induzione. Supponiamo quindi che p non divida l'ordine del centralizzante di alcun elemento $x \notin \mathbf{Z}(G)$. Allora p divide l'indice di ciascuno di questi sottogruppi, e ricordando che $|\mathbf{cl}(x)| = [G : \mathbf{C}_G(x)]$, p divide tutti gli addendi della somma nella (2.16), e quindi divide anche la somma. Dividendo $|G|$, p divide $|\mathbf{Z}(G)|$. Ma $\mathbf{Z}(G)$ è abeliano, e basta ora fare appello all'*Es.* 1 di 2.22.

2. Il teorema di Lagrange si inverte per i p–gruppi, e in più un p–gruppo contiene un sottogruppo *normale* per ogni divisore dell'ordine. Se $|G| = p^n$, $n > 0$, i divisori di $|G|$ sono le potenze p^i, con $i = 0, 1, \dots, n$. Sappiamo che $Z = \mathbf{Z}(G) \neq \{1\}$, e dunque per Cauchy esiste un sottogruppo H di ordine p in Z, che come sottogruppo del centro è normale. G/H ha ordine p^{n-1}, e per induzione ammette sottogruppi normali K_i/H di ordine p^i per $i = 0, 1, \dots, n-1$. Ma allora i K_i sono normali in G e hanno ordine p^{i+1}.

2.38 Lemma. *Due involuzioni in un gruppo finito o sono coniugate oppure entrambe centralizzano una terza involuzione.*

Dim. Siano x e y le due involuzioni, e distinguiamo due casi.
i) $o(xy) = m$, dispari. Il fatto che $xy = yx^y$ (scrivendo x^y per x^{γ_y}), permette di scrivere un prodotto di potenze di x e di y portando tutte le x a sinistra e tutte le y a destra; l'uguaglianza $xyxy \cdots xy = 1$, m volte, diventa

$$x^m y^{x^{m-1}} y^{x^{m-2}} \cdots y^x y = 1,$$

e questa, essendo m dispari e $o(x) = 2$, diventa

$$xyy^x y \cdots y^x y = x(yy^x y \cdots y^x)y(y^x y \cdots y^x y) = 1;$$

posto $a = yy^x y \cdots y^x$ e $b = y^x y \cdots y^x y$ si ha allora $a = b^{-1}$ da cui

$$b^{-1}yb = x^{-1} = x,$$

e x e y sono coniugate.

ii) $o(xy) = 2k$. Allora $o((xy)^k) = 2$ e

$$x^{-1}(xy)^k x = (x^{-1}xyx)^k = (yx)^k = (y^{-1}x^{-1})^k = (xy)^{-k} = (xy)^k,$$

per cui x centralizza l'involuzione $(xy)^k$. Analogamente per y. ◇

2.39 Teorema (BRAUER). *Sia G un gruppo finito di ordine pari in cui non tutte le involuzioni sono tra loro coniugate. Se m è l'ordine massimo per il centralizzante di un'involuzione si ha $|G| < m^3$.*[†]

Dim. Sia y un'involuzione, $C_1 = \mathbf{C}_G(y)$, e siano $y = y_1, y_2, \ldots, y_t$ le involuzioni contenute in C_1. Se $C_i = \mathbf{C}_G(y_i)$, $i = 1, 2, \ldots, t$, per l'unione insiemistica dei C_i si ha

$$|\bigcup_{i=1}^t C_i| \leq \sum_{i=1}^t (|C_i|-1)+1 \leq \sum_{i=1}^t (m-1)+1 = (m-1)t+1 = mt-(t-1) \leq mt,$$

e avendosi $t < |C_1| \leq m$ (C_1 contiene 1 che non è un'involuzione),

$$|\bigcup_{i=1}^t C_i| \leq mt < m^2.$$

Sia x un'involuzione tale che $|\mathbf{C}_G(x)| = m$, e siano $x = x_1, x_2, \ldots, x_h$ gli elementi di G coniugati a x (tutte involuzioni!). Allora $[G : \mathbf{C}_G(x)] = h$ (Teor. 2.34) e pertanto $|G| = mh$. Basta allora dimostrare che $h < m^2$. Se y è un'involuzione non coniugata a x, che esiste per ipotesi, il lemma precedente assicura l'esistenza di un'involuzione z che centralizza x e y, e poiché allora $z \in C_1$, z è una delle y_k contenute in C_1. Ma $x \in \mathbf{C}_G(z) = \mathbf{C}_G(y_k)$, e dunque $x \in \bigcup_{i=1}^t C_i$, e ciò vale per tutte le h involuzioni coniugate a x. Ne segue $h < m^2$, e il teorema è dimostrato. ◇

L'ipotesi che il gruppo abbia più di una classe coniugata di involuzioni è necessaria nel teorema precedente. Il gruppo diedrale D_5 ne ha una sola (v. *es.* 21), e il centralizzante di un'involuzione ha ordine 2. Il teorema darebbe $|D_5| = 10 < 2^3 = 8$.

2.3.1 Il coniugio in S^n

Una permutazione di S^n è un prodotto di cicli disgiunti, e dunque una sua coniugata mediante una permutazione σ è il prodotto dei coniugati di questi cicli mediante σ. Il coniugio si riduce allora al coniugio dei cicli.

[†] Si può dimostrare che esistono al più $m^2!$ gruppi semplici nei quali il centralizzante di un'involuzione ha ordine m. Risultati di questo tipo rientrano nel programma di Brauer per la determinazione di tutti i gruppi semplici.

2.40 Teorema. *Sia $c = (1, 2, \ldots, k)$ un ciclo di S^n, e sia $\sigma \in S^n$. Allora:*

$$(1, 2, \ldots, k)^\sigma = (1^\sigma, 2^\sigma, \ldots, k^\sigma).$$

In parole: il coniugato di un ciclo c mediante una permutazione σ è il ciclo nella cui scrittura compaiono ordinatamente le immagini secondo σ degli elementi di c.

Dim. Sia $c_1 = (1^\sigma, 2^\sigma, \ldots, k^\sigma)$, e sia $i \in c_1$, $i = j^\sigma$. Si ha:

$$i^{\sigma^{-1} c \sigma} = (j^\sigma)^{\sigma^{-1} c \sigma} = j^{c\sigma} = (j+1)^\sigma = (j^\sigma)^{c_1} = i^{c_1},$$

e dunque $\sigma^{-1} c \sigma$ e c_1 hanno lo stesso valore sugli i che compaiono nel ciclo c_1. Se $i \notin c_1$, cioè $i \neq j^\sigma$ per ogni j, $j = 1, 2, \ldots, k$, allora $i^{c_1} = i$,

$$i^{\sigma^{-1} c \sigma} = ((i^{\sigma^{-1}})^c)^\sigma = (i^{\sigma^{-1}})^\sigma = i,$$

e $\sigma^{-1} c \sigma$ e c_1 hanno lo stesso valore anche sugli i che non compaiono nel ciclo c_1. $\diamond$

2.41 Definizione. Due elementi $\sigma, \tau \in S^n$ si dicono avere la stessa *struttura ciclica* $[k_1, k_2, \ldots, k_n]$ se, quando σ si spezza in k_i cicli di lunghezza i, $i = 1, 2, \ldots, n$, lo stesso accade per τ. Si ha allora

$$1 \cdot k_1 + 2 \cdot k_2 + \cdots + n k_n = n$$

(ovviamente, qualcuno dei k_i può essere zero). Dal Teor. 2.40 si ha subito che due elementi coniugati hanno la stessa struttura ciclica. Viceversa:

2.42 Teorema. *Se due elementi di S^n hanno la stessa struttura ciclica allora sono coniugati.*

Dim. Siano:

$$\sigma = (i_1, i_2, \ldots, i_{r_1})(j_1, j_2, \ldots, j_{r_2}) \cdots (k_1, k_2, \ldots, k_{r_l}),$$
$$\tau = (p_1, p_2, \ldots, p_{r_1})(q_1, q_2, \ldots, q_{r_2}) \cdots (t_1, t_2, \ldots, t_{r_l}).$$

Allora la permutazione η definita al modo seguente:

$$\eta = \begin{pmatrix} i_1 & i_2 & \ldots & i_{r_1} & j_1 & j_2 & \ldots & j_{r_2} & \cdots & k_1 & k_2 & \ldots & k_{r_l} \\ p_1 & p_2 & \ldots & p_{r_1} & q_1 & q_2 & \ldots & q_{r_2} & \cdots & t_1 & t_2 & \ldots & t_{r_l} \end{pmatrix}$$

ottenuta cioè mettendo σ sopra τ in modo da far corrispondere cicli della stessa lunghezza, porta σ in τ: $\eta^{-1} \sigma \eta = \tau$. $\diamond$

2.43 Esempio. In S^9,

$$\sigma = (1, 3)(2, 4, 5, 7)(8, 9)(6), \quad \text{e } \tau = (1, 3)(4, 6, 5, 8)(7, 9)(2)$$

hanno la stessa struttura ciclica $[1, 2, 0, 1, 0, 0, 0, 0, 0]$, e una η che le coniuga è, ad esempio,

$$\eta = \begin{pmatrix} 1\,3 \vdots 2\,4\,5\,7 \vdots 8\,9 \vdots 6 \\ 7\,9 \vdots 4\,6\,5\,8 \vdots 1\,3 \vdots 2 \end{pmatrix} = (1,7,8)(2,4,6)(3,9)(5).$$

Avendosi $(1,3) = (3,1)$, $(7,9) = (9,7)$ e $(4,6,5,8) = (5,8,4,6)$, anche

$$\eta' = \begin{pmatrix} 1\,3\,2\,4\,5\,7\,6\,8\,9 \\ 3\,1\,5\,8\,4\,6\,2\,9\,7 \end{pmatrix} = (1,3)(2,5,4,8,9,7,6)$$

coniuga σ e τ.

2.44 Teorema. *Il numero di elementi di S^n che hanno una data struttura ciclica $(k_1, k_2, \ldots, k_n)$, e quindi il numero di elementi di una data classe di coniugio, è*

$$\frac{n!}{1^{k_1} \cdot 2^{k_2} \cdots n^{k_n} k_1! k_2! \cdots k_n!}. \tag{2.17}$$

Dim. Le cifre $1, 2, \ldots, n$ possono comparire in tutti gli $n!$ modi possibili per dar luogo a un prodotto di k_i i–cicli disgiunti, $i = 1, 2, \ldots, n$. Ma data una di queste scritture, la permutazione che ne risulta è la stessa di quelle che si ottengono scambiando tra loro i k_i cicli in tutti i modi possibili, cioè in $k_i!$ modi. Inoltre, per ciascun i–ciclo vi sono i scritture, ed essendoci k_i cicli, vi sono i^{k_i} scritture possibili per gli i–cicli. Per ogni i, la stessa permutazione si ottiene allora i^{k_i} volte, da cui il risultato. (Si ponga $0! = 1$). ◇

Determiniamo ora il numero delle classi di coniugio di S^n. Ricordiamo che una *partizione* di un intero positivo n è un insieme di interi positivi $n_1 \leq n_2 \leq \ldots \leq n_k$ la cui somma è n. Una classe di coniugio di S^n è determinata da una struttura ciclica $[k_1, k_2, \ldots, k_n]$, mentre data una tale struttura i $k_i > 0$ danno le molteplicità degli interi i in una partizione di n. Viceversa, data una partizione di n in interi i ciascuno con molteplicità k_i, considerando tutti i prodotti di k_i cicli di lunghezza i, abbiamo, al variare di i, tutte le permutazioni che hanno la struttura ciclica $[k_1, k_2, \ldots, k_n]$ (ponendo $k_j = 0$ se nella partizione non compare j). Abbiamo così:

2.45 Teorema. *Il numero delle classi di coniugio di S^n è uguale al numero delle partizioni di n.*

2.46 Esempio. Determiniamo le classi di coniugio di S^4 e di A^4. Intanto il loro numero è 5 in quanto vi sono 5 partizioni di 4, che sono:

$$4 = 1+1+1+1, \ 4 = 1+1+2, \ 4 = 1+3, \ 4 = 2+2, \ 4 = 4.$$

Vi sono allora 5 possibili strutture cicliche: 4 cicli di lunghezza 1, due cicli di lunghezza 1 e uno di lunghezza 2, ecc. Le 5 classi constano allora degli elementi (le cifre che non compaiono si intendono fissate):

$C_1 = \{(1)(2)(3)(4)\} = \{I\},$

$C_2 = \{(1,2),(1,3),(1,4),(2,3),(2,4),(3,4)\},$

$C_3 = \{(1,2,3),(1,3,2),(1,2,4),(1,4,2),(1,3,4),(1,4,3),(2,3,4),(2,4,3)\},$

$C_4 = \{(1,2)(3,4),(1,3)(2,4),(1,4)(2,3)\},$

$C_5 = \{(1,2,3,4),(1,4,3,2),(1,2,4,3),(1,3,4,2),(1,4,2,3),(1,3,2,4)\}.$

Esercizi

10. Se G è un gruppo finito con due sole classi di coniugio allora l'ordine di G è 2. [*Sugg.*: equazione delle classi].

11. Se $x = a_1 a_2 \cdots a_n$, le permutazioni cicliche delle a_i sono tutte coniugate a x. [*Sugg.*: ab e ba sono coniugati].

12. Dimostrare che se $n \geq 3$ il centro di S^n è identico.

13. Dimostrare che il centro di D_n ha ordine 1 o 2 a seconda che n sia dispari o pari.

14. Se $y^{-1}xy = x^{-1}$ allora $y^2 \in \mathbf{C}_G(x)$. [*Sugg.*: coniugare due volte con y].

15. Se $o(x) = p$, primo, e $y^{-1}xy = x^k$, $(p,k) = 1$, allora $xy^{p-1} = y^{p-1}x$. [*Sugg.*: coniugare $p-1$ volte con $y \in G$ e applicare il piccolo teorema di Fermat].

16. Se H è l'unico sottogruppo di ordine 2 in un gruppo G allora $H \subseteq \mathbf{Z}(G)$. Se G è finito si ha più in generale che se H è l'unico sottogruppo di ordine p, dove p è il più piccolo divisore dell'ordine di G, allora $H \subseteq \mathbf{Z}(G)$.

17. Dimostrare che se n è un intero sono equivalenti:

   i) $(ab)^n = (ba)^n$, per ogni $a, b \in G$;

   ii) $x^n \in \mathbf{Z}(G)$ per ogni $x \in G$.

18. Se $(ab)^2 = (ba)^2$ per ogni $a, b \in G$, allora ogni elemento di G permuta con tutti i propri coniugati.

19. *i*) Se il prodotto di due elementi appartiene al centro i due elementi sono permutabili;

   ii) un elemento x appartiene al centro se e solo se $x = ab \Rightarrow x = ba$.

[*Sugg.*: ab è autoconiugato, ma è anche coniugato di ba].

20. Se $H \leq G$ e se, per ogni $h \in H$, si ha $\mathbf{cl}(h) \cap H = \{h\}$, allora H è abeliano. [*Sugg.*: per ogni $x, h \in H$ si ha $x^{-1}hx = h$].

21. Un gruppo diedrale D_p, $p > 2$ primo, ha una sola classe di coniugio di involuzioni, e il centralizzante di un'involuzione ha ordine 2. [*Sugg.*: l'indice del centralizzante di un'involuzione divide $2p$].

22. Se C e C' sono due classi di coniugio di un gruppo allora $CC' = C'C$. (*Oss.*: ciò estende il caso in cui $|C| = |\mathbf{cl}(x)| = 1$, cioè $x \in \mathbf{Z}(G)$). [*Sugg.*: $xy = y(y^{-1}xy)$].

23. Se il quoziente rispetto al centro, o a un sottogruppo del centro, è ciclico, allora il gruppo è abeliano.

24. Il gruppo degli interi $\mathbf{Z}$ non può essere il gruppo degli automorfismi di un gruppo. Lo stesso accade per un gruppo ciclico finito non identico di ordine dispari.

25. i) Un gruppo che contiene un elemento non identico che è potenza di ogni altro elemento non identico non può essere il gruppo degli automorfismi interni di un gruppo G;

ii) un 2–gruppo con un solo elemento di ordine 2 (ad esempio un 2–gruppo ciclico o il gruppo dei quaternioni) non può essere il gruppo degli automorfismi interni di un gruppo G.

26. Dimostrare che tutti gli automorfismi di S^3 sono interni[†].

27. Se G è un p–gruppo finito e M un suo sottogruppo massimale, allora M è normale e ha indice p.

28. Il centro di un gruppo è contenuto in tutti i sottogruppi massimali di indice composto (non primo). [*Sugg.*: se $Z = \mathbf{Z}(G) \nsubseteq M$, allora $MZ = G$; v. *es.* precedente].

29. Se H è un sottogruppo di indice 2 di un gruppo finito G, una classe di coniugio di H o è una classe di coniugio di G oppure ne contiene la metà degli elementi.

30. Se H è un sottogruppo di indice 2 di un gruppo finito G tale che $\mathbf{C}_G(h) \subseteq H$ per ogni $h \in H$, dimostrare che gli elementi di $G \setminus H$ sono involuzioni tutte tra loro coniugate.

31. (G. A. Miller). Se un gruppo finito ammette un automorfismo che manda più di 3/4 degli elementi nei loro inversi allora è un gruppo abeliano. Dare un esempio di un gruppo non abeliano con un automorfismo che manda esattamente 3/4 degli elementi nel loro inverso.

32. Se G ha più di due elementi, $\mathbf{Aut}(G)$ ha più di un elemento.

33. Se il centro di G è identico, anche il centro di $\mathbf{Aut}(G)$ lo è.

34. In un gruppo G, sia $\rho(a)$ il numero di elementi il cui quadrato è a. Dimostrare che:

i) $\sum_{a \in G} \rho(a)^2 = \sum_{a \in G} \rho(a^2)$.

ii) $\sum_{a \in G} \rho(a)^2 = \sum_{a \in G} I(a)$, dove $I(a)$ è l'insieme degli elementi x di G che invertono a (cioè tali che $x^{-1}ax = a^{-1}$).

iii) Chiamiamo *ambivalente* una classe di coniugio se assieme a un elemento contiene anche il suo inverso. Dimostrare che $\frac{1}{|G|} \sum_{a \in G} \rho(a)^2 = c'(G)$, dove $c'(G)$ è il numero delle classi ambivalenti di G.

iv) Verificare la ii) nel caso di un gruppo di ordine dispari e nei quaternioni.

2.4 Normalizzanti e centralizzanti di sottogruppi

Se $H \leq G$, e γ_x è un automorfismo interno di G, scriviamo H^x per l'immagine di H secondo γ_x. H^x consta dunque dei coniugati mediante x degli elementi di H; si ha cioè $H^x = x^{-1}Hx$.

[†] Ciò è vero per tutti gli S^n, $n \neq 2, 6$ (v. Teor. 2.88).

2.47 Definizione. Il sottogruppo

$$H^x = x^{-1}Hx = \{x^{-1}hx,\ h \in H\}$$

si dice *coniugato* di H mediante x. Se $H, K \leq G$, ed esiste x tale che $H^x = K$, allora H e K si dicono *coniugati*. Si scrive $H \sim K$.

Come nel caso degli elementi, questa relazione di coniugio è una relazione di equivalenza, questa volta nell'insieme dei sottogruppi del gruppo. Denoteremo con **cl**(H) la classe di coniugio alla quale appartiene il sottogruppo H.

Due sottogruppi isomorfi di un gruppo hanno lo stesso ordine, ma non in generale lo stesso indice. Ad esempio, in $\mathbf{Z}$ i sottogruppi $\langle 2 \rangle$ e $\langle 3 \rangle$ sono isomorfi ma hanno indice 2 e 3, rispettivamente. Ma:

2.48 Teorema. *Due sottogruppi coniugati hanno lo stesso indice.*

Dim. Siano H e H^x due sottogruppi coniugati. La corrispondenza

$$H^x y \to Hxy$$

fra i laterali di H^x e quelli di H è ben definita e iniettiva:

$$H^x y = H^x z \Leftrightarrow z = x^{-1}hxy \Leftrightarrow Hxz = Hxx^{-1}hxy = Hxy.$$

È anche surgettiva: Hy proviene da $H^x z$, $z = x^{-1}y$. ◇

Se x e y danno luogo allo stesso coniugato di H, $H^x = H^y$, allora $H^{xy^{-1}} = H$. Siamo pertanto condotti alla seguente definizione.

2.49 Definizione. Il *normalizzante* in G di un sottogruppo H è il sottoinsieme di G:

$$\mathbf{N}_G(H) = \{x \in G \mid H^x = H\},$$

che si vede subito essere un sottogruppo.

Il normalizzante di H consta dunque degli elementi $x \in G$ per i quali, dato $h \in H$, esiste $h' \in H$ tale che $xh = h'x$. Si tratta pertanto del più grande sottogruppo di G che contiene H come sottogruppo normale. Per definizione, $H \unlhd \mathbf{N}_G(H)$, e dunque $H \unlhd G$ se e solo se $\mathbf{N}_G(H) = G$. Se $x \in \mathbf{N}_G(H)$ diremo che x *normalizza* H (o che x è permutabile con H).

Due elementi $x, y \in G$ danno allora luogo allo stesso coniugato di H se e solo se appartengono allo stesso laterale del normalizzante di H. Ne segue:

2.50 Teorema. *Se $H \leq G$,*

$$|\mathbf{cl}(H)| = [G : \mathbf{N}_G(H)].$$

In particolare, se G è finito, il numero dei sottogruppi coniugati a un dato sottogruppo divide l'ordine del gruppo.

Se $H \trianglelefteq G$, e $x \in G$, l'automorfismo interno di G indotto da x induce un automorfismo di H (non interno, se $x \notin H$), dato da:

$$\alpha_x \, : \, h \to x^{-1}hx.$$

Si ha così una corrispondenza $G \to \mathbf{Aut}(H)$, data da $x \to \alpha_x$, che è subito visto essere un omomorfismo. Lo stesso argomento mostra che si ha un omomorfismo

$$\varphi \, : \, \mathbf{N}_G(H) \to \mathbf{Aut}(H).$$

Il nucleo di φ consta degli elementi di $\mathbf{N}_G(H)$ che inducono l'automorfismo identico di H, cioè che permutano con H elemento per elemento.

2.51 Definizione. Il *centralizzante* in G di un sottogruppo H è l'insieme degli elementi di G che permutano con H elemento per elemento:

$$\mathbf{C}_G(H) = \{x \in G \mid xh = hx, \, \forall h \in H\}.$$

Dal primo teorema di isomorfismo segue allora:

2.52 Teorema. (TEOREMA N/C). *Sia $H \leq G$. Allora:*

   i) $\mathbf{C}_G(H) \trianglelefteq \mathbf{N}_G(H)$. *In particolare, se H è normale in G anche il suo centralizzante lo è;*

   ii) $\mathbf{N}_G(H)/\mathbf{C}_G(H)$ *è isomorfo a un sottogruppo di* $\mathbf{Aut}(H)$.

Questo teorema permette a volte di ottenere informazioni sul modo in cui un gruppo H può essere contenuto in un altro gruppo G. Ad esempio, se $H = C_4$, allora H può essere contenuto come sottogruppo normale in un gruppo G soltanto se permuta elemento per elemento con almeno la metà degli elementi di G. Infatti, essendo $\mathbf{Aut}(C_4) \simeq C_2$ si ha $|\mathbf{N}_G(C_4)/\mathbf{C}_G(C_4)| = |G/\mathbf{C}_G(C_4)| = 1$ o 2. Se è 1, allora $\mathbf{C}_G(C_4) = G$ e dunque $\mathbf{C}_G(C_4) \subseteq \mathbf{Z}(G)$; se è 2, allora $\mathbf{C}_G(C_4)$ contiene la metà degli elementi di G. Altri esempi sono C_3 e $\mathbf{Z}$.

Abbiamo visto che la normalità non è in generale transitiva (*Es.* 12 di 2.9). Osserviamo però che se H non solo è normale, ma è caratteristico in K e K è normale in G, allora H è normale in G. Infatti, per ogni $g \in G$ la corrispondenza $k \to g^{-1}kg$ è un automorfismo di K, che dunque lascia fisso H: $H = g^{-1}Hg$. Pertanto $H \trianglelefteq G$.

2.53 Teorema. *Sia $H \leq G$. L'intersezione $K = \bigcap_{x \in G} H^x$ di tutti i coniugati di H è un sottogruppo normale di G contenuto in H, e ogni sottogruppo normale di G contenuto in H è contenuto in K. (In questo senso, K è il più grande sottogruppo normale di G contenuto in H).*

Dim. Sia $k \in K$, $x \in G$. Allora $k \in H$ (H fa parte dell'intersezione) e quindi $k^x \in H^x$, per ogni $x \in G$, cioè $k^x \in K$, da cui la normalità di K. Se $L \trianglelefteq G$ e $L \subseteq H$, allora $L = L^x \subseteq H^x$ per ogni x, e dunque $L \subseteq K$.   ◇

2.54 Teorema (POINCARÉ). *Se un gruppo ha un sottogruppo di indice finito, allora ha anche un sottogruppo normale di indice finito.*

Dim. Sia H di indice finito in G. Il normalizzante di H, contenendo H, ha a fortiori indice finito, e quindi per il Teor. 2.50 H ha un numero finito di coniugati. Ma questi hanno anch'essi indice finito (Teor. 2.48), e la loro intersezione ha pure indice finito (Teor. 1.49). Questa intersezione è normale (Teor. 2.53), ed è il sottogruppo cercato.   ◇

2.55 Teorema. *i*) *Gli elementi di S^n che permutano con un n–ciclo c sono soltanto le potenze di c, e pertanto $\mathbf{C}_{S^n}(c) = \langle c \rangle$;*

ii) *il normalizzante in S^n del sottogruppo generato da un n–ciclo ha ordine $n \cdot \varphi(n)$ ($\varphi(n)$ è la funzione di Eulero, Def. 1.34).*

Dim. i) Il numero degli n–cicli, che sono fra loro tutti coniugati, è $(n-1)!$, e quest'ultimo è perciò l'indice del centralizzante di c. L'ordine del centralizzante è allora n, e poiché le n potenze di c permutano con c si ha il risultato.

ii) Se σ normalizza $\langle c \rangle$, σ deve mandare c in una sua potenza che ha lo stesso ordine, e quindi $\sigma^{-1}c\sigma = c^k$, con $1 \leq k < n$ e $(n,k) = 1$. La corrispondenza $\mathbf{N}_{S^n}(\langle c \rangle) \to U(n)$ data da $\sigma \to k$ è un omomorfismo, ed è surgettiva: se $k \in U(n)$, allora c^k è ancora un n–ciclo, e dunque coniugato a c. Esiste allora σ tale che $c^\sigma = c^k$, e poiché c^k genera $\langle c \rangle$, σ normalizza $\langle c \rangle$. Il nucleo di questo omomorfismo è il centralizzante di c, che per quanto visto in *i*) ha ordine n. Il risultato segue.   ◇

Esercizi

35. Un gruppo non può essere prodotto di due sottogruppi tra loro coniugati. [*Sugg.* se $G = HH^x$, come si scrive x?].

36. Sia H un sottogruppo ciclico di un gruppo G che ha intersezione $\{1\}$ con tutti i suoi coniugati. Dimostrare che H e ogni suo sottogruppo proprio hanno lo stesso normalizzante.

37. Sia $G = HK$, $H, K \leq G$, e siano $x, y \in G$. Dimostrare che:
    i) $G \doteq H^x K^y$;
    ii) esiste $g \in G$ tale che $H^g = H^x$ e $K^g = K^y$.

38. Sia $\alpha \in \mathbf{Aut}(G)$, $H, K \leq G$, $H^\alpha = K$. Dimostrare che $\mathbf{C}_G(H)^\alpha = \mathbf{C}_G(K)$ e $\mathbf{N}_G(H)^\alpha = \mathbf{N}_G(K)$. In particolare, se H è α–invariante ($H^\alpha = H$), anche il centralizzante e il normalizzante di H lo sono.

39. Non esiste alcun gruppo finito che sia unione di sottogruppi a due a due di intersezione $\{1\}$ e ciascuno coincidente con il proprio normalizzante.

40. *i*) Dimostrare che se $H \leq G$ e $K \trianglelefteq G$ si ha $\mathbf{N}_G(H)K/K \subseteq \mathbf{N}_{G/K}(HK/K)$. Se $K \subseteq H$ allora vale il segno di uguaglianza.

ii) Dare un esempio che dimostri come l'inclusione precedente possa essere propria, cioè che in generale nell' omomorfismo canonico $G \to G/K$ l'immagine di un normalizzante non coincide con il normalizzante dell'immagine. [*Sugg.*: in D_4 sia $H = C_2$ non centrale e K un Klein che contiene H].

41. Sia $|G| = n^2$, $H \leq G$ e $|H| = n$. Dimostrare che H ha intersezione diversa da $\{1\}$ con tutti i propri coniugati.

42. Sia $H \leq G$, e sia H permutabile con ogni sottogruppo di G. Dimostrare che:

  i) ogni coniugato di H gode della stessa proprietà;

  ii) se H è massimale rispetto a questa proprietà allora H è normale.

43. Un sottogruppo H di un gruppo G si dice *anormale* se ogni elemento g di G appartiene al sottogruppo generato da H e da $g^{-1}Hg$. Dimostrare che H è anormale se e solo se soddisfa le due condizioni seguenti:

  i) se $H \leq K$ allora $\mathbf{N}_G(K) = K$;

  ii) H non è contenuto in due sottogruppi coniugati distinti.

44. Sia M l'insieme dei laterali di un sottogruppo H di un gruppo G. Il prodotto di Frobenius (Def. 2.1) non è definito in M per tutte le coppie di elementi, ma soltanto per le coppie (ordinate) Ha, Hb tali che $a \in \mathbf{N}_G(H)$. I laterali Ha con $a \in \mathbf{N}_G(H)$ formano gruppo, il gruppo $\mathbf{N}_G(H)/H$, e si tratta del più grande gruppo contenuto in M. Sussiste inoltre la seguente proprietà associativa: $(Ha \cdot Ha') \cdot Hb = Ha \cdot (Ha' \cdot Hb)$, per $a, a' \in \mathbf{N}_G(H)$ e per qualunque $b \in G$.

45. Sia $\mathcal{Q}$ il gruppo dei quaternioni, $G = \mathbf{Aut}(\mathcal{Q})$, $H = \mathbf{I}(\mathcal{Q})$. Dimostrare che:

  i) $\mathbf{C}_G(H) = H$;

  ii) $G/H \simeq S^3$;

  iii) $G \simeq S^4$.

[*Sugg.* per *iii*): i cicli $(i, j, k)(-i, -j, -k)(1)(-1)$ e $(i, j, -i, -j)(k)(-k)(1)(-1)$ danno automorfismi di $\mathcal{Q}$ che generano S^4 come sottogruppo di S^6].[†]

46. Un sottogruppo è abeliano massimale se e solo se coincide con il proprio centralizzante.

47. Sia $A = \mathbf{Aut}(G)$, $\mathbf{I} = \mathbf{I}(G)$. Dimostrare che se $\mathbf{Z}(G) = \{1\}$, allora $\mathbf{C}_A(\mathbf{I}) = \{1\}$, e, in particolare, $\mathbf{Z}(A) = \{1\}$.

48. Se un gruppo è unione insiemistica finita di sottogruppi, uno dei sottogruppi ha indice finito.

49. $[H : H \cap K] = [H^x : H^x \cap K^x]$.

2.5 Il programma di Hölder

2.56 Definizione. Un gruppo G si dice *semplice* se non ha sottogruppi normali diversi da $\{1\}$ e da G. In modo equivalente, G è semplice se i soli gruppi omomorfi a G sono gruppi isomorfi a G o al gruppo $\{1\}$.

2.57 Esempio. Un gruppo di ordine p primo è semplice: esso infatti non ha sottogruppi diversi da $\{1\}$ e da G. Un gruppo abeliano semplice ha ordine

---

[†] Chiamando con x e $-x$ due facce opposte di un cubo, $x = i, j, k$, le 24 isometrie del cubo danno i 24 automorfismi di $\mathcal{Q}$.

primo: poiché tutti i sottogruppi sono normali, non avere sottogruppi normali significa non avere sottogruppi, e dunque l'ordine del gruppo è un numero primo (Teor. 1.44).

I gruppi semplici nascono in particolare nel modo seguente. Un sottogruppo *normale massimale* H di un gruppo G è un sottogruppo normale proprio di G non contenuto propriamente in alcun sottogruppo normale proprio di G: se $H \leq K$, e $K \trianglelefteq G$, allora o $H = K$, oppure $K = G$.

2.58 Lemma. *Se H è un sottogruppo normale massimale di un gruppo G, allora il quoziente G/H è un gruppo semplice.*

Dim. Se $K/H \trianglelefteq G/H$, dal Teor. 2.12 si ha $K \trianglelefteq G$, e quindi se $H < K$ deve aversi $K = G$. Dunque, o $K = H$, nel qual caso $K/H = H$ è il sottogruppo identico di G/H, oppure $K = G$, e K/H è l'intero gruppo G/H. $\diamond$

Consideriamo ora un gruppo G e un suo sottogruppo normale massimale G_1; il quoziente G/G_1 è semplice. Sia poi G_2 un sottogruppo normale massimale di G_1 (non si richiede che sia normale in G, ma solo in G_1); il quoziente G_1/G_2 è semplice. Procedendo in questo modo si costruisce una catena di sottogruppi, ciascuno normale massimale nel precedente, $G \supset G_1 \supset G_2 \supset \ldots$ nella quale i quozienti tra due sottogruppi successivi sono gruppi semplici (se G_i non ha sottogruppi massimali, allora $G_{i+1} = G_i$ e la catena si ferma a G_i). Se G è finito, allora una tale catena si ferma quando si raggiunge $\{1\}$ (si ha $G \supset \{1\}$ se il gruppo è semplice).

2.59 Definizione. Una catena di sottogruppi di un gruppo G che comincia con G e termina con $\{1\}$:

$$G \supset G_1 \supset G_2 \supset \ldots \supset G_{l-1} \supset G_l = \{1\} \qquad (2.18)$$

e nella quale i sottogruppi G_i sono ciascuno normale nel precedente di dice *serie normale*. L'intero l si chiama *lunghezza* della serie. Se ciascun G_i è normale massimale nel precedente (i quozienti G_i/G_{i+1} sono allora gruppi semplici) la serie è una *serie di composizione*, i quozienti G_i/G_{i+1} sono i *quozienti di composizione* e i loro ordini i *fattori di composizione*. Un sottogruppo che compare in una serie normale si dice *subnormale*.

Si osservi che, se G è finito, il prodotto dei fattori di composizione è uguale all'ordine di G.

2.60 Esempi. 1. Un gruppo infinito può non avere serie di composizione. In **Z**, trattandosi di un gruppo abeliano, normale massimale significa massimale. Se $H = \langle n \rangle$ e $K = \langle m \rangle$, allora $H \subset K$ se e solo se $m|n$, e dunque H è massimale se e solo se $H = \langle p \rangle$ con p primo. Ora $\langle p \rangle$ contiene come sottogruppi massimali tutti i sottogruppi della forma $\langle pq \rangle$, q primo, e questo tutti quelli della forma $\langle pqr \rangle$, ecc. Una catena come la (2.18) non si ferma quindi mai.

2. Un gruppo abeliano ha una serie di composizione se e solo se è finito. Nella (2.18) deve infatti aversi G_{l-1} semplice abeliano, e dunque di ordine p primo; G_{l-2}/G_{l-1} semplice abeliano, e dunque di ordine q, primo, e perciò $|G_{l-2}| = pq$, ecc., per cui G è finito. Abbiamo inoltre dimostrato che i fattori di composizione di un gruppo abeliano sono numeri primi. Ma ciò non caratterizza i gruppi abeliani, come mostra l'esempio che segue.

3. Il gruppo S^3 ha la serie di composizione

$$S^3 \supset C_3 \supset \{1\},$$

e questa sola, di quozienti C_2 e C_3 e fattori 2 e 3. Il gruppo C_6 ha due serie di composizione

$$C_6 \supset C_3 \supset \{1\} \ \text{e} \ C_6 \supset C_2 \supset \{1\}$$

di quozienti C_2 e C_3, e C_3 e C_2, rispettivamente.

Si vede da questi esempi che quozienti, fattori e lunghezza di una serie di composizione non caratterizzano un gruppo.

Un gruppo può avere diverse serie di composizione. Esistono tuttavia degli invarianti che vogliamo illustrare sfruttando un'analogia con i numeri interi, come vedremo tra un momento. Per ogni intero n esiste una successione di interi:

$$n > n_1 > n_2 > \ldots > n_{l-1} > n_l = 1$$

tale che ognuno degli n_i divide il precedente e il quoziente è un numero primo. Ad esempio, con $n = 120$, abbiamo

$$120 > 40 > 20 > 10 > 2 > 1$$

che fornisce, di seguito, i quozienti 3,2,2,5,2. Ma una successione di questo tipo non è unica:

$$120 > 60 > 30 > 6 > 2 > 1$$

è un'altra successione, di quozienti 2,2,5,3,2. I numeri primi che compaiono sono però, a meno dell'ordine, gli stessi; in particolare, le due successioni hanno la stessa lunghezza, e il prodotto dei primi che compaiono è l'intero di partenza. (Questo fatto è un modo di esprimere il teorema fondamentale dell'aritmetica).

Nel caso di un gruppo, i gruppi semplici che si ottengono come quozienti di composizione giocano il ruolo dei numeri primi ora visto.

2.61 Definizione. Due serie di composizione di un gruppo G si dicono *isomorfe* se hanno la stessa lunghezza, e i quozienti di composizione di una sono isomorfi, a meno dell'ordine in cui compaiono, a quelli dell'altra.

Il teorema che segue è di primaria importanza. Esso ha origine in teoria di Galois dove si dimostra il seguente risultato: siano $f_1(x)$ ed $f_2(x)$ due polinomi a coefficienti in un campo K, di gruppi di Galois rispettivamente

G_1 e G_2. Aggiungendo al campo le radici di $f_2(x)$ il gruppo G_1 si riduce a un sottogruppo normale G_1', e aggiungendo le radici di $f_1(x)$ il gruppo G_2 si riduce a un sottogruppo normale G_2'. Allora (Jordan) $[G_1 : G_1'] = [G_2 : G_2']$ e (Hölder) i quozienti G_1/G_1' e G_2/G_2' sono isomorfi.

2.62 Teorema (JORDAN-HÖLDER). *Due serie di composizione di un gruppo finito G sono isomorfe.*

Dim. Siano

$$G \supset G_1 \supset G_2 \supset \ldots \supset G_{l-1} \supset G_s = \{1\}$$
$$G \supset H_1 \supset H_2 \supset \ldots \supset H_{t-1} \supset H_t = \{1\} \qquad (2.19)$$

due serie di composizione di G. Dimostriamo il teorema per induzione sull'ordine di G. Se $|G| = 1$ non vi sono due distinte serie di composizione, e dunque il teorema è vero a vuoto. (Se si vuole un gruppo con almeno due serie si consideri il gruppo di Klein, per il quale il teorema si verifica direttamente). Se $G_1 = H_1 = L$, le due serie di L, che ha ordine inferiore a quello di G,

$$L \supset G_2 \supset \ldots \supset G_{s-1} \supset G_s = \{1\}$$
$$L \supset H_2 \supset \ldots \supset H_{t-1} \supset H_t = \{1\}$$

sono isomorfe per induzione, e quindi anche le (2.19) lo sono (il primo quoziente è lo stesso).

Sia allora $G_1 \neq H_1$. Il sottogruppo $G_1 H_1$ contiene propriamente entrambi i sottogruppi G_1 e H_1, ed è normale, come prodotto di sottogruppi normali. Per la massimalità di G_1 (o di H_1) si ha allora $G_1 H_1 = G$. Ne segue, posto $K = G_1 \cap H_1$,

$$G/G_1 = G_1 H_1/G_1 \simeq H_1/K, \;\; G/H_1 = G_1 H_1/H_1 \simeq G_1/K. \qquad (2.20)$$

Si osservi che H_1/K e G_1/K sono gruppi semplici perché isomorfi, rispettivamente, ai gruppi semplici G/G_1 e G/H_1. Una serie di composizione di K si può allora estendere a una di G_1 e a una di H_1, e queste, a loro volta, a due serie di G. Abbiamo così quattro serie, le (2.19) e queste due nuove serie:

$$i) \;\; G \supset G_1 \supset G_2 \supset \ldots \supset \{1\},$$
$$ii) \;\; G \supset G_1 \supset K \supset \ldots \supset \{1\},$$
$$iii) \;\; G \supset H_1 \supset K \supset \ldots \supset \{1\},$$
$$iv) \;\; G \supset H_1 \supset H_2 \supset \ldots \supset \{1\}.$$

La serie $ii)$ ha i quozienti G/G_1 e G_1/K isomorfi, per la (2.20), rispettivamente ad H_1/K e G/H_1 della $iii)$; i restanti quozienti di $ii)$ e $iii)$ sono quelli della serie di K prescelta. Dunque $ii)$ e $iii)$ sono isomorfe. Le serie $i)$ e $ii)$ hanno il primo quoziente uguale e gli altri isomorfi per induzione: si tratta infatti di quozienti di G_1, che ha ordine minore dell'ordine di G. Ne segue l'isomorfismo tra i) e ii). Lo stesso accade per iii) e iv), per induzione su H_1. Le i) e iv) sono allora isomorfe. $\diamond$

In virtù di questo teorema, un gruppo finito determina univocamente un insieme di gruppi semplici: i quozienti di composizione. A partire da questo fatto si può enunciare il *programma di Hölder* per la determinazione di tutti i gruppi finiti:

i) determinare tutti i gruppi semplici;

ii) dati due gruppi K e H determinare tutti i gruppi G che contengono un sottogruppo normale isomorfo a K e tale che il quoziente sia isomorfo ad H. Un tale gruppo G si chiama *ampliamento* (o *estensione*) di K *mediante* H.

Dato un insieme di gruppi semplici $S_1, S_2, \ldots, S_{l-1}$ (in quest'ordine) e sapendo risolvere ii) possiamo costruire tutti i gruppi G i cui quozienti di composizione sono gli S_i. Poniamo infatti $G_l = \{1\}$ e $G_{l-1} = S_{l-1}$, e determiniamo tutti i gruppi G_{l-2} che contengono un sottogruppo normale isomorfo a S_{l-1} e tali che il quoziente sia isomorfo a S_{l-2}. Avremo così un certo numero di gruppi G_{l-2} e per ciascuno di questi una serie

$$G_{l-2} \supset G_{l-1} \supset G_l = \{1\}$$

i cui quozienti sono S_{l-2} e S_{l-1}. Proseguendo in questo modo si arriva a un certo numero di serie (2.18) che hanno tutte come quozienti i gruppi semplici dati $S_1, S_2, \ldots, S_{l-1}$. È chiaro però che tra i gruppi che si ottengono alla fine uno stesso gruppo può essere ripetuto più volte. Vediamo la cosa su esempi.

2.63 Esempi. 1. Ritroviamo con il metodo ora esposto i gruppi di ordine 8 (v. *Es.* 2 di 1.54). Sappiamo che un tale gruppo ha un sottogruppo normale di ordine 4 e questo un sottogruppo di ordine 2 ovviamente normale (un gruppo di ordine 4 è abeliano). Una serie di composizione ha dunque necessariamente la forma:

$$G \supset G_1 \supset G_2 \supset \{1\}$$

a quozienti $\{C_2, C_2, C_2\}$. A partire da questi tre gruppi semplici applichiamo il metodo detto. Si ha $G_2 = C_2$, e $G_1/C_2 \simeq C_2$. G_1 ha allora ordine 4, e sappiamo pertanto che vi sono due possibilità: $G_1 \simeq C_4$ o $G_1 \simeq V$:

$$C_4 \supset C_2 \supset \{1\}, \quad V \supset C_2 \supset \{1\}.$$

Infine, $G/C_4 \simeq C_2$ implica $G \simeq C_8, D_4, Q, U(15)$, mentre $G/V \simeq C_2$ implica $G \simeq D_4, \mathbf{Z}_2^{(3)}, U(15)$. Otteniamo così i cinque gruppi di ordine 8, con ripetizione.

2. Con $\{C_3, C_2\}$ otteniamo due gruppi, C_6 e S_3, mentre con $\{C_2, C_3\}$ uno solo: C_6 (v. *Es.* 3 di 2.60). Uno stesso gruppo (in questo esempio, il gruppo C_6) si può ottenere dunque anche con una diversa disposizione dei gruppi semplici.

Da quanto detto si comprende l'importanza dei gruppi semplici nella teoria dei gruppi. Essi sono i "mattoni" con cui è possibile costruire, almeno in linea di principio, tutti i gruppi finiti. Il problema generale dell'ampliamento trova la sua collocazione naturale nell'ambito della *coomologia dei gruppi*. Ci occuperemo di questo nel Cap. 7. Nei due paragrafi che seguono consideriamo due particolari ampliamenti: il prodotto diretto e il prodotto semidiretto. Per quando riguarda invece il punto *i*) del programma di Hölder vedremo, nel §2.8, una famiglia infinita di gruppi semplici finiti, i gruppi alterni, e nel Cap. 3, un'altra famiglia infinita di gruppi semplici, anche infiniti, i gruppi lineari proiettivi speciali (v. §3.7).

2.6 Prodotto diretto

Dati due gruppi H e K, l'ampliamento più immediato di H mediante K è il loro *prodotto diretto* o, in notazione additiva (in particolare nel caso di gruppi abeliani) *somma diretta*. Sia $H \times K$ l'insieme delle coppie (h, k), con h e k appartenenti rispettivamente agli insiemi sostegno di H e K. Si introduce allora in $H \times K$ il prodotto componente per componente:

$$(h_1, k_1)(h_2, k_2) = (h_1 h_2, k_1 k_2),$$

ottenendo un nuovo gruppo, che ha $(1, 1)$ (le unità di H e di K) come unità e (h^{-1}, k^{-1}) come inverso di (h, k); l'associatività si riporta a quella dei due gruppi di partenza (*fattori* o *addendi*).

In notazione moltiplicativa, si denota ancora con il simbolo di prodotto cartesiano $H \times K$ il gruppo così ottenuto, in notazione additiva si usa invece $H \oplus K$. Come si vede dalla definizione, la struttura di questo gruppo è interamente determinata da quella dei fattori. I sottoinsiemi

$$H^* = \{(h, 1), \ h \in H, \ 1 \in K\} \ \text{e} \ K^* = \{(1, k), \ 1 \in H, \ k \in K\}$$

formano due sottogruppi isomorfi rispettivamente ad H e a K. Avendosi

$$(h, 1)(1, k) = (h, k) = (1, k)(h, 1)$$

ogni elemento di G è prodotto di un elemento di H^* per uno di K^*, e inoltre due tali elementi sono permutabili. In particolare, $H^*, K^* \trianglelefteq G$. Identificando H^* con H e K^* con K abbiamo

$$\begin{aligned} &i) \ G = HK; \\ &ii) \ H, K \trianglelefteq G; \\ &iii) \ H \cap K = 1, \end{aligned} \qquad (2.21)$$

(prodotto diretto *interno*). Viceversa, se un gruppo contiene due sottogruppi H e K tali che *i*), *ii*) e *iii*) sono soddisfatte, G è prodotto diretto interno di

H e K, ed è isomorfo al prodotto diretto sopra definito (se si vuole, *esterno*). Infatti, da *i*) e *iii*) segue che un elemento $g \in G$ si scrive in modo unico come prodotto di un elemento $h \in H$ per uno $k \in K$ (v. Dim. del Teor. 2.5). Da *ii*) e *iii*) si ha poi che H e K permutano elemento per elemento (Teor. 2.10).

La nozione di prodotto diretto si estende subito al caso di un numero finito n qualunque di gruppi $H_1, H_2, \ldots, H_n$ (ma v. Nota 2 di 2.64 qui sotto), considerando n–ple in $G = H_1 \times H_2 \times \cdots \times H_n$ invece di coppie. Con il prodotto componente per componente, come nel caso di due fattori, G è un gruppo, e al variare di $h_i \in H_i$ le n–ple $(1, 1, \ldots, 1, h_i, 1, \ldots, 1)$ formano un sottogruppo isomorfo ad H_i, che indicheremo ancora con H_i. Gli H_i sono a due a due permutabili elemento per elemento e il loro prodotto è G. Inoltre, $H_i \cap H_j = \{1\}$, $i \neq j$. Ma si ha di più: un H_i ha intersezione $\{1\}$ non solo con gli altri H_j, ma anche con il loro prodotto, in quanto un prodotto di n–ple che hanno 1 nel posto i avrà ancora 1 nel posto i. Diciamo allora che G è prodotto diretto dei suoi sottogruppi $H_1, H_2, \ldots, H_n$ se

$$i)\ G = H_1 H_2 \cdots H_n;$$
$$ii)\ H_i \trianglelefteq G, \qquad\qquad (2.22)$$
$$iii)\ H_i \cap H_1 H_2 \cdots H_{i-1} H_{i+1} \cdots H_n = \{1\},$$

$i = 1, 2, \ldots, n$. La (*iii*) garantisce che la scrittura di un elemento $g \in G$ come prodotto $g = h_1 h_2 \cdots h_n$, $h_i \in H_i$ è unica. In particolare, se G è finito, $|G| = |H_1| \cdot |H_2| \cdots |H_n|$.

2.64 Note. 1. Un sottogruppo normale in un fattore diretto H di un gruppo G è normale in G. Infatti, H permuta elemento per elemento con gli altri fattori diretti.

2. Le n–uple di elementi appartenenti ai fattori H_i di un prodotto diretto sono le funzioni dall'insieme $\{1, 2, \ldots, n\}$ all'unione degli H_i tali che $f(i) \in H_i$, e il prodotto componente per componente corrisponde al prodotto di funzioni $fg(i) = f(i)g(i)$. L'unità è la funzione che vale 1 su ogni i (la n–upla che consta di tutti 1), e f^{-1} è la funzione che su i vale $f(i)^{-1}$. Si può allora considerare lungo questa linea il prodotto diretto di una famiglia infinita di gruppi $\{H_\lambda\}$, dove λ varia in un qualunque insieme di indici Λ: si tratta dell'insieme delle funzioni $f : \Lambda \to \bigcup_{\lambda \in \Lambda} H_\lambda$ tali che $f(\lambda) \in H_\lambda$, e $f(\lambda) \neq 1$ solo per un numero finito di indici λ (funzioni "a supporto finito"), con il prodotto $fg(\lambda) = f(\lambda)g(\lambda)$. L'unità e l'inversa sono definite come sopra. Non c'è bisogno dell'assioma della scelta per affermare che il prodotto diretto di una famiglia infinita di gruppi è non vuoto. Poiché un gruppo ha un elemento privilegiato (l'unità), c'è sempre almeno la funzione f che sceglie l'unità in ciascuno dei gruppi. Questa f è poi l'unità del prodotto diretto. Se si prendono tutte le funzioni, e non solo quelle per cui $f(\lambda) \neq 1$ solo per un numero finito di indici, si ha il *prodotto cartesiano* dei gruppi H_λ.

2.65 Teorema. (Notazione additiva) *Sia G un p–gruppo abeliano di ordine p^n nel quale tutti gli elementi hanno ordine p. Allora G è somma diretta di n copie di $\mathbf{Z}_p$.*

Dim. Ogni elemento di G genera un sottogruppo di ordine p, e dunque G è prodotto di sottogruppi isomorfi a $\mathbf{Z}_p$. Sia k minimo tale che G sia somma di k di questi:

$$G = H_1 + H_2 + \cdots + H_k, \quad H_i \simeq \mathbf{Z}_p.$$

Allora la (*iii*) di (2.22) è soddisfatta, in quanto se l'intersezione di uno degli H_i con la somma degli altri fosse diversa da $\{1\}$, trattandosi di un sottogruppo di H_i sarebbe tutto H_i, e G sarebbe prodotto di $k-1$ dei sottogruppi H_j, contro la minimalità di k. Ne segue

$$p^n = |G| = |\mathbf{Z}_p| \cdot |\mathbf{Z}_p| \cdots |\mathbf{Z}_p|, \quad k \text{ volte},$$

e dunque $p^n = p^k$, $k = n$ e $G = \mathbf{Z}_p \oplus \mathbf{Z}_p \oplus \cdots \oplus \mathbf{Z}_p$, n volte. $\diamond$

Un p–gruppo abeliano nel quale tutti gli elementi hanno ordine p si dice *abeliano elementare*. In un tale gruppo, gli elementi non identici si distribuiscono a $p-1$ a $p-1$ in sottogruppi di ordine p. Se il gruppo ha ordine p^n, il numero dei sottogruppi di ordine p è allora

$$\frac{p^n - 1}{p - 1} = p^{n-1} + p^{n-2} + \cdots + p + 1.$$

Nel gruppo additivo di uno spazio vettoriale su $\mathbf{Z}_p$ tutti gli elementi hanno ordine p, e poiché tale gruppo è abeliano, è abeliano elementare, e dunque un prodotto diretto, in questo caso una somma diretta, di copie di $\mathbf{Z}_p$. Come già osservato nell'*Es.* 3 di 1.59, su un campo primo, come è il caso di $\mathbf{Z}_p$, la struttura additiva $V(+)$ è sufficiente per stabilire quella di spazio vettoriale V, in quanto la moltiplicazione di un vettore per uno scalare si riduce a una somma del vettore con se stesso. Una somma diretta $\mathbf{Z}_p \oplus \mathbf{Z}_p \oplus \cdots$ di copie di $\mathbf{Z}_p$ è dunque uno spazio vettoriale V su $\mathbf{Z}_p$, e i sottospazi di V sono i sottogruppi di $V(+)$. In particolare, in una tale somma non vi sono sottogruppi caratteristici (v. *Es.* 4 di 1.63). Gli $\mathbf{Z}_p$ sono gruppi semplici abeliani, ma la cosa è vera in generale, cioè per prodotti diretti di gruppi semplici isomorfi anche non abeliani, come dimostra il Teor. 2.68 qui sotto.

La nozione duale a quella di sottogruppo massimale (Def. 1.55) è la nozione di sottogruppo minimale.

2.66 Definizione. Un sottogruppo $H \neq \{1\}$ di un gruppo G si dice *minimale* rispetto a una proprietà $\mathcal{P}$ se non contiene alcun sottogruppo proprio non banale di G avente la proprietà $\mathcal{P}$. In altri termini, se H ha la proprietà $\mathcal{P}$, $K \leq H$, e K ha la proprietà $\mathcal{P}$, allora $K = H$ oppure K non ha la proprietà $\mathcal{P}$.

Se la proprietà $\mathcal{P}$ è semplicemente quella di essere un sottogruppo, poiché allora H minimale non ha sottogruppi propri non banali, H è un sottogruppo di ordine primo.

Un sottogruppo $H \neq \{1\}$ si dice *normale minimale* se è minimale nella famiglia dei sottogruppi normali di G, vale a dire se non contiene propriamente alcun sottogruppo normale non banale di G: se $K \leq H$, e $K \trianglelefteq G$, allora o $H = K$ oppure $K = \{1\}$. In particolare, H è privo di sottogruppi caratteristici[†].

2.67 Esempio. Un gruppo senza torsione, ad esempio $\mathbf{Z}$, non ha sottogruppi minimali. Un gruppo finito non semplice ha sempre sottogruppi minimali e anche normali minimali.

2.68 Teorema. *Un gruppo finito è privo di sottogruppi caratteristici se e solo se è semplice oppure è un prodotto diretto di gruppi semplici tra loro isomorfi.*

Dim. Se G è semplice non c'è niente da dimostrare. Se non è semplice, allora ammette un sottogruppo normale, ed essendo finito un sottogruppo normale minimale H. Siano $H = H_1, H_2, \ldots, H_m$ le distinte immagini di H secondo i vari automorfismi di G. Queste immagini sono anch'esse normali minimali, in quanto immagini automorfe di un sottogruppo normale minimale, e il loro prodotto è ovviamente caratteristico e diverso da $\{1\}$, e perciò coincide con G. Sia n minimo tale che G sia prodotto di n degli H_i: dopo un eventuale cambiamento di indici sia $G = H_1 H_2 \cdots H_n$. Allora, per ogni i,

$$H_i \cap H_1 H_2 \cdots H_{i-1} H_{i+1} \cdots H_n = \{1\}.$$

Questa intersezione infatti è normale in G e contenuta in H_i, e per la minimalità di H_i è $\{1\}$ o H_i. Ma se è H_i allora questo sottogruppo è contenuto nel prodotto degli altri, contro la minimalità di n. Le (2.22) sono allora soddisfatte. Infine, gli H_i sono semplici, come osservato nella Nota 1 di 2.64.

Per dimostrare il viceversa abbiamo bisogno di due lemmi.

2.69 Lemma. *Sia* $G = H_1 \times H_2 \times \cdots \times H_n$, $\mathbf{Z}(H_1) = \{1\}$, $K \trianglelefteq G$ *e* $K \cap H_1 = \{1\}$. *Allora* $K \subseteq H_2 \times \cdots \times H_n$.

Dim. Sia $k \in K$ e $k = h_1 h_2 \cdots h_n$, $h_i \in H_i$. Ora, K e H_1 sono normali e di intersezione $\{1\}$, e quindi permutano elemento per elemento: se $h \in H_1$ allora

$$h \cdot h_1 h_2 \cdots h_n = h_1 h_2 \cdots h_n \cdot h = h_1 h \cdot h_2 \cdots h_n,$$

dove la seconda uguaglianza segue dal fatto che H_1 permuta elemento per elemento con tutti gli H_i, $i \neq 1$. Ne segue $hh_1 = h_1 h$, per ogni $h \in H_1$, e quindi $h_1 \in \mathbf{Z}(H_1) = \{1\}$, e $h_1 = 1$. Allora $k = h_2 h_3 \cdots h_n$, e il risultato. $\diamond$

2.70 Lemma. *Sia* G *come nel lemma precedente con gli* H_i *semplici non abeliani. Allora i soli sottogruppi normali non banali di* G *sono gli* H_i *e i loro prodotti a due a due, a tre a tre,..., a* $n-1$ *a* $n-1$.

Dim. È ovvio che quelli detti sono sottogruppi normali. Viceversa, se $K \trianglelefteq G$, avendosi per la semplicità, $\mathbf{Z}(H_1) = \{1\}$, per il lemma precedente è $K \subseteq$

[†] Un tale gruppo viene anche detto *caratteristicamente semplice*.

$H_2 \times \cdots \times H_n$. Se vale il segno di uguaglianza, K è del tipo richiesto. Altrimenti il risultato si ha per induzione su n.   ◇

Torniamo ora alla dimostrazione del Teor. 2.68.

Dim. Il caso degli H_i semplici abeliani è stato già visto (Teor. 2.65). Siano allora gli H_i semplici non abeliani. Un sottogruppo caratteristico K è in particolare normale, e dunque è uno di quelli previsti dal lemma precedente. Ma una qualunque permutazione degli H_i dà un automorfismo di G, e se $K = H_j H_l \cdots H_s$ e H_t non compare in K, la permutazione che scambia H_j con H_t e fissa tutti gli altri H_i muove K, a meno che non compaiano tutti; ma in questo caso $K = G$, e G è l'unico sottogruppo caratteristico.   ◇

2.71 Definizione. Una serie normale (Def. 2.59) si dice *invariante* se i G_i sono normali in G. Una serie invariante si dice *principale* se G_i è massimale nell'insieme dei sottogruppi normali di G contenuti in G_{i-1}, $i = 1, 2, \ldots, l$ ($G_0 = G$); i quozienti della serie si dicono allora *quozienti principali* di G. Si osservi che un quoziente principale è un sottogruppo normale minimale di G/G_{i+1}.

Da questa definizione si ha che le serie principali stanno alle serie invarianti come le serie di composizione stanno alle serie normali. La condizione di massimalità implica che i sottogruppi di una serie principale sono tutti distinti. Inoltre, i quozienti di composizione sono gruppi semplici, ma i quozienti principali possono non esserlo perché possono esistere sottogruppi normali di G_{i-1} contenenti propriamente G_i. E così come un gruppo finito determina gruppi semplici, cioè privi di sottogruppi normali, come quozienti di composizione, esso determina anche gruppi privi di sottogruppi caratteristici come quozienti principali. Infatti, se un quoziente principale non è semplice è però prodotto diretto di gruppi semplici tra loro isomorfi. Un tale quoziente G_{i-1}/G_i è un sottogruppo normale minimale di G/G_i in quanto se H/G_i è un sottogruppo normale di G/G_i contenuto in G_{i-1}/G_i, allora H è un sottogruppo normale di G contenuto in G_{i-1}, e se H è diverso da G_{i-1} e da G_i si contraddice la massimalità di G_i. Allora G_{i-1}/G_i è privo di sottogruppi caratteristici, e per il Teor. 2.68 è del tipo detto.

2.72 Teorema. *Sia* $G = H_1 \times H_2 \times \cdots \times H_n$, *e sia* $K_i \trianglelefteq H_i$, $i = 1, 2, \ldots, n$. *Allora:*

i) $K_i \trianglelefteq G$;
ii) $G/K_1 K_2 \cdots K_n \simeq H_1/K_1 \times H_2/K_2 \times \cdots \times H_n/K_n$.

Dim. La i) è stata già vista nella Nota 1 di 2.64. Per la (ii) si osservi che $g \in G$ si scrive in modo unico come $g = h_1 h_2 \cdots h_n$, $h_i \in H_i$, per cui la corrispondenza

$$G \to H_1/K_1 \times H_2/K_2 \times \cdots \times H_n/K_n,$$

data da $g \to (K_1 h_1, K_2 h_2, \ldots, K_n h_n)$, è ben definita. È chiaro che si tratta di un omomorfismo surgettivo, di nucleo $K_1 K_2 \cdots K_n$. $\Diamond$

Esercizi

50. Se $H \leq G$, e $\{G_i\}_{i=0}^l$ è una serie normale di G, allora $\{H_i\}_{i=0}^l$, dove $H_i = H \cap G_i$, è una serie normale di H, e ogni quoziente H_i è isomorfo a un sottogruppo del quoziente G_i/G_{i+1}.

51. i) Se H è subnormale e $K \leq G$, allora $H \cap K$ è subnormale in K;

ii) l'intersezione di due sottogruppi subnormali è subnormale;

iii) l'immagine di un sottogruppo subnormale in un automorfismo del gruppo è subnormale;

iv) il prodotto di due sottogruppi subnormali non è necessariamente subnormale;

v) un sottogruppo subnormale di ordine primo con l'indice è normale, e pertanto unico del proprio ordine.

52. Il prodotto diretto di gruppi è commutativo, nel senso che cambiando l'ordine dei fattori si ottengono gruppi isomorfi, ed è associativo.

53. Siano $H_1, H_2, \ldots, H_n$ sottogruppi finiti di un gruppo a due a due permutabili elemento per elemento. Dimostrare che il prodotto degli H_i è un sottogruppo, ed è un prodotto diretto se e solo se ha per ordine il prodotto degli ordini degli H_i.

54. Sia $G = H_1 \times H_2 \times \cdots \times H_n$ finito e siano gli H_i di ordini a due a due relativamente primi. Dimostrare che:

i) se $K \leq G$, allora K è prodotto diretto dei sottogruppi $K \cap H_i$, $i = 1, 2, \ldots, n$;

ii) $\mathbf{Aut}(G)$ è isomorfo al prodotto diretto dei gruppi $\mathbf{Aut}(H_i)$.

55. Se $H, K \trianglelefteq G$, allora $G/(H \cap K)$ è isomorfo a un sottogruppo di $G/H \times G/K$. Se gli indici di H e K sono finiti e relativamente primi, allora $G/(H \cap K)$ è isomorfo a $G/H \times G/K$. [*Sugg.*: considerare l'omomorfismo $G \to G/H \times G/K$ dato da $x \to (Hx, Kx)$].

56. Dimostrare che $S^m \times S^n$ è isomorfo a un sottogruppo di S^{m+n}.

57. Il centro di un prodotto diretto è il prodotto diretto dei centri dei fattori.

58. In un prodotto diretto finito non abeliano nel quale ogni sottogruppo abeliano è ciclico i fattori diretti sono sottogruppi caratteristici. Se il gruppo è abeliano non è più vero. [*Sugg.* se un primo p divide gli ordini di due fattori si ha un sottogruppo $C_p \times C_p$].

59. Un gruppo G si dice *completo* se $\mathbf{Z}(G) = \{1\}$ e tutti gli automorfismi sono interni. Se $\mathbf{Z}(G) = \{1\}$, G è isomorfo a $\mathbf{I}(G)$, e se è completo è isomorfo ad $\mathbf{Aut}(G)$. Dimostrare che un gruppo completo è fattore diretto di ogni gruppo nel quale è contenuto come sottogruppo normale.

60. Sia n un intero per il quale esiste un solo gruppo di ordine n. Dimostrare che n è privo di quadrati, cioè è prodotto di primi alla prima potenza. (v. Cap. 5, es. 45). [*Sugg.*: se $p^2 | n$ esistono almeno due gruppi.]

61. Sia $G = AH$, $A \trianglelefteq G$ abeliano, $H \cap A = \{1\}$. Dimostrare che A è normale minimale se e solo se H è massimale.

2.7 Prodotto semidiretto

Torniamo ora al problema dell'ampliamento di un gruppo K mediante un gruppo H, e consideriamo un prodotto che generalizza il prodotto diretto di due gruppi (ma non di un numero qualunque di gruppi).

Nella definizione di prodotto diretto di due sottogruppi (2.21) si richiede che H e K siano entrambi normali. Se si lascia cadere questa ipotesi, richiedendo che soltanto uno dei due sia normale:

$$i)\ G = HK;$$
$$ii)\ K \trianglelefteq G; \qquad\qquad (2.23)$$
$$iii)\ H \cap K = 1,$$

abbiamo il *prodotto semidiretto* di H per K. Il sottogruppo H è un *complemento di K in G*; si osservi che, in questo caso, K ammette un sistema di rappresentanti delle proprie classi laterali che forma un sottogruppo (H, appunto). È chiaro inoltre che se G è abeliano ed è un prodotto semidiretto, allora è diretto.

In un prodotto semidiretto, avendosi $h^{-1}kh \in K$, $h \in H$, $k \in K$, la corrispondenza $\varphi_h : K \longrightarrow K$ data da

$$\varphi_h : k \longrightarrow h^{-1}kh$$

è, per ogni fissato $h \in H$, un automorfismo di K. Si ha così un omomorfismo

$$\varphi : H \longrightarrow \mathbf{Aut}(K), \qquad\qquad (2.24)$$

di H nel gruppo degli automorfismi di K. Si osservi che, dati $g_1, g_2 \in G$, si ha $g_1 = h_1 k_1$, $g_2 = h_2 k_2$ e quindi

$$g_1 g_2 = h_1 k_1 \cdot h_2 k_2 = h_1 h_2 \cdot h_2^{-1} k_1 h_2 \cdot k_2 = h_1 h_2 \cdot \varphi_{h_2}(k_1) k_2.$$

Come nel caso del prodotto diretto, si può allora partire da due gruppi H e K e da un omomorfismo φ come nella (2.24) (che nel caso del prodotto diretto è quello banale che manda ogni elemento di H nell'automorfismo identico di K), e definire nell'insieme prodotto cartesiano $H \times K$ l'operazione

$$(h_1, k_1)(h_2, k_2) = (h_1 h_2, \varphi_{h_2}(k_1) \cdot k_2),$$

ottenendo un gruppo, con unità $(1,1)$ e

$$(h, k)^{-1} = (h^{-1}, \varphi_{h^{-1}}(k^{-1}))$$

(la verifica dell'associatività è un po' laboriosa ma non presenta difficoltà: segue dall'associatività dei due gruppi e dal fatto che φ è un omomorfismo). Anche qui le coppie $(h, 1)$ e $(1, k)$ costituiscono sottogruppi H^* e K^* isomorfi rispettivamente ad H e a K, e nel prodotto $G = H^*K^*$ si ha

$$(h, 1)^{-1}(1, k)(h, 1) = (h^{-1}, k)(h, 1) = (1, \varphi_h(k)).$$

Ne segue $K^* \trianglelefteq G$, e identificando k con $(1, k)$ e h con $(h, 1)$, l'immagine di k secondo φ_h è il coniugato di k mediante h.

Dalla (2.23) si ha $G/K \simeq H$, e dunque G è un ampliamento di K mediante H. Se l'ampliamento è un prodotto semidiretto, si dice anche che l'ampliamento si spezza.

2.73 Lemma. Se φ e ψ sono due omomorfismi $H \to \mathbf{Aut}(K)$, e se esistono un automorfismo α di K e uno β di H tali che:

$$\varphi(h)\alpha = \alpha\psi(h^{\beta})$$

per ogni $h \in H$, allora i due prodotti semidiretti relativi a φ e ψ sono isomorfi.

Dim. La corrispondenza $H \times_{\varphi} K \to H \times_{\psi} K$ data da $(h, k) \to (h^{\beta}, k^{\alpha})$ è un isomorfismo.   ◇

2.74 Esempi. 1. Il gruppo S^3 è prodotto semidiretto di C_3 mediante C_2. Più in generale, D_n è prodotto semidiretto di C_n mediante C_2. Se $C_n = \langle r \rangle$ e $C_2 = \langle a \rangle$, l'elemento a induce per coniugio su C_n l'automorfismo $\psi : r^k \to a^{-1}r^k a = r^{-k}$. L'omomorfismo $\varphi : C_2 \to \mathbf{Aut}(C_n)$ che associa ad a il detto ψ permette di costruire il prodotto semidiretto; si ha:

$$(a, 1)^{-1}(1, r^k)(a, 1) = (a^{-1}, r^k)(a, 1) = (1, (r^k)^{\varphi(a)}) = (1, (r^k)^{\psi}) = (1, r^{-k}).$$

Il gruppo D_4 è anche prodotto semidiretto di V mediante un C_2: l'automorfismo indotto per coniugio su V dall'elemento non identico di C_2 scambia due elementi non identici di V e fissa il terzo. D_4 si ottiene anche come ampliamento di $C_2 = \mathbf{Z}(D_4)$ mediante V, ma questo ampliamento non è un prodotto semidiretto ($\mathbf{Z}(D_4)$ è contenuto in tutti i sottogruppi di ordine 4 di D_4 e perció non può avere intersezione $\{1\}$ con nessuno di questi).

2. *Gruppo affine. i*) Sia R la retta reale, e sia

$$x \longrightarrow ax + b, \ x \in R,$$

dove $a, b \in R$ e $a \neq 0$. L'insieme di queste trasformazioni di R (affinità) è un gruppo A, il *gruppo affine della retta*. A è un prodotto semidiretto. Sia infatti $\varphi_b : x \to x + b$; è chiaro che, al variare di b, queste trasformazioni formano un sottogruppo T di A isomorfo al gruppo additivo di R (con $\varphi_b^{-1} = \varphi_{-b}$), il sottogruppo delle *traslazioni*. Le trasformazioni $\psi_a : x \to ax$ formano anch'esse un gruppo, il sottogruppo H delle *omotetie* (con $\psi_a^{-1} = \psi_{a^{-1}}$), isomorfo al gruppo moltiplicativo degli elementi non nulli di R: $\psi_a \psi_b(x) = \psi_a(bx) = ab \cdot x$. Si ha:

$$\psi_{a^{-1}} \varphi_b \psi_a = x + ab,$$

e quindi il coniugato di una traslazione è ancora una traslazione, e $T \lhd G$. Se $ax = x + b$ per qualche a e b e per ogni x, allora $b = 0$ e $a = 1$; in altri termini, $H \cap T = \{1\}$. Inoltre, ogni affinità è prodotto di un'omotetia per una traslazione, cioè $G = HT$. Le tre condizione (2.23) sono dunque soddisfatte. Si osservi infine che, avendosi

$$\varphi_{-b} \psi_a \varphi_b : x \longrightarrow ax - ab - b,$$

se $a \neq 1$ la coniugata di un'omotetia non è più un'omotetia, per cui H non è normale in G. Il gruppo affine è quindi un prodotto semidiretto, ma non diretto, di H per T.

Un'affinità non identica ha al più un punto fisso: se $ax + b = ay + b$, allora $a(x - y) = 0$ ed essendo $a \neq 0$ ciò implica $x - y = 0$ e $x = y$.

ii) Si definiscono analogamente le trasformazioni affini sugli interi modulo n:

$$\varphi : i \to hi + k \mod n, \ (h, n) = 1,$$

che formano un gruppo di ordine $n\varphi(n)$. Questo gruppo è isomorfo al normalizzante N in S^n del gruppo ciclico generato da un $n-$ciclo $c = (0, 1, \ldots, n-1)$. Se infatti $\sigma \in N$, sia $\sigma(0) = k$ e $\sigma c \sigma^{-1} = c^h$, $(h, n) = 1$. Allora:

$$\sigma c^i(0) = \sigma c^i \sigma^{-1}(k) = c^{hi}(k) = c^{hi+k}(0) = hi + k,$$

e la corrispondenza $\sigma \to \varphi$, dove $\varphi : i \to hi + k$, con h e k determinati come sopra da σ, è un isomorfismo. Il gruppo è prodotto semidiretto delle "omotetie" $i \to hi$ per il sottogruppo normale delle "traslazioni" $i \to i + k$.

Come nel caso dei reali, anche qui un'affinità non identica ha al più un punto fisso. Se infatti $hi + k \equiv hj + k \mod n$, allora $h(i - j) \equiv 0 \mod n$, e $(h, n) = 1$ implica $i - j \equiv 0 \mod n$, e $i \equiv j \mod n$.

3. Se K è un gruppo abeliano, la corrispondenza $\sigma : k \to k^{-1}$ è un automorfismo di K. Si può allora considerare il prodotto semidiretto di $\langle \sigma \rangle$ per K. Se $K = C_n$ è un gruppo ciclico di ordine n questo prodotto è il gruppo diedrale D_n, e se $K = \mathbf{Z}$ è il gruppo degli interi, allora $\sigma : n \to -n$, e il prodotto semidiretto è il *gruppo diedrale infinito*, D_∞. Ogni elemento di D_∞ non appartenente a $\mathbf{Z}$ ha ordine 2:

$$(\sigma, n)(\sigma, n) = (\sigma^2, \sigma(n) + n) = (1, -n + n) = (1, 0).$$

Il gruppo D_n è isomorfo a un quoziente di D_∞. In generale, se L è un sottogruppo *caratteristico* di un gruppo K, ogni automorfismo σ di K induce un automorfismo $\overline{\sigma}$ di K/L:

$$\overline{\sigma}(Lx) = L\sigma(x),$$

dove la $\overline{\sigma}$ è ben definita (se lx è un altro rappresentate di Lx, allora $\overline{\sigma}(Llx) = L\sigma(lx) = L\sigma(l)\sigma(x) = L\sigma(x)$, in quanto L è caratteristico e pertanto contiene $\sigma(l)$ per ogni $\sigma \in \mathbf{Aut}(L)$ ed $l \in L$). Inoltre la corrispondenza $\sigma \to \overline{\sigma}$ è un omomorfismo $\mathbf{Aut}(K) \longrightarrow \mathbf{Aut}(K/L)$. Ne segue che un omomorfismo $\varphi : H \longrightarrow \mathbf{Aut}(K)$ composto col precedente fornisce un omomorfismo $\overline{\varphi} : H \longrightarrow \mathbf{Aut}(K/L)$:

$$\overline{\varphi}(h)(Lx) = L\varphi(h)(x),$$

grazie al quale si può considerare il prodotto semidiretto di H e K/L, e la corrispondenza

$$H \times_\varphi K \longrightarrow H \times_{\overline{\varphi}} K/L,$$

data da

$$(h, k) \longrightarrow (h, Lk),$$

risulta essere un omomorfismo surgettivo di nucleo $L^* = \{(1, x), \ x \in L\} \simeq L$. Ne segue

$$H \times_{\overline{\varphi}} K/L \simeq (H \times_\varphi K)/L^*.$$

Nel caso di D_∞ si ha allora

$$D_\infty/\langle n \rangle \simeq \langle \sigma \rangle \times_{\overline{\varphi}} (\mathbf{Z}/\langle n \rangle) \simeq D_n,$$

(in $D_\infty/\langle n \rangle$ abbiamo identificato $\{(1, mn), m \in \mathbf{Z}\}$ con $\langle n \rangle$).

4. *Automorfismi dei gruppi diedrali*. Gli elementi di un gruppo diedrale $D = \langle a, b \rangle$ (finito o infinito), con $a^2 = 1$ e b di periodo finito ($b^n = 1$) o infinito, sono della forma $a^i b^j$, con $i = 0, 1$ e j intero. Se $\alpha \in \mathbf{Aut}(D)$, allora $b^\alpha \in \langle b \rangle$, in quanto $\langle b \rangle$ è caratteristico (nel caso finito è l'unico sottogruppo ciclico di ordine n, nel caso infinito contiene tutti gli elementi di periodo infinito) e dunque $b^\alpha = b^k, (k, n) = 1$ (caso finito), oppure $b^\alpha = b^{\pm 1}$ (caso infinito). Inoltre, $a^\alpha \notin \langle b \rangle$ (altrimenti $a \in \langle b \rangle$), e perciò $a^\alpha = ab^j$. Consideriamo la corrispondenza:

$$\gamma(ab^j) = ab^{j+1}, \ \ \gamma(b^j) = b^j,$$

per ogni j (nel caso finito, γ fissa le rotazioni e muove ciclicamente le simmetrie). Si vede subito che si tratta di un automorfismo (ad esempio $\gamma(ab^j \cdot ab^k) = \gamma(a \cdot ab^{-j} \cdot b^k = b^{-j+k})$ e $\gamma(ab^j)\gamma(ab^k) = ab^{j+1} \cdot ab^{k+1} = a \cdot ab^{-j-1} \cdot b^{k+1} = b^{-j+k}$, e $\gamma(ab^j) = \gamma(a) \cdot \gamma(b^j) = ab \cdot b^j = ab^{j+1}$; inoltre è chiaro che γ è iniettiva e surgettiva), e che è di ordine n o infinito. Analogamente, la corrispondenza:

$$\beta_i(ab^s) = ab^{si}, \ \ \beta_k(b) = b^k, \ (k, n) = 1,$$

per ogni i ed s (fissa le simmetrie e permuta le rotazioni) è un automorfismo. Se $\alpha \in \mathbf{Aut}(D)$, allora $b^\alpha = b^i, (i, n) = 1$ (caso finito), oppure $b^\alpha = b^{\pm 1}$, e $a^\alpha = ab^j$; ne segue $\alpha = \beta_i \gamma^j$, da cui, posto $H = \{\beta_i, \ (i, n) = 1\}$, segue $\mathbf{Aut}(D_n) = H\langle \gamma \rangle$. H e $\langle \gamma \rangle$ hanno intersezione $\{1\}$, in quanto se $\beta_i = \gamma^j$, per qualche i e j, allora $b^{\beta_i} = b^{\gamma^j}$, $b^i = b^{\gamma^j} = b$, da cui $i = 1$ e $\beta_i = \beta_1 = 1$. Inoltre,

$\beta_i^{-1}\gamma^j\beta_i = \gamma^{ji}$, e $\langle\gamma\rangle$ è normale in $\mathbf{Aut}(D_n)$, per cui $\mathbf{Aut}(D_n)$ è il prodotto semidiretto di $\mathbf{Aut}(C_n)$ per C_n, e $\mathbf{Aut}(D_\infty)$ è il prodotto semidiretto di C_2 per $\mathbf{Z}$, e dunque è isomorfo a (D_∞).

5. *Gruppi di ordine* 8. Dimostriamo ora, facendo uso della nozione di prodotto semidiretto, che esistono esattamente cinque gruppi di ordine 8, e sono quelli visti nell'*Es.* 2 di 1.54. Gli ordini possibili per gli elementi non identici del gruppo G sono 2,4 e 8. Distinguiamo vari casi:

1. G ha un solo elemento di ordine 2. Se G ha un elemento di ordine 8, allora è ciclico, C_8. Altrimenti, G ha sei elementi di ordine 4, che a due a due (uno e il suo inverso) vanno in tre sottogruppi di ordine 4 che si intersecano nell'unico sottogruppo di ordine 2. Se $H = \langle x\rangle$ e $K = \langle y\rangle$ sono due di questi sottogruppi, l'elemento $z = xy$ non appartiene né ad H né a K, e dunque ha ordine 4, e perciò genera il terzo sottogruppo $L = \langle z\rangle$. Ora, yz non appartiene né a L (altrimenti $y \in L$) né a K (altrimenti $z \in K$), e perciò ha ordine 4. Ne segue $yz \in H$. Se $yz = x^{-1}$ si ha $z^2 = xyz = xx^{-1} = 1$. Così $yz = x$, e analogamente $zx = y$. È chiaro allora che siamo in presenza del gruppo dei quaternioni.

2. Se tutti gli elementi hanno ordine 2, G è abeliano elementare, e quindi è $\mathbf{Z}_2^{(3)}$, prodotto diretto di tre copie di $\mathbf{Z}_2$.

3. Possiamo allora supporre che G contenga almeno un sottogruppo C_4 e almeno un sottogruppo C_2 non contenuto in C_4. I due possibili omomorfismi $\varphi : C_2 \to \mathbf{Aut}(C_4) \simeq C_2$ danno luogo, quello banale a $C_2 \times C_4 \simeq U(15) \simeq U(20)$, e l'isomorfismo a $C_2 \times_\varphi C_4$, dove l'immagine di φ è l'automorfismo che scambia i due generatori di C_4. È chiaro che G è il gruppo diedrale D_4.

6. Il prodotto semidiretto di un gruppo G per il proprio gruppo di automorfismi $\mathbf{Aut}(G)$ prende il nome di *olomorfo* di G (è il caso in cui $K = G$ e $H = \mathbf{Aut}(G)$ nella (2.24) e φ è l'identità). Così, ad esempio, D_∞ è l'olomorfo di $\mathbf{Z}$, S^3 di C_3, D_4 di C_4 e, più in generale, nel caso dei gruppi diedrali abbiamo visto nell'*Es.* 4 che $\mathbf{Aut}(D_n)$ è l'olomorfo del gruppo ciclico C_n e $\mathbf{Aut}(D_\infty)$ del gruppo degli interi. Nel Teor. 2.55, $ii)$, si è visto che, in S^n, il normalizzante del sottogruppo generato da un n−ciclo ha ordine $n \cdot \varphi(n)$: si tratta anche qui dell'olomorfo di C_n. Se G è finito, $|G| = n$, e G_d la sua immagine in S^n mediante la rappresentazione regolare destra, allora l'olomorfo di G è isomorfo al normalizzante di G_d in S^n (v. Teor. 3.80).

7. Sia $H = \mathbf{Z}_p \oplus \mathbf{Z}_p$, p primo dispari, u e v i generatori dei due addendi, ψ l'automorfismo dato da $u \to u+v$, $v \to v$, che ha ordine p. Pensando H come uno spazio vettoriale di dimensione 2 su $\mathbf{Z}_p$ di base $\{u, v\}$, ψ si rappresenta con la matrice $\begin{pmatrix} 1 & 1 \\ 0 & 1 \end{pmatrix}$. Il prodotto semidiretto di H per $K = \langle\psi\rangle$ è un gruppo non abeliano di ordine p^3 nel quale tutti gli elementi hanno ordine p. (Poiché anche il gruppo abeliano $\mathbf{Z}_p \oplus \mathbf{Z}_p \oplus \mathbf{Z}_p$ ha tutti gli elementi di ordine p, si ha così che due gruppi possono avere lo stesso numero di elementi dello stesso ordine senza essere isomorfi).

8. Vediamo ora alcuni gruppi che non sono prodotti semidiretti.

1. Il gruppo dei quaternioni Q, perché due suoi sottogruppi diversi da $\{1\}$ hanno intersezione diversa da $\{1\}$. È però, come D_4, un ampliamento di $C_2 = \mathbf{Z}(Q)$ mediante V.

2. Un p–gruppo ciclico: i suoi sottogruppi formano una catena, e dunque non ve ne sono mai due a intersezione $\{1\}$.

3. Il gruppo degli interi $\mathbf{Z}$, perché due sottogruppi $\langle m \rangle$ e $\langle n \rangle$ hanno in comune il sottogruppo generato dal minimo comune multiplo di m e n. $\mathbf{Z}$ è ampliamento di un suo qualunque sottogruppo $n\mathbf{Z}$ mediante il gruppo finito $\mathbf{Z}_n$. (Poiché ogni sottogruppo di $\mathbf{Z}$ ha indice finito e $\mathbf{Z}$ non ha elementi di periodo finito, abbiamo un'altra ragione per la quale $\mathbf{Z}$ non è un prodotto semidiretto).

2.8 Gruppi simmetrici e alterni

In questo paragrafo consideriamo una classe infinita di gruppi semplici, i gruppi alterni A^n, per $n \geq 5$.

Sappiamo che una permutazione di S^n si spezza in cicli. Se $(1, 2, \ldots, k)$ è un ciclo, allora:

$$(1, 2, \ldots, k) = (1, 2)(1, 3) \cdots (1, k),$$

e facendo questa operazione per ogni ciclo si ha:

2.75 Teorema. *Ogni permutazione è prodotto di trasposizioni, e dunque S^n è generato dalle trasposizioni.*

Fissata una cifra i, ogni permutazione è prodotto di trasposizioni che coinvolgono i:

$$(h, k) = (i, h)(i, k)(i, h).$$

2.76 Corollario. *Fissata una cifra i, S^n è generato dalle $n - 1$ trasposizioni:*

$$(i, 1), (i, 2), \ldots, (i, j), \ldots (i, n), \quad j \neq i. \qquad \Diamond$$

Contrariamente al caso del prodotto di cicli, in un prodotto di trasposizioni queste non sono in generale permutabili (lo sono soltanto se agiscono su insiemi di cifre disgiunti):

$$(1, 2, 3) = (1, 2)(1, 3) \neq (1, 3)(1, 2) = (1, 3, 2),$$

né la decomposizione è unica:

$$(1, 2, 3) = (1, 2)(1, 3) = (2, 3)(1, 2) = (1, 3)(1, 2)(1, 3)(1, 2).$$

C'è però qualcosa che non varia al variare di questi prodotti, ed è la parità del numero di trasposizioni che vi compaiono. È ciò che dimostra il teorema che segue.

2.77 Teorema. *Se un elemento di S^n è prodotto di trasposizioni in due modi diversi, e se il numero di trasposizioni che compare nella prima scrittura è pari (dispari), tale numero è pari (dispari) anche nella seconda.*

Dim. Se $\sigma \in S^n$ si può scrivere come prodotto di un numero pari e anche come prodotto di un numero dispari di trasposizioni, lo stesso accade per σ^{-1}. Scegliendo allora una scrittura pari per σ e una dispari per σ^{-1}, abbiamo che l'identità $1 = \sigma\sigma^{-1}$ si può scrivere come prodotto di un numero dispari di trasposizioni:

$$1 = \tau_1 \tau_2 \cdots \tau_{2m+1}.$$

Sia i una cifra che compare in qualcuna delle τ, e osserviamo che $(i,j)(k,l) = (k,l)(i,j)$ e $(i,j)(j,l) = (j,l)(i,l)$. Possiamo allora riscrivere l'identità, senza cambiare il numero delle trasposizioni, come

$$1 = \sigma_1 \sigma_2 \cdots \sigma_r \sigma_{r+1} \cdots \sigma_{2m+1}, \tag{2.25}$$

dove i non compare nelle prime r trasposizioni e dove $\sigma_j = (i, k_j)$, $j = r+1, \ldots, 2m+1$. Ora, (i, k_{r+1}) non può comparire una sola volta, altrimenti nel prodotto (2.25) la cifra i va in k_{r+1}, mentre deve restare fissa perché quel prodotto è l'identità. Si ha allora (da σ_{r+1} in poi) $(i, k_{r+1}) \cdots (i, k_j)(i, k_{r+1}) \cdots$, e osservando che $(i, k_j)(i, k_{r+1}) = (i, k_{r+1})(k_{r+1}, k_j)$, possiamo portare la seconda trasposizione (i, k_{r+1}) accanto alla prima e sopprimerle entrambe, lasciando inalterato il valore del prodotto. Ripetendo l'operazione, si diminuisce ogni volta di 2 il numero di trasposizioni fino ad arrivare a una sola trasposizione: un assurdo, in quanto l'identità non sposta alcuna cifra mentre una trasposizione ne sposta due.   ◇

La *parità* di una permutazione, cioè l'essere pari o dispari, è dunque ben definita, e ciò permette la seguente definizione.

2.78 Definizione. Un permutazione si dice *pari* se è prodotto di un numero pari di trasposizioni, *dispari* nell'altro caso [†].

L'applicazione tra gruppi $S^n \to \{1, -1\}$ ottenuta associando 1 a una permutazione σ se questa è pari, e -1 se è dispari, è quindi ben definita, e poiché la parità di un prodotto è pari se e solo se entrambe le permutazioni hanno la stessa parità, la suddetta applicazione è un omomorfismo surgettivo (se $n > 1$), di nucleo l'insieme delle permutazioni pari.

2.79 Definizione. Il sottogruppo delle permutazioni pari di S^n è il *gruppo alterno A^n*.

[†] La parità di una permutazione si può definire anche in termini delle inversioni che essa presenta (Cor. 3.89). Per un'altra dimostrazione che la parità è ben definita si veda l'*es.* 114 del Cap. 3.

Il gruppo A^n è stato già visto nella sua rappresentazione con matrici nell'*es.* 26 del Cap. 1 (matrici di permutazione a determinante uguale a 1). A^n ha indice 2 in S^n, e quindi la metà delle permutazioni di S^n sono pari.

2.80 Teorema. *Sia $n \geq 3$. Allora:*

   i) *A^n contiene tutti i 3–cicli di S^n;*

   ii) *fissate due cifre i e j, A^n è generato dai 3–cicli seguenti, che sono in numero di $n - 2$:*

$$(i, j, 1), (i, j, 2), \ldots, (i, j, k), \ldots, (i, j, n), \quad k \neq i, j.$$

Dim. i) Un 3–ciclo è pari:

$$(i, j, k) = (i, j)(i, k), \tag{2.26}$$

e dunque appartiene ad A^n.

   ii) Fissata una cifra i, ogni elemento di A^n è prodotto di trasposizioni in cui compare i (Cor. 2.76), e in numero pari. Queste possono allora essere raggruppate a due a due nell'ordine in cui compaiono, e poiché questi prodotti a due a due danno 3–cicli come nella (2.26), si ha intanto che ogni elemento di A^n è prodotto di 3–cicli. Inoltre, fissati i e j si ha $(h, k, l) = (i, l, k)(i, l, k)(i, h, k)$, e $(i, h, k) = (i, j, h)(i, j, h)(i, j, k)$, e dunque ogni elemento di A^n è prodotto di 3–cicli del tipo richiesto.   ◇

2.81 Nota. Si vede da questo teorema che i 3–cicli hanno in A^n il ruolo che le trasposizioni, cioè i 2–cicli, avevano in S^n. Si osservi altresì che un 2–ciclo è un elemento di S^n che lascia fisse il massimo numero possibile di cifre senza essere l'identità. In A^n, un elemento con questa proprietà è un 3–ciclo.

2.82 Lemma. *Se un sottogruppo normale di A^n, $n \geq 3$, contiene un 3–ciclo, allora coincide con A^n.*

Dim. Se $n = 3$, A^3 è ciclico di ordine 3 e non c'è niente da dimostrare. Sia $n > 3$, $N \trianglelefteq A^n$ e $(1, 2, 3) \in N$. Un coniugato di questo ciclo mediante una permutazione pari appartiene ancora a N, ed essendo $n > 3$ abbiamo in A^n tutte le permutazioni del tipo $(1, 2)(3, k)$, con $k = 4, 5, \ldots, n$. Ma $(1, 2, 3)^{(1, 2)(3, k)} = (2, 1, k)$, e per il Teor. 2.80 questi 3–cicli generano A^n.   ◇

2.83 Lemma. *Sia $\{1\} \neq N \trianglelefteq A^n$, $n \neq 4$. Allora N contiene un 3–ciclo.*

Dim. Dividiamo la dimostrazione in varie parti. Sia $\sigma \neq 1$ una permutazione di N.

1. Supponiamo che, nella decomposizione in cicli disgiunti, σ abbia un ciclo con più di tre elementi: $\sigma = (1, 2, 3, 4, i, \ldots, j, k)\tau$, dove τ è il prodotto di altri eventuali cicli. Coniugando con $(1, 2, 3) \in A^n$ abbiamo l'elemento ancora di N: $\sigma_1 = \sigma^{(1, 2, 3)} = (2, 3, 1, 4, i, \ldots, j, k)\tau$. Allora $\sigma_1^{-1} = (1, 3, 2, k, j, \ldots, i, 4)\tau^{-1}$ e perciò $\sigma\sigma_1^{-1} = (1, k, 3)(2)(4)(j) \ldots$ è un 3–ciclo di N, come richiesto.

Possiamo allora supporre che i cicli di σ abbiano lunghezza al più 3.

2. Se σ ha più di un ciclo, vi sono da considerare tre casi.

2a. σ ha almeno due cicli di lunghezza 3, $\sigma = (1,2,3)(4,5,6)\tau$. Coniugando con $(1,2,4)$ abbiamo $\sigma_1 = (2,4,3)(1,5,6)\tau$, e $\sigma\sigma_1 = (1,4,6,3,5)(2)\tau^2$ ha un ciclo con più di tre cifre, e siamo nel caso 1.

2b. σ ha un solo ciclo di lunghezza 3. Possiamo supporre che gli altri cicli di σ abbiano lunghezza al più 2. Ma allora σ^2 è un 3–ciclo.

2c. σ è un prodotto di trasposizioni disgiunte, $\sigma = (1,2)(3,4)\tau$, dove in τ compaiono trasposizioni disgiunte o punti fissi. Per ipotesi, esiste una cifra, e sia 5, diversa da 1,2,3 e 4, che compare in τ, o in una trasposizione, o come punto fisso: $\sigma = (1,2)(3,4)(5,6)\tau_1$ oppure $\sigma = (1,2)(3,4)(5)\tau_2$. Nel primo caso, coniugando con $(1,3)(2,5)$ abbiamo $\sigma_1 = (3,5)(1,4)(2,6)\tau_1$, per cui $\sigma\sigma_1 = (1,6,3)(2,4,5)\tau_1^2$ e siamo nel caso 2a. Nel secondo, coniugando sempre con $(1,3)(2,5)$, otteniamo $\sigma_1 = (3,5)(1,4)(2)\tau_2$ e $\sigma\sigma_1 = (1,2,4,5,3)\tau_2^2$, e siamo nel caso 1.

3. σ ha un solo ciclo. Se questo è di lunghezza maggiore di 3, siamo nel caso 1; se ha lunghezza 2, è una trasposizione, ma ciò non è possibile perché una trasposizione è dispari e quindi non può appartenere ad A^n. Quindi σ è il 3–ciclo richiesto. $\Diamond$

Dai due lemmi precedenti segue:

2.84 Teorema. *Se $n \geq 5$, A^n è un gruppo semplice.*

Anche A^3 è semplice, essendo di ordine primo. È chiaro però che l'interesse del teorema sta tutto nel caso $n \geq 5$.

2.85 Teorema. *Se $n \neq 4$, A^n è l'unico sottogruppo normale proprio di S^n.*

Dim. Se $n = 1, 2, 3$, il risultato è ovvio. Sia $n \geq 5$. Con la stessa dimostrazione del Lemma 2.83, a parte il punto in cui si esclude che σ possa essere una trasposizione, si ha che $N \trianglelefteq S^n$ contiene un 3–ciclo, e quindi tutti i 3–cicli perché sono tutti coniugati. Allora $N \supseteq A^n$, e dunque, se $N \neq S^n$, si ha $N = A^n$. Se N contiene una trasposizione le contiene tutte perché sono tutte coniugate. Ma le trasposizioni generano S^n, e quindi $N = S^n$. $\Diamond$

Consideriamo ora il caso eccezionale $n = 4$. Un sottogruppo normale è unione di classi di coniugio e perciò il suo ordine si ottiene come somma delle cardinalità di tali classi. Con riferimento all'*Es.* 2.46 vediamo che le uniche somme tra le cardinalità delle classi di S^4 compatibili con il teorema di Lagrange sono, oltre a quelle banali, $|C_1| + |C_3| + |C_4| = 12$ e $|C_1| + |C_4| = 4$. Nel primo caso, l'unione delle tre classi è un sottogruppo, e precisamente A^4; nel secondo, l'unione delle due classi è un Klein, contenuto in A^4. Abbiamo così, oltre al gruppo alterno, un altro sottogruppo normale non banale in S^4, il quale, essendo contenuto in A^4, è normale anche in A^4, per cui A^4 non è semplice.

A^4 fornisce un controesempio all'inversione del teorema di Lagrange, e anzi il controesempio di ordine minimo. Infatti, 6 divide $12 = |A^4|$, ma:

2.86 Teorema. A^4 *non ha sottogruppi di ordine* 6.

Dim. Un sottogruppo H di ordine 6 conterrebbe, per Cauchy, un sotto-gruppo di ordine 3, e quindi un elemento di ordine 3 il quale, essendo in A^4 è un 3–ciclo. Ma H è normale perché di indice 2, e quindi per il Lemma 2.82, $H = A^4$, assurdo.

Un'altra dimostrazione è la seguente. Un sottogruppo di ordine 6 avrebbe indice 2 e quindi dovrebbe contenere i quadrati di tutti gli elementi del gruppo. Ma il gruppo ha otto elementi di ordine 3, i 3–cicli, e i quadrati di questi danno di nuovo tutti i 3–cicli. Il sottogruppo di ordine 6 dovrebbe allora contenere almeno questi otto elementi, assurdo.   ◇

Concludiamo il paragrafo con un teorema che descrive gli automorfismi del gruppo simmetrico S^n. Si vedrà che il caso $n = 6$ è anomalo. Prima un lemma.

2.87 Lemma. *Un automorfismo* γ *di* S^n *che manda trasposizioni in traspo-sizioni è interno.*

Dim. Sia $T(i)$ l'insieme delle trasposizioni che contengono la cifra i, e dimostriamo che, per un certo j, $T(i)^\gamma = T(j)$. Due trasposizioni di $T(i)$ non sono permutabili, e ciò deve allora accadere anche per due trasposizioni di $T(i)^\gamma$, che devono pertanto avere tutte la stessa cifra in comune (se in $T(i)^\gamma$ vi sono $(j,u), (j,v)$ e (u,v), il loro prodotto ha ordine 2, mentre il prodotto di tre elementi di $T(i)$ ha ordine 4). Ne segue $T(i)^\gamma \subseteq T(j)$, per un certo j, e applicando a $T(j)$ l'inverso di γ si ha l'uguaglianza. A γ resta quindi associata la permutazione σ tale che $\sigma(i) = j$ se $T(i)^\gamma = T(j)$, $i = 1, 2, \ldots, n$. Dimostriamo che γ coincide con l'automorfismo interno indotto da σ, e poiché ogni elemento di S^n è prodotto di trasposizioni, basta dimostrare che ciò accade per le trasposizioni. Osservando che $T(i) \cap T(j) = (i,j)$, si ha:

$$(i,j)^\gamma = T(i) \cap T(j) = T(i^\sigma) \cap T(j^\sigma) = (i^\sigma, j^\sigma) = \sigma^{-1}(i,j)\sigma,$$

come si voleva.   ◇

Un automorfismo γ conserva l'ordine degli elementi e manda classi di co-niugio in classi di coniugio. Ne segue che γ manda la classe di coniugio C_1 delle trasposizioni in una classe C_k di k trasposizioni disgiunte. Per un dato k, la classe C_k contiene:

$$t_k = \frac{1}{k!}\binom{n}{2}\binom{n-2}{2}\cdots\binom{n-2(k-1)}{2} = \frac{1}{k!2^k}n(n-1)\cdots(n-2k+1)$$

elementi, per cui se $C_1^\gamma = C_k$, con $k > 1$, deve intanto aversi $t_1 = t_k$, ugua-glianza che dà: $(n-2)(n-3)\cdots(n-2k+1) = k!2^{k-1}$. Il secondo membro è positivo, e quindi $n \geq 2k$, per cui

$$(n-2)(n-3)\cdots(n-2k+1) \geq (2k-2)(2k-3)\cdot(2k-2k+1) = (2k-2)!$$

Per $k = 2$, l'uguaglianza diventa $(n-2)(n-3) = 4$, che non è soddisfatta per alcun n. Per $k = 3$, dovendo essere $n \geq 6$, si ha intanto che l'uguaglianza è soddisfatta per $n = 6$, mentre se $n > 6$ il primo membro vale almeno $5 \cdot 4 \cdot 3 \cdot 2 = 120$, mentre il secondo è $3!2^2 = 24$. Se $k \geq 4$ si ha sempre $(2k-2)! > k!2^{k-1}$ (induzione su k: $(2(k+1)-2)! = (2k)! = 2k(2k-1)(2k-2)! > 2k(2k-1)k!2^{k-1} = k(2k-1)k!2^k$ e poiché $k(2k-1) > k+1$ l'ultima quantità è maggiore di $(k+1)!2^k$). Ne segue che, per $n \neq 6$, non vi sono classi di involuzioni che non sono trasposizioni ma che hanno la stessa cardinalità della classe delle trasposizioni. Dal lemma si ha allora:

2.88 Teorema. *Sia $n \neq 6$. Allora:*
  i) gli automorfismi di S^n sono tutti interni;
  ii) i sottogruppi di S^n di indice n sono gli stabilizzatori delle cifre $1, 2, \ldots, n$.

Dim. i) Segue dal lemma. ii) Sia $[S^n : H] = n$, e consideriamo S^n come agente sui laterali di H identificando le cifre $1, 2, \ldots, n$ con i laterali di H (sia $H = 1$). L'omomorfismo $\varphi : S^n \to S^n$ indotto da questa azione ha nucleo $\{1\}$, e pertanto è un automorfismo di S^n. L'immagine $\varphi(H)$ di H fissa il punto 1; ne segue $\varphi(H) \subseteq S^{n-1}$, e $\varphi(H) = S^{n-1}$. Ma gli automorfismi di S^n sono tutti interni: $\varphi = \gamma_\sigma$ per un certo σ, e quindi $\varphi(H) = \gamma_\sigma(H)$, $H = (S^{n-1})^{\sigma^{-1}}$. Come coniugato dello stabilizzatore di una cifra, anche H è lo stabilizzatore di una cifra. ◇

2.89 Nota. Questo risultato ha un'interessante conseguenza in teoria delle equazioni. Sia $f(x) = x^n + a_1 x^{n-1} + a_2 x^{n-2} + \cdots + a_n$ un polinomio su un campo K, $\alpha_1, \alpha_2, \ldots, \alpha_n$ le sue radici distinte. Siano $\varphi = \varphi_1, \varphi_2, \ldots, \varphi_n$ n funzioni razionali delle n radici che vengono permutate transitivamente dalle $n!$ permutazioni delle α_i, e sia H lo stabilizzatore di una φ_i. Allora H ha indice n in S^n, e dunque, se $n \neq 6$, è lo stabilizzatore di una delle radici, e sia α_1. Ne segue che φ_1 è una funzione simmetrica delle radici restanti $\alpha_2, \ldots, \alpha_n$, e quindi è un funzione razionale delle funzioni simmetriche elementari di queste radici a coefficienti in $K(\alpha_1)$. Ma le funzioni simmetriche elementari delle $\alpha_2, \ldots, \alpha_n$ sono funzioni razionali dei coefficienti del polinomio e di α_1, e pertanto φ_1 è una funzione razionale φ di α_1 a coefficienti in K. Ne segue che è possibile scegliere gli indici delle φ_i in modo che le n funzioni φ_i si esprimano come valori nelle α_i della φ: $\varphi_i = \varphi(\alpha_i)$, $i = 1, 2, \ldots, n$. Ad esempio, con $n = 3$, siano $\alpha_1, \alpha_2, \alpha_3$ le tre radici di $x^3 + qx + r$, e consideriamo le tre funzioni $\varphi_1 = \alpha_1^2 + \alpha_2\alpha_3, \varphi_2 = \alpha_2^2 + \alpha_3\alpha_1, \varphi_3 = \alpha_3^2 + \alpha_1\alpha_2$. S^3 agisce transitivamente su queste tre funzioni permutando le tre radici, e avendosi $\alpha_1\alpha_2\alpha_3 = -r$, con $\varphi(x) = x - \frac{r}{x}$ si ha $\varphi_i = \varphi(\alpha_i)$, $i = 1, 2, 3$.[†]

Nel prossimo capitolo (Cap. 3, es. 57) vedremo che S^6 ammette automorfismi esterni.

[†] Si veda J. A. Todd, *The 'odd' number six*, Proc. Cambridge Phil. Soc., 41, 1945, 66–68. In questo articolo si trova anche un esempio di sei funzioni razionali φ_i di sei elementi α_i sulle quali S^6 agisce transitivamente, ma per le quali non esiste alcuna funzione razionale $\varphi(x)$ tale che $\varphi_i = \varphi(\alpha_i)$, $i = 1, 2, \ldots, 6$.

Esercizi

62. Dimostrare che le trasposizioni $(1, 2), (2, 3), \ldots, (i, i+1), \ldots, (n-1, n)$ generano il gruppo S^n.

63. S^n è generato da un n–ciclo e da una trasposizione che scambia due cifre consecutive del ciclo.

64. Un k–ciclo è pari se e solo se k è dispari.

65. Il numero dei k–cicli di S^n è $\frac{1}{k} n(n-1)(n-2) \cdots (n-k+1)$.

66. In un gruppo di permutazioni, o tutte le permutazioni sono pari, oppure esattamente la metà lo sono.

67. Dimostrare che per S^4 il teorema di Lagrange si inverte, e precisamente che S^4 ammette:
    i) un sottogruppo di ordine 12 e uno solo;
    ii) tre sottogruppi di ordine 8, diedrali;
    iii) quattro sottogruppi di ordine 6 isomorfi ad S^3;
    iv) sette sottogruppi di ordine 4, tre ciclici e quattro di Klein;
    v) quattro sottogruppi di ordine 3;
    vi) nove sottogruppi di ordine 2.

68. Determinare:
    i) le classi di coniugio di S^5;
    ii) le classi di coniugio di A^5;
    iii) due elementi di A^5 coniugati in S^5 ma non in A^5 [*Sugg.*: considerare un 5–ciclo e il suo quadrato];
    iv) usare *ii*) per dimostrare che A^5 è semplice.

69. I 2–cicli generano S^n e i 3–cicli A^n. Quali sottogruppi generano gli r–cicli, $r > 3$?

2.9 Il derivato

In questo paragrafo introduciamo un sottogruppo che si può considerare una misura di quanto il gruppo si discosti dall'essere abeliano.

Siano a e b due elementi di un gruppo G, e consideriamo i prodotti ab e ba. Per l'assioma dei quozienti, esiste $x \in G$ tale che $ab = ba \cdot x$, e dunque

$$x = a^{-1} b^{-1} ab.$$

2.90 Definizione. Se a, b sono due elementi di un gruppo G, l'elemento $a^{-1} b^{-1} ab$ si chiama *commutatore* di a e b (in quest'ordine) [†]. Si denota anche con $[a, b]$. Il sottogruppo generato dai commutatori tra tutti gli elementi di G si chiama *derivato* o *sottogruppo dei commutatori* di G, e si denota con G' o con $[G, G]$:

$$G' = \langle [a, b] \mid a, b \in G \rangle.$$

[†] Alcuni autori definiscono il commutatore di a e b come l'elemento $aba^{-1}b^{-1}$.

L'unità è un commutatore: $1 = [a, a]$, per ogni $a \in G$, e l'inverso di un commutatore è ancora un commutatore:

$$[a, b]^{-1} = (a^{-1}b^{-1}ab)^{-1} = b^{-1}a^{-1}ba = [b, a],$$

ma il prodotto di due commutatori non è necessariamente un commutatore [‡]. Per avere un sottogruppo è pertanto necessario considerare l'insieme di tutti i prodotti dei commutatori, cioè, come abbiamo detto, il sottogruppo che essi generano.

È chiaro che due elementi permutano se e solo se il loro commutatore è l'unità, e quindi un gruppo è abeliano se e solo se $G' = \{1\}$.

2.91 Teorema. *i)* G' *è un sottogruppo caratteristico;*
   ii) il quoziente G/G' è abeliano;
   iii) se $N \trianglelefteq G$ e G/N è abeliano, allora $G' \subseteq N$;
   iv) se $H \leq G$ e $G' \subseteq H$, allora H è normale.

Dim. i) Se $\alpha \in \mathbf{Aut}(G)$, allora

$$[a, b]^{\alpha} = (a^{-1}b^{-1}ab)^{\alpha} = (a^{\alpha})^{-1}(b^{\alpha})^{-1}a^{\alpha}b^{\alpha} = [a^{\alpha}, b^{\alpha}];$$

un automorfismo di G porta dunque commutatori in commutatori e perciò $(G')^{\alpha} \subseteq G'$. D'altra parte, $[a, b] = [a^{\alpha^{-1}}, b^{\alpha^{-1}}]^{\alpha}$, e quindi $G' \subseteq (G')^{\alpha}$, da cui l'uguaglianza.

ii) Per (i) G' è in particolare normale, e se $aG', bG' \in G/G'$ si ha:

$$aG'bG' = abG' = ba[a, b]G' = baG' = bG'aG',$$

dove la terza uguaglianza segue dal fatto che $[a, b] \in G'$.

iii) Se $aNbN = bNaN$, per ogni $a, b \in N$, allora $abN = baN$ e $a^{-1}b^{-1}abN = N$, da cui $[a, b] \in N$ e $G' \subseteq N$, e viceversa.

iv) H/G' è normale in G/G' perché G/G' è abeliano. Ne segue (Teor. 2.12) $H \trianglelefteq G$. ◇

Il punto *(iii)* del teorema precedente si esprime anche dicendo che G' è il "più piccolo" sottogruppo di G rispetto al quale il quoziente è abeliano.

2.92 Esempi. 1. In S^3 si ha $S^3/C_3 \simeq C_2$, abeliano, e quindi $(S^3)' \subseteq C_3$, da cui $(S^3)' = \{1\}$ o $(S^3)' = C_3$. Nel primo caso S^3 sarebbe abeliano, cosa che non è; allora $(S^3)' = C_3$. I due 3−cicli di C_3 si esprimono come commutatori come segue: $(1, 2, 3) = [(2, 3), (1, 3, 2)]$ e $(1, 3, 2) = [(1, 3, 2), (2, 3)]$.

2. Il centro di D_4 è C_2 e il quoziente rispetto al centro è il gruppo di Klein, abeliano. Pertanto $D_4' \subseteq C_2$, e non può essere $\{1\}$ perché D_4 non è abeliano. Dunque $D_4' = \mathbf{Z}(D_4) \simeq C_2$. Analogamente, nel gruppo dei quaternioni il derivato coincide con il centro, anche qui un C_2.

[‡] Si veda R. Carmichael, p. 39, *es.* 30, o Kargapolov–Merzliakov, *es.* 3.2.11.

3. Sia $G = D_4 \times C_2$. Il derivato di D_4 è normale in G (Teor. 2.72, i)) e il quoziente è isomorfo a $V \times C_2$ (Teor. 2.72, ii)), abeliano. Quindi $G' \simeq D_4' \simeq C_2$.

4. *A^n è il derivato di S^n, per ogni n.* I 3–cicli sono commutatori: $(1,2,3) = (1,3)(1,2)(1,3)(1,2)$, e dunque $A^n \subseteq (S^n)'$). Ma un commutatore $\sigma^{-1}\tau^{-1}\sigma\tau$ è una permutazione pari, qualunque siano le parità di σ e di τ, e così $(S^n)' \subseteq A^n$ (ciò si vede anche considerando che S^n/A^n ha ordine 2 e quindi è abeliano).

5. *Ogni elemento di A^5 è un commutatore*, e anzi un commutatore di elementi di A^5 stesso[†]: $(1,2,3)=[(2,3)(4,5),(1,3,2)]$, $(1,2)(3,4)=[(1,3,4),(1,2,3)]$, $(1,2,3,4,5)=[(2,5)(3,4),(1,4,2,5,3)]$.

In A^3 o in A^4 un 3–ciclo non è un commutatore di elementi di A^3 o di A^4. Affinché un 3–ciclo sia un commutatore di elementi di A^n sono dunque necessarie almeno 5 cifre.

Per generare G' non è necessario prendere i commutatori di tutte le coppie di elementi di G. Basta limitarsi a prendere elementi che costituiscano un sistema di rappresentanti per le classi laterali del centro. Se infatti a e b appartengono a due classi di rappresentanti x e y, allora $a = xz$ e $b = yz_1$, con z e z_1 nel centro, e

$$[a,b] = [xz, yz_1] = z^{-1}x^{-1}z_1^{-1}y^{-1}xzyz_1 = x^{-1}y^{-1}xy = [x,y].$$

2.93 Lemma (D. Ornstein). *Se $a, b \in G$ e per un certo intero m si ha $(ab)^m \in \mathbf{Z}(G)$, allora $[a,b]^m$ si può scrivere come un prodotto di $m-1$ commutatori.*

Dim. Per ogni r, $[a,b]^r$ si può scrivere come prodotto di $(a^{-1}b^{-1})^r(ab)^r$ e $r-1$ commutatori. Ciò è evidente per $r = 1$, e supposto il risultato vero per $r-1$ si ha:

$$[a,b]^r = [a,b][a,b]^{r-1} = [a,b](a^{-1}b^{-1})^{r-1}(ab)^{r-1}c_{r-2}\cdots c_1,$$

dove i c_i, $i = 1, 2, \ldots, r-2$ sono commutatori. L'ultima espressione è uguale a

$$a^{-1}b^{-1}(a^{-1}b^{-1})^{r-1}(ab)[ab,(a^{-1}b^{-1})^{r-1}](ab)^{r-1}c_{r-2}\cdots c_1,$$

ricordando che per un prodotto xy si ha $xy = yx^y$. L'elemento che precede c_{r-2} è il coniugato di un commutatore, e dunque è ancora un commutatore (Teor. 2.91, dim. di (i)); denotandolo con c_{r-1} abbiamo:

$$[a,b]^r = (a^{-1}b^{-1}ab)^r = (a^{-1}b^{-1})^r(ab)^r c_{r-1}c_{r-2}\cdots c_1,$$

come si voleva. Se ora $(ab)^m \in \mathbf{Z}(G)$, essendo $(ab)^m$ e $(ba)^m$ elementi coniugati essi sono uguali, e poiché $(a^{-1}b^{-1})^m = (ba)^{-m} = (ab)^{-m}$, e dalla precedente uguaglianza

$$[a,b]^m = c_{m-1}c_{m-2}\cdots c_1,$$

cioè il risultato.   ◇

2.94 Teorema (SCHUR). *Se il centro ha indice finito il derivato è finito.*

Dim. Se il centro ha indice m vi sono al più m^2 commutatori, e dunque G' è finitamente generato. Facciamo vedere che un elemento di G' si può scrivere come un prodotto di al più m^3 commutatori. Poiché allora gli elementi di G' avranno lunghezza uniformemente limitata, G' sarà finito.

Se in un prodotto di commutatori un commutatore c compare m volte, questi c si possono portare uno accanto all'altro, sostituendo eventualmente un commutatore con un coniugato, ottenendo un elemento c^m che per il Lemma 2.93 si può scrivere come prodotto di $m-1$ commutatori. Poiché vi sono al più m^2 commutatori, ogni elemento di G' si scrive come prodotto di al più m^3 commutatori.   ◇

2.95 Esempio. Gli interi sono un gruppo privo di torsione con gruppo di automorfismi finito. In generale, *se G è un gruppo privo di torsione e* $\mathbf{Aut}(G)$ *è finito, allora G è abeliano.* L'ipotesi implica infatti che $\mathbf{I}(G)$ è finito, e dunque è finito anche $G/\mathbf{Z}(G)$, ad esso isomorfo. Per il teorema di Schur, G' è finito, ed essendo G privo di torsione ciò implica $G' = \{1\}$ e G abeliano.

Esercizi

70. Dimostrare che il derivato di D_n è generato dal quadrato della rotazione di $2\pi/n$.

71. Se $H \cap G' = \{1\}$ allora H è contenuto nel centro. [*Sugg.*: considerare $(g^{-1}h^{-1}g)h)$].

72. Se $a \sim a^2$ allora a è un commutatore. Più in generale, se $a \sim a^n$ allora a^{n-1} è un commutatore.

73. Due elementi coniugati appartengono allo stesso laterale del derivato. La cardinalità di una classe di coniugio è dunque al più quella del derivato. [*Sugg.*: $G'ab = G'ba$].

74. In un gruppo di ordine dispari il prodotto di tutti gli elementi, in un ordine qualsiasi, appartiene al derivato.

75. Se $a^n = b^n = 1$, allora

$$(ab)^n = (a,b)(b,a^2)(a^2,b^2)(b^2,a^3)\cdots(b^{n-2},a^{n-1})(a^{n-1},b^{n-1}),$$

dove $(x,y) = [x^{-1}, y^{-1}]$.

76. Siano $a, b, c \in G$ tali che $a^n b^n = c^n$, dove n è primo con $|G|$. Dimostrare che ab e c appartengono allo stesso laterale di G'.

77. Un commutatore è prodotto di quadrati.

78. Se G è un p–gruppo finito di ordine p^n, dimostrare che $|\mathbf{Z}(G)| \neq p^{n-1}$ e, se $n \geq 2$, $|G'| \leq p^{n-2}$.

79. Sia $\Delta(G)$ l'insieme degli elementi di G che hanno un numero finito di coniugati. Dimostrare che:

i) $\Delta(G)$ è un sottogruppo caratteristico;

ii) se H è un sottogruppo finitamente generato di $\Delta(G)$, l'indice di $\mathbf{Z}(H)$ in H è finito, e dunque H' è finito.

iii) G ha un sottogruppo normale finito di ordine divisibile per un dato primo p se e solo se $\Delta(G)$ contiene un elemento di ordine p.

80. Dimostrare che se $(ab)^2 = (ba)^2$ per ogni coppia di elementi $a, b \in G$, allora G' è un 2–gruppo abeliano elementare.

81. Se $[G : \mathbf{Z}(G)]^2 < |G'|$, allora vi sono elementi di G' che non sono commutatori. [*Sugg.*: un commutatore è della forma $[a, b]$ con a, b rappresentanti di laterali del centro].

82. Sia $|G'| \leq 2$. Dimostrare che, per ogni terna di elementi x_1, x_2, x_3, esiste una permutazione non identica tale che $x_1 x_2 x_3 = x_i x_j x_k$, e che, se questa proprietà è soddisfatta, il quadrato di ogni elemento di G appartiene al centro.

83. Sia $H \leq G$, e sia T un sistema di rappresentanti per i laterali destri di H. Dimostrare che:

i) i sottogruppi $t^{-1}Ht$, $t \in T$, sono tutti i coniugati di H;

ii) se $H = N_G(H)$, allora i coniugati di H sono tutti distinti;

iii) se G è semplice, per ogni $h \in H$ esiste $t \in T$ tale che $t^{-1}ht \notin H$.

84. Il derivato di un prodotto diretto è il prodotto diretto dei derivati dei fattori.

85. Un gruppo completo H, con $H' < H$, non può essere il derivato di un gruppo G. [*Sugg.*: $G = H \times \mathbf{C}_G(H)$ (sol. *es.* 59 del Cap. 2); applicare l'*es.* precedente].

3
Azione di un gruppo su un insieme

3.1 Azione

3.1 Definizione. Dati un insieme $\Omega = \{\alpha, \beta, \gamma, \ldots\}$ e un gruppo G, si dice che G *agisce* su Ω (o che G *opera* su Ω, o che Ω è un $G-insieme$) quando è assegnata una funzione $\Omega \times G \to \Omega$, tale che, denotando con α^g l'immagine della coppia (α, g), si abbia:

   i) $\alpha^{gh} = (\alpha^g)^h$, $\alpha \in \Omega$, $g, h \in G$[†];

   ii) $\alpha^1 = \alpha$, dove 1 è l'elemento neutro di G.

La funzione assegnata si chiama *azione* di G su Ω, e la cardinalità di Ω *grado* del gruppo. Con linguaggio geometrico, chiameremo spesso *punti* gli elementi di Ω. Scriveremo anche (G, Ω) per indicare che G agisce su Ω. Si osservi che se H è un sottogruppo di G e G agisce su Ω anche H agisce su Ω. Questa azione di H è la *restrizione* dell'azione di G.

La nozione di gruppo che agisce su un insieme generalizza quella di gruppo di permutazioni di un insieme nel senso che può ben accadere che esista qualche elemento $1 \neq g \in G$ tale che $\alpha^g = \alpha$ per ogni $\alpha \in \Omega$ (se G è un gruppo di permutazioni questo fatto implica $g = 1$). È quanto ora vediamo.

3.2 Teorema. *Se un gruppo G agisce su un insieme Ω, ogni elemento di G dà luogo a una permutazione di Ω. Più precisamente, la corrispondenza $\Omega \to \Omega$ data da $\varphi_g : \alpha \to \alpha^g$ è, per ogni fissato $g \in G$, una permutazione di Ω.*

   Dim. La φ_g è iniettiva: $\alpha^g = \beta^g \Rightarrow (\alpha^g)^{g^{-1}} = (\beta^g)^{g^{-1}} \Rightarrow \alpha^{gg^{-1}} = \beta^{gg^{-1}} \Rightarrow \alpha^1 = \beta^1$, e dunque $\alpha = \beta$. Si noti che abbiamo usato sia la *i)* che la *ii)* della Def. 3.1. È surgettiva: se $\alpha \in \Omega$, sia $\beta = \alpha^{g^{-1}}$; allora: $\beta^g = (\alpha^{g^{-1}})^g = \alpha^{g^{-1}g} = \alpha^1 = \alpha$, e quindi α proviene da β. $\diamond$

Sia ora S^Ω il gruppo di tutte le permutazioni di Ω (gruppo simmetrico su Ω), e G un gruppo che agisce su Ω. In base al teorema precedente possiamo considerare l'applicazione $\varphi : G \to S^\Omega$ ottenuta associando a ogni $g \in G$ la

---

[†] Si tratta dell'*azione a destra*; v. Nota 1.25.

permutazione φ_g di Ω che esso induce: $g \to \varphi_g$. Tale corrispondenza è subito visto essere un omomorfismo. In questo modo si ottiene una *rappresentazione* degli elementi di G per mezzo di permutazioni. Al prodotto di due elementi di G corrisponde il prodotto delle due permutazioni che li rappresentano. Il nucleo di φ è dato da

$$K = \{g \in G \mid \alpha^g = \alpha, \ \forall \alpha \in \Omega\},$$

cioè dagli elementi di G che lasciano fisso ogni elemento di Ω. Il sottogruppo K si chiama *nucleo dell'azione*. Se esso si riduce al solo elemento neutro, l'azione si dice *fedele*, e in tal caso G è isomorfo a un sottogruppo di S^{Ω}; si dirà allora che G è un gruppo di permutazioni di Ω. In ogni caso, il quoziente G/K è un gruppo di permutazioni di Ω, con l'azione definita da:

$$(\alpha, Kg) \to \alpha^g, \text{ cioè } \alpha^{Kg} = \alpha^g,$$

che è ben definita in quanto, se h è un altro rappresentante del laterale Kg, allora $h = kg$, $k \in K$, e dunque $\alpha^{(kg)} = (\alpha^k)^g = \alpha^g$, essendo $\alpha^k = \alpha$, per ogni $k \in K$ e $\alpha \in \Omega$. Se $K = G$, gli elementi di G fissano tutti i punti di Ω: l'azione è *banale*.

Un elemento α di Ω determina due sottoinsiemi, uno in Ω (l'orbita di α) e l'altro in G (lo stabilizzatore di α).

3.3 Definizione. L'*orbita* di α sotto l'azione di G è il sottoinsieme

$$\alpha^G = \{\alpha^g, \ g \in G\},$$

cioè l'insieme degli elementi di Ω in cui è portato α dai vari elementi di G.

Due orbite o coincidono o sono disgiunte. Infatti, com'è subito visto, le orbite altro non sono che le classi della relazione di equivalenza ρ così definita:

$$\alpha\rho\beta \text{ se esiste } g \in G \text{ tale che } \alpha^g = \beta.$$

In particolare, Ω è unione disgiunta di orbite:

$$\Omega = \bigcup_{\alpha \in T} \alpha^G,$$

dove α varia in un insieme T di rappresentanti per le orbite. Se Ω è finito si ha allora

$$|\Omega| = \sum_{\alpha \in T} |\alpha^G|.$$

Se $H \leq G$, le orbite di G sono unioni di orbite di H. Se g è una permutazione, le orbite del sottogruppo generato da g sono i sottoinsiemi che danno i cicli di g. Le orbite si chiamano anche *sistemi di transitività*.

3.4 Definizione. G si dice *transitivo* se esiste una sola orbita.

In altri termini, G è transitivo se, dati comunque $\alpha, \beta \in \Omega$, esiste almeno un elemento di G che porta α su β.

3.5 Definizione. Lo *stabilizzatore di α è il sottoinsieme di G*:

$$G_\alpha = \{g \in G \mid \alpha^g = \alpha\},$$

cioè l'insieme degli elementi di G che lasciano fisso α.

G_α è un sottogruppo di G. Infatti, $1 \in G_\alpha$; se $x, y \in G_\alpha$, allora $\alpha^{xy} = (\alpha^x)^y = \alpha^y = \alpha$, e dunque $xy \in G_\alpha$. Inoltre, se $x \in G_\alpha$, $\alpha = \alpha^1 = \alpha^{xx^{-1}} = (\alpha^x)^{x^{-1}} = \alpha^{x^{-1}}$, e così anche $x^{-1} \in G_\alpha$. Lo stabilizzatore di un elemento si chiama anche *gruppo di isotropia* dell'elemento.

Se un elemento di G appartiene allo stabilizzatore di ogni elemento di Ω, allora appartiene al nucleo dell'azione, e viceversa. Pertanto, il nucleo dell'azione è l'intersezione degli stabilizzatori di tutti gli elementi di Ω:

$$K = \bigcap_{\alpha \in \Omega} G_\alpha.$$

La relazione tra orbite e stabilizzatori è messa in luce dal seguente teorema.

3.6 Teorema. *i) La cardinalità dell'orbita di un elemento α è uguale all'indice dello stabilizzatore di α:*

$$|\alpha^G| = [G : G_\alpha]; \tag{3.1}$$

in particolare, se G è finito:

$$|G| = |G_\alpha||\alpha^G|, \tag{3.2}$$

e quindi la cardinalità di un'orbita divide l'ordine del gruppo.

ii) Se β appartiene all'orbita di α, allora gli stabilizzatori di β e α sono coniugati. Più precisamente, se $\beta = \alpha^g$ allora $G_\beta = (G_\alpha)^g$, cioè

$$G_{\alpha^g} = (G_\alpha)^g.$$

Dim. i) Può ben accadere che per due elementi distinti $g, h \in G$ si abbia $\alpha^g = \alpha^h$. Per sapere quanti elementi α^g (distinti) si ottengono al variare di g in G dobbiamo dunque poter stabilire quante volte è ripetuto uno stesso elemento. Ora $\alpha^g = \alpha^h \Leftrightarrow \alpha^{gh^{-1}} = \alpha \Leftrightarrow gh^{-1} \in G_\alpha$, e così α^g e α^h sono lo stesso elemento se e solo se g e h appartengono allo stesso laterale (destro) dello stabilizzatore di α, cioè se e solo se $g = xh$, con $x \in G_\alpha$. In altri termini, un elemento α^g è ripetuto tante volte quant'è la cardinalità del laterale $G_\alpha g$ (per ogni $x \in G_\alpha$ si ha infatti $\alpha^{xg} = (\alpha^x)^g = \alpha^g$). Due elementi g e h appartenenti a laterali distinti danno quindi luogo a elementi α^g e α^h distinti, e perciò abbiamo tanti elementi nell'orbita α^G quanti sono i laterali di G_α.

ii) Se $x \in G_\alpha$, allora $(\alpha^g)^{g^{-1}xg} = (\alpha^x)^g = \alpha^g$, cioè $g^{-1}xg$ stabilizza $\alpha^g = \beta$. Dunque $(G_\alpha)^g \subseteq G_{\alpha^g} = G_\beta$. Viceversa, se $x \in G_{\alpha^g}$, allora $(\alpha^g)^x = \alpha^g$, ovvero $gxg^{-1} \in G_\alpha$ e quindi $x \in (G_\alpha)^g$ e $G_{\alpha^g} = G_\beta \subseteq (G_\alpha)^g$. $\diamond$

Se α e β appartengono alla stessa orbita, $\alpha^G = \beta^G$, e dunque, per la
i) del teorema precedente, $[G : G_\alpha] = |\alpha^G| = |\beta^G| = [G : G_\beta]$, cioè i due
stabilizzatori hanno lo stesso indice. La parte ii) del teorema dice che, in più,
essi sono coniugati (sappiamo, per il Teor. 2.48, che due sottogruppi coniugati
hanno lo stesso indice, ma ovviamente il viceversa non è vero).

3.7 Corollario. Se G è transitivo, $|\Omega| = [G : G_\alpha]$. Se G è finito e transitivo,
allora anche Ω è finito e $|\Omega|$ divide $|G|$. $\diamond$

Per utilizzare l'azione al fine di scoprire proprietà di un gruppo G occorre
trovare un opportuno insieme su cui fare agire G, insieme suggerito di volta in
volta dalla natura del problema. Spesso questo insieme si troverà all'interno del
gruppo. Alcuni risultati ottenuti in precedenza si possono ritrovare assumendo
il punto di vista dell'azione.

3.8 Esempi. 1. Prendiamo per Ω l'insieme sostegno di G, e facciamo agire G
per moltiplicazione a destra: $a^x = ax$. Si tratta di un'azione perché $a \cdot 1 = a$,
e il fatto che si abbia $a^{xy} = (a^x)^y$ è dovuto semplicemente alla proprietà
associativa di G: $a^{xy} = a(xy) = (ax)y = (a^x)^y$. G è transitivo in quanto dati
due elementi $a, b \in G$, esiste sempre $x \in G$ tale che $ax = b$ (assioma dei
quozienti: $x = a^{-1}b$). Inoltre lo stabilizzatore di un elemento è l'identità: se
$ax = a$ allora $x = 1$; il nucleo dell'azione è dunque, a fortiori, l'identità, per
cui l'omomorfismo $G \to S^\Omega$ è un isomorfismo tra G e un sottogruppo di S^Ω. Si
ottiene così la rappresentazione regolare destra di G (Def. 1.23). Analogamente
definendo $a^x = x^{-1}a$, si ha la rappresentazione regolare sinistra.

Se G è finito, $G = \{x_1, x_2, \ldots, x_n\}$, l'immagine di un elemento $x \in G$ nella
rappresentazione regolare (destra) è la permutazione

$$\begin{pmatrix} x_1 & x_2 & \ldots & x_n \\ x_1 x & x_2 x & \ldots & x_n x \end{pmatrix}.$$

L'elemento $x_1 x$ sarà un certo x_i, e dunque $x_i x = x_1 x^2$; analogamente, $x_1 x^2 =
x_j$ e $x_j x = x_1 x^3$, ecc. Se k è l'ordine di x, si ha $x_1 x^{k-1} x = x_1 x^k = x_1$, e
pertanto il ciclo cui appartiene x_1 è $(x_1, x_1^2, \ldots, x_1^{k-1})$ (se $x_1 x^h = x_1$ allora
$x^h = 1$, e perciò h non può essere minore di k). Lo stesso accade per gli altri
cicli. Quindi, l'immagine di un elemento x di G nella rappresentazione regolare
è una permutazione che ha tutti i cicli della stessa lunghezza, (permutazioni
di questo tipo si dicono *regolari*[†]), e questa lunghezza è l'ordine di x.

2. Un gruppo di trasformazioni lineari di uno spazio vettoriale V agisce
su V. L'intero gruppo $GL(V)$ è transitivo sui sottospazi aventi una stessa
dimensione. Se infatti W_1 e W_2 hanno la stessa dimensione e B_1 e B_2 sono due
rispettive basi, sia φ una corrispondenza biunivoca tra queste due basi. B_1 e
B_2 si possono estendere a due basi di V, e la φ a una corrispondenza biunivoca
φ' tra queste. La φ' determina allora una trasformazione lineare invertibile di

---

[†] v. oltre, §3.5.

V che porta W_1 su W_2. Allo stesso modo si vede che lo stabilizzatore G_v di un vettore v è transitivo sui vettori che non sono multipli di v. Se infatti u e w non appartengono al sottospazio generato da v, allora v, u e v, w sono due coppie di vettori indipendenti che possono estendersi a due basi di V. Una corrispondenza biunivoca tra queste che porti v in v e u in w si estende a una trasformazione lineare invertibile che fissa v, e dunque appartiene a G_v e porta u in w.

Vediamo come si può usare la rappresentazione dell'*Es.* 1 di 3.8 per dimostrare l'esistenza di sottogruppi di un dato ordine in alcuni gruppi.

3.9 Corollario. *Sia G un gruppo di ordine $2m$, con m dispari. Allora esiste in G un sottogruppo di ordine m. In particolare, G non è semplice.*

Dim. Nella rappresentazione regolare di G in S^{2m} un elemento x di ordine 2, che esiste per il teorema di Cauchy, ha per immagine una permutazione che è un prodotto di trasposizioni:

$$(x_1, x_1 x)(x_2, x_2 x) \cdots (x_k, x_k x).$$

Poiché in questa scrittura compaiono tutti gli elementi di G si ha $2k = 2m$, e quindi $k = m$, dispari. L'immagine $\overline{G}$ di G contiene allora una permutazione dispari e perciò non è contenuta in A^{2m}. Ma

$$2 = |S^{2m}/A^{2m}| = |\overline{G}A^{2m}/A^{2m}| = |\overline{G}/\overline{G} \cap A^{2m}|, \tag{3.3}$$

e quindi $\overline{G} \cap A^{2m}$ è un sottogruppo di $\overline{G}$ di ordine m, ed essendo $G \simeq \overline{G}$, un tale sottogruppo esiste anche in G. Poiché ha indice 2, è normale. $\diamond$

L'immersione di G in S^G permette di trasformare un isomorfismo tra due sottogruppi di G in un coniugio.

3.10 Teorema. *Siano H e K due sottogruppi isomorfi di un gruppo G e $\varphi : H \to K$ un isomorfismo. Allora esiste $\tau \in S^G$ tale che*

$$\varphi'(\sigma(h)) = \tau^{-1}\sigma(h)\tau, \ h \in H,$$

dove $\sigma(h)$ è l'immagine di h nella rappresentazione regolare e φ' l'isomorfismo tra $\sigma(H)$ e $\sigma(K)$ indotto da φ.

Dim. Siano $T = \{x_i\}, T' = \{y_i\}$ due sistemi di rappresentanti per le classi laterali sinistre di H e K, rispettivamente. Se $x \in G$, si ha $x = x_i h$, per un certo $h \in H$; defininiamo allora

$$\tau(x) = \tau(x_i h) = y_i \varphi(h).$$

Si vede subito che τ è una permutazione degli elementi di G, e dunque $\tau \in S^G$. È chiaro che $\sigma(\varphi(h)) = \varphi(\sigma(h))$, per ogni $h \in H$. Inoltre, per $h' \in H$,

$$(y_i\varphi(h))^{\tau^{-1}\sigma(h')\tau} = x^{\sigma(h')\tau} = (x_ihh')^{\tau}$$
$$= y_i\varphi(hh') = y_i\varphi(h)\varphi(h')$$
$$= (y_i\varphi(h))^{\sigma(\varphi(h'))}$$
$$= (y_i\varphi(h))^{\varphi(\sigma(h'))}.$$

Per ogni $h' \in H$ si ha allora $\varphi(\sigma(h')) = \tau^{-1}\sigma(h')\tau$, come si voleva.   ◇

3.11 Esempi. 1. L'*Es.* 1 di 3.8 si generalizza (ma senza la transitività) considerando invece degli elementi i sottoinsiemi del gruppo G. Sia Ω l'insieme dei sottoinsiemi non vuoti di G, $\Omega = \{\emptyset \neq \alpha \mid \alpha \subseteq G\}$, e facciamo agire G su Ω per moltiplicazione a destra $\alpha^g = \alpha g$ (se $\alpha = \{x, y, \ldots\}$, $\alpha g = \{xg, yg, \ldots\}$). Come nell'*Es.* citato, il fatto che si tratti di un'azione è dato dalla proprietà associativa di G.

Se $\alpha = H$ è un sottogruppo, allora $Hg = H$ se e solo se $g \in H$, e dunque H coincide con il proprio stabilizzatore; l'orbita di H è l'insieme dei suoi laterali destri. Se G è finito, la (3.2) diventa la ben nota uguaglianza

$$|G| = |H|[G : H].$$

Viceversa, se α coincide con il proprio stabilizzatore, $\alpha = G_\alpha$, allora α è un sottogruppo (perché gli stabilizzatori lo sono). Dunque: i sottogruppi di un gruppo si possono caratterizzare come quei sottoinsiemi del gruppo che in questa azione coincidono con il proprio stabilizzatore.

2. Prendiamo per Ω l'insieme sostegno di G, e facciamo agire G su G per coniugio: $a^x = x^{-1}ax$. Avendosi

$$a^{xy} = (xy)^{-1}a(xy) = y^{-1}(x^{-1}ax)y = y^{-1}a^xy = (a^x)^y,$$

il coniugio è un'azione (nell'azione a sinistra il coniugio va definito come $a^x = xax^{-1}$). L'orbita di un elemento a di G è la sua classe di coniugio, e lo stabilizzatore è il suo centralizzante. La (3.1) diventa l'uguaglianza che già conosciamo:

$$|\mathbf{cl}(a)| = [G : C_G(a)].$$

Inoltre, il nucleo dell'azione è il centro di G.

3. Sia ora Ω l'insieme dei sottogruppi di G, e l'azione ancora il coniugio $H^x = x^{-1}Hx$. L'orbita di un sottogruppo H è la sua classe di coniugio, e lo stabilizzatore è il suo normalizzante. Ritroviamo l'uguaglianza

$$|\mathbf{cl}(H)| = [G : \mathbf{N}_G(H)].$$

4. Sia H un sottogruppo di G, e sia Ω l'insieme dei laterali destri di H, $\Omega = \{Hx, \ x \in G\}$. G agisce su Ω nel modo seguente $(Hx)^g = Hxg$, ed è immediato verificare che si tratta effettivamente di un'azione. (Si osservi che l'*Es.* 1 di 3.8 è il caso particolare di questo che si ottiene prendendo per H il sottogruppo identico $H = \{1\}$, e identificando gli elementi di G con i laterali di $\{1\}$). Dati due laterali Hx e Hy si ha, con $g = x^{-1}y$, $(Hx)^g = Hy$; due qualunque elementi di Ω appartengono a una stessa orbita, e dunque vi è una sola orbita. Lo stabilizzatore di un elemento Hx è

$$G_{Hx} = \{g \in G \,|\, Hxg = Hx\};$$

ma:

$$Hxg = Hx \Leftrightarrow Hxgx^{-1} = H \Leftrightarrow xgx^{-1} \in H \Leftrightarrow g \in x^{-1}Hx,$$

ovvero:

$$G_{Hx} = H^x,$$

e quindi lo stabilizzatore di un laterale di H è il coniugato di H mediante un rappresentante di quel laterale (se si cambia rappresentante: $Hy = Hx$, con $y = hx$, per cui $H^y = H^{hx} = H^x$). In particolare, lo stabilizzatore G_H di H è H stesso. Il nucleo dell'azione è allora:

$$K = \bigcap_{x \in G} H^x,$$

cioè l'intersezione di tutti i coniugati di H, e, in questo senso, si tratta del più grande sottogruppo normale di G contenuto in H. In particolare, l'azione sui laterali di un sottogruppo $H \neq G$ non è mai banale: il nucleo, essendo contenuto in H, non può mai essere l'intero gruppo G.

5. Utilizzando l'azione definita nel punto precedente, si può dimostrare che *se un gruppo semplice G ha un sottogruppo di indice n, allora si immerge in A^n*. Infatti, per la semplicità, l'omomorfismo $G \to S^n$, indotto dall'azione di G sui laterali del sottogruppo di indice n, ha necessariamente nucleo $\{1\}$, per cui G si immerge in S^n, e se l'immagine non è contenuta in A^n allora ha indice 2 (v. (3.3)), e dunque G non è semplice.

Poiché il nucleo dell'azione sui laterali di un sottogruppo non è mai tutto il gruppo, questa azione può essere utile se si vogliono produrre sottogruppi normali di un gruppo G diversi da G, ad esempio se si vuole dimostrare che certi gruppi non possono essere semplici. Illustriamo questo fatto nel teorema che segue; vedremo altri esempi nel §3.2.

3.12 Teorema. *Sia G un gruppo finito, $p > 1$ il più piccolo divisore dell'ordine di G (dunque p è primo). Se H è un sottogruppo di indice p, allora H è normale in G.*

Dim. Facciamo agire G sull'insieme Ω dei laterali di H; faremo vedere che H è il nucleo di questa azione. Si ha $|\Omega| = p$, e dunque un omomorfismo $G \to S^p$. Se K è il nucleo dell'azione, G/K è isomorfo a un sottogruppo di S^p, e così il suo ordine divide quello di S^p: un primo q che divide $|G/K|$ divide allora $p! = p(p-1)\cdots 2 \cdot 1$, e perciò $q \leq p$. Ma q, dividendo $|G/K|$, divide anche $|G|$, ed essendo p il più piccolo primo che divide $|G|$ è $q \geq p$. Ne segue

$q = p$, e G/K è un p–gruppo. Poiché $|G/K|$ divide $p!$, e p^2 no, p^2 non divide $|G/K|$, per cui G/K ha ordine p. K ha allora indice p, come H, e dunque ha anche lo stesso ordine di H, ed essendo $K \subseteq H$ si ha $H = K$.   ◊

I due fatti seguenti, apparentemente non correlati, sono conseguenza del teorema ora dimostrato.

3.13 Corollario. *i*) *In un gruppo finito, un sottogruppo di indice* 2 *è normale;* *ii*) *in un p–gruppo finito, un sottogruppo di indice p è normale.*

Dim. Si tratta in entrambi i casi di sottogruppi di indice il più piccolo divisore dell'ordine del gruppo. (Sappiamo che la *i*) è vera anche nel caso di un gruppo infinito).   ◊

Vediamo ora un'applicazione al caso di un gruppo infinito.

3.14 Teorema. *Sia G un gruppo finitamente generato; allora:* *i*) *per ogni n, il numero dei sottogruppi di G di indice n è finito;* *ii*) *se G ha un sottogruppo di indice finito, allora ha anche un sottogruppo caratteristico di indice finito.*

Dim. i) I possibili omomorfismi di un gruppo finitamente generato G in un gruppo finito sono in numero finito in quanto essi sono determinati una volta assegnate le immagini dei generatori, che sono in numero finito, e queste appartengono a un insieme finito. Vi sono dunque anche un numero finito di nuclei di omomorfismi. Ora, un sottogruppo H di G di indice n dà luogo, per azione di G sui propri laterali, a un omomorfismo di G in S^n, di nucleo $K \subseteq H$; l'immagine di H in questo omomorfismo è H/K. Questo K può essere anche nucleo dell'azione sui laterali di altri sottogruppi di G di indice n, ma solo di un numero finito, in quanto il numero delle possibili immagini, essendo queste sottogruppi di S^n, è finito (se $H_1/K = H_2/K$ allora $H_1 = H_2$). Essendo il numero dei K finito, se ne conclude che anche il numero dei sottogruppi di indice n lo è.

ii) Sia $H \leq G$, $[G : H] = n$. L'immagine H^ϕ di H in un automorfismo ϕ di G ha lo stesso indice n di H. Per *i*), al variare di ϕ nel gruppo degli automorfismi di G si hanno solo un numero finito di tali H^ϕ. La loro intersezione ha dunque indice finito ed è il sottogruppo caratteristico cercato.   ◊

Nel caso *ii*) del teorema, sappiamo che anche se G non è finitamente generato esiste comunque un sottogruppo normale di indice finito (Teor. 2.54).

Abbiamo visto che l'azione sui laterali di un sottogruppo è un'azione transitiva; vedremo tra un momento che essa è essenzialmente l'unico modo in cui un gruppo può agire transitivamente.

3.15 Definizione. Le azioni di due gruppi G e G_1 su due insiemi Ω e Ω_1 si dicono *simili* se esistono una corrispondenza biunivoca φ tra Ω e Ω_1 e un isomorfismo θ tra G e G_1 tali che

$$\varphi(\alpha^g) = \varphi(\alpha)^{\theta(g)}, \tag{3.4}$$

per ogni $\alpha \in \Omega$ e ogni $g \in G$. È chiaro che la relazione di similitudine è un'equivalenza (per questo motivo, invece di *simili* due azioni si dicono anche *equivalenti*).

Se $G = G_1$, θ sarà un automorfismo di G; se θ è l'automorfismo identico, la (3.4) si può esprimere dicendo che φ *commuta con l'azione di G* o che φ *conserva l'azione di G*.

3.16 Esempi. 1. Le azioni $a^x = ax$ e $a^x = x^{-1}a$, che danno le rappresentazioni regolari destra e sinistra, sono simili. Infatti, prendendo per φ la corrispondenza $a \to a^{-1}$,

$$\varphi(a^x) = \varphi(ax) = x^{-1}a^{-1},$$
$$\varphi(a)^x = (a^{-1})^x = x^{-1}a^{-1}.$$

2. Nel caso in cui G e G_1 sono due gruppi di permutazioni di uno stesso insieme Ω, cioè $G, G_1 \subseteq S^\Omega$, allora $\varphi \in S^\Omega$ e la relazione di similitudine è il coniugio in S^Ω: la (3.4) esprime il fatto che G_1 è il coniugato di G mediante φ, cioè che θ è il coniugio mediante φ. Scrivendo infatti la (3.4) come $(\alpha^g)^\varphi = (\alpha^\varphi)^{\theta(g)}$ e dunque come $\alpha^{g\varphi} = \alpha^{\varphi\theta(g)}$, e valendo questa uguaglianza per ogni α si ha $g\varphi = \varphi\theta(g)$, cioè $\theta(g) = \varphi^{-1}g\varphi$.

3. Se $G = \{S_i\}$ e $G_1 = \{T_i\}$ sono due gruppi di trasformazioni lineari (matrici) di uno spazio vettoriale V, le azioni dei due gruppi su V sono equivalenti se esistono un isomorfismo $\theta : S_i \to T_i$ e una trasformazione lineare invertibile (matrice) $A : V \to V$ tale che $vS_iA = vAT_i$, per ogni $v \in V$. L'equivalenza è allora il coniugio mediante A: si ha infatti $S_iA = AT_i$ e dunque $T_i = A^{-1}S_iA$.

3.17 Teorema. *Le azioni di un gruppo G sui laterali di due suoi sottogruppi sono simili se e solo se i due sottogruppi sono coniugati.*

Dim. Siano H e H^x i due sottogruppi. La corrispondenza:

$$\varphi : H^x y \to Hxy,$$

è ben definita e biunivoca (v. dim. del Teor. 2.48), e inoltre permuta con l'azione di G:

$$\varphi((H^x y)^g) = \varphi(H^x yg) = Hx(yg),$$
$$(\varphi(H^x y))^g = (Hxy)^g = H(xy)g.$$

Viceversa, siano H e K due sottogruppi di G, e siano simili le azioni di G sui laterali di H e K. L'immagine secondo φ del laterale H è un certo laterale Ky di K. Ma, per ogni $h \in H$, si ha $\varphi(H) = \varphi(Hh) = \varphi(H)^h$, dove la seconda uguaglianza segue dal fatto che φ permuta con l'azione di G. Ne segue $Ky = (Ky)^h = Kyh$, e dunque $yhy^{-1} \in K$ per ogni $h \in H$, e perciò $H \subseteq K^y$. D'altra parte, dalla $\varphi(H) = Ky$ segue $\varphi(Hy^{-1}) = \varphi(H)^{y^{-1}} = (Ky)^{y^{-1}} = Kyy^{-1} = K$, e pertanto $\varphi(Hy^{-1}k) = \varphi(Hy^{-1})^k = Kk = K = \varphi(Hy^{-1})$, per ogni $k \in K$, ed essendo φ iniettiva, $Hy^{-1}k = Hy^{-1}$, e $K^y \subseteq H$. Allora $H = K^y$. ◇

3.18 Teorema. *Sia G un gruppo transitivo su un insieme Ω, e sia $H = G_\alpha$ lo stabilizzatore di un elemento $\alpha \in \Omega$. Allora l'azione di G su Ω è simile a quella di G sui laterali del sottogruppo H vista nell' Es. 4 di 3.11.*

Dim. Sia $\Omega_1 = \{Hx, \ x \in G\}$. Fissato $\alpha \in \Omega$, per la transitività ogni elemento di Ω è della forma α^x, $x \in G$. Definiamo allora $\varphi : \Omega \to \Omega_1$ mediante la $\varphi : \alpha^x \to Hx$. La φ è ben definita e iniettiva:

$$\alpha^x = \alpha^y \Leftrightarrow xy^{-1} \in G_\alpha = H \Leftrightarrow Hx = Hy,$$

e, sempre perché α^x percorre al variare di x in G tutti gli elementi di Ω, anche surgettiva. Inoltre, φ permuta con l'azione di G: se $\beta \in \Omega$, è $\beta = \alpha^x$ per un certo x, e si ha $\varphi(\beta^g) = \varphi(\alpha^{xg}) = Hxg = (Hx)^g = \varphi(\alpha^x)^g = \varphi(\beta)^g$, come si voleva. ◇

In altre parole, dato un gruppo transitivo e fissato $\alpha \in \Omega$, possiamo identificare α con G_α, cioè con l'insieme degli elementi di G che portano α in α, e $\beta \in \Omega$ con l'insieme degli elementi di G che portano α su β, cioè con il laterale $G_\alpha x$, dove $\alpha^x = \beta$ (v. *Es.* 3 di 1.45). Inoltre, per la transitività, gli stabilizzatori di due qualunque elementi sono coniugati, e dunque per il Teor. 3.17 le azioni di G sui loro laterali sono simili. Perciò in questo caso l'elemento α del Teor. 3.18 si può scegliere arbitrariamente.

Dai due teoremi precedenti segue:

3.19 Corollario. *A meno di similitudini, il numero delle azioni transitive di un gruppo G è uguale al numero delle classi di coniugio dei sottogruppi di G (compresi $\{1\}$ e G).*

3.20 Nota. Le azioni sui laterali di $\{1\}$ e G sono simili rispettivamente all'azione regolare e a quella banale su un insieme con un solo elemento.

Concludiamo questo paragrafo con due teoremi: il primo mostra la relazione che intercorre tra normalità e transitività; il secondo, che cosa implica per un gruppo il fatto che già un sottogruppo sia transitivo.

3.21 Teorema. *Sia G transitivo su Ω, $|\Omega| = n$, e sia N un sottogruppo normale di G. Allora G agisce sull'insieme delle orbite di N e questa azione è transitiva. In particolare, le orbite di N hanno tutte la stessa cardinalità n/k, se k è il loro numero. Inoltre, le azioni di N su ognuna di queste orbite sono tutte tra loro simili. Se n è primo, N è transitivo (oppure banale su Ω).*

Dim. Dobbiamo dimostrare che se Δ è un'orbita di N allora $\Delta^g = \{\alpha^g, \ \alpha \in \Delta\}$ è ancora un'orbita di N, per ogni $g \in G$, e che se Δ_1 e Δ_2 sono due orbite di N esiste $g \in G$ tale che $\Delta_1^g = \Delta_2$. Sia $x \in N$; allora $(\Delta^g)^x = \Delta^{gx} = \Delta^{x'g} = \Delta^g$, dove $x' \in N$, e dunque Δ^g è ancora un'orbita di N. Siano poi $\alpha \in \Delta_1$ e

$\beta \in \Delta_2$. Per la transitività di G su Ω esiste $g \in G$ tale che $\alpha^g = \beta$, e quindi $\Delta_1^g \cap \Delta_2 \neq \emptyset$; trattandosi di orbite, ciò implica $\Delta_1^g = \Delta_2$.

Per quanto riguarda la similitudine dell'azione di N sulle proprie orbite, siano Δ_1 e $\Delta_2 = \Delta_1^g$ due di queste orbite, φ la corrispondenza $\Delta_1 \to \Delta_2$ data da $\varphi : \alpha \to \alpha^g$, e θ l'automorfismo di N indotto dal coniugio di G determinato da g: $\theta(y) = g^{-1}yg$, $y \in N$. Con questi φ e θ si ha l'equivalenza richiesta:

$$\varphi(\alpha^y) = \alpha^{yg} = (\alpha^g)^{g^{-1}yg} = \varphi(\alpha)^{\theta(y)}.$$

Se n è primo, si ha $k = 1$ oppure $k = p$, e quindi N ha una sola orbita oppure ne ha p. $\diamond$

3.22 Teorema. *Sia $H \leq G$, H transitivo. Allora $G = HG_\alpha$.*

Dim. Sia $g \in G$; dati α^g e α esiste $h \in H$ tale che $\alpha^{gh} = \alpha$. Allora $gh = x \in G_\alpha$ da cui $g = xh^{-1} \in G_\alpha H$, e poiché ciò vale per ogni $g \in G$ si ha $G = G_\alpha H = HG_\alpha$. $\diamond$

Esercizi

Le azioni del gruppo G sui propri sottoinsiemi e sui laterali di un sottogruppo sono quelle viste negli esempi del testo.

1. Si consideri l'azione di G sui propri sottoinsiemi. Dimostrare che $|G_\alpha| \leq |\alpha|$, per ogni $\alpha \in \Omega$.

2. Dare una nuova dimostrazione del fatto che, se G è finito e $H, K \leq G$, allora

$$|HK| = \frac{|H||K|}{|H \cap K|}$$

facendo agire K sui sottoinsiemi di G e considerando l'orbita e lo stabilizzatore di H.

3. *i)* Siano $H, K \leq G$. Dimostrare che il numero (cardinale) dei laterali Hx contenuti in HK è dato dall'indice di $H \cap K$ in K. (*Sugg.*: fare agire K sull'insieme dei sottoinsiemi di G).

ii) Se G è finito, dimostrare che

$$[\langle H \cup K \rangle : H] \geq [K : H \cap K],$$

e che vale l'uguaglianza se e solo se $\langle H \cup K \rangle = HK$.

4. Se G è finito, $x \in G$ e $H \leq G$, si ha

$$|\mathbf{C}_G(x)| \leq [G : H]|\mathbf{C}_H(x)|$$

e vale l'uguaglianza se e solo se $\mathbf{C}_G(x)H = G$. ($\mathbf{C}_H(x) = \mathbf{C}_G(x) \cap H$, il sottogruppo degli elementi di H che permutano con x). [*Sugg.*: v. *es.* 3].

5. Dimostrare che esistono due soli gruppi di ordine 6 facendo agire il gruppo sui laterali di un sottogruppo di ordine 2.

6. Dimostrare il teorema di Poincaré (Teor. 2.54) facendo agire il gruppo sui laterali del sottogruppo di indice finito.

7. Se $H, K \leq G$ si definisce *laterale doppio* di H e K un sottoinsieme della forma HaK, $a \in G$. Dimostrare che

i) G è unione disgiunta di laterali doppi; questi laterali sono dunque le classi di un'equivalenza: quale?

Si supponga ora G finito.

ii) Il numero dei laterali destri di H contenuti in HaK è dato dall'indice di $H^a \cap K$ in K. Concludere che il numero degli elementi di G contenuti in HaK è $|H|[K : H^a \cap K]$, ovvero:

$$|HaK| = \frac{|H||K|}{[H^a \cap K]}.$$

[*Sugg.*: fare agire K sui laterali di H; il caso $a = 1$ si è visto nell'*es.* 2];

iii) se Ha_iK, $i = 1, 2, \ldots, m$, sono i laterali doppi distinti di H e K, si ha (Frobenius):

$$|G| = \sum_{i=1}^{m} \frac{|H||K|}{[H^{a_i} \cap K]};$$

iv) se $k \in K$, allora $[K : H^x \cap K] = [K : H^{xk} \cap K]$;

v) se $x_1, x_2, \ldots, x_m$ sono rappresentanti dei laterali destri di H, allora il numero dei coniugati H^{x_i} di H per i quali $[K : H^{x_i} \cap K] = t$ è un multiplo di t;

vi) laterali doppi possono avere cardinalità diverse e che non dividono l'ordine del gruppo;

vii) qual è il numero dei laterali sinistri di K contenuti in HaK?

8. Dimostrare che se le azioni di due gruppi G_1 e G_2 sono simili (Def. 3.15), e Δ è un'orbita di G su Ω, allora $\varphi(\Delta)$ è un'orbita di G_1 su Ω_1. Due azioni simili hanno quindi lo stesso numero di orbite della stessa lunghezza; in particolare, i due gruppi sono entrambi transitivi o entrambi non transitivi.

9. Dare un esempio di due azioni non simili del gruppo di Klein su un insieme di 4 elementi.

10. L'azione di G sui laterali sinistri di un sottogruppo H definita come $(aH)^g = (g^{-1}a)H$ è simile a quella vista sui laterali destri.

11. Se $H \leq G$, l'azione di G per coniugio sull'insieme dei coniugati di H è simile a quella di G sui laterali di $\mathbf{N}_G(H)$.

12. Sia $\Gamma = \{\alpha_1, \alpha_2, \ldots, \alpha_t\}$ un'orbita dell'azione di G sui propri sottoinsiemi. Dimostrare che:

i) $G = \bigcup_{i=1}^{t} \alpha_i$;

ii) se l'unione di *i)* è disgiunta, allora uno degli α_i è un sottogruppo e gli altri sono i suoi laterali destri.

13. *i)* Sia $H \leq G$, e G agisce su un insieme Ω. Dimostrare che il normalizzante di H agisce sull'insieme Δ dei punti fissati da qualche elemento di H.

ii) Sia $H \leq G$ e α l'unico punto di Ω fissato da ogni elemento di H. Dimostrare che il normalizzante di H è contenuto in G_α.

14. Gli automorfismi di un gruppo G che fissano tutte le classi di coniugio di G formano un sottogruppo normale di $\mathbf{Aut}(G)$. (Questo sottogruppo contiene $\mathbf{I}(G)$, ma in generale non coincide con questo; v. nota p. 54).

15. Se $H \trianglelefteq G$, allora G/H agisce su H/H'.

16. In un gruppo transitivo di grado primo i sottogruppi di una serie normale sono transitivi. [*Sugg.*: Teor. 3.21].

3.2 Il teorema di Sylow

Se m è un intero che divide l'ordine di un gruppo G sappiamo che non è detto che esista in G un sottogruppo di ordine m: in generale, cioè, il teorema di Lagrange non si inverte; il gruppo alterno A^4 fornisce un controesempio. Se $m = p$, primo, il teorema di Cauchy ci assicura l'esistenza di sottogruppi di ordine p. Se $m = p^k$, potenza di un primo, l'esistenza di sottogruppi di ordine p^k è una conseguenza del teorema di Sylow che qui vedremo (e del fatto che il teorema di Lagrange si inverte per i p–gruppi). Va detto però che l'importanza del teorema di Sylow va ben oltre il fatto di permettere l'inversione del teorema di Lagrange per i divisori dell'ordine del gruppo che siano potenze di primi.

3.23 Lemma. *Sia G un p–gruppo finito che agisce su un insieme Ω di cardinalità non divisibile per p. Allora esiste un elemento di Ω fissato da ogni elemento del gruppo G.*

Dim. Le orbite di G su Ω hanno cardinalità una potenza di p. Ma non tutte possono avere cardinalità p^k con $k > 0$, altrimenti $|\Omega|$ sarebbe divisibile per p. Per almeno un'orbita si ha allora $k = 0$, e quest'orbita ha perciò un solo elemento che risulta così fissato da ogni elemento di G. $\diamond$

Sappiamo che un p–gruppo finito G ha centro non banale. Questo risultato si può ritrovare, assieme a una sua generalizzazione, facendo uso del lemma ora dimostrato.

3.24 Corollario. *Sia G un p–gruppo finito e $H \neq \{1\}$ un sottogruppo normale di G. Allora $H \cap Z(G) \neq 1$. In particolare, per $H = G$ si ha che il centro di G è non banale.*

Dim. Prendiamo per Ω l'insieme sostegno di H escludendo l'identità, e facciamo agire G su Ω per coniugio (così facendo non si esce da Ω in quanto un coniugato di un elemento di H appartiene ancora ad H e il coniugato di un elemento non identico non può essere identico). Se H ha ordine p^h, Ω ha ordine $p^h - 1$, e pertanto p non divide $|\Omega|$. Per il Lemma 3.23, esiste $x \in \Omega$ fissato da ogni elemento di G: $x^g = x$, per ogni $g \in G$, e poiché l'azione è il coniugio, ciò significa $g^{-1}xg = x$, ovvero che x permuta con ogni elemento di G. Dunque $x \in Z(G)$, ed è $x \neq 1$ in quanto $x \in \Omega$. $\diamond$

3.25 Corollario. *Sia G un $p-$gruppo finito, H un sottogruppo proprio di G. Allora il normalizzante di H contiene propriamente H:*

$$H < G \Rightarrow H < N_G(H).$$

Dim. Se $H \lhd G$ non c'è niente da dimostrare. Supponiamo allora H non normale in G, e sia $\Omega = \{H^a, H^b, \ldots\}$ l'insieme dei coniugati di H distinti da H. Il sottogruppo H agisce su Ω per coniugio (coniugando con elementi di H non si esce da Ω in quanto se $(H^g)^h = H$, allora $gh \in N_G(H)$, $g \in N_G(H)$ e $H^g = H$, escluso). La classe di coniugio di H ha cardinalità p^k, per un certo k ($k > 0$ perché H non è normale), e dunque Ω ha cardinalità $p^k - 1$, un numero non divisibile per p. Per il Lemma 3.23 esiste un elemento H^g di Ω fissato da ogni elemento di H: $(H^g)^h = H^g$, da cui $gHg^{-1} \subseteq N_G(H)$. E poiché non può aversi $gHg^{-1} \subseteq H$, altrimenti $H^g = H$, esiste h tale che $ghg^{-1} \in N_G(H)$ e $ghg^{-1} \notin H$, come si voleva.   ◇

3.26 Corollario. *In un $p-$gruppo finito di ordine p^n un sottogruppo massimale è normale, e dunque ha indice p (e ordine p^{n-1}).*   ◇

3.27 Definizione. Sia p primo e sia p^n la massima potenza di p che divide l'ordine di un gruppo finito G. Un sottogruppo S di ordine p^n si chiama *$p-$sottogruppo di Sylow di G*, o semplicemente *$p-$Sylow*. L'insieme dei $p-$Sylow di G si denota con $Syl_p(G)$, e il loro numero con n_p.

3.28 Teorema (SYLOW). *Sia p un primo che divide l'ordine di un gruppo finito G. Allora:*

i) esiste in G (almeno) un $p-$Sylow S;

ii) se P è un $p-$sottogruppo di G e S è un $p-$Sylow, allora P è contenuto in un coniugato di S. Ne segue:

   a) ogni $p-$sottogruppo, e in particolare ogni $p-$elemento, è contenuto in un $p-$Sylow;

   b) due $p-$Sylow sono coniugati; allora se un $p-$Sylow è normale si tratta dell'unico $p-$Sylow di G.

iii) a) $n_p \equiv 1 \bmod p$;

   b) $n_p = [G : N_G(S)]$, dove S è un qualunque $p-$Sylow. In particolare, n_p divide l'indice di S.[†]

Premettiamo un lemma di carattere puramente aritmetico alla dimostrazione del teorema.

3.29 Lemma. *Se p è un primo e m un intero si ha:*

$$\binom{p^n m}{p^n} \equiv m \bmod p.$$

Dim. Il coefficiente binomiale vale $\frac{(p^n m)!}{p^n!(p^n m - p^n)!}$, cioè:

[†] Le tre parti del teorema sono a volte considerate come tre teoremi distinti.

$$p^n m(p^n m - 1) \ldots (p^n m - i) \ldots (p^n m - p^n + 1)$$
$$p^n (p^n - 1) \ldots (p^n - i) \ldots (p^n - p^n + 1) \cdot$$

Se una potenza p^k divide $p^n - i$, allora p^k divide i e quindi anche $p^n m - i$, e viceversa. Nel quoziente scompaiono allora tutte le potenze di p, esclusa quella che eventualmente divide m.   ◇

Veniamo ora alla dimostrazione del teorema.

Dim. i) Sia p^n la massima potenza di p che divide $|G|$ e facciamo agire G per moltiplicazione destra sull'insieme dei sottoinsiemi di G di cardinalità p^n:

$$\Omega = \{\alpha \subseteq G \mid |\alpha| = p^n\}.$$

Sia ha $|G| = p^n m$, con $p \nmid m$, e quindi

$$|\Omega| = \binom{p^n m}{p^n}.$$

Per il Lemma 3.29, $|\Omega| \equiv m \bmod p$, per cui p non divide $|\Omega|$. Esiste allora un'orbita dell'azione di G di cardinalità non divisibile per p. Sia Δ una tale orbita, e $\alpha \in \Delta$; allora $|G| = |G_\alpha||\Delta|$, e pertanto $p^n||G_\alpha|$. D'altra parte, se $x \in \alpha$ e $g \in G_\alpha$ è $xg \in \alpha$, e quindi $xG_\alpha \subseteq \alpha$; allora,

$$|G_\alpha| = |xG_\alpha| \leq |\alpha| = p^n,$$

e dunque $|G_\alpha| = p^n$. Abbiamo trovato un p−Sylow come stabilizzatore di un sottoinsieme che appartiene a un'orbita di cardinalità non divisibile per p.

ii) P agisce per moltiplicazione sull'insieme dei laterali destri di S, che ha cardinalità $[G : S]$ e quindi non divisibile per p. Allora esiste Sg fissato da ogni elemento di P: $Sgx = Sg$, $x \in P$, da cui $gxg^{-1} \in S$, $x \in S^g$ e quindi $P \subseteq S^g$;

a) S^g ha lo stesso ordine di S ed è quindi anch'esso un p−Sylow. Inoltre, se x è un p−elemento, il sottogruppo P generato da x è contenuto in un p−Sylow;

b) se P è anch'esso Sylow, allora $P = S^g$ per l'uguaglianza degli ordini. Due qualunque p−Sylow sono dunque coniugati, e perciò i p−Sylow formano un'unica classe di coniugio. Ne segue che se un p−Sylow è normale si tratta dell'unico p−Sylow del gruppo. In particolare, S è l'unico p−Sylow del proprio normalizzante. Se P è un p−sottogruppo normale di G, allora $P \subseteq S$ implica $P^g = P \subseteq S^g$, per ogni $g \in G$, e quindi P è contenuto in tutti i p−Sylow del gruppo.

iii) *a*) Siano $S_0, S_1, \ldots, S_r$, $r = n_p - 1$, tutti i p−Sylow di G. Come nella dimostrazione del Cor. 3.25 (con S_0 nel ruolo di H) abbiamo che S_0 agisce per coniugio sull'insieme $\{S_1, S_2, \ldots, S_r\}$. Se $g \in S_0$ stabilizza S_i, allora $S_i^g = S_i$ e $g \in \mathbf{N}_G(S_i)$. Ma poiché S_i è l'unico p−Sylow di $\mathbf{N}_G(S_i)$ e g è un p−elemento, si ha per *ii*, *a*) che $g \in S_i$. Pertanto, lo stabilizzatore di S_i in S_0 è $S_0 \cap S_i$, per cui l'orbita di S_i ha cardinalità $[S_0 : S_0 \cap S_i]$, cioè una potenza di p. Nessuna orbita può avere cardinalità 1: si avrebbe infatti $S_0 \cap S_i = S_0$, cioè $S_0 = S_i$, escluso. Ne segue $r = kp$. Aggiungendo S_0, si ha $n_p = 1 + kp$. b) segue dal fatto che i p–Sylow sono tutti coniugati, e perciò il numero dei p–Sylow è l'indice del normalizzante di uno qualunque di essi. Inoltre, essendo $\mathbf{N}_G(S) \supseteq S$, si ha anche che n_p divide l'indice di S. $\diamond$

Sottolineiamo il fatto che il numero n_p dei p–Sylow di un gruppo G è l'indice di un sottogruppo di G (il normalizzante di un p–Sylow). Facendo agire G sui laterali di questo sottogruppo si ha allora un omomorfismo di G in S^{n_p}. Questa osservazione ci sarà utile per dimostrare che gruppi di un certo ordine non possono essere semplici.

3.30 Corollario. *Se p^h, p primo, divide l'ordine di un gruppo finito G, allora esiste in G un sottogruppo di ordine p^h. In particolare, per $h = 1$ si ha il teorema di Cauchy.*

Dim. Se $S \in Syl_p(G)$, con $|S| = p^n$, essendo $h \leq n$ e perciò $p^h | p^n$, esiste in S, e quindi in G, un sottogruppo di ordine p^h (per i p–gruppi il teorema di Lagrange si inverte; v. *Es.* 2 di 2.37). $\diamond$

3.31 Corollario. *Sia G un gruppo abeliano finito. Allora:*

i) G ha un solo p–Sylow per ogni p che divide $|G|$;
ii) G è prodotto diretto dei propri Sylow, per i vari p;
iii) G è ciclico se e solo se tutti i suoi Sylow sono ciclici.

Dim. i) Come tutti i sottogruppi di G un p–Sylow è normale, e quindi, per la ii,b) del teorema di Sylow, unico.

ii) Essendo i Sylow normali, il loro prodotto $S_1 S_2 \cdots S_i \cdots S_t$ è un sottogruppo. Se $1 \neq x = x_1 x_2 \cdots x_{i-1} x_{i+1} \cdots x_t$, $x_k \in S_k$, si ha $o(x) = \text{mcm}(o(x_k))$, e dunque $x \notin S_i$. Allora S_i ha intersezione $\{1\}$ con il prodotto degli altri Sylow, e il prodotto di tutti i Sylow è diretto.

iii) Se G è ciclico, ogni sottogruppo lo è. Viceversa, al variare di p, prendendo un generatore per ogni p–Sylow e facendone il prodotto si ottiene un elemento di ordine $|G|$. $\diamond$

Si osservi come con la stessa dimostrazione si ha che in un gruppo finito anche non abeliano le *i*) e *ii*) del Cor. 3.31. sono equivalenti. Se esse sono soddisfatte il gruppo si dice nilpotente (v. Cap. 5).

3.32 Esempi. 1. Consideriamo le matrici unitriangolari superiori $n \times n$ a coefficienti in $\mathbf{F}_q$, $q = p^f$, cioè le matrici della forma:

$$\begin{pmatrix} 1 & & & \\ & 1 & & * \\ & & \ddots & \\ 0 & & & 1 \end{pmatrix},$$

dove l'asterisco indica che sopra la diagonale gli elementi di $\mathbf{F}_q$ sono qualunque, e 0 che tutti gli elementi sotto la diagonale sono zero. È chiaro che si tratta di un sottogruppo di $GL(n,q)$. Gli elementi della prima riga si possono scegliere in q^{n-1} modi, quelli della seconda in $q^{n-2}, \ldots$, quelli della penultima in q modi, quelli dell'ultima in un modo solo; in tutto abbiamo allora

$$q^{n-1} \cdot q^{n-2} \cdots q \cdot 1 = q^{\frac{n(n-1)}{2}}.$$

Il gruppo $GL(n,q)$ ha come sappiamo (*Es.* 2 di 1.21) cardinalità:

$$(q^n - 1)(q^n - q) \cdots (q^n - q^{n-1}) =$$
$$q^{\frac{n(n-1)}{2}}(q-1)(q^2-1)\cdots(q^n-1) = q^{\frac{n(n-1)}{2}} r$$

con $p \nmid r$. Allora $p^{\frac{fn(n-1)}{2}}$ è la massima potenza di p che divide $|GL(n,q)|$, e perciò le matrici unitriangolari superiori formano un $p-$sottogruppo di Sylow del gruppo della matrici invertibili a coefficienti in $\mathbf{F}_q$. Queste matrici hanno determinante 1 (e quindi appartengono a $SL(n,q)$), e ciò vale per gli elementi di ogni altro $p-$Sylow, in quanto due $p-$Sylow sono coniugati e il coniugio non altera il valore del determinante. La cosa si può anche vedere direttamente osservando che se A è un $p-$elemento, allora $1=\det(I)=\det(A^{p^k})=\det(A)^{p^k}$, dove I è la matrice identica, ed essendo il gruppo moltiplicativo di $\mathbf{F}_q$ di ordine $q-1$, e quindi non divisibile per p, si ha $\det(A) = 1$.

2. Il gruppo del quadrato D_4 induce una permutazione su quattro elementi (i quattro vertici) e dunque si immerge in S^4. Sappiamo (*Es.* 6 di 1.45) che vi sono essenzialmente tre modi di numerare i vertici di un quadrato, e questi danno luogo a tre distinti gruppi diedrali, che hanno in comune il gruppo di Klein $\{I, (1\,2)(3\,4), (1\,3)(2\,4), (1\,4)(2\,3)\}$. Poiché $|S^4| = 24 = 2^3 \cdot 3$, e $n_2 = 3$, questi tre diedrali sono i tre $2-$Sylow di S^4. Gli elementi di ordine 3 di S^4 sono 3-cicli, che sono in numero di otto, e si ripartiscono a due a due in quattro sottogruppi di ordine 3; dunque $n_3 = 4$, e questi sono anche i 3$-$Sylow di A^4 perché si tratta di permutazioni pari. I soli 2$-$elementi che sono permutazioni pari sono quelli del Klein visto sopra, che quindi costituisce l'unico 2$-$Sylow di A^4.

Gli esempi che seguono illustrano l'uso del teorema di Sylow per lo studio di gruppi per i quali l'ordine ha una determinata decomposizione in fattori primi, e in particolare per dimostrare che questi gruppi non sono semplici.

3. *Un gruppo G di ordine pq, $p < q$, $p \nmid (q-1)$, è ciclico.* Si ha $n_q | p$, e dunque $n_q = 1$ o p. Ma $n_q \equiv 1 \bmod q$, e perciò se $n_q = p$ si avrebbe $q | (p-1)$, mentre $q > p$. Allora $n_q = 1$. Per n_p si ha $n_p | q$, $n_p = 1, q$. Se $n_p = q$, allora essendo $n_p \equiv 1 \bmod p$ si avrebbe $p | (q-1)$, escluso. Ne segue che G ha un solo $p-$ e un solo $q-$Sylow, che sono pertanto normali, e avendo intersezione $\{1\}$ permutano elemento per elemento. Il prodotto di un elemento di ordine p per uno di ordine q ha allora ordine pq, e perciò genera G. Si osservi che l'ipotesi $p \nmid (q-1)$ è necessaria come mostra l'esempio del gruppo S^3.[†]

Se $p|(q-1)$ oltre al gruppo ciclico C_{pq} esiste un altro gruppo di ordine pq, e precisamente il prodotto semidiretto di C_p per C_q (è $C_p \leq \mathbf{Aut}(C_q)$) detto *gruppo di Frobenius*[‡].

4. *Un gruppo G di ordine pqr, p,q,r primi e $p < q < r$ ha un Sylow normale.* Se per nessun primo si ha un solo Sylow si ha $n_r = p,q$ o pq. Se $n_r = p$ è $p \equiv 1 \bmod r$ cioè $r|(p-1)$, assurdo in quanto $r > p$. Analogamente se $n_r = q$. Dunque $n_r = pq$, e G ha $pq(r-1)$ r–elementi. Lo stesso ragionamento mostra che $n_p \geq q$ e $n_q \geq r$; G ha allora almeno $q(p-1)$ p–elementi ed $r(q-1)$ q–elementi. Ne segue $|G| \geq pq(r-1) + r(q-1) + q(p-1) + 1$, ed essendo $r(q-1) + q(p-1) + 1 > pq$ in quanto $rq > q + r - 1$, abbiamo $|G| > (r-1)pq + pq = pqr = |G|$, assurdo.

5. *Un gruppo G di ordine p^2q, $p < q$, ha un $p-$ o un $q-Sylow$ normale, e se ha ordine dispari, allora il $q-Sylow$ è normale.* Se $n_q \neq 1$, $n_q = p$ o p^2. Nel primo caso, $q|(p-1)$, escluso. Nel secondo, poiché ogni sottogruppo di ordine q porta $q-1$ q–elementi, abbiamo in tutto $p^2(q-1) = p^2q - p^2 = |G| - p^2$ elementi, e resta posto per p^2 elementi che esauriscono un (solo) p–Sylow. Dunque, o $n_q = 1$, oppure $n_p = 1$. Se $n_q = p^2$, $q|(p^2-1) = (p-1)(p+1)$, $q|(p+1)$, e $q = 3$ e $p = 2$, escluso. Allora $n_q = 1$.

6. *Se un gruppo ha un sottogruppo H di indice $2,3$ o 4, allora non è semplice (oppure ha ordine 2 o 3).* Nei tre casi, facendo agire G sui laterali di H si ha un omomorfismo $G \to S^i$, $i = 2,3,4$. Se il nucleo non è $\{1\}$, G non è semplice; altrimenti, G si immerge in S^i e quindi ha ordine $2, 3, 2^2, 2\cdot 3, 2^3, 2^23, 2^33$. Ne segue $|G|$ primo, potenza di un primo, $G \simeq S^3$ o $G \simeq S^4$: questi ultimi due gruppi hanno, rispettivamente, A^3 o A^4 normale.

7. *Un gruppo G di ordine 30 ha $3-$ e $5-Sylow$ normali.* Essendo $|G| = 2 \cdot 3 \cdot 5$, l'ordine di G è del tipo $2m$, con m dispari; esiste dunque (Cor. 3.9) un sottogruppo H di ordine $m = 15 = 3 \cdot 5$ e quindi del tipo pq con $p \nmid (q-1)$ che per quanto appena visto è ciclico e dunque ha un solo $3-$ e un solo $5-$Sylow. Questi due sottogruppi sono allora caratteristici in H, ed essendo H normale in G (indice 2), sono anch'essi normali in G.

8. *Un gruppo di ordine 120 non può essere semplice.* Si ha $120 = 2^3 \cdot 3 \cdot 5$, e quindi $n_5 = 1$ o 6. Se $n_5 = 6$ e G è semplice, G si immerge in A^6 (*Es. 5* di 3.11); ma allora A^6, che ha ordine 360, avrebbe un sottogruppo di indice 3, e quindi non sarebbe semplice.

9. *Un gruppo di ordine 36 ha un $2-$ o un $3-Sylow$ normale.* Intanto il gruppo G non è semplice perché ha un sottogruppo di indice 4 (v. 6 qui

---

[†] Vedremo, più in generale, che se $(n, \phi(n)) = 1$, allora un gruppo di ordine n è ciclico (*es. 45 del Cap. 5*.)

[‡] v. Def. 5.74.

sopra), e cioè un 3–Sylow S. Se il nucleo di $G \to S^4$ è tutto S questo è normale. Altrimenti il nucleo è un C_3 (non può essere $\{1\}$ perché si avrebbe $G \leq S^4$, assurdo), e G ha quattro 3–Sylow che si intersecano in questo C_3. I 3–elementi sono allora in numero di $6 \cdot 4 + 2 = 26$. Poiché un gruppo di ordine 9 è abeliano, i quattro 3–Sylow centralizzano C_3; dunque il centralizzante $\mathbf{C}_G(C_3)$ ha ordine divisibile per 9 e per 4, e pertanto è tutto il gruppo G. In altre parole $C_3 \subseteq \mathbf{Z}(G)$. Se un 2–Sylow è $C_4 = \langle y \rangle$, il prodotto di y con un generatore x di C_3 dà luogo a un elemento di ordine 12, e quindi a un C_{12}. Ma un C_{12} ha quattro elementi di ordine 12 e due di ordine 6, e questi, assieme ai 26 3–elementi danno 32 elementi, per cui resta posto per un solo 2–Sylow. Se un 2–Sylow è un Klein, i tre elementi di ordine 2 danno, per prodotto con x e x^{-1}, sei elementi di ordine 6, e quindi di nuovo resta posto per un solo 2–Sylow.

10. *Un gruppo di ordine* 1056 *non è semplice.* Si ha $|G| = 2^5 \cdot 3 \cdot 11$. Se G è semplice, $n_{11} \neq 1$, $n_{11} = 12$, e dunque $[G : \mathbf{N}_G(C_{11})] = 12$, $\mathbf{N}_G(C_{11}) = 88 = 2^3 \cdot 11$. Ma $\mathbf{N}_G(C_{11})/\mathbf{C}_G(C_{11})$ è isomorfo a un sottogruppo di $\mathbf{Aut}(C_{11})$, che ha ordine 10. Ne segue che 2^2 divide $|\mathbf{C}_G(C_{11})|$, e c'è allora un elemento di ordine 2 che centralizza C_{11}, e questo, per prodotto con un elemento non identico di C_{11}, dà un elemento di ordine 22. Ma G si immerge in A^{12}, che non ha elementi di ordine 22 (un tale elemento deve avere almeno un 2–ciclo e un 11–ciclo, e quindi servono almeno 13 cifre).

Sappiamo che il gruppo alterno A^5 è semplice. Dimostriamo ora questo fatto usando Sylow. In realtà dimostreremo qualcosa di un po' più generale, e cioè che un gruppo di ordine 60 in cui l'ordine massimo di un elemento è 5 è semplice.

11. A^5 *è semplice.* Dalle possibili strutture cicliche si vede che l'ordine massimo di un elemento di A^5 è 5. I divisori propri di $|A^5| = 60$ sono 2,3,4,5,6,10,12,15,20,30. A^5 non ha sottogruppi di ordine 15 o 30 perché questi hanno elementi di ordine 15, come abbiamo appena visto. A^5 non ha allora nemmeno sottogruppi normali di ordine 3 o 5 perché, per prodotto con uno di ordine 5 o 3, che esistono per Sylow (o Cauchy), darebbero un sottogruppo di ordine 15. Ma per lo stesso motivo non esistono sottogruppi normali di ordine 2 o 4: il quoziente avrebbe ordine 30 o 15 e dunque conterrebbe elementi di ordine 15 e il gruppo elementi di ordine multiplo di 15. Un gruppo H di ordine 10 ha un solo 5–Sylow (indice 2, quindi normale), che perciò è caratteristico in H; se $H \lhd G$ si ha $S \lhd G$, fatto che abbiamo già escluso (ovvero H per un C_3 dà un sottogruppo di ordine 30, escluso). Analogamente, se $|H| = 20$, un 5–Sylow è caratteristico in H. Se $|H| = 6$, un 3–Sylow è caratteristico, e se $|H| = 12$ lo stesso accade per un 2– o un 3–Sylow (*Es.* 5). (Si osservi che in questa dimostrazione si è utilizzato soltanto il fatto che l'ordine massimo di un elemento fosse 5: si è dimostrato che un gruppo di ordine 60 con questa proprietà è semplice. Che A^5 sia l'unico gruppo semplice di ordine 60 si vedrà nell'*Es.* 3 di 3.40).

12. Consideriamo ancora A^5. Poiché 4 divide 12, che è l'ordine di A^4, un 2–Sylow di A^5 (che è un Klein non essendoci elementi di ordine 4 in quanto in S^5 un elemento di ordine 4 è un 4–ciclo e dunque dispari) è contenuto in A^4, ed è ivi normale, come sappiamo. Il suo normalizzante in A^5 ha quindi ordine almeno 12, e non potendo essere tutto A^5 per la semplicità di questo, esattamente 12, e perciò è A^4. Ne segue $n_2 = [A^5 : \mathbf{N}_{A^5}(V)] = 5$. A^5 agisce per coniugio sull'insieme di questi 2–Sylow, e l'azione è transitiva (perché due qualunque p–Sylow sono coniugati), e dunque simile a quella del gruppo sui laterali di uno stabilizzatore di un 2–Sylow, cioè sui laterali del normalizzante di questo, che è A^4. Come elementi 1,2,3,4,5 su cui A^5 agisce si possono, pertanto, prendere i cinque 2–Sylow dello stesso A^5.

Per quanto riguarda i 3–Sylow abbiamo, sempre per la semplicità, $n_3 = 10$. L'indice del normalizzante di un 3–Sylow è quindi 10, e perciò il suo ordine è 6, e, non essendoci elementi di ordine 6, si tratta di S^3. Infine, $n_5 = 6$, il normalizzante di un C_5 ha ordine 10, e non essendoci elementi di ordine 10, si tratta del gruppo diedrale D_5 (un elemento di ordine 2 inverte un generatore di C_5).

Il gruppo A^5 fornisce anche un esempio di come prendendo un p–Sylow per ogni p che divide l'ordine di un gruppo e facendone il prodotto non si ottiene sempre tutto il gruppo. Se $|G| = p_1^{h_1} p_2^{h_2} \cdots p_t^{h_t}$ e $|S_i| = p_i^{h_i}$, affinché un prodotto $S_{i_1} S_{i_2} \cdots S_{i_t}$ sia uguale a G deve aversi

$$|S_{i_1} S_{i_2} \cdots S_{i_t}| = |G| = p_1^{h_1} p_2^{h_2} \cdots p_t^{h_t} = |S_{i_1}||S_{i_2}| \cdots |S_{i_t}|;$$

la cardinalità di G deve essere allora uguale a quella dell'insieme prodotto cartesiano degli S_i, e ciò accade se e solo se ogni elemento $g \in G$ si scrive in modo unico come prodotto $g = x_{i_1} x_{i_2} \cdots x_{i_t}$, $x_{i_j} \in S_{i_j}$. L'unicità della scrittura può dipendere dalla scelta dei Sylow e dall'ordine nel quale si fa il prodotto. In A^5, prendendo:

$$V = \{I, (1,2)(3,4), (1,3)(2,4), (1,4)(2,3)\},$$
$$C_3 = \{I, (1,3,5), (1,5,3)\},$$
$$C_5 = \{I, (1,2,3,4,5), (1,3,5,2,4), (1,4,2,5,3), (1,5,4,3,2)\},$$

si ha $VC_3C_5 \neq A^5$. Si hanno infatti, ad esempio, due scritture distinte per (1,2,3,4,5):

$$(1,2,3,4,5) = I \cdot I \cdot (1,2,3,4,5) = (1,2)(3,4) \cdot (1,3,5) \cdot I.$$

Si può verificare che nessuna permutazione dei Sylow scelti dà per prodotto A^5. Se scegliamo invece $C_3 = \{I, (1,2,3), (1,3,2)\}$, abbiamo, con V e C_5 come sopra, $VC_3 = C_3V = A^4$ e quindi $VC_3C_5 = C_3VC_5 = A^5$. Non c'è però alcuna scelta di un 2–, di un 3– e di un 5–Sylow per cui $VC_5C_3 = A^5$ (v. *es.* 46)[†].

[†] Gruppi nei quali scegliendo comunque un p–Sylow per ogni p e facendone il prodotto in un ordine qualsiasi si ottiene tutto il gruppo sono i gruppi risolubili (v. Cap. 5, *es.* 72).

Vediamo ora che relazione c'è tra i Sylow di un gruppo e quelli dei suoi sottogruppi e quozienti. Non ci sono sorprese.

3.33 Teorema. *I Sylow di un sottogruppo H di un gruppo G si ottengono per intersezione con H dai Sylow di G. Inoltre, due distinti p–Sylow di H provengono da due distinti p–Sylow di G.*

Dim. Se $P \in Syl_p(H)$, per il teorema di Sylow, ii), esiste $S \in Syl_p(G)$ tale che $P \subseteq S$. Dunque $P \subseteq H \cap S$, ed essendo $H \cap S$ un p–sottogruppo di H e P un p–Sylow di H si ha uguaglianza: $P = H \cap S$. Sia $P_1 = H \cap S_1$ e $P_2 = H \cap S_2$. Se $S_1 = S_2$ si ha $P_1 = P_2$. $\diamond$

3.34 Corollario. *Il numero dei p–Sylow di un sottogruppo di un gruppo G non supera il numero dei p–Sylow di G.* $\diamond$

Occorre sottolineare che il teorema ora dimostrato non dice che, dato un p–Sylow di G, la sua intersezione con H è un p–Sylow di H. Dice soltanto che esiste un p–Sylow di G la cui intersezione con H è un p–Sylow di H. (Si pensi al caso in cui H è esso stesso un p–Sylow: la sua intersezione con un p–Sylow S è Sylow in H se e solo se $S = H$).

Una condizione sufficiente affinché comunque si prenda un p–Sylow la sua intersezione con H sia Sylow in H è che H sia normale.

3.35 Teorema. *Sia H normale in G. Allora se S è un qualunque p–Sylow di G, $H \cap S$ è Sylow in H.*

Dim. Esiste S_1 tale che $H \cap S_1$ è Sylow in H; ma $S_1 = S^g$ per un certo $g \in G$, per cui $H \cap S_1 = H \cap S^g = H^g \cap S^g = (H \cap S)^g$. Allora $(H \cap S)^g$ è Sylow in H, e quindi anche $H \cap S$ che è contenuto in $H^{g^{-1}} = H$ e ha lo stesso ordine di $(H \cap S)^g$. $\diamond$

3.36 Teorema. *Sia $H \leq G$, $p \nmid [G : H]$. Allora:*
   i) H contiene un p–Sylow di G;
   ii) se H è normale, allora contiene tutti i p–Sylow di G.

Dim. i) Dalla $|G| = |H|[G : H]$ e dall'ipotesi, si ha che la massima potenza di p che divide $|G|$ divide anche $|H|$. Un p–Sylow di H ha allora lo stesso ordine di un p–Sylow di G.

ii) Poiché tutti i p–Sylow sono tra loro coniugati, H, contenendone uno ed essendo normale, li contiene tutti. $\diamond$

Vediamo ora cosa accade per i quozienti.

3.37 Teorema. *I Sylow di un quoziente G/N sono le immagini nell'omomorfismo canonico $G \to G/N$ dei Sylow di G.*

Dim. Se S è un p–Sylow di G, la sua immagine SN/N è un p–sottogruppo di G/N di indice $[G/N : SN/N] = [G : SN] = [G : S]/[SN : S]$, che è un divisore di $[G : S]$, e quindi non è divisibile per p. Ma un p–sottogruppo il cui indice non è divisibile per p ha ordine la massima potenza di p che divide $|G|$, e si tratta quindi di un p–Sylow. Perciò l'immagine di un p–Sylow è un p–Sylow del quoziente.

Viceversa, se K/N è un p–Sylow di G/N, allora p non divide l'indice $[G/N : K/N] = [G : K]$, e dunque K contiene un p–Sylow S di G. Ne segue $SN/N \subseteq K/N$; ma, per quanto appena visto, SN/N è Sylow, e poiché per ipotesi anche K/N lo è, si ha $K/N = SN/N$. Dunque i Sylow di un quoziente si ottengono come immagini dei Sylow del gruppo.   ◇

3.38 Corollario. *Il numero dei p–Sylow di un quoziente non supera il numero dei p–Sylow del gruppo.*

Come abbiamo visto su alcuni esempi, il teorema di Sylow permette a volte di decidere in alcuni casi sulla semplicità o meno di un gruppo. A questo scopo può essere utile il lemma che segue.

3.39 Lemma. *Siano S_1 e S_2 due p–sottogruppi di Sylow di un gruppo G tali che l'intersezione $S_1 \cap S_2$ abbia cardinalità massima tra tutte le possibili intersezioni tra due p–Sylow. Sia $N = \mathbf{N}_G(S_1 \cap S_2)$ il normalizzante in G di $S_1 \cap S_2$. Allora $N \cap S_1$ e $N \cap S_2$ sono Sylow in N e sono distinti. In particolare, N non è un p–gruppo.*

Dim. Se $N \cap S_1$ e $N \cap S_2$ coincidono, si ha $N \cap S_1 = (N \cap S_1) \cap (N \cap S_1) = (N \cap S_1) \cap (N \cap S_2) = N \cap S_1 \cap S_2 = S_1 \cap S_2$. Ma $N \cap S_1 = \mathbf{N}_{S_1}(S_1 \cap S_2)$ e questo, per il Cor. 3.25, contiene propriamente $S_1 \cap S_2$. Ciò dimostra che $N \cap S_1$ e $N \cap S_2$ sono distinti. Se $N \cap S_1$ non è Sylow in N, esiste un Sylow di N che lo contiene propriamente, e questo si ottiene per intersezione con N di un Sylow S di G: $N \cap S_1 < N \cap S$; dunque $S_1 \cap S_2 < N \cap S_1 < N \cap S$, e in particolare, $S_1 \cap S_2 < S$. Ne segue, essendo $S_1 \cap S_2 < S_1$, $S_1 \cap S_2 < S_1 \cap S$, che, per la massimalità di $S_1 \cap S_2$ è possibile solo se $S_1 = S$. Pertanto, $N \cap S_1 = N \cap S$, e $N \cap S_1$ è Sylow in N. Analogamente per S_2.   ◇

Poiché per nessun p si ha $2 \equiv 1 \bmod p$, $\mathbf{N}_G(S_1 \cap S_2)$ contiene almeno un altro p–Sylow oltre a $N \cap S_1$ e $N \cap S_2$, e quindi almeno tre p–Sylow.

3.40 Esempi. 1. *Un gruppo di ordine $p^n q$ non è semplice.* Infatti, $n_p = 1, q$. Se $n_p = 1$, non c'è più niente da dimostrare. Sia $n_p = q$; se l'ordine massimo dell'intersezione tra due p–Sylow è 1, poiché ciascuno di essi contiene $p^n - 1$ elementi diversi da 1, il numero dei p–elementi è $(p^n - 1)q = p^n q - q = |G| - q$. Resta posto per q elementi, e poiché un q–Sylow ha q elementi, esso è unico, e quindi normale. Sia ora $S_1 \cap S_2 \neq \{1\}$ un'intersezione di ordine massimo di due p–Sylow, e N il suo normalizzante. Poiché, per il lemma precedente, N ha più di un Sylow, ne ha esattamente q (il suo ordine è della forma $p^k q$). Questi provengono, per intersezione con N, da q p–Sylow distinti di G, cioè da tutti i p–Sylow di G, e tali intersezioni, contengono tutte $S_1 \cap S_2$ essendo quest'ultimo normale in N. Anche i p–Sylow di G contengono allora tutti il sottogruppo non identico $S_1 \cap S_2$, e quindi anche la loro intersezione lo contiene. Questa intersezione è allora diversa da $\{1\}$, ed essendo normale costituisce il sottogruppo normale cercato.

2. *Un gruppo di ordine* 144 *non è semplice.* Si ha $144 = 2^4 \cdot 3^2$; con le solite riduzioni, $n_3 = 16$. Se due 3–Sylow non hanno mai intersezione diversa da $\{1\}$, si hanno $16 \times 8 = 128$ 3–elementi. Resta posto per 16 elementi; questi esauriscono un 2–Sylow, che quindi è normale. Supponiamo allora che esistano due 3–Sylow S_1 e S_2 che si intersecano non banalmente, e dunque tali che $|S_1 \cap S_2| = 3$. Il normalizzante N di questa intersezione contiene S_1 e S_2, perché questi sono abeliani, e almeno un altro 3$-$Sylow; e poiché $n_3 \equiv 1$ mod 3, almeno un altro ancora. (In generale, il numero n_p dei $p-$Sylow di un sottogruppo H divide l'ordine di H, ed è primo con p; quindi, se p^k divide $|H|$ anche il prodotto $n_p \cdot p^k$ divide $|H|$). Nel nostro caso, $n_3 \cdot 3^2$ divide $|N|$ e perciò $|N| \geq n_3 \cdot 9 \geq 4 \cdot 9$, e quindi $|N| = 36, 72, 144$, di indici 4, 2 e 1. Ne segue che G non è semplice.

3. A^5 *è l'unico gruppo semplice di ordine* 60. Facciamo vedere che se G è semplice e $|G| = 60 = 2^2 \cdot 3 \cdot 5$, allora $n_2 = 5$, G si immerge in A^5 e avendo lo stesso ordine lo uguaglia. Si ha $n_5 = 6$ e $n_3 = 10$, per cui vi sono 24 5$-$elementi e 20 3$-$elementi. Ora, $n_2 = 5$ o 15. Se $n_2 = 15$, e l'intersezione massima di due 2–Sylow è 1, allora vi sono 45 2$-$elementi, che aggiunti ai precedenti fanno 89 elementi, troppi. Sia allora $|S_1 \cap S_2| = 2$; il normalizzante N di questa intersezione contiene i due 2$-$Sylow e almeno un altro; dunque $|N| \geq 12$, e quindi di indice ≤ 5; per la semplicità di G si ha allora $|N| = 12$. Ma poiché un 2$-$Sylow non è normale in N, un 3$-$Sylow lo è, e questo è anche un 3$-$Sylow di G. Quindi il normalizzante di un 3$-$Sylow avrebbe almeno 12 elementi, ma essendo $n_3 = 10$, il normalizzante di un 3$-$Sylow ha ordine 6. L'ipotesi $n_2 = 15$ porta in ogni caso a una contraddizione. Allora $n_2 = 5$, come si voleva.

4. A^5 *è l'unico gruppo di ordine* 60 *che ha sei* 5$-$*Sylow.* Dimostriamo che G è semplice. Sia $\{1\} \neq N \triangleleft G$; se $5||N|$, N contiene un 5–Sylow, e per la normalità li contiene tutti. Ne segue $6||N|$ e dunque $30||N|$. Ma $|N| > 30$, perché un gruppo di ordine 30 ha un solo 5-Sylow (*Es.* 7 di 3.32), e dunque $N = G$

5. *Un gruppo di ordine* 396 *non è semplice.* Si ha $396 = 2^2 \cdot 3^2 \cdot 11$, per cui si ha subito $n_{11} = 12$ e quindi il normalizzante del C_{11} ha ordine 33. Un gruppo di ordine 33 è ciclico $(3 \nmid (11-1))$, e dunque il C_3 è ivi normale. Ma questo C_3 è contenuto in un 3$-$Sylow, che ha ordine 3^2 e quindi è abeliano. Il normalizzante di C_3 ha allora ordine divisibile per 11 e per 9; ha così ordine almeno 99 e indice al più 4.

6. *Gruppi di ordine* 12. Dimostriamo che tali gruppi sono, a meno di isomorfismi, in numero di cinque, due abeliani e tre no. Intanto $12 = 2^2 \cdot 3$, quindi della forma p^2q, e pertanto un tale gruppo ha un Sylow normale (*Es.* 5 di 3.32). G è allora prodotto di un 2– e di un 3–Sylow, e così è un prodotto semidiretto. Vi sono due possibilità per un 2–Sylow: V e C_4, e una sola per il 3–Sylow, C_3. Vediamo i vari casi.

1. $V \lhd G$, $G = C_3 \times_\varphi V$. Avendosi $\mathbf{Aut}(V) \simeq S^3$, posto $C_3 = \{1, x, x^2\}$, abbiamo tre possibilità per un omomorfismo $C_3 \to S^3$:

$$\varphi_1 : x \to 1, \quad \varphi_2 : x \to (1, 2, 3), \quad \varphi_3 : x \to (1, 3, 2).$$

Nel primo caso il prodotto semidiretto è diretto, $C_3 \times V$, e si tratta del gruppo $U(21)$. Il secondo e il terzo caso danno luogo a gruppi isomorfi (Lemma 2.73), $C_3 \times_\varphi V$, che è isomorfo ad A^4. Ciò si può verificare direttamente, oppure osservando che la rappresentazione di G sui laterali di C_3 induce un omomorfismo del gruppo in S^4 di nucleo $\{1\}$ (perché C_3 non è normale in G) e tenendo conto che A^4 è l'unico sottogruppo di ordine 12 di S^4.

2. $C_4 \lhd G$ e $G = C_3 \times_\varphi C_4$. C'è un solo omomorfismo di C_3 in $\mathbf{Aut}(C_4) \simeq C_2$, ed è quello banale. Si ha perciò un solo gruppo, il prodotto diretto $C_3 \times C_4 \simeq C_{12}$.

3. $C_3 \lhd G$ e $G = V \times_\varphi C_3$. Avendosi $\mathbf{Aut}(C_3) \simeq C_2$, vi sono due possibili immagini per V in C_2: l'identità e tutto C_2. Nel primo caso ritroviamo il gruppo $V \times C_3$. Nel secondo, vi sono tre omomorfismi di $V = \{1, a, b, c\}$ in C_2, ottenuti mandando 1 e un elemento diverso da 1 nell'automorfismo identico e gli altri due in quello che scambia un elemento $x \in C_3$ con x^{-1}; questi danno però tutti gruppi isomorfi (Lemma 2.73, prendendo i tre automorfismi di V che scambiano due elementi non identici e fissano il terzo e, nella notazione del detto lemma, $\alpha = 1$). Si ha così il gruppo $V \times_\varphi C_3$. Il nucleo di φ è un C_2, e sia $\{1, a\}$, ed essendo normale è contenuto in tutti e tre i 2–Sylow. Ma essendo un C_2 normale è anche contenuto nel centro del gruppo (la cosa si vede anche dal fatto che il nucleo induce l'identità su C_3). Per prodotto con C_3 esso dà allora un C_6, e l'automorfismo $\varphi(b)(= \varphi(c))$ che scambia x con x^{-1} scambia anche ax, che ha ordine 6, con il suo inverso. È chiaro allora che $V \times_\varphi C_3 \simeq C_2 \times_{\varphi'} C_6$ che sappiamo essere isomorfo a D_6.

4. $C_3 \lhd G$ e $G = C_4 \times_\varphi C_3$. Come sopra, i tre C_4 si intersecano in un C_2, normale, e dunque il gruppo contiene un C_6. Gli elementi di ordine 4 invertono i generatori di C_6, e perciò i loro quadrati li centralizzano. Siamo in presenza di un nuovo gruppo, l'ultimo della serie. Questo gruppo si denota con T.[†] Siano $C_4 = \{1, a, a^2, a^3\}$, $C_3 = \{1, b, b^2\}$. Essendo C_3 normale, si ha $C_3 a = a C_3$, e dunque $ba \in a C_3 = a\{1, b, b^2\} = \{a, ab, ab^2\}$, e l'unica possibilità è $ba = ab^2$. Abbiamo quindi $T = \{1, a, a^2, a^3, b, b^2, ab, ab^2, a^2 b, a^2 b^2, a^3 b, a^3 b^2\}$, con il prodotto determinato dalle relazioni $a^4 = b^3 = 1$, $ba = ab^2$ (v. es. 54).

Un altro fatto utile per mostrare che certi gruppi non sono semplici è il seguente.

[†] v. es. 54.

3.41 Lemma. *Se $n_p \not\equiv 1 \bmod p^2$ e l'ordine di un p–Sylow è p^n, allora per ogni p–Sylow S ne esiste un altro S_1 tale che $S \cap S_1$ ha ordine p^{n-1}. Il normalizzante di $S \cap S_1$ contiene allora sia S che S_1.*

Dim. Come nella dimostrazione del teorema di Sylow, iii), con $S_0 = S$, se $[S_0 : S_0 \cap S_i] \geq p^2$ per ogni i, allora $n_p \equiv 1 \bmod p^2$. Inoltre, $S \cap S_1$ essendo massimale in S e in S_1 è normale in entrambi. ◇

3.42 Esempio. Dimostriamo che un gruppo di ordine 432 non è semplice. Si ha $432 = 2^4 \cdot 3^3$, per cui $n_3 = 1, 4$ o 16. Nei primi due casi G non è semplice. Nel terzo, è $16 \not\equiv 1 \bmod 9$. Se $H = S \cap S_1$ è un'intersezione di ordine 9 di due 3–Sylow (Lemma 3.41), $N = \mathbf{N}_G(H)$ contiene i due 3–Sylow S e S_1, e quindi almeno quattro 3–Sylow. $|N|$ è allora divisibile per 27 e per 4 o 16, e dunque ha ordine almeno 108 e indice al più 4.

3.43 Teorema (Argomento di Frattini). *Sia $H \trianglelefteq G$ e P un p–Sylow di H. Allora $G = H\mathbf{N}_G(P)$.*

Dim. Ricordiamo (Teor. 3.22) che se H è un sottogruppo transitivo di un gruppo G, allora G è prodotto di H per lo stabilizzatore di un elemento. Nel nostro caso, G agisce per coniugio sull'insieme Ω dei p–Sylow di H, in quanto se P è uno di questi si ha $P^g \subseteq H$ per la normalità di H, e P^g è Sylow in H avendo lo stesso ordine di P. D'altra parte, per il teorema di Sylow, ii),b), H è transitivo su Ω, e dunque, per il teorema citato abbiamo $G = HG_P$. Ma $G_P = \mathbf{N}_G(P)$, e quindi la tesi. ◇

3.44 Teorema. *Sia S un p–Sylow di G e K un sottogruppo di G che contiene il normalizzante di S. Allora $\mathbf{N}_G(K) = K$. In particolare, il normalizzante del normalizzante di S coincide con il normalizzante di S.*

Dim. Applicando l'argomento di Frattini con $\mathbf{N}_G(K)$ nel ruolo di G abbiamo, essendo $\mathbf{N}_G(S) \subseteq K$, che $\mathbf{N}_G(K) = K\mathbf{N}_G(S) = K$. ◇

Se $K = \mathbf{N}_G(S)$, dove S è un p–Sylow, allora $\mathbf{N}_G(\mathbf{N}_G(S)) = \mathbf{N}_G(S)$. Questo risultato si può vedere direttamente come segue. Sia $g \in \mathbf{N}_G(\mathbf{N}_G(S))$. Allora $S^g \subseteq \mathbf{N}_G(S)$, e poiché $S \trianglelefteq \mathbf{N}_G(S)$ è l'unico p–Sylow di $\mathbf{N}_G(S)$ si ha $S^g = S$ e $g \in \mathbf{N}_G(S)$, da cui l'uguaglianza richiesta.

3.45 Teorema. *Sia P un p–gruppo di ordine p^n. Allora il numero n_s dei sottogruppi di ordine p^s, $1 \leq s \leq n$, è congruo a 1 mod p.*

Dim. Se $s = n$ non c'è niente da dimostrare. Consideriamo i due casi estremi $s = 1$ e $s = n - 1$, e quelli intermedi $1 < s < n - 1$.

i) $s = 1$. L'idea della dimostrazione è di fissare un sottogruppo di ordine p e far vedere che gli altri, se ce ne sono, si distribuiscono a p a p. Sia $H \subseteq \mathbf{Z}(P)$ di ordine p; se è l'unico di ordine p non c'è altro da dimostrare. Altrimenti, sia $H_1 \neq H$ di ordine p; il prodotto HH_1 ha ordine p^2 ed è del tipo $\mathbf{Z}_p \times \mathbf{Z}_p$, e contiene dunque $p^2 - 1$ elementi di ordine p che si distribuiscono a $p - 1$ a

$p - 1$ in $p + 1$ sottogruppi di ordine p. Se H_2 non è uno di questi, il gruppo HH_2 contiene p sottogruppi di ordine p diversi da quelli di HH_1, e in generale se $H_{k+1} \not\subseteq HH_k$, il sottogruppo HH_{k+1} contiene p sottogruppi di ordine p diversi da quelli di HH_k. A ogni passo otteniamo così p nuovi sottogruppi; assieme ad H abbiamo allora in tutto $1 + hp$ sottogruppi di ordine p.

ii) $s = n - 1$. Fissiamo un sottogruppo M di ordine p^{n-1} e facciamo vedere che gli altri si distribuiscono a p a p. Sia $M_1 \neq M$ di ordine p^{n-1}; allora l'intersezione $M \cap M_1$ ha indice p^2 in P (nel caso *i*) il prodotto aveva ordine p^2) in quanto

$$p = |P/M| = |MM_1/M| = |M_1/M \cap M_1| = \frac{p^{n-1}}{|M \cap M_1|}, \qquad (3.5)$$

da cui $|M \cap M_1| = p^{n-2}$ e $[P : M \cap M_1] = p^2$. Posto $K_1 = M \cap M_1$, il gruppo P/K_1 non è ciclico perché contiene almeno due sottogruppi distinti di ordine p, e cioè M/K_1 e M_1/K_1; perciò è il gruppo $C_p \times C_p$. I $p + 1$ sottogruppi di ordine p di questo gruppo provengono da sottogruppi di G che contengono K_1 e hanno ordine p^{n-1}. Oltre a M abbiamo così p sottogruppi di ordine p^{n-1}; in tutto $1 + p$ tali sottogruppi. Se M_2 è un sottogruppo di ordine p^{n-1} che non contiene K_1, sia $K_2 = M \cap M_2$; otteniamo, analogamente a prima, $p + 1$ sottogruppi di ordine p^{n-1} che contengono K_2, uno dei quali è M ($M = K_1 K_2$, ed è l'unico sottogruppo che compare anche questa volta). Vi sono dunque p nuovi sottogruppi, e a questo punto in tutto $1 + 2p$ sottogruppi di ordine p^{n-1}. Iterando il procedimento, al passo k abbiamo $1 + kp$ sottogruppi di ordine p^{n-1}, come si voleva. Si osservi come questa dimostrazione sia duale della precedente, nella dualità massimale−minimale (un sottogruppo di ordine p è minimale), ordine−indice, unione (prodotto)−intersezione.

iii) $1 < s < n - 1$. Sia $|H| = p^s$, e consideriamo $\mathbf{N}_P(H)/H$. Questo gruppo contiene, per *i*), un numero di sottogruppi di ordine p che è congruo a $1 \bmod p$, e questi provengono da sottogruppi $H_1 \supset H$ di $\mathbf{N}_P(H)$ di ordine p^{s+1}. Ma tutti i sottogruppi di ordine p^{s+1} che contengono H lo normalizzano, e dunque quelli di $\mathbf{N}_P(H)$ sono tutti i sottogruppi di P che contengono H. Ne segue che i sottogruppi di ordine p^{s+1} che contengono H sono in numero congruo a $1 \bmod p$. Siano allora $H_1, H_2, \ldots, H_{n_s}$ i sottogruppi di P di ordine p^s, e $K_1, K_2, \ldots, K_{n_{s+1}}$ quelli di ordine p^{s+1}. In una griglia come la seguente:

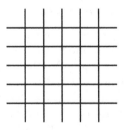

poniamo in ascissa gli H_i e in ordinata i K_j, segnando un punto all'incrocio (i, j) se H_i è contenuto in K_j. Se vi sono a_i punti segnati sulla verticale per H_i, a_i è il numero dei sottogruppi di ordine p^{s+1} che contengono H_i. Per quanto visto sopra, $a_i \equiv 1 \bmod p$. Per il numero totale di punti segnati sulle verticali si ha allora:

$$\sum_{i=1}^{n_s} a_i \equiv 1 + 1 + \cdots + 1 = n_s \bmod p.$$

Sia b_j il numero dei punti segnati sull'orizzontale per K_j, e dunque il numero di sottogruppi di ordine p^s contenuti in K_j; per $ii)$ si ha $b_j \equiv 1 \bmod p$ e quindi:

$$\sum_{j=1}^{n_{s+1}} b_j \equiv 1 + 1 + \cdots + 1 = n_{s+1} \bmod p.$$

Ma il numero totale dei punti sulle orizzontali è lo stesso di quello sulle verticali, e perciò $n_s \equiv n_{s+1} \bmod p$. Avendosi $n_1 \equiv 1 \bmod p$ si ha $n_2 \equiv 1 \bmod p$, $n_3 \equiv n_2 \equiv 1 \bmod p$, ecc. $\diamond$

Esercizi

17. Dare una nuova dimostrazione del Cor. 3.25 per induzione su G, distinguendo i due casi $\mathbf{Z}(G) \subseteq H$ e $\mathbf{Z}(G) \not\subseteq H$. [*Sugg.*: v. *es.* 40, *i*), del Cap. 2].

18. Un p–gruppo finito non ciclico non può essere generato da elementi tra loro coniugati. [*Sugg.*: se $\langle x \rangle \neq G$, allora $\langle x \rangle \subseteq M$, massimale; M normale (Cor. 3.25)].

19. *i*) Sia G un p–gruppo finito, $H \trianglelefteq G$. Allora H contiene un sottogruppo di indice p e normale in G. [*Sugg.*: considerare $G/(H \cap \mathbf{Z}(G))$ e poi induzione].

ii) Se H è come in *i*) e contiene un sottogruppo abeliano A di indice p, allora contiene anche un sottogruppo abeliano di indice p e normale in G. [*Sugg.*: se A non è unico, considerare A_1, $H = AA_1$, da cui $A \cap A_1 \subseteq \mathbf{Z}(H)$; distinguere i due casi $A \cap A_1 \subset \mathbf{Z}(H)$ e $A \cap A_1 = \mathbf{Z}(H)$].

20. Dimostrare che un gruppo finito G ha un quoziente di ordine p se e solo se per ogni p–Sylow S di G si ha $S \cap G' < S$. [*Sugg.*: $|G/H| = p$ implica $G' \subseteq H$, e se $S \cap G' = S$ allora $S \subseteq G' \subseteq H$ per cui $p \nmid |G/H|$].

21. Se P è un p–sottogruppo di un gruppo G e S è un p–Sylow di G, allora il normalizzante in P di S, $\mathbf{N}_P(S) = P \cap \mathbf{N}_G(S)$, è uguale a $P \cap S$. [*Sugg.*: S è l'unico p–Sylow del proprio normalizzante; applicare il Teor. 3.28, ii, a)].

22. Dare una nuova dimostrazione dell'esistenza di un p–Sylow in un gruppo G in questo modo:

i) se p non divide l'indice di qualche sottogruppo proprio, la tesi si ha per induzione;

ii) se p divide l'indice di ogni sottogruppo proprio, dall'equazione delle classi si ha che p divide l'ordine del centro di G;

iii) se H è un sottogruppo di ordine p del centro (Cauchy), applicare l'induzione a G/H.

23. Sia G un p–gruppo finito che agisce su un insieme Ω finito, e sia

$$\Gamma = \{\alpha \in \Omega \mid \alpha^g = \alpha, \ \forall g \in G\}.$$

Dimostrare che $|\Omega| \equiv |\Gamma| \bmod p$.

24. (Gleason) Siano G e Ω finiti, e supponiamo che per ogni $\alpha \in \Omega$ esista un p–elemento $x \in G$ (un p–sottogruppo H) tale che α sia l'unico elemento di Ω fissato da x (da ogni elemento di H). Dimostrare che G è transitivo su Ω. [*Sugg.*: siano $\Delta_1 \neq \Delta_2$ due orbite, $\gamma \in \Delta_1$, $x \in G$ un p–elemento tale che γ sia l'unico punto fissato da x. Applicare l'*es.* precedente].

25. Usare i due esercizi precedenti per dimostrare che $n_p \equiv 1 \bmod p$ e che i p–Sylow formano un'unica classe di coniugio.

26. Se G/N è un p–gruppo e $S \in Syl_p(G)$, allora $G = NS$. [*Sugg.*: SN/N è Sylow in G/N].

27. Se $x \in G$ finito, chiamiamo p–*componenti* di x gli elementi che compaiono nella decomposizione di x data nell'*es.* 15, *i*) del Cap. 1. Dimostrare che se x e y sono due elementi coniugati di G, le loro p–componenti sono coniugate. Inoltre, se $x_i \in S_1$ e $y_i \in S_2$ sono le p_i–componenti di x e y e $S_1, S_2 \in Syl_p(G)$, allora un coniugato di y_i appartiene a S_1. (Il coniugio tra x e y si riporta così al coniugio tra elementi di uno stesso p–Sylow).

28. Se G è non abeliano e, per ogni p, i p–Sylow sono sottogruppi massimali, allora il centro di G è identico. [*Sugg.*: se p divide $|\mathbf{Z}(G)|$ e Q è un q–Sylow, allora $G = QC_p$, C_p è massimale e centrale].

29. Sia $H \trianglelefteq G$, $P \in Syl_p(H)$. Dimostrare che esiste $S \in Syl_p(G)$ tale che $S \subseteq \mathbf{N}_G(P)$. [*Sugg.*: $P = S \cap H \trianglelefteq S$].

30. Determinare il numero dei p–Sylow di S^p, e usare il risultato per dimostrare il *Teorema di Wilson*:

$$(p-1)! \equiv -1 \bmod p.$$

[*Sugg.*: p è la massima potenza di p che divide $p! = |S^p|$, e gli elementi di ordine p di S^p sono p–cicli].

31. Sia $p\|G|$. Si definisca $O_p(G)$ come il massimo p–sottogruppo normale di G, cioè il prodotto di tutti i p–sottogruppi normali di G. Dimostrare che:

    i) $O_p(G)$ coincide con l'intersezione di tutti i p–Sylow ed è caratteristico in G;

    ii) se H è un sottogruppo di indice p, allora $O_p(H)$ è normale in G.

32. Si definisca $O^p(G)$ come il sottogruppo generato dagli elementi di ordine non divisibile per un fissato primo p. Dimostrare che:

    i) $O^p(G)$ è caratteristico in G;

    ii) p non divide l'indice in $O^p(G)$ del derivato $O^p(G)'$.

33. Se $p > 2$ è il più piccolo divisore dell'ordine di G, e un p–Sylow S ha ordine p^2 ed è normale, allora S è contenuto nel centro di G. [*Sugg.*: $S = C_{p^2}$ o $C_p \times C_p$; teorema N/C].

34. Sia G un gruppo che agisce su un insieme Ω, e sia S un p–Sylow di G. Se p^k è una potenza di p che divide $|\alpha^G|$, allora p^k divide già $|\alpha^S|$.

35. Sia G un gruppo finito nel quale i $2-$Sylow hanno a due a due intersezione $\{1\}$. Dimostrare che se S è un $2-$Sylow, nessun laterale di S, escluso S stesso, contiene più di una involuzione. [*Sugg.*: siano $x \in Sx$ ed sx involuzioni; $sxsx = 1$, ecc.].

36. Sia G un gruppo finito nel quale i $p-$Sylow, per un certo p, abbiano a due a due intersezione $\{1\}$. Dimostrare che se S è un $p-$Sylow, nessun laterale del normalizzante di S, escluso il normalizzante stesso, contiene più di $n_p - 1$ $p-$elementi. [*Sugg.*: dimostrare che due $p-$elementi di un laterale di $\mathbf{N}_G(S)$ appartengono a Sylow diversi].

37. Sia G un gruppo finito, S un $2-$Sylow di G e M un sottogruppo massimale di S. Sia $x \in S$ un'involuzione non coniugata in G ad alcun elemento di M, e sia Ω l'insieme dei laterali di M. Dimostrare che:

    i) $|\Omega| = 2m$, con m dispari;

    ii) nell'azione di G su Ω, x non fissa alcun elemento;

    iii) nel morfismo di G in S^{2m} indotto da questa azione l'immagine di x è una permutazione dispari;

    iv) G ha un sottogruppo di indice 2 che non contiene x.

Concludere che x non appartiene al derivato G' di G.

38. Un gruppo G di ordine p^2q^2, $p < q$ ha un Sylow normale. [*Sugg.*: dimostrare che se $n_q \neq 1$, allora G ha ordine 36].

39. Sia S un $2-$Sylow non normale di un gruppo G e tale che $S \cap S^g = \{1\}$ se $S \neq S^g$. Dimostrare che G ha una sola classe di coniugio di involuzioni. [*Sugg.* Lemma 2.38.]

40. Sia S un $2-$Sylow normale di un gruppo G e $x \in G$ un elemento di ordine dispari. Dimostrare che x non è coniugato al proprio inverso. [*Sugg.*: se $y^{-1}xy = y^{-1}$ distinguere i casi $o(y)$ dispari o pari, e ricordare che se un elemento inverte, il suo quadrato centralizza (Cap. 2, *es.* 14); se $o(y)$ è pari, scrivere $y = tu$, con $o(t) = 2^k$ e $o(u)$ dispari].

41. Un gruppo di ordine 108 ha un sottogruppo normale di ordine 9 o 27.

42. Se $S \in Syl_p(G)$ allora $G = G'\mathbf{N}_G(S)$. [*Sugg.*: $G'S \trianglelefteq G$].

43. Un gruppo di ordine $12p$, $p > 5$, non è semplice. [*Sugg.*: distinguere i casi $p > 11, p = 11$ e $p = 7$].

44. G non è semplice se ha ordine 180, 288, 315, 400 o 900.

45. Sia $G = HK$, $H, K \trianglelefteq G$. Allora se S è un $p-$Sylow di G si ha $S = (S \cap H)(S \cap K)$.

46. Elencare i $2-$Sylow di A^5, e dimostrare che per nessuna scelta di un $2-$, $3-$ e $5-$Sylow si ha $S_2S_5S_3 = A^5$.

47. Dare un esempio che dimostri come l'*es.* 37, *i*), del Cap. 2 non sia più vero per più di due sottogruppi. [*Sugg.*: v. *es.* precedente].

48. Un gruppo di ordine 24 nel quale il normalizzante N di un $3-$Sylow ha ordine 6 è isomorfo a S^4. [*Sugg.*: $G \to S^4$ ha nucleo contenuto in N].

49. Dimostrare che esistono cinque gruppi di ordine 18 e due gruppi di ordine 21. [*Sugg.*: per $|G| = 18$, vi sono tre prodotti diretti e due semidiretti].

50. Dimostrare che un $p-$Sylow normale è l'unico $p-$Sylow nei due modi seguenti:

i) utilizzando l'*es.* 4 del Cap. 2;

ii) supponendo che vi sia un altro $p-$Sylow e considerando il prodotto dei due.

51. Fare agire il gruppo S^4 per coniugio sui propri 3–Sylow e nel modo usuale sui laterali del normalizzante di uno di questi, e dimostrare che le due azioni sono simili (v. *es.* 11).

52. Dimostrare che tutti gli automorfismi di S^4 sono interni. [*Sugg.*: S^4 ha quattro 3–Sylow S_i, $i = 1, 2, 3, 4$, ciascuno generato da un 3–ciclo che fissa la cifra i, e $\alpha \in \mathbf{Aut}(S^4)$ li permuta; se $\sigma \in S^4$ è tale che $\sigma(i) = j$, allora sui 3–Sylow $\sigma^{-1} S_i \sigma = S_{\sigma(i)} = S_j$].

53. Dimostrare che le due matrici $\begin{pmatrix} 0 & i \\ i & 0 \end{pmatrix}$ e $\begin{pmatrix} \omega & 0 \\ 0 & \omega^2 \end{pmatrix}$, dove i e ω sono rispettivamente radici primitive quarta e terza dell'unità, generano un sottogruppo di $GL(2, \mathbf{C})$ isomorfo al gruppo T di 3.40, *Es.* 6.

54. Si dice *diciclico* un gruppo generato da un elemento s di ordine $2n$ e un elemento a di ordine 4 tali che $a^2 \in \langle s \rangle$ (dunque $a^2 = s^n$) e $a^{-1} s a = s^{-1}$. Dimostrare che un gruppo diciclico ha ordine $4n$, che per $n = 2$ si ottiene il gruppo dei quaternioni, e che per $n = 3$ si ha il gruppo T dell'*Es.* 6 di 3.40 (come prodotto di due gruppi ciclici, questa volta non semidiretto). Il quoziente del gruppo per il sottogruppo $\langle a \rangle$ è il diedrale D_n. Se n è una potenza di 2, un gruppo diciclico si chiama anche *quaternionico generalizzato*.

55. (TEOREMA DI BERTRAND) Sia $n \geq 5$. Dimostrare che:

i) S^n non ha sottogruppi di indice k, $2 < k < n$, ma ne ha di indice 2 e n;

ii) A^n non ha sottogruppi di indice k, $1 < k < n$, ma ne ha di indice n.

Nel linguaggio della teoria classica delle permutazioni, questo risultato si esprime dicendo che permutando in tutti i modi possibili le variabili, da una funzione polinomiale di $n \neq 4$ variabili si ottengono 1, 2 o n funzioni. Per $n = 4$ abbiamo visto (*Es.* 6 di 1.45) che permutando le variabili nella funzione $x_1 x_2 + x_3 x_4$ si ottengono tre funzioni, e che S^4 contiene sottogruppi di indice 3 (diedrali di ordine 8).

56. Siano φ un funzione di n variabili, $\varphi = \varphi_1, \varphi_2, \ldots, \varphi_k$ le funzioni ottenute da φ permutando le variabili secondo gli elementi di S^n, e sia φ_i appartenente al sottogruppo G_i (v. *Es.* 6 di 1.45). Dimostrare che $K = \bigcap_i G_i$ è normale in S^n, e quindi se $n \neq 4$, $K = A^n$ o $K = S^n$. (Se $n \neq 4$, non esistono funzioni, oltre alle simmetriche ("a un valore") e alle alternanti ("a due valori") tali che tutti i valori assunti restino invariati per una stessa permutazione non identica. Ciò corrisponde al fatto che per per $n > 4$ non esiste alcuna risolvente di Galois di grado k, $2 < k < n$, per l'equazione generale di grado n).

57. *i*) Dimostrare che S^6 contiene, oltre agli S^5 ottenuti fissando una cifra, e quindi non transitivi, e tra loro coniugati, altri 6 sottogruppi isomorfi a S^5, anch'essi tra loro coniugati, che sono però transitivi. [*Sugg.*: facendo agire S^5 per coniugio sui propri 5–Sylow, che sono in numero di 6, S^5 si immerge in S^6].

ii) Sia H uno dei sottogruppi transitivi isomorfi a S^5. Dimostrare che H non contiene trasposizioni. [*Sugg.*: H contiene un 5–ciclo, e se contiene una trasposizone per la transitività coincide con S^6].

iii) Sia H come in *ii*), e sia φ la rappresentazione di S^6 sui coniugati di H. Dimostrare che φ induce un automorfismo di S^6.

iv) L'automorfismo di *iii*) non è interno. [*Sugg.*: se τ è la trasposizione $(1,2)$, e φ è interno, $\varphi(\tau)$ sarebbe un trasposizione, e dunque avrebbe quattro punti fissi, e perciò τ scambierebbe due coniugati di H fissando gli altri quattro].

v) Dimostrare che $\mathbf{Aut}(S^6)/\mathbf{I}(S^6) \simeq C_2$. [*Sugg.*: per la discussione che precede il Teor. 2.88, un automorfismo non interno scambia tra loro la classe di coniugio delle trasposizioni e la classe dei prodotti di tre trasposizioni disgiunte. Se φ e ψ non sono interni, $\varphi^{-1}\psi$ fissa la classe delle trasposizioni. Applicare il Lemma 2.87].

vi) Dimostrare che $|\mathbf{Aut}(S^6)| = 1440$.

58. Dimostrare che il normalizzante del p−Sylow dell'*Es.* 1 di §3.32 consta delle matrici triangolari superiori. [*Sugg.*: utilizzare la *decomposizione di Bruhat* del gruppo lineare in laterali doppi $GL(n,K) = \cup_{w \in W} BwB$, dove B è il sottogruppo delle matrici triangolari superiori e W il gruppo delle matrici di permutazione. Si ha $B \in \mathbf{N_G}(S)$, e osservare che nessuna $I \neq w \in W$ normalizza S].

59. Il numero dei p−Sylow di un sottogruppo non è, in generale, un divisore del numero dei p−Sylow del gruppo.

60. Dimostrare che due p−Sylow sono coniugati utilizzando l'*es.* 7. [*Sugg.*: con H e K due p−Sylow, dalla formula di Frobenius si ha $|G| = p^r m = \sum_{i=1}^m = |H||K|/d_i$, dove $d_i = |K \cap a_i^{-1} H a_i|$].

3.3 Formula di Burnside e caratteri di permutazione

La formula (3.1) ci dice quanti elementi vi sono in un'orbita. Vediamo ora quante orbite ci sono. In tutto il paragrafo G sarà un gruppo finito.

Denotiamo con $\chi(g)$ il numero di punti di Ω fissati da $g \in G$.

3.46 Definizione. La funzione χ definita su G e a valori interi non negativi che associa a $g \in G$ il numero $\chi(g)$ dei punti fissati da g si chiama *carattere* di G (più precisamente, *carattere dell'azione di G*).

3.47 Nota. Se P è la matrice di permutazione che rappresenta un elemento σ di S^n, il numero di 1 sulla diagonale di P dà il numero di punti fissi di σ. $\chi(\sigma)$ è allora la traccia di P.

3.48 Teorema (BURNSIDE). *Sia G un gruppo finito che agisce su un insieme Ω finito. Allora il numero N di orbite è*

$$N = \frac{1}{|G|} \sum_{g \in G} \chi(g). \tag{3.6}$$

Dim. In una griglia come quella del Teor. 3.45, mettiamo in ascissa gli elementi di Ω e in ordinata quelli di G, segnando un punto all'incrocio tra la colonna di α e la riga di g se g fissa α. Vediamo allora quanti sono i punti segnati. Contando per orizzontali abbiamo, per ogni retta, tanti punti quanti sono gli elementi di Ω fissati dall'elemento g corrispondente, e cioè

$\chi(g)$; il numero totale dei punti segnati e contati in questo modo è espresso dunque da $\sum_{g \in G} \chi(g)$. Contando per verticali abbiamo su ogni retta tanti punti segnati quanti sono gli elementi di G che fissano l'elemento di Ω alla base della verticale; il numero dei punti segnati è espresso ora da $\sum_{\alpha \in \Omega} |G_\alpha|$. Poiché il numero dei punti è lo stesso abbiamo

$$\sum_{g \in G} \chi(g) = \sum_{\alpha \in \Omega} |G_\alpha|. \tag{3.7}$$

Ora, due elementi appartenenti alla stessa orbita hanno stabilizzatori dello stesso ordine: il contributo di un'orbita nella somma a destra è dunque $|\alpha^G||G_\alpha|$, cioè $|G|$. Tutte le orbite contribuiscono quindi per la stessa quantità $|G|$. Se vi sono N orbite, la somma a destra vale $N|G|$, che è quanto si voleva. ◇

Si osservi che nel caso di un gruppo transitivo si ha $N = 1$ e la (3.6) diventa $|G| = \sum_{g \in G} \chi(g)$.

Il numero di orbite si ottiene dunque come una media: il numero totale dei punti fissati dagli elementi di G diviso per il numero degli elementi di G. In altri termini: *un elemento di G fissa in media un numero di punti uguale al numero delle orbite*. Ad esempio, in un gruppo transitivo ogni elemento fissa, in media, un punto.

Ma in un gruppo transitivo esistono anche elementi che non fissano alcun punto:

3.49 Corollario. *In un gruppo transitivo su Ω esiste un elemento $g \in G$ tale che $\chi(g) = 0$, cioè un elemento che muove tutti i punti di Ω ($|\Omega| > 1$).*

Dim. Per la transitività, $|G| = \sum_{g \in G} \chi(g)$. Se $\chi(g) \geq 1$ per ogni g si ha $|G| = \chi(1) + \sum_{1 \neq g \in G} \chi(g) \geq \chi(1) + |G| - 1$, da cui $|\Omega| = \chi(1) = 1$. ◇

3.50 Nota. Un risultato molto più profondo afferma l'esistenza di un $p-$elemento che muove tutti i punti di Ω.

3.51 Corollario. *Un gruppo finito $G \neq \{1\}$ non può essere unione insiemistica di sottogruppi propri tra loro coniugati.*

Dim. Sia $G = \bigcup_{x \in G} H^x$, $H \neq G$. G agisce transitivamente sull'insieme dei laterali di H, e poiché se $g \in G$ allora $g = x^{-1} h x$ per certi x e h, g fissa il laterale Hx. Dunque ogni elemento di G fissa qualche punto, contro il corollario precedente (v. *es.* 70 più oltre). ◇

Sia a_i il numero di elementi di $g \in G$ che fissano i punti, cioè tali che $\chi(g) = i$. Si ha allora $\sum_{i=0}^n i a_i = \sum_{g \in G} \chi(g)$, dove $n = |\Omega|$. Il numero totale degli elementi di G è $\sum_{i=0}^n a_i$; la (3.6) si può allora scrivere

$$\sum_{i=0}^n i a_i = N \sum_{i=0}^n a_i. \tag{3.8}$$

3.52 Esempi. 1. Colorando i lati di un quadrato in tutti i modi possibili con due diversi colori otteniamo 16 quadrati. Il gruppo diedrale D_4 agisce su questo insieme Ω di quadrati: se $\alpha \in \Omega$, α^g è il quadrato che si ottiene da α applicando la simmetria g. Si ha:

$g \in D_4$	$\chi(g)$	descrizione dei quadrati fissati
id.	16	tutti
rot. di $\frac{\pi}{2}$	2	lati dello stesso colore
rot. di $\frac{3}{2}\pi$	2	lati dello stesso colore
rot. di π	4	lati opposti dello stesso colore
simm. diag.	4	lati diag. opposti dello stesso colore
altra simm. diag.	4	lati diag. opposti dello stesso colore
simm. assiale	8	due lati opposti dello stesso colore
altra simm. assiale	8	due lati opposti dello stesso colore

Abbiamo così, per la (3.6), $N = \frac{1}{|D_4|} \sum_{g \in D_4} \chi(g) = \frac{1}{8} \cdot 48 = 6$, e, se i colori sono B e N, le sei orbite constano, rispettivamente, di:

1. 1 quadrato con tutti i lati B;
2. 1 quadrato con tutti i lati N;
3. 4 quadrati con un lato B e 3 N;
4. 4 quadrati con un lato N e 3 B;
5. 4 quadrati con due lati consecutivi B e gli altri due N;
6. 2 quadrati con due lati opposti B e gli altri due N.

Ciò significa che vi sono 6 modi essenzialmente distinti di colorare i lati di un quadrato nel modo detto. Il criterio secondo il quale due quadrati sono da considerare distinti si riflette nella scelta del gruppo che si fa agire sull'insieme dei quadrati. Se si prende il sottogruppo H di D_4 che consta dell'identità e della rotazione di $\frac{\pi}{2}$ si ottengono 10 orbite: si può dire allora che per il gruppo H vi sono 10 modi essenzialmente distinti di colorare il quadrato. In generale, se $H \leq G$, poiché le orbite di G sono unioni di orbite di H, più H è piccolo, più distingue. Il caso estremo è il sottogruppo identico, che distingue tutti gli oggetti dell'insieme su cui opera.

2. Vediamo in quanti modi si possono colorare i vertici di un quadrato con 4 colori (ogni vertice un colore diverso; in altre parole, in quanti modi essenzialmente distinti si possono numerare i quattro vertici di un quadrato). Vi sono 4 scelte per il primo vertice, 3 per il secondo, 2 per il terzo, 1 per il quarto. In tutto 24 quadrati. Facendo agire D_4, una simmetria diversa dall'identità porta un quadrato in un altro diverso dal primo. Dunque $\chi(g) = 0$ per $g \neq 1$, ed essendo $\chi(1) = 24$ si ha $N = \frac{24}{8} = 3$. Le tre orbite si possono rappresentare con i quadrati numerati come segue: 1234, 1243, 1324 (in senso orario e partendo dal vertice a sinistra in alto; v. *Es.* 6 di 1.45).

Il seguente teorema fornisce alcune proprietà della funzione χ.

3.53 Teorema. *i) Se x e y sono coniugati, allora $\chi(x) = \chi(y)$;*

ii) se x e y *generano lo stesso sottogruppo, allora* $\chi(x) = \chi(y)$;

iii) due azioni simili hanno lo stesso carattere.

Dim. i) x fissa α se e solo se $g^{-1}xg$ fissa α^g;

ii) se un elemento fissa un punto, lo stesso accade per ogni sua potenza; poiché x e y sono potenza l'uno dell'altro, si ha il risultato;

iii) dalla $\varphi(\alpha^g) = \varphi(\alpha)^{\theta(g)}$ si ha che g fissa α se e solo se $\theta(g)$ fissa $\varphi(\alpha)$. $\Diamond$

3.54 Nota. In S^n, se due elementi x e y generano lo stesso sottogruppo sono coniugati. Infatti, se $o(x) = m$ e $\langle x \rangle = \langle y \rangle$, allora $y = x^k$ con $(m, k) = 1$; per ogni ciclo c di x si ha allora $o(c^k) = o(c)$ e dunque c^k e c hanno la stessa lunghezza. Le partizioni di n indotte dai cicli di x e y sono allora le stesse, e x e y sono coniugati. In S^n, quindi, *ii)* segue da *i)*.

Per la *i)* del teorema precedente χ assume lo stesso valore sugli elementi di una classe di coniugio: si dice per questo che χ è una *funzione di classe* o funzione centrale

La *iii)* del Teor. 3.53 non si inverte: due azioni con lo stesso carattere non sono necessariamente simili, come mostra l'esempio 3.56 qui sotto. Prima un teorema.

3.55 Teorema. *Nell'azione di G sui laterali di un suo sottogruppo H si ha, per $g \in G$,*

$$\chi(g) = \frac{|\mathbf{C}_G(g)|}{|H|} |\mathbf{cl}(g) \cap H|. \tag{3.9}$$

In particolare, le azioni di G sui laterali di due sottogruppi H e K hanno lo stesso carattere se e solo se

$$|\mathbf{cl}(g) \cap H| = |\mathbf{cl}(g) \cap K|, \tag{3.10}$$

per ogni $g \in G$.

Dim. Un laterale Hx è fissato da tutti e soli gli elementi di H^x; i coniugati di g che lo fissano quindi sono gli elementi di $\mathbf{cl}(g) \cap H^x$. Ma la corrispondenza $\mathbf{cl}(g) \cap H \to \mathbf{cl}(g) \cap H^x$ data da $a^{-1}ga = h \to (ax)^{-1}g(ax) = h^x$ è biunivoca, e dunque $|\mathbf{cl}(g) \cap H^x| = |\mathbf{cl}(g) \cap H|$. In una griglia come quella del Teor. 3.45 mettiamo in ascissa i coniugati $g_1, g_2, \ldots$ di g, e in ordinata i laterali $Hx_1, Hx_2, \ldots$ di H, e segnamo un punto all'incrocio della colonna per g_i e della riga per Hx_j se g_i fissa Hx_j. Sull'orizzontale per Hx_j i punti segnati sono in numero di $|\mathbf{cl}(g) \cap H^{x_j}| = |\mathbf{cl}(g) \cap H|$; sulle orizzontali sono dunque segnati in totale $|\mathbf{cl}(g) \cap H^x| \cdot [G : H]$ punti. Sulla verticale per g_i i punti segnati sono $\chi(g_i)$, e poiché due elementi coniugati fissano lo stesso numero di punti, sulle verticali vi sono in tutto $|\mathbf{cl}(g)|\chi(g)$ punti. La (3.9) segue. $\Diamond$

3.56 Esempio. Si considerino i seguenti sottogruppi di S^6:

$$V_1 = \{I, (1,2)(3,4)(5)(6), (1,3)(2,4)(5)(6), (1,4)(2,3)(5)(6)\},$$
$$V_2 = \{I, (1,2)(3,4)(5)(6), (1,2)(5,6)(3)(4), (3,4)(5,6)(1)(2)\}.$$

V_1 e V_2 sono entrambi isomorfi al gruppo di Klein. Le orbite di V_1 sono $\{1,2,3,4\}, \{5\}, \{6\}$, quelle di V_2 sono $\{1,2\}, \{3,4\}, \{5,6\}$, e pertanto V_1 e V_2 non sono coniugati. Sia $g \in S^6$; se $g = 1$, $\mathbf{cl}(1) = \{1\}$, e la (3.10) è soddisfatta. Se $g \neq 1$, e la struttura ciclica di g è $(i,j)(h,k)(l)(m)$, allora tutti gli elementi diversi da 1 di V_1 e V_2 stanno nella stessa classe di coniugio di g, e dunque $|\mathbf{cl}(g) \cap V_1| = |\mathbf{cl}(g) \cap V_2| = 3$. Se g non è del tipo detto, g non può essere coniugato ad alcun elemento di V_1 o V_2, e quindi entrambe le intersezioni sono vuote. La (3.10) è allora soddisfatta per ogni $g \in S^6$. Le azioni di S^6 sui laterali di V_1 e V_2 hanno, per il teorema precedente, lo stesso carattere, ma non sono simili perché V_1 e V_2 non sono coniugati (v. anche gli *es.* 78 e 79). [†]

Il carattere è una funzione additiva: se G agisce su Ω_1 e Ω_2 con caratteri χ_1 e χ_2, allora agisce anche su $\Omega_1 \cup \Omega_2$, e il numero dei punti fissati da $g \in G$ in questa azione è la somma dei punti fissati su Ω_1 e Ω_2: $\chi(g) = \chi_1(g) + \chi_2(g)$. Ciò permette di definire la somma $\chi = \chi_1 + \chi_2$ di due caratteri χ_1 e χ_2 come il carattere χ dell'azione di G su $\Omega_1 \cup \Omega_2$.

Per definire il prodotto di due caratteri, consideriamo dapprima il prodotto diretto $G \times G$ e la sua azione su $\Omega_1 \times \Omega_2$ data da $(\alpha, \beta)^{(g,h)} = (\alpha^g, \beta^h)$. Si ha $\chi((g,h)) = \chi_1(g)\chi_2(h)$. Il sottogruppo "diagonale" $\{(g,g), g \in G\}$ di $G \times G$ è isomorfo a G, ciò che permette di definire un'azione di G su $\Omega_1 \times \Omega_2$: $(\alpha, \beta)^g = (\alpha^g, \beta^g)$. Se χ è il carattere di questa azione si ha $\chi(g) = \chi_1(g)\chi_2(g)$, e questa formula permette di definire il prodotto χ di χ_1 e χ_2.

3.57 Nota. Se A e B sono due matrici di permutazione che rappresentano g, $\chi(g)$ è, nel caso della somma, la traccia della matrice di permutazione che ha sulla diagonale due blocchi uguali ad A e B e zero altrove, mentre nel caso del prodotto è la traccia del prodotto tensoriale di A per B (il prodotto tensoriale di A per B è la matrice che si ottiene sostituendo la matrice B al posto degli 1 della matrice A; v. Nota 6.10).

Esercizi

61. Quanti quadrati essenzialmente distinti si ottengono colorando i lati in tutti i modi possibili usando n colori? E se si richiede che ogni quadrato abbia un colore diverso? [*Sugg.* Seguendo l'ordine dell'*Es.* 1 di 3.52, gli elementi di D_4 fissano rispettivamente $n^4, n, n, n^2, n^2, n^2, n^3, n^3$ quadrati].

62. *i)* Sia G ciclico di ordine n, $G = \langle g \rangle$. Dimostrare che la (3.6) si può scrivere come $N = \frac{1}{n}\sum_{d|n} \chi(g^d)\varphi(\frac{n}{d})$, dove φ è la funzione di Eulero.

ii) Usando n perle di a colori diversi quante collane si ottengono?

63. Se $H \leq G$, dimostrare che $\sum_{x \in G} |\mathbf{C}_H(x)| = \sum_{y \in H} |\mathbf{C}_G(y)|$. [*Sugg.*: fare agire H su G per coniugio e applicare la (3.7)].

64. Sia $c(G)$ il numero delle classi di coniugio di G. Dimostrare che se $H < G$, allora *i)* $c(H) < c(G)[G : H]$ e *ii)* $c(G) \leq c(H)[G : H]$, e che se nella *ii)* vale il segno "$=$" allora H è normale, ma il viceversa non è vero. [*Sugg.* Nell'azione per coniugio

---

[†] v. Teor. 6.20 e l'osservazione che segue.

di G su se stesso $\chi(g) = |\mathbf{C}_G(g)|$, e se $c(G)$ è il numero delle classi di coniugio, per la (3.6) si ha $c(G) = (1/|G|) \sum_{g \in G} |\mathbf{C}_G(g)|$, e analogamente per H. Per la $ii)$ vedi l'es. 4].

65. Se G agisce in modo non banale con N orbite esiste un elemento di $g \in G$ che muove meno di N elementi: $\chi(g) < N$. (Per G transitivo, $N = 1$, si ottiene il Cor. 3.49).

66 (Jordan)[†]. Sia G un gruppo transitivo. Dimostrare che gli elementi di G tali che $\chi(g) = 0$ sono almeno $|\Omega| - 1$.

67. Sia G un gruppo di permutazioni transitivo. Dimostrare che:

$i)$ se G ha grado n, $\chi(g) \leq 1$ per ogni $1 \neq g \in G$ se e solo se per $n - 1$ elementi di G si ha $\chi(g) = 0$;

$ii)$ se G ha grado p, primo, e $\chi(g) \leq 1$ per ogni $1 \neq g \in G$, allora G ha un solo sottogruppo di ordine p;

$iii)$ se G è come in $ii)$, allora G è isomorfo a un sottogruppo del gruppo affine sugli interi $\bmod\, p$ (Cap. 2, Es. 2, $ii)$, di 2.74)[‡], e le due azioni sono simili.

68. Dimostrare che il Cor. 3.51 implica il Cor. 3.49 (si ha così equivalenza tra i due).

69. Sia $\alpha \in \mathbf{Aut}(G)$, $p | o(\alpha)$, $p \nmid |G|$. Dimostrare che α non può fissare tutte le classi di coniugio di G. [$Sugg$.: se $H = \{g \in G \mid g^\alpha = g\}$, esiste $g \in G$ tale che $\mathbf{cl}(g) \cap H = \emptyset$, altrimenti $G = \bigcup_{x \in G} H^x$ (Cor. 3.51)].

70. Un gruppo infinito può essere l'unione dei coniugati di un sottogruppo proprio. [$Sugg$.: considerare $G = GL(V)$, V di dimensione maggiore di 1, un vettore $v \neq 0$, H l'insieme degli $x \in G$ che hanno v come autovettore; allora $H < G$. Se il campo è il campo complesso, ogni $x \in G$ ha un autovettore u ed esiste $g \in G$ tale che $v^g = u$; ne segue che G è l'unione dei coniugati di H].

3.58 Definizione. Il *rango* di un gruppo transitivo G è il numero di orbite su Ω dello stabilizzatore G_α di un elemento α. (Per la transitività, questo numero non dipende da α).

71. Dimostrare che il rango di un gruppo G è uguale al numero dei laterali doppi di G_α. [$Sugg$.: se $G = \bigcup_{i=1}^{t} G_\alpha x_i G_\alpha$, allora gli insiemi $\Omega_i = \{\alpha^g, \ g \in G_\alpha x_i G_\alpha, \ i = 1, 2, \ldots, t\}$ sono le orbite di G_α].

72. Se r è il rango del gruppo transitivo G dimostrare che $r|G| = \sum_{g \in G} \chi(g)^2$. [$Sugg$. Sia $\Omega = \{1, 2, \ldots, n\}$, $G = \bigcup_{i=1}^{t} G_1 t_i$, $t_1 = 1$; $g \in G$ fissa i se e solo se $g \in t_i^{-1} G_1 t_i$, e se $\chi(g) = r$, g appartiene ad esattamente r coniugati di G_1. Sommando sui coniugati di G_1, che sono in numero di t, il contributo di g è allora $\chi(g)^2$. Se un sottogruppo non è un coniugato di G_1, il suo contributo alla somma è zero].

3.59 Definizione. G si dice $2-transitivo$ se date due coppie ordinate (α, β) e (γ, δ) di elementi distinti di Ω esiste $g \in G$ tale che $\alpha^g = \gamma$ e $\beta^g = \delta$. Più in generale,

---

[†] Una traduzione in Teoria dei numeri e in Topologia di questo risultato si trova in J.-P. Serre, *On a theorem of Jordan*, Bull. Am. Math. Soc. 40, N. 4, 2003, 429–440.

[‡] Per questo motivo, l'azione di un gruppo transitivo in cui ogni elemento ha al più un punto fisso si dice *affine*.

G si dice $k-transitivo$ se date due $k-$ple ordinate $(\alpha_1, \alpha_2, \ldots, \alpha_k)$ e $(\beta_1, \beta_2, \ldots, \beta_k)$ di elementi distinti di Ω esiste $g \in G$ tale che $\alpha_i^g = \beta_i$, $i = 1, 2, \ldots, k$. In altre parole, G agisce sull'insieme Ω' delle $k-$ple ordinate di elementi distinti di Ω come $(\alpha_1, \alpha_2, \ldots, \alpha_k)^g = (\alpha_1^g, \alpha_2^g, \ldots, \alpha_k^g)$, e questa azione è transitiva. Se esiste un unico elemento che porta una $k-$pla sull'altra, G si dice *strettamente $k-transitivo*$. Si osservi che $1-$transitivo è sinonimo di transitivo. Inoltre, se $|\Omega| = n$, allora $|\Omega'| = n(n-1)\cdots(n-k+1)$.

73. Dimostrare che

 i) G è $2-$transitivo se e solo se è di rango 2, cioè se G_α è transitivo su $\Omega \setminus \{\alpha\}$; allora, per l'*es.* 11, G è $2-$transitivo se e solo se $G = G_\alpha \cup G_\alpha x G_\alpha$.

 ii) G è $k-$transitivo se e solo se lo stabilizzatore $G_{\alpha_1} \cap \ldots \cap G_{\alpha_{k-1}}$ è transitivo su $\Omega \setminus \{\alpha_1, \ldots, \alpha_k\}$.

74. A^n è $n-2$ transitivo, ma non $n-1$ transitivo.

75. Dimostrare che se G è $k-$transitivo si ha $|G| = n(n-1)\cdots(n-k+1)G_{\alpha_1,\alpha_2,\ldots,\alpha_{k-1}}$.

76. Sia G di grado n e $k-$transitivo, $k \geq 2$. Dimostrare che:

 i) se G contiene una trasposizione, $G = S^n$;

 ii) se G contiene un 3–ciclo, $G \supseteq A^n$.

77. Se χ' è il carattere di G su Ω' (v. Def. 3.59) dimostrare che $\chi'(g) = \chi(g)(\chi(g) - 1)\cdots(\chi(g) - k + 1)$. Concludere che G è $k-$transitivo se e solo se $|G| = \sum_{g \in G} \chi'(g)$.

78. Due sottogruppi H e K di un gruppo G si dicono *quasi coniugati* se sussiste la (3.10) per ogni $g \in G$. Dimostrare che se H e K sono due gruppi con lo stesso numero di elementi dello stesso ordine (ad esempio, i due $p-$gruppi non isomorfi $\mathbf{Z}_p \oplus \mathbf{Z}_p \oplus \mathbf{Z}_p$ e il gruppo di ordine p^3 dell'*Es.* 7 di 2.74), le loro immagini in S^n, $n = |H| = |K|$ nella rappresentazione regolare sono quasi coniugate.

79. Determinare due azioni del gruppo di Klein su un insieme di 12 elementi con lo stesso carattere ma non equivalenti.

3.60 Definizione. Sia $\Omega = \{1, 2, \ldots n\}$. Un elemento di $\sigma \in S^n$ si dice avere una *discesa* nel punto i se $\sigma(i) \leq i$. La discesa è *propria* se $\sigma(i) < i$.

80. *i)* Sia d_σ il numero di discese di σ. Dimostrare che per un gruppo $G \subseteq S^n$ si ha $\frac{1}{|G|} \sum_{\sigma \in G} d_\sigma = \frac{n+N}{2}$, dove N è il numero delle orbite di G. [*Sugg.* : imitare la dimostrazione del Teor. 3.48 segnando un punto sulla figura nel caso in cui $\sigma(i) \leq i$. Il numero totale di punti sulle righe è $\sum_{\sigma \in G} d_\sigma$, e sulle colonne $\sum_{i=1}^{n} |\{\sigma | \sigma(i) \leq i\}|$. Spezzare quest'ultima somma nei contributi delle singole orbite; ogni orbita porta un contributo pari a $|G|(n_k + 1)/2$ dove n_k è la cardinalità della $k-$esima orbita].

 ii) Sia d'_σ il numero di discese proprie di σ. Dimostrare che $\frac{1}{|G|} \sum_{\sigma \in G} d'_\sigma = \frac{n-N}{2}$.

 iii) La differenza $d_\sigma - d'_\sigma$ è uguale a $\chi(g)$. Si ottiene la formula di Burnside (3.6) sottraendo membro a membro la formula di *ii)* da quella di *i)*.

81. Sia $G \leq S^n$, $\sigma \in G$, e sia $z_k(\sigma)$ il numero dei $k-$cicli di σ. Se C_k è l'insieme dei $k-$cicli che compongono gli elementi di G, il gruppo G agisce per coniugio su C_k: se $c = (1, 2, \ldots, k)$ è un $k-$ciclo di $\tau \in G$, $c^\sigma = (1^\sigma, 2^\sigma, \ldots, k^\sigma)$ è un $k-$ciclo di $\tau^\sigma \in G$. Dimostrare che:

i) gli elementi di G che contengono un fissato ciclo $c \in \sigma$ sono quelli che appartengono al laterale $H\sigma$, dove H è il sottogruppo degli elementi di G che fissano le cifre del ciclo;

ii) lo stabilizzatore di c è $G_c = \bigcup_{i=0}^{k-1} H\sigma^i$, dove σ contiene c (unione disgiunta);

iii) l'orbita di c ha cardinalità $|c^G| = |G|/k|H|$;

iv) Il numero totale delle orbite di G su C_k è $P_k = \frac{1}{|G|} \sum_{\sigma \in G} k z_k(\sigma)$ (P_1 è il numero delle orbite di G sulle n cifre);

v) per $k = 1$ si ottiene la formula di Burnside (3.6) (l'azione è sui cicli di lunghezza 1, cioè sulle n cifre);

vi) sia $C = \bigcup_{k=1}^{n} C_k$; allora nell'azione di G per coniugio su C il numero delle orbite è n.

(La n–pla $P = (P_1, P_2, \ldots, P_n)$ prende il nome di *vettore di Parker* del gruppo G).

vii) Il vettore di Parker di S^n è $(1,1,\ldots,1)$, n volte 1.

3.4 Azione indotta

In questo paragrafo vediamo come un'azione di un sottogruppo si possa estendere a un'azione del gruppo.

Sia $H \leq G$ di indice finito, e sia data un'azione di H su un insieme Ω. Sia T un sistema di rappresentanti per i laterali destri di H. Se $g \in G$ e $x \in T$, l'elemento xg appartiene a un certo laterale Hy, $y \in T$, e dunque resta individuato un elemento $h \in H$ tale che $xg = hy$. Si può definire allora un'azione di G sull'insieme prodotto $\Omega \times T$ in questo modo: $(\alpha, x)^g = (\alpha^h, y)$. Si tratta di un'azione: se $g, g_1 \in G$, e $yg_1 = h_1 z$, $z \in T$, allora $((\alpha, x)^g)^{g_1} = (\alpha^h, y)^{g_1} = (\alpha^{hh_1}, z)$, ed essendo $x(gg_1) = (xg)g_1 = (hy)g_1 = h(yg_1) = hh_1 z$ è anche $(\alpha, x)^{gg_1} = (\alpha^{hh_1}, z)$.

3.61 Definizione. L'azione ora definita di G sull'insieme $\Omega \times T$ si dice *indotta* dall'azione di H su Ω.

Vedremo tra un momento che cambiando sistema di rappresentanti si ottengono azioni simili.

Osserviamo che se l'azione di H è transitiva anche quella di G su $\Omega \times T$ lo è. Infatti, dati (α, x) e (β, y), esiste $h \in H$ tale che $\alpha^h = \beta$; allora con $g = x^{-1}hy$ si ha $(\alpha, x)^g = (\beta, y)$.

3.62 Esempi. 1. Sia $|\Omega| = |H| = 1$. Gli elementi di T sono allora gli elementi di G, e l'insieme $\Omega \times T$ è l'insieme delle coppie (α, x), dove $x \in G$ e α è l'unico elemento di Ω. Il grado dell'azione indotta è allora $|G|$. Se $xg = y$ (cioè $xg = 1 \cdot y$) si ha $(\alpha, x)^g = (\alpha, y) = (\alpha, xg)$. È chiaro che questa azione è simile a quella che dà luogo alla rappresentazione regolare di G: $x^g = xg$ (con $\varphi : x \to (\alpha, x)$). Pertanto: *la rappresentazione regolare di un gruppo G è indotta dalla rappresentazione di grado 1 del sottogruppo identico*.

2. Sia ancora $|\Omega| = 1$ e sia H un qualunque sottogruppo di G. Si vede subito allora che l'azione indotta è quella di G sui laterali di H. Se H è normale abbiamo la rappresentazione regolare di G/H.

3. Consideriamo ora la rappresentazione regolare di un sottogruppo H. In questo caso $\Omega = H$. L'azione di G sulle coppie (h, x) è data da $(h, x)^g = (h^{h_1}, y) = (hh_1, y)$, dove $xg = h_1 y$. Se $a \in G$, a si scrive in modo unico come prodotto $a = hx$. La corrispondenza $\varphi : a \to (h, x)$ è dunque biunivoca: $\varphi(a)^g = (h, x)^g = (hh_1, y)$, ed essendo $ag = hxg = hh_1 y$, $\varphi(a^g) = \varphi(ag) = (hh_1, y)$. Quindi: *la rappresentazione regolare di un gruppo è indotta dalla rappresentazione regolare di uno qualunque dei suoi sottogruppi.*

Vediamo ora che l'azione indotta non dipende dalla scelta di T. Sia $T = \{x_1, x_2, \ldots, x_m\}$, $T' = \{y_1, y_2, \ldots, y_m\}$. L'idea è quella di passare da T a T' sostituendo uno alla volta gli x_i con gli y_i. Prendiamo, per fissare le idee, x_1, e consideriamo $T_1 = \{y_1, x_2, \ldots, x_m\}$: l'azione di G su $\Omega \times T$ è simile a quella su $\Omega \times T_1$. Infatti, definiamo

$$\varphi : \Omega \times T \to \Omega \times T_1$$

come segue. Se $y_1 = h_1 x_1$, per le coppie il cui secondo elemento è x_1 poniamo: $\varphi(\alpha, x_1) = (\alpha^{h_1^{-1}}, y_1)$ (la corrispondenza $\alpha \to \alpha^{h_1^{-1}}$ è una permutazione di Ω); per le altre coppie prendiamo per φ l'identità. Si ha allora, per le prime, se $x_1 g = hx_j$, $\varphi((\alpha, x_1)^g) = \varphi(\alpha^h, x_j) = (\alpha^{h_1^{-1}h_1 h}, x_j) = (\alpha^{h_1^{-1}}, y_1)^g$, in quanto $y_1 g = h_1 x_1 g = h_1 hx_j$. Per le altre coppie, se $x_i g = h'x_k$, $\varphi((\alpha, x_i)^g) = \varphi(\alpha^{h'}, x_k) = (\alpha^{h'}, x_k) = (\alpha, x_i)^g = \varphi(\alpha, x_i)^g$. Le azioni di G su $\Omega \times T$ e $\Omega \times T_1$ sono dunque simili. Analogamente, l'azione di G su $\Omega \times T_1$ è simile a quella su $\Omega \times T_2$, dove T_2 è ottenuto sostituendo un elemento di T_1, diciamo x_2: $T_2 = \{y_1, y_2, x_3, \ldots, x_m\}$. Proseguendo in questo modo, l'azione di G su $\Omega \times T$ risulta simile a quella su $\Omega \times T'$.

Siano ora H e K due sottogruppi di G, con $H \subseteq K$. Se H agisce su Ω, consideriamo l'azione di K indotta da quella di H, e poi quella di G indotta da questa azione di K. Come vedremo nel teorema che segue, il risultato è lo stesso di quello che si ottiene inducendo direttamente da H a G. Ricordiamo che se $T_1 = \{x_1, x_2, \ldots\}$ è un sistema di rappresentanti di H in K e $T_2 = \{y_1, y_2, \ldots\}$ uno di K in G, allora $T = \{x_i y_j, x_i \in T_1, y_j \in T_2\}$ è un sistema di rappresentanti di H in G.

3.63 Teorema (TRANSITIVITÀ DELL'AZIONE INDOTTA). *Siano $H \subseteq K$ due sottogruppi di G con H che agisce su Ω. Allora l'azione indotta da H a G è simile a quella che si ottiene inducendo prima da H a K e poi da K a G.*

Dim. Con la notazione di sopra, l'azione indotta da H a K su $\Omega \times T_1$ è data da $(\alpha, x_i)^k = (\alpha^h, x_j)$, dove $x_i k = hx_j$, e quella indotta da K a G (su $(\Omega \times T_1) \times T_2$) è $((\alpha, x_i), y_j)^g = ((\alpha, x_i)^k, y_s) = ((\alpha^h, x_j), y_s)$, dove $y_j g = ky_s$. Ma $x_i y_j g = hx_j y_s$, e dunque l'azione di G su $\Omega \times T$ è $(\alpha, x_i y_j)^g = (\alpha^h, x_j y_s)$. La corrispondenza $\varphi : (\alpha, x_i y_j) \to ((\alpha, x_i), y_j)$ è biunivoca, e, per quanto appena dimostrato, conserva l'azione di G.   ◇

Vediamo ora il comportamento dei caratteri rispetto all'induzione. Denotiamo con χ^G il carattere del gruppo G indotto dal carattere χ di un suo sottogruppo H.

3.64 Teorema. *i)* $\chi^G(g) = 0$ *se* g *non è coniugato ad alcun elemento di* H;
ii) posto $\chi(y) = 0$ *se* $y \notin H$ *si ha:*

$$\chi^G(g) = \frac{1}{|H|} \sum_{x \in G} \chi(xgx^{-1}). \tag{3.11}$$

Dim. i) Se nell'azione indotta $g \in G$ fissa un elemento di $(\alpha, x_i) \in \Omega \times T$, allora da $x_i g = h x_j$ si ha $(\alpha, x_i)^g = (\alpha^h, x_j) = (\alpha, x_i)$, e in particolare, $x_i = x_j$ e perciò $x_i g x_i^{-1} = h \in H$;
ii) dalla *i)* abbiamo, se m è l'indice di H, $\chi^G(g) = \sum_{i=1}^{m} \chi(x_i g x_i^{-1})$. Ora, se $h \in H$, per la *i)* del Teor. 3.53 è $\chi(h x_i g x_i^{-1} h^{-1}) = \chi(x_i g x_i^{-1})$, e quindi $\chi(x_i g x_i^{-1}) = \frac{1}{|H|} \sum_{h \in H} \chi(h x g x^{-1} h^{-1})$. Ne segue $\sum_{i=1}^{m} \chi(x_i g x_i^{-1}) = \frac{1}{|H|} \sum_{i=1}^{m} \sum_{h \in H} \chi(h x_i g x_i^{-1} h^{-1})$. Al variare di h H e di x_i tra i rappresentanti dei laterali di H, i prodotti $h x_i$ esauriscono gli elementi di G, da cui il risultato.   ◊

Esercizi

82. Sia $H \leq G$, K il nucleo di un'azione di H, K_1 quello dell'azione di G indotta dall'azione di H. Dimostrare che se $K \trianglelefteq G$ allora $K \subseteq K_1$.

83. Denotiamo con τ_H il carattere della restrizione al sottogruppo H del carattere τ di G . Dimostrare che se χ è un carattere di H si ha $\chi^G \tau = (\chi \tau_H)^G$.

84. *i)* Sia $G = HK$, $H, K \leq G$, e sia data un'azione φ di H su un insieme Ω. Dimostrare che le seguenti azioni di K sono equivalenti:
i) l'azione ottenuta inducendo a G l'azione di H e poi restringendola a K;
ii) l'azione ottenuta restringendo ad $H \cap K$ l'azione di H e poi estendendola a K.

85. (Mackey). Sia $G = \bigcup_a HaK$ la partizione di G in laterali doppi di H e K. Sia T un sistema di rappresentanti dei laterali di H in G, e T_a l'insieme degli elementi di T che appartengono ad HaK. Se H agisce su Ω, dimostrare che:
i) $\Omega \times T = \bigcup_a (\Omega \times T_a)$, e K agisce su ciascuno degli $\Omega \times T_a$;
ii) l'azione di K su $\Omega \times T_a$ è simile a quella di K indotta dall'azione di $a^{-1}Ha \cap K$ su Ω definita da $\alpha^x = \alpha^{axa^{-1}}$, per $x \in a^{-1}Ha \cap K$.

86. Dimostrare che se $H \leq G$, e χ è un carattere di H:

$$\chi^G(g) = |\mathbf{C}_G(g)| \sum_{i=1}^{r} \frac{\chi(x_i)}{|\mathbf{C}_H(x_i)|}, \tag{3.12}$$

dove gli $x_i, i = 1, 2, \ldots, r$, sono rappresentanti delle classi di coniugio di H contenute nella classe di coniugio di g in G, e dove $\chi^G(g) = 0$ se $H \cap \mathbf{cl}(g) = \emptyset$.

3.5 Automorfismi di (G, Ω)

Sia A l'insieme delle permutazioni di Ω che commutano con l'azione di G:

$$A = \{\varphi \in S^{\Omega} \mid \varphi(\alpha^g) = \varphi(\alpha)^g\}$$

per ogni $\alpha \in \Omega$ e $g \in G$. L'insieme A è un gruppo, sottogruppo di S^{Ω}. Infatti, $1 \in A$; se $\varphi, \psi \in A$ allora $(\varphi\psi)(\alpha^g) = \varphi(\psi(\alpha^g)) = \varphi(\psi(\alpha)^g) = (\varphi(\psi(\alpha)))^g = ((\varphi\psi)(\alpha))^g$. Inoltre, con $\alpha = \varphi(\beta)$, $\varphi^{-1}(\alpha^g) = \varphi^{-1}(\varphi(\beta)^g) = \varphi^{-1}(\varphi(\beta^g)) = \beta^g = \varphi^{-1}(\alpha)^g$, e dunque anche $\varphi^{-1} \in A$.

3.65 Definizione. Il gruppo A ora definito si chiama *gruppo degli automorfismi* di (G, Ω). Se $G \leq S^n$, A è il centralizzante di G in S^n.

3.66 Nota. È appena opportuno osservare che gli automorfismi di (G, Ω) non vanno confusi con gli automorfismi del gruppo G.

Il nostro scopo è ora quello di determinare, nel caso di un gruppo transitivo G, la struttura di A a partire da quella di G. Mostreremo che A è isomorfo a un quoziente di un sottogruppo di G. Si tratta di un'ulteriore dimostrazione di come la transitività permetta di restare sempre all'interno del gruppo che agisce.

Supporremo, in tutto il paragrafo Ω finito, $|\Omega| = n$. Quando parleremo di un gruppo di permutazioni si tratterà perciò sempre di un sottogruppo di S^n. Vediamo dapprima qualche proprietà di A nel caso di azioni particolari.

3.67 Definizione. Sia G un gruppo di permutazioni. G si dice *semiregolare* se $G_\alpha = \{1\}$ per ogni $\alpha \in \Omega$. Si dice *regolare* se è semiregolare e transitivo.

3.68 Note. 1. Se un gruppo agisce su un insieme Ω ed è semiregolare, allora è necessariamente un gruppo di permutazioni di Ω in quanto, essendo tutti gli stabilizzatori uguali a $\{1\}$, il nucleo dell'azione è $\{1\}$.

2. In teoria di Galois, sia $K' = K(\alpha_1, \alpha_2, \ldots, \alpha_n)$ l'ampliamento di un campo K ottenuto aggiungendo le radici α_i di un polinomio $f(x)$. Allora il gruppo di Galois G di $f(x)$, cioè il gruppo delle permutazioni delle α_i che mutano relazioni algebriche tra le α_i su K ancora in relazioni, è un gruppo semiregolare se e solo se il polinomio $f(x)$ è un polinomio normale, cioè se le α_i si possono esprimere tutte come una funzione razionale (polinomio) di una qualunque di esse (ognuna delle α_i è allora un elemento primitivo del campo K'). Se inoltre il polinomio $f(x)$ è irriducibile su K, allora G è transitivo, e dunque regolare. In generale, se γ è un elemento primitivo di K', $K' = K(\gamma)$, e G_1 è il gruppo di Galois del polinomio minimo $g(x)$ di γ su K, allora G_1 è isomorfo a G come gruppo astratto, e come gruppo di permutazioni delle radici di $g(x)$ è un gruppo regolare (G_1 fornisce la rappresentazione regolare di G).

Sia G semiregolare e si abbia $\alpha^g = \beta$ e anche $\alpha^h = \beta$. Allora $\alpha^g = \alpha^h$, $\alpha^{gh^{-1}} = \alpha$ e dunque $gh^{-1} = 1$ e $g = h$. Semiregolare significa quindi che, dati α e β, esiste al più un elemento di G che porta α su β. Se G è transitivo, un tale elemento esiste; regolare significa perciò che dati α e β esiste esattamente un elemento che porta α su β. Si osservi inoltre che un sottogruppo H di un gruppo semiregolare è anch'esso semiregolare (se $H_\alpha \neq \{1\}$, anche $G_\alpha \neq \{1\}$ perché contiene H_α).

3.69 Teorema. *Sia G semiregolare. Allora le orbite di G hanno tutte la stessa cardinalità, e questa cardinalità è $|G|$. In particolare, se G è regolare, $|G| = n$, cioè l'ordine è uguale al grado.*

Dim. La (3.1) diventa in questo caso $|\alpha^G| = [G : G_\alpha] = [G : \{1\}] = |G|$. Se G è regolare, essendo $\alpha^G = \Omega$, è $|\Omega| = |G|$. $\Diamond$

Ne segue che un sottogruppo proprio H di un gruppo regolare non è mai regolare (si avrebbe $|H| = n = |G|$).

3.70 Corollario. *Sia G un gruppo semiregolare. Allora ogni elemento di G ha tutti i cicli della stessa lunghezza.*

Dim. Il sottogruppo generato da $g \in G$ è anch'esso semiregolare, e le orbite sono i cicli di g. $\Diamond$

3.71 Nota. I cicli di due diverse permutazioni possono però avere lunghezza diversa.

3.72 Definizione. Una permutazione si dice *regolare* se tutti i suoi cicli hanno la stessa lunghezza.

Si ha così che un gruppo è semiregolare se tutti i suoi elementi sono permutazioni regolari.

3.73 Teorema. *Se G è transitivo, A è semiregolare.*

Dim. Basta far vedere che se $\varphi \in A$ fissa un elemento, allora li fissa tutti. Sia $\varphi(\alpha) = \alpha$, e sia $\beta \in \Omega$. Per la transitività di G, esiste $g \in G$ tale che $\alpha^g = \beta$. Allora $\varphi(\beta) = \varphi(\alpha^g) = \varphi(\alpha)^g = \alpha^g = \beta$. $\Diamond$

3.74 Teorema. *Sia G un gruppo che agisce su un insieme Ω. Allora due elementi α e β di Ω hanno lo stesso stabilizzatore se e solo se esiste $\varphi \in A$ tale che $\varphi(\alpha) = \beta$.*

Dim. Dimostriamo dapprima che se $\varphi(\alpha) = \beta$ allora $G_\alpha = G_\beta$. Si ha: $g \in G_\alpha \Leftrightarrow \alpha^g = \alpha \Leftrightarrow \varphi(\alpha^g) = \varphi(\alpha) \Leftrightarrow \varphi(\alpha)^g = \varphi(\alpha) \Leftrightarrow g \in G_{\varphi(\alpha)} = G_\beta$. Supponiamo ora $G_\alpha = G_\beta$, e costruiamo una φ come segue. Per la transitività di G, al variare di g in G α^g percorre tutti gli elementi di Ω. Definiamo allora: $\varphi : \alpha^g \to \beta^g$. La φ è ben definita e iniettiva: $\alpha^g = \alpha^h \Leftrightarrow gh^{-1} \in G_\alpha = G_\beta \Leftrightarrow \beta^g = \beta^h$; ed è surgettiva: se $\gamma \in \Omega$ esiste $g \in G$ tale che $\beta^g = \gamma$, e dunque γ proviene da α^g.

Resta da far vedere che $\varphi \in A$, cioè che φ commuta con l'azione di G. Se $\gamma \in \Omega$, è $\gamma = \alpha^g$; ne segue $\varphi(\gamma^h) = x\varphi((\alpha^g)^h) = \varphi(\alpha^{gh}) = \varphi(\beta^{gh}) = \varphi(\beta^g)^h = \varphi(\alpha^g)^h = \varphi(\gamma)^h$ per ogni $h \in G$. $\Diamond$

3.75 Lemma. *Sia G transitivo, G_α lo stabilizzatore di un punto, e sia $\Delta = \{\beta \in \Omega \mid G_\beta = G_\alpha\}$. Allora il normalizzante $N = \mathbf{N}_G(G_\alpha)$ è transitivo su Δ.*

Dim. Dimostriamo intanto che effettivamente N agisce su Δ, cioè che se $\beta \in \Delta$ e $g \in N$, allora $\beta^g \in \Delta$. Si ha $G_\alpha = (G_\alpha)^g = (G_\beta)^g = G_{\beta^g}$, e perciò lo stabilizzatore di β^g è G_α, cioè $\beta^g \in \Delta$.

Faremo vedere di più della transitività di N su Δ, e cioè che, dati $\gamma, \delta \in \Delta$, un elemento di G che porta γ su δ, e che esiste per la transitività di G, appartiene già a N. Infatti, sia $g \in G$ tale che $\gamma^g = \delta$. Per ogni $x \in G_\alpha$ si ha allora $\gamma^{gx} = \delta^x = \delta = \gamma^g$, e dunque $gxg^{-1} \in G_\gamma = G_\alpha$, da cui $gG_\alpha g^{-1} \subseteq G_\alpha$ e $g^{-1}G_\alpha g = G_\alpha$.   ◇

Dimostriamo ora che la struttura di A è determinata da quella di G.

3.76 Teorema. *Sia G transitivo. Allora il gruppo A è isomorfo al quoziente $\mathbf{N}_G(G_\alpha)/G_\alpha$.*

Dim. Poniamo $H = G_\alpha$ e $N = \mathbf{N}_G(H)$. La dimostrazione consiste nel far vedere in che modo un elemento di A individua un elemento di N/H. Abbiamo visto nel lemma precedente che N agisce su Δ; il nucleo di questa azione è H, e dunque N/H agisce su Δ, e in modo transitivo. Se $g \in N$ fissa un elemento di Δ, allora $g \in H$ (gli elementi di Δ sono quelli il cui stabilizzatore è G_α). Ne segue che N/H muove tutti i punti di Δ, e quindi dati α e β in Δ esiste ed è unico l'elemento $Hg \in N/H$ tale che $\alpha^{Hg} = \beta$. Ora se $\varphi \in A$, α e $\varphi(\alpha)$ hanno lo stesso stabilizzatore (Teor. 3.74), e pertanto, poiché $\alpha \in \Delta$, appartengono entrambi a Δ. Esiste allora $Hg \in N/H$ tale che $\varphi(\alpha)^{Hg} = \alpha$, e tale elemento è unico. In questo modo, φ individua un unico elemento Hg: quello che porta $\varphi(\alpha)$ su α. L'applicazione $A \to N/H$ definita, nel modo visto, da $\varphi \to Hg$ è quindi ben definita. È iniettiva, in quanto se $\psi \to Hg$, allora $\varphi(\alpha)^{Hg} = \psi(\alpha)^{Hg}$, e dunque $\varphi(\alpha) = \psi(\alpha)$, contro il fatto che A è semiregolare. Dimostriamo che è surgettiva. Dato $Hg \in N/H$, α e α^{Hg} appartengono entrambi a Δ, e perciò hanno lo stesso stabilizzatore, H. Esiste allora (Teor. 3.74) $\varphi \in A$ tale che $\varphi(\alpha^{Hg}) = \alpha$. Ma $\alpha = \varphi(\alpha^{Hg}) = \varphi(\alpha^g) = \varphi(\alpha)^g = \varphi(\alpha)^{Hg}$ (questa successione di uguaglianze dimostra tra l'altro che φ permuta con l'azione di N/H su Δ). L'applicazione è dunque surgettiva. Dimostriamo infine che si tratta di un omomorfismo. Se $\varphi \to Hg$, $\psi \to Hg_1$ allora, facendo agire prima φ e poi ψ, $\psi\varphi(\alpha) = \psi(\varphi(\alpha)) = \psi(\alpha^{Hg^{-1}}) = \psi(\alpha)^{Hg^{-1}} = \alpha^{Hg_1^{-1}Hg^{-1}} = \alpha^{H(gg_1)^{-1}}$, da cui $\psi\varphi(\alpha)^{Hgg_1} = \alpha$. Ciò dimostra che $\varphi\psi \to Hg \cdot Hg_1$, come si voleva.   ◇

3.77 Corollario. $|A| = |\Delta|$, *cioè l'ordine di A è uguale al numero degli elementi fissati da G_α.*

Dim. $\mathbf{N}_G(G_\alpha)/G_\alpha$ agisce transitivamente su Δ, e lo stabilizzatore di un punto è l'identità. Per la (3.1), $|\Delta| = |\mathbf{N}_G(G_\alpha)/G_\alpha|$ e il risultato.   ◇

Ricordiamo che se G è un gruppo di permutazioni, $G \leq S^n$, allora A è il centralizzante di G in S^n.

3.78 Corollario. *Sia G un gruppo di permutazioni regolare. Allora G è isomorfo al proprio centralizzante.*

Dim. Essendo G regolare, $G_\alpha = 1$, e dunque il normalizzante di G_α è tutto G. Ne segue $G \simeq A$. $\diamond$

3.79 Corollario. *Se $|G| = n$ e G_d e G_s sono i sottogruppi di S^n immagini di G nelle rappresentazioni regolari destra e sinistra, allora essi sono il centralizzante l'uno dell'altro.*

Dim. Siano $d_x \in G_d$ e $s_y \in G_s$. Allora per ogni $a \in G$ si ha $d_x s_y(a) = d_x(y^{-1}a) = (y^{-1}a)x = y^{-1}(ax) = s_y(d_x(a)) = s_y d_x(a)$, e ciò dimostra che G_d e G_s si centralizzano; denotando con C il centralizzante si ha allora $G_d \subseteq C(G_s)$ e $G_s \subseteq C(G_d)$. Ma poiché G_s è regolare, è isomorfo al proprio centralizzante (Cor. 3.78): $G_d \subseteq C(G_s) \simeq G_s$, ed essendo $|G_d| = |G_s|$ perché entrambi uguali a G, si ha $G_d = C(G_s)$. Analogamente, $G_s = C(G_d)$. Si osservi che l'intersezione $G_d \cap G_s$ è l'immagine del centro di G in entrambe le rappresentazioni, e quindi, se G è abeliano, $G_d = G_s$. $\diamond$

Sia ora A l'immagine di **Aut**(G) in S^n. Poiché un automorfismo fissa 1 e $1^x = x$, si ha $G_d \cap A = \{1\}$. Ora, A normalizza G_d. Sia infatti $x \in G$, d_x l'immagine di x in S^n, $(x_1, x_1 x, \ldots, x_1 x^k)$ un ciclo di d_x. Se σ_α è l'immagine dell'automorfismo α in S^n, si ha $\sigma_\alpha(x_i) = x_i^\alpha$, e dunque, coniugando il suddetto ciclo di d_x con σ_α, si ottiene $(x_1^\alpha, (x_1 x)^\alpha, \ldots, (x_1 x^k)^\alpha) = (x_1^\alpha, x_1^\alpha x^\alpha, \ldots, x_1^\alpha (x^\alpha)^k)$, che è un ciclo di d_{x^α}. Dimostriamo che il prodotto semidiretto di G_d per A è il normalizzante di G_d in S^n. Sia $\tau \in \mathbf{N}_{S^n}(G_d)$; allora τ induce per coniugio un automorfismo φ di G_d, e questo è dato da un elemento di A. Ne segue $d_x^\tau = d_x^\varphi$, per ogni $d_x \in G_d$, e così $\tau\varphi^{-1}$ centralizza G_d e perciò appartiene a G_s. Ma $G_s \subseteq G_d A$. Infatti, sia $s_x \in G_s$ e $p_x \in A$ il coniugio mediante x; allora, per ogni $g \in G$, $d_{x^{-1}} p_x(g) = d_{x^{-1}}(x^{-1}gx) = x^{-1}gx \cdot x^{-1} = x^{-1}g = s_x(g)$, e perciò $s_x = d_{x^{-1}} p_x \in G_d A$. Infine, essendo $\tau\varphi^{-1} \in G_s$ e $\varphi \in A$ si ha la tesi.

Riassumendo (v. *Es.* 6 di 2.74):

3.80 Teorema. *Il normalizzante di G_d in S^n è l'olomorfo di G.* $\diamond$

Se G non è abeliano, la corrispondenza $\varphi : g \to g^{-1}$ non è un automorfismo di G, e dunque non appartiene all'olomorfo di G. Ma $\varphi^{-1} d_x \varphi(g) = \varphi^{-1} d_x(g^{-1}) = \varphi^{-1}(g^{-1}x) = g^{-1}x = s_g(x)$, e quindi φ scambia tra loro G_d e G_s. Inoltre, φ centralizza A in quanto, se $\alpha \in \mathbf{Aut}(G)$, $\alpha\varphi(x) = \alpha(x^{-1}) = (\alpha(x))^{-1} = \varphi\alpha(x)$, $x \in G$. Pertanto φ normalizza $K = G_d A$, e nel prodotto semidiretto $K\langle\varphi\rangle$ i sottogruppi G_d e G_s sono coniugati.

Esercizi

87. Determinare un'azione transitiva e fedele ma non regolare del gruppo D_4.

88. Dimostrare l'equivalenza delle due proposizioni seguenti:
  i) l'unica azione fedele e transitiva di G è quella regolare;
  ii) ogni sottogruppo di ordine primo di G è normale.

D'ora in poi G sarà un gruppo di permutazioni.

89. Sia $H \leq G$, H regolare. Dimostrare che $G = HG_\alpha$ con $H \cap G_\alpha = 1$. [*Sugg.*: Teor. 3.22].

90. Sia $H \leq G$, H regolare. Per ogni fissato $\alpha \in \Omega$ si ottiene una corrispondenza biunivoca $\Omega \to H$ associando a $\gamma \in \Omega$ quell'unico (H è regolare) elemento di H che porta α su γ; si noti che $\alpha \to 1$. Si può allora far agire G su H definendo h^g come quell'unico elemento di H che porta α su α^{hg}. Dimostrare che
  i) se $k \in H$ allora $h^k = hk$;
  ii) se $g \in G_\alpha$ allora $h^g = g^{-1}hg$.

91. Sia $H \leq G$ e $\mathbf{C}_G(H)$ transitivo. Dimostrare che H è semiregolare.

92. Se G è transitivo e abeliano allora è regolare.

93. Sia $H \leq G$, H transitivo e abeliano. Dimostrare che H coincide con il proprio centralizzante. [*Sugg.*: $\mathbf{C}_G(\mathbf{C}_G(H)) \supseteq H$. Si avrà $\mathbf{C}_G(\mathbf{C}_G(H)) = H$, e si dice allora che H ha la *proprietà del doppio centralizzante*].

94. Un elemento di S^n è regolare se e solo se è una potenza di un n−ciclo.

95. Se G è transitivo, allora $x \in \mathbf{Z}(G)$ è regolare.

3.81 Definizione. Se G è transitivo, un sottoinsieme Δ di Ω si chiama *blocco* (o *sistema di imprimitività*) se $\Delta^g = \Delta$ oppure $\Delta^g \cap \Delta = \emptyset$, per ogni $g \in G$. I sottoinsiemi a un solo elemento, l'insieme Ω e l'insieme vuoto si chiamano blocchi *banali*. Se vi sono soltanto blocchi banali, G si dice *primitivo*, altrimenti *imprimitivo*[†].

I blocchi sono le classi di un'equivalenza ρ su Ω *compatibile con l'azione di G*: $\alpha\rho\beta \Rightarrow \alpha^g\rho\beta^g$, $g \in G$.

96. L'intersezione di due blocchi è un blocco.

97. Se $H \leq G$, ogni blocco di G è anche blocco di H. Se Δ è un blocco di H, Δ^g è un blocco di H^g.

98. Un gruppo 2−transitivo è primitivo.

99. Sia $\alpha \in \Omega$. Dimostrare che esiste una corrispondenza biunivoca tra l'insieme dei blocchi che contengono α: $\mathcal{D} = \{\Delta \mid \alpha \in \Delta\}$, e l'insieme dei sottogruppi H di G che contengono G_α: $\mathcal{S} = \{H \leq G \mid G_\alpha \subseteq H\}$, facendo vedere che:
  i) se $H \in \mathcal{S}$ e $\alpha \in \Omega$, l'orbita α^H è un blocco;
  ii) la corrispondenza $\theta : \mathcal{S} \to \mathcal{D}$ data da $H \to \alpha^H$ è iniettiva;
  iii) se $\Delta \in \mathcal{D}$, l'insieme $\theta'(\Delta) = \{x \in G \mid \alpha^x \in \Delta\}$ appartiene a $\mathcal{S}$;
  iv) θ e θ' sono inverse una dell'altra.

100. Un gruppo transitivo è primitivo se e solo se lo stabilizzatore di un elemento è un sottogruppo massimale.

[†] Con riferimento alla Nota 2 di 3.68, il gruppo di Galois di $f(x)$ è primitivo come gruppo di permutazioni se e solo se ogni elemento di K' è primitivo.

101. Un gruppo transitivo su un numero primo di elementi è primitivo. [*Sugg.*: G_α ha indice p].

102. Se $N \unlhd G$ e Δ un'orbita di N, allora Δ è un blocco di G. Ne segue che un sottogruppo normale di un gruppo primitivo è transitivo. [*Sugg.*: Δ^x è un'orbita di $N^x = N$].

103. Se G è primitivo, allora $\mathbf{Z}(G) = \{1\}$ oppure $|G| = p$, primo.

104. Le otto permutazioni sui vertici di un quadrato formano un gruppo D_4 che è transitivo ma non primitivo (verificare che esiste un'equivalenza non banale compatibile con l'azione di G). [*Sugg.*: se i vertici sono 1,2,3,4 nell'ordine circolare, $\{1,3\}$ e $\{2,4\}$ sono blocchi non banali; lo stabilizzatore di 4 è $\{1,(2,3)\}$ che non è massimale, e $\{I,(1,3)(2,4)\}$ è normale ma non transitivo].

105. Se G è primitivo e lo stabilizzatore di un punto è semplice, allora o G è semplice oppure contiene un sottogruppo normale regolare.

106. Sia G prodotto diretto di due sottogruppi regolari H_1 e H_2. Dimostrare che:
   i) $H_1 \simeq H_2$.
   ii) se i due sottogruppi sono semplici, allora G è primitivo.

107. Dimostrare che A^n è semplice, $n \geq 6$, supponendo nota la semplicità di A^5 e usando $n = 5$ come base di induzione, facendo vedere che:
   i) A^n è primitivo;
   ii) se A^n non è semplice, allora contiene un sottogruppo normale regolare;
   iii) un sottogruppo normale di A^n non può essere regolare.

3.6 Permutazioni e inversioni

Nel seguito $z(\gamma)$ denota il numero di cicli della permutazione γ, compresi i cicli di lunghezza 1.

3.82 Lemma (SERRET). *Siano σ una permutazione e $\tau = (i, j)$ una trasposizione di S^n. Allora:*

$$z(\sigma\tau) = \begin{cases} z(\sigma) + 1 \text{ se } i \text{ e } j \text{ appartengono allo stesso ciclo di } \sigma, \\ z(\sigma) - 1 \text{ altrimenti.} \end{cases}$$

Nel primo caso diremo che τ separa σ, nel secondo che τ unisce σ.

   Dim. Sia $\sigma = (1, 2, \ldots, i - 1, i)(i + 1, \ldots, j - 1, j, j + 1, \ldots, n) \ldots$. Allora $\sigma\tau = (1, 2, \ldots, i - 1, j, j + 1, \ldots, n, i + 1, \ldots, j - 1, i) \ldots$, e dunque $\sigma\tau$ ha un ciclo di meno di σ (si osservi che il secondo ciclo viene inserito nel primo tra $i - 1$ e i). Se $\sigma = (1, 2, \ldots, i, \ldots, j, \ldots, m) \ldots$, allora $\sigma\tau = (1, 2, \ldots, i - 1, j, \ldots, m)(i, i + 1, \ldots, j - 1) \ldots$, e $\sigma\tau$ ha un ciclo di più di σ.   ◇

3.83 Corollario. *Il minimo numero di trasposizioni che per prodotto danno un ciclo di lunghezza n è $n - 1$.*

Dim. Sia $\sigma = (1, 2, \ldots, n) = \tau_1 \tau_2 \cdots \tau_k$. Moltiplichiamo a destra per τ_k: $\sigma \tau_k$ ha due cicli, $\sigma \tau_k \tau_{k-1}$ al più tre (esattamente tre se le due cifre di τ_{k-1} appartengono allo stesso ciclo di $\sigma \tau_k$),$\ldots$, $\sigma \tau_k \tau_{k-1} \cdots \tau_1$ al più $k + 1$. Ma quest'ultima permutazione è l'identità, che ha n cicli. Dunque $n \leq k + 1$, e $k \geq n - 1$. $\diamond$

3.84 Teorema. *i) Una permutazione pari di S^n è prodotto di due cicli di lunghezza n;*

ii) una permutazione dispari di S^n è prodotto di un ciclo di lunghezza n e un ciclo di lunghezza $n - 1$.

Dim. i) Se $n = 1$, si ha $(1) = (1) \cdot (1)$ $((1)$ è pari); se $n = 2$, la sola permutazione pari è l'identità, e si ha $I = (1, 2)(1, 2)$. Sia $n \geq 3$ e σ pari. Se $\sigma = I$, e c un n−ciclo, si ha $I = cc^{-1}$. Se $\sigma \neq I$, sia $\sigma(1) = 2$, e consideriamo il 3−ciclo $(1, k, 2)$, $k \neq 1, 2$. Allora $\sigma(1, k, 2) = (1)\sigma'$, con $\sigma' \in S^{n-1}$. Per induzione su n, $\sigma' = c'c''$ e dunque $\sigma = (1)\sigma'(1, 2, k) = (1)\sigma'(1, 2)(1, k)$, cioè $\sigma = (1)c' \cdot (1)c'' \cdot (1, 2)(1, k) = (1)c' \cdot (1, k)[(1)c''(1, 2)]^{(1, k)}$. Poiché $k \in c'$, la trasposizione $(1, k)$ unisce $(1)c'$, e perciò $(1)c' \cdot (1, k)$ è un n−ciclo. Analogamente, $2 \in c''$ e perciò $(1)c''(1, 2)$ è un n−ciclo, e tale è allora anche il suo coniugato mediante $(1, k)$.

ii) Se $n = 1$ non vi sono permutazioni dispari; se $n = 2$, $(1, 2) = (1, 2) \cdot (1)(2)$. Se $n \geq 3$ abbiamo come sopra $\sigma(1, k, 2) = (1)\sigma'$ e $\sigma = (1)c' \cdot (1)(l)c'' \cdot (1, 2)(1, k)$. Distinguiamo due casi.

a) $l = 2$. Allora $(1, 2)$ permuta con $(1)(2)c''$ e si ha $\sigma = (1)c'(1, 2) \cdot (1)(2)c''(1, k)$, dove il primo fattore è un n−ciclo, e il secondo un $(n - 1)$−ciclo perché $k \in c''$, e dunque $(1, k)$ unisce $(1)c''$.

b) $l \neq 2$; come sopra, $\sigma = (1)c'(1, k) \cdot [(1)(l)c''(1, 2)]^{(1, k)}$, e anche qui il primo fattore è un n−ciclo, e il secondo un $(n - 1)$−ciclo. $\diamond$

Sia ora $\sigma = \begin{pmatrix} 1 & 2 & \ldots & n \\ k_1 & k_2 & \ldots & k_n \end{pmatrix}$ un elemento di S^n, e consideriamo la n−pla $(k_1, k_2, \ldots, k_n)$. Un elemento $\alpha \in S^n$ può agire su questa n−pla in due modi: permutando le cifre $(k_1, k_2, \ldots, k_n)^\alpha = (\alpha(k_1), \alpha(k_2), \ldots, \alpha(k_n))$, ($\alpha$ opera per *alias*), o permutando gli indici: $(k_1, k_2, \ldots, k_n)^\alpha = (k_{\alpha(1)}, k_{\alpha(2)}, \ldots, k_{\alpha(n)})$ (α opera per *alibi*). Queste due azioni corrispondono alle due permutazioni ottenute la prima moltiplicando σ per α a destra: $\sigma\alpha = \begin{pmatrix} 1 & 2 & \ldots & n \\ \alpha(k_1) & \alpha(k_2) & \ldots & \alpha(k_n) \end{pmatrix}$, la seconda a sinistra: $\alpha\sigma = \begin{pmatrix} 1 & 2 & \ldots & n \\ k_{\alpha(1)} & k_{\alpha(2)} & \ldots & k_{\alpha(n)} \end{pmatrix}$. Nella moltiplicazione a destra per α, le cifre $1, 2, \ldots, n$ vengono permutate secondo la α^{-1}, mentre nella moltiplicazione a sinistra la stessa permutazione la subiscono i posti $1, 2, \ldots, n$.

3.85 Nota. È appena il caso di osservare che il risultato della moltiplicazione a destra o a sinistra (permutazione delle cifre $i, j, \ldots$ o delle cifre che si trovano nei posti $i, j, \ldots$) dipende da come si è definita l'azione di un prodotto $\sigma\tau$, se cioè agisce prima σ e poi τ o viceversa.

3.86 Definizione. Sia $\sigma = \begin{pmatrix} 1 & 2 & \cdots & n \\ k_1 & k_2 & \cdots & k_n \end{pmatrix} \in S^n$. Il numero delle cifre che precedono k_i nella disposizione $k_1, k_2, \ldots, k_n$ e che sono maggiori di k_i è il numero di *inversioni* di k_i. Se b_j è il numero di inversioni della cifra j, $j = 1, 2, \ldots, n$, la n-pla $[b_1, b_2, \ldots, b_n]$ è la *tavola delle inversioni* della permutazione σ, e il numero di *inversioni della permutazione* σ è la somma dei b_t. Si osservi che $b_i \leq n - i$, $i = 1, 2, \ldots, n$.

3.87 Esempio. Nella permutazione $\sigma = \begin{pmatrix} 1 & 2 & 3 & 4 & 5 & 6 \\ 5 & 4 & 1 & 6 & 3 & 2 \end{pmatrix}$, la cifra 1 presenta due inversioni, la 2 quattro, la 3 tre, la 4 una, la 5 e la 6 zero. La tavola di σ è dunque $[2, 4, 3, 1, 0, 0]$ e il numero di inversioni è 10. Vogliamo ora ridurre la disposizione 541632 a quella fondamentale 123456 (portare cioè la σ alla permutazione identica) scambiando di posto di volta in volta due cifre consecutive. Si può portare la cifra 1 al primo posto scambiandola prima con 4: 514632, e poi con 5: 154632, scambiando cioè prima le cifre che si trovano nei posti 2 e 3 e poi quelle che si trovano nei posti 1 e 2. Abbiamo visto sopra che lo scambio delle cifre nei posti i e j si traduce nella moltiplicazione a sinistra di σ per la trasposizione $\alpha = (i, j)$. Le due operazioni dette si traducono quindi nella $\sigma' = (1, 2)(2, 3)\sigma$. Proseguendo in questo modo, per portare 2 al secondo posto occorre moltiplicare σ' a sinistra successivamente per (5,6),(4,5),(3,4) e (2,3), per portare 3 al terzo posto moltiplicare il risultato per (5,6),(4,5) e (3,4), e per portare 4 al quarto posto per (4,5). Le cifre sono ora tutte nell'ordine fondamentale. La moltiplicazione a sinistra di σ per le trasposizioni indicate e nell'ordine detto dà quindi l'identità: $(4,5)(3,4)(4,5)(5,6)(2,3)(3,4)(4,5)(5,6)(1,2)(2,3)\sigma = I$, da cui si deduce la seguente scrittura di σ come prodotto di trasposizioni di cifre consecutive: $\sigma = (2,3)(1,2)(5,6)(4,5)(3,4)(2,3)(5,6)(4,5)(3,4)(4,5)$. Le 10 trasposizioni che compaiono in questa scrittura, tutte della forma $(i, i+1)$, corrispondono, per costruzione, alle 10 inversioni della permutazione data. Inoltre 10 è il numero minimo di trasposizioni della forma $(i, i+1)$ necessarie per scrivere σ: è quanto dimostra il teorema che segue.

3.88 Teorema. *Il numero minimo di trasposizioni della forma $(i, i+1)$ che per prodotto danno una permutazione σ è uguale al numero $I(\sigma)$ delle inversioni di σ.*

Dim. Per quanto visto sopra, con un prodotto di trasposizioni della forma $(i, i+1)$ pari al numero delle inversioni si ottiene l'identità. Moltiplicando per $(i, i+1)$ il numero delle inversioni aumenta di 1 se $k_i < k_{i+1}$, e diminuisce di 1 se $k_i > k_{i+1}$. Pertanto, moltiplicando per un numero s di trasposizioni, la permutazione che si ottiene ha almeno $N \geq I(\sigma) - s$ inversioni, e se questa permutazione deve essere l'identità si avrà $0 \geq I(\sigma) - s$, cioè $s \geq I(\sigma)$. Non si può quindi ottenere l'identità con meno di $I(\sigma)$ trasposizioni della forma detta. $\diamond$

3.89 Corollario. *La parità di una permutazione è quella del numero di inversioni che essa presenta.*

La tavola delle inversioni determina la permutazione (M. Hall). Data infatti la tavola $[b_1, b_2, \ldots, b_n]$, $b_i \leq n - i$, $i = 1, 2, \ldots, n$, il seguente algoritmo permette di determinare la permutazione che ha quella data come tavola delle inversioni: in una stringa a n posti, mettere la cifra i nel $(b_i + 1)$−esimo posto libero partendo da sinistra.

3.90 Esempio. Consideriamo la lista [2,4,3,1,0,0] vista nell'esempio precedente. Segniamo 6 posti, e poiché $a_1 = 2$, mettiamo la cifra 1 nel $(2 + 1)$−esimo, cioè nel terzo posto libero (che in questo caso è semplicemente il terzo posto):

$$|\quad|\quad|\ 1\ |\quad|\quad|\quad|.$$

Mettiamo ora a posto la cifra 2. Essa presenta 4 inversioni, e quindi va nel quinto posto libero (l'ultimo):

$$|\quad|\quad|\ 1\ |\quad|\quad|\ 2\ |.$$

Proseguendo in questo modo troviamo la permutazione 541632:

$$|\ 5\ |\ 4\ |\ 1\ |\ 6\ |\ 3\ |\ 2\ |.$$

Esercizi

108. *i*) Una permutazione pari è prodotto di due n−cicli;
   ii) Una permutazione dispari è prodotto di un n−ciclo e di $(n - 1)$−ciclo.
[*Sugg.*: induzione su n.]

109. Quante inversioni presenta la trasposizione (i, j)?

110. *i*) Se σ presenta t inversioni, quante ne presenta σ^{-1}?
   ii) Se $k_1 k_2 \ldots k_n$ presenta t inversioni, quante ne presenta $k_n k_{n-1} \ldots k_1$?
   iii) Il coniugio non conserva il numero di inversioni.

111. Scegliamo a caso una permutazione di S^n (si suppone che tutte le permutazioni di S^n abbiano la stessa probabilità).
   i) Qual è la probabilità che la cifra 1 sia contenuta in un ciclo di lunghezza k? [*Sugg.*: un k−ciclo contenente k si ottiene scegliendo i restanti $k - 1$ dagli $n - 1$ diversi da k (ciò si può fare in $\binom{n-1}{k-1}$ modi) e ordinando poi questi $k - 1$ elementi e i restanti $n - k$].
   ii) Qual è la probabilità che 1 e 2 appartengano allo stesso ciclo?

112. Dimostrare che S^n si immerge in A^{n+2}.

113. Sia $\sigma \in S^n$, $n \geq 3$, che fissa almeno due cifre. Dimostrare che se $\sigma \sim \alpha$ in S^n, allora $\sigma \sim \alpha$ mediante un elemento di A^n.

114. Dimostrare, utilizzando il lemma di Serret, che la parità di una permutazione è ben definita come segue:

i) le permutazioni di S^n si suddividono in due classi a seconda che abbiano un numero pari o dispari di cicli (contando anche i cicli di lunghezza 1);

ii) se una permutazione σ viene moltiplicata per un numero k di trasposizioni allora la permutazione che si ottiene appartiene o no alla stessa classe di σ a seconda che k è pari o dispari;

iii) concludere che una permutazione σ non può essere allo stesso tempo prodotto di un numero pari e di un numero dispari di trasposizioni. [*Sugg.*: scrivere σ come prodotto di trasposizioni e moltiplicare l'identità per σ; il numero di trasposizioni di σ è pari se e solo se σ appartiene alla stessa classe dell'identità, e dispari se e solo se appartiene all'altra classe].

115. Una permutazione è pari se e solo se $n - z(\sigma)$ è pari.

116. Con la tavola $[2, 4, 3, 1, 0, 0]$ dell'*Es.* 3.90, ritrovare la permutazione utilizzando un algoritmo che sistemi le cifre nell'ordine $n, n - 1, \ldots, 1$.

117. Per ciascuna delle tavole definite qui di seguito determinare un algoritmo che permetta di risalire alla permutazione.

i) Scambiando "destra" con "sinistra" e "maggiore" con "minore", si ottiene una nuova tavola $[c_1, c_2, \ldots, c_n]$, "duale" della $[b_1, b_2, \ldots, b_n]$: c_i è il numero di cifre a *destra* di i che sono *minori* di i. Le cifre minori di i sono $i - 1$, e quindi $0 \leq c_i < i$.

ii) Invece delle inversioni di una cifra i, si possono poi considerare le inversioni della cifra che occupa il posto i: se $x_1 x_2 \ldots x_n$ è una permutazione, si ottiene la tavola $[d_1, d_2, \ldots, d_n]$, dove d_i è il numero di cifre a sinistra di x_i che sono maggiori di x_i. Poiché a sinistra di x_i c'è posto per al più $i - 1$ elementi, si ha $0 \leq d_i < i$. Dualmente, si ha la tavola: $[l_1, l_2, \ldots, l_n]$, dove l_i è il numero di cifre a destra di x_i che sono minori di x_i. E poiché a destra di x_i c'è posto per al più $n - i$ elementi, abbiamo $l_i \leq n - i$.

3.7 Semplicità di alcuni gruppi

3.7.1 Il gruppo semplice di ordine 168

In questo paragrafo dimostriamo l'esistenza di un gruppo semplice che non è uno dei gruppi alterni (basta considerare gli ordini). Si tratta del gruppo $G = GL(3, 2)$ delle trasformazioni lineari invertibili di uno spazio vettoriale V di dimensione 3 su $\mathbf{Z}_2$, che consta di 8 vettori (G si può quindi anche considerare come il gruppo degli automorfismi del gruppo abeliano elementare di ordine 8). Faremo anche vedere che, a meno di isomorfismi, questo è l'unico gruppo semplice di ordine 168. Si ha $|G| = (2^3 - 1)(2^3 - 2)(2^3 - 2^2) = 168 = 2^3 \cdot 3 \cdot 7$. Siano $v, w \in V$ non nulli, e siano $\{v_1 = v, v_2, v_3\}$ e $\{w_1 = w, w_2, w_3\}$ due basi di V. Allora la funzione f tale che $f(v_i) = w_i$, $i = 1, 2, 3$, si estende a una trasformazione lineare invertibile di V in V, e cioè a un elemento x di G. Avendosi $v^x = w$, G è transitivo sui 7 vettori non nulli di V. Sia N un sottogruppo normale di G non identico; faremo vedere che $N = G$. N è transitivo (Teor. 3.21), e dunque $7||N|$. Lo stabilizzatore G_v di un elemento $v \neq 0$ ha indice 7, e perciò ordine 24. Per azione sui laterali di G_v si ha un omomorfismo di G in S^7 di nucleo K contenuto in G_v, e se $K \neq \{1\}$, essendo un sottogruppo normale il suo ordine è divisibile per 7; ma allora $7||G_v| = 24$, assurdo. Dunque $K = \{1\}$, e G si immerge in S^7. Un sottogruppo di ordine 7 non può essere normale in G. La sua immagine in S^7 avrebbe un normalizzante di ordine almeno 168; ma un sottogruppo di ordine 7 in S^7 è generato da un 7–ciclo, e perciò il suo normalizzante ha ordine $7 \cdot \varphi(7) = 7 \cdot 6 = 42$ (Teor. 2.55, ii), ed è l'olomorfo di C_7, Es. 6 di 2.74). Ne segue che il numero dei 7–Sylow di G è 8, e avendosi $7||N|$ e $N \trianglelefteq G$, questi otto 7-Sylow sono tutti contenuti in N. Allora $|N|$ è divisibile per 8 e per 7, e quindi per 56, e contiene $8 \cdot (7-1) = 48$ 7–elementi, più gli 8 elementi di un 2–Sylow, e perciò almeno 56 elementi. Se $|N| = 56$, il 2–Sylow è unico in N, quindi caratteristico in N e perciò normale in G, mentre un sottogruppo normale di G deve avere ordine divisibile per 7. Allora $|N| > 56$, $|N| = 168$ e $N = G$. Si osservi che, in particolare, abbiamo dimostrato che un sottogruppo transitivo di S^7 di ordine 168 è semplice.

Dimostriamo ora che un gruppo semplice G di ordine 168 si immerge in A^8, e che due tali gruppi sono coniugati in A^8. Avremo così, a meno di isomorfismi, l'unicità di G. Dividiamo la dimostrazione in varie parti, determinando dapprima il numero dei p–Sylow di G.

i) $n_7 \equiv 1 \bmod 7$ e $n_7|24$ implicano $n_7 = 8$. G agisce per coniugio sull'insieme di questi otto 7–Sylow, e pertanto si immerge in A^8. $\mathbf{N}_G(C_7)$ ha ordine 21. Se $C_3 \triangleleft \mathbf{N}_G(C_7)$, $\mathbf{N}_G(C_7)$ è ciclico. G contiene allora un elemento di ordine 21 che in A^8 non c'è. $\mathbf{N}_G(C_7)$ contiene allora 7 sottogruppi di ordine 3.

ii) $n_3 = 28$. Si ha $n_3 = 7, 28$. Se $n_3 = 7$, $\mathbf{N}_G(C_7)$ contiene tutti i 3-Sylow, e poiché è generato da questi che sono tutti coniugati sarebbe normale; ciò implica C_7 normale (Teor. 3.44), escluso. Dunque $n_3 = 28$ e $|\mathbf{N}_G(C_3)| = 6$. Se $\mathbf{N}_G(C_3)$ è ciclico, contiene 2 elementi di ordine 6, e ciò accade per tutti gli $\mathbf{N}_G(C_3)$ che sono tutti coniugati. Vi sarebbero allora $28 \cdot 2 = 56$ elementi di ordine 6. Ma vi sono già $8 \cdot 6 = 48$ 7–elementi e $28 \cdot 2 = 56$ 3–elementi: in tutto 160 elementi, e resterebbe posto per un solo 2–Sylow, escluso. Ne segue $\mathbf{N}_G(C_3) \simeq S^3$. In particolare non esistono elementi di ordine 6 in G, in quanto il sottogruppo generato da uno di questi normalizza (e anzi centralizza) il proprio C_3.

iii) $n_2 = 21$. Si ha $n_2 = 7, 21$. Se $n_2 = 7$, è $|\mathbf{N}_G(S_2)| = 24$. Il centro di S_2 è normale in $\mathbf{N}_G(S_2)$ e permuta elemento per elemento con un C_3. Un elemento di ordine 2 del centro dà quindi luogo per prodotto con un elemento di ordine 3 a un elemento di ordine 6, escluso. Ne segue $|\mathbf{N}_G(S_2)| = 8$, cioè il 2–Sylow si autonormalizza, e perciò $n_2 = 21$.

iv) Un elemento di ordine 2 di $G \subseteq A^8$ non fissa alcun punto (cioè nessun 7–Sylow: si avrebbe che 2 divide $|\mathbf{N}_G(C_7)| = 21$). Nell'immagine di G in A^8 un elemento di ordine 2 è allora un prodotto di quattro trasposizioni disgiunte.

Un elemento di ordine 3 di A^8 è del tipo $(1,2,3)(4)(5)(6)(7)(8)$ oppure $(1,2,3)(4,5,6)(7)(8)$. $\mathbf{N}_G(C_3)$ agisce sull'insieme dei punti fissi di C_3 (Lemma 3.75). Se y è un elemento di ordine 2 di $\mathbf{N}_G(C_3)$, e $x \in C_3$ è del primo tipo, y agisce sui 5 punti fissati da x, e dunque deve fissarne uno, escluso. Un elemento di ordine 3 è allora del secondo tipo. Se·C_3 è generato da $(1,2,3)(4,5,6)(7)(8)$ i tre elementi di ordine 2 di $\mathbf{N}_G(C_3)$ sono allora $(1,4)(2,6)(3,5)(7,8)$, $(1,5)(2,4)(3,6)(7,8)$, $(1,6)(2,5)(3,4)(7,8)$, e queste sono le sole involuzioni senza punti fissi di A^8 che normalizzano C_3.

v) Dimostriamo ora che due gruppi semplici di ordine 168 sono coniugati in A^8. In A^8, il normalizzante di un 7–Sylow ha ordine 21. Infatti, in S^8 un elemento x di ordine 7 è un 7–ciclo, e deve pertanto fissare una cifra. Gli elementi del normalizzante di $\langle x \rangle$ fissano allora la stessa cifra, e dunque appartengono a un S^7. In S^7 il normalizzante di $\langle x \rangle$ ha ordine 42, e contiene un ciclo di ordine 6: se $x = (1,2,3,4,5,6,7)$, la permutazione $\tau = (1,4,6,5,2,7)(3)$ porta x in x^3 e pertanto normalizza il sottogruppo $\langle x \rangle$. Ma τ è dispari, e non può appartenere ad A^8. Ne segue $|\mathbf{N}_{A^8}(C_7)| = 21$.

Siano C_7 e $\overline{C}_7$ due 7–Sylow di G e $\overline{G}$, rispettivamente. Poiché si tratta anche di 7–Sylow di A^8, esiste $\sigma \in A^8$ che li coniuga: $C_7^\sigma = \overline{C}_7$, da cui $\mathbf{N}_{A^8}(C_7)^\sigma = \mathbf{N}_{A^8}(\overline{C}_7)$. Ne segue $\mathbf{N}_{\overline{G}}(\overline{C}_7) = \mathbf{N}_{A^8}(\overline{C}_7) \cap \overline{G} \subseteq \mathbf{N}_{A^8}(\overline{C}_7)$, e pertanto $\mathbf{N}_{\overline{G}}(\overline{C}_7) = \mathbf{N}_{A^8}(\overline{C}_7)$ per l'uguaglianza degli ordini. Se ne conclude $\mathbf{N}_{\overline{G}}(\overline{C}_7) = \mathbf{N}_G(C_7)^\sigma$. Sia $o(t) = 3$, $t \in \mathbf{N}_G(C_7)$, e sia I l'insieme delle involuzioni senza punti fissi di A^8 che normalizzano $\langle t \rangle$. Per quanto visto sopra $|I| = 3$, e poiché vi sono tre elementi di ordine 2 di G che normalizzano $\langle t \rangle$ si ha $I \subseteq G$. Analogamente, se I' è l'insieme delle involuzioni senza punti fissi di A^8 che normalizzano $\langle t^\sigma \rangle$ si ha $|I'| = 3$, e quindi $I' \subseteq \overline{G}$. Ma gli elementi di I^σ normalizzano $\langle t^\sigma \rangle$, sono senza punti fissi e sono in numero di tre, e perciò $I^\sigma = I'$. Poiché $\mathbf{N}_G(C_7)$ e un'involuzione che normalizza $\langle t \rangle$ generano G, i loro coniugati mediante σ sono contenuti in $\overline{G}$ e generano $\overline{G}$. Se ne conclude che $\overline{G} = G^\sigma$.

vi) Dimostriamo che il 2–Sylow è diedrale. Sia H un'intersezione massima tra due 2–Sylow. $|H| \neq 1$ (poiché vi sono già 48 7–elementi non c'è posto per 147 2–elementi). Se $|H| = 2$, poiché un sottogruppo normale di ordine 2 è contenuto nel centro, $x \in H$ di ordine 2 permuta con tutti gli elementi di $\mathbf{N}_G(H)$. Ma essendo $|\mathbf{N}_G(H)|$ divisibile per 3 o per 7, per prodotto con un elemento di ordine 3 o 7 x darebbe luogo a un elemento di ordine 6, escluso, o di ordine 14, che in A^8 non esiste (servono almeno 9 cifre). Allora $|H| = 4$, e perciò $\mathbf{N}_G(H)$ contiene un 2–Sylow, e quindi almeno 3. Se ne contiene più di 3 ne contiene 7 o 21, per cui $|\mathbf{N}_G(H)|$ è divisibile per $8 \cdot 7 = 56$, $|\mathbf{N}_G(H)| \geq 56$, e G non è semplice. Allora $|\mathbf{N}_G(H)| = 2^3 \cdot 3$. C_3 non è normale in $\mathbf{N}_G(H)$ in quanto $|\mathbf{N}_G(C_3)| = 6$; vi sono perciò 4 C_3 in $\mathbf{N}_G(H)$, e dunque il normalizzante in $\mathbf{N}_G(H)$ di C_3 ha ordine 6, e siccome non può essere ciclico è S^3. Ne segue $\mathbf{N}_G(H) \simeq S^4$ (*es.* 48), e perciò il 2–Sylow di $\mathbf{N}_G(H)$, e quindi di G, è diedrale. In particolare, H è un Klein.

vii) Un sottogruppo L di G di ordine 24 è isomorfo a S^4. Se $\mathbf{N}_L(C_3) \simeq S^3$, si ha il risultato (*es.* 48). Altrimenti, avendosi $\mathbf{N}_G(C_3) \simeq S^3$, è $\mathbf{N}_L(C_3) = C_3$; ma allora $n_3 = [L : C_3] = 8 \not\equiv 1 \bmod 3$. Inoltre, $\mathbf{N}_G(L) = L$.

viii) G contiene due classi di coniugio distinte di gruppi isomorfi a S^4. Consideriamo $GL(3,2)$. Gli stabilizzatori G_v dei punti sono tutti fra loro coniugati, e avendosi $7 = [G : G_v]$, è $|G_v| = 24$. Inoltre, come gruppo di trasformazioni lineari di uno spazio vettoriale, G è transitivo sui sottospazi W di dimensione 2. Questi sono, come i punti, in numero di 7, e pertanto $[G : G_W] = 7$ e $|G_W| = 24$. Non può aversi $G_v \sim G_W$. Infatti, se $(G_v)^x = G_W$, allora $G_{v^x} = G_W$. Ma lo stabilizzatore di un vettore u non può coincidere con lo stabilizzatore di un sottospazio W: se $u \in W$, dati $u' \in W$ $u' \neq u$ e $w \notin W$, u, u' e u, w si possono estendere a due basi u, u', u'' e u, w, w', e la funzione che porta ordinatamente uno sull'altro questi tre vettori si estende a una trasformazione lineare che appartiene a G_u ma porta un elemento di W fuori di W, e quindi non stabilizza W. Analogamente se $u \notin W$ (con $w \in W$ e $u' \notin W$ ed estendendo a due basi le coppie u, w e u, w'). Gli stabilizzatori dei vettori e quelli dei sottospazi costituiscono pertanto due distinte classi di coniugio.

Vediamo ora più da vicino la struttura di $G = GL(3,2)$. Intanto, dal numero dei p–Sylow per i vari p si ottiene subito che G ha 56 elementi di ordine 3 e 48 elementi di ordine 7.

Gli elementi di ordine 3 sono tutti tra loro coniugati. Infatti, se x e y appartengono a uno stesso 3–Sylow, allora $y = x^{-1}$ e i due elementi sono coniugati nel normalizzante S^3 del 3–Sylow; se appartengono a due 3–Sylow diversi, il coniugio dei due 3–Sylow porta x in y oppure x in y^{-1}. Se a, b, c sono tre generatori dello spazio V, un elemento di ordine 3 è, per esempio, $(a, b, c)(a+b, b+c, a+c)(a+b+c)$. Si verifica che questa permutazione dei 7 elementi non nulli dello spazio V porta sottospazi in sottospazi, ovvero, nella rappresentazione geometrica di V come piano di Fano (v. p. 35), rette in rette (è una *collineazione*).

Se $o(x) = 7$, poiché il suo centralizzante C coincide con quello del 7–Sylow C_7 generato da x, si ha $C \subseteq \mathbf{N}_G(C_7)$. Ma non può aversi l'uguaglianza (si avrebbe un elemento di ordine 21 (v. *i*)), e dunque $C = C_7$ e x ha $168/7 = 24$ coniugati. I 48 elementi di ordine 7 di ripartiscono allora in due classi di coniugio di 24 elementi ciascuna. Un elemento di ordine 7 è, per esempio, il 7–ciclo $x = (a, a+b, b+c, b, a+c, c, a+b+c)$, e un elemento del normalizzante di C_7 è $y = (a)(a+b, b+c, a+c)(b, a+b+c, c)$, che coniuga x e x^2 e assieme a x genera $\mathbf{N}_G(C_7)$.

Un elemento z di ordine 4 appartiene a uno e un solo Sylow. Infatti, l'intersezione tra due 2–Sylow è di ordine 1,2 o 4; se contiene z è di ordine 4, e quindi massima, e per il punto *vi*) si tratta di un Klein, assurdo. Poiché vi sono 21 2–Sylow, vi sono allora 21 sottogruppi ciclici di ordine 4, tutti tra loro coniugati, e pertanto 42 elementi di ordine 4, anch'essi tutti coniugati (stesso ragionamento fatto per gli elementi di ordine 3). A questo punto abbiamo, contando anche l'identità, 48+56+42+1=147 elementi. Un elemento di ordine 4 è, ad esempio, $z = (a, a + b + c)(a + b, b, a + c, c)(b + c)$.

I rimanenti 21 elementi sono involuzioni. Infatti, sia $o(u) = 2$. $C = \mathbf{C}_G(u)$ ha ordine $|C| \geq 4$ (almeno il Klein o il C_4 che lo contengono centralizzano u). Se $|C| = 4$, u ha $[G : C] = 84$ coniugati, assurdo. Ne segue $|C| \geq 8$, ma poiché u non può essere permutabile con elementi di ordine 3 (non vi sono elementi di ordine 6) o 7 (il normalizzante di un C_7 ha ordine 21), si ha $|C| = 8$, e pertanto C è un 2–Sylow. In particolare, ogni elemento di ordine 2, assieme all'identità, costituisce il centro di un 2–Sylow: questi elementi sono dunque tanti quanti i 2–Sylow, cioè 21, e sono tutti tra loro coniugati.

Sia V un sottogruppo di Klein di G. Dimostriamo che V è l'intersezione di due 2–Sylow. Siano u e v due elementi di V. Per quanto appena visto, i loro centralizzanti sono due 2–Sylow S_1 ed S_2, e quindi l'intersezione di questi ultimi, che contiene V, ha ordine almeno 4: quindi esattamente 4, e pertanto $S_1 \cap S_2 = V$. Essendo allora V l'intersezione massima di due 2–Sylow, si ha, come nel punto $vi)$, che $\mathbf{N}_G(V)$ ha ordine 24, ed è isomorfo ad S^4. La classe di coniugio di un Klein contiene quindi $[G : S^4] = 7$ sottogruppi. In un S^4 i tre 2–Sylow diedrali si intersecano in un Klein, che quindi è normale. Ciascun diedrale contiene poi un altro Klein, che è normale in un altro S^4.

I sottogruppi di Klein si ripartiscono in due classi di coniugio. Per dimostrarlo faremo uso del seguente lemma, con il quale anticipiamo il discorso sulla "fusione" di elementi o sottogruppi di un $p-$Sylow che approfondiremo nel Cap. 5 (v. Lemma 5.61 e Def. 5.66).

3.91 Lemma (BURNSIDE). *Due sottogruppi normali di un $p-$Sylow S di un gruppo G coniugati in G sono già coniugati nel normalizzante di S.*

Dim. Siano H e K i due sottogruppi, e sia $H^u = K$, $u \in G$. Sia $N = N_G(K)$; allora $S \subseteq N$. Ma K è anche normale in S^u, in quanto $K = H^u$ e H è normale in S, per cui si ha anche $S^u \subseteq N$. Ne segue che S ed S^u sono Sylow di N, e pertanto ivi coniugati: $S = (S^u)^v$, $v \in N$. Ma allora $uv \in N_G(S)$, e con $g = uv$ abbiamo $H^g = H^{uv} = (H^u)^v = K^v = K$. $\diamond$

Siano ora due Klein di un 2–Sylow S. Se essi fossero coniugati in G, per il lemma lo sarebbero già nel normalizzante N di S; ma $N = S$, e i due Klein sono normali in S. Due Klein di un 2–Sylow appartengono pertanto a due classi di coniugio distinte. Per quanto visto sopra, la classe di coniugio di un Klein contiene 7 sottogruppi. Abbiamo allora in tutto 14 sottogruppi di Klein, suddivisi in due classi di coniugio di 7 sottogruppi ciascuna.

3.7.2 Gruppi lineari proiettivi speciali

Il gruppo semplice di ordine 168 visto nel paragrafo precedente fa parte di una classe infinita di gruppi semplici, i gruppi *lineari proiettivi speciali* $PSL(n, K)$. Si tratta dei gruppi che si ottengono come quoziente $SL(n, K)/Z$, dove Z è il centro di $SL(n, K)$ che consta delle matrici scalari (avendo determinante 1, i coefficenti sono radici dell'unità del campo K). Si vedrà che nella dimostrazione la semplicità di questi gruppi, particolari trasformazioni lineari, dette trasvezioni, hanno il ruolo che avevano i 3−cicli nella dimostrazione della semplicità dei gruppi alterni.

Dimostriamo, per prima cosa, che il gruppo $SL(n, K)$ è generato da queste particolari trasformazioni lineari, e anzi vedremo che bastano alcune di queste, le trasformazioni elementari.

Sia V uno spazio vettoriale. Una trasformazione lineare $\tau \neq 1$ di V in sé è una *trasvezione* se fissa elemento per elemento un iperpiano H di V, cioè un sottospazio di V di dimensione $n - 1$, e il quoziente V/H:

$$\tau(u) = u, u \in H, \text{ e } \tau(v) - v \in H, v \in V.$$

Diremo che τ è una trasvezione *relativa ad H*. Sia $u \in H$, $f(x)$ un'equazione di H (f è allora una forma lineare su V di nucleo H, cioè appartiene allo spazio duale V^* di V). Si vede subito che ponendo

$$\tau(v) = v + f(v)u,$$

si definisce una trasvezione su V relativa ad H. Il sottospazio $\langle u \rangle$ di dimensione 1 (la "retta" $\langle u \rangle$) è la *direzione* della trasvezione, e u il suo *centro*. Scriveremo τ_u nel caso sia necessario specificare il vettore u.

Ogni trasvezione si ottiene in questo modo, come dimostra il lemma che segue.

3.92 Lemma. *Sia τ una trasvezione non identica relativa a un iperpiano H e $f(x)$ un'equazione di H. Allora esiste un vettore $0 \neq u \in H$ tale che $\tau(v) = v + f(v)u$, per ogni $v \in V$.*

Dim. Sia $V = H \oplus \langle w \rangle$; si può sempre scegliere w tale che $f(w) = 1$. Il vettore cercato sarà $u = \tau(w) - w$. Intanto, $u \neq 0$ perché τ non è identica. Per un generico vettore v si ha $v = h + \alpha w$, $\alpha \in K$, e $f(w) = f(h) + \alpha f(w) = \alpha$. Ne segue $\tau(v) = \tau(h + \alpha w) = h + \alpha \tau(w) = h + \alpha w + \alpha u = v + \alpha u$, come si voleva. $\diamond$

Una matrice che differisce dalla matrice identica nel posto (i, j), $i \neq j$, dove ha un elemento α del campo, si dice *elementare*; si denota con $E_{i,j}(\alpha)$.

Se una trasformazione lineare ammette una matrice del tipo $E_{i,j}(\alpha)$ (in un'opportuna base di V), allora si tratta di una trasvezione. Infatti, se $e_1, e_2, \ldots, e_n$ sono i vettori di una base di V, allora la trasformazione τ di matrice $E_{i,j}(\alpha)$ fissa e_k, se $k \neq j$, e manda e_j in $e_j + \alpha e_i$. Se H è l'iperpiano generato dagli e_k, $k \neq j$, allora τ fissa gli elementi di H, e la retta $\langle e_i \rangle$ è la direzione.

3.93 Lemma. *Le matrici delle trasvezioni hanno determinante 1.*

Dim. Sia τ una trasvezione relativa a un iperpiano H, di matrice $T = (t_{i,j})$, e sia $v_1, v_2, \ldots, v_{n-1}$ una base di H. Estendiamo questa base a una base di

V mediante un vettore v_n. Allora, poiché τ fissa v_i, $i = 1, 2, \ldots, n - 1$, si ha $t_{i,i} = 1$ e $t_{i,j} = 0$; inoltre, poiché $\tau(v_n) - v_n \in H$,

$$\sum_{i=1}^{n-1} t_{n,i} v_i + (t_{n,n} - 1) v_n = \sum_{i=1}^{n-1} \lambda_i v_i.$$

Ne segue $t_{n,i} - \lambda_i = 0, i = 1, 2, \ldots n - 1$, $t_{n,n} - 1 = 0$ e $t_{n,n} = 1$. La matrice T ha tutti 1 sulla diagonale principale, tutti zeri al di sopra di questa, i λ_i nell'ultima riga fino al posto $(n, n - 1)$, e 1 in (n, n); il risultato segue. $\diamond$

Le trasvezioni appartengono quindi ad $SL(n, K)$. Dimostriamo ora:

3.94 Lemma. *i) La coniugata di una trasvezione è ancora un trasvezione;*
ii) le trasvezioni sono tutte coniugate in $GL(n, K)$, e se $n \geq 3$ lo sono già in $SL(n, K)$.

Dim. i) Sia $\tau(v) = v + f(v)u$; allora $\sigma\tau\sigma^{-1}(v) = \sigma\tau(\sigma^{-1}(v)) = \sigma(\sigma^{-1}(v) + f(\sigma^{-1}(v))u = v + f(\sigma^{-1}(v))\sigma(u)$, che è la trasvezione relativa all'iperpiano $\sigma(H)$ di equazione $g(v) = f\sigma^{-1}(v)$ e all'elemento $\sigma(u) \in \sigma(H)$.

ii) Siano $\tau(v) = v + f(v)u$, $\tau'(v) = v + g(v)u'$ due trasvezioni relative a due fissati vettori u e u' di H ed H', rispettivamente, e siano $x, y \in V$ tali che $f(x) = 1$ e $g(y) = 1$. Siano B e B' due basi di V ottenute aggiungendo x a una base $\{u, u_2, \ldots, u_{n-1}\}$ di H e y a una base $\{u', u_2', \ldots, u_{n-1}'\}$ di H', rispettivamente. Esiste allora una trasformazione lineare $\sigma \in GL(n, K)$ che porta u in u', u_i in u_i' e x in y, e si ha $\sigma\tau\sigma^{-1} = \tau'$. Infatti, $\sigma\tau\sigma^{-1}(u') = \sigma\tau(u) = \sigma(u) = u'$, e analogamente per $u_2', \ldots, u_{n-1}'$, e infine $\sigma\tau\sigma^{-1}(y) = \sigma\tau(x) = \sigma(x + u) = \sigma(x) + \sigma(u) = y + u'$. Ciò dimostra il coniugio tra τ e τ' in $GL(n, K)$. Se $n = 2$, le due basi sono $\{u, x\}$ e $\{u', y\}$, che non sono modificabili se si vuole che le due trasvezioni siano relative ai vettori u e u' fissati. Se $n \geq 3$, esiste $u_2 \in H$ indipendente da u. Se A è una matrice di σ, e $\det(A) = d$, sia η la trasformazione lineare che manda u_2 su u_2/d e fissa gli altri vettori di B; allora $\sigma\eta$ ha determinante 1 (in termini di matrici, si ottiene da A dividendone gli elementi della seconda riga per d). $\diamond$

3.95 Lemma. *Le matrici elementari $E_{i,j}(\alpha)$ generano $SL(n, K)$.*

Dim. Dimostreremo qualcosa di più generale facendo vedere che mediante operazioni elementari sulle righe di una matrice invertibile $A \in GL(n, K)$ si ottiene la matrice diagonale $D = \text{diag}(1, 1, \ldots, 1, d)$, dove d è il determinante di A. Se Q è il prodotto delle $E_{i,j}(\alpha)$ corrispondenti alle operazioni effettuate, si avrà $QA = D$, da cui $A = Q^{-1}D$, e siccome l'inversa di una $E_{i,j}(\alpha)$ è ancora dello stesso tipo, e cioè $E_{i,j}(-\alpha)$, si ha il risultato.

Poiché $A = (a_{i,j})$ non è singolare, non tutti gli elementi della prima colonna sono zero; se $a_{2,1} = 0$, aggiungiamo alla seconda riga una riga j con $a_{2,j} \neq 0$ (moltiplichiamo cioè A a sinistra per $E_{2,j}$). Possiamo quindi supporre $a_{2,1} \neq 0$. Moltiplichiamo ora la seconda riga per $a_{2,1}^{-1}(1 - a_{1,1})$ e aggiungiamola alla prima, ottenendo 1 nella posizione $(1,1)$, e sottraiamo multipli della prima riga dalle altre per ottenere $a_{i,1} = 0, i \neq 1$. Procedendo analogamente con la seconda riga e colonna, otteniamo $a_{2,2} = 1$ e $a_{i,2} = 0$, $i > 2$, e, sottraendo un opportuno multiplo della seconda riga dalla prima, anche $a_{1,2} = 0$, e quindi $a_{1,i} \neq 0$ per $i \neq 2$. Il procedimento termina quando si arriva ad $a_{n,n}$, e a questo punto si ha $QA = D$, con $D = \text{diag}(1,1,\ldots,1,a_{n,n})$. Ma prendendo i determinanti dei due membri della $QA = D$ si ha da un lato $\det(QA) = \det Q \cdot \det A = 1 \cdot d$, in quanto Q è prodotto di matrici $E_{i,j}(\alpha)$ che hanno tutte determinante 1, e dall'altro $\det D = a_{n,n}$; ne segue $a_{n,n} = d$. In particolare, se $A \in SL(n,K)$, è $d = 1$, D è identica e $A = Q$, prodotto di trasformazioni elementari. $\diamond$

3.96 Lemma. *Sia $u \in V$, $G_u = \{\sigma \in SL(n,K) \mid \sigma(u) = u\}$ lo stabilizzatore del vettore u. Allora le trasvezioni di centro u:*

$$\tau(v) = v + f(v)u,$$

al variare di $f \in V^*, f(u) = 0$, formano un sottogruppo abeliano normale T_u di G_u. Inoltre, $SL(n,K)$ è generato dai coniugati di T_u in $SL(n,K)$.

Dim. i) T_u è abeliano:

$$\tau^f \tau^g(v) = \tau^f(v + g(v)u) = v + g(v)u + f(v + g(v)u)u$$
$$= v + g(v)u + f(v) + g(v)f(u) = v + (f + g)(v)u,$$

e analogamente $\tau^g \tau^f(v) = v + (g + f)(v)u$. Avendosi $f + g = g + f$ si ha il risultato. Ciò dimostra anche che T_u è isomorfo al gruppo additivo dello spazio duale V^* di V.

ii) $T_u \trianglelefteq G_u$. Sia $\sigma \in G_u$. Allora:

$$\sigma^{-1}\tau^f\sigma(v) = \sigma^{-1}(\sigma(v) + f(\sigma(v))u) = v + f(\sigma(v))\sigma^{-1}(u) = v + f(\sigma(v))u,$$

per cui $\sigma^{-1}\tau^f\sigma = \tau^{f\sigma}$, anch'essa una trasvezione di centro u.

iii) I coniugati di T_u generano $SL(n,K)$:

$$\langle T_u^\sigma \mid \sigma \in SL(n,K)\rangle = \langle T_{\sigma(u)} \mid \sigma \in SL(n,K)\rangle = \langle T_v \mid v \in V\rangle = SL(n,K)$$

dove la seconda uguaglianza segue dalla transitività di $SL(n,K)$, e la terza dal fatto che le trasvezioni generano $SL(n,K)$. $\diamond$

3.97 Lemma (IWASAWA). *Sia G un gruppo di permutazioni primitivo su un insieme Ω, e sia A un sottogruppo abeliano e normale di G_α, e tale che i suoi coniugati secondo i vari elementi di G generano G. Allora ogni sottogruppo normale non banale di G contiene il derivato G' di G. In particolare, se $G = G'$, G è un gruppo semplice.*

Dim. Sia $N \neq \{1\}$ un sottogruppo normale di G; N è transitivo (*es.* 102). Allora $N \not\subseteq G_\alpha$, per qualche α, e per il Teor. 3.22 (o per la massimalità di G_α, *es.* 100) $G = NG_\alpha$. $A \trianglelefteq G_\alpha$ implica $NA \trianglelefteq NG_\alpha = G$, e poiché allora $A^g \subseteq NA$ per ogni $g \in G$, e questi coniugati di A generano G, è $G = NA$. Ne segue $G/N = NA/N \simeq A/A \cap N$, abeliano, e pertanto $N \supseteq G'$.

◇

3.98 Lemma. *Se* $n \geq 3$, *o se* $n = 2$ *e* $|K| > 3$, *allora:*

$$GL(n, K)' = SL(n, K)' = SL(n, K).$$

Dim. (Scriviamo GL per $GL(n, K)$ ed SL per $SL(n, K)$). Poiché $GL/SL \simeq K^*$, è $GL' \subseteq SL$, e poiché $SL' \subseteq GL'$ basta dimostrare che $SL \subseteq SL'$, e per questo che ogni trasvezione appartiene a SL'.

i) $n \geq 3$. In questo caso, le trasvezioni sono coniugate in SL (Lemma 3.94, *ii)*) e pertanto appartengono tutte allo stesso laterale di SL'. Sia τ_u una trasvezione di centro u, $f(u) = 0$, e siano $u' \neq -u$, $f(u') = 0$, e $\tau_{u'}$ una trasvezione di centro u'. Allora $\tau_u^f \tau_{u'}^f = \tau_{u+u'}^f$ è ancora una trasvezione, e pertanto appartiene alla stessa classe di $\tau_{u'}$ mod SL': $SL'\tau_u\tau_{u'} = SL'\tau_{u'}$, da cui $SL'\tau_u = SL'$ e $\tau_u \in SL'$.

ii) $n = 2$. Essendo $SL' \trianglelefteq GL$, e la coniugata di una trasvezione ancora una trasvezione, se una di queste appartiene ad SL' tutte vi appartengono. Sia $\{v_1, v_2\}$ una base di V, e τ la trasvezione $\tau(v_1) = v_1$ e $\tau(v) = v + v_1$ (di centro v_1, iperpiano $\langle v_1 \rangle$ e $f(v) = 1$). Poiché $|K| \geq 3$, esiste $d \in K$ tale che $d^2 \neq 0, 1$. Sia $\sigma(v_1) = dv_1$ e $\sigma(v_1) = d^{-1}v_2$; per il commutatore $[\sigma, \tau^{-1}]$ si ha, su v_1, $\sigma^{-1}\tau\sigma\tau^{-1}(v_1) = \sigma^{-1}\tau\sigma(v_1) = \sigma^{-1}\tau(dv_1) = \sigma^{-1}(dv_1) = v_1$, e su v_2, $\sigma^{-1}\tau\sigma\tau^{-1}(v_2) = \sigma^{-1}\tau\sigma(v_2 + v_1) = \sigma^{-1}\tau(d^{-1}v_2 + dv_1)\sigma^{-1}(d^{-1}v_2 + d^{-1}v_1 - dv_1) = v_2 + d^{-2}v_1 - v_1 = v_2 + (d^{-2} - 1)v_1$. Ne segue che il commutatore $[\sigma, \tau^{-1}]$ è la trasvezione $\tau_v = v + f(v)v_1$ ($f(v) = \beta(d^{-2} - 1)$ per $v = \alpha v_1 + \beta v_2$), di centro v_1 e iperpiano $\langle v_1 \rangle$, da cui il risultato.   ◇

Ricordiamo che se V è uno spazio vettoriale di dimensione n, i sottospazi $\langle v \rangle$ di dimensione 1 ("rette") costituiscono i *punti* dello *spazio proiettivo* $\mathbf{P}^{n-1}(K)$. In altri termini, $\mathbf{P}^{n-1}(K)$ è l'insieme delle classi di equivalenza di vettori non nulli di V rispetto alla relazione "$u\rho v$ se esiste $\lambda \neq 0$ in K tale che $u = \lambda v$". Se $K = \mathbf{F}_q$, ogni classe di equivalenza consta di $q - 1$ vettori, e poiché V ne ha q^n, lo spazio $\mathbf{P}^{n-1}(K)$ ha $q^{n-1} + q^{n-2} + \cdots + q^2 + q + 1$ punti. $SL(n, K)$ agisce su $\mathbf{P}^{n-1}(K)$ (manda rette in rette): $\langle v \rangle^\sigma = \langle v^\sigma \rangle$, ma gli elementi del centro, che sono moltiplicazioni per scalari, fissano tutte le rette, e quindi è il gruppo quoziente $PSL(n, K)$, il *gruppo lineare proiettivo speciale* che agisce: se $a = \langle v \rangle$, $a^{Z\sigma} = \langle v \rangle^{Z\sigma} =_{def} \langle v^\sigma \rangle$ (v. *es.* 123).

Siano ora (a_1, a_2) e (b_1, b_2) due coppie di punti distinti, $a_i = \langle u_i \rangle$, $b_i = \langle v_i \rangle$, $i = 1, 2$. Essendo i punti distinti, i vettori u_1 e u_2 sono indipendenti, e pertanto fanno parte di una base $u_1, u_2, \ldots, u_n$. Analogamente si ha una base $v_1, v_2, \ldots, v_n$, e quindi esiste $\sigma \in GL(n, K)$ che porta ordinatamente u_i su v_i. Se σ ha determinante $d \neq 1$, si può ottenere una $\sigma' \in SL(n, K)$ procedendo come della dimostrazione del Lemma 3.94, *ii)*: si consideri $\sigma' = \sigma\eta$ dove $\eta(u_1) = \frac{1}{d}u_1$ ed $\eta(u_i) = u_i, i \geq 2$. La σ' manda allora u_1 in $\frac{1}{d}v_1$ e u_i in $v_i, i \geq 2$, per cui $\langle u_1 \rangle^{\sigma'} = \langle u_1^{\sigma'} \rangle = \langle (\frac{1}{d}v_1) \rangle = \langle v_1 \rangle$ In altri termini, $Z\sigma' \in PSL(n, K)$ porta $a_i = \langle u_i \rangle$ su $b_i = \langle v_i \rangle$, $i = 1, 2$. Abbiamo dimostrato:

3.99 Lemma. *Il gruppo $PSL(n, K)$ è 2−transitivo sui punti dello spazio proiettivo $\mathbf{P}^{n-1}(K)$.*

Abbiamo ora tutti gli elementi per dimostrare il risultato principale di questa sezione.

3.100 Teorema. *Il gruppo $PSL(n, K)$ è un gruppo semplice se $n > 2$, o se $n = 2$ e $|K| > 3$.*

Dim. Scriviamo SL per $SL(n, K)$, PSL per $PSL(n, K)$, e verifichiamo che PSL soddisfa le ipotesi del Lemma di Iwasawa. Per il Lemma 3.96, SL contiene il sottogruppo normale abeliano T_u i coniugati del quale generano SL, e pertanto PSL contiene il sottogruppo normale abeliano T_uZ/Z i coniugati del quale generano $SL/Z = PSL$. Ne segue che un sottogruppo normale non banale di PSL contiene il derivato PSL'. Ma siamo nelle ipotesi del Lemma 3.98, e quindi $SL = SL'$, e poiché $PSL' = (SL/Z)' = SL'Z/Z = SL/Z = PSL$ si ha la tesi.   ◇

Nel caso di un campo finito, questo teorema fornisce così una nuova classe infinita di gruppi semplici finiti, che fa seguito a quella dei gruppi alterni che già conosciamo. Per gli ordini dei gruppi $SL(n, q)$ e $PSL(n, q)$ abbiamo:

3.101 Teorema. *Sia $K = F_q$. Allora:*
   i) $|SL(n, q)| = |GL(n, q)|/(q-1) = (q^n - 1)(q^n - q) \cdots (q^n - q^{n-1})/(q-1)$;
   ii) $|PSL(n, q)| = |SL(n, q)|/(n, q - 1)$.

Dim. i) L'ordine del gruppo $GL(n, q)$ è stato calcolato nell' *Es.* 2 di §1.21. Il risultato segue dal fatto che $SL(n, q)$ è il nucleo dell'omomorfismo che manda una trasformazione lineare nel determinante di una sua matrice. L'immagine di questo omomorfismo è il gruppo moltiplicativo F_q^* del campo, che ha ordine $q - 1$.

ii) $PSL(n, q)$ è l'immagine di $SL(n, q)$ secondo un omomorfismo di nucleo le radici n−esime dell'unità di F_q^*, e poiché F_q^* è ciclico di ordine $q - 1$, le radici n−esime formano un sottogruppo di ordine $(n, q - 1)$.   ◇

I gruppi $PSL(2, 2)$ e $PSL(2, 3)$ esclusi dal Teor. 3.100 hanno ordine rispettivamente 6 e 12, e quindi non possono essere semplici (sono isomorfi ad S^3 e A^4, rispettivamente; v. *es.* 126). Per $n = 2$ e $q = 3$, $GL(3, 2)$, che abbiamo visto essere l'unico gruppo semplice di ordine 168, si ritrova come $PSL(3, 2)$ (su un campo con due elementi non c'è distinzione tra $GL(n, K), SL(n, K)$ e $PSL(n, K)$) o come $PSL(2, 7)$. Il gruppo alterno A^5 è isomorfo a $PSL(2, 4)$ e a $PSL(2, 5)$.

Esercizi

118. Dimostrare che $GL(n, K)$ è il prodotto semidiretto di $SL(n, K)$ e del gruppo moltiplicativo K^* di K.

119. Data una trasvezione τ, determinare una $E_{i,j}(\alpha)$ coniugata a τ.

120. Dimostrare che se la dimensione dello spazio è 2, e -1 non è un quadrato in K, le due trasvezioni $E_{1,2}(1)$ ed $E_{1,2}(-1)$ non sono coniugate in $SL(2, K)$.

121. Siano τ_u e τ_v due trasvezioni relative allo stesso iperpiano. Dimostrare che $\tau_u \tau_v = \tau_{u+v}$. Si ottiene così un isomorfismo tra il gruppo delle trasvezioni con lo stesso iperpiano e il gruppo additivo dell'iperpiano.

122. Dimostrare che se $n \geq 3$, ogni $E_{i,j}(\alpha)$ è un commutatore.

123. Dimostrare che l'azione di $PSL(n, K)$ sui punti di $\mathbf{P}^{n-1}(K)$ è ben definita e fedele.

I due esercizi che seguono permettono di dare una nuova dimostrazione della semplicità di $PSL(n, K)$ per $n \geq 3$.[†]

124. Sia $n \geq 3$, $\sigma \in SL(n, K) \setminus Z$; allora esiste u tale che $\sigma(u) = v \neq u$. Il piano $\langle u, v \rangle$ è contenuto in un iperpiano H. Sia τ_u una trasvezione relativa ad H. Dimostrare che per $\delta = \sigma \tau_u \sigma^{-1} \tau_u^{-1}$ si ha:

  i) $\delta \neq 1$ (usare l'esistenza di un vettore $w \notin \langle u, v \rangle$);

  ii) $\delta(v) - v \in \langle u, v \rangle$, per ogni $v \in V$;

  iii) $\delta(H) \subseteq (H)$, $\delta(v) = v + h$, $h \in H$ e perciò $\delta(H) = H$;

  iv) se δ permuta con tutte le trasvezioni relative ad H, allora fissa H elemento per elemento e quindi si tratta di una trasvezione relativa ad H;

  v) esiste una trasvezione τ_u relativa ad H tale che $\delta' = \delta \tau_u \delta^{-1} \tau_u^{-1} \neq 1$. δ' è allora prodotto di due trasvezioni ($\delta \tau_u \delta^{-1}$ e τ_u^{-1}) di iperpiani $\delta(H)$ e H; ma $\delta(H) = H$, e quindi si tratta di due trasvezioni relative allo stesso iperpiano, e pertanto δ' è una trasvezione relativa ad H.

125. Sia $n \geq 3$, N normale in $SL(n, K)$, $N \not\subseteq Z$. Dimostrare che

  i) N contiene una trasvezione. [*Sugg.*: se $\sigma \in N \setminus Z$, N contiene o $\delta = \sigma(\tau_u \sigma^{-1} \tau_u^{-1})$ oppure $\delta' = \delta(\tau_u \delta^{-1} \tau_u^{-1})$];

  ii) N contiene tutte le trasvezioni (Lemma 3.93).
Concludere che $PSL(n, K)$ è un gruppo semplice.

126. Dimostrare che $PSL(2, 2)$ è isomorfo a S^3 e $PSL(2, 3)$ ad A^4 [*Sugg.* : $PSL(2, 2)$ agisce fedelmente sui tre punti della retta proiettiva $\mathbf{P}^1(F_2)$ (le tre rette dello spazio $V = \{0, u, v, u+v\}$), e $PSL(2, 3)$ sui quattro punti di $\mathbf{P}^1(F_3)$ (le quattro rette dello spazio $W = \{0, u, -u, v, -v, u+v, u-v, -u+v, -u-v\}$)].

127. Dimostrare che $PSL(2, 4) \simeq PSL(2, 5) \simeq A^5$.

128. Dimostrare che i due gruppi semplici $PSL(3, 4)$ e $PSL(4, 2)$, che hanno lo stesso ordine 20160, non sono isomorfi. [*Sugg.*: dimostrare che il centro di un 2–Sylow di $PSL(3, 4)$ è un Klein considerando le matrici unitriangolari superiori (§**3.32**, *Es.* 1); quelle del centro sono le $\begin{pmatrix} 1 & 0 & x \\ 0 & 1 & 0 \\ 0 & 0 & 1 \end{pmatrix}$, con $x \in F_4$. Il centro di un 2–Sylow di $PSL(4, 2)$ è invece un C_2. (L'uso delle matrici è giustificato dal fatto che i p–Sylow di $PSL(n, q)$, $q = p^f$, sono isomorfi a quelli di $SL(n, q)$)].

[†] Cf. S. Lang, *Algebra*, II ed., p. 476.

4

Generatori e relazioni

4.1 Generatori

Ricordiamo che il sottogruppo generato da un insieme di elementi S di un gruppo G è l'insieme di tutti i prodotti:

$$s_1^{\epsilon_1} s_2^{\epsilon_2} \cdots s_m^{\epsilon_m} \tag{4.1}$$

dove $s_i \in S$ (non necessariamente distinti), $\epsilon_i = \pm 1$ e m è un intero positivo (Teor. 1.20). Per semplicità è opportuno scrivere, raccogliendo gli s_i consecutivi uguali, $s_1^{h_1} s_2^{h_2} \cdots s_m^{h_m}$, con gli h_i interi relativi ($s_i^0 = 1$). Nella forma (4.1) gli elementi di $\langle S \rangle$ sono *parole* nell'*alfabeto* $S \cup S^{-1} \cup \{1\}$. Si può analogamente definire il sottogruppo normale generato da S, detto anche *chiusura normale* di S, e che si denota con $\langle S \rangle^G$. Esso è generato dagli elementi di S e dai loro coniugati, e coincide con l'intersezione dei sottogruppi normali di G (c'è almeno G stesso) che contengono l'insieme S. Se gli elementi di S permutano tra loro, allora $\langle S \rangle$ è abeliano. Inoltre, se S è finito e tutti i suoi elementi hanno periodo finito e sono permutabili, allora anche $\langle S \rangle$ è finito. Infine, un sistema di generatori di un gruppo è *minimale* se nessun suo sottoinsieme proprio genera il gruppo.

Scriveremo *f.g.* per "finitamente generato". Se G è f.g. e $N \trianglelefteq G$, allora G/N è f.g. (dalle immagini dei generatori di G). Ma un sottogruppo di un gruppo f.g. non è detto che sia f.g. (v. *Es.* 3 e 4 di 4.1 qui sotto).

4.1 Esempi. 1. Il gruppo degli interi (notazione additiva) è generato dall'insieme $S = \{1\}$ e anche da $S = \{2, 3\}$. Sono entrambi insiemi di generatori minimali. La cardinalità di un insieme di generatori non è dunque determinata, nemmeno nel caso minimale.

2. *Il gruppo additivo* $\mathbf{Q} = \mathbf{Q}(+)$ *dei razionali.* Si tratta di un gruppo che non può essere f.g. Infatti, se $S = \{\frac{p_i}{q_i}\}$, $i = 1, 2, \ldots, n$, è un insieme finito di numeri razionali, per un elemento r del sottogruppo $\langle S \rangle$ si ha, per certi t_i, e dopo aver ridotto allo stesso denominatore, $r = \sum_{i=1}^{n} m_i \frac{p_i}{q_i} = \frac{\sum_{i=1}^{n} t_i}{q_1 q_2 \cdots q_n}$ Al variare di r in $\langle S \rangle$ gli elementi $\sum_{i=1}^{n} t_i$ così ottenuti costituiscono un sottogruppo degli interi (perché $\langle S \rangle$ è un sottogruppo), che come tale è ciclico, generato da un certo intero h. Allora anche $\langle S \rangle$ è ciclico, e generato da $\frac{h}{q_1 q_2 \cdots q_n}$. In altre parole, *ogni sottogruppo f.g. dei razionali è ciclico* (un gruppo con questa proprietà si dice *localmente ciclico*). Ma i razionali non sono un gruppo ciclico: dato un razionale r ne esistono sempre altri che non sono multipli interi di r.

Nel gruppo dei razionali non esistono sistemi di generatori minimali. Anzi, ogni elemento di un sistema di generatori è superfluo. Infatti, siano $\mathbf{Q} = \langle S \rangle$ e $s \in S$, e facciamo vedere che anche $S \setminus \{s\}$ genera $\mathbf{Q}$. Sia H il sottogruppo generato da $S \setminus \{s\}$ e sia $y \in H$. Esistono allora due interi n e m tali che $ns = my$, e quindi $ns \in H$. Ora, per n intero non nullo, $\frac{1}{n}s$ deve potersi esprimere nella forma $\frac{1}{n}s = \sum m_i s_i + ks$ con $s_i \in S \setminus \{s\}$; ma allora $s = \sum nm_i s_i + nks \in H$, in quanto somma di due elementi di H. Ne segue $\mathbf{Q} = \langle S \rangle = \langle S \setminus \{s\} \rangle = H$, e l'elemento s è superfluo.

4.2 Nota. Nel caso di $\mathbf{Q}$, o in casi simili, in un insieme S di generatori ogni elemento è superfluo, e si potrebbe quindi pensare di togliere a uno a uno tutti gli elementi $s_1, s_2, \ldots$ da S fino ad arrivare all'insieme vuoto e all'assurdo $\mathbf{Q} = \langle \emptyset \rangle = \{0\}$. L'assurdo nasce dal fatto che l'operazione di togliere gli elementi da un insieme infinito S corrisponde a una proposizione con un numero infinito di congiunzioni, che non può essere una proposizione della teoria.

Da questa dimostrazione si vede anche che $\mathbf{Q}$ non ha sottogruppi massimali: se infatti $M < \mathbf{Q}$ è massimale, sia $x \notin M$; allora $\mathbf{Q} = \langle M, x \rangle$, e come sopra $\mathbf{Q} = \langle M \rangle = M$.

Un insieme di generatori per $\mathbf{Q}$ è dato da $S = \{\frac{1}{n}, n = 1, 2, \ldots\}$: si ha $\frac{r}{s} = r\frac{1}{s}$. Un altro insieme di generatori è $\{\frac{1}{k!}\}$: qui si ha $\frac{r}{s} = (r(s-1)!)\frac{1}{s!}$, $k = 1, 2, \ldots$; esso permette di rappresentare $\mathbf{Q}$ come unione di sottogruppi in modo analogo a C_{p^∞}:

$$\langle 1 \rangle \subset \langle \frac{1}{2!} \rangle \subset \langle \frac{1}{3!} \rangle \subset \cdots$$

($\langle 1 \rangle$ è il gruppo degli interi). Si osservi che, posto $c_k = \frac{1}{k!}$, $\mathbf{Q}$ ha un sistema di generatori $c_1, c_2, \ldots$ tali che $c_1 = 2c_2, c_2 = 3c_3, \ldots, c_n = (n+1)c_{n+1}, \ldots$ (cfr. *Es.* 3 di 1.36).

Nel gruppo degli interi tutti i sottogruppi non banali hanno indice finito; in $\mathbf{Q}$ si verifica il caso opposto: tutti i sottogruppi non banali hanno indice infinito (v. *Es.* 7 di 1.45). Ogni elemento di $\mathbf{Q}/H$ ha però periodo finito. Sia infatti $H + a \in \mathbf{Q}/H$, $\frac{r}{s} \in H$ e $a = \frac{p}{q}$. Allora $r = s\frac{r}{s} \in H$, e dunque $pr \in H$. Ma $rqa = pr \in H$, e perciò $rq(H + a) = H$.

3. Sia H una somma diretta infinita (nei due sensi) di copie di $\mathbf{Z}_2$:

$$H = \cdots \oplus \mathbf{Z}_2 \oplus \mathbf{Z}_2 \oplus \mathbf{Z}_2 \oplus \cdots$$

H non può essere f.g. (se lo fosse, poiché è abeliano e i suoi elementi hanno periodo finito, sarebbe finito). Consideriamo l'automorfismo di H dato da $\sigma(x_i) = x_{i+1}$, dove x_i è il generatore dell'$i-$esimo addendo, $i \in \mathbf{Z}$. È chiaro che il prodotto semidiretto di $\langle \sigma \rangle$ per H è generato da uno degli x_i, ad esempio x_0, e da σ, perché ogni altro s_k si ottiene come $\sigma^k(x_0)$:

$$G = \langle H, \sigma \rangle = \langle x_0, \sigma \rangle.$$

Quindi G è generato da due elementi e contiene H che non è f.g. Si osservi che in questo caso si ha addirittura una catena discendente di sottogruppi f.g. la cui intersezione non è f.g. Infatti, a partire da x_0, x_1 e σ^2 si ottengono tutti gli elementi di H, e dunque $\langle H, \sigma^2 \rangle = \langle x_0, x_1, \sigma^2 \rangle$, e in generale $\langle H, \sigma^{2^k} \rangle = \langle x_0, x_1, \ldots, x_{2^k-1}, \sigma^{2^k} \rangle$. Abbiamo così la catena di sottogruppi:

$$G = \langle H, \sigma \rangle \supset \langle H, \sigma^2 \rangle \supset \ldots \supset \langle H, \sigma^{2^k} \rangle \supset \ldots,$$

e l'intersezione di tutti i sottogruppi della catena, che sono f.g., è il sottogruppo H:

$$\bigcap_{i=1}^{\infty} \langle H, \sigma^{2^k} \rangle = H,$$

che non è f.g.[†]

4. Consideriamo le due trasformazioni affini della retta reale:

$$s : x \to 2x, \quad t : x \to x + 1$$

e il gruppo $G = \langle s, t \rangle$ da esse generato (nel gruppo affine della retta). In questo gruppo gli elementi:

$$s_k = s^k t s^{-k} \; : \; x \to x + \frac{1}{2^k}, \; k \geq 0,$$

sono tali che $s_k = s_{k+1}^2$, e dunque $\langle s_k \rangle \subset \langle s_{k+1} \rangle$. Il sottogruppo di G

$$H = \bigcup_{k \geq 0} \langle s_k \rangle$$

non può essere f.g.; in particolare, $H \neq G$.

Si osservi, inoltre, che coniugando s_{k+1} con s si ottiene s_k:

$$s^{-1} s_{k+1} s = s_{k+1}^2 = s_k,$$

e quindi $\langle s_{k+1} \rangle^s = \langle s_k \rangle$.[‡]

Vi sono due casi che assicurano in generale che un sottogruppo di un gruppo f.g. è anch'esso f.g. È quanto vedremo nei due teoremi che seguono.

[†] Il gruppo G è il *lamplighter group* (gruppo del lampionaio).
[‡] Si ha così un esempio di coniugio che "restringe" un sottogruppo.

4.3 Teorema. *Un sottogruppo di indice finito di un gruppo f.g. è f.g.*

Il teorema è una conseguenza immediata del lemma seguente:

4.4 Lemma. *Sia G un gruppo, H un sottogruppo di G, T un sistema di rappresentanti dei laterali destri di H, con $1 \in T$. Sia X un sistema di generatori di G. Allora gli elementi di TXT^{-1} che appartengono ad H formano un sistema di generatori di H: $H = \langle TXT^{-1} \cap H \rangle$.*

Dim. Sia $h \in H$ dato da $h = y_1 y_2 \cdots y_n$, $y_i \in X \cup X^{-1}$, e sia $y \in Ht_1$. Allora $y_1 = h_1 t_1$, per cui $h_1 = y_1 t_1^{-1} = 1 \cdot y_1 t_1^{-1} = (t_1 x_1 \cdot 1)^{-1}$ e dunque h_1 è l'inverso di un elemento di TXT^{-1}. Analogamente, $t_1 y_2 = h_2 t_2$, e quindi, se $y_2 = x_2$, si ha $h_2 = t_1 x_2 t_2^{-1} \in TXT^{-1}$ e se $y_2 = x_2^{-1}$ è $h_2 = (t_2 x_2 t_1^{-1})^{-1}$. Ne segue:

$$h = y_1 t_1^{-1} \cdot t_1 y_2 \cdot y_3 \cdots y_n = 1 y_1 t_1^{-1} \cdot t_1 y_2 t_2^{-1} \cdot t_2 y_3 \cdots y_n = \cdots$$
$$= 1 y_1 t_1^{-1} \cdot t_1 y_2 t_2^{-1} \cdots t_{n-2} y_{n-1} t_{n-1}^{-1} \cdot t_{n-1} y_n = h_1 h_2 \cdots h_{n-1} \cdot t_{n-1} y_n,$$

e poiché $t_{n-1} y_n = t_{n-1} x_n \cdot 1 = (h_1 h_2 \cdots h_{n-1})^{-1} h \in H$, si ha il risultato. $\Diamond$

Per costruzione, in un elemento $h = t_1 x_2 t_2^{-1}$, t_2 è il rappresentante della classe cui appartiene $t_1 x_2$. Scrivendo $t_2 = \overline{t_1 x_2}$, h assume la forma $h = t_1 x_2 (\overline{t_1 x_2})^{-1}$. Se $h = t_1 x_2^{-1} t_2^{-1}$, allora $h_2 t_2 x_2 = t_1$, e t_1 è il rappresentante della classe cui appartiene $t_2 x_2$; in questo caso:

$$h = t_1 x_2^{-1} t_2^{-1} = (t_2 x_2 t_1^{-1})^{-1} = (t_2 x_2 \cdot (\overline{t_2 x_2})^{-1})^{-1}.$$

In altre parole, il lemma precedente dice che $H = \langle tx(\overline{tx})^{-1}, \, t \in T, x \in X \rangle$.

4.5 Teorema. *Un sottogruppo di un gruppo abeliano f.g. è f.g.*

Dim. (Notazione additiva). Per induzione sul numero n di generatori del gruppo. Se $n = 1$, il gruppo è ciclico, e così pure ogni suo sottogruppo. Se $n > 1$, $x_1, x_2, \ldots, x_n$ sono generatori e H è un sottogruppo, possiamo scrivere, per $h \in H$,

$$h = m_1 x_1 + m_2 x_2 \cdots + m_n x_n, \, m_i \in \mathbf{Z}. \tag{4.2}$$

Sia S il sottoinsieme di $\mathbf{Z}$ costituito dagli interi che compaiono come coefficienti di x_1 nella scrittura di qualche elemento di H. Se $h_1 = tx_1 + \cdots$ e $h_2 = rx_1 + \cdots$, allora $t - r$ compare come coefficiente di x_1 dell'elemento $h_1 - h_2 \in H$. Ne segue che S è un sottogruppo di $\mathbf{Z}$, e come tale è ciclico, generato, diciamo, da s. Sia h' un elemento di H che ha s come coefficiente di x_1: $h' = sx_1 + \cdots$, e sia h come nella (4.2). Allora $m_1 = ps$ e in $h - ph'$ non compare x_1; pertanto, $h - ph' \in K = \langle x_2, x_3, \ldots, x_n \rangle$. Poiché K è generato da $n - 1$ elementi, ogni suo sottogruppo è, per ipotesi induttiva, finitamente generato; in particolare lo è $H \cap K$: $H \cap K = \langle y_1, y_2, \ldots, y_m \rangle$. Ma $h - ph' \in H \cap K$, e dunque $h \in \langle h', y_1, y_2, \ldots, y_m \rangle$, ed essendo h generico in H, è $H \subseteq \langle h', y_1, y_2, \ldots, y_m \rangle$. L'altra inclusione è ovvia in quanto h' e gli y_i sono tutti elementi di H. $\Diamond$

Esercizi

1. Sia G un gruppo abeliano, n un intero. Dimostrare che $nG = \{na, a \in G\}$ e $G[n] = \{a \in G \mid na = 0\}$ sono sottogruppi di G e che $nG \simeq G/G[n]$.

4.6 Definizione. In un gruppo G, un elemento x si dice *divisibile per l'intero n* se esiste $y \in G$ tale che $x = ny$ (o $x = y^n$ in notazione moltiplicativa) e si dice *divisibile* se è divisibile per ogni n. Il gruppo G si dice *divisibile* se ogni suo elemento lo è.

In altre parole, G è divisibile se e solo se $nG = G$ per ogni n (v. *es.* precedente). Ad esempio, il gruppo additivo dei razionali $\mathbf{Q}(+)$ è divisibile ($y = \frac{x}{n}$), come pure il gruppo moltiplicativo dei complessi $\mathbf{C}^*$ ($y = \sqrt[n]{x}$).

2. Se $(o(x), n) = 1$, allora x è divisibile per n.

3. Sia G un gruppo abeliano divisibile. Dimostrare che:

  i) G è infinito, e ogni suo quoziente proprio è ancora divisibile;

  ii) il sottogruppo di torsione di G è divisibile;

  iii) il sottogruppo di torsione del gruppo moltiplicativo dei numeri complessi è isomorfo al gruppo additivo $\mathbf{Q/Z}$ (l'operazione è la "somma modulo 1", e i $p-$elementi costituiscono il gruppo $\mathbf{Q}^p$ dell'*Es.* 4 di 1.36);

  iv) se G è privo di torsione, allora è uno spazio vettoriale sui razionali. [*Sugg.*: si definisca la moltiplicazione esterna di un razionale $\frac{m}{n}$ per x come my, dove y è l'unico elemento tale che $x = ny$];

  v) G è divisibile se e solo se è divisibile per ogni primo;

  vi) G è divisibile se e solo se non contiene sottogruppi massimali;

  vii) usare *i*) per dimostrare che $\mathbf{Q}(+)$ non ha sottogruppi di indice finito, e in particolare non ha sottogruppi massimali;

  viii) una somma diretta di gruppi divisibili è divisibile.

4. Dimostrare che C_{p^∞} è divisibile.

5. Dimostrare che C_{p^∞} è isomorfo a ogni suo quoziente proprio. [*Sugg.* : usare gli *es.* 1 e 3 ricordando che un sottogruppo di C_{p^∞} è costituito dalle radici p^n-esime dell'unità, per un certo n, e quindi dagli elementi z tali che $z^{p^n} = 1$].

6. Utilizzare i generatori $X = \{\frac{1}{k!}, \ k = 1, 2, \ldots\}$ di $\mathbf{Q}(+)$ per dare una nuova dimostrazione del fatto che $\mathbf{Q}(+)$ è localmente ciclico (v. *Es.* 2 di 4.1).

7. Siano $p_1, p_2, \ldots, p_n$ primi distinti. Dimostrare che i prodotti

$$\bar{p}_i = p_1 p_2 \cdots p_{i-1} p_{i+1} \cdots p_n, \ i = 1, 2, \ldots, n,$$

formano un sistema di generatori minimale di $\mathbf{Z}$.

8. Se $\langle X \rangle = G$ e α è un automorfismo di G, allora $\langle X^\alpha \rangle = G$.

9. Se G è f.g. la sua cardinalità è quella del numerabile.

10. Un gruppo è *localmente finito* se ogni suo sottogruppo f.g. è finito. Dimostrare (Schmidt) che se $N \trianglelefteq G$ e G/N sono localmente finiti anche G lo è. [*Sugg.* : sia $\{x_i\}$ finito; le immagini $x_i N$ generano un sottogruppo finito di G/N].

11. Dimostrare che:

  i) i razionali della forma $\frac{m}{p^r}$, p primo, m, r interi, formano un sottogruppo $\mathbf{Q}_p$ di $\mathbf{Q}(+)$ che non è divisibile. [*Sugg.*: Sia n primo con m e p].

ii) $\mathbf{Q}_p/\mathbf{Z} \simeq C_{p^\infty}$, e dunque è divisibile (è il gruppo dell'*Es.* 4 di 1.36).

iii) $\mathbf{Q}_p \neq \mathbf{Q}_q$, $p \neq q$.

iv) $\bigcap_p \mathbf{Q}_p$ è il gruppo degli interi.

12. Dimostrare che il sottogruppo H dell'*Es.* 4 di 4.1 è normale e abeliano (e anzi localmente ciclico) e che il quoziente G/H è ciclico.

4.2 Il sottogruppo di Frattini

Un elemento x di un gruppo si dice *non–generatore* se ogniqualvolta x assieme a un insieme S genera G, allora già S da solo genera G:

$$\langle S, x \rangle = G \Rightarrow \langle S \rangle = G;$$

in altri termini, x può essere eliminato da ogni insieme di generatori.

L'unità è un non–generatore: se $\langle S, 1 \rangle = G$, poiché $\langle S \rangle$ è in ogni caso un sottogruppo, $1 \in \langle S \rangle$, e quindi $\langle S \rangle = G$ (se $S = \{1\}$, $S \setminus \{1\} = \emptyset$, e sappiamo che $\langle \emptyset \rangle = \{1\}$). Se x è un non–generatore, e se x^{-1} assieme a S genera G, allora poiché $x = (x^{-1})^{-1} \in \langle S, x^{-1} \rangle$, si ha $G = \langle S, x^{-1} \rangle = \langle S, x \rangle = \langle S \rangle$. Il fatto più interessante è che se x e y sono due non–generatori, anche il loro prodotto xy lo è. Infatti, sia $G = \langle S, xy \rangle$; dato che $\langle S, xy \rangle \subseteq \langle S, x, y \rangle$, si ha $G \subseteq \langle S, x, y \rangle$ e perciò $G = \langle S, x, y \rangle$. Essendo y un non–generatore, $\langle S, x \rangle = G$, ed essendo x un non–generatore, $\langle S \rangle = G$, che è quanto si voleva.

L'insieme dei non–generatori è quindi un sottogruppo.

4.7 Definizione. L'insieme dei non–generatori di un gruppo G è il *sottogruppo di Frattini* di G. Si denota con $\mathbf{\Phi}(G)$.

Si tratta di un sottogruppo normale, e anzi caratteristico. Infatti, sia α un automorfismo di G, $x \in \mathbf{\Phi}$ e $\langle S, x^\alpha \rangle = G$. Allora, applicando α^{-1},

$$\langle S^{\alpha^{-1}}, x \rangle = G^{\alpha^{-1}} = G \Rightarrow \langle S^{\alpha^{-1}} \rangle = G \Rightarrow \langle S \rangle = G^\alpha = G.$$

Può ben accadere che il sottogruppo di Frattini coincida con tutto il gruppo. È il caso ad esempio del gruppo dei razionali, per il quale, come abbiamo visto, ogni elemento di un sistema di generatori è superfluo (*Es.* 2 di 4.1: se $\mathbf{Q}(+) = \langle S \rangle$ allora $H = \langle S \setminus \{s\} \rangle = \mathbf{Q}(+)$).

Il fatto che il Frattini sia un sottogruppo proprio o meno è legato all'esistenza di sottogruppi massimali (sappiamo che $\mathbf{Q}(+)$ non ne ha): se $M < G$ è massimale e $x \notin M$, x non può essere un non–generatore: si ha infatti $\langle M, x \rangle = G$ ma $\langle M \rangle = M \neq G$. Per ogni elemento x che non appartenga a un sottogruppo massimale, c'è almeno un sistema di generatori di G dal quale x non può essere soppresso. C'è da supporre allora che i non–generatori siano gli elementi che appartengono a tutti i sottogruppi massimali; ed in effetti è così. Per dimostrarlo abbiamo bisogno del Lemma di Zorn, nella forma seguente:

Sia $\mathcal{F}$ una famiglia non vuota di sottoinsiemi di un insieme ordinata per inclusione e tale che ogni sottofamiglia totalmente ordinata (una catena) $\{H_\alpha\}_{\alpha \in I}$ di elementi di $\mathcal{F}$ ammetta un confine superiore H appartenente a $\mathcal{F}$:

$$\exists H \in \mathcal{F} \mid H_\alpha \subseteq H, \ \forall \alpha \in I.$$

Allora esiste in $\mathcal{F}$ un elemento massimale, cioè un sottoinsieme $M \in \mathcal{F}$ non contenuto propriamente in alcun altro sottoinsieme di $\mathcal{F}$.

Di solito, per dimostrare che la famiglia $\{H_\alpha\}$ ammette un confine superiore in $\mathcal{F}$ si cerca di dimostrare che l'unione U degli H_α appartiene a $\mathcal{F}$, e poiché ovviamente $H_\alpha \subseteq U$ per ogni α, si avrà che tale confine esiste. Scatta allora il lemma, e si ha l'esistenza di un sottoinsieme massimale in $\mathcal{F}$ (da non confondere però con l'insieme U).

4.8 Lemma. *Sia $H \leq G$ e sia $x \notin H$. Allora esiste un sottogruppo M di G contenente H e massimale rispetto alla proprietà di escludere x.*

Dim. La famiglia $\mathcal{F}$ dei sottogruppi di G che contengono H ma non x è non vuota (c'è almeno H). Se $\{H_\alpha\}$ è una catena di elementi di $\mathcal{F}$ allora anche l'unione $U = \bigcup_\alpha H_\alpha$ appartiene a $\mathcal{F}$ in quanto ogni H_α contiene H e se $x \in U$ allora $x \in H_\alpha$ per qualche α, contro il fatto che $H_\alpha \in \mathcal{F}$. La famiglia $\mathcal{F}$ soddisfa allora le ipotesi del lemma di Zorn, e dunque esiste in $\mathcal{F}$ un elemento massimale M. ◇

Questo lemma ci permette di dimostrare che un gruppo f.g. ammette sempre sottogruppi massimali. Più precisamente:

4.9 Teorema. *Sia G f.g., H un sottogruppo proprio di G. Allora H è contenuto in un sottogruppo massimale.*

Dim. Sia G generato da S, e sia s_1 il primo degli s_i che non appartiene ad H. Sia $M_1 \supseteq H$, massimale rispetto alla proprietà di non contenere s_1. Se $\langle M_1, s_1 \rangle = G$, M_1 è il sottogruppo richiesto, in quanto ogni sottogruppo di G che contiene propriamente M_1 contiene s_1, e dunque coincide con G. Se $\langle M_1, s_1 \rangle < G$, sia s_2 il primo elemento di S non contenuto in $\langle M_1, s_1 \rangle$, e sia $M_2 \supseteq \langle M_1, s_1 \rangle$ massimale rispetto alla proprietà di non contenere s_2. Continuando in questo modo, si ottiene un sottogruppo M_i tale che $M_i \supseteq \langle M_{i-1}, s_{i-1} \rangle \supseteq \dots \supseteq H$ con $\langle M_i, s_i \rangle = G$. M_i è il sottogruppo massimale cercato. ◇

4.10 Teorema. *Le seguenti proposizioni sono equivalenti:*
   i) $\Phi(G) < G$;
   ii) G ha almeno un sottogruppo massimale.

Dim. Abbiamo già osservato che *ii)* implica *i)*.
   i) implica *ii)*. Poiché $\Phi < G$, esiste $x \in G$ e $x \notin \Phi$, e quindi un insieme S tale che

$$\langle S, x \rangle = G, \ \langle S \rangle \neq G; \tag{4.3}$$

in particolare, $x \notin \langle S \rangle$. Sia $M \supseteq \langle S \rangle$ massimale rispetto alla proprietà di escludere x. Allora M è massimale *tout court* (è massimale nella famiglia di tutti i sottogruppi di G). Se infatti $M < L$, allora $S \subset L$ e perciò L deve contenere anche x: L contiene S e x e dunque anche $\langle S, x \rangle = G$, e pertanto $L = G$. ◇

4.11 Corollario. *Sia G un gruppo, $G \neq \{1\}$, e sia $\Phi(G)$ finitamente generato. Allora G ha almeno un sottogruppo massimale.*

Dim. Altrimenti $\Phi(G) = G$, e dunque se $\Phi(G) = \langle x_1, x_2, \ldots, x_n \rangle$ si ha

$$G = \Phi(G) = \langle x_1, x_2, \ldots, x_n \rangle = \langle x_1, x_2, \ldots, x_{n-1} \rangle = \cdots$$
$$= \langle x_1, x_2 \rangle = \langle x_1 \rangle = \langle \emptyset \rangle = \{1\},$$

(v. Nota 4.2). ◇

Con la stessa dimostrazione del Teor. 4.10 si ottiene:

4.12 Teorema. *Per un gruppo G si ha:*
   i) $\Phi(G) = G$, *oppure:*
   ii) $\Phi(G)$ *è l'intersezione di tutti i sottogruppi massimali di G.*

Dim. Se $\Phi(G) < G$ esiste per il Teor. 4.10 almeno un sottogruppo massimale M, e già sappiamo che un non–generatore non può stare fuori da un sottogruppo massimale; dunque $\Phi(G) \subseteq \bigcap M$. Viceversa, sia $x \in \bigcap M$ e $x \notin \Phi(G)$. Siamo allora nella situazione (4.3), e proseguendo come nel Teor. 4.10 troviamo un sottogruppo massimale L che non contiene x, assurdo.   ◇

4.13 Esempio. *Il gruppo di Heisenberg $\mathcal{H}$ su $\mathbf{Z}$.* È il gruppo delle matrici 3×3 a coefficienti interi:

$$\begin{pmatrix} 1 & a & c \\ 0 & 1 & b \\ 0 & 0 & 1 \end{pmatrix}, \ a, b, c \in \mathbf{Z},$$

con l'usuale prodotto di matrici. $\mathcal{H}$ si può anche descrivere come l'insieme delle terne (a, b, c) di interi con il prodotto

$$(a_1, b_1, c_1)(a_2, b_2, c_2) = (a_1 + a_2, b_1 + b_2, c_1 + c_2 + a_1 b_2).$$

Facendo corrispondere alla terna (a, b, c) la matrice precedente, questo prodotto corrisponde al prodotto di matrici; l'unità è $(0, 0, 0)$, e l'inverso dell'elemento (a, b, c) è $(-a, -b, -c + ab)$. Inoltre, per $n \geq 2$,

$$(a, b, c)^n = (na, nb, nc + \binom{n}{2} ab)$$

per cui $(a,b,c) = (0,b,0)(a,0,0)(0,0,c) = (0,1,0)^b(1,0,0)^a(0,0,1)^c$, e poiché $(0,0,1) = [(1,0,0),(0,1,0)]$, $\mathcal{H}$ è generato dai due elementi $(1,0,0)$ e $(0,1,0)$. In generale il commutatore di due elementi è $[(a_1,b_1,c_1),(a_2,b_2,c_2)] = (0,0,a_1b_2 - a_2b_1)$, e quindi è del tipo $(0,0,c)$. Avendosi poi $(a,0,0)^n = (na,0,0)$, $(0,0,c)^n = (0,0,nc)$, gli elementi $(a,0,c)$, con $a,c \in \mathbf{Z}$, formano un sottogruppo isomorfo al prodotto diretto $\mathbf{Z} \times \mathbf{Z}$. Se (a,b,c) permuta con $(1,0,0)$ deve essere $b = 0$, come subito si verifica; se permuta con $(0,1,0)$ è $a = 0$. Un elemento che permuta con entrambi, e dunque con tutti gli elementi del gruppo, è della forma $(0,0,c)$, e poiché un tale elemento permuta effettivamente con tutti gli elementi di $\mathcal{H}$ abbiamo che il centro di $\mathcal{H}$ è dato da

$$\mathbf{Z}(\mathcal{H}) = \{(0,0,c),\ c \in \mathbf{Z}\},$$

e quindi è ciclico e generato da $(0,0,1)$. Ma abbiamo visto che per il commutatore di due elementi x,y si ha $[x,y] = (0,0,c)$ e dunque $\mathcal{H}' \subseteq \mathbf{Z}(\mathcal{H})$; d'altra parte $[(1,0,0),(0,1,0)] = (0,0,1)$, generatore di $\mathbf{Z}(\mathcal{H})$, e così $\mathcal{H}' = \mathbf{Z}(\mathcal{H})$. Inoltre

$$\mathcal{H}/Z(\mathcal{H}) \simeq \mathbf{Z} \times \mathbf{Z},$$

dove questo quoziente è generato dalle immagini dei due generatori di $\mathcal{H}$ (le potenze di questi due elementi hanno solo $(0,0,0)$ in comune con $Z(\mathcal{H})$).

Consideriamo ora il sottogruppo:

$$H_p = \{(hp,b,c),\ p \text{ primo},\ h,b,c \in \mathbf{Z}\},$$

e dimostriamo che si tratta di un sottogruppo massimale. Infatti, sia $H_p < L$, e sia $(a,b,c) \in L \setminus H_p$; allora p non divide a, e dunque esistono due interi m ed n tali che $na + mp = 1$. Siano $g = (a,b,c)^n = (na,nb,c')$, $h = (mp,-nb,n^2ab - c')$; allora $h \in H_p$ e $gh = (1,0,0) \in L$. Ma $(0,1,0) \in L$, e così $L = \mathcal{H}$. Ciò è vero per ogni primo p. Sia $H = \bigcap H_p = \{(0,b,c),\ b,c \in \mathbf{Z}\}$, dove l'intersezione è estesa a tutti i primi. Analogamente, $K_p = \{(a,kp,c),\ p \text{ primo},\ k,b,c \in \mathbf{Z}$, è massimale; sia $K = \bigcap K_p = \{(a,0,c),\ a,c \in \mathbf{Z}\}$. Allora $H \cap K = \{(0,0,c),\ c \in \mathbf{Z}\} = \mathbf{Z}(\mathcal{H})$, per cui $\mathbf{\Phi}(\mathcal{H}) \subseteq \mathbf{Z}(\mathcal{H})$. Se $\mathbf{Z}(\mathcal{H}) \not\subseteq \mathbf{\Phi}(\mathcal{H})$, sia M massimale e $\mathbf{Z}(\mathcal{H}) \not\subseteq M$. Allora $M\mathbf{Z}(\mathcal{H}) = \mathcal{H}$ e dunque $M \triangleleft \mathcal{H}$; ne segue $|\mathcal{H}/M| = p$, primo, e perciò $\mathcal{H}' \subseteq M$. Ma $\mathcal{H}' = \mathbf{Z}(\mathcal{H})$, per cui $\mathbf{Z}(\mathcal{H}) \subseteq M$, una contraddizione. In conclusione, $\mathbf{\Phi}(\mathcal{H}) = \mathbf{Z}(\mathcal{H}) = \mathcal{H}'$.

Esercizi

13. Sia G un gruppo f.g. con un sottogruppo massimale e uno solo. Dimostrare che G è un p–gruppo ciclico (in particolare G è finito).

14. Il gruppo C_{p^∞} coincide con il proprio sottogruppo di Frattini.

15. Il sottogruppo di Frattini degli interi è $\{0\}$.

16. Se G è un gruppo ciclico finito, $G = \langle x \rangle$, allora il sottogruppo di Frattini di G è generato da $x^{p_1 p_2 \cdots p_n}$, dove i p_i sono i divisori primi dell'ordine di G.

17. Se $H < G$ e $\Phi(G)$ è f.g., allora $H\Phi(G) < G$.

18. Sia $\mathcal{H}_p$ il gruppo di Heisenberg definito come nel testo ma a coefficienti in $\mathbf{Z}_p$. Dimostrare che per $p > 2$, $\mathcal{H}_p$ è un gruppo non abeliano di ordine p^3 nel quale tutti gli elementi hanno ordine p, e per $p = 2$ è il gruppo diedrale di ordine 8.

19. Sia G un gruppo, S un sottoinsieme di G, H un sottogruppo di G, e sia $S \cap H = K$. Dimostrare che esiste un sottogruppo massimale M di G che contiene H e tale che $M \cap H = K$.

20. Un gruppo f.g. contiene un sottogruppo normale massimale (eventualmente il sottogruppo identico).

21. Un gruppo abeliano divisibile non può essere f.g.

4.3 Gruppi abeliani finitamente generati

Per i gruppi abeliani finitamente generati esiste un teorema di struttura, che ora dimostriamo. Lo strumento principale è fornito dal seguente lemma.

4.14 Lemma. *Siano $u_1, u_2, \ldots, u_n$ generatori di un gruppo abeliano G, e sia*

$$v = a_1 u_1 + a_2 u_2 + \cdots + a_n u_n$$

un elemento di G tale che il massimo comun divisore degli a_i sia uguale a 1. Allora v fa parte di un sistema di generatori di G anch'esso con n elementi (esistono cioè $v_2, \ldots, v_n$ tali che $G = \langle v, v_2, \ldots, v_n \rangle$).

Dim. Se $n = 1$, è $v = a_1 u_1$, e la condizione sul massimo comun divisore implica $a_1 = \pm 1$, e dunque $G = \langle v \rangle$. Se $n = 2$, esistono due interi e ed f tali che $ea_1 + fa_2 = 1$; allora i due elementi

$$v = a_1 u_1 + a_2 u_2,$$
$$v' = -f u_1 + e u_2,$$

generano G, in quanto u_1 e u_2 si esprimono in funzione di v e v':

$$u_1 = ev + a_2 v',$$
$$u_2 = fv - a_1 v',$$

(le matrici dei due sistemi hanno rispettivamente determinante 1 e -1 e sono perciò invertibili sugli interi). Sia ora $n > 2$. Posto

$$v' = a_1' u_1 + a_2' u_2 + \cdots + a_{n-1}' u_{n-1},$$

dove $a_i' = a_i / d$, $i = 1, 2, \ldots, n-1$, e d è il MCD dei primi $n-1$ a_i, abbiamo, per induzione su n, che nel sottogruppo H generato da $u_1, u_2, \ldots, u_{n-1}$ esistono $n - 2$ elementi $v_2, v_3, \ldots, v_{n-1}$ tali che $H = \langle v', v_2, v_3, \ldots, v_{n-1} \rangle$. Ne segue $G = \langle u_1, u_2, \ldots, u_n \rangle = \langle H, u_n \rangle = \langle v', v_2, v_3, \ldots, v_{n-1}, u_n \rangle$. Ora, $v = dv' + a_n u_n$

e $(d, a_n) = 1$. Come nel caso $n = 2$, $\langle v', u_n \rangle = \langle v, v_n \rangle$, per un certo v_n, e pertanto $G = \langle v, v_2, \ldots, v_n \rangle$.   ◇

4.15 Nota. 1. Questo lemma dimostra, in un altro linguaggio, che ogni $n-$pla di interi $\{a_i\}$ a MCD uguale a 1 è la (prima) riga di una matrice $n \times n$ a coefficienti interi invertibile sugli interi (come abbiamo visto nel caso $n = 2$). Si tratta della matrice che permette di esprimere i v_i in termini degli u_i; con l'inversa si esprimono gli u_i in termini dei v_i. Che la condizione sul MCD sia necessaria si vede osservando che, sviluppando secondo gli elementi della prima riga, il determinante della matrice è uguale a $\sum a_i A_i$, dove A_i è il complemento algebrico di a_i, e questa somma deve essere uguale a 1 (o -1).

2. Può ben accadere che l'elemento v del lemma sia uguale a zero. Ad esempio, per $G = \mathbf{Z}$, $G = \langle u_1, u_2 \rangle$ con $u_1 = 2$, $u_2 = 3$, e $v = a_1 u_1 + a_2 u_2$, con $a_1 = 3$ e $a_2 = -2$. Qui $e = f = 1$ e $v' = -f \cdot u_1 + e \cdot u_2 = -1 \cdot 2 + 1 \cdot 3 = 1$. Il lemma fornisce allora $G = \mathbf{Z} = \langle v, v' \rangle = \langle 0, 1 \rangle = \langle 1 \rangle$. In altri termini, se $v = 0$ il sistema di generatori dato non è minimo.

4.16 Esempio. La dimostrazione del lemma contiene un algoritmo che permette di costruire un sistema di n generatori del quale fa parte v. Descriviamo esplicitamente il funzionamento di questo algoritmo con una differenza: il MCD $d = (a_1, a_2, \ldots, a_n)$ dei coefficienti di v non è necessariamente uguale a 1. L'algoritmo fornisce un sistema di generatori $\{v_1, v_2, \ldots, v_n\}$ nel quale v_1 ha come coefficienti degli u_i gli interi a_i/d, $i = 1, 2, \ldots, n$.

Posto $d_0 = a_1$, sia, per $k = 1, 2, \ldots, n-1$, $d_k = (d_{k-1}, a_{k+1})$, $y_k = d_{k-1}/d_k$, $z_k = a_{k+1}/d_k$, e per $k > 1$ sia $x_k = y_{k-1} x_{k-1} + z_{k-1} u_k$. Inoltre, $x_n = y_{n-1} x_{n-1} + z_{n-1} u_n$ e $x_1 = u_1$. Calcoliamo poi le coppie e_k, f_k tali che $e_k y_k + f_k z_k = 1$, per $k = 1, 2, \ldots, n-1$. Infine, per $k = 2, \ldots, n$ calcoliamo $v_k = -f_{k-1} x_{k-1} + e_{k-1} u_k$. Con $v_1 = x_n$ il nuovo sistema di generatori è $\{v_1, v_2, \ldots, v_n\}$. Se $n = 3$, siano $G = \langle u_1, u_2, u_3 \rangle$, $v = a_1 u_1 + a_2 u_2 + a_3 u_3$, $d = (a_1, a_2, a_3) = ((a_1, a_2), a_3)$. Cerchiamo v_2, v_3 tali che $G = \langle \frac{a_1}{d} u_1 + \frac{a_2}{d} u_2 + \frac{a_3}{d} u_3, v_2, v_3 \rangle$. Posto $x_2 = \frac{a_1}{(a_1, a_2)} u_1 + \frac{a_2}{(a_1, a_2)} u_2$ (il v' del lemma), sappiamo che con $v_2 = -f_1 u_1 + e_1 u_2$, dove $e_1 \frac{a_1}{(a_1, a_2)} + f_1 \frac{a_2}{(a_1, a_2)} = 1$, si ha $\langle x_2, v_2 \rangle = \langle u_1, u_2 \rangle$, e dunque $G = \langle u_1, u_2, u_3 \rangle = \langle x_2, v_2, u_3 \rangle$. Con $v = 12 u_1 + 18 u_2 + 27 u_3$ l'algoritmo fornisce $v_1 = 4 u_1 + 6 u_2 + 9 u_3$, $v_2 = -u_1 - u_2$, $v_3 = -2 u_1 - 3 u_2 - 4 u_3$.

4.17 Teorema. *Sia G un gruppo abeliano f.g. e sia n il più piccolo intero tale che G è generato da n elementi. Allora G è somma diretta di n gruppi ciclici.*

Dim. Per ogni sistema di generatori S, con $|S| = n$, sia k_S il minimo tra gli ordini degli elementi di S. Sia k il minimo dei k_S al variare di S e $u_1, u_2, \ldots, u_n$ un sistema di generatori in cui uno degli u_i, e sia u_n, ha ordine k (non si esclude k infinito). Se $n = 1$, G è ciclico e non c'è niente da dimostrare. Sia $n \geq 2$; il sottogruppo $H = \langle u_1, u_2, \ldots, u_{n-1} \rangle$ non può essere generato da meno di $n - 1$ elementi, altrimenti $G = \langle H, u_n \rangle$ sarebbe generato da meno di n. Per induzione su n, H è somma diretta di gruppi ciclici, e basta allora dimostrare che si ha $H \cap \langle u_n \rangle = \{0\}$. Se così non fosse, si avrebbe, per certi interi a_i,

$a_1 u_1 + a_2 u_2 + \cdots + a_{n-1} u_{n-1} - a_n u_n = 0$, dove possiamo supporre $a_n > 0$ e $a_n < o(u_n)$ (altrimenti dividiamo per $o(u_n)$ e otteniamo una relazione come la precedente con il resto r della divisione minore di $o(u_n)$ al posto di a_n). Se $d = (a_1, a_2, \ldots, a_n)$, l'elemento $v = a_1' u_1 + a_2' u_2 + \cdots + a_{n-1}' u_{n-1} - a_n' u_n$ con $a_i' = a_i/d$ è tale che il massimo comun divisore degli a_i' è 1, e dunque per il Lemma 4.14 esistono $v_2, \ldots, v_n$ tali che $G = \langle v, v_2, \ldots, v_n \rangle$. Ma $dv = 0$, e così $o(v)$ è finito; se $o(u_n)$ è infinito, ciò contraddice la scelta del sistema $\{u_i\}$, e lo stesso se $o(u_n)$ è finito in quanto $o(v) \leq d \leq a_n < o(u_n)$. ◇

Si osservi che il fatto di prendere n minimo nella dimostrazione del teorema è essenziale. Ad esempio, per $\mathbf{Z}$ si ha $n = 1$; ma $\mathbf{Z}$ è anche generato da 2 e 3, che formano un insieme minimale ma non minimo, e infatti $\mathbf{Z}$ non è somma diretta di $\langle 2 \rangle$ e $\langle 3 \rangle$.

In un gruppo abeliano gli elementi di periodo finito formano un sottogruppo, il *sottogruppo di torsione*, che denotiamo con T. Se G è finitamente generato, anche T lo è (Teor. 4.5), e quindi è finito. In ogni caso, il quoziente G/T è privo di torsione, in quanto se $n(T + x) = T$ allora $nx \in T$, e dunque $m(nx) = 0$ per un certo m, e perciò $(mn)x = m(nx) = 0$, cioè $x \in T$. Ora G/T è finitamente generato, e per il Teor. 4.17 si ha

$$G/T = \langle T + x_1 \rangle \oplus \langle T + x_2 \rangle \oplus \cdots \oplus \langle T + x_m \rangle,$$

con m minimo. Il sottogruppo H di G generato dagli x_i

$$H = \langle x_1, x_2, \ldots, x_m \rangle$$

è privo di torsione perché se $\sum h_i x_i \in T$, allora $\sum h_i x_i + T = \sum h_i(x_i + T) = T$, ed essendo la somma diretta, $h_i(x_i + T) = T$ per ogni i, e G/T sarebbe di torsione. Ne segue $T \cap H = \{0\}$ e $G = H \oplus T$. Applicando ad H il Teor. 4.17, essendo H privo di torsione, gli addendi devono essere ciclici infiniti; abbiamo cioè m copie di $\mathbf{Z}$:

$$H = \mathbf{Z} \oplus \mathbf{Z} \oplus \cdots \oplus \mathbf{Z}.$$

Per quanto riguarda T, si ha, se $|T| = p_1^{n_1} p_2^{n_2} \cdots p_t^{n_t}$,

$$T = S_1 \oplus S_2 \oplus \cdots \oplus S_t,$$

dove gli S_i sono i p_i–Sylow di ordine $p_i^{n_i}$, e per il Teor. 4.17 ciascun S_i è somma diretta di gruppi ciclici, dunque di p_i–gruppi ciclici:

$$S_i = C_{p_i^{h_1}} \oplus C_{p_i^{h_2}} \oplus \cdots \oplus C_{p_i^{h_r}},$$

dove $h_1 + h_2 + \cdots + h_r = n_i$. In definitiva:

4.18 Corollario (TEOREMA FONDAMENTALE DEI GRUPPI ABELIANI F.G.). *Un gruppo abeliano f.g. è isomorfo a una somma diretta di gruppi ciclici nella quale ciascun addendo è isomorfo a $\mathbf{Z}$ oppure è un p–gruppo.* ◇

Una decomposizione come quella del Cor. 4.18 non si può raffinare ulteriormente: né $\mathbf{Z}$ né un p–gruppo ciclico si possono infatti spezzare nella somma diretta di sottogruppi non banali. Per il Teor. 4.17 questi sono allora i soli gruppi abeliani f.g. per cui ciò accade, e quindi i soli irriducibili rispetto alla somma diretta.

Il Cor. 4.18 fornisce anche un mezzo per stabilire, dato un intero n, quanti sono i gruppi abeliani di ordine n. Infatti sia P un p–gruppo abeliano di ordine p^m. Sappiamo che P è prodotto diretto di gruppi ciclici (torniamo alla notazione moltiplicativa) $P = C_{p^{h_1}} \times C_{p^{h_2}} \times \cdots \times C_{p^{h_t}}$, dove $h_1 + h_2 + \cdots + h_t = m$ (il p–gruppo P si dice allora *di tipo* $(h_1, h_2, \ldots, h_t)$) e gli ordini $p^{h_1}, p^{h_2}, \ldots, p^{h_t}$ sono i suoi *divisori elementari*). Gli interi h_i che compaiono nella decomposizione costituiscono quindi una partizione di m. Viceversa, data una partizione di m come quella detta, si ottiene un p–gruppo abeliano come prodotto diretto dei gruppi ciclici di ordine $C_{p^{h_i}}$, $i = 1, 2, \ldots, t$. Ne segue che *il numero dei p–gruppi abeliani di ordine p^m è uguale al numero $\pi(m)$ delle partizioni di m*. In particolare, *questo numero non dipende dal primo p, ma soltanto dall'esponente m*. Ad esempio, i gruppi abeliani di ordine $16 = 2^4$ sono in numero di cinque, in quanto le partizioni di 4 sono in numero di 5: alla partizione 4=4 corrisponde il gruppo ciclico C_{16}, alla 4=1+1+2 il gruppo $C_2 \times C_2 \times C_4$, ecc. Per lo stesso motivo, sono in numero di cinque i gruppi abeliani di ordine $3^4, 19^4$, ecc.

Un gruppo abeliano G di ordine $n = p_1^{m_1} p_2^{m_2} \cdots p_r^{m_r}$ è prodotto diretto dei propri Sylow. Per quanto appena visto, per ciascuno di questi Sylow di ordine $p_i^{m_i}$, espresso come prodotto diretto di gruppi ciclici, abbiamo una partizione di m_i, e viceversa. Ragionando allo stesso modo per ciascuno dei Sylow possiamo quindi concludere con il seguente:

4.19 Corollario *Il numero dei gruppi abeliani di ordine $n = p_1^{m_1} p_2^{m_2} \cdots p_r^{m_r}$ è uguale al prodotto $\pi(m_1)\pi(m_2) \cdots \pi(m_r)$, dove $\pi(m_i)$ è il numero delle partizioni dell'intero m_i. In particolare, il numero dei gruppi abeliani di ordine n non dipende da n, ma soltanto dagli esponenti dei numeri primi che compaiono nella sua decomposizione.*

Ad esempio, i gruppi abeliani di ordine 36 sono quattro: avendosi $36 = 2^2 \cdot 3^2$, abbiamo $\pi(2)\pi(2) = 2 \cdot 2 = 4$. In corrispondenza alle due partizioni di 2 abbiamo i 2–gruppi $C_4(2 = 2)$ e $C_2 \times C_2(2 = 1 + 1)$, e i 3–gruppi $C_3 \times C_3$ e C_9. I prodotti diretti di un 2– e di un 3–gruppo danno i quattro gruppi.

Il numero degli addendi $\mathbf{Z}$ dati dal Cor. 4.18 è il *rango* del gruppo. Questo numero è un invariante del gruppo: non può aversi cioè un'altra decomposizione di G con H somma di un diverso numero di addendi, come dimostra il teorema che segue.

4.20 Teorema. *Se un gruppo è contemporaneamente somma diretta di m e di n copie di $\mathbf{Z}$, allora $m=n$.*

Dim. Sia K il sottogruppo di H che consta dei multipli px degli elementi x di H, per un certo primo p. Allora H/K è generato da $K+x_1, K+x_2, \ldots, K+x_m$, dove x_i genera l'i–esima copia di $\mathbf{Z}$ nella somma di m copie, ed è un p–gruppo finito in cui tutti gli elementi non zero hanno ordine p. La somma dei $\langle K+x_i \rangle$ è diretta: se infatti $\sum a_i(K+x_i) = K$, allora $\sum a_i x_i \in K$ e dunque $\sum a_i x_i = px$, per un certo x. Sia $x = \sum b_i x_i$; ne segue $\sum(a_i - pb_i)x_i = 0$, ed essendo la somma delle copie di $\mathbf{Z}$ diretta, si ha $(a_i - pb_i)x_i = 0$, da cui, avendosi $o(x_i) = \infty$, $a_i - pb_i = 0$, $a_i = pb_i$, $a_i x_i = pb_i x_i \in K$, e tutti gli addendi della $\sum a_i(K + x_i)$ sono uguali a K. Ne segue che H/K è un gruppo di ordine p^m. Analogamente, H/K ha ordine p^n, e pertanto $m = n$. $\Diamond$

4.21 Nota. H/K è uno spazio vettoriale su $\mathbf{Z}_p$, e m è la sua dimensione, che dunque è ben determinata.

4.22 Definizione. Un gruppo abeliano A si dice *libero* se è somma diretta di gruppi ciclici infiniti (anche in numero non finito); in altri termini, esiste un sottoinsieme X di A tale che

$$A = \sum_{x \in X}^{\oplus} \langle x \rangle, \ o(x) = \infty.$$

Ogni elemento di A si scrive dunque in modo unico come combinazione lineare di un numero finito degli a_i a coefficienti interi: gli elementi di X costituiscono una *base libera* di A e il gruppo si dice *libero su X di rango* la cardinalità $|X|$ di X.

4.23 Teorema. *Sia A un gruppo abeliano libero su un insieme X e G un gruppo abeliano qualunque. Sia f una funzione $f : X \longrightarrow G$. Allora f si estende univocamente a un omomorfismo $\phi : A \longrightarrow G$:*

dove $\phi \circ \iota = f$ e ι è l'inclusione.

Dim. La dimostrazione è analoga a quella dello stesso teorema per gli spazi vettoriali. Intanto, se un tale ϕ esiste, è unico in quanto se $a \in A$ è $a = \sum h_i x_i$, e dunque

$$\phi(a) = \phi(\sum h_i x_i) = \sum h_i \phi(x_i) = \sum h_i f(x_i), \qquad (4.4)$$

per cui ϕ ha necessariamente la forma (4.4). Viceversa, se ϕ è definita come in (4.4), allora è ben definita in quanto gli h_i sono univocamente determinati dall'elemento a; che poi si tratti di un omomorfismo è ovvio. $\Diamond$

4.24 Teorema. *Ogni gruppo abeliano è quoziente di un gruppo abeliano libero.*

Dim. Sia G un gruppo abeliano, A la somma diretta di $|G|$ copie di $\mathbf{Z}$:

$$A = \sum_{g \in G}^{\oplus} \langle x_g \rangle, \ \langle x_g \rangle \simeq \mathbf{Z}.$$

Allora A è libero su $X = \{x_g, \ g \in G\}$ e per il Teor. 4.23 l'applicazione $f : x_g \to g$ si estende a un omomorfismo $\phi : A \to G$ che è surgettivo perché già f lo è. Dunque $G \simeq A/Ker(\phi)$. (È chiaro che non è necessario prendere tutti gli elementi di G: basta prendere un insieme di generatori).   ◊

Sia G un gruppo abeliano f.g., $G = \langle s_1, s_2, \ldots, s_n \rangle$. L'omomorfismo $A \to G$, dove A è libero su $\{u_1, u_2, \ldots, u_n\}$, indotto come nel teorema precedente dalla corrispondenza $u_i \to s_i$, è surgettivo. Se $R = Ker(\phi)$, gli elementi di R sono le combinazioni lineari $\sum_{i=1}^{n} a_i u_i$ tali che $\sum_{i=1}^{n} a_i s_i = 0$, e prendono il nome di *relatori*. Come sottogruppo di un gruppo abeliano f.g., R è anch'esso f.g.: $R = \langle r_1, r_2, \ldots, r_m \rangle$, e ogni relatore si scrive perciò come combinazione lineare degli r_i. Nel gruppo G, allora, *ogni relazione tra i generatori s_i è conseguenza delle relazioni $\phi(r_i)$.*

Viceversa, sapendo che G è generato dagli elementi $s_l, s_2, \ldots, s_n$, soggetti a un numero finito relazioni $\sum_{i=1}^{n} a_i s_i = 0$, è possibile determinare G? La risposta è affermativa: basta considerare il sottogruppo R di A generato dai relatori $\sum_{i=1}^{n} a_i u_i$ e il quoziente A/R; questo quoziente è isomorfo a G.

4.25 Definizione. Una *presentazione* di un gruppo G è una coppia che consta di un insieme di generatori X e un insieme di relazioni R tra gli elementi di S. La presentazione è *finita* se sia X che R sono finiti. Si scrive $G = \langle X \mid R \rangle$.

Per un gruppo abeliano f.g. esiste sempre una presentazione finita. Le immagini dei generatori del nucleo R del morfismo ϕ sopra considerato danno un insieme finito di relazioni tra i generatori di G.

Data ora una presentazione finita di un gruppo abeliano G è possibile determinare la struttura di G? Dicendo "determinare la struttura di G" intendiamo in questo caso "stabilire quali sono i gruppi ciclici nei quali G si spezza in base al Teor. 4.17". È quanto ora vedremo.

Se A è abeliano libero, le seguenti operazioni portano una base u_i di A ancora in una base di A:

1. scambiare tra loro due elementi u_i e u_j;
2. moltiplicare un elemento u_i per -1;
3. aggiungere a un elemento u_i un elemento u_j moltiplicato per un intero $k \neq 0$, lasciando inalterati gli altri elementi.

I coefficienti $a_{i,j}$ delle relazioni di R permettono di formare una matrice a m righe e n colonne, dove $m = |R|$ e $n = |X|$. Chiameremo questa matrice *matrice delle relazioni*. Le operazioni ora definite corrispondono, su questa matrice, alle operazioni seguenti:

$1'$. scambiare tra loro le colonne i e j;

$2'$. moltiplicare gli elementi della i-esima colonna per -1;

$3'$. sottrarre dalla colonna j la colonna i, moltiplicata per k.

Queste operazioni sulle colonne determinano un cambiamento di base in A: un elemento di coordinate $a_1, a_2, \ldots, a_n$ nella base u_i ha, nella nuova base $\{u_1, u_2, \ldots, u_i + ku_j, \ldots, u_j, \ldots, u_n\}$, le coordinate $a_1, a_2, \ldots, a_i, \ldots, a_j - ka_i, \ldots, a_n$. Le operazioni $1', 2'$ e $3'$ effettuate sulle righe della matrice trasformano la base u_i di R in un'altra base di R.

Le operazioni suddette, sulle righe o sulle colonne di una matrice, si chiamano *operazioni elementari*. Esse si possono effettuare moltiplicando la matrice per opportune matrici elementari $E_{i,j}(\alpha)$ (v. §3.7.2): ad esempio, sottrarre dalla colonna j la colonna i moltiplicata per k equivale a moltiplicare la matrice a destra per $E_{i,j}(-k)$ (moltiplicando a sinistra si ottiene un'analoga trasformazione sulle righe).

4.26 Teorema. *È sempre possibile, mediante operazioni elementari, portare una matrice $m \times n$ a coefficienti interi $M = (a_{i,j})$ nella forma:*

$$D = \begin{pmatrix} e_1 & 0 & 0 & \ldots & 0 & 0 & \ldots & 0 \\ 0 & e_2 & 0 & \ldots & 0 & 0 & \ldots & 0 \\ \vdots & \vdots & \ddots & & \vdots & \vdots & \vdots & 0 \\ 0 & 0 & 0 & & e_m & 0 & 0 & \ldots & 0 \end{pmatrix}.$$

con $e_i \mid e_{i+1}, i = 1, 2, \ldots, m - 1$.

Dim. Sia d il più piccolo elemento di M (in modulo), e portiamolo, mediante permutazioni di righe e colonne, al posto $(1, 1)$. Possiamo supporre, applicando un'operazione di tipo $2'$ se necessario, che d sia positivo, e cerchiamo di annullare gli altri elementi della prima riga. Se questi elementi sono tutti multipli di d, e sia $a_{1,j} = k_j d$, sottraiamo dalla colonna j la prima colonna moltiplicata per $k_j, j = 2, 3, \ldots, n$ (operazione di tipo $3'$), e otteniamo il risultato voluto. Se, per qualche j, $a_{1,j}$ non è multiplo di d, la divisione di questo elemento per d fornisce un quoziente q e un resto $0 \le r < d$. Sottraendo dalla colonna j la prima moltiplicata per q, e scambiando poi questa colonna con la prima, abbiamo una matrice che ha al primo posto l'intero positivo $r < d$. Proseguendo la divisione e operando le sottrazioni e lo scambio come prima, si arriva ad avere al primo posto il massimo comun divisore di $a_{1,j}$ e d (l'ultimo resto non nullo delle divisioni successive), e al posto $(1, j)$ un suo multiplo. Come sopra, possiamo allora annullare l'elemento di posto $(1, j)$, e procedendo allo stesso modo, tutti gli elementi della prima riga diversi dal primo. Si osservi che in questo processo il posto $(1,1)$ della matrice viene occupato da interi positivi via via decrescenti; sia r' l'elemento che occupa il primo posto alla fine di questo processo.

Annulliamo ora gli elementi della prima colonna escluso il primo. Se questi elementi sono tutti multipli di r', sottraendo dalle varie righe la prima moltiplicata per il multiplo corrispondente otteniamo il risultato voluto. Altrimenti, se $a_{j,1}$ non è multiplo di r', procediamo dividendo e sottraendo come sopra e scambiando le due righe abbiamo una nuova matrice la cui prima riga non ha più, in generale, tutti zeri dal secondo posto in poi, ma che al primo ha un intero minore di r'. Ripetendo allora il processo di annullamento degli elementi della prima riga visto sopra otteniamo una matrice che ha al primo posto un intero $r'' < r'$. Ricominciando con gli elementi della prima colonna il procedimento termina quando questi sono tutti multipli del primo, e questo momento arriva certamente perché il posto (1,1) della matrice viene occupato da interi positivi sempre più piccoli. Sia allora M' la matrice ottenuta al termine del processo ora descritto e a' l'elemento di posto (1,1). Se qualche elemento b della matrice B di dimensione $(m-1) \times (n-1)$ ottenuta sopprimendo la prima riga e la prima colonna della matrice M' non è multiplo di a', aggiungiamo alla prima riga di M' la riga cui appartiene b, e applichiamo di nuovo il procedimento precedente ottenendo al primo posto il massimo comun divisore di a' e b e zero al posto di b. Annulliamo analogamente tutti gli altri elementi della prima riga; al primo posto c'è ora un intero che divide tutti gli elementi della riga di b. Ripetendo il procedimento, otteniamo alla fine una matrice M'' che ha uguali a zero gli elementi della prima riga e della prima colonna, salvo l'elemento di posto (1,1). Questo elemento, diciamo e_1, divide tutti gli elementi della matrice B' ottenuta dalla M'' sopprimendo la prima riga e la prima colonnna. Applicando lo stesso procedimento alla matrice B' otteniamo una matrice con al primo posto un elemento e_2 che divide gli elementi restanti. Poiché e_2 è ottenuto prendendo massimi comun divisori, ed e_1 divide tutti gli elementi di B', e_1 divide e_2. Analogamente si ottengono gli altri e_i richiesti dal teorema.   ◇

La matrice D del Teor. 4.26 è la *forma normale di Smith* della matrice M dello stesso teorema.

Un altro modo di enunciare il Teor. 4.26 è il seguente:

4.27 Teorema. *Sia H un sottogruppo del gruppo abeliano libero A, e sia A di rango n. Allora H è libero di rango $m \leq n$, e inoltre si può sempre trovare una base $\{v_1, v_2, \ldots, v_n\}$ di A ed m interi positivi $e_1, e_2, \ldots, e_m$, con e_i che divide e_{i+1}, $i = 1, 2, \ldots, m-1$, e tali che*
   i) $e_1 v_1, e_2 v_2, \ldots, e_m v_m$ *è una base per H;*
   ii) $A/H = \mathbf{Z}/\langle e_1 \rangle \oplus \mathbf{Z}/\langle e_2 \rangle \oplus \cdots \oplus \mathbf{Z}/\langle e_m \rangle$.   ◇

4.28 Corollario. *Se H ha indice finito in A, e A è di rango n, allora anche H è di rango n.*

Dim. Se il rango m di H è minore di n, nel quoziente A/H vi sono $n-m$ fattori isomorfi a $\mathbf{Z}$.   ◇

4.29 Esempio. Sia G generato da tre elementi u_1, u_2, u_3 soggetti alle relazioni

$$2u_1 - u_2 + 3u_3 = 0, \quad 3u_1 + 5u_2 - 2u_3 = 0.$$

La matrice M delle relazioni nella base u_1, u_2, u_3 è allora:

$$\begin{pmatrix} 2 & -1 & 3 \\ 3 & 5 & -2 \end{pmatrix}.$$

Scambiando la prima colonna con la seconda otteniamo:

$$\begin{pmatrix} -1 & 2 & 3 \\ 5 & 3 & -2 \end{pmatrix},$$

nella nuova base u_2, u_1, u_3. Moltiplicando la prima colonna per -1 otteniamo

$$\begin{pmatrix} 1 & 2 & 3 \\ -5 & 3 & -2 \end{pmatrix},$$

nella base $-u_2, u_1, u_3$, e sottraendo dalla seconda colonna la prima moltiplicata per 2:

$$\begin{pmatrix} 1 & 0 & 3 \\ -5 & 13 & -2 \end{pmatrix},$$

e qui la base è $-u_2 + 2u_1, u_1, u_3$. Sottraendo dalla terza colonna la prima moltiplicata per 3:

$$\begin{pmatrix} 1 & 0 & 0 \\ -5 & 13 & 13 \end{pmatrix},$$

con base $-u_2 + 2u_1 + 3u_3, u_1, u_3$. Fin qui le relazioni non sono state toccate; denotiamole con r_1 e r_2. Aggiungiamo alla seconda riga la prima moltiplicata per 5:

$$\begin{pmatrix} 1 & 0 & 0 \\ 0 & 13 & 13 \end{pmatrix},$$

e ora i generatori sono quelli del passo precedente, ma le relazioni sono $r_1, r_2 + 5r_1$. Sottraiamo infine la seconda colonna dalla terza:

$$\begin{pmatrix} 1 & 0 & 0 \\ 0 & 13 & 0 \end{pmatrix},$$

e qui i generatori cambiano in $-u_2 + 2u_1 + 3u_3, u_1 + u_3, u_3$ e le relazioni restano quelle di prima. Il gruppo G è allora:

$$G = \{0\} \oplus \mathbf{Z}_{13} \oplus \mathbf{Z} \simeq \mathbf{Z}_{13} \oplus \mathbf{Z}.$$

Le basi del teorema sono, per A, $v_1 = 2u_1 - u_2 + 3u_3$, $v_2 = u_1 + u_3$, $v_3 = u_3$, e per R, $1 \cdot v_1$, $13v_2$. Si noti che $r_2 + 5r_1 = 3u_1 + 5u_2 - 2u_3 + 10u_1 - 5u_2 + 15u_3 = 13u_1 + 13u_3 = 13v_2$.

Anche l'invarianza degli e_i si può ottenere considerando l'effetto delle operazioni elementari sulla matrice delle relazioni M. Queste operazioni, infatti, non cambiano il valore del MCD d_h dei minori di ordine h della matrice M, $h = 1, 2, \ldots, m$. Per dimostrarlo, osserviamo che ciò è evidente per le operazioni di tipo $1'$ e $2'$. Per una operazione di tipo $3'$, se un minore non contiene elementi delle colonne (righe) i e j il suo valore non cambia dopo l'operazione. Se contiene elementi di entrambe le colonne è noto che un determinante non cambia se si aggiunge a una colonna (riga) un'altra moltiplicata per un numero k. Se contiene elementi della colonna i ma non della colonna j il valore del nuovo minore è la somma del minore prima della trasformazione e dello stesso minore moltiplicato per k (come si vede sviluppandolo secondo gli elementi della colonna i). Vediamo allora che d_h divide tutti i minori di ordine h della nuova matrice, e perciò anche il loro MCD, e, al termine delle operazioni, d_h divide il MCD dei minori di ordine h della matrice D. Poiché $e_i|e_{i+1}$, un momento di riflessione mostra che questo MCD è $e_1 e_2 \cdots e_h$. Ma le operazioni elementari sono invertibili, e tornando alla matrice M, a partire dalla D, lo stesso argomento mostra che $e_1 e_2 \cdots e_h$ divide d_h. Si ha così l'uguaglianza. Si osservi che, in particolare, e_1 è il MCD degli elementi di M.

Gli interi e_i si chiamano *fattori invarianti* del gruppo.

Il Teor. 4.27 non vale più se il gruppo è una somma diretta *infinita* di gruppi ciclici infiniti: $A = \langle a_1 \rangle \oplus \langle a_2 \rangle \oplus \cdots \oplus \langle a_k \rangle \oplus \cdots$ Si consideri infatti l'omomorfismo ϕ di A nel gruppo additivo dei razionali $\mathbf{Q}$ indotto dall'applicazione $a_k \to \frac{1}{k!}$. I numeri $b_k = \frac{1}{k!}$ sono un sistema di generatori per $\mathbf{Q}$ (*Es.* 2 di 4.1) e sono legati dalle relazioni $2c_2 - c_1 = 0, 3c_3 - c_2 = 0, \ldots, kc_k - c_{k-1} = 0, \ldots$. Il nucleo R di ϕ è allora generato dagli elementi $2a_2 - a_1, 3a_3 - a_2, \ldots, ka_k - a_{k-1}, \ldots$, e $A/R \simeq \mathbf{Q}$. Ma $\mathbf{Q}$ non è una somma diretta, e dunque non esistono i v_i e gli e_i del Teor. 4.27.

Diamo ora una nuova dimostrazione della decomposizione data dal Teor. 4.17 nel caso di un gruppo finito (v. p. 164).

4.30 Lemma. *Sia G un gruppo, $x, y \in G$, $y^m = x^t$ e $m|o(y)$. Allora $o(y) = mo(x)/(o(x), t)$, e se $o(y)|o(x)$ allora $m|(o(x), t)$.*

Dim. (Se $m = 1$ si tratta del Teor. 1.27, vii)). Si ha:

$$o(y^m) = \frac{o(y)}{(o(y), m)} = \frac{o(y)}{m}, \quad o(x^t) = \frac{o(x)}{(o(x), t)},$$

da cui il risultato. Scrivendo $\frac{(o(x), t)}{m} = \frac{o(x)}{o(y)}$ si ha che, se $o(y)|o(x)$, anche $m|(o(x), t)$. $\diamond$

Con la dimostrazione vista nell'*Es.* 2 di 2.11 si ha:

4.31 Lemma. *Sia G abeliano, x un elemento di G di ordine massimo, y un qualunque elemento di G. Allora $o(y)$ divide $o(x)$.* $\diamond$

Il risultato cruciale è dato dal seguente lemma[†]:

[†] Che è falso per gruppi non abeliani: nel gruppo dei quaternioni, la classe $\{j, -j, k, -k\}$ del quoziente rispetto a $\langle i \rangle$ ha ordine 2 e non contiene elementi di ordine 2.

4.32 Lemma. *Sia G un gruppo abeliano, x un elemento di ordine massimo, $H = \langle x \rangle$, e sia Hy una classe di ordine m. Allora esiste in Hy un elemento di ordine m.*

Dim. Si ha $(Hy)^m = H$, cioè $y^m \in H$ e $y^m = x^t$ per un certo t. Poiché l'ordine di una classe divide l'ordine di ogni elemento della classe, si ha $m|o(y)$. Allora, per i due lemmi precedenti, $m|(o(x), t)$. Consideriamo allora $z = yx^{-((o(x), t)/m)(t/(o(x), t))} = yx^{-t/m}$. L'elemento z appartiene alla classe Hy, e quindi $m|o(z)$, ed è tale che $z^m = y^m x^{-t} = 1$, per cui $o(z)|m$. Dunque $o(z) = m$, e z è l'elemento cercato. $\Diamond$

4.33 Teorema (TEOREMA FONDAMENTALE DEI GRUPPI ABELIANI FINITI). *Sia G un gruppo abeliano finito. Allora:*

$$G = G_1 \times G_2 \times \cdots \times G_t,$$

dove i G_i sono ciclici di ordine e_i. Inoltre:
  i) *e_{i+1} divide e_i;*
  ii) *il prodotto degli e_i è uguale all'ordine di G;*
  iii) *gli e_i sono univocamente determinati dalle proprietà i) e ii)*[†].

Dim. Induzione su $|G|$, essendo il teorema banalmente vero per il gruppo $\{1\}$. Sia $|G| > 1$, g_1 un elemento di G di ordine massimo e_1 e $G_1 = \langle g_1 \rangle$. Per induzione, il teorema è vero per G/G_1:

$$G/G_1 = \langle G_1 g_2 \rangle \times \langle G_1 g_3 \rangle \times \ldots \times \langle G_1 g_t \rangle,$$

dove i gruppi $\langle G_1 g_i \rangle$ hanno ordini e_i, con $e_{i+1}|e_i$, $i = 2, 3, \ldots, t-1$, e dove, per il Lemma 4.32, possiamo prendere g_i di ordine uguale all'ordine della classe $G_1 g_i$ a cui esso appartiene, e cioè $o(g_i) = e_i$. Sia H il prodotto dei sottogruppi $\langle g_i \rangle$:

$$H = \langle g_2 \rangle \langle g_3 \rangle \cdots \langle g_t \rangle,$$

e dimostriamo che si tratta di un prodotto diretto. Per questo occorre far vedere che l'ordine di H è uguale al prodotto degli ordini dei $\langle g_i \rangle$, cioè $|H| = e_2 e_3 \cdots e_t$. Ma $|H| \leq |\langle g_2 \rangle||\langle g_3 \rangle| \cdots |\langle g_t \rangle| = e_2 e_3 \cdots e_t$, e nell'omomorfismo canonico $\varphi : G \to G/G_1$ l'immagine di H contiene $G_1 g_2, G_1 g_3, \ldots, G_1 g_t$, e quindi è tutto il gruppo G/G_1, che è generato da queste classi: $\varphi(H) = HG_1/G_1 = G/G_1$, per cui $|\varphi(H)| \geq |G/G_1|$ e a fortiori $|H| \geq |G/G_1| = e_2 e_3 \cdots e_t$. Inoltre, $HG_1 = G$ e $|H| = |G/G_1| = |HG_1/G_1| = |H/H \cap G_1| = |H|/|H \cap G_1|$ per cui $H \cap G_1 = \{1\}$. Ne segue

$$G = G_1 H = G_1 \times H = G_1 \times \langle g_2 \rangle \times \langle g_3 \rangle \times \cdots \times \langle g_t \rangle,$$

e con $G_i = \langle g_i \rangle$ si ha il risultato. Per quanto riguarda l'unicità degli e_i, sia $G = G_1 \times G_2 \times \cdots \times G_t = H_1 \times H_2 \times \cdots \times H_s$, con $|H_j| = f_j$, e gli f_j che

---

[†] Gli e_i del Teor. 4.26 sono qui presi nell'ordine inverso.

soddisfano i) e ii). Avendosi $f_j | f_1$ per ogni j, h_1 è un elemento di ordine massimo di G, come pure g_1. Allora $e_1 = f_1$. Sia k il primo indice per cui $e_k \neq f_k$, e supponiamo $e_k > f_k$. L'insieme A delle potenze f_k–esime degli elementi di G è un sottogruppo. Se $x \in G$ si ha $x = g_1^{r_1} g_2^{r_2} \ldots g_t^{r_t}$, per certi r_i, e dunque $x^{f_k} = (g_1^{f_k})^{r_1} (g_2^{f_k})^{r_2} \cdots (g_t^{f_k})^{r_t}$. Ne segue che x^{f_k} appartiene al prodotto dei sottogruppi generati dai $g_i^{f_k}$, che è un prodotto diretto. Viceversa, tale prodotto è contenuto in A, e quindi $A \simeq \langle g_1^{f_k} \rangle \times \langle g_2^{f_k} \rangle \times \cdots \times \langle g_k^{f_k} \rangle \times \cdots$, e l'ipotesi $e_k > f_k$ implica che tutti i fattori scritti sono diversi da $\{1\}$. Analogamente, $A \simeq \langle h_1^{f_k} \rangle \times \langle h_2^{f_k} \rangle \times \cdots \times \langle h_{k-1}^{f_k} \rangle$, per il fatto che $h_j^{f_k} = 1$ se $j \geq k$, in quanto f_k è multiplo dell'ordine di h_j. Ora, se $j < k$, $f_k | f_j$; ne segue $o(h_j^{f_k}) = \frac{f_j}{(f_j, f_k)} = \frac{f_j}{f_k}$. Dalla seconda decomposizione di A si ha allora $|A| = \frac{f_1}{f_k} \cdot \frac{f_2}{f_k} \cdots \frac{f_{k-1}}{f_k} = \frac{e_1 e_2 \cdots e_{k-1}}{f_k^{k-1}}$, ricordando che $f_j = e_j$ se $j < k$. Analogamente, dalla prima decomposizione di A segue $|A| = \frac{e_1 e_2 \cdots e_{k-1}}{f_k^{k-1}} \cdot \frac{e_k}{(e_k, f_k)} \cdots$ Ma $\frac{e_k}{(e_k, f_k)} > 1$, e ricordando che $e_k > f_k$ il confronto tra le due espressioni di A fornisce la contraddizione $|A| > |A|$. $\diamond$

Come il Teor. 4.17, anche questo teorema fornisce un modo per determinare il numero dei gruppi abeliani di ordine un dato intero n. Si ha infatti:

4.34 Corollario. *Il numero dei gruppi abeliani di ordine n è uguale al numero di modi di decomporre n come prodotto $e_1 e_2 \cdots e_t$ di interi e_i tali che e_{i+1} divide e_i.*

Così, ad esempio, i quattro gruppi abeliani di ordine 36 determinati in precedenza si possono ritrovare in corrispondenza alle decomposizioni $36 = 36$ (che dà C_{36}), $36 = 18 \cdot 2$ ($C_{18} \times C_2$), $36 = 12 \cdot 3$ ($C_{12} \times C_3$) e $36 = 6 \cdot 6$ ($C_6 \times C_6$).

Un gruppo abeliano libero, di rango finito o infinito, ha la seguente proprietà *proiettiva* (è *proiettivo*).

4.35 Teorema. *Sia A abeliano libero, G abeliano, $H \leq G$. Allora se ϕ è un omomorfismo $A \to G/H$ esiste un omomorfismo $\psi : A \to G$ tale che $\gamma\psi = \phi$, dove γ è l'omomorfismo canonico $G \longrightarrow G/H$:*

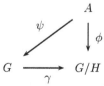

(*Più sinteticamente: ogni omomorfismo di A in un quoziente G/H di un gruppo G si solleva a un omomorfismo di A in G*).

Dim. Sia X una base di A, $\phi(x)$ l'immagine di un elemento x di X e g_x un elemento di G tale che $\gamma(g_x) = \phi(x)$. L'applicazione $x \to g_x$ si estende a un omomorfismo ψ tale che $\gamma\psi = \phi$. $\diamond$

4.36 Corollario. *Sia $G/H = A$ con A libero. Allora $G \simeq H \oplus A$. In altre parole, un gruppo abeliano libero è addendo diretto di ogni gruppo abeliano del quale sia un quoziente.*

Dim. Si consideri la figura precedente con $\phi = id$, identità. Per il teorema, esiste ψ tale che $\gamma\psi = id$. La ψ è iniettiva, perché tale è l'identità, e dunque $Im(\psi) \simeq A$. Se $g \in Im(\psi) \cap H$, si ha $g = \psi(x)$ e $0 = \gamma(g) = \gamma\psi(x) = id(x) = x$. Il risultato segue. $\diamond$

Date due presentazioni per un gruppo abeliano G:

$$G \simeq A/K, \quad G \simeq A_1/K_1 \tag{4.5}$$

con A e A_1 liberi, vi è una stretta relazione fra loro. È quanto afferma il seguente lemma.

4.37 Lemma (SCHANUEL). *Siano date le due presentazioni (4.5) del gruppo abeliano G. Allora:*

$$K \oplus A_1 \simeq K_1 \oplus A.$$

Dim. Siano $f : A \to A/K$ e $f_1 : A_1 \to A_1/K_1$ gli omomorfismi canonici. Avendosi $f : A \longrightarrow A/K \simeq G \simeq A_1/K_1$, si ha un omomorfismo $A \to A_1/K_1$ di A (che chiamiamo ancora f); per il Teor. 4.35 esiste un omomorfismo $\gamma : A \to A_1$ tale che $f_1\gamma = f$. Ora, dato $a_1 \in A_1$ e la sua immagine $f_1(a_1)$, esiste $a \in A$ tale che $f_1(a_1) = f(a)$ (f è surgettiva). Ma $f = f_1\gamma$, e quindi $f_1(a_1) = f_1\gamma(a)$, ovvero $a_1 - \gamma(a) \in Ker(f_1) = K_1$. Ogni elemento $a_1 \in A_1$ è perciò della forma $a_1 = \gamma(a) + k_1$, $a \in A$, $k_1 \in K_1$. Consideriamo allora l'applicazione $\psi : A \oplus K_1 \longrightarrow A_1$ data da $(a, k_1) \to \gamma(a) + k_1$, che abbiamo appena visto essere surgettiva, e che, essendo A_1 abeliano, è un omomorfismo. Vediamo qual è il nucleo: se $\gamma(a) + k_1 = 0$, allora $f_1\gamma(a) + f_1(k_1) = 0$, e quindi $f_1\gamma(a) = 0 = f(a)$ e $a \in Ker(f) = K$. Ne segue $Ker(\psi) = \{(k, k_1) \mid \gamma(k) = -k_1\}$. L'applicazione $K \to Ker(\psi)$ data da $k \to (k, k_1)$ è certamente iniettiva. Ma è anche surgettiva; dato $k \in K$, esiste $k_1 \in K_1$ tale che $\gamma(k) = -k_1$. Infatti, $f_1\gamma(k) = f(k) = 0$ per cui $\gamma(k) \in K_1$, e $\gamma(k) = -k_1$ per un certo $k_1 \in K_1$. Abbiamo dimostrato che $Ker(\psi) \simeq K$ e $A_1 \simeq A \oplus K_1/K$. Essendo A_1 libero, per il Cor. 4.36 (e la sua dimostrazione), si ha $K \oplus A_1 \simeq K_1 \oplus A$.[†] $\diamond$

Il diagramma:

[†] Questo lemma sussiste più in generale, e con la stessa dimostrazione, per moduli sopra un qualunque anello, e non solo per i gruppi abeliani (che sono moduli sull'anello degli interi).

ottenuto da quello del Teor. 4.35 sostituendo "quoziente" con "sottogruppo" e invertendo la direzione delle frecce, fornisce la nozione duale di quella di gruppo proiettivo: un gruppo abeliano A si dice *iniettivo* se ogni omomorfismo φ da un sottogruppo H di un gruppo abeliano G in A si estende a un omomorfismo di G in A.

4.38 Teorema (BAER). *Un gruppo abeliano è iniettivo se e solo se è divisibile.*

Dim. Sia A iniettivo, $x \in A$ e n un intero. Dobbiamo dimostrare che n divide x, cioè che esiste $y \in A$ tale che $x = ny$. L'applicazione $\varphi : n\mathbf{Z} \to A$, data da $nk \to xk$, è un omomorfismo, che dunque si estende a un omomorfismo ψ di $\mathbf{Z}$ in A. Sia $y = \psi(1)$ e sia ι l'inclusione $n\mathbf{Z} \to \mathbf{Z}$; si ha: $x = \varphi(n) = \psi\iota(n) = \psi(n) = \psi(1 + 1 + \cdots + 1) = n\psi(1) = ny$.

Viceversa, sia A divisibile, H, G e φ come sopra, e sia $\mathcal{S}$ l'insieme delle coppie (S, ψ), dove $H \leq S \leq G$ e ψ estende φ a S. $\mathcal{S}$ non è vuoto perché contiene almeno (H, φ). Diciamo che $(S, \psi) \leq (S', \psi')$ se $S \subseteq S'$ e ψ' estende ψ a S'. Sia $\widetilde{S} = \bigcup S_\alpha$, e sia $\widetilde{\psi}$ definito come segue su $\widetilde{S}$: se $s \in \widetilde{S}$, è $s \in S_\alpha$ per qualche α; allora $\widetilde{\psi}(s) = \psi_\alpha(s)$. La coppia $(\widetilde{S}, \widetilde{\psi})$ è un confine superiore per $\widetilde{S}$; per Zorn esiste allora una coppia massimale (M, ψ) in $\widetilde{S}$. Dimostriamo che $M = G$. Se $x \in G$, $x \notin M$, allora $M < M'$, e si avrà una contraddizione facendo vedere che si può estendere ψ a M'.

i) Sia $M \cap \langle x \rangle = \{0\}$. Allora $M' = M \oplus \langle x \rangle$ e $\psi' : m + kb \to \varphi(m)$ è un omomorfismo che estende φ.

ii) $M \cap \langle x \rangle \neq \{0\}$, e sia k il minimo intero positivo tale che $kx \in M$. Se $y \in M'$, $y = m + tx$, $m \in M$, $0 \leq t < k$ (e questa scrittura è unica: se $m + tx = m' + t'x$, $t < t'$, allora $(t' - t)x = m - m' \in M$ con $t' - t < k$). Ora, $\psi(kx) \in A$; per la divisibilità di A, dato k esiste $a \in A$ tale che $ka = h(kx)$; se definiamo $\psi'(y) = \psi(m) + ta$, si verifica subito che ψ' estende ψ a M'. ◊

Dualmente al caso proiettivo si ha:

4.39 Corollario. *Un gruppo iniettivo A, sottogruppo di un gruppo G, è un addendo diretto di G.*

Dim.

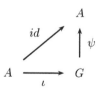

Per definizione esiste ψ tale che $\psi\iota = id$, e quindi $\psi(a) = a$, per ogni $a \in A$ e $Im(\psi) \simeq A$. Ora $Ker(\psi) \cap Im(\psi) = \{0\}$, e ψ è surgettiva perché tale è *id*. Quindi $G = Ker(\psi) \oplus Im(\psi) \simeq Ker(\psi) \oplus A$. ◊

4.4 Caratteri di un gruppo abeliano

Sia A un gruppo abeliano, $\mathbf{C}^*$ il gruppo moltiplicativo dei numeri complessi. Un *carattere* di A è un omomorfismo χ di A in C^*. Questi omomorfismi formano un gruppo moltiplicativo (*es. 32, i*), il *gruppo dei caratteri* di A. Si denota con $\widehat{A}$

4.40 Teorema (TEOREMA DI DUALITÀ). *Se A è finito, $\widehat{A} \simeq A$.*

Dim. Se $A = \langle a \rangle$ è ciclico, e $a^n = 1$, e $\chi \in \widehat{A}$, allora $\chi(a)^n = 1$, e dunque $\chi(a)^n$ è una radice $n-$esima dell'unità, e poiché queste sono in numero di n, e χ è determinato dal valore che assume su a, abbiamo n possibili caratteri. Se χ_k è determinato dalla radice w^k, e cioè $\chi_k(a) = w^k$, dove w è una primitiva, la corrispondenza $A \to \widehat{A}$ data da $a^k \to \chi_k$ è l'isomorfismo cercato. Nel caso generale, A è un prodotto diretto di gruppi ciclici $A_i = \langle a_i \rangle$, $|A_i| = n_i$, $i = 1, 2, \ldots t$. Fissiamo $a \in A$; a ammette un'unica scrittura $a = a_1^{k_1} a_2^{k_2} \cdots a_t^{k_t}$. Se $b = a_1^{h_1} a_2^{h_2} \cdots a_t^{h_t}$ e w_i è una radice primitiva n_i-esima dell'unità definiamo

$$\chi_a : b \to w_1^{k_1 h_1} w_2^{k_2 h_2} \cdots w_t^{k_t h_t}.$$

È chiaro che $\chi_{aa'} = \chi_a \chi_{a'}$. Se $a \neq a'$, allora $k_i \neq k_i'$ per almeno un i, e dunque $\chi_a(a_i) = w_i^{k_i} \neq w_i^{k_i'} = \chi_{a'}(a_i)$. Al variare di a, i χ_a sono dunque tutti distinti, e la corrispondenza $A \to \widehat{A}$, data da $a \to \chi_a$, è un isomorfismo. Si noti che $\chi_a(a') = \chi_{a'}(a)$. $\diamond$

Analogamente, $\widehat{A} \simeq \widehat{\widehat{A}}$. Pertanto, $\widehat{A} \simeq A$ e $A \simeq \widehat{\widehat{A}}$. Ma mentre il primo isomorfismo non è "naturale" (per definirlo occorre scegliere dei generatori degli A_i, e quindi dipende da questa scelta) il secondo lo è, nel senso che si può definire direttamente sugli elementi: se $\widehat{A} = \{\chi_a, a \in A\}$ e $a' \in A$, allora $a' \to \widehat{\chi}_{a'} : \chi_a \to \chi_a(a')$ (per ogni $a \in A$, $\widehat{\chi}_{a'}$ manda χ_a nel valore che χ_a assume su a'). La situazione è analoga a quella degli isomorfismo tra uno spazio vettoriale e i suoi duale e biduale.

Se $H \leq G$, ogni carattere χ di G/H si estende a unò di G componendolo con la proiezione $p : G \to G/H$:

$$
\begin{array}{ccc}
G & \overset{p}{\to} & G/H \\
 & {\scriptstyle \chi \circ p} \searrow & \downarrow {\scriptstyle \chi} \\
 & & C^*
\end{array}
$$

L'applicazione $\widehat{G/H} \to \widehat{G}$ data da $\chi \to \chi \circ p$ è iniettiva: se $\chi \circ p = \chi_1 \circ p$ allora $\chi \circ p(g) = \chi_1 \circ p(g)$ per ogni $g \in G$. Ma ogni classe laterale di H è del tipo $p(g)$ per qualche $g \in G$, e dunque χ e χ_1 concidono su tutte le classi laterali di H e perciò sono lo stesso carattere: $\chi = \chi_1$. Se G è finito, per il teorema $\widehat{G/H} \simeq G/H$ e $\widehat{G} \simeq G$. Abbiamo dimostrato:

4.41 Teorema. *Se G è un gruppo abeliano finito e H è un sottogruppo di G, allora G contiene un sottogruppo isomorfo a G/H.* ◊

Ricordiamo che questo risultato non sussiste più se G non è abeliano (v. *Es.* 3 di 2.9).

4.42 Lemma. *Sia $B \leq A$, $\chi_1 \in \widehat{B}$. Allora χ_1 si estende a un $\chi \in \widehat{A}$, e l'applicazione $\chi \to \chi_1$ è un omomorfismo $\widehat{A} \to \widehat{B}$ di nucleo*

$$B^{\perp} = \{\chi \in \widehat{A} \mid \chi(b) = 1, \forall b \in B\}.$$

Dim. Essendo C^* divisibile, ogni omomorfismo di B in C^* si solleva a uno di A in C^*. Le proprietà dette seguono. ◊

Esercizi

22. Determinare i gruppi:

$$G = \langle a, b \mid 2a + 3b = 0 \rangle \quad \text{e} \quad G = \langle a, b \mid 2a + 3b = 0, \ 5a - 2b = 0 \rangle.$$

23. Dare un esempio che dimostri come se $H \leq G$, dove G è abeliano finito, non è detto che esistano sottogruppi ciclici H_i e G_i tali che $H_i \leq G_i$ e G e H sono isomorfi rispettivamente ai prodotti diretti dei G_i e degli H_i. [*Sugg.*: considerare $G = C_2 \times C_8$].

24. Dimostrare, utilizzando il teorema fondamentale dei gruppi abeliani, che se H è un sottogruppo di un gruppo abeliano finito G, allora G contiene un sottogruppo isomorfo al quoziente G/H (v. Teor. 4.41).

25. Dimostrare che il gruppo moltiplicativo dei razionali positivi $\mathbf{Q}^+(\cdot)$ è libero (v. Cap. 1, *es.* 22).

26. Sia A abeliano libero di rango n. Si definisca *altezza* di un elemento $0 \neq x \in A$, da denotarsi con $h(x)$, il più piccolo intero positivo che compare come coefficiente in una scrittura di x al variare della base. Dimostrare che: *i*) $h(x)$ esiste; *ii*) il massimo comun divisore dei coefficienti delle scritture di x nelle varie basi di A è sempre lo stesso, ed è uguale ad $h(x)$.

27. Siano A come nell'esercizio precedente, $H \leq A$ e $h(H)$ l'altezza minima tra quelle degli elementi di H. Dimostrare che $h(H)$ divide l'altezza $h(k)$ di ogni elemento $k \in H$.

28. Sia X un sistema di generatori per un gruppo abeliano A tale che ogni funzione $X \to G$ a un gruppo abeliano G si estenda univocamente a un omomorfismo $A \to G$. Allora A è libero su X.

29. Dimostrare che un gruppo abeliano f.g. è proiettivo se e solo se è libero[†]. Il gruppo $\{0\}$ è sia proiettivo che iniettivo.

[†] Questo fatto è vero anche nel caso non f.g.

30. Ogni gruppo abeliano si immerge in un gruppo divisibile. [*Sugg.*: si scriva il gruppo G come quoziente A/R con A libero, $A = \sum_{\lambda \in \Lambda}^{\oplus} \mathbf{Z}_\lambda$ (Teor. 4.24) e si immerga ciascuna copia $\mathbf{Z}_\lambda$ in una copia $\mathbf{Q}_\lambda$ di $\mathbf{Q}$. Allora $G = A/R = (\sum_{\lambda \in \Lambda}^{\oplus} \mathbf{Z}_\lambda)/R \subseteq (\sum_{\lambda \in \Lambda}^{\oplus} \mathbf{Q}_\lambda)/R$, e quest'ultimo gruppo è divisibile].

31. *i*) Se $A = \mathbf{Z} \oplus \mathbf{Z} \oplus \cdots \oplus \mathbf{Z}$ (n copie di $\mathbf{Z}$), allora $\mathbf{Aut}(A)$ è isomorfo al gruppo delle matrici intere invertibili $GL(n, \mathbf{Z})$.

ii) Se $A = \mathbf{Z}_m \oplus \mathbf{Z}_m \oplus \cdots \mathbf{Z}_m$ (n copie di $\mathbf{Z}_m$), allora $\mathbf{Aut}(A)$ è isomorfo al gruppo delle matrici invertibili $GL(n, \mathbf{Z}_m)$.

32. Se A è un gruppo abeliano, allora:

i) i caratteri di A formano un gruppo moltiplicativo;

ii) il gruppo moltiplicativo degli omomorfismi di $\mathbf{Z}$ in A è un gruppo isomorfo ad A;

iii) (Artin) caratteri distinti sono linearmente indipendenti su $\mathbf{C}$: se $\sum_{i=1}^{m} c_i \chi_i(a) = 0$ per ogni $a \in A$, con $c_i \in \mathbf{C}$, allora $c_i = 0$ per ogni i. [*Sugg.*: sia $\sum_{i=1}^{m} c_i \chi_i = 0$ con m minimo, $a \in A$ tale che $\chi_1(a) \neq \chi_2(a)$, e considerare $\sum_{i=1}^{m} c_i \chi_i(xa) = 0$, per ogni $x \in A$. Dividendo la prima relazione per $\chi(a)$, e sottraendo le due relazioni, se ne ottiene una più corta della prima].

33. Sia G un gruppo abeliano di ordine p^m, $m > 1$. Dimostrare che G ha un automorfismo di ordine p.

34. Se m è l'esponente di un gruppo abeliano finito G, l'ordine di ogni elemento di G divide m.

35. (Fedorov) Dimostrare che il gruppo degli interi $\mathbf{Z}$ è l'unico gruppo infinito nel quale ogni sottogruppo proprio ha indice finito. [*Sugg.*: teorema di Schur e Cor. 4.18].

4.5 Gruppi liberi

Nel capitolo precedente abbiamo considerato gruppi abeliani liberi, cioè gruppi liberi nella classe dei gruppi abeliani. Consideriamo ora la classe di tutti i gruppi.

Sia F un gruppo, X un sottoinsieme di F. Allora F è un *gruppo libero*[†] *su* X se ogni applicazione f da X a un gruppo G si estende univocamente a un omomorfismo $\phi : F \to G$:

4.43 Teorema. *Siano F_1 e F_2 gruppi liberi su X_1 e X_2. Allora F_1 e F_2 sono isomorfi se e solo se X_1 e X_2 hanno la stessa cardinalità, $|X_1| = |X_2|$.*

[†] F è l'iniziale dell'inglese *free*.

Dim. Sia $f : X_1 \to X_2$ biunivoca. Allora f determina un'applicazione, che continuiamo a chiamare f, $f : X_1 \to F_2$, che essendo F_1 libero si estende a un omomorfismo $\phi : F_1 \to F_2$. Analogamente, l'inversa f^* di f determina $\phi^* : F_2 \to F_1$. Componendo ϕ e ϕ^* abbiamo un omomorfismo $\phi^* \phi : F_1 \to F_1$, che su X_1 vale $\phi^* \phi(x) = \phi^*(f(x)) = f^* f(x) = \iota(x)$, dove ι è l'identità su X_1, in quanto f^* è l'inversa della f. Ne segue che $\phi^* \phi$ estende l'inclusione $j : X_1 \to F_1$, e poiché l'identità $I_{F_1} : F_1 \to F_1$ estende anch'essa j, e l'estensione è unica perché F_1 è libero, si ha $\phi^* \phi = I_{F_1}$. Analogamente, $\phi \phi^* = I_{F_2}$, e quindi $F_1 \simeq F_2$.

Viceversa, sia F libero su X. Allora, per definizione, gli omomorfismi di F in un gruppo G sono in corrispondenza biunivoca con le applicazioni $X \to G$. Prendendo $G = Z_2$, il gruppo con due elementi, queste ultime sono in numero di $2^{|X|}$, e quindi vi sono esattamente $2^{|X|}$ omomorfismi di F in Z_2. Poiché questo numero è invariante per isomorfismo, $2^{|X|}$, e così $|X|$, è determinato dalla classe di isomorfismo di F.   ◊

Come nel caso abeliano, la cardinalità di X si chiama *rango* di F.

Vista l'unicità, veniamo ora all'esistenza dei gruppi liberi. Sia X un insieme, X^{-1} un insieme in corrispondenza biunivoca con X ($x \to x^{-1}$). Posto $A = X \cup X^{-1}$, che chiameremo *alfabeto*, consideriamo le successioni finite di elementi di A, che chiameremo *parole* sull'alfabeto A. Possiamo denotare una parola con:

$$w = x_1^{\epsilon_1} x_2^{\epsilon_2} \dots x_n^{\epsilon_n}, \, n \geq 0 \tag{4.6}$$

dove $x_i \in X, \epsilon_i = \pm 1, 0 \, (x^0 = 1), i = 1, 2, \dots, n-1, \epsilon_n = \pm 1$. Se la successione è vuota, si ha la *parola vuota*, che denotiamo con 1. Si osservi che la scrittura di una parola è unica (si tratta infatti di una n–pla). La parola *inversa* della (4.6) è la parola $x_n^{-\epsilon_n} x_{n-1}^{-\epsilon_{n-1}} \dots x_1^{-\epsilon_1}$. Se w è come nella (4.6), l'intero n è la *lunghezza* di w: $l(w) = n$; si pone $l(1) = 0$. La parola w è *ridotta* se $w = 1$ oppure se $\epsilon = \pm 1$ per ogni ϵ e x e x^{-1} non sono mai adiacenti.

Possiamo definire un prodotto tra due parole semplicemente giustapponendo le due parole; si ottiene così un *semigruppo*. Questo prodotto non si può però definire nell'insieme delle parole ridotte: se $w = w_1 x$ e $u = x^{-1} u_1$ sono ridotte, la parola $wu = yxx^{-1}u_1$ non è più ridotta. Si può però definire il prodotto come la parola ottenuta dopo riduzione: se $w = w_1 v$ e $u = v^{-1} u_1$, dove v^{-1} è l'inversa della parola v, allora $wv =_{def} w_1 u_1$. Rispetto a questo nuovo prodotto l'insieme delle parole ridotte forma un gruppo (ed è il gruppo libero che cerchiamo). Tuttavia la verifica della proprietà associativa è piuttosto noiosa. Ricorriamo allora al *van der Waerden trick*: il gruppo libero verrà costruito come gruppo di permutazioni dell'insieme delle parole ridotte. Sia F l'insieme delle parole ridotte, e consideriamo, per ogni $x \in X$ e $x^{-1} \in X^{-1}$, le funzioni $\alpha_x, \alpha_{x^{-1}}$ definite come segue: sia $w = yu \in F$; allora[†]:

[†] Seguendo van der Waerden scriviamo $\alpha_x.w$ per $\alpha_x(w)$.

$$\alpha_x.w = \begin{cases} xw \text{ se } y \neq x^{-1}, \\ u \text{ se } y = x^{-1}, \end{cases} \quad \alpha_{x^{-1}}.w = \begin{cases} x^{-1}w \text{ se } y \neq x, \\ u \text{ se } y = x. \end{cases}$$

Consideriamo ora $\alpha_x\alpha_{x^{-1}}.w$, $w = yzu$. Si ha:

  i) se $y \neq x^{-1}$, $\alpha_{x^{-1}}\alpha_x.w = \alpha_{x^{-1}}.xyzu = yzu = w$;

  ii) se $y = x^{-1}$, $\alpha_{x^{-1}}\alpha_x.w = \alpha_{x^{-1}}.zu = yzu = w$.

In $ii)$ è $z \neq x$ perché w è ridotta. Ne segue $\alpha_x\alpha_{x^{-1}} = I$. Analogamente, $\alpha_{x^{-1}}\alpha_x = I$; pertanto, che la α_x è biunivoca, ed è quindi una permutazione di F, con inversa $\alpha_{x^{-1}}$. Nel gruppo simmetrico S^F di tutte le permutazioni di F consideriamo il sottogruppo generato dalle α_x:

$$\mathcal{F} = \{\alpha_x, \ x \in X\}.$$

Sia $g \in \mathcal{F}$, $g \neq 1$. Allora g ammette la fattorizzazione:

$$g = w = |x_1^{\epsilon_1}||x_2^{\epsilon_2}|\ldots|x_n^{\epsilon_n}|,$$

(scriviamo $|x|$ per α_x), con $|x^\epsilon|$ e $|x^{-\epsilon}|$ mai adiacenti (altrimenti li cancelliamo). Questa fattorizzazione è unica; infatti, applicando g alla parola vuota 1 abbiamo $g.1 = x_1^{\epsilon_1}x_2^{\epsilon_2}\ldots x_n^{\epsilon_n}$, che in quanto elemento di F ha una scrittura unica, come sappiamo. Facciamo ora vedere che $\mathcal{F}$ è un gruppo libero su $[X] = \{|x|, x \in X\}$. Sia G un gruppo, f una funzione $[X] \to G$. La funzione $\phi : \mathcal{F} \to G$ così definita:

$$\phi(g) = \phi(|x_1^{\epsilon_1}||x_2^{\epsilon_2}|\ldots|x_n^{\epsilon_n}|) =_{def} f(|x_1^{\epsilon_1}|)f(|x_2^{\epsilon_2}|)\ldots f(|x_n^{\epsilon_n}|),$$

è ben definita (in quanto la scrittura di g è unica) ed estende f. Facciamo vedere che si tratta di un omomorfismo. Siano $g, h \in \mathcal{F}$; si ha:

$$\phi(g \circ h) = \phi(g)\phi(h) \tag{4.7}$$

quando la parola gh è ridotta (gh significa $g \circ h$ abolendo le barre verticali). Se $g = u \circ v$ e $h = v^{-1} \circ s$, allora $\phi(g) = \phi(u)\phi(v)$ e $\phi(h) = \phi(v^{-1})\phi(s)$, in quanto g e h sono ridotte. Ne segue che nel gruppo G:

$$\phi(g)\phi(h) = \phi(u)\phi(v)\phi(v^{-1})\phi(s) = \phi(u)\phi(s). \tag{4.8}$$

Ma per definizione $\phi(v^{-1}) = \phi(v)^{-1}$ e dunque, per le (4.7) e (4.8),

$$\phi(g \circ h) = \phi(g)\phi(h),$$

e ϕ è un omomorfismo. Abbiamo dimostrato:

4.44 Teorema. *Il gruppo $\mathcal{F}$ è un gruppo libero su $[X]$.* $\diamond$

Si osservi inoltre che, poiché la corrispondenza $\mathcal{F} \to F$ data da:

$$|x_1^{\epsilon_1}| \circ |x_2^{\epsilon_2}| \circ \cdots \circ |x_n^{\epsilon_n}| \to x_1^{\epsilon_1}x_2^{\epsilon_2}\ldots x_n^{\epsilon_n}$$

è una biiezione, si ha $F \simeq \mathcal{F}$, e il gruppo F delle parole ridotte è libero su $X^{\dagger}$.

Una parola ridotta si dice *ciclicamente ridotta* se comincia con un simbolo x_i^{ϵ} e termina con un simbolo diverso da $x_i^{-\epsilon}$. Se w è ridotta, ma non ciclicamente ridotta, allora

$$w = y_r^{-\eta_r} y_{r-1}^{-\eta_{r-1}} \ldots y_1^{-\eta_1} (x_1^{\epsilon_1} x_2^{\epsilon_2} \ldots x_m^{\epsilon_m}) y_1^{\eta_1} y_2^{\eta_2} \ldots y_r^{\eta_r},$$

$x_i, y_j \in X$, dove $u = x_1^{\epsilon_1} x_2^{\epsilon_2} \ldots x_m^{\epsilon_m}$ è ciclicamente ridotta. In altri termini, una parola ridotta, ma non ciclicamente ridotta, è coniugata di una parola ciclicamente ridotta: $w = v^{-1}uv$, dove $v = y_1^{\eta_1} y_2^{\eta_2} \ldots y_r^{\eta_r}$.

L'insieme X che genera F ha la proprietà che, se una parola ridotta $x_1^{\epsilon_1} x_2^{\epsilon_2} \ldots x_m^{\epsilon_m}$ è uguale a 1, con gli x_i in X, allora $m = 0$ e la parola è vuota. Ma vi sono altri sottoinsiemi, oltre a X, che hanno questa proprietà. Ad esempio, sia $X = \{x, y\}$, e sia $X' = \{x, x^y\}$ (scriviamo x^y per $x^{-1}yx$). Anche X' genera X, in quanto il sottogruppo $\langle X' \rangle$ contiene x e y e quindi tutto F. Inoltre, una parola ridotta in x e x^y è coniugata di una parola ridotta in x e y; ad esempio,

$$x^{-1} y^x y^x x x (y^x)^{-1} = x^{-1} (x^{-1} y y x x y^{-1}) x,$$

e dunque la sola parola ridotta in X' uguale a 1 è la parola vuota.

Se un sottoinsieme X di F genera X e gode della proprietà che la sola parola uguale a 1 è la parola vuota diremo che X è una *base libera* o un *insieme di generatori liberi* di F, o che F è *generato liberamente* da X. Si osservi che, nell'esempio precedente, la parola $x^{-1}yx$ ha lunghezza 3 se riferita al sistema X, mentre ha lunghezza 1 se riferita a X'.

Esercizi

36. Dimostrare che un gruppo libero è proiettivo (come nel caso dei gruppi abeliani liberi).

37. Se G è un gruppo che contiene un sottogruppo normale N tale che G/N è un gruppo libero, allora G contiene un sottogruppo libero F tale che $G = NF$ e $N \cap F = \{1\}$. [*Sugg.*: Cor. 4.36].

38. Sia λ un numero irrazionale. Dimostrare che, rispetto al prodotto tra matrici, le matrici $\begin{pmatrix} 1 & 1 \\ 0 & 1 \end{pmatrix}$, $\begin{pmatrix} 1 & \lambda \\ 0 & 1 \end{pmatrix}$, generano un gruppo libero.

39. Un gruppo libero è privo di torsione (in particolare, se un gruppo libero è generato da un solo elemento, allora è ciclico infinito). [*Sugg.*: sia $w^n = 1, n > 0$; distinguere i due casi, a seconda che w sia o no ciclicamente ridotta].

---

† Dato un gruppo G e un insieme H in biiezione f con G, esiste ed è unica l'operazione su H che rende f un isomorfismo. Essa si ottiene, dati $h, k \in H$, considerando $g_1, g_2 \in G$ tali che $f(g_1) = h$ e $f(g_2) = k$ (g_1 e g_2 sono univocamente determinati) e definendo il prodotto $h \cdot k$ come $f(g_1 g_2)$.

4.6 Relazioni

In un gruppo G generato da un insieme $X = \{x_i\}$, uno stesso elemento può avere più espressioni come parola negli elementi di X e loro inversi.

Una uguaglianza

$$x_{i_1}^{h_1} x_{i_2}^{h_2} \cdots x_{i_s}^{h_s} = x_{j_1}^{k_1} x_{j_2}^{k_2} \cdots x_{j_t}^{k_t}, \tag{4.9}$$

$h_l, k_j \in \mathbf{Z}$, si chiama *relazione* (algebrica) tra le x_i. Ad esempio, se x_i e x_j permutano si ha $x_i x_j = x_j x_i$, che possiamo anche scrivere $x_i x_j x_i^{-1} x_j^{-1} = 1$, o anche $r(x_i, x_j) = 1$. In generale, portando tutto a primo membro, una uguaglianza come la (4.9) può esprimersi come

$$r(x_i, x_j, \ldots) = 1. \tag{4.10}$$

Dalla (4.10) si ottengono le relazioni

$$r(x_i, x_j, \ldots)^{-1} = 1, \tag{4.11}$$

e, per ogni $g \in G$,

$$g^{-1} r(x_i, x_j, \ldots) g = 1. \tag{4.12}$$

Inoltre, il prodotto di due relazioni è ancora una relazione:

$$r(x_i, x_j, \ldots) s(x_i, x_j, \ldots) = t(x_i, x_j, \ldots) = 1. \tag{4.13}$$

Se ora consideriamo nel gruppo libero F su un insieme Y in corrispondenza biunivoca con X, l'insieme R delle parole $r(y_i, y_j, \ldots)$ tali che $r(x_i, x_j, \ldots) = 1$ in G, dalle (4.11) e (4.13) si ha che R è un sottogruppo, e dalla (4.12) che questo sottogruppo è normale. La corrispondenza $\phi : F \to G$, che associa a una parola ridotta in Y la corrispondente parola in X:

$$w = y_1^{\epsilon_1} y_2^{\epsilon_2} \ldots y_n^{\epsilon_n} \to x_1^{\epsilon_1} x_2^{\epsilon_2} \ldots x_n^{\epsilon_n} = g,$$

è l'omomorfismo che estende la $Y \to X \to G$, ed è surgettivo (perché X genera G, e quindi ogni $g \in G$ è della forma detta). Il nucleo consta delle parole di F che nella ϕ vanno in $1 \in G$, e quindi questo nucleo è R. Ne segue $G \simeq F/R$. Abbiamo dimostrato:

4.45 Teorema. *Ogni gruppo è quoziente di un gruppo libero.* $\Diamond$

La cosa si può anche vedere come segue. Sia G un gruppo, e consideriamo l'insieme $X = \{x_g,\ g \in G\}$ e il gruppo libero F su X. La biiezione $j : X \to G$ si estende a un omomorfismo $\phi : F \to G$, e poiché già j è surgettiva, ϕ lo è. Dunque $G \simeq F/K$, dove $K = Ker\phi$. Dalla dimostrazione del Teor. 4.45 si ha più precisamente che un gruppo generato da un insieme X è quoziente del gruppo libero su un insieme di generatori che ha la stessa cardinalità di X (o, più semplicemente, del gruppo libero su X). Si possono pensare i generatori del gruppo libero su Y come delle variabili, le parole come espressioni in queste variabili, e gli elementi del gruppo G generato da X come i valori che assumono queste espressioni quando alle y_i si sostituiscono le x_i.

Viceversa, partiamo dal gruppo libero F su X, e sia N un sottogruppo normale di F; allora il gruppo $G = F/N$ ha come generatori le classi $x_i N$ e come relazioni $r(x_i N, x_j N, \ldots) = 1$, dove $r(x_i, x_j, \ldots)$ varia nell'insieme degli elementi (parole) di N. Infatti, $q(x_i, x_j, \ldots) = 1$ è una relazione in G se e solo se $q(x_i, x_j, \ldots)N = N$, cioè se e solo se $q(x_i, x_j, \ldots) \in N$. Gli elementi di N sono quindi in corrispondenza biunivoca con le relazioni soddisfatte dagli elementi di G.

4.46 Esempio. Sia A il gruppo abeliano libero di rango n (somma diretta di n gruppi ciclici infiniti). Allora A è quoziente del gruppo libero F di rango n, $A \simeq F/K$. Essendo F/K abeliano, il derivato F' di F è contenuto in K, e dunque

$$F/K \simeq (F/F')/(K/F').$$

Ma F/F' è un gruppo abeliano con n generatori (e non meno, altrimenti A sarebbe generato da meno di n elementi), e quindi $F/F' \simeq A$. Abbiamo così dimostrato: *se F è di rango n, F/F' è un gruppo abeliano libero di rango n.*

Sia ora $G = \langle X \rangle$, e sia R_0 un insieme di relazioni tra gli elementi di X. Se $r = r(x_i, x_j, \ldots) = 1$ è una relazione dedotta dalle relazioni di R_0 mediante l'applicazione delle operazioni (4.11), (4.12) e (4.13) un numero finito di volte, r si dice *conseguenza* delle relazioni di R_0. Con lo stesso argomento di sopra, l'insieme di queste relazioni r è un sottogruppo normale di F, la *chiusura normale* di R_0, ed è il più piccolo sottogruppo normale di F che contiene R_0; si denota con R_0^G. (Si ha così che la relazione logica di conseguenza $r \dashv R$ si traduce nella relazione insiemistica di inclusione $r \in R_0^G$). È chiaro che $R_0^G \le R$, dove R, come visto sopra, è l'insieme di tutte le relazioni. Si ha:

$$G \simeq F/R \simeq (F/R_0^G)/(R/R_0^G), \qquad (4.14)$$

cioè G è un quoziente del gruppo $G_1 = F/R_0^G$. Se $R_0^G = R$, tutte le relazioni di G sono conseguenza di quelle di R_0, e si ha $G_1 = G$; diremo allora che R_0 è un insieme di *relazioni di definizione* per G, e che G è *definito* dai generatori X e dalle relazioni di R_0. Scriviamo per semplicità R al posto di R_0; come nel caso abeliano, la scrittura

$$G = \langle X | R \rangle$$

si chiama *presentazione* di G con generatori e relazioni (di definizione). Se X e R sono finiti, la presentazione è finita e G si dice *finitamente presentato*. Il gruppo G/R che si ottiene è il "più grande" gruppo generato da X e che soddisfa alle relazioni R, nel senso del teorema che segue. Per il gruppo libero si scrive $F = \langle X | \emptyset \rangle$ o $F = \langle X \mid \rangle$, in quanto i generatori di un gruppo libero non soddisfano alcuna relazione (una parola ridotta ha una sola scrittura, e ciò è vero, in particolare, per la parola vuota 1; se $w = 1$, allora tutti i fattori di w sono già uguali a 1). Inoltre, essendo un gruppo libero privo di torsione (*es.* 39, non può aversi $w^n = 1$ senza che w sia già la parola vuota.

4.47 Teorema. *Se $G = \langle X|R \rangle$ e $G_1 = \langle X|R_1 \rangle$ dove $R \subseteq R_1$, allora G_1 è un quoziente di G. (In altre parole, aggiungendo relazioni si ottiene un quoziente del gruppo).*

Dim. Nel gruppo libero F su X si ha $R \leq R_1$, e quindi, con l'argomento che porta alla (4.14), G_1 è un quoziente di G.   ◇

Prendendo $G = F$ in questo teorema si ottiene il Teor. 4.45.

Il Teor. 4.47 si può enunciare nella forma seguente, e prende allora il nome di *test di sostituzione*.

4.48 Teorema. *Siano $G = \langle X|R \rangle$ e H due gruppi, e sia f un'applicazione $X \to H$. Allora f si estende a un omomorfismo $\phi : G \to H$ se e solo se, per ogni $x \in X$ e $r \in R$, sostituendo $f(x)$ in r si ottiene l'identità di H. ϕ è unico in quanto G è generato da X; inoltre, se H è generato da $\phi(x)$, $x \in X$, allora ϕ è surgettivo.*   ◇

4.49 Esempi. 1. Sia $G = \langle X|R \rangle$, dove $X = \{a, b\}$ e R è dato dalle tre relazioni

$$a^3 = 1, \ b^2 = 1, \ abab = 1. \tag{4.15}$$

In $F = \langle x, y \rangle$ queste tre relazioni corrispondono agli elementi $r_1 = xxx$, $r_2 = yy$, $r_3 = xyxy$. Se R è la chiusura normale in F dell'insieme di queste tre relazioni, abbiamo $G = F/R$. G consta dei laterali wR, $w \in F$, e si vede facilmente che i laterali sono ciascuno uguale a uno dei seguenti:

$$R, \ xR, \ x^2 R, \ yR, \ yxR, \ yx^2 R.$$

Ad esempio, $xyR = yx^2 R$ in quanto $xy = yx^2 r$, dove r è l'elemento di R ottenuto come $r = r_1^{-1}(xr_2^{-1}x^{-1})r_3$. Quindi $|G| \leq 6$. Non possiamo però dedurre che G ha 6 elementi perché potrebbero esserci conseguenze nascoste delle (4.15) che rendono alcuni dei laterali uguali tra loro. Ma, per il Teor. 4.47, ogni gruppo H con due generatori che soddisfano le (4.15) è un quoziente di G. Un tale gruppo è $H = S^3$, generato dalle due permutazioni $\sigma = (1, 2, 3)$ e $\tau = (1, 2)$, per le quali si ha effettivamente $\sigma^3 = 1$, $\tau^2 = 1$ e $(\sigma\tau)^2 = 1$. Essendo allora $|G| \geq |S^3| = 6$ è $|G| = 6$ e quindi, poiché S^3 è un quoziente di G, è $G \simeq S^3$. Nei termini del Teor. 4.48, abbiamo applicato il test di sostituzione con $H = S^3$ e $f : a \to \sigma$, $b \to \tau$.

2. L'esempio precedente si estende a tutti i gruppi diedrali. Sia

$$G = \langle a, b \mid a^n = 1, \ b^2 = 1, \ (ab)^2 = 1 \rangle,$$

e facciamo vedere che si tratta del gruppo diedrale D_n. Da $abab = 1$ si ricava $bab = a^{-1}$, cioè, essendo $b^2 = 1$ e quindi $b = b^{-1}$, $b^{-1}ab = a^{-1}$ (a è coniugato al proprio inverso). Ne segue, per ogni intero relativo k, $b^{-1}a^k b = a^{-k}$, da cui

$$ba^k = a^{-k}b. \tag{4.16}$$

Un generico elemento di G è della forma $a^{h_1}ba^{h_2}\cdots a^{h_m}b^\epsilon$, con gli h_i che variano tra 0 e $n - 1$ (è $-h = n - h$) e $\epsilon = 0, 1$. Per la (4.16), un fattore ba^h si può sostituire con $a^{-h}b$. In altre parole, le relazioni date permettono di portare tutte le a da una parte (per esempio a sinistra), e tutte le b dall'altra, e di scrivere quindi gli elementi del gruppo generato da a e b nella forma

$$a^h b^\epsilon, \ h = 0, 1, \ldots, n - 1, \ \epsilon = 0, 1. \tag{4.17}$$

Ne segue $|G| \leq 2n$. Il gruppo diedrale D_n è generato dalla rotazione r di $2\pi/n$ e da un ribaltamento s, e quindi $r^n = 1$ e $s^2 = 1$, e inoltre $(rs)^2 = 1$. Ne segue $|G| = 2n$ e $G \simeq D_n$. Si osservi, infine, come le relazioni permettano di determinare il prodotto tra due elementi della forma (4.17): se $x = a^h b^\epsilon, y = a^k b^\eta$ allora, se $\epsilon = 0$, $xy = a^{h+k}b^\eta$, e se $\epsilon = 1$, $xy = a^h \cdot a^{-k}b \cdot b^\eta = a^{h-k}b^{\eta+1}$ ($\eta + 1 \mod 2$).

3. *Diedrale infinito* (v. *Es.* 3 di 2.74). Sia

$$G = \langle a, b \mid b^2 = 1, \ (ab)^2 = 1 \rangle,$$

(è il gruppo precedente senza la relazione $a^n = 1$). Anche qui la relazione $(ab)^2 = 1$ implica che gli elementi di G si possono scrivere nella forma $a^h b^\epsilon$. Un gruppo che soddisfa le relazioni date è il gruppo D_∞ delle matrici $\begin{pmatrix} \epsilon & k \\ 0 & 1 \end{pmatrix}$, $\epsilon = \pm 1$, $k \in \mathbf{Z}$, con $a \to A = \begin{pmatrix} 1 & 1 \\ 0 & 1 \end{pmatrix}$, $b \to B = \begin{pmatrix} -1 & 0 \\ 0 & 1 \end{pmatrix}$. Consideriamo l'omomorfismo $\phi : G \to D_\infty$ indotto da $a \to A$ e $b \to B$. Essendo, per ogni $h \in \mathbf{Z}$, $A^h = \begin{pmatrix} 1 & h \\ 0 & 1 \end{pmatrix}$, A ha periodo infinito, e dunque anche a per cui gli elementi a^h sono tutti distinti. Ma anche gli $a^h b^\epsilon$ lo sono perché, se $a^h b^\epsilon = a^k b^\eta$, allora $a^{h-k} = b^{\epsilon-\eta}$ che in D_∞ diventa $A^{h-k} = B^{\epsilon-\eta}$, che è possibile solo se entrambi i membri sono la matrice identica, per cui $h = k$ e $\epsilon = \eta$. Ciò dimostra anche che $Ker(\phi) = \{1\}$ (se $A^h B^\epsilon = I$ è $h = \epsilon = 0$): G è allora isomorfo a D_∞.

Posto $c = ab$, il gruppo G ha anche la presentazione $\langle b, c \mid b^2 = 1, \ c^2 = 1 \rangle$; l'elemento $bc = a^{-1}$ ha periodo infinito.

4. *Gruppo dei quaternioni.* Sia

$$G = \langle a, b \mid ab = b^{-1}a, \ ba = a^{-1}b \rangle.$$

Si ha: *i)* $a^2 = b^2$: $a^{-2}b^2 = a^{-1}(a^{-1}b)b = a^{-1}(ba)b = (a^{-1}b)(ab) = (ba)(b^{-1}a) = (a^{-1}b)(b^{-1}a) = a^{-1}a = 1$;

ii) $a^4 = 1$ e $b^4 = 1$: $a^4 = a(a^2)a = a(b^2)a = (ab)(ba) = (b^{-1}a)(a^{-1}b) = b^{-1}b = 1$, e analogamente $b^4 = 1$.

iii) Ogni elemento di G è della forma $a^h b^k$, $h = 0, 1, 2, 3$, $k = 0, 1$. Infatti, un generico elemento è del tipo $a^{h_1} b^{k_1} a^{h_2} \cdots a^{h_m} b^{k_m}$, $h_i, k_i \in \mathbf{Z}$, e si ha:

$$ba = a^{-1}b,$$
$$b^{-1}a = ab,$$
$$ba^{-1} = ba^3 = b(a^2)a = b(b^2)a = b^3 a = b^{-1}a = ab,$$
$$b^{-1}a^{-1} = b^{-1}a^3 = b^{-1}(a^2)a = b^{-1}b^2 a = ba = a^{-1}b.$$

iv) Inoltre, $ab^2 = aa^2 = a^3$, $ab^3 = a(b^2)b = a(a^2)b = a^3 b$, e quindi un elemento di G è uguale a uno tra $1, a, a^2, a^3, b, ab, a^2 b, a^3 b$, da cui $|G| \leq 8$. L'applicazione $G \to Q$, dove $Q = \langle i, j \rangle$ è il gruppo dei quaternioni, data da $a \to i$, $b \to j$ si estende a un omomorfismo; ne segue $G \simeq Q$.

5. Sia $G = \langle a, b, c \mid a^3 = b^3 = c^4 = 1, ac = ca^{-1}, aba^{-1} = bcb^{-1} \rangle$ e facciamo vedere che si tratta del gruppo identico $G = \{1\}$. Si ha $1 = ab^3 a^{-1} = bc^3 b^{-1} \Rightarrow c^3 = 1$, ed essendo anche $c^4 = 1$ è $c = 1$. La relazione $aba^{-1} = bcb^{-1}$ fornisce allora $aba^{-1} = bb^{-1} = 1$, e quindi $b = 1$, e dalla $ac = ca^{-1}$ si ha $a = a^{-1}$ cioè $a^2 = 1$, che assieme alla $a^3 = 1$ implica $a = 1$.

Si definisce *deficienza* di una presentazione finita $\langle X | R \rangle$ la differenza $|X| - |R|$.

4.50 Teorema. *Un gruppo definito da una presentazione a deficienza positiva è infinito.*

Dim. Se $|X| = n$, sia F il gruppo libero con base $X = \{x_1, x_2, \ldots, x_n\}$ e K la chiusura normale delle relazioni $r_1, r_2, \ldots, r_m$. Sia $\alpha_{i,j}$ la somma degli esponenti di x_i che compaiono in r_j, e consideriamo le m equazioni

$$\sum_{i=1}^{n} \alpha_{i,j} y_i = 0, \ j = 1, 2, \ldots, m.$$

Poiché $n > m$, esiste una soluzione non nulla $\beta_1, \beta_2, \ldots, \beta_n$, e benché i β_i siano in generale razionali, possiamo supporli interi. Per dimostrare che G è infinito costruiamo un omomorfismo da G a un sottogruppo non identico di un gruppo ciclico infinito $C = \langle c \rangle$. Sia $f : X \to C$ data da $f(x_i) = c^{\beta_i}$; allora f si estende a un omomorfismo ϕ da F a C. La scelta degli $\alpha_{i,j}$ e dei β_i assicura che $\phi(r_j) = 1$, $j = 1, 2, \ldots, m$, e quindi anche $\phi(k) = 1$, per ogni $k \in K$. Si ha allora un omomorfismo ψ da F/K a C dato da $\psi(Kg) = \phi(g)$, per ogni $g \in F$. Il fatto che i β_i non siano tutti nulli mostra che l'immagine di F e di F/K è un sottogruppo infinito di C, e perciò F/K, e quindi G, è infinito. $\diamond$

Questo risultato è analogo a quello della teoria dei sistemi lineari, secondo il quale un sistema che ha più incognite (generatori) che equazioni (relazioni) ha infinite soluzioni.

Ci si può chiedere se un gruppo a deficienza negativa sia necessariamente finito. La risposta è no, come mostra il seguente esempio.

4.51 Esempio. Sia

$$G = \langle x, y \mid x^3 = y^3 = (xy)^3 = 1 \rangle,$$

e consideriamo le due permutazioni dell'insieme degli interi:

$$\sigma = \cdots (0,1,2)(3,4,5)\cdots, \quad \tau = \cdots (1,2,3)(4,5,6)\cdots.$$

Si ha $\sigma\tau = \cdots (-5,-3,-1)(-2,0,2)(1,3,5)(4,6,8)\cdots$, da cui $(\sigma\tau)^3 = 1$. C'è dunque un omomorfismo di G sul gruppo $\langle \sigma, \tau \rangle$, e quest'ultimo gruppo è infinito perché contiene l'elemento $\sigma\tau^2 = (\ldots, -12, -9, -6, -3, 0, 3, 6, 9, 12, \ldots)\cdots$ (le altre cifre sono fissate), che ha periodo infinito.

Esercizi

40. Sia $G = \langle a, b \mid a^2 = b^2 \rangle$. Dimostrare che:
  i) se si aggiunge la relazione $b^2 = (ab)^2$ si ottiene il gruppo dei quaternioni;
  ii) se si aggiunge $b^2 = 1$ si ottiene D_∞.

41. Per $n = 1, 2, 3, 4$, determinare il gruppo:

$$G = \langle x_1, x_2, \ldots, x_n \mid x_1 x_2 = x_3, x_2 x_3 = x_4, \ldots, x_{n-1} x_n = x_1, x_n x_1 = x_2 \rangle.$$

42. Determinare il gruppo $G = \langle a, b \mid a = (ab)^3, b = (ab)^4 \rangle$.

43. Dimostrare che $G = \langle x, y \mid x^{-1} y x = y^2, y^{-1} x y = x^2 \rangle$ è il gruppo identico.

44. Dimostrare che se $N \trianglelefteq G$ e G/N sono finitamente presentati anche G lo è.

4.7 Sottogruppi di un gruppo libero

Scopo di questo paragrafo è la dimostrazione del teorema di Nielsen-Schreier secondo il quale un sottogruppo di un gruppo libero è anch'esso libero.

Un insieme S di elementi di un gruppo libero $F = \langle X \rangle$, rappresentati da parole ridotte, è un *sistema di Schreier* se, assieme a un elemento g, contiene anche tutti i suoi segmenti iniziali:

$$g = a_1 a_2 \cdots a_t \in S \Rightarrow a_1 a_2 \cdots a_i \in S,$$

$i \leq t$, $a_i \in X \cup X^{-1}$. In particolare, S contiene 1, la parola vuota.

4.52 Lemma. *Sia F libero, $H \leq F$. Allora esiste un sistema di rappresentanti per le classi laterali di H che è un sistema di Schreier.*

Dim. Costruiamo induttivamente una funzione di scelta dei rappresentanti nel modo seguente. Definiamo la *lunghezza* $l(Hu)$ di un laterale Hu come la lunghezza minima tra quelle dei suoi elementi.

0. Se $l(Hu) = 0$, allora $1 \in Hu$ e dunque $Hu = H$, e scegliamo 1 come rappresentante di H.

1. Se $l(Hu) = 1$, scegliamo un qualunque elemento di Hu di lunghezza 1.

2. Se $l(Hu) = 2$, sia $a_1a_2 \in Hu$; allora a_1 appartiene a una classe di lunghezza 1, e sia $\overline{a_1}$ il rappresentante scelto al passo precedente per questa classe. Si ha $\overline{a_1} = ha_1$ per un certo $h \in H$, e quindi $\overline{a_1}a_2 = ha_1a_2 \in Hu$. Scegliamo allora $\overline{a_1}a_2$ come rappresentante di Hu.

3. Supponiamo di aver scelto i rappresentanti per le classi di lunghezza n, e sia $g = a_1a_2 \cdots a_na_{n+1} \in Hu$, $l(Hu) = n + 1$. Se $s = \overline{a_1a_2 \cdots a_n}$, allora $s = ha_1a_2 \cdots a_n$ e quindi $sa_{n+1} \in Hu$. Prendiamo sa_{n+1} come rappresentante di Hu.

Per costruzione, il sistema S così ottenuto è di Schreier. $\diamond$

Il sistema S del lemma si chiama anche *trasversale di Schreier*.

4.53 Esempi. 1. Sia $F = \langle a, b \rangle$, R la chiusura normale di $\{a^2, b^2, a^{-1}b^{-1}ab\}$. F/R è il gruppo di Klein, per cui R ha quattro laterali, e prendendo come sistema di rappresentanti $S = \{1, a, b, ab\}$ si ha un sistema di Schreier. Anche $\{1, a, b, ab^{-1}\}$ è un tale sistema, mentre ad esempio $\{1, a, b, a^{-1}b^{-1}\}$ non lo è.

2. Se $R = \langle a^n, b^2, abab \rangle$ (F/R è il gruppo diedrale D_n) abbiamo il sistema di Schreier $1, a, a^2, \ldots, a^{n-1}, b, ab, a^2b, \ldots, a^{n-1}b$.

Nei lemmi che seguono S è un sistema di Schreier di rappresentanti dei laterali destri di un sottogruppo H di un gruppo libero $F = \langle X \rangle$.

4.54 Lemma. *i)* Se $s \in S$, $x \in X \cup X^{-1}$, e $u = sx(\overline{sx})^{-1}$, allora $u = 1$ oppure u è ridotta;

ii) se $u \neq 1$ la scrittura di u è unica.

Dim. i) s e $\overline{sx}$ sono ridotte, e quindi, se c'è una cancellazione in u, questa può avvenire solo tra s e x oppure tra x e $(\overline{sx})^{-1}$. Nel primo caso, s termina con x^{-1}: $s = y_1y_2 \cdots y_tx^{-1}$, da cui $sx = y_1y_2 \cdots y_t \in S$, essendo S di Schreier; allora $\overline{sx} = sx$ e $u = 1$. Nel secondo caso, $(\overline{sx})^{-1}$ comincia con x^{-1} e dunque $\overline{sx}$ termina con x: $\overline{sx} = y_1y_2 \cdots y_tx$. Ne segue $Hsx = Hy_1y_2 \cdots y_tx$, $Hs = Hy_1y_2 \cdots y_t$ e perciò $\overline{y_1y_2 \cdots y_t} = s$, $\overline{sx} = sx$ e $u = 1$.

ii) Sia $sx(\overline{sx})^{-1} = s_1x_1(\overline{s_1x_1})^{-1}$. Se s e s_1 hanno la stessa lunghezza, essendo per *i)* le due parole ridotte, è $s = s_1$ e $x = x_1$. Se $l(s) < l(s_1)$, sx è un segmento iniziale di s_1, e dunque $sx \in S$. Allora $sx = \overline{sx}$ e $u = 1$. $\diamond$

Si osservi che, posto $s_1 = \overline{sx}$, si ha $(sx(\overline{sx})^{-1})^{-1} = s_1x(\overline{s_1x^{-1}})^{-1}$.

4.55 Lemma. *Siano* $v_1 = sx^\epsilon(\overline{sx^\epsilon})^{-1}$, $v_2 = ty^\delta(\overline{ty^\delta})^{-1}$, *con* $s, t \in S$, $x, y \in X$, $\epsilon, \delta = 1, -1$, $v_1 \neq 1$, $v_2 \neq 1$, $v_2 \neq v_1^{-1}$. *Allora nel prodotto* v_1v_2 *né* x^ϵ *né* y^δ *possono venire cancellati.*

Dim. Per assurdo. Sia cancellato prima y^δ. Allora $t = a_1a_2 \cdots a_h$ e $(\overline{sx^\epsilon})^{-1} = a_k^{-1} \cdots y^{-\delta}a_h^{-1} \cdots a_1^{-1}$. Dunque ty^δ è un segmento iniziale di $\overline{sx^\epsilon}$, e quindi $ty^\delta = \overline{ty^\delta}$, da cui $v_2 = 1$, escluso. Se viene cancellato prima x^ϵ, allora $\overline{sx^\epsilon} \cdot x^{-\epsilon} = s$ (la classe di $\overline{sx^\epsilon}$ è Hsx^ϵ e quindi quella di $\overline{sx^\epsilon} \cdot x^{-\epsilon}$ è

$Hsx^\epsilon \cdot x^{-\epsilon} = Hs$, e quindi il suo rappresentante è s). Pertanto, $\overline{sx^\epsilon} = sx^\epsilon$ e $v_1 = 1$, escluso. Se la cancellazione di x^ϵ e ty^δ è simultanea, si ha $t = \overline{sx^\epsilon}$ e $y^\delta = x^{-\epsilon}$ e $v_2 = v_1^{-1}$ ◇

4.56 Corollario. *Un prodotto $v_1 v_2 \cdots v_m$, $v_i \neq 1$, $v_{i+1} \neq v_i^{-1}$, con i v_i della forma del lemma precedente, non può mai essere l'identità.*

Dim. Per il lemma, le cancellazioni tra v_i e v_{i+1} non possono interessare gli x^ϵ e y^δ di v_i e v_{i+1}. Ne segue che, scrivendo i v_i in termini dei generatori e loro inversi, tutti quegli elementi restano, e il prodotto non può mai essere la parola vuota.   ◇

Se $H \leq F = \langle X \rangle$, prendendo come sistema di rappresentanti di H un sistema di Schreier S sappiamo, (Lemma 4.4) che gli elementi $sx(\overline{sx})^{-1}$, con $s \in S$ e $x \in X$, formano un insieme di generatori per H.

4.57 Teorema (NIELSEN–SCHREIER). *Ogni sottogruppo di un gruppo libero è libero.*

Dim. Sia $H \leq F$; gli elementi $u = sx(\overline{sx})^{-1} \neq 1$ generano H, e saranno generatori liberi di H se nessun prodotto negli u o u' che sia una parola ridotta è uguale all'identità (cioè si riduce alla parola vuota quando viene espressa in termini dei generatori). Per il Cor. 4.56 si ha il risultato.   ◇

4.58 Teorema. *Sia F libero di rango r e H un sottogruppo di indice finito j. Allora H è di rango $1 + (r-1)j$.*

Dim. Gli elementi $u = sx(\overline{sx})^{-1}$ sono, in questo caso, in numero di rj; per avere il rango di H dobbiamo allora togliere gli $u = 1$. Sia $S_0 = S \setminus \{1\}$ e consideriamo la seguente applicazione τ di S_0 nell'insieme degli $u = 1$: se $s \in S_0$ e s termina con x^{-1}, $\tau : s \to sx(\overline{sx})^{-1}$; se s termina con x, $s = s_1 x$ e $\tau : s \to s_1 x(\overline{s_1 x})^{-1}$. L'applicazione τ è iniettiva; facciamo vedere che è anche surgettiva. Se $u = s'x(\overline{s'x})^{-1} = 1$, x si deve cancellare o con un elemento di s' o con uno di $(\overline{s'x})^{-1}$. Nel primo caso, $s' = s_1 x^{-1}$ e così u proviene da s'. Nel secondo, $(\overline{s'x})^{-1}$ comincia con x^{-1} e perciò $\overline{s'x}$ termina con x (e anzi $\overline{s'x} = s'x$); allora u proviene da $\overline{s'x}$. Gli $u = 1$ sono quindi in numero di $|S_0| = j - 1$, e perciò il rango di H è $rj - (j-1) = 1 + (r-1)j$, come si voleva. Si osservi, in particolare, che se F è di rango $r > 1$, allora ogni suo sottogruppo di indice finito ha rango maggiore di r.   ◇

4.59 Esempi. 1. La chiusura normale R del sottogruppo generato da a^2, b^2, e $[a,b]$ nell'*Es.* 1 di 4.53 ha indice 4, e poiché F ha rango 2, il rango di R è $1 + (2-1)4 = 5$. Determiniamo cinque generatori liberi di R come nella dimostrazione del Teor. 4.57. Prendiamo $S = \{1, a, b, ab\}$ come sistema di Schreier. Allora, con $X = \{a,b\}$, si ha:

$$1a \cdot (\overline{1a})^{-1} = a \cdot a^{-1} = 1,$$
$$1b \cdot (\overline{1b})^{-1} = b \cdot b^{-1} = 1,$$

$$aa \cdot (\overline{aa})^{-1} = a^2 \cdot (\overline{a^2})^{-1} = a^2 \cdot 1^{-1} = a^2,$$

$$ab \cdot (\overline{ab})^{-1} = ab \cdot (ab)^{-1} = 1,$$

$$ba \cdot (\overline{ba})^{-1} = ba \cdot (ab)^{-1} = bab^{-1}a^{-1},$$

$$bb \cdot (\overline{bb})^{-1} = b^2 \cdot (\overline{b^2})^{-1} = b^2 \cdot 1^{-1} = b^2,$$

$$aba \cdot (\overline{aba})^{-1} = aba \cdot (\overline{b})^{-1} = abab^{-1},$$

$$abb \cdot (\overline{abb})^{-1} = ab^2 \cdot (\overline{ab^2})^{-1} = ab^2(\overline{a})^{-1} = ab^2a^{-1}.$$

La chiusura normale R ha dunque i 5 generatori liberi:

$$a^2, \ b^2, \ [b^{-1}, a^{-1}], \ abab^{-1}, \ ab^2a^{-1}.$$

2. Sia $|G| = n$, $G = \langle X \rangle$ con $X = G$. Se $G = F/K$, con F libero su X, per il Teor. 4.58 K ha rango $\rho = (n-1)n + 1$, e $G = \langle X|R \rangle$, con $R = \rho$.

Il teorema che segue fornisce, tra l'altro, un ulteriore esempio di un gruppo f.g. che contiene sottogruppi non f.g.

4.60 Teorema. *Se $F = \langle x, y \rangle$ è il gruppo libero di rango 2, il derivato F' di F ha rango infinito.*

Dim. F/F' è abeliano libero di rango 2, generato da $F'x$ e $F'y$. Ogni elemento di F/F' si scrive quindi in modo unico come $F'x^m \cdot F'y^n = F'x^m y^n$, $m, n \in \mathbf{Z}$; ogni classe laterale di F' contiene allora un unico elemento della forma $x^m y^n$ (prima gli x e poi gli y). Questi elementi formano un sistema di Schreier S. Un elemento della forma $y^n x$ non appartiene a S, e quindi $\overline{y^n x} \neq y^n x$. Ne segue $u = y^n x (\overline{y^n x})^{-1} \neq 1$, per ogni $n > 0$, e quindi la base di F', data da $sx(\overline{sx})^{-1}$, contiene infiniti elementi. $\diamond$

4.61 Corollario. *Il gruppo libero F di rango 2 contiene sottogruppi liberi di qualunque rango finito o numerabile.*

Dim. F contiene il sottogruppo F' di rango infinito, e questo contiene sottogruppi liberi di qualunque rango finito o numerabile. $\diamond$

Esercizi

45. Dimostrare, usando il teorema di Nielsen–Schreier, che se due elementi u e v di un gruppo libero permutano, allora sono potenze di uno stesso elemento. [*Sugg.*: considerare $\langle u, v \rangle$].

46. Se in un gruppo libero u^h e v^k permutano, $h, k \neq 0$, allora u e v sono potenze di uno stesso elemento. [*Sugg.*: considerare $\langle u, v \rangle$].

47. In un gruppo libero la relazione "$x \rho y$ se x e y" sono permutabili è una relazione di equivalenza.

48. In un gruppo libero il centralizzante di un elemento è ciclico.

49. Un elemento $u \neq 1$ di un gruppo libero non può essere coniugato al proprio inverso.

4.8 Relazioni e gruppi semplici

Consideriamo ora la nozione di gruppo semplice nel quadro dei gruppi dati con generatori e relazioni. Vi sono interessanti analogie con alcune questioni di logica e di topologia.

4.62 Teorema. *Sia $G = \langle X|R \rangle$ un gruppo dato con generatori e relazioni. Allora G è un gruppo semplice se e solo se ogniqualvolta si aggiunge a R una parola w che non è uguale a 1 in G si ottiene il gruppo identico:*

$$G_1 = \langle X|R, w \rangle = \{1\}.$$

Dim. Sia G semplice, $w \neq 1$, e w^G il sottogruppo normale generato da w (cioè il più piccolo sottogruppo normale che contiene w). Poiché $w \neq 1$, è anche $w^G \neq \{1\}$, e perciò, per la semplicità di G, $w^G = G$. Ma (Teor. 4.47) $G_1 = \langle X|R, w \rangle = G/w^G$, e dunque $G_1 = \{1\}$. Viceversa, sia $G \neq \{1\}$, G non semplice, $\{1\} < N \lhd G$ e $1 \neq w \in N$. Da $w^G \subseteq N$ segue $(G/w^G)/(N/w^G) \simeq G/N \neq \{1\}$, e, a fortiori, $G/w^G \neq \{1\}$. Ma $G/w^G = \langle X|R, w \rangle$, che per ipotesi è uguale a $\{1\}$, e si ha una contraddizione. $\Diamond$

4.63 Teorema *Sia $G \neq \{1\}$, $G = \langle X|R \rangle$, e sia $G_1 = \langle X|R \setminus r \rangle$ (togliamo una relazione). Allora se G è semplice, G_1 non lo è.*

Dim. Da $G = G_1/r^G$ segue, essendo $G \neq \{1\}$, $r^G \neq G_1$, e $r \neq 1$ in quanto r non è una relazione di G_1. Allora r^G è il sottogruppo normale cercato. $\Diamond$

I due teoremi precedenti hanno analogie in logica e in topologia. Una teoria logica T si dice *completa* se, data una formula ψ, una delle due formule ψ o la sua negazione $\neg\psi$ è deducibile in T. La teoria T si dice *coerente* (o *non contraddittoria*) se ψ e $\neg\psi$ non possono essere entrambe dedotte in T.

4.64 Nota. Una teoria completa e coerente è tale che si può dedurre "molto" (ψ o $\neg\psi$) ma "non troppo" (non entrambe ψ e $\neg\psi$).

Ricordiamo ora alcuni risultati di logica e di topologia.

4.65 Teorema. *Se alla teoria completa e coerente T si aggiunge come assioma una formula non derivabile dagli assiomi di T, si ottiene una teoria T' che non è più coerente.*

Dim. Poiché ψ non è derivabile da T e T è completa, $\neg\psi$ è derivabile da T. In T' sono allora derivabili ψ (perché è un assioma) e $\neg\psi$. $\Diamond$

4.66 Teorema. *Sia T completa e coerente. Se si toglie un assioma ψ la teoria T' che si ottiene non è più completa.*

Dim. (Si suppone che gli assiomi di T siano indipendenti). La formula ψ non è derivabile da $T' = T \setminus \psi$ per l'indipendenza degli assiomi, e nemmeno la $\neg\psi$ perché altrimenti T, che contiene ψ e T', non sarebbe coerente. $\Diamond$

In topologia abbiamo[†]:

4.67 Lemma. *Siano Y uno spazio topologico compatto e Z uno spazio di Hausdorff. Se $f : Y \to Z$ è continua si ha:*
  i) f è chiusa;
  ii) se f è biunivoca, allora è un omeomorfismo.

Dim. i) Sia $A \subseteq Y$ un chiuso. Essendo Y compatto, A è compatto e dunque anche $f(A)$, e poiché Z è di Hausdorff, $f(A)$ è chiuso.

ii) f è continua, chiusa e biunivoca, e quindi è un omeomorfismo.   ◇

4.68 Teorema *Sia $(X, \mathcal{T})$ uno spazio topologico, dove $\mathcal{T}$ è una topologia compatta e di Hausdorff. Si ha:*
  i) Se $\mathcal{T} \subset \mathcal{T}_+$, allora $(X, \mathcal{T}_+)$ non è più compatto;
  ii) se $\mathcal{T}_- \subset \mathcal{T}$, allora $(X, \mathcal{T}_-)$ non è più di Hausdorff.

Dim. i) Se $(X, \mathcal{T}_+)$ è compatto, allora l'applicazione identica $x \to x$ dà luogo a una funzione $(X, \mathcal{T}_+) \to (X, \mathcal{T})$ che è continua perché la controimmagine di un aperto U di $\mathcal{T}$ è U stesso, che è anche uno degli aperti di $\mathcal{T}_+$ perché $\mathcal{T}_+$ contiene $\mathcal{T}$. Poiché è biunivoca, per il lemma si tratta di un omeomorfismo. Ne segue $\mathcal{T} = \mathcal{T}_+$, contro l'ipotesi.

ii) Se $(X, \mathcal{T}_-)$ è di Hausdorff, consideriamo l'applicazione $(X, \mathcal{T}) \to (X, \mathcal{T}_-)$ indotta dall'identità su X. Come in *i)*, questa applicazione è continua e perciò è un omeomorfismo.   ◇

4.69 Note. 1. In uno spazio di Hausdorff compatto vi sono "molti" aperti (per poter separare tutte le coppie di punti) ma "non troppi" (affinché da ogni ricoprimento con aperti si possa estrarre un ricoprimento finito). Si confronti con la Nota 4.64.

2. In base al Teor. 4.68, possiamo affermare che, se da una topologia compatta di Hausdorff "si toglie un aperto", lo spazio non è più di Hausdorff, e se "si aggiunge un aperto", lo spazio non è più compatto. La situazione è analoga a quella dei gruppi semplici, con "relazione" al posto di "aperto" (teoremi 4.62 e 4.63), e a quella delle teorie logiche con "assioma" al posto di "relazione" (teoremi 4.65 e 4.66). Si tratta nei tre casi di strutture "estremali".

Riassumendo, possiamo stabilire una corrispondenza tra gruppi, teorie logiche e spazi topologici. Intanto questi oggetti sono definiti rispettivamente da:

Gruppi: generatori e insiemi di relazioni.
Teorie logiche: termini e insiemi di assiomi.
Spazi topologici: punti e insiemi di punti (gli aperti).

Per quanto visto sopra abbiamo le seguenti analogie:

Gruppo semplice – teoria completa – spazio di Hausdorff.
Gruppo $\neq \{1\}$ – teoria coerente – spazio compatto.

[†] Supponiamo note le nozioni fondamentali di topologia.

Più precisamente, un insieme R di relazioni per un gruppo G tali che risulti $G \neq \{1\}$ (G semplice) corrisponde a un sistema di assiomi A per una teoria T tali che T è non contraddittoria (T è completa), e a una famiglia di aperti $\mathcal{T}$ (topologia) per uno spazio topologico X tale che X è compatto (X è di Hausdorff):

Gruppo G	Teoria logica T	Spazio topologico X
$R : G \neq 1$	$A : T$ coerente	$\mathcal{T} : X$ compatto
$R : G$ semplice	$A : T$ completa	$\mathcal{T} : X$ Hausdorff

Si osservi, infine, come il gruppo identico $\{1\}$ abbia il ruolo di gruppo definito da relazioni tra loro "contraddittorie".

4.9 Il problema della parola

Il *problema della parola* (o *problema di Dehn*) si enuncia come segue: dato un gruppo G f.g., esiste un algoritmo che permetta di stabilire se una parola arbitraria w nei generatori di G è o no la parola vuota $w = 1$? (Questo problema è equivalente a quello dell'*uguaglianza*: date due parole $w_1, w_2 \in G$, esiste un algoritmo (un *procedimento di decisione*) che permetta di stabilire se $w_1 = w_2$? È chiaro che si ha l'uguaglianza se e solo se $w_1 w_2^{-1} = 1$).

Ricordiamo alcune definizioni della teoria della ricorsività. Un insieme S di elementi (in generale di numeri naturali) si dice *ricorsivo* se esiste un algoritmo che permette di stabilire se un elemento appartiene o no all'insieme. Si dice *ricorsivamente enumerabile* se esiste un algoritmo che permette di disporre in una lista gli oggetti di S. Ogni insieme S ricorsivo è ricorsivamente enumerabile, e S è ricorsivo se sia S che il suo complementare sono ricorsivamente enumerabili. Per un insieme ricorsivo non c'è quindi mai un'attesa infinita: facendo girare contemporaneamente i due algoritmi che danno le liste degli elementi di S e del suo complementare S', un dato elemento apparirà prima o poi o nella prima o nella seconda lista. Per mezzo di un procedimento "diagonale" si dimostra che esistono insiemi di interi positivi ricorsivamente enumerabili ma non ricorsivi, e questo fatto è, in un certo senso, la fonte di tutti i problemi di indecidibilità in matematica.

Si può fare una lista delle parole su un alfabeto finito $X \cup X^{-1}$ come si fa per un dizionario: la parola vuota 1 ha lunghezza 0; le parole di lunghezza 1 sono gli elementi x o x^{-1} ordinate per esempio come

$$x_1, x_1^{-1}, x_2, x_2^{-1}, \ldots, x_n, x_n^{-1},$$

quelle di lunghezza 2 nell'ordine lessicografico

$$x_1 x_1, x_1 x_1^{-1}, x_1 x_2, \ldots, x_n^{-1} x_n^{-1},$$

ecc. Usando la lista (ordinamento) $w_0, w_1, w_2, \ldots$ possiamo formare una lista delle parole uguali a 1 in G.

4.70 Teorema. *Se G è finitamente presentato, $G = \langle X|R \rangle$, e Ω è l'insieme delle parole su X, allora l'insieme*

$$W = \{w \in \Omega \mid w = 1 \text{ in } G\}$$

è ricorsivamente enumerabile.

Dim. Usando la lista $w_0, w_1, w_2, \ldots$ delle parole nelle x_i, disponiamo in una lista $\rho_0, \rho_1, \rho_2, \ldots$ le parole nelle r_i, cioè le parole di W, nel modo in cui si ottiene una enumerazione dei numeri razionali:

$$w_0^{-1}\rho_0 w_0 \quad\quad w_0^{-1}\rho_1 w_0 \to w_0^{-1}\rho_2 w_0 \quad\quad w_0^{-1}\rho_3 w_0 \to \cdots$$

$$\downarrow \qquad \nearrow \qquad \swarrow \qquad \nearrow$$

$$w_1^{-1}\rho_0 w_1 \quad\quad w_1^{-1}\rho_1 w_1 \quad\quad w_1^{-1}\rho_2 w_1 \cdots$$

$$\swarrow \qquad \nearrow$$

$$w_2^{-1}\rho_0 w_2 \quad\quad w_2^{-1}\rho_1 \cdots$$

$$\downarrow \qquad \nearrow$$

$$w_3^{-1}\rho_0 w_3 \cdots$$

$$\vdots \qquad\qquad\qquad\qquad\qquad\qquad\qquad \diamond$$

Allora, poiché per un gruppo finitamente presentato G l'insieme W è ricorsivamente enumerabile, il problema della parola per G è risolubile se anche $\{w \in \Omega \mid w \neq 1\}$ è ricorsivamente enumerabile. In generale, il problema della parola non è risolubile[†].

4.71 Nota. Un gruppo f.g. si dice *ricorsivamente presentato* se l'insieme delle relazioni è ricorsivamente enumerabile. Il problema della parola si definisce per questi gruppi come nel caso dei gruppi finitamente presentati, ed è anch'esso un problema ricorsivamente enumerabile.

È chiaro che per il gruppo libero il problema della parola è risolubile: data una parola w l'algoritmo richiesto consiste nel procedimento di riduzione. Una parola nelle x_i è una parola $w = 1$ nel gruppo libero se dopo cancellazione di lettere adiacenti della forma $x_i x_i^{-1}$ o $x_i^{-1} x_i$ si arriva alla parola vuota; altrimenti $w \neq 1$.

4.72 Teorema (KUZNETSOV). *Per un gruppo semplice $G = \langle X|R \rangle$ finitamente presentato il problema della parola è risolubile.*

Dim. Sia $w \in G$. Se $G = \{1\}$ non c'è niente da dimostrare. Sia allora $G \neq \{1\}$, $x \neq 1$ un fissato elemento di G, e $G_w = \langle X \mid R, w \rangle$. Se $w = 1$ in G, allora ovviamente $G \simeq G_w$. Se $w \neq 1$ allora, essendo G semplice, per il Teor.

[†] E. L. Post (1945) e P. S. Novikov (1955).

4.62 si ha $G_w = \{1\}$. Ne segue $x = 1$ in G_w se e solo se $w \neq 1$ in G. Il gruppo G_w è anch'esso finitamente presentato. Data la parola w di G, possiamo allora formare simultaneamente due liste:
  - parole uguali a 1 in G;
  - parole uguali a 1 in G_w.
Allora:
  - se $w = 1$ in G, w compare nella prima lista;
  - se $w \neq 1$ in G, x compare nella seconda lista.
Basta allora aspettare e vedere quale dei due fatti si verifica. $\diamond$

4.10 Proprietà residue

Sia G un gruppo, ρ una relazione tra elementi e sottoinsiemi definita su G e sulle sue immagini omomorfe, e sia $\mathcal{P}$ una proprietà di gruppi[†]. Si dice allora che G ha *residualmente* la proprietà $\mathcal{P}$ *rispetto a ρ*, o che G è *residualmente* $\mathcal{P}$, se per ogni coppia di elementi x, y che *non sono* tra loro nella relazione ρ esiste un omomorfismo surgettivo ϕ di G in un gruppo K che ha la proprietà $\mathcal{P}$ e tale che $\phi(x) \neq \phi(y)$ (sia ϕ che il gruppo dipendono dalla coppia x, y).

4.73 Esempi. 1. Sia ρ la relazione di uguaglianza. Allora G è residualmente $\mathcal{P}$ se per ogni coppia di elementi distinti x e y esiste un omomorfismo di G in un gruppo K che ha la proprietà $\mathcal{P}$ e tale che le immagini sono anch'esse distinte. Poiché $x \neq y$ è equivalente a $xy^{-1} \neq 1$, quanto detto è equivalente ad affermare che un elemento di G diverso da 1 resta diverso da 1 in un gruppo che ha la proprietà $\mathcal{P}$. La cosa si può esprimere dicendo che G è residualmente $\mathcal{P}$ se, per ogni $g \neq 1$, esiste $N \trianglelefteq G$, dove N dipende da x, tale che $g \notin N$ e G/N ha la proprietà $\mathcal{P}$ (la proprietà è dunque "residua" nel senso che di essa gode il gruppo che resta quando si "toglie" il sottogruppo N).

2. L'esempio precedente è un caso particolare della relazione di appartenenza tra elementi e insiemi: $x \rho A \equiv x \in A$; la relazione di uguaglianza $x = y$ si ottiene per $A = \{y\}$. Dunque se ρ_A è la relazione " $\in A$ ", G è residualmente $\mathcal{P}$ se per ogni $x \notin A$ esiste $N \trianglelefteq G$ dipendente da x e da A tale che $Nx \notin \{Ny, y \in A\}$. Ciò significa $xy^{-1} \notin A$ per ogni $y \in A$, e quindi $\phi(x) \neq \phi(y)$, dove ϕ è l'omomorfismo canonico $G \to G/N$, G/N ha la proprietà $\mathcal{P}$, e si ritrova il caso dell'esempio precedente. L'insieme A può essere un sottogruppo, un sottogruppo finitamente generato, ecc.

3. Un altro esempio è la relazione di coniugio. In questo caso G ha $\mathcal{P}$ in modo residuo se, per ogni coppia di elementi non coniugati $x \not\sim y$, esiste un omomorfismo ϕ, dipendente da x e y, di G su un gruppo che ha la $\mathcal{P}$ tale che $\phi(x) \not\sim \phi(y)$.

[†] Una *proprietà di gruppi* è una proprietà $\mathcal{P}$ relativa ai gruppi tale che, se $G_1 \simeq G$ e G ha la proprietà $\mathcal{P}$, allora anche G_1 ha la proprietà $\mathcal{P}$.

4. Gli interi sono un gruppo *residualmente finito* (se non si specifica la relazione ρ si intende la relazione di uguaglianza). Infatti, dati due interi n e m, con m che non divide n, n non appartiene ad $\langle m \rangle$, e il quoziente $\mathbf{Z}/\langle m \rangle$ è finito. Questo fatto vale in generale per tutti i gruppi liberi, come dimostra il Teor. 4.74 qui sotto.

5. Se $\mathcal{P}$ è una proprietà ereditata dai sottogruppi, allora anche essere residualmente $\mathcal{P}$ è una proprietà ereditata dai sottogruppi. Sia infatti $1 \neq x \in H$, e $x \notin N \lhd G$; allora $x \notin H \cap N$, $H \cap N \lhd H$, $H/(H \cap N) \simeq HN/N \leq G/N$. Ma G/N ha la $\mathcal{P}$, e perciò hanno la $\mathcal{P}$ anche HN/N e $H/(H \cap N) \simeq HN/N$.

Sia K l'intersezione di tutti i sottogruppi normali di G tali che G/N ha la proprietà $\mathcal{P}$. Se G è residualmente $\mathcal{P}$, dato $1 \neq x \in G$ esiste N_x tale che $x \notin N_x$ e G/N_x ha la $\mathcal{P}$; ne segue $K \subseteq \bigcap_{1 \neq x \in G} N_x = \{1\}$. Viceversa, se $K = \{1\}$, un elemento $x \neq 1$ non può appartenere a tutti gli N, e quindi $x \notin N$, per almeno un N. In altre parole, *G è residualmente $\mathcal{P}$ se e solo se l'intersezione dei sottogruppi normali N tali che G/N ha la proprietà $\mathcal{P}$ è l'identità.*

4.74 Teorema. *Un gruppo libero è residualmente finito.*

Dim. Dobbiamo dimostrare che, se $1 \neq x \in F$, esiste un sottogruppo normale N_x dipendente da x tale che $x \notin N_x$ e il quoziente F/N_x è finito. Sia $X = \{x_\lambda, \lambda \in \Lambda\}$ una base di F e sia $x = x_{\lambda_1}^{\epsilon_1} x_{\lambda_2}^{\epsilon_2} \ldots x_{\lambda_n}^{\epsilon_n}$ la forma ridotta di x, con $\epsilon_i = \pm 1$. Definiamo allora una funzione f da X al gruppo simmetrico S^{n+1} (dove n è il numero delle lettere di x) come segue: $f(x_\lambda) = 1$ se x_λ non è una delle lettere x_{λ_i} che compaiono in x, mentre $f(x_{\lambda_i}^{\epsilon_i})$ è una permutazione σ_i che manda la cifra i nella $i+1$ se $\epsilon_i = 1$, e $i+1$ in i se $\epsilon_i = -1$. Se un indice λ_i è uguale a λ_{i+1}, allora $\sigma_i = \sigma_{i+1}$, e se $\sigma_i(i) = i+1$ e $\sigma_{i+1}(i+1) = i$ allora nella scrittura di x si avrebbe il fattore $x_{\lambda_i}^{\epsilon_i} = x_{\lambda_i}^{-\epsilon_i}$, il che è escluso dal fatto che la scrittura è ridotta. La σ_i è dunque finora ben definita; le immagini delle altre cifre secondo σ_i possono essere prescritte in modo arbitrario (in modo ovviamente che risulti una permutazione) e tale che il prodotto delle σ_i sia diverso da 1. La f si estende allora a un omomorfismo $F \to S^{n+1}$, il cui nucleo K non contiene x, e prendendo $N_x = K$ si ha il risultato. $\diamondsuit$

4.75 Corollario. *L'intersezione di tutti i sottogruppi di indice finito in un gruppo libero è $\{1\}$.*

Dim. Per ogni elemento $x \neq 1$ esiste un sottogruppo N_x di indice finito che non contiene x. $\diamondsuit$

L'importanza di una proprietà residua sta tra l'altro nel fatto che la sua esistenza permette di risolvere il problema di decisione corrispondente a una relazione ρ; è possibile cioè stabilire se due elementi siano o meno nella relazione ρ. Per ρ la relazione di uguaglianza si ha:

4.76 Teorema. *Per un gruppo G finitamente presentato e residualmente finito il problema della parola è risolubile.*

Dim. Sia F libero di rango n, R finitamente generato e $G = F/R$. Sia w una parola di F; dobbiamo decidere se $w \in R$ o no. Cominciamo allora due procedure: con la prima enumeriamo effettivamente gli elementi di R; con la seconda, facciamo una lista delle tavole di moltiplicazione dei quozienti finiti di F/R. Allora basta aspettare perché necessariamente o w compare nella prima enumerazione, e allora $w \in R$, oppure, se $w \notin R$ è $wR \neq R$, e dunque, essendo F/R residualmente finito, esiste $H/R \lhd F/R$ tale che $(F/R)/(H/R)$ è finito e $wR \notin H/R$, e pertanto wR comparirà nella lista dei quozienti finiti di F/R.   ◇

4.77 Definizione. Un gruppo si dice *hopfiano* se non è isomorfo a un suo quoziente proprio. In altri termini, un gruppo è hopfiano se ogni omomorfismo surgettivo del gruppo in sé è iniettivo (e quindi è un automorfismo).

4.78 Teorema (MALCEV). *Un gruppo f.g. e residualmente finito è hopfiano.*

Dim. Sia $\phi : G \to G$ un omomorfismo surgettivo, e siano, per un n fissato, $H_1, H_2, \ldots, H_k$ i sottogruppi di indice n di G (Teor. 3.14, i)). Ora, H_i pensato come appartenente a $\phi(G)$, è immagine di un sottogruppo L_i: $H_i = L_i/K$, dove $K = Ker(\phi)$, e

$$n = [G : H_i] = [\phi(G) : \phi(L_i)] = [G/K : L_i/K] = [G : L_i].$$

Se $L_i = L_j$, allora $H_i = H_j$, e quindi gli L_i sono tutti distinti, e avendo essi indice n, l'insieme degli L_i concide con quello degli H_i. Ne segue che il nucleo K è contenuto in tutti gli H_i. Essendo n qualunque, l'argomento precedente si applica a tutti i sottogruppi di indice finito, e dunque $K \subseteq \bigcap_{[G:H]<\infty} H$. Ma questa intersezione è $\{1\}$; perciò $K = \{1\}$, e ϕ è iniettivo.   ◇

4.79 Teorema. *Se G è f.g. e residualmente finito, anche il suo gruppo di automorfismi lo è.*

Dim. Se $1 \neq \alpha \in \mathbf{Aut}(G)$, esiste $x \in G$ tale che $\alpha(x) \neq x$, cioè $\alpha(x)x^{-1} \neq 1$. Sia $N \lhd G$ di indice finito con $\alpha(x)x^{-1} \notin N$; per il Teor. 3.14, ii) N contiene un sottogruppo K caratteristico in G e di indice finito. Allora $\mathbf{Aut}(G/K)$ è finito e ogni automorfismo β di G induce un automorfismo $\overline{\beta}$ di G/K: $\overline{\beta}(Kx) = K\beta(x)$. L'applicazione $\phi : \mathbf{Aut}(G) \to \mathbf{Aut}(G/K)$ data da $\beta \to \overline{\beta}$ è un omomorfismo e $\overline{\alpha}$ non è l'identità di $\mathbf{Aut}(G/K)$: infatti, per la classe Kx si ha $\overline{\alpha}(Kx) = K\alpha(x) \neq Kx$, in quanto $\alpha(x)x^{-1} \notin K$.   ◇

4.80 Corollario. *Il gruppo degli automorfismi di un gruppo libero di rango finito è residualmente finito.*   ◇

Se N_λ, $\lambda \in \Lambda$, è una famiglia di sottogruppi normali di un gruppo G, si ha un omomorfismo di G nel prodotto cartesiano $\prod_\lambda G_\lambda$ dei gruppi quoziente

$G_\lambda = G/G_\lambda$ ottenuto mandando l'elemento $x \in G$ nella funzione che associa a λ l'elemento xN_λ di G_λ. Il nucleo di questo omomorfismo è $\bigcap_\lambda N_\lambda$. Se questa intersezione è $\{1\}$, G è isomorfo a un sottogruppo di $\prod_\lambda G_\lambda$. Ne segue:

4.81 Teorema. *Un gruppo che ha residualmente una data proprietà è isomorfo a un sottogruppo di un prodotto cartesiano di gruppi che hanno la stessa proprietà.*   ◇

4.82 Corollario. *Un gruppo libero è isomorfo a un sottogruppo di un prodotto cartesiano di gruppi finiti.*   ◇

Esercizi

50. Se A e B sono residualmente finiti, anche il loro prodotto diretto $A \times B$ lo è. [*Sugg.*: ricordare che un sottogruppo normale in un fattore diretto di un gruppo è normale nel gruppo].

51. Un gruppo abeliano f.g. è residualmente finito, e quindi hopfiano.

52. Se il gruppo non è f.g., il Teor. 4.78 non è più vero. [*Sugg.*: considerare il gruppo libero F di rango infinito su $x_1, x_2, \ldots$; se $N = \langle x_1 \rangle^G$, è $G/N \simeq F$].

53. Se G soddisfa la CCA (condizione della catena ascendente: ogni catena ascendente di sottogruppi si ferma) per i sottogruppi normali, G è hopfiano.

4.83 Definizione. Un gruppo si dice *co–hopfiano* se non è isomorfo a un sottogruppo proprio. In altri termini, un gruppo è co–hopfiano se ogni omomorfismo iniettivo del gruppo in sé è surgettivo (è la nozione duale di quella di gruppo hopfiano).

54. Dimostrare che:

    i) un gruppo finito è hopfiano e co–hopfiano;

    ii) il gruppo additivo dei razionali è hopfiano e co–hopfiano;

    iii) il gruppo degli interi è hopfiano ma non co–hopfiano, e ciò è vero per ogni gruppo abeliano infinito e f.g.

    iv) il gruppo C_{p^∞} è co–hopfiano ma non è hopfiano.

    v) un gruppo libero f.g. è hopfiano (teoremi 4.74 e 4.78) ma non co–hopfiano.

5

Gruppi nilpotenti e gruppi risolubili

5.1 Serie centrali e gruppi nilpotenti

5.1 Definizione. Siano $x, y, z \in G$. Definiamo:

$$[x, y, z] = [[x, y], z],$$

e induttivamente:

$$[x_1, x_2, \ldots, x_n] = [[x_1, x_2, \ldots, x_{n-1}], x_n].$$

Siano, inoltre, $H, K \leq G$; definiamo:

$$[H, K] = \langle [h, k], \ h \in H, \ k \in K \rangle,$$

e induttivamente:

$$[H_1, H_2, \ldots, H_n] = [[H_1, H_2, \ldots, H_{n-1}], H_n]$$

(e quindi $[H_1, H_2, \ldots, H_{n-1}, H_n] = [[H_1, H_2], H_3] \ldots] H_{n-1}], H_n]$).

Si ha $[H, K] = [K, H]$ e $[H, K] \trianglelefteq \langle H, K \rangle$. Se $H, K \trianglelefteq G$, allora $[H, K] \trianglelefteq G$ e $[H, K] \subseteq H \cap K$, e, se φ è un omomorfismo di G, $[H, K]^\varphi = [H^\varphi, K^\varphi]$.

Va osservato che se sussiste l'ovvia inclusione

$$[H_1, H_2, \ldots, H_n] \supseteq \langle [h_1, h_2, \ldots, h_n], h_i \in H_i \rangle,$$

non si ha però in generale uguaglianza, come mostra il seguente esempio.

5.2 Esempio. In A^5 siano

$$H_1 = \{I, (1,2)(3,4)\}, \ H_2 = \{I, (1,3)(2,5)\}, \ H_3 = \{I, (1,3)(2,4)\}.$$

Con $h_1 = (1,2)(3,4)$, $h_2 = (1,3)(2,5)$ e $h_3 = (1,3)(2,4)$ si ha $[h_1, h_2, h_3] = (1,4,5,2,3)$, mentre $[h_1, h_2, h_3] = 1$ se uno dei tre elementi è 1. Ne segue

$\langle[h_1,h_2,h_3],\ h_i\ \in\ H_i\rangle\ =\ \langle(1,4,5,2,3)\rangle$. Ora $[H_1,H_2]$ contiene $[h_1,h_2]^2\ =\ (1,2,4,5,3)$ e perciò $[H_1,H_2,H_3]$ contiene $[[h_1,h_2]^2,h_3]\ =\ (1,3,5)$.

5.3 Lemma. *i) Se $H,K\le G$ allora $K\subseteq \mathbf{N}_G(H)$ se e solo se $[K,H]\subseteq H$. In particolare, $H\trianglelefteq G$ se e solo se $[G,H]\subseteq H$.*
  ii) Siano $K,H\le G$ con $K\subseteq H$. Allora sono equivalenti:
  a) $K\trianglelefteq G$ e $H/K\subseteq \mathbf{Z}(G/K)$; e
  b) $[H,G]\subseteq K$.

Dim. Segue dalle definizioni. $\diamond$

5.4 Definizione. Una catena di sottogruppi di un gruppo G:

$$\ldots\subseteq H_{i-1}\subseteq H_i\subseteq H_{i+1}\subseteq\ldots \tag{5.1}$$

si dice *centrale* se per ogni i:

$$H_{i+1}/H_i\subseteq \mathbf{Z}(G/H_i), \tag{5.2}$$

cioè xH_i, per $x\in H_{i+1}$, permuta con tutti gli elementi di G/H_i, ovvero

$$x\in H_{i+1}\Rightarrow[x,g]\in H_i, \tag{5.3}$$

per ogni $g\in G$ cioè:

$$[H_{i+1},G]\subseteq H_i. \tag{5.4}$$

In altri termini, l'azione di G su G/H_i, data da $(xH_i)^g=x^gH_i$, è banale su H_{i+1}/H_i, cioè $(xH_i)^g=xH_i$, ovvero $x^{-1}x^g\in H_i$. Viceversa, la (5.4) implica la (5.2). Poiché $H_i\subseteq H_{i+1}$, i sottogruppi di una catena centrale sono normali in G.
  Una particolare catena centrale è la

$$\{1\}=Z_0\subseteq Z_1=\mathbf{Z}(G)\subseteq Z_2\subseteq\ldots\subseteq Z_i\subseteq Z_{i+1}\subseteq\ldots$$

dove $Z_{i+1}/Z_i=\mathbf{Z}(G/Z_i)$. Con $H_i=Z_i$ si ha dunque uguaglianza nella (5.4): si prende l'intero centro di G/H_i invece di un suo sottogruppo. Pertanto, Z_{i+1} consta di tutti gli elementi $x\in G$ per i quali sussiste la (5.3):

$$Z_{i+1}=\{x\in G\mid[x,g]\in Z_i,\ \forall g\in G\}.$$

Ovviamente, se la (5.1) è centrale si ha $H_i\subseteq Z_i$.
  Partendo ora da G e usando la (5.4) definiamo i sottogruppi $\Gamma_i=\Gamma_i(G)$ come segue:

$$\Gamma_1=G,\ \Gamma_2=[\Gamma_1,G],\ldots,\Gamma_{i+1}=[\Gamma_i,G],\ldots$$

Si noti che $\Gamma_2=[\Gamma_1,\Gamma_1]=G'$, il derivato di G. Si ha

$$G=\Gamma_1\supseteq\Gamma_2\supseteq\ldots\supseteq\Gamma_i\supseteq\Gamma_{i+1}\supseteq\ldots$$

Se $x \in \Gamma_i$, $[x,g] \in \Gamma_{i+1}$, per ogni $g \in G$, e dunque

$$[x\Gamma_{i+1}, g\Gamma_{i+1}] = [x,g]\Gamma_{i+1} = \Gamma_{i+1},$$

cioè $x\Gamma_{i+1}$ permuta con tutti gli elementi di G/Γ_{i+1}. In altri termini,

$$\Gamma_i/\Gamma_{i+1} \subseteq \mathbf{Z}(G/\Gamma_{i+1}),$$

e si tratta anche qui di una catena centrale.

5.5 Definizione. Se per un certo n si ha $H_n = G$, la catena (5.1) prende il nome di *serie centrale*. Un gruppo si dice *nilpotente* se ammette una serie centrale.

Per definizione di Z_i, si ha che se $H_n = G$ allora $Z_n = G$. Il teorema seguente mostra, tra l'altro, che se $Z_n = G$ allora è anche $\Gamma_{n+1} = \{1\}$.

5.6 Teorema. *Sia G un gruppo nilpotente, (5.1) una serie centrale con $H_n = G$. Allora:*

$$\Gamma_{n-i+1} \subseteq H_i \subseteq Z_i, \ i = 0, 1, \ldots, n. \tag{5.5}$$

Dim. La seconda inclusione è stata già vista. Per la prima, dimostriamo per induzione su $j = n - i$ che $\Gamma_{j+1} \subseteq H_{n-j}$, inclusione che è vera per $j = 0$. Suppostala vera per j, si ha $\Gamma_{j+2} = [\Gamma_{j+1}, G] \subseteq [H_{n-j}, G] \subseteq H_{n-(j+1)}$, che è quanto si voleva. $\Diamond$

5.7 Corollario. *Nelle due serie*

$$\{1\} = Z_0 \subset Z_1 \subset \ldots \subset Z_{c-1} \subset Z_c = G,$$

$$G = \Gamma_1 \supset \Gamma_2 \supset \ldots \supset \Gamma_r \supset \Gamma_{r+1} = \{1\},$$

si ha $r = c$.

Dim. Sia $n = c$ nella (5.5). Per $i = 0$ si ha $\Gamma_{c+1} \subseteq Z_0 = \{1\}$, e quindi $c \geq r$. Prendendo poi come H_i la serie dei Γ_i in senso ascendente:

$$H_0 = \Gamma_{r+1}, \ H_1 = \Gamma_r, \ \ldots, H_i = \Gamma_{r-i+1}, \ldots$$

per $i = r$ si ha $H_r = \Gamma_1 = G$ e $H_r \subseteq Z_r$. Ne segue $Z_r = G$ e perciò $r \geq c$. $\Diamond$

In parole, questo corollario afferma che in un gruppo nilpotente le serie degli Z_i e dei Γ_i arrivano a G e a $\{1\}$, rispettivamente, nello stesso numero $c + 1$ di passi.

5.8 Definizione. Se un gruppo G è nilpotente, l'intero c del Cor. 5.7 è la *classe di nilpotenza* di G. La serie degli Z_i è la serie centrale *ascendente* (la serie centrale che arriva a G più rapidamente di tutte); la serie dei Γ_i è la serie centrale *discendente* (la serie centrale che arriva a $\{1\}$ più rapidamente di tutte). Si tratta in entrambi i casi di serie invarianti (Def. 2.71).

I gruppi abeliani sono nilpotenti, di classe $c \leq 1$, e viceversa (se $c = 0$ è $G = \{1\}$). Se $c \leq 2$ si ha $\{1\} \subset Z \subset G$, e dunque $G/Z = \mathbf{Z}(G/Z)$, G/Z è abeliano e perciò $G' \subseteq Z$; viceversa, questa inclusione implica $c \leq 2$. È il caso ad esempio, del gruppo D_4 o del gruppo dei quaternioni. L'intero c misura quanto il gruppo si discosta dall'essere abeliano. Si osservi che se G è di classe c, G/Z è di classe $c - 1$.

La nilpotenza di un gruppo è ereditata da sottogruppi e quozienti.

5.9 Teorema. *Sottogruppi e immagini omomorfe di un gruppo nilpotente di classe c sono nilpotenti di classe al più c.*

Dim. i) Se $H \leq G$, $\Gamma_{i+1}(H) = [\Gamma_i(H), H] \subseteq [\Gamma_i(G), G] \subseteq \Gamma_{i+1}(G)$, e dunque, se $\Gamma_{i+1}(G) = \{1\}$, è anche $\Gamma_{i+1}(H) = \{1\}$.

ii) Se φ è un omomorfismo di G, e $H, K \leq G$, si ha $[h, k]^\varphi = [h^\varphi, k^\varphi]$, e quindi $\Gamma_{i+1}(G^\varphi) = [\Gamma_i^\varphi, G^\varphi] = \Gamma_{i+1}(G)^\varphi$. Ne segue che, se $\Gamma_{i+1}(G) = \{1\}$, anche la sua immagine è uguale a $\{1\}$. $\Diamond$

5.10 Esempi 1. Un gruppo $G \neq \{1\}$ a centro identico non può essere nilpotente: una sua serie centrale è necessariamente del tipo $\{1\} = H_0 = H_1 = \ldots$, e dunque non arriva mai a G. In particolare, nessun S^n, $n > 2$, è nilpotente. Per la serie centrale discendente di S^n si ha $\Gamma_2 = A^n$, $\Gamma_3 = [\Gamma_2, S^n] = A^n$, e così la serie è $S^n \supset A^n = A^n = \ldots$, che non arriva a $\{1\}$.

2. Sia $G = D_4 \times C_2$ (v. *Es.* 3 di 2.92). Il centro di G è il prodotto dei centri dei fattori, e dunque è un Klein V. G/V ha ordine 4 e quindi è abeliano, e perciò coincide con il proprio centro. G è nilpotente perché ammette la serie centrale ascendente $\{1\} \subset V \subset G$. Il derivato di G coincide con il derivato di D_4; dunque $\Gamma_2 = C_2$, e poiché questo C_2 è contenuto nel centro di G, è $\Gamma_3 = [\Gamma_2, G] = \{1\}$. La serie centrale discendente è perciò $G \supset \Gamma_2 \supset \{1\}$. Si noti che Γ_2 è contenuto in Z_1, come deve essere per la (5.5), ma non coincide con Z_1. Le inclusioni della (5.5) sono quindi in generale proprie.

5.11 Nota. La nozione di nilpotenza proviene dalla teoria degli anelli. In questa teoria, un ideale J di un anello associativo A si dice *nilpotente* se una sua potenza J^n è l'ideale nullo $\{0\}$. Per definizione,

$$J^n = \{\sum x_1 x_2 \cdots x_n, \ x_i \in J\},$$

e dunque J è nilpotente se un qualunque prodotto $x_1 x_2 \cdots x_n$ di n suoi elementi è zero. Facciamo ora vedere come in un anello con unità un ideale nilpotente dia luogo a un gruppo nilpotente (sottogruppo del gruppo degli elementi invertibili dell'anello). Il gruppo G consta degli elementi:

$$G = 1 + J = \{1 + x, \ x \in J\}.$$

1. G è un gruppo:

$i)$ chiusura: $(1+x)(1+y) = 1 + (x+y+xy)$, e $xy \in J$ se $x, y \in J$;

$ii)$ elemento neutro: 1;

$iii)$ inverso: $(1+x)(1-x+x^2 - \cdots \pm x^{n-1}) = 1$.

2. G è nilpotente. Sia $H_k = 1 + J^k$. L'ideale J^k è nilpotente in quanto $(J^k)^n = J^{nk} = \{0\}$, e quindi, per 1, gli H_k sono sottogruppi. Inoltre, $J^k = J^{k-1} \cdot J \subseteq J^{k-1}$, e perciò $H_k \subseteq H_{k-1}$, Infine, la serie

$$\{1\} = H_n \subseteq H_{n-1} \subseteq \cdots \subseteq H_1 = G$$

è centrale. Dimostriamo, infatti, che

$$a \in H_k \Rightarrow [a, g] \in H_{k+1}, \ \forall g \in G,$$

cioè $[a, g] \in 1 + J^{k+1}$, ovvero $[a, g] - 1 \in J^{k+1}$. Ora,

$$[a, g] - 1 = a^{-1}g^{-1}ag - 1 = a^{-1}g^{-1}(ag - ga),$$

e con $a = 1 + x$, $x \in J^k$, e $g = 1 + y$, $y \in J$, abbiamo

$$\begin{aligned}
ag - ga &= (1+x)(1+y) - (1+y)(1+x) \\
&= 1 + y + x + xy - 1 - x - y - yx \\
&= xy - yx \in J^k \cdot J - J \cdot J^k \subseteq J^{k+1},
\end{aligned}$$

e perciò $[a, g] - 1 \in J^{k+1}$.

5.12 Esempi. 1. Nell'anello delle matrici $n \times n$ triangolari superiori, quelle a diagonale nulla formano un ideale nilpotente J, e si ha $J^n = 0$. Se I è la matrice identica, $G = I + J$ è il gruppo delle matrici unitriangolari superiori. Nel caso delle matrici $n \times n$ su un campo finito $\mathbf{F}_q$, G è un gruppo nilpotente di ordine $q^{\frac{n(n-1)}{2}}$.

2. Se V è uno spazio vettoriale di dimensione n su un campo K e

$$V = V_n \supset V_{n-1} \supset \cdots \supset V_1 \supset \{0\},$$

dove $V = \langle v_1, v_2, \ldots, v_n \rangle$ e $V_{n-i} = \langle v_{i+1}, \ldots, v_n \rangle$, le trasformazioni lineari ϕ tali che $V_i \phi \subseteq V_{i-1}$ formano un ideale J, che è nilpotente in quanto

$$v\phi_1 \phi_2 \cdots \phi_n = (v\phi_1)\phi_2 \cdots \phi_n \in V_{n-1}\phi_2 \cdots \phi_n \subseteq \ldots \subseteq \{0\}$$

per ogni $v \in V$, e quindi $\phi_1 \phi_2 \cdots \phi_n = 0$ e $J^n = \{0\}$. Le matrici delle trasformazioni lineari ϕ sono le matrici dell'ideale J dell'*Es.* 1.

Vediamo ora alcune proprietà dei gruppi nilpotenti.

5.13 Teorema. *Se G è nilpotente e $H < G$ allora $H < \mathbf{N}_G(H)$ ("i normalizzanti crescono").*

Dim. Sia $\{\Gamma_k\}$ la serie centrale discendente, e sia i tale che $\Gamma_i \not\subseteq H$ e $\Gamma_{i+1} \subseteq H$. Allora $[\Gamma_i, H] \subseteq [\Gamma_i, G] = \Gamma_{i+1} \subseteq H$, e pertanto Γ_i normalizza H e non è contenuto in H. ◊

5.14 Corollario. *Un sottogruppo massimale di un gruppo nilpotente è normale, e dunque ha indice primo.*

5.15 Corollario. *In un gruppo nilpotente il derivato è contenuto nel sottogruppo di Frattini.*

Dim. Se M è massimale, per il Cor. 5.14 è normale e quindi G/M ha ordine primo e perciò $G' \subseteq M$. Poiché ciò vale per ogni M, $G' \subseteq \bigcap M = \Phi(G)$. $\Diamond$

5.16 Teorema. *Sia G un gruppo nilpotente, $N \neq \{1\}$ un suo sottogruppo normale. Allora $N \cap \mathbf{Z}(G) \neq \{1\}$. In particolare, ogni sottogruppo normale minimale di G è contenuto nel centro e ha ordine primo.*

Dim. Sia $\{\Gamma_k\}$ la serie centrale discendente di G e sia i tale che $\Gamma_i \cap N \neq \{1\}$ e $\Gamma_{i+1} \cap N = \{1\}$. Allora $[\Gamma_i \cap N, G] \subseteq [\Gamma_i, G] \subseteq \Gamma_{i+1}$ perché la serie $\{\Gamma_k\}$ è centrale, e $[\Gamma_i \cap N, G] \subseteq N$ perché N è normale. Ne segue $[\Gamma_i \cap N, G] \subseteq \Gamma_{i+1} \cap N = \{1\}$, e quindi $N \cap \mathbf{Z}(G) \neq \{1\}$ perché contiene $\Gamma_i \cap N \neq \{1\}$. Se N è minimale, si ha $N \subseteq \mathbf{Z}(G)$: i sottogruppi di N sono normali in G e quindi N non ha sottogruppi propri e $|N| = p$. $\Diamond$

Un confronto con i corollari 3.25 e 3.26 mostra che, nel caso finito, i p–gruppi godono delle stesse proprietà dei gruppi nilpotenti. Si ha infatti:

5.17 Teorema. *Un p–gruppo finito di ordine p^n è nilpotente, di classe al più $n-1$.*

Dim. La serie centrale ascendente si costruisce subito ricordando che il centro di un p–gruppo è non banale: la serie si ferma quando $G/Z_i = \overline{1}$, cioè $Z_i = G$. Dunque G ha una serie centrale, e perciò è nilpotente. Se è di classe c, abbiamo

$$|Z_1/Z_0| \cdot |Z_2/Z_1| \cdots |Z_c/Z_{c-1}| = |Z_c|/|Z_0| = |G| = p^n.$$

Tutti i quozienti hanno ordine almeno p, perché sono tutti non banali, ma non tutti hanno ordine p. Infatti $Z_c/Z_{c-1} = G/Z_{c-1}$ non può essere ciclico; se così fosse, il quoziente di G/Z_{c-2} rispetto al proprio centro Z_{c-1}/Z_{c-2} sarebbe ciclico, perché isomorfo a G/Z_{c-1}, e quindi G/Z_{c-2} sarebbe abeliano (Cap. 2, *es.* 23) e coinciderebbe perciò con il proprio centro Z_{c-1}/Z_{c-2}. Allora $G = Z_{c-1}$, contro il fatto che G è di classe c. Poiché vi sono c quozienti, il prodotto dei loro ordini è maggiore di p^c. Dunque $p^n > p^c$, $c < n$ e così $c \leq n-1$. $\Diamond$

Un p–gruppo di ordine p^n ammette però sempre una serie centrale di lunghezza $n+1$ (*es.* 2), e quindi a quozienti ciclici di ordine p. Ad esempio, in D_4 si ha la serie $\{1\} = Z_0 \subset Z_1 \subset V \subset D_4$, con V tra Z_1 e $Z_2 = D_4$.

Un p–gruppo infinito non è necessariamente nilpotente (*es.* 5). Nel caso finito i gruppi nilpotenti sono una generalizzazione dei p–gruppi nel senso del seguente teorema.

5.18 Teorema. *In un gruppo nilpotente finito un p–Sylow è normale, per ogni p, e quindi è l'unico p–Sylow. Ne segue che il gruppo è prodotto diretto dei propri Sylow.*

Dim. Se S è un p–Sylow, per il Teor. 3.44 si ha $\mathbf{N}_G(\mathbf{N}_G(S)) = \mathbf{N}_G(S)$. Ma, per il Teor. 5.13, se $\mathbf{N}_G(S) \neq G$ deve essere $\mathbf{N}_G(\mathbf{N}_G(S)) > \mathbf{N}_G(S)$. Dunque $\mathbf{N}_G(S) = G$, e S è normale. Il prodotto di questi p–Sylow per i vari p è allora un sottogruppo, che coincide con G in quanto è di ordine divisibile per tutta la potenza di p che divide $|G|$, per ogni p. Un elemento x_i di un p_i–Sylow S_i non può essere uguale a un prodotto di elementi x_j di p_j–Sylow S_j, $j \neq i$, perché essendo i Sylow a due a due permutabili (normali e di intersezione 1) questo prodotto ha ordine il prodotto degli ordini (gli x_j hanno ordini relativamente primi), un ordine quindi che è primo con $o(x_i)$. Un Sylow ha pertanto intersezione $\{1\}$ con il prodotto degli altri e dunque il prodotto dei Sylow è diretto. ◇

5.19 Teorema. *Il sottogruppo di Frattini $\mathbf{\Phi} = \mathbf{\Phi}(G)$ di un gruppo finito G è nilpotente.*

Dim. Sia P un p–Sylow di $\mathbf{\Phi}$, e facciamo vedere che P è normale in $\mathbf{\Phi}$ (vedremo che addirittura $P \trianglelefteq G$). Essendo $\mathbf{\Phi} \trianglelefteq G$ per l'argomento di Frattini (Teor. 3.43) si ha $G = \mathbf{\Phi}\mathbf{N}_G(P)$. A maggior ragione $G = \langle \mathbf{\Phi}, \mathbf{N}_G(P) \rangle$, e quindi, per la proprietà di $\mathbf{\Phi}$, $G = \langle \mathbf{N}_G(P) \rangle = \mathbf{N}_G(P)$, cioè $P \trianglelefteq G$. Ne segue che il gruppo è prodotto diretto dei propri Sylow e dunque (*es. 3*) è nilpotente. ◇

Non è vero in generale che, se N è un sottogruppo normale nilpotente di un gruppo finito G tale che G/N è nilpotente, allora G è nilpotente. Il gruppo S^3 è un controesempio. Se però N è il centro o, nel caso finito, il sottogruppo di Frattini, allora G è nilpotente:

5.20 Teorema. *i) Se $G/\mathbf{Z}(G)$ nilpotente, G lo è;*
ii) se G è finito e $G/\mathbf{\Phi}(G)$ è nilpotente, G lo è.

Dim. i) Sia $Z = \mathbf{Z}(G)$. Dalle $\Gamma_{i+1}(G/Z) = \Gamma_i Z/Z$ e $\Gamma_{n+1}(G/Z) = Z$ segue $\Gamma_n Z/Z = Z$, da cui $\Gamma_n Z \subseteq Z$, $\Gamma_n \subseteq Z$ e $\Gamma_{n+1} = \{1\}$.

Nel caso finito questo risultato si può dimostrare come segue. Sia $Z = \mathbf{Z}(G)$, G/Z nilpotente e SZ/Z un p–Sylow di G/Z per un certo p. Poiché $SZ/Z \trianglelefteq G/Z$ si ha $SZ \trianglelefteq G$. Allora, per l'argomento di Frattini, $G = Z\mathbf{N}_G(S)$, e poiché $Z \subseteq \mathbf{N}_G(S)$, è $G = \mathbf{N}_G(S)$ e $S \trianglelefteq G$. Ma ciò vale per ogni p, e dunque G è nilpotente.

ii) Sia $\mathbf{\Phi} = \mathbf{\Phi}(G)$, e $G/\mathbf{\Phi}(G)$ nilpotente. Come sopra, $G = \mathbf{\Phi}\mathbf{N}_G(S)$. Allora $G = \langle \mathbf{\Phi}, \mathbf{N}_G(S) \rangle = \langle \mathbf{N}_G(S) \rangle = \mathbf{N}_G(S)$, e $S \trianglelefteq G$. ◇

5.21 Lemma. *i) Se $x, y, z \in G$ allora:*

$$[x, y^{-1}, z]^y [y, z^{-1}, x]^z [z, x^{-1}, y]^x = 1;$$

(*identità di Hall*).

ii) (*Lemma dei tre sottogruppi*). Siano $H, K, L \leq G$ e $N \trianglelefteq G$. Se

$$[H, K, L] \subseteq N \ \text{ e } \ [K, L, H] \subseteq N,$$

allora è anche $[L, H, K] \subseteq N$.

iii) $[xy, z] = [x, z]^y [y, z] = [x, z][[x, z], y][y, z]$,
$[x, yz] = [x, z][x, y]^z = [x, z][x, y][[x, y], z]$.

Dim. i) Si ha:

$$[x, y^{-1}, z] = [x^{-1}yxy^{-1}, z] = yx^{-1}y^{-1}x \cdot z^{-1} \cdot x^{-1}yxy^{-1} \cdot z,$$

e dunque $[x, y^{-1}, z]^y = x^{-1}y^{-1}xz^{-1}x^{-1} \cdot yxy^{-1}zy = a \cdot b$. Analogamente,

$$[y, z^{-1}, x]^z = b^{-1} \cdot c, [z, x^{-1}, y]^x = c^{-1}a^{-1},$$

da cui *i*).

ii) Per $x \in H$, $y \in K$ e $z \in L$ si ha, per ipotesi,

$$[x, y^{-1}, z]^y \in N, \ \ [y, z^{-1}, x]^z \in N.$$

Allora per *i*) è anche $[z, x^{-1}, y]^x \in N$ e quindi $[z, x^{-1}, y] \in N$. Ma i commutatori $[z, x^{-1}]$ generano $[L, H]$, e dunque $[z, x^{-1}, y] \in N$ per ogni $y \in K$, da cui il risultato. La *iii*) segue calcolando. $\diamond$

Le trasformazioni lineari di un spazio vettoriale che stabilizzano la serie di sottospazi data nell' *Es.* 2 di 5.12 formano un gruppo nilpotente. Il teorema che segue mostra che il fatto di stabilizzare una serie di sottogruppi è la vera ragione della nilpotenza. Noi dimostriamo il teorema nel caso di una serie invariante, ma esso sussiste senza alcuna ipotesi di normalità sui sottogruppi della serie (per un risultato di Hall[†]; in tal caso però la maggiorazione per la classe di nilpotenza è molto meno buona: se la serie ha $n + 1$ termini si ottiene un gruppo nilpotente di classe al più $\binom{n}{2}$).

5.22 Teorema. *Sia $G = G_0 \supseteq G_1 \supseteq \ldots \supseteq G_n = \{1\}$ una serie invariante[‡] di G a $n + 1$ termini, e A il gruppo degli automorfismi di G che fissano i G_i e agiscono banalmente sui quozienti G_i/G_{i+1}:*

$$i) \ G_i^\alpha = G_i, \quad ii) \ x^{-1}x^\alpha \in G_{i+1} \text{ per } x \in G_i, \quad (5.6)$$

per $\alpha \in A$ e $i = 0, 1, \ldots, n - 1$. Allora A è nilpotente di classe minore di n.

Dim. Consideriamo i sottogruppi A_j di A così definiti:

$$A_j = \{\alpha \in A \mid x^{-1}x^\alpha \in G_{i+j}, \text{ se } x \in G_i\}.$$

[†] M. Kargapolov, Iou. Merzliakov, Teor. 16.3.2.
[‡] Def. 2.71.

A_j consta dunque degli elementi di A che agiscono banalmente sui quozienti G_i/G_{i+j}, $i = 0, 1, \ldots, n - j$. È chiaro che

$$A = A_1 \supseteq A_2 \supseteq \ldots \supseteq A_n = \{1\}. \tag{5.7}$$

Dimostriamo che la (5.7) è una serie centrale, cioè che, per ogni j,

$$[A_j, A] \subseteq A_{j+1}. \tag{5.8}$$

Consideriamo il prodotto semidiretto $\overline{G}$ di G per A. Un elemento della forma $x^{-1}x^\alpha$ è allora un commutatore di $\overline{G}$, e la seconda condizione della (5.6) significa che $[G_i, A] \subseteq G_{i+1}$. La (5.8) è allora equivalente alla

$$[[A_j, A], G_i] \subseteq G_{i+j+1}, \tag{5.9}$$

in quanto, per definizione, A_{j+1} consta di tutti gli elementi α tali che $[G_i, \alpha] \subseteq G_{i+j+1}$. Ma si ha

$$[[A, G_i], A_j] \subseteq [A_j, G_{i+1}] \subseteq G_{i+j+1},$$

e

$$[[A_j, G_i], A] \subseteq [G_{i+j}, A] \subseteq G_{i+j+1},$$

ed essendo $G_{i+j+1} \trianglelefteq G$, per il lemma dei tre sottogruppi (Lemma 5.21, ii)), si ha la (5.9). Poiché la (5.7) è di lunghezza al più n si ha il risultato. $\diamond$

5.23 Lemma. *Se H, K, L sono normali in un gruppo G, allora $[HK, L] = [H, L][K, L]$ e $[H, KL] = [H, K][H, L]$.*

Dim. Per $x \in H$, $y \in K$ e $z \in L$ abbiamo $[xy, z] = [x, z]^y [y, z] = [x^y, z^y][y, z]$ (Lemma 5.21, iii). Per la normalità di H ed L è $[x^y, z^y] \in [H, L]$, da cui $[HK, L] \subseteq [H, L][K, L]$. L'altra inclusione si ottiene osservando che $[H, L], [K, L] \subseteq [HK, L]$. Analogamente per la seconda uguaglianza. $\diamond$

5.24 Teorema (FITTING). *Il prodotto di due sottogruppi normali e nilpotenti H e K di classe c_1 e c_2, rispettivamente, di un gruppo G è un sottogruppo normale e nilpotente di classe al più $c_1 + c_2$.*

Dim. Possiamo supporre $G = HK$. Si ha

$$\Gamma_n(G) = [HK, HK, \ldots, HK].$$

Applicando più volte il Lemma 5.23, $\Gamma_n(G)$ è prodotto di 2^n termini ciascuno dei quali ha la forma $A = [A_1, A_2, \ldots, A_n]$, dove gli A_i sono uguali ad H o a K. Essendo H e K normali in G, e $\Gamma(H)$ caratteristico in H, è $\Gamma(H) \trianglelefteq G$ per cui $[\Gamma(H), K] \subseteq H$, e analogamente per K. Ne segue che se in A un numero l degli A_i sono uguali a H, si ottiene $A \subseteq \Gamma_l(H)$, e analogamente $A \subseteq \Gamma_{n-l}(K)$, da cui $A \subseteq \Gamma_l(H) \cap \Gamma_{n-l}(K)$. Con $n = c_1 + c_2 + 1$, si ha $l \geq c_1 + 1$ oppure $n - l \geq c_2 + 1$. In ogni caso $A = \{1\}$. $\diamond$

Dimostriamo direttamente che, nelle ipotesi del teorema precedente, il centro di G è non banale. Se $H \cap K = \{1\}$, H e K permutano elemento per elemento. Dunque $\{1\} \neq \mathbf{Z}(H)$ centralizza K e poiché centralizza anche H, centralizza G; perciò $\mathbf{Z}(G)$ contiene $\mathbf{Z}(H)$ che è diverso da $\{1\}$. Sia allora $H \cap K \neq \{1\}$. $H \cap K$ è un sottogruppo normale non banale di H, e dunque incontra il centro di H in modo non banale (Teor. 5.16): $\mathbf{Z}(H) \cap H \cap K \neq \{1\}$. Ne segue $\mathbf{Z}(H) \cap K \neq \{1\}$, ed essendo $\mathbf{Z}(H) \trianglelefteq G$ perché caratteristico in $H \trianglelefteq G$, si ha $\mathbf{Z}(H) \cap K$ normale in G e in particolare in K. Allora $\mathbf{Z}(K) \cap \mathbf{Z}(H) \cap K \neq \{1\}$, e anche $\mathbf{Z}(K) \cap \mathbf{Z}(H) \neq \{1\}$. Un elemento di questa intersezione centralizza H e K e quindi G. Ne segue $\mathbf{Z}(G) \neq \{1\}$.

Nel caso finito si può dedurre da qui che G è nilpotente. Infatti, G/Z è il prodotto di HZ/Z e KZ/Z, dove $Z = \mathbf{Z}(G)$, che sono normali e nilpotenti in quanto immagini omomorfe di sottogruppi normali e nilpotenti. Ma $|G/Z| < |G|$ e, per induzione, G/Z è nilpotente, e quindi G lo è (Teor. 5.20, i)).

Il teorema che segue caratterizza in vario modo i gruppi finiti nilpotenti.

5.25 Teorema. *Le seguenti proprietà di un gruppo finito G sono equivalenti:*
  i) G è nilpotente;
  ii) se $H < G$, allora $H < \mathbf{N}_G(H)$;
  iii) ogni sottogruppo massimale è normale;
  iv) $G' \subseteq \mathbf{\Phi}(G)$;
  v) ogni sottogruppo di Sylow di G è normale;
  vi) G è prodotto diretto dei propri Sylow;
  vii) G è prodotto di $p-$sottogruppi normali, per vari p.

Dim. Le implicazioni $i) \Rightarrow ii) \Rightarrow iii) \Rightarrow iv)$ sono quelle del Teor. 5.13 e dei Cor. 5.14 e 5.15;

  $iv) \Rightarrow v)$ (Wielandt) da $SG' \trianglelefteq G$ segue, per l'argomento di Frattini, che $G = SG'\mathbf{N}_G(S) = \langle S, G', \mathbf{N}_G(S) \rangle = \langle G', \mathbf{N}_G(S) \rangle = \mathbf{N}_G(S)$, dove l'ultima uguaglianza segue dal fatto che, per ipotesi, $G' \subseteq \mathbf{\Phi}(G)$;

  $v) \Rightarrow vi)$ Teor. 5.18;
  $vi) \Rightarrow vii)$ ovvio;
  $vii) \Rightarrow i)$ Teor. 5.17 e Teor. 5.24.   ◊

Un gruppo può non avere un sottogruppo normale nilpotente e massimale rispetto a queste due proprietà (*es.* 5). Se ogni catena ascendente di sottogruppi normali è stazionaria dopo un numero finito di passi, allora esiste un sottogruppo normale nilpotente *massimo*, cioè che contiene tutti i sottogruppi normali e nilpotenti del gruppo.

5.26 Definizione. Il massimo sottogruppo normale nilpotente di un gruppo G prende il nome di *sottogruppo di Fitting* di G. Se G è un gruppo finito tale sottogruppo esiste sempre ed è il prodotto di tutti i sottogruppi normali e nilpotenti di G. Si denota con $\mathbf{F}(G)$. (Non si esclude $\mathbf{F}(G) = \{1\}$, come ad esempio nel caso di un gruppo semplice).

Nel caso finito il sottogruppo di Fitting ha la seguente caratterizzazione.

5.27 Teorema. *Sia G finito, K_p l'intersezione di tutti i $p-$Sylow di G. Allora:*

$$\mathbf{F}(G) = K_{p_1} \times K_{p_2} \times \cdots \times K_{p_t},$$

dove i p_i, $i = 1, 2, \ldots, t$, sono i divisori primi dell'ordine di G.

Dim. K_p è normale (intersezione di una classe di coniugio di sottogruppi) e nilpotente ($p-$gruppo). Dunque $K_p \subseteq \mathbf{F}(G)$ per ogni p, e si ha una delle due inclusioni. Per l'altra, si osservi che, essendo $\mathbf{F}(G)$ nilpotente, un suo $p-$Sylow è normale, e come tale è contenuto in ogni $p-$Sylow di G, e quindi in K_p. Ma $\mathbf{F}(G)$ è il prodotto dei propri Sylow, e si ha l'inclusione.   ◇

5.28 Teorema. *Sia G un gruppo finito, $\mathbf{F} = \mathbf{F}(G), \boldsymbol{\Phi} = \boldsymbol{\Phi}(G), \mathbf{Z} = \mathbf{Z}(G)$. Allora:*

  i) $\boldsymbol{\Phi} \subseteq \mathbf{F}$, $\mathbf{Z} \subseteq \mathbf{F}$;
  ii) $\mathbf{F}/\boldsymbol{\Phi} = \mathbf{F}(G/\boldsymbol{\Phi})$;
  iii) $\mathbf{F}/\mathbf{Z} = \mathbf{F}(G/\mathbf{Z})$.

Dim. La *i)* è ovvia. Per la *ii)* si ha intanto $\mathbf{F}/\boldsymbol{\Phi} \subseteq \mathbf{F}(G/\boldsymbol{\Phi})$, in quanto $\mathbf{F}/\boldsymbol{\Phi}$ è l'immagine nell'omomorfismo canonico del sottogruppo normale nilpotente $\mathbf{F}$. Per l'altra inclusione, si osservi che se $H/\boldsymbol{\Phi}$ è il sottogruppo di Fitting di $G/\boldsymbol{\Phi}$, e P è un $p-$Sylow di H, allora $P\boldsymbol{\Phi}/\boldsymbol{\Phi}$ è Sylow in $H/\boldsymbol{\Phi}$ e quindi ivi caratteristico per la nilpotenza di $H/\boldsymbol{\Phi}$ e perciò è normale in $G/\boldsymbol{\Phi}$. Dunque $P\boldsymbol{\Phi} \trianglelefteq G$. Si proceda, usando l'argomento di Frattini, come nel Teor. 5.19. La *iii)* si dimostra in modo analogo.   ◇

5.29 Teorema. *Il sottogruppo di Fitting di un gruppo finito G centralizza tutti i sottogruppi normali minimali di G.*

Dim. Sia N normale minimale in G, H normale e nilpotente. Se $N \cap H = \{1\}$, N e H permutano elemento per elemento, e dunque H centralizza N. Se $N \cap H \neq \{1\}$, allora $N \subseteq H$ per via della minimalità di N. Essendo H nilpotente, $N \cap \mathbf{Z}(H) \neq \{1\}$. Ma $\mathbf{Z}(H)$ caratteristico in H e $H \trianglelefteq G$ implicano $\mathbf{Z}(H) \trianglelefteq G$ e così, sempre per la minimalità di N, $N \subseteq \mathbf{Z}(H)$, e pertanto anche in questo caso H centralizza N.   ◇

5.30 Corollario. *Sia H/K un quoziente principale di un gruppo G. Allora $\mathbf{F}(G/K) \subseteq \mathbf{C}_{G/K}(H/K)$.*

Un elemento gK centralizza H/K se e solo se $[h, g] \in K$ per ogni $h \in H$.

5.31 Definizione. *Se H e K sono due sottogruppi normali di un gruppo G con $K \subseteq H$, il centralizzante in G di H/K è il sottogruppo:*

$$\mathbf{C}_G(H/K) = \{g \in G \mid [h, g] \in K, \; \forall h \in H\}.$$

Per definizione si ha allora $\mathbf{C}_{G/K}(H/K) = \mathbf{C}_G(H/K)/K$, ed essendo il centralizzante $\mathbf{C}_{G/K}(H/K)$ normale in G/K, in quanto centralizzante del sottogruppo normale H/K, si ha che $\mathbf{C}_G(H/K)$ è normale in G. L'inclusione del Cor. 5.30 si può allora scrivere $\mathbf{F}(G/K) \subseteq \mathbf{C}_G(H/K)$. $\mathbf{F}K/K$ è normale in G/K e nilpotente, e dunque è contenuto in $\mathbf{F}(G/K)$. Ne segue l'inclusione $\mathbf{F} \subseteq \mathbf{C}_G(H/K)$. Riassumendo:

5.32 Corollario. *Il sottogruppo di Fitting di un gruppo finito G centralizza (nel senso ora visto) ogni sottogruppo normale minimale di un quoziente di G. In particolare, esso centralizza ogni quoziente principale di G.*

Serie principali di un gruppo G e sottogruppi normali nilpotenti sono legati dal seguente teorema.

5.33 Teorema. *Sia $\{G_i\}$ una serie principale di un gruppo finito G. Allora:*

$$\mathbf{F}(G) = \bigcap_{i=0}^{n-1} \mathbf{C}_G(G_i/G_{i+1}).$$

Dim. Poniamo $L = \bigcap_{i=0}^{n-1} \mathbf{C}_G(G_i/G_{i+1})$. Il Cor. 5.32 fornisce l'inclusione $\mathbf{F}(G) \subseteq L$. Per l'altra inclusione dimostriamo che L è normale e nilpotente. Che sia normale è ovvio. Consideriamo la serie $\{L_i\}, i = 0, 1, \ldots, n-1$, dove $L_i = L \cap G_i$, e dimostriamo che si tratta di una serie centrale di L. Per definizione di $\mathbf{C}_G(G_i/G_{i+1})$, si ha $[G_i, \mathbf{C}_G(G_i/G_{i+1})] \subseteq G_{i+1}$; ne segue, essendo $L_i \subseteq G_i$,

$$[L_i, L] \subseteq [G_i, \mathbf{C}_G(G_i/G_{i+1})] \subseteq G_{i+1},$$

che, assieme alla $[L_i, L] \subseteq L$, fornisce l'inclusione $[L_i, L] \subseteq L_{i+1}$, e questa dimostra che la serie degli L_i è centrale. L è dunque un sottogruppo normale e nilpotente di G, e pertanto $L \subseteq \mathbf{F}(G)$. ◇

Consideriamo ora alcune proprietà dei gruppi nilpotenti nel caso generale.

5.34 Teorema. *Un gruppo nilpotente f.g. e periodico è finito.*

Dim. Induzione sulla classe di nilpotenza c. Se $c = 1$, il gruppo G è abeliano, f.g. e periodico e dunque finito. Sia $c > 1$. G/Z_{c-1} è f.g. periodico e abeliano, e quindi finito, per cui Z_{c-1} ha indice finito. Ne segue che Z_{c-1} è f.g., ed essendo periodico e di classe $c-1$ per induzione è finito, e quindi anche G lo è (che Z_{c-1} sia f.g. segue anche dal Cor. 5.42 più oltre). ◇

5.35 Teorema (PH. HALL.) *Se un gruppo nilpotente f.g. ha centro finito allora è finito.*

Dim. Fissato $g \in G$, consideriamo la corrispondenza $Z_2 \to Z$ data da $x \to [x, g]$. Si tratta di un omomorfismo:

$$[xy, g] = [x, g]^y [y, g] = [x, g][y, g],$$

in quanto $[x, y] \in Z$ e dunque $[x, g]^y = [x, g]$. Se $G = \langle g_1, g_2, \ldots, g_n \rangle$, si hanno n omomorfismi $Z_2 \to Z$ dati da $x \to [x, g_i]$, di nuclei $Z_2 \cap \mathbf{C}_G(g_i)$, ciascuno dei quali ha indice finito (le immagini sono contenute nel centro che è finito). La loro intersezione è $Z_2 \cap (\cap_{i=1}^{n} \mathbf{C}_G(g_i)) = Z_2 \cap Z = Z$, e dunque Z ha indice finito in Z_2, e perciò Z_2 è finito. Ora $\mathbf{Z}(G/Z) = Z_2/Z$, finito, e G/Z ha classe $c - 1$ e inoltre è f.g. Per induzione su c, G/Z è finito e così anche G (per $c = 1$ è $G = Z$, e non c'è niente da dimostrare). $\diamond$

Sia ora G un gruppo, generato da un insieme X. Il gruppo $G/G' = \Gamma_1/\Gamma_2$ è generato dalle immagini $x\Gamma_2$, $x \in X$, e poiché Γ_2 è generato dai commutatori $[x, y]$, $x, y \in G$, il quoziente Γ_2/Γ_3 è generato dalle immagini di questi commutatori. Facciamo ora vedere che bastano i commutatori tra elementi di X, cioè che

$$\Gamma_2 = \langle [x_i, x_j], \Gamma_3; \; x_i, x_j \in X \rangle. \tag{5.10}$$

Si ha:

$$[x, y] = [x_i g, x_j h], \; x_i, x_j \in X, \; g, h \in \Gamma_2,$$

che, per la prima delle uguaglianze del Lemma 5.21, iii), posto $x = x_i, y = g, z = x_j h$, è uguale a

$$[x_i, x_j h][[x_i, x_j h], g][g, x_j h],$$

dove gli ultimi due termini appartengono a Γ_3. Per il primo termine si ha, utilizzando la seconda uguaglianza del Lemma 5.21, iii),

$$[x_i, x_j h] = [x, h][x_i, x_j][[x_i, x_j], h],$$

dove il primo e terzo termine appartengono a Γ_3. Ne segue $[x, y] \in \langle [x_i, x_j], \Gamma_3 \rangle$, e quindi la (5.10). In generale dimostriamo, per induzione, che

$$\Gamma_i = \langle [x_1, x_2, \ldots, x_i], x_k \in X, \; \Gamma_{i+1} \rangle, \tag{5.11}$$

dove abbiamo scritto $[x_1, x_2, \ldots, x_i]$ per $[[\ldots [x_1, x_2], x_3], \ldots, x_i]$, *commutatore di peso i*. Supponiamo vera la (5.11). Ora

$$\Gamma_{i+1} = \langle [x, y], \; x \in \Gamma_i, y \in G \rangle,$$

e per la (5.11) $x = t_1 t_2 \cdots t_k s$, dove i t_k sono commutatori di peso i nei generatori in X e $s \in \Gamma_{i+1}$. Ne segue

$$[x, y] = [t_1 t_2 \cdots t_k s, y] = [t_1 t_2 \cdots t_k, y][t_1 t_2 \cdots t_k, y, s][s, y],$$

con gli ultimi due termini in Γ_{i+2}. Scrivendo ora y in termini dei generatori in X abbiamo:

$$[t_1 t_2 \cdots t_k, x_1 x_2 \cdots x_m] =$$

$$[t_1 t_2 \cdots t_k, x_m][t_1 t_2 \cdots t_k, x_1 x_2 \cdots x_{m-1}][t_1 t_2 \cdots t_k, x_1 x_2 \cdots x_{m-1}, x_m],$$

con l'ultimo termine a secondo membro in Γ_{i+2}. Per il primo, si osservi che

$$[t_1 t_2 \cdots t_k, x_m] = [t_1, x_m][t_1, x_m, t_2 \cdots t_k][t_2 \cdots t_k, x_m],$$
$$= [t_1, x_m][t_2 \cdots t_k, x_m] \bmod \Gamma_{i+2},$$

e analogamente per il secondo. Proseguendo in questo modo, si ottiene:

$$\Gamma_{i+1} = \langle [x_1, x_2, \ldots, x_i, x_{i+1}], \ x_k \in X, \ \Gamma_{i+2} \rangle,$$

e il seguente risultato:

5.36 Teorema. *Se un gruppo G è generato da un insieme X, allora l'$i-$esimo termine della serie centrale discendente Γ_i è generato dai commutatori di peso i negli elementi di X e dagli elementi di Γ_{i+1}.*   ◇

5.37 Corollario. *Se G è f.g., i quozienti della serie centrale discendente sono anch'essi f.g.*   ◇

5.38 Corollario. *Un gruppo nilpotente f.g. ammette una serie centrale a quozienti ciclici.*

Dim. I quozienti della serie centrale discendente sono abeliani e f.g., e come tali sono prodotti diretti di gruppi ciclici. Per $i = 1, 2, \ldots, c$, sia:

$$\Gamma_i / \Gamma_{i+1} = A_1 / \Gamma_{i+1} \times A_2 / \Gamma_{i+1} \times \cdots \times A_n / \Gamma_{i+1}$$

con gli A_k / Γ_{i+1} ciclici. Allora, posto $G_k / \Gamma_{i+1} = A_k / \Gamma_{i+1} \times \cdots \times A_n / \Gamma_{i+1}$, si ha (Teor. 2.72, ii)):

$$G_k / G_{k+1} = (A_k / \Gamma_{i+1} \times \cdots \times A_n / \Gamma_{i+1}) / (A_{k+1} / \Gamma_{i+1} \times \cdots \times A_n / \Gamma_{i+1})$$
$$\simeq A_k / \Gamma_{i+1},$$

ciclico. Allora la serie $\Gamma_k = G_1 \supset G_2 \supset \ldots \supset G_n = A_n \supset \Gamma_{i+1}$ è a quozienti ciclici.   ◇

In virtù di questo ultimo corollario abbiamo che *un gruppo nilpotente si ottiene per ampliamenti successivi di gruppi ciclici*; chiameremo *ciclico* un ampliamento H di un gruppo K con H/K ciclico.

Abbiamo il seguente teorema:

5.39 Teorema. *Un ampliamento ciclico di un gruppo f.g. e residualmente finito è residualmente finito.*

Dim. Sia $G = \langle a, H \rangle$, con $H \lhd G$ e residualmente finito, e sia $1 \neq g \in G$. Se $g \notin H$, essendo G/H ciclico, e quindi residualmente finito, esiste $L/H \lhd G/H$ tale che $(G/H)/(L/H)$ è finito e $gH \notin L/H$; allora $g \notin L$, con G/L finito. Possiamo pertanto supporre $g \in H$. Sia $g \notin K \lhd G$ e G/K finito. Poiché H è f.g., esiste un sottogruppo caratteristico di H, che denotiamo ancora con K, di indice finito in H (Teor. 3.14) e che non contiene g. Inoltre, K

caratteristico in H e $H \lhd G$ implica $K \lhd G$. Se G/H è finito, anche G/K lo è, e $g \notin K$. Supponiamo allora $G/H = \langle aH \rangle$ infinito, per cui $\langle aH \rangle = \langle a \rangle H$ con $\langle a \rangle \cap H = \{1\}$. Per il teorema N/C, essendo $H/K \lhd G/K$ e finito, il centralizzante $\mathbf{C}_{G/K}(H/K)$ ha indice finito in G/K. Ne segue che una potenza di aK centralizza H/K, $(aK)^m \in \mathbf{C}_{G/K}(H/K)$, $m \neq 0$, e questo $(aK)^m$ ha periodo infinito in quanto, se $a^{mt} \in K$, allora $a^{mt} \in H$, mentre $\langle aH \rangle$ è ciclico infinito. Ne segue $gK \notin \langle a^m K \rangle$ (gK appartiene al gruppo finito H/K). Ora $a^m K$ permuta con tutti gli elementi hK, e ovviamente con aK, e perciò con tutti gli elementi di G/K; in particolare, $\langle a^m K \rangle \lhd G/K$, e si ha:

$$(G/K)/(\langle a^m K \rangle/K) = (\langle a \rangle H/K)/(\langle a^m \rangle K/K) \simeq \langle a \rangle H/\langle a^m \rangle K,$$

che ha ordine $m[H : K]$. Questo gruppo $(G/K)/(\langle a^m K \rangle/K)$ è dunque un quoziente finito di G/K nel quale l'immagine di g non è l'identità. Ne segue $g \notin \langle a^m K \rangle$, e $G/\langle a^m K \rangle$ è finito. $\diamond$

5.40 Definizione. Un gruppo si dice *policiclico* se ammette una serie normale a quozienti ciclici.

5.41 Teorema. *Un gruppo policiclico è f.g., come pure ogni suo sottogruppo.*

Dim. Sia $G = G_0 \supset G_1 \supset \ldots \supset G_i \supset \ldots \supset G_n = \{1\}$ una serie normale di G a quozienti ciclici. Si ha $G/G_1 = \langle xG_1 \rangle$ per un certo $x \in G$, e quindi $G = \langle x, G_1 \rangle$. Per induzione su n, G_1 è f.g., e dunque G lo è. Analogamente, i G_i della serie sono f.g. Se $H \leq G$, $HG_1/G_1 \simeq H/(H \cap G_1)$, e quindi $H/(H \cap G_1)$ è ciclico perché isomorfo a un sottogruppo del gruppo ciclico G/G_1. Allora $H = \langle x, H \cap G_1 \rangle$, per un certo x. Ma $H \cap G_1$ è, per induzione, f.g. in quanto è un sottogruppo di G_1 che è f.g. e policiclico, con una serie normale a quozienti ciclici di lunghezza $n - 1$. Ne segue che H è f.g. $\diamond$

Come nel caso abeliano (Teor. 4.5) si ha:

5.42 Corollario. *In un gruppo nilpotente f.g. ogni sottogruppo è f.g.*

5.43 Corollario. *Un gruppo f.g. e nilpotente è residualmente finito, e quindi hopfiano.*

Dim. Per il Teor. 5.39 un gruppo policiclico è residualmente finito, e siccome per il Cor. 5.38 un gruppo nilpotente f.g. è policiclico, dal Teor. 4.78 si ha il risultato. $\diamond$

5.44 Corollario. *Per un gruppo f.g. e nilpotente, e più in generale per i gruppi policiclici, il problema della parola è risolubile.*

Dim. Ricordiamo che se $N \lhd G$ e G/N sono finitamente presentati anche G lo è (Cap. 4, *es.* 44) . Poiché un gruppo policiclico si ottiene per ampliamenti successivi di gruppi finitamente presentati mediante gruppi ciclici, un gruppo policiclico è finitamente presentato, ed essendo residualmente finito per il Cor. 5.43, per il Teor. 4.76 si ha il risultato. $\diamond$

5.45 Lemma. *Se G è di classe $c \geq 2$ e $x \in G$, allora $H = \langle x, G' \rangle$ è di classe al più $c - 1$.*

Dim. Facciamo vedere che $H = Z_{c-1}(H)$. Abbiamo $G' \subseteq Z_{c-1}(G) \cap H \subseteq Z_{c-1}(H)$, e dunque $H/Z_{c-1}(H) \simeq (H/G')/(Z_{c-1}(H)/G')$ è un gruppo ciclico, come quoziente di H/G' che è ciclico. Ma

$$H/Z_{c-1}(H) \simeq (H/Z_{c-2}(H))/((Z_{c-1}(H)/(Z_{c-2}(H))),$$

e quindi, avendo $H/Z_{c-2}(H)$ il quoziente rispetto al proprio centro ciclico, risulta abeliano. Il quoziente che compare a destra della precedente espressione è dunque $\{1\}$, e perciò $H = Z_{c-1}(H)$. (Si noti che il lemma sussiste non solo per G' ma per qualunque sottogruppo normale di G contenuto in Z_{c-1}). ◊

5.46 Teorema. *Sia G un gruppo nilpotente privo di torsione. Allora:*
  i) un elemento $x \neq 1$ non può essere coniugato al proprio inverso;
  ii) se $x^n = y^n$ allora $x = y$;
  iii) se $x^h y^k = y^k x^h$ allora $xy = yx$.

Dim. i) Facciamo vedere che se $x \sim x^{-1}$, allora o $x = 1$, oppure l'ordine di x è una potenza di 2. Per induzione sulla classe di nilpotenza c. Se $c = 1$, G è abeliano, e $x \sim x^{-1}$ significa $x = x^{-1}$, cioè $x^2 = 1$. Sia $c > 1$. Se $x \in Z$ abbiamo ancora $x^2 = 1$; se $x \notin Z$, $xZ \sim x^{-1}Z$ e per induzione $(xZ)^{2^k} = Z$, cioè $x^{2^k} \in Z$. Ma poiché $x^{2^k} \sim x^{-2^k}$ abbiamo $x^{2^k} = x^{-2^k}$ e $x^{2^{k+1}} = 1$.

ii) Per il Lemma 5.45, il sottogruppo $H = \langle x, G' \rangle$ è nilpotente di classe al più $c - 1$. Ora, $x^{-1} \cdot y^{-1}xy \in G'$, e dunque $x \cdot x^{-1} \cdot y^{-1}xy = y^{-1}xy \in H$, e si ha $(y^{-1}xy)^n = x^n$ in quanto $(y^{-1}xy)^n = y^{-1}x^ny = y^{-1}y^ny = y^n = x^n$. Per induzione su c abbiamo $y^{-1}xy = x$, cioè x e y commutano; da $x^n = y^n$ segue allora $(xy^{-1})^n = 1$, e l'assenza di torsione implica $xy^{-1} = 1$ e $x = y$.

iii) Si ha $y^{-k}x^hy^k = x^h$ cioè $(y^{-k}xy^k)^h = x^h$, da cui, per *ii)*, $y^{-k}xy^k = x$, e da questa $x^{-1}y^kx = y^k$, cioè $(x^{-1}yx)^k = y^k$, e ancora per *ii)*, $x^{-1}yx = y$, cioè $xy = yx$. ◊

5.47 Nota. Si osservi come delle tre proprietà del Teor. 5.46 godano anche i gruppi liberi.

5.48 Teorema. *Se G è nilpotente e privo di torsione, anche i quozienti della serie centrale ascendente di G sono privi di torsione.*

Dim. Consideriamo Z_2/Z_1, e sia $(xZ_1)^h = Z_1$ per un certo $x \in Z_2$. Allora $x^h \in Z_1$ e quindi $x^hy = yx^h$, $\forall y \in G$. Per la *iii)* del Teor. 5.46, $xy = yx$, $\forall y \in G$, cioè $x \in Z_1$. Analogamente, se $x \in Z_3$ e $x^h \in Z_2$ allora, per definizione, $[x, y] \in Z_2$ e $[x^h, y] \in Z_1$, $\forall y \in G$, cioè $x^{-h}y^{-1}x^hy = x^{-h}(y^{-1}xy)^h \in Z_1$. Ma allora x^{-h} e $(y^{-1}xy)^h$ sono permutabili, e quindi anche x^{-1} e $y^{-1}xy$ lo sono. Pertanto $x^{-h}(y^{-1}xy)^h = [x, y]^h = (x^{-1}y^{-1}xy)^h \in Z_1$, ed essendo $[x, y] \in Z_2$ per il caso precedente si ha $[x, y] \in Z$ e $x \in Z_2$. L'argomento è generale: se Z_i/Z_{i-1} è privo di torsione anche Z_{i+1}/Z_i lo è. Occorre far vedere che se $x \in Z_{i+1}$, cioè $[x, y] \in Z_i$, $\forall y \in G$, e $x^h \in Z_i$, cioè $[x^h, y] \in Z_{i-1}$, allora

$x \in Z_i$, cioè $[x, y] \in Z_{i-1}$. Essendo Z_i/Z_{i-1} privo di torsione, basta far vedere che $[x, y]^h \in Z_{i-1}$, cioè:

$$x \in Z_{i+1}, \ [x^h, y] \in Z_{i-1} \Rightarrow [x^h, y] \in Z_{i-1}.$$

Poiché $x^h \in Z_i$, si ha $y^{-1}x^{-h}y = (y^{-1}x^{-1}y)^h \in Z_i$ e anche $(y^{-1}x^{-1}y)^h x^h \in Z_i$, e siccome Z_i/Z_{i-1} è il centro di G/Z_{i-1}, le due classi $(y^{-1}x^{-1}y)^h Z_{i-1}$ e $x^h Z_{i-1}$ sono permutabili. Ma Z_i/Z_{i-1} è senza torsione, e perciò anche $y^{-1}x^{-1}yZ_{i-1}$ e xZ_{i-1} sono permutabili; ne segue:

$$(y^{-1}x^{-1}y)^h x^h Z_{i-1} = (y^{-1}x^{-1}yx)^h Z_{i-1} = [y, x]^h Z_{i-1}.$$

Il primo membro è $y^{-1}x^{-h}yx^h = [y, x^h] = [x^h, y]^{-1} \in Z_{i-1}$, e quindi è anche $[y, x]^h \in Z_{i-1}$ e $[x, y]^h \in Z_{i-1}$. $\diamond$

Il Teor. 5.48 non è vero in generale per i quozienti della serie centrale discendente Γ_i/Γ_{i+1}, come mostra il seguente esempio.

5.49 Esempio. Consideriamo nel gruppo di Heisenberg (*Es.* 4.13) il sottogruppo delle terne che hanno al primo posto un multiplo di un fissato intero n: $\Gamma_1 = G = \{(kn, b, c), \ k, b, c \in \mathbf{Z}\}$. Per il commutatore di due elementi di G si ha

$$[(kn, b, c), (k'n, b', c')] = (0, 0, (kb' - k'b)n),$$

e d'altra parte, $(0, 0, n) = [(2n, 1, c), (n, 1, c')]$. Ne segue

$$\Gamma_2 = G' = \{(0, 0, tn), \ t \in \mathbf{Z}\}.$$

L'elemento $(0, 0, 1)$ di G è tale che $(0, 0, 1)^n = (0, 0, n) \in \Gamma_2$, e dunque in Γ_1/Γ_2 la classe cui appartiene $(0, 0, 1)$ ha periodo finito.

Concludiamo questo paragrafo con un'altra applicazione del Lemma 5.45, che mostra una proprietà dei gruppi nilpotenti analoga a quella dei gruppi abeliani.

5.50 Teorema. *Gli elementi di periodo finito di un gruppo nilpotente G formano un sottogruppo.*

Dim. Per induzione sulla classe di nilpotenza. Se $c=1$, G è abeliano. Sia $c > 1$, e siano x e y due elementi di periodo finito. Dobbiamo far vedere che anche xy ha periodo finito. Sia $H = \langle x, G' \rangle$; per il Lemma 5.45, H ha classe minore di c, e dunque, per induzione, i suoi elementi di periodo finito formano un sottogruppo $t(H)$. Questo è caratteristico in $H \trianglelefteq G$ (contiene G') e quindi normale in G. Analogamente, se $K = \langle y, G' \rangle$, è $t(K) \trianglelefteq G$. Sia $m = o(x)$; allora:

$$(xy)^m = xyxy \cdots xy = x \cdot xy^x \cdots xy = \ldots = x^m y^{x^{m-1}} y^{x^{m-2}} \cdots y^x y$$
$$= x^m y' = y',$$

con $y' \in t(K)$. Se $o(y') = n$ si ha $(xy)^{mn} = 1$, come si voleva. $\diamond$

Esercizi

1. I sottogruppi Z_i e Γ_i sono caratteristici in un qualunque gruppo.

2. Un gruppo di ordine p^n ammette una serie centrale di lunghezza $n+1$, e quindi una serie centrale nella quale tutti i quozienti hanno ordine p. [*Sugg.*: con H di ordine p nel centro, il gruppo G/H ammette, per induzione, una serie centrale di lunghezza n].

3. Il prodotto diretto di un numero finito di gruppi nilpotenti è nilpotente.

4. *i*) Dimostrare, per induzione su m, che per p primo $(1+p)^{p^{m-1}} \equiv 1 \bmod p^m$ (si ricordi che per $0 < i < p$ il simbolo binomiale $\binom{p}{i}$ è divisibile per p);

ii) dimostrare che nel gruppo ciclico $\langle a \rangle$ di ordine p^m la corrispondenza $b : a \to a^{1+p}$ è un automorfismo di ordine p^{m-1};

iii) dimostrare che il prodotto semidiretto di $\langle a \rangle$ per $\langle b \rangle$ di *ii*) è un p–gruppo nilpotente di classe n. [*Sugg.*: dimostrare che la serie $G \supset \langle a^p \rangle \supset \langle a^{p^2} \rangle \supset \ldots \supset \langle a^{p^{m-1}} \rangle \supset \{1\}$ è una serie centrale di G]. Per ogni n si ha così un gruppo nilpotente di classe n, e anzi un p–gruppo.

5. Sia $G = P_1 \times P_2 \times \cdots \times P_n \times \cdots$ un prodotto diretto infinito di p–gruppi, con P_n di classe n, $n = 1, 2, \ldots$. Dimostrare che:

i) G non è nilpotente. (Si ha così che un p–gruppo infinito non è necessariamente nilpotente, e inoltre che l'*es.* 3 non è più vero per un numero infinito di gruppi).

ii) L'unione di una catena di sottogruppi normali e nilpotenti (è normale ma) non è necessariamente nilpotente.

iii) G non ha sottogruppi normali nilpotenti e massimali rispetto a queste due proprietà.

6. Se G è nilpotente, e $H < G$, allora $HG' < G$. [*Sugg.* sia $HZ_{i+1} = G$ e $HZ_i < G$; si ha $HZ_i \trianglelefteq HZ_{i+1}$ e il quoziente è abeliano, per cui $G' \subseteq HZ_i < G$].

7. Se in un gruppo $x \in Z_2$, allora x permuta con tutti i suoi coniugati.

8. Sia G un p–gruppo finito di ordine p^n e classe $n-1$. Dimostrare che $Z_i(G) \subseteq \Gamma_{n-i}$.

9. Il gruppo di Heisenberg (*Es.* 4.13) è nilpotente di classe 2.

10. Un gruppo finito è nilpotente se e solo se due elementi di ordini relativamente primi sono permutabili. [*Sugg.*: il centralizzante di un p–Sylow contiene tutti i q–Sylow, $q \neq p$].

11. Un gruppo diedrale D_n è nilpotente se e solo se n è una potenza di 2.

12. Sia G un gruppo nilpotente non abeliano, A un sottogruppo normale abeliano massimale di G. Dimostrare che $\mathbf{C}_G(A) = A$.

13. Se $G/\mathbf{F}(G)$ è nilpotente, G non è necessariamente nilpotente.

14. Sia G un gruppo finito nilpotente (non ciclico). Allora:

i) esistono in G due sottogruppi dello stesso ordine che non sono coniugati.

ii) G non può essere generato da elementi tra loro coniugati.

15. Sia M un sottogruppo massimale e nilpotente di un gruppo finito G. Dimostrare che si presenta una delle seguenti eventualità:

i) un p–Sylow di M, per qualche p, è normale in G;

ii) M ha ordine primo con l'indice.

16. Sia H un sottogruppo nilpotente massimale di un gruppo finito G. Dimostrare che $\mathbf{N}_G(\mathbf{N}_G(H)) = \mathbf{N}_G(H)$.

17. Sia G un gruppo finito, $N \trianglelefteq G$, e H minimale nell'insieme dei sottogruppi che per prodotto con N danno G: $G = NH$. Dimostrare che

i) $N \cap H \subseteq \mathbf{\Phi}(H)$;

ii) se G/N è nilpotente (ciclico) anche G è nilpotente (ciclico).

18. Sia $\mathcal{C}$ una classe di gruppi tale che

i) se $G/\mathbf{\Phi}(G) \in \mathcal{C}$ allora $G \in \mathcal{C}$;

ii) se $G \in \mathcal{C}$ e $N \trianglelefteq G$ allora $G/N \in \mathcal{C}$.

Dimostrare che se $N \trianglelefteq G$ e $G/N \in \mathcal{C}$, allora esiste $H \leq G$ con $H \in \mathcal{C}$ tale che $G = NH$. [*Sugg.*: sia H minimale tale che $G = NH$; dimostrare che $N \cap H \subseteq \mathbf{\Phi}(H)$]. (Esempi di classi con le proprietà dette sono la classe dei gruppi nilpotenti e quella dei gruppi ciclici).

19. Siano A, B, C tre sottogruppi di un gruppo G tali che $A \subseteq C \subseteq AB$. Dimostrare che $C = AB \cap C = A(B \cap C)$ (*identità di Dedekind*). [*Sugg.*: considerare $c = ab$].

20. i) Sia $N \trianglelefteq G$. Dimostrare che $\mathbf{\Phi}(N) \subseteq \mathbf{\Phi}(G)$. [*Sugg.*: usare l'identità di Dedekind].

ii) Dare un esempio che dimostri come in i) l'ipotesi di normalità sia necessaria. [*Sugg.*: sia G il prodotto semidiretto di $C_5 = \langle a \rangle$ per $C_4 = \langle b \rangle$, con b che agisce su a secondo $b^{-1}ab = a^2$. C_4 non è normale in G, $\mathbf{\Phi}(C_4) = C_2$ e $\mathbf{\Phi}(G) = \{1\}$].

21. Se G è finito, e per ogni primo p esiste una serie di composizione di G un termine della quale è un p–Sylow di G, allora G è nilpotente.

22. Sia G finito non abeliano, $\mathbf{Z}(G) \neq \{1\}$, e tale che ogni quoziente proprio è abeliano. Dimostrare che G è un p–gruppo.

23. Sia $H \leq G$, A il gruppo degli automorfismi di G tali che $x^{-1}x^\alpha \in H$ per ogni $x \in G$ e $h^\alpha = h$ per ogni $h \in H$ (è il caso $n = 2$ del Teor. 5.22 con G_1 non necessariamente normale). Dimostrare che A è abeliano.

24. Dimostrare l'equivalenza di:

i) $[[a, b], b] = 1$, per ogni $a, b \in G$; e

ii) due elementi coniugati sono permutabili.

25. Se H è un sottogruppo subnormale di un gruppo G (Def. 2.59) ed N un sottogruppo normale minimale di G, allora N normalizza H. [*Sugg.*: sia $H \triangleleft H_1 \triangleleft H_2 \triangleleft \cdots \triangleleft H_n \triangleleft G$; per induzione su n. Se $n = 1$, $H \trianglelefteq G$; se $n > 1$ e $N \cap H_n = \{1\}$, $N \subseteq \mathbf{C}_G(H_n) \subseteq \mathbf{C}_G(H) \subseteq \mathbf{N}_G(H)$. Se $N \subseteq H_n$, sia $N_1 \triangleleft N$ normale minimale in H_n e considerare i coniugati N_1^g, $g \in G$].

26. Un gruppo finito è nilpotente se e solo se contiene un sottogruppo normale per ogni divisore dell'ordine.

27. Dimostrare che un gruppo finito G contiene un sottogruppo nilpotente K tale che $G = \langle K^g, \ g \in G \rangle$.

5.2 Gruppi p–nilpotenti

5.51 Teorema (Teorema della base di Burnside). *Sia P un p–gruppo finito, e sia $\mathbf{\Phi} = \mathbf{\Phi}(P)$. Allora:*

i) $P/\mathbf{\Phi}$ è abeliano elementare, e dunque è uno spazio vettoriale su $\mathbf{F}_p$;

ii) i sistemi minimali di generatori di P hanno tutti la stessa cardinalità d, dove $p^d = |P/\mathbf{\Phi}|$;

iii) ogni elemento x di P, non appartenente a $\mathbf{\Phi}$, fa parte di un sistema minimale di generatori di P.

Dim. i) Che il quoziente sia abeliano è chiaro perché $P' \subseteq \mathbf{\Phi}$. Inoltre, se M è massimale, P/M ha ordine p e dunque $(Mx)^p = M$, cioè $x^p \in M$, e ciò per ogni M. Allora $x^p \in \mathbf{\Phi}$, e perciò tutti gli elementi di $P/\mathbf{\Phi}$ hanno ordine p. (Ciò si può anche vedere osservando che $P/\mathbf{\Phi} = P/\cap M_i \leq P/M_1 \times P/M_2 \times \cdots \times P/M_k = Z_1 \times Z_2 \times \cdots \times Z_k$, dove gli M_i sono tutti i sottogruppi massimali di P).

ii) Da *i)* abbiamo che $P/\mathbf{\Phi}$ è abeliano elementare, e dunque è generato da d elementi, e non da meno. Allora nemmeno P può essere generato da meno di d elementi, perché altrimenti anche $P/\mathbf{\Phi}$ lo sarebbe.

iii) Se $x \notin \mathbf{\Phi}$, $\mathbf{\Phi}x$ è un vettore non nullo di $P/\mathbf{\Phi}$, e quindi fa parte di una base di questo spazio vettoriale: $P/\mathbf{\Phi} = \langle \mathbf{\Phi}x_1, \mathbf{\Phi}x_2, \ldots, \mathbf{\Phi}x_d \rangle$, dove $x_1 = x$. Ne segue $P = \langle \mathbf{\Phi}, x_1, x_2, \ldots, x_d \rangle = \langle x_1, x_2, \ldots, x_d \rangle$. $\diamond$

$P/\mathbf{\Phi}$ è in generale diverso dal prodotto dei P/M_i (si consideri $P = V$, il gruppo di Klein). Inoltre, se il gruppo non è un p–gruppo, il teorema non è più vero. Il gruppo $C_6 = \langle a \rangle$ ammette oltre ad $\{a\}$, di cardinalità 1, un altro sistema di generatori minimale: $\{a^2, a^3\}$, che ha cardinalità 2.

5.52 Lemma. *Sia $x_1, x_2, \ldots, x_m$ un sistema di generatori di un gruppo G, e siano $a_1, a_2, \ldots, a_m$ elementi di $\mathbf{\Phi} = \mathbf{\Phi}(G)$. Allora $a_1 x_1, a_2 x_2, \ldots, a_m x_m$ è anch'esso un sistema di generatori per G.*

Dim. Si ha $G/\mathbf{\Phi} = \langle \mathbf{\Phi}x_1, \mathbf{\Phi}x_2, \ldots, \mathbf{\Phi}x_m \rangle$, e poiché $\mathbf{\Phi}x_i = \mathbf{\Phi}a_i x_i$ è anche $G/\mathbf{\Phi} = \langle \mathbf{\Phi}a_1 x_1, \mathbf{\Phi}a_2 x_2, \ldots, \mathbf{\Phi}a_m x_m \rangle$ e quindi $G = \langle \mathbf{\Phi}, a_1 x_1, a_2 x_2, \ldots, a_m x_m \rangle = \langle a_1 x_1, a_2 x_2, \ldots, a_m x_m \rangle$. $\diamond$

5.53 Teorema. *Sia σ un automorfismo di un gruppo finito G che induce l'identità su $G/\mathbf{\Phi}$, dove $\mathbf{\Phi} = \mathbf{\Phi}(G)$ (si ha cioè $x^{-1}x^\sigma \in \mathbf{\Phi}$ per ogni $x \in G$). Allora l'ordine di σ divide $|\mathbf{\Phi}|^d$, dove d è la cardinalità di un sistema di generatori per G.*

Dim. Sia $G = \langle x_1, x_2, \ldots, x_d \rangle$. Le componenti delle d–uple ordinate $(a_1 x_1, a_2 x_2, \ldots, a_d x_d)$, $a_i \in \mathbf{\Phi}$, costituiscono anch'esse, per il lemma precedente, un sistema di generatori. Al variare in tutti i modi possibili degli a_i in $\mathbf{\Phi}$ abbiamo un insieme Ω di $|\mathbf{\Phi}|^d$ d–uple. Ora il gruppo $\langle \sigma \rangle$ agisce su questo insieme secondo la

$$(a_1 x_1, a_2 x_2, \ldots, a_d x_d)^\sigma = ((a_1 x_1)^\sigma, (a_2 x_2)^\sigma, \ldots, (a_d x_d)^\sigma),$$

e si tratta effettivamente di un'azione su Ω in quanto, per ipotesi, $x_i^\sigma = a_i' x_i$, dove $a_i' \in \Phi$ e dunque $(a_i x_i)^\sigma = a_i^\sigma x_i^\sigma = a_i^\sigma a_i' x_i = a_i'' x_i$, dove $a_i'' \in \Phi$ essendo un prodotto di due elementi di Φ. Se un elemento di $\langle \sigma \rangle$ fissa qualche d–upla, allora ne fissa ogni componente (le d–uple sono ordinate), e quindi fissa tutti gli elementi di un sistema di generatori. Essendo un automorfismo, questo elemento di $\langle \sigma \rangle$ è l'identità. Lo stabilizzatore di un elemento di Ω è allora l'identità: $\langle \sigma \rangle$ è semiregolare su Ω, e perciò tutte le orbite hanno la stessa cardinalità $o(\sigma)$, e dunque $|\Omega|$ è un multiplo di $o(\sigma)$. ◇

5.54 Corollario. *Se un automorfismo σ di un p–gruppo finito P induce l'identità su P/Φ, allora $o(\sigma)$ è una potenza di p.* ◇

Questo corollario si applica in particolare nel caso in cui si considera un p–Sylow S di un gruppo G e il suo normalizzante $\mathbf{N}_G(S)$. Se $g \in \mathbf{N}_G(S)$, allora g induce per coniugio un automorfismo σ di S, il cui ordine divide $o(g)$. Questo σ è anche un automorfismo di $S/\Phi(S)$, e se è banale su questo quoziente, $o(\sigma)$ è una potenza di p. Se g è un p'–elemento ($p \nmid o(g)$), allora $p \nmid o(\sigma)$. L'unica possibilità è $o(\sigma) = 1$, e poiché g agisce per coniugio ciò significa che g centralizza S. Vediamo qualche esempio in cui si presenta questa situazione.

Ricordiamo, che se g è un elemento di ordine finito di un gruppo, allora g è un prodotto $g = x_1 x_2 \cdots x_m$ dove gli x_i sono p_i–elementi, $p_i \neq p_j$ se $i \neq j$, tra loro permutabili.

5.55 Teorema. *Sia S un p–Sylow di un gruppo finito G e sia $S \cap G' \subseteq \Phi(S)$. Allora $\mathbf{N}_G(S) = S \cdot \mathbf{C}_G(S)$.*

Dim. Sia $g \in \mathbf{N}_G(S)$, e sia $g = xy$ dove x è un p–elemento e y un p'–elemento. Sia σ l'automorfismo di S indotto per coniugio da y. Si ha, per ogni $z \in S$,

$$z^{-1} z^\sigma = z^{-1} z^y = z^{-1} y^{-1} z y = [z, y] \in S \cap G'.$$

Per ipotesi allora $z^{-1} z^\sigma \in \Phi(S)$, e dunque l'automorfismo σ indotto da y su S è l'identità. In altri termini, y centralizza S. Allora $g = xy$ con $x \in S$ e $y \in \mathbf{C}_G(S)$. ◇

5.56 Definizione. Sia G un gruppo finito, S un suo p–Sylow. Un sottogruppo K di G tale che $S \cap K = \{1\}$ e $G = SK$ è un p–*complemento* di G. Se ha un p–complemento normale G è p–*nilpotente*.

Un p–complemento normale è unico: contiene infatti tutti i q–Sylow con $q \neq p$, e consta quindi degli elementi di G di ordine primo con p.

Se un p–Sylow S è abeliano, nell'ipotesi del teorema precedente si ha $\mathbf{N}_G(S) = \mathbf{C}_G(S)$. Come vedremo nel Teor. 5.62, questa condizione implica l'esistenza in G di un p–complemento normale K. Questo K verrà determinato come nucleo di un particolare omomorfismo di G, il transfer, che ora definiamo.

Sia H un sottogruppo di indice finito n di un gruppo G e siano $x_1, x_2, \ldots,$ x_n rappresentanti dei laterali destri di H. Se $g \in G$, si ha $x_i g \in Hx_j$ per un certo j, e la corrispondenza $x_i \to x_j$ ottenuta in questo modo è una permutazione $\sigma = \sigma_g$ degli x_i:

$$x_i g = h_i x_{\sigma(i)}, \tag{5.12}$$

dove $h_i \in H$. In questa uguaglianza, non solo $x_{\sigma(i)}$ ma anche h_i è univocamente determinato da g e da x_i.

5.57 Teorema. *Sia H abeliano. La corrispondenza $V : G \to H$ data da $g \to \prod_{i=1}^{n} h_i$, dove gli h_i sono determinati da g come nella (5.12), è un omomorfismo.*

Dim. Siano $g, g' \in G$, x_i come sopra, e $x_i g' = h'_i x_{\tau(i)}$. Se $x_i g = h_i x_{\sigma(i)}$, allora

$$x_i gg' = (x_i g)g' = h_i x_{\sigma(i)} g' = h_i h'_{\sigma(i)} x_{\tau\sigma(i)}$$

e dunque

$$V(gg') = \prod_{i=1}^{n} h_i h'_{\sigma(i)} = \prod_{i=1}^{n} h_i \cdot \prod_{i=1}^{n} h'_i = V(g)V(g'),$$

dove la seconda uguaglianza segue dal fatto che, essendo σ una permutazione, l'insieme degli $h'_{\sigma(i)}$ coincide, al variare di i, con l'insieme degli h'_i.   ◇

5.58 Definizione. L'omomorfismo $V : G \to H$ del Teor. 5.57 si chiama *transfer* di G in H, e non dipende dalla scelta dei rappresentanti x_i (v. *es.* 28)[†].

Sia ora $x_i g = h_i x_{\sigma(i)}$ e $(i_1, i_2, \ldots, i_{r-1}, i_r)$ un ciclo di σ. Allora $x_{i_k} g = h_{i_k} x_{i_{k+1}}$, $k = 1, 2, \ldots, r$ (indici mod r), e il contributo di questi h_{i_k} al prodotto $\prod h_i$ è $h_{i_1} h_{i_2} \cdots h_{i_{r-1}} h_{i_r}$, vale a dire

$$x_{i_1} g x_{i_2}^{-1} \cdot x_{i_2} g x_{i_3}^{-1} \cdots x_{i_r} g x_{i_1}^{-1} = x_{i_1} g^r x_{i_1}^{-1}.$$

Se σ ha t cicli, ciascuno di lunghezza r_i, possiamo scegliere in corrispondenza ad ognuno dei cicli un elemento x_i in modo tale che

$$V(g) = \prod_{i=1}^{t} x_i g^{r_i} x_i^{-1}, \tag{5.13}$$

dove $\sum_{i=1}^{t} r_i = n = [G : H]$. Si noti che r_i è il minimo intero tale che $x_i g^{r_i} x_i^{-1} \in H$.

Diamo ora due applicazioni del transfer. La prima è il teorema di Schur che abbiamo già dimostrato in altro modo (Teor. 2.94), la seconda un teorema di Burnside (Teor. 5.62).

[†] La lettera V è l'iniziale di *Verlagerung*, il termine tedesco per transfer.

5.60 Teorema (SCHUR). *Se il centro di un gruppo G ha indice finito, allora il derivato G' è finito.*

Dim. Intanto G' è finitamente generato (dai rappresentanti dei laterali del centro). Ora, posto $Z = \mathbf{Z}(G)$,

$$G'/(G' \cap Z) \simeq G'Z/Z \leq G/Z$$

e dunque $G'/G' \cap Z$ ha indice finito in G', e perciò è anch'esso f.g. Basta allora far vedere che è di torsione: essendo abeliano, sarà finito. Consideriamo il transfer di G in Z. Se $g \in G' \cap Z$, allora $x_i g^{r_i} x_i^{-1} = g^{r_i}$ e la (5.13) diventa:

$$V(g) = \prod_{i=1}^{t} g^{r_i} = g^{\sum r_i} = g^n,$$

dove $n = [G : Z]$. Ma, essendo l'immagine di V abeliana, $G' \subseteq Ker(V)$, e poiché $g \in G'$ è $g^n = 1$. ◇

5.61 Lemma (BURNSIDE)[†]. *Due elementi del centro di un p–Sylow S di un gruppo G coniugati in G sono coniugati mediante un elemento del normalizzante di S.*

Dim. Siano $x, y \in \mathbf{Z}(G)$, e sia $y = x^g$. Allora y appartiene al centro di S e di S^g, e quindi questi due sottogruppi sono Sylow del centralizzante di y, $\mathbf{C}_G(y)$, e dunque sono ivi coniugati: $S = (S^g)^h$, $h \in \mathbf{C}_G(y)$. Allora $gh \in \mathbf{N}_G(S)$, e $x^{gh} = (x^g)^h = y^h = y$, come si voleva. ◇

5.62 Teorema (BURNSIDE). *Sia G un gruppo finito, S un p–Sylow di G, e sia $\mathbf{N}_G(S) = \mathbf{C}_G(S)$ (cioè S è contenuto nel centro del proprio normalizzante). Allora G ha un p–complemento normale.*

Dim. S è abeliano, in quanto $S \subseteq \mathbf{N}_G(S) = \mathbf{C}_G(S)$ e dunque S è contenuto nel proprio centralizzante. Il sottogruppo K che cerchiamo lo troveremo come nucleo del transfer V di G in S. Consideriamo la (5.13) con $1 \neq g \in S$. Gli elementi g^{r_i} e $x_i g^{r_i} x_i^{-1}$ sono elementi di S coniugati in G; poiché S coincide col proprio centro, per il Lemma 5.61 essi sono coniugati nel normalizzante di S: $y g^{r_i} y^{-1} = x_i g^{r_i} x_i^{-1}$, con $y \in \mathbf{N}_G(S)$. Ma, essendo $\mathbf{N}_G(S) = \mathbf{C}_G(S)$, y permuta con g^{r_i}, e dunque $g^{r_i} = x_i g^{r_i} x_i^{-1}$. La (5.13) diventa allora

$$V(g) = \prod_{i=1}^{t} x_i g^{r_i} x_i^{-1} = \prod_{i=1}^{t} g^{r_i} = g^{\sum_{i=1}^{t} r_i} = g^n.$$

Ma g è un p–elemento, ed essendo $n = [G : S]$ primo con p è $V(g) \neq 1$; così $Ker(V) \cap S = \{1\}$. Sia $K = Ker(V)$; allora $V(S) = SK/K \simeq S/S \cap K \simeq S$, e $V(S) = S$. A fortiori, $V(G) = S$ e quindi $G/K \simeq S$. Ne segue $G = SK$ con $S \cap K = 1$, cioè la tesi. ◇

[†] v. Lemma 3.91.

Vediamo ora qualche esempio di applicazione del Teor. 5.62.

5.63 Teorema. *i) Sia G un gruppo finito, p il più piccolo primo che divide l'ordine di G, e sia un p–Sylow S ciclico. Allora G ha un p–complemento normale.*

ii) Sia S un p–Sylow ciclico di un gruppo G. Allora:

$$S \cap G' = S \text{ oppure } S \cap G' = \{1\}.$$

Dim. i) Facciamo vedere che $N = \mathbf{N}_G(S)$ e $C = \mathbf{C}_G(S)$ coincidono. Si ha $|N/C| \leq |\mathbf{Aut}(S)|$. Se $|S| = p^n$, $|\mathbf{Aut}(S)| = \varphi(p^n) = p^{n-1}(p-1)$. Siccome S è abeliano, $S \subseteq C$, e dunque p^n divide C. Allora $|N/C|$ è primo con p, e perciò divide $p-1$. Ma p è il più piccolo primo che divide l'ordine di G e dunque $|N/C| = 1$ e $N = C$.

ii) Se $S \not\subseteq G'$, $S \cap G'$ è un sottogruppo proprio di S e quindi è contenuto in un sottogruppo massimale di S. Ma S, in quanto p–gruppo ciclico, ha un solo sottogruppo massimale, che pertanto coincide con il Frattini. Dunque $S \cap G' \subseteq \mathbf{\Phi}(S)$. Per il Teor. 5.55 si ha allora $\mathbf{N}_G(S) = S \cdot \mathbf{C}_G(S)$, ed essendo $S \subseteq \mathbf{C}_G(S)$ perché S è abeliano, $\mathbf{N}_G(S) = \mathbf{C}_G(S)$. Per il teorema di Burnside, G ha un p–complemento normale: $G = SK$, $K \trianglelefteq G$, $S \cap K = \{1\}$. Avendosi $G/K \simeq S$, ciclico, è $G' \subseteq K$, e così $S \cap G' = \{1\}$. $\Diamond$

$S \cap G'$ è il sottogruppo *focale* di S in G. Il quoziente $S/(S \cap G')$ è isomorfo al massimo p–quoziente abeliano di G (v. *es.* 40).

5.64 Teorema. *Se G è un gruppo semplice, allora:*
  i) 12 divide $|G|$; oppure
  ii) p^3 divide $|G|$, dove p è il più piccolo primo che divide $|G|$.

Dim. Sia p il più piccolo primo che divide $|G|$ e sia $|S| = p$ o p^2. Allora S è abeliano. Se è ciclico, per il teorema precedente G non è semplice. Se S è uno $Z_p \times Z_p$, si ha $|N/C| \leq |\mathbf{Aut}(S)| = (p^2 - 1)(p^2 - p) = p(p-1)^2(p+1)$. Se $p > 2$, nessun primo maggiore di p divide questo numero, e quindi nessun primo divide $|N/C|$; allora $|N/C| = 1$ e $N = C$. Se $p = 2$, $S = V$, un Klein, e $\mathbf{Aut}(S)$ è isomorfo a S^3. Se $N/C \neq \{1\}$, poiché $V \subseteq C$ si ha che 4 divide $|C|$ e quindi $|N/C| = 3$. Allora G è divisibile per 4 e per 3, e dunque per 12. $\Diamond$

5.65 Esempi. 1. Dimostriamo che A^5 è l'unico gruppo semplice G di ordine $p^2qr, p < q < r$. Per il teorema precedente, poiché l'ordine del gruppo semplice G non è divisibile per p^3 deve essere divisibile per 12. Pertanto $p = 2$, $q = 3$ e $|G| = 12r$, e abbiamo già visto che l'unico primo r compatibile con la semplicità di G è 5 (Cap. 3, *es.* 43). Ne segue $|G| = 60$, e sappiamo che allora $G \simeq A^5$ (*Es.* 3 di 3.40).

2. Se $|G| = 396 = 2^2 \cdot 3^2 \cdot 11$, allora G non è semplice. Ci si riduce al caso $n_{11} = 12$, per cui $\mathbf{N}_G(C_{11})$ ha ordine $33 = 3 \cdot 11$, e pertanto è ciclico (3 non divide 11–1). Allora $\mathbf{N}_G(C_{11}) = \mathbf{C}_G(C_{11})$, e G non è semplice. (La non semplicità si ha anche osservando che in $\mathbf{N}_G(C_{11})$ il C_3 è normale, e poiché

C_3 è normale anche in un 3–Sylow, il suo normalizzante ha ordine divisibile per 11 e per 9, quindi ha ordine almeno 99 e indice al più 4).

Esercizi

28. Dimostrare che il transfer V non dipende dalla scelta dei rappresentanti.

29. Se G è p–nilpotente per ogni p, allora G è nilpotente.

30. Se G è p–nilpotente, anche sottogruppi e quozienti di G lo sono.

31. Sia G p–nilpotente e sia N un sottogruppo normale minimale di G con $p||N|$. Dimostrare che N è un p–gruppo e che è contenuto nel centro di G.

32. Sia G p–nilpotente, $G = SK$. Dimostrare che $\mathbf{Z}(S)K \lhd G$.

33. Se $S, S_1 \in Syl_p(G)$, allora $\mathbf{Z}(S) \lhd S_1$ implica $\mathbf{Z}(S) = \mathbf{Z}(S_1)$.

34. G si dice p–*normale* se dati due p–Sylow S e S_1, $\mathbf{Z}(S) \subseteq S_1 \Rightarrow \mathbf{Z}(S) = \mathbf{Z}(S_1)$. Dimostrare che:

    i) Se i p–Sylow sono abeliani, G è p–normale;

    ii) se due qualunque p–Sylow hanno intersezione $\{1\}$, G è p-normale;

    iii) se G è p–nilpotente allora è p–normale.

    iv) S^4 non è 2–normale.

35. Sia G un gruppo finito tale che il normalizzante di ogni sottogruppo abeliano coincide con il centralizzante. Dimostrare che G è abeliano. [*Sugg.*: dimostrare che i Sylow sono abeliani considerando un sottogruppo massimale abeliano di un Sylow, e dimostrare poi che G è p–nilpotente applicando Burnside].

36. Sia S un p–Sylow di ordine p di un gruppo G, e sia $x \neq 1$ un elemento di S. Dimostrare che:

    i) nell'azione di G per coniugio sui propri p–Sylow la permutazione indotta da x consta di un punto fisso e cicli di lunghezza p;

    ii) un elemento di G che normalizza ma non centralizza S non può fissare due elementi appartenenti alla stessa orbita di S, e dunque il numero di p–Sylow che esso fissa è al più uguale al numero delle orbite di S.

37. Utilizzare l'esercizio precedente per dimostrare che un gruppo di ordine 264, 420 o 760 non è semplice.

38. Utilizzare l'*es.* 36 e la (3.9) per dimostrare che un gruppo di ordine 1008 o 2016 non è semplice.

39. Se p^2, p primo, divide l'ordine di G, allora G ha un automorfismo di ordine p.

40. Sia S un p–Sylow di G. Dimostrare che:

    i) se $H \lhd G$ è tale che G/H è un p–gruppo abeliano, allora $S \cap G' \subseteq H$ e G/H è isomorfo a un'immagine omomorfa di $S/(S \cap H)$;

    ii) esiste un sottogruppo $H \lhd G$ tale che G/H è isomorfo a $S/(S \cap H)$ [*Sugg.*: considerare la controimmagine H di $O^p(G/G')$ (v. Cap. 3, *es.* 3); si ha $S \cap G' = S \cap H$].

5.3 Normalizzanti di p–sottogruppi e coniugio

Se due elementi di un gruppo finito sono coniugati, due loro opportune potenze sono p–elementi, per qualche p, e sono anch'esse coniugate. Poiché due p–Sylow sono coniugati, il coniugio di queste due potenze si riporta al coniugio di due elementi appartenenti allo stesso p–Sylow. Ci chiediamo ora sotto quali condizioni due elementi di un p–Sylow S non coniugati in S sono coniugati in G.

5.66 Definizione. Due elementi o sottogruppi di un p–Sylow S di un gruppo finito G si dicono *fusi* in G se sono coniugati in G ma non in S. (Le due classi di coniugio dei due elementi o sottogruppi in S si fondono in una classe di coniugio di G).

Abbiamo già visto due risultati sulla fusione: uno nel paragrafo precedente, il Lemma 5.61 di Burnside, che riguarda il coniugio di due elementi del centro di un p–Sylow. L'altro, sempre di Burnside, il Lemma 3.91, sul coniugio di due sottogruppi normali di un p–Sylow. Quest'ultimo si estende subito al caso di due sottoinsiemi normali (cioè sottoinsiemi che coincidono con l'insieme dei coniugati dei loro elementi). Se si lascia cadere l'ipotesi di normalità, due sottoinsiemi di S coniugati in G, pur non essendo più in generale coniugati nel normalizzante di S, lo sono però mediante un elemento che è prodotto di elementi appartenenti a normalizzanti di sottogruppi di S. È questo il contenuto di un teorema di Alperin che dimostreremo tra un momento.

5.67 Lemma. *Sia S un p–sottogruppo di Sylow di un gruppo G, T un sottogruppo di S. Allora esiste un sottogruppo U di S coniugato a T in G e tale che $\mathbf{N}_S(U)$ è Sylow in $\mathbf{N}_G(U)$.*

Dim. Il sottogruppo T è contenuto in un p–Sylow P del proprio normalizzante $\mathbf{N}_G(T)$, ed esiste $g \in G$ tale che $P^g \subseteq S$. Il sottogruppo cercato è allora $U = T^g$. Infatti, P^g è Sylow in $\mathbf{N}_G(T)^g = \mathbf{N}_G(T^g) = \mathbf{N}_G(U)$, è contenuto in S, e quindi è contenuto in $\mathbf{N}_S(U)$, ma contenendo un p–Sylow di $\mathbf{N}_G(U)$, lo uguaglia. ◊

5.68 Definizione. Sia S un p–sottogruppo di Sylow di un gruppo G, $\mathcal{F}$ una famiglia di sottogruppi di S. Siano A e B due sottoinsiemi non vuoti di S e g un elemento di G. Si dice allora che A è $\mathcal{F}$–*coniugato* a B *mediante* g se esistono sottogruppi $T_1, T_2, \ldots, T_n$ della famiglia $\mathcal{F}$ ed elementi $g_1, g_2, \ldots, g_n$ di G tali che:

    i) $g_i \in \mathbf{N}_G(T_i)$, $i = 1, 2, \ldots, n$;
    ii) $\langle A \rangle \subseteq T_1$, $\langle A \rangle^{g_1 g_2 \cdots g_i} \subseteq T_{i+1}$, $i = 1, 2, \ldots, n-1$;
    iii) $A^g = B$, dove $g = g_1 g_2 \cdots g_n$.

La famiglia $\mathcal{F}$ si dice *famiglia di coniugio* (per S in G) se, dati comunque due sottoinsiemi non vuoti A e B di S coniugati in G mediante un elemento g, A è $\mathcal{F}$–coniugato a B mediante g.

Il Lemma 5.67 suggerisce come determinare una famiglia di coniugio:

5.69 Teorema (ALPERIN)[†]. *Sia S un p–sottogruppo di Sylow di un gruppo G, $\mathcal{F}$ la famiglia dei sottogruppi T di S tali che $\mathbf{N}_S(T)$ è Sylow in $\mathbf{N}_G(T)$. Allora $\mathcal{F}$ è una famiglia di coniugio per S in G.*

Dim. Siano $A, B \subseteq S$, $A^g = B$, e dimostriamo che A è $\mathcal{F}$–coniugato a B mediante g. La dimostrazione sarà per induzione sull'indice di $\langle A \rangle$ in S. Posto $T = \langle A \rangle$ e $V = \langle B \rangle$, si ha $T^g = V$. Sia $[S:T] = 1$; allora $S = T$, $S^g = T^g = V \subseteq S$, e quindi $S^g = S$, cioè $g \in \mathbf{N}_G(S)$: si ottengono $i), ii)$ e $iii)$ della Def. 5.68 con $n = 1$, $T_1 = S$ e $g_1 = g$, e osservando che S appartiene certamente a $\mathcal{F}$. Sia ora $[S:T] > 1$, cioè $T < S$. Allora $T < \mathbf{N}_S(T)$ e $V < \mathbf{N}_S(V)$. Sia $U \in \mathcal{F}$ coniugato a T^g (Lemma 5.67); esiste allora $h_1 \in G$ tale che $T^{gh_1} = V^{h_1} = U$, da cui $\mathbf{N}_S(T)^{gh_1} \subseteq \mathbf{N}_G(T)^{gh_1} = \mathbf{N}_G(T^{gh_1}) = \mathbf{N}_G(U)$. Essendo $\mathbf{N}_S(U)$ Sylow in $\mathbf{N}_G(U)$, esiste $h_2 \in \mathbf{N}_G(U)$ tale che $\mathbf{N}_S(T)^{gh_1h_2} \subseteq \mathbf{N}_S(U)$. Posto $h = h_1h_2$, si ha $T^{gh} = U$, $\mathbf{N}_S(T)^{gh} \subseteq \mathbf{N}_S(U)$. Analogamente esiste $k \in G$ tale che $V^k = U$, $\mathbf{N}_S(T)^k \subseteq \mathbf{N}_S(U)$. Poiché l'indice di $\mathbf{N}_S(T)$ in S è minore dell'indice di T in S, per induzione $\mathbf{N}_S(T)$ è $\mathcal{F}$–coniugato a $\mathbf{N}_S(T)^{gh}$ mediante gh, e $\mathbf{N}_S(V)^k$ è $\mathcal{F}$–coniugato a $\mathbf{N}_S(V)$ mediante k^{-1}. Allora (*es.* 46) A è $\mathcal{F}$–coniugato a B^h mediante gh, B^k è $\mathcal{F}$–coniugato a B mediante k^{-1}. Inoltre, avendosi $h^{-1}k \in \mathbf{N}_G(U)$ e $U \in \mathcal{F}$, si ha che B^h è $\mathcal{F}$–coniugato a B^k mediante $h^{-1}k$. Dalla successione di $\mathcal{F}$–coniugi:

$$A \xrightarrow{gh} B^h \xrightarrow{h^{-1}k} B^k \xrightarrow{k^{-1}} B$$

e dall'*es.* 46, si ha che A è $\mathcal{F}$–coniugato a B mediante $(gh)(h^{-1}k)k^{-1} = g. \diamond$

Questo teorema si esprime anche dicendo che *ogni coniugio ha carattere locale*. Si definisce poi sottogruppo *locale* il normalizzante di un p–sottogruppo.

Esercizi

41. Due elementi del centralizzante di un Sylow coniugati in G sono coniugati nel normalizzante del Sylow.

42. Sia S Sylow in G, $H \leq G$ tale che $H^g \subseteq S$ implica $H^g = H$ (H si dice allora *debolmente chiuso* in S rispetto a G). Dimostrare che due elementi del centralizzante di H coniugati in G sono coniugati nel normalizzante di H. (Si osservi che $H = S$ è certamente debolmente chiuso in S; il presente esercizio generalizza quindi il caso di due elementi del centro di un Sylow del Lemma 5.61 e già generalizzato nell'esercizio precedente).

43. Siano i p–Sylow di un gruppo G a due a due di intersezione $\{1\}$. Dimostrare che due elementi x e y di un p–Sylow S coniugati in G sono coniugati nel normalizzante di S. Anzi, ogni elemento che coniuga x e y appartiene a $\mathbf{N}_G(S)$.

44. Sia G p–nilpotente. Allora:

[†] J. L. Alperin, *Sylow Intersections and Fusion*, J. of Algebra 6, 222–241 (1967).

i) due *p*–Sylow sono coniugati mediante un elemento del centralizzante della loro intersezione;

ii) se S è un *p*–Sylow, due elementi di S coniugati in G sono già coniugati in $S^\dagger$;

iii) se P è un *p*–sottogruppo di G, allora $\mathbf{N}_G(P)/\mathbf{C}_G(P)$ è un *p*–gruppo.

45. Se $(n, \varphi(n)) = 1$, un gruppo di ordine n è ciclico. Viceversa, se ogni gruppo di ordine n è ciclico, allora $(n, \varphi(n)) = 1$.

46. Sia $\mathcal{F}$ una famiglia di sottogruppi di un *p*–Sylow S di un gruppo G e siano A e B due sottoinsiemi non vuoti di S con A $\mathcal{F}$–coniugato a B mediante g. Se C è un sottoinsieme non vuoto di A, dimostrare che C è $\mathcal{F}$–coniugato a C^g mediante g.

47. Con S e $\mathcal{F}$ come nell'esercizio precedente, siano $A_1, A_2, \ldots, A_{m+1}$ sottoinsiemi di S e $h_1, h_2, \ldots, h_m$ elementi di G tali che A_i sia $\mathcal{F}$–coniugato ad A_{i+1} mediante h_i, $i = 1, 2, \ldots, m$. Dimostrare che A_i è $\mathcal{F}$–coniugato ad A_{m+1} mediante il prodotto $h_1 h_2 \cdots h_m$.

48. Nel gruppo $GL(3, p)$, p primo, dimostrare che le due matrici del *p*–Sylow S (v. Cap. 3, *es.* 58):

$$A = \begin{pmatrix} 1 & 1 & 0 \\ 0 & 1 & 0 \\ 0 & 0 & 1 \end{pmatrix}, \quad B = \begin{pmatrix} 1 & 0 & 0 \\ 0 & 1 & 1 \\ 0 & 0 & 1 \end{pmatrix},$$

che sono coniugate in G tramite la $\begin{pmatrix} 0 & 0 & 1 \\ 1 & 1 & 1 \\ 0 & 1 & 0 \end{pmatrix}$, non sono coniugate nel normalizzante di S.

5.4 Automorfismi senza punti fissi e gruppi di Frobenius

5.70 Definizione. Un automorfismo σ di un gruppo G si dice *senza punti fissi* (s.p.f)[‡] se lascia fissa solo l'unità di G.

5.71 Teorema. *Sia σ un automorfismo s.p.f. di un gruppo finito G. Allora:*

i) *La corrispondenza $G \to G$ data da $x \to x^{-1}x^\sigma$ (o da $x \to x^\sigma x^{-1}$) è biunivoca (ma non un automorfismo, in generale);*

ii) *se N è un sottogruppo normale σ–invariante di G, σ agisce s.p.f. su G/N;*

iii) *per ogni p che divide $|G|$ esiste uno e un solo p–Sylow di G fissato da σ.*

Dim. i) Se $x^{-1}x^\sigma = y^{-1}y^\sigma$, allora $(yx^{-1})^\sigma = yx^{-1}$ e dunque $yx^{-1} = 1$ e $y = x$.

ii) Se $(Nx)^\sigma = Nx$ si ha $x^{-1}x^\sigma \in N$. Per *i*) esiste $h \in N$ tale che $x^{-1}x^\sigma = h^{-1}h^\sigma$; come sopra $x = h$, per cui $Nx = N$.

[†] Questo fatto caratterizza i gruppi *p*–nilpotenti (v. Huppert, p. 432).

[‡] *Fixed–point–free* (f.p.f.) in inglese.

iii) Se S è un p–Sylow, $S^\sigma = S^x$ per un certo $x \in G$, e per *i)* $x = y^{-1}y^\sigma$. Allora $S^\sigma = S^x = (y^{-1})^\sigma y S y^{-1} y^\sigma$, da cui $y^\sigma S^\sigma (y^{-1})^\sigma = y S y^{-1}$, ovvero $(y S y^{-1})^\sigma = y S y^{-1}$, e quest'ultimo è un p–Sylow fissato da σ. Se σ fissa S e S^x, allora $S^x = (S^x)^\sigma = (S^\sigma)^{x^\sigma} = S^{x^\sigma}$, da cui $x^\sigma x^{-1} \in \mathbf{N}_G(S)$. Poiché $\mathbf{N}_G(S)$ è σ–invariante se S lo è, esiste $y \in \mathbf{N}_G(S)$ tale che $x^\sigma x^{-1} = y^\sigma y^{-1}$. Ma allora $x = y$ e $x \in \mathbf{N}_G(S)$ per cui $S^x = S$. $\diamond$

Abbiamo visto nel Teor. 5.63, *i)*, che se un p–Sylow di un gruppo G è ciclico, dove p è il più piccolo primo che divide l'ordine del gruppo, allora G ha un p–complemento normale. Nel teorema che segue vediamo che l'ipotesi di minimalità su p si può sostituire con "G ammette un automorfismo s.p.f.". Diamo prima un lemma.

5.72 Lemma. *Sia σ un automorfismo s.p.f. di un gruppo G, e sia H un sottogruppo normale ciclico e σ–invariante. Allora $H \subseteq \mathbf{Z}(G)$.*

Dim. Poiché H è ciclico, $\mathbf{Aut}(H)$ è abeliano, e quindi la restrizione di σ ad H (che indichiamo ancora con σ) permuta con tutti gli elementi di $\mathbf{Aut}(H)$, e in particolare con quelli indotti per coniugio dagli elementi di G: $h^{\sigma\gamma_g} = h^{\gamma_g\sigma}$, per ogni $h \in H$. Ne segue $g^{-1}h^\sigma g = (g^\sigma)^{-1}h^\sigma g^\sigma$, ovvero $g^\sigma g^{-1}$ permuta con ogni h^σ, e quindi con ogni $h \in H$: $g^\sigma g^{-1} \in \mathbf{C}_G(H)$. Essendo $\mathbf{C}_G(H)$ σ–invariante, esiste $x \in \mathbf{C}_G(H)$ tale che $g^\sigma g^{-1} = x^\sigma x^{-1}$, e così $g = x$. Ogni $g \in G$ centralizza allora H, e si ha la tesi. $\diamond$

5.73 Teorema. *Sia G un gruppo che ammette un automorfismo σ s.p.f. e sia un p–Sylow di G ciclico. Allora G ha un p–complemento normale.*

Dim. Per il Teor. 5.71, *iii)*, esiste un p–Sylow σ–invariante e il suo normalizzante N è anch'esso σ–invariante. Per il lemma precedente $S \subseteq \mathbf{Z}(N)$, e per il teorema di Burnside 5.62, G ha un p–complemento normale. $\diamond$

La nozione di automorfismo s.p.f. si presenta in modo naturale in una particolare classe di gruppi di permutazioni, i gruppi di Frobenius.

5.74 Definizione. Sia G un gruppo di permutazioni transitivo su un insieme Ω. Allora G è un *gruppo di Frobenius* se
   i) ogni elemento $\alpha \in \Omega$ è fissato da qualche elemento non identico di G:

$$G_\alpha \neq \{1\}, \ \forall \alpha \in \Omega;$$

ii) nessun elemento non identico di G fissa più di un elemento di Ω:

$$G_\alpha \cap G_\beta = \{1\}, \ \forall \alpha, \beta \in \Omega.$$

5.75 Esempio. Il gruppo diedrale D_n, n dispari, come gruppo di permutazioni dei vertici di un n–agono regolare, è un gruppo di Frobenius: è transitivo, e un vertice è fissato dalla simmetria rispetto all'asse passante per quel vertice e per il punto di mezzo del lato opposto. Dunque la *i)* è soddisfatta. Inoltre, gli elementi di D_n o sono simmetrie del tipo detto, e fissano perciò solo il vertice corrispondente, oppure rotazioni, che non fissano alcun vertice. Anche la ii) è allora soddisfatta. Se n è pari, D_n non è di Frobenius: la simmetria rispetto all'asse passante per due vertici opposti fissa questi due vertici.

Per la transitività, in un gruppo di Frobenius esistono elementi di G che non fissano alcun punto di Ω.

5.76 Teorema. *Sia G un gruppo di Frobenius su Ω, con $|\Omega| = n$. Allora:*
  i) gli elementi di G che non fissano alcun punto di Ω sono permutazioni regolari;
  ii) se $\sigma \in G_\alpha$, σ è regolare su $\Omega \setminus \{\alpha\}$, e quindi $|G_\alpha|$ divide $n-1$.

Dim. i) I cicli di una tale permutazione σ che non fissa alcun punto hanno lunghezza almeno 2, e se vi sono due cicli di lunghezza h e k, con $h > k$, σ^k fissa almeno $k \geq 2$ elementi (quelli del k−ciclo), e $\sigma^k \neq 1$ perché la potenza k−esima dell'h−ciclo è diversa da 1.

ii) Per quanto visto in *i)*, σ è regolare su $\Omega \setminus \{\alpha\}$. Allora G_α è semiregolare su $\Omega \setminus \{\alpha\}$ e quindi il suo ordine divide $n-1$.   ◇

Gli elementi che non fissano alcun punto formano, assieme all'unità, un sottogruppo K. È questo il contenuto di un teorema di Frobenius, che non dimostriamo[†], ma del quale ci serviremo. È chiaro che K è normale: due elementi coniugati fissano lo stesso numero di punti (zero, in questo caso).

5.77 Definizione. Il sottogruppo degli elementi che non fissano alcun punto in un gruppo di Frobenius prende il nome di *nucleo di Frobenius*.

5.78 Teorema. *Il nucleo di Frobenius è regolare.*

Dim. Per quanto appena visto, il nucleo K è semiregolare. Basta allora dimostrare che è transitivo. Sia $|\Omega| = n$. Per la transitività di G, $[G : G_\alpha] = n$, e poiché

$$G = (\bigcup_{\alpha \in \Omega} G_\alpha) \cup K, \quad G_\alpha \cap G_\beta = \{1\},$$

abbiamo $|G| = (|G_\alpha| - 1)n + |K|$, da cui, ricordando che $|G_\alpha|n = |G|$, segue $|K| = n$. Ora, dalla $\alpha^K = [K : K_\alpha]$ e $K_\alpha = \{1\}$ segue $\alpha^K = |K| = n$.   ◇

5.79 Teorema. *Sia G un gruppo di Frobenius e $H = G_\alpha$. Allora:*
  i) G è prodotto semidiretto di H per K : $G=HK$;
  ii) $K \trianglelefteq G$;
  iii) $H \cap K = \{1\}$;
  iv) due complementi di K sono coniugati;
  v) $|H|$ divide $|K| - 1$;
  vi) $\mathbf{N}_G(H) = H$.

[†] Per una dimostrazione si veda Isaacs, p. 100–101.

Dim. Le prime tre seguono da quanto visto sopra e dal fatto che se K è un sottogruppo transitivo di un gruppo G e $\alpha \in \Omega$, allora $G = G_\alpha K$. Inoltre, per la transitività di G due stabilizzatori sono coniugati, e si ha *iv*). La *v*) è la *ii*) del Teor. 5.76, ricordando che $|K| = n$. Per la *vi*) si osservi che gli elementi di H^g fissano α^g, e dunque se $H^g = H$ è $\alpha^g = \alpha$, cioè $g \in H$. $\diamond$

5.80 Teorema. *Sia G un gruppo finito che contiene un sottogruppo H disgiunto dai propri coniugati e che si autonormalizza:*

    i) $H \cap H^x = \{1\}$, $x \notin H$;

    ii) $\mathbf{N}_G(H) = H$.

Allora G è un gruppo di Frobenius con complemento H.

Dim. Facciamo agire G sui laterali di H. Lo stabilizzatore di un laterale Hx è il sottogruppo H^x, e pertanto è diverso da $\{1\}$. Se g fissa due laterali Hx e Hy, è $g \in H^x \cap H^y$; per *i*) si ha allora $g = 1$ oppure $H^x = H^y$, cioè $xy^{-1} \in \mathbf{N}_G(H) = H$ e $Hx = Hy$. $\diamond$

5.81 Teorema. *i) Un elemento non identico di H non permuta con alcun elemento non identico di K;*

    ii) il centralizzante di un elemento di K è contenuto in K.

Dim. i) Se $hk = kh$, $h \in H = G_\alpha$, allora $\alpha^{hk} = \alpha^{kh}$ e dunque $\alpha^{hk} = (\alpha^h)^k = \alpha^k = \alpha^{kh}$, cioè h fissa α^k, e poiché $\alpha^k \neq \alpha$, h fissa due elementi distinti, escluso.

ii) Se $x \notin K$, allora $x \in G_\alpha$ per qualche α, e quindi per *i*) non può essere permutabile con un elemento di K. $\diamond$

Dalla *i*) di questo teorema si hanno gli automorfismi s.p.f. di cui abbiamo detto in precedenza. Infatti gli elementi h di un complemento inducono per coniugio automorfismi di K: $\sigma_h : k \to h^{-1}kh$, e poiché $h^{-1}kh \neq k$ si ha $\sigma_h(k) \neq k$ per ogni $1 \neq k \in K$.

Abbiamo osservato che gli elementi di H agiscono s.p.f. su K. Il teorema che segue mostra che questo fatto caratterizza i gruppi di Frobenius tra i prodotti semidiretti.

5.82 Teorema. *Sia $G = HK$ un prodotto semidiretto, $K \trianglelefteq G$, e supponiamo che l'azione di H su K sia s.p.f. Allora G è un gruppo di Frobenius di nucleo K e complemento H.*

Dim. Facciamo vedere che H è disgiunto dai propri coniugati e si autonormalizza. La tesi seguirà dal Teor. 5.80. Se $g \in G$, $g = hk$, e dunque $H^g = H^k$. Sia $H \cap H^k \neq \{1\}$; allora $h_1 = k^{-1}h_2k$, e moltiplicando per h_2^{-1} otteniamo $h_1 h_2^{-1} = k^{-1}h_2kh_2^{-1} = k^{-1}(h_2kh_2^{-1}) \in K$, per la normalità di K. Quindi $h_1 h_2^{-1} \in H \cap K = \{1\}$ e $h_1 = h_2$. Ciò significa che k permuta con h_1, e il fatto che l'azione sia s.p.f. implica $k = 1$, per cui $H^k = H$. Dunque, se $g \notin H$ è $H \cap H^g = \{1\}$, e inoltre $H^g \neq H$ se $g \notin H$, ovvero nessun elemento fuori di H normalizza H. $\diamond$

5.83 Lemma. *Sia G un gruppo finito che ammette un automorfismo s.p.f σ di ordine 2. Allora G è abeliano e di ordine dispari.*

Dim. Se $x \in G$, si ha $x = y^{-1}y^\sigma$ per un certo $y \in G$. Ne segue

$$x^\sigma = y^{-\sigma}y^{\sigma^2} = y^{-\sigma}y = (y^{-1}y^\sigma)^{-1} = x^{-1}.$$

Allora σ è l'automorfismo $x \to x^{-1}$, e un gruppo che ammette questo automorfismo è abeliano. Inoltre, essendo σ s.p.f., se $x \neq 1$ si ha $x \neq x^{-1}$, e perciò non vi sono elementi di ordine 2. G è allora di ordine dispari.   ◇

5.84 Teorema. *Sia G un gruppo di Frobenius con complemento H di ordine pari. Allora il nucleo K è abeliano.*

Dim. Un elemento di ordine 2 di H induce un automorfismo s.p.f. di K di ordine 2. Applicare il lemma precedente.   ◇

5.85 Esempi. 1. (v. *Es.* 2 di 2.74). Sia K un campo (finito o infinito), e consideriamo il gruppo A delle trasformazioni affini di K:

$$\phi_{a,b} : x \to ax + b, \quad a \neq 0.$$

In questo gruppo distinguiamo due sottogruppi: il sottogruppo delle omotetie:

$$M = \{\mu_a : x \to ax, \ a \in K^*\},$$

isomorfo al gruppo moltiplicativo K^* di K, e il sottogruppo delle traslazioni

$$T = \{\tau_b : x \to x + b, \ b \in K\},$$

isomorfo al gruppo additivo $K(+)$ di K. Il gruppo A è transitivo sugli elementi di K, e anzi già T lo è: dati $s, t \in K$ esiste una traslazione che porta s su t, ed è la $\tau_{t-s} : x \to x+t-s$. Sia ora s un elemento di K. Se $s = 0$, s è fissato dagli elementi di M, e solo da questi: $A_0 = M$. Se $s \neq 0$, s è fissato da tutte e sole le affinità della forma $\phi_{a,s-as} : x \to ax + s - as$, al variare di a in K, come si vede risolvendo rispetto a b l'equazione $as + b = s$. Queste affinità formano un sottogruppo A_s, che si ottiene coniugando gli elementi di $M = A_0$ mediante la traslazione τ_s:

$$\tau_s \mu_a \tau_s^{-1} : x \to x - s \to ax - as \to ax - as + s.$$

Se un elemento $\phi \in A_s$ fissa t, $\phi(t) = at+s-as = t$, da cui $(a-1)s = (a-1)t$. Se $a \neq 1$, $s = t$, se $a = 1$, $\phi(x) = x$, per ogni x, e dunque $\phi = 1$. In altri termini, $A_s \cap A_t = \{1\}$ se $s \neq t$, e poiché $A_s \neq \{1\}$ per ogni s siamo in presenza di un gruppo di Frobenius. Se un'affinità $\phi_{a,b}$ non è una traslazione, è $a \neq 1$ e $\phi_{a,b}$ fissa $\frac{b}{1-a}$. Le traslazioni sono dunque le sole affinità che non fissano alcun punto. Il nucleo di Frobenius è allora T, e come complemento H si può prendere uno qualunque dei sottogruppi A_s. Poiché H è isomorfo al gruppo moltiplicativo di K, se K è finito, $|K| = q$, si ha $|H| = q - 1$, e poiché T è isomorfo al gruppo additivo di K è $|T| = q$. Infine, $A = HK$ e $|A| = (q-1)q$.

2. A^4 è un gruppo di Frobenius di nucleo un Klein e complemento C_3. Si può vedere come gruppo delle affinità del campo con quattro elementi $K = \{0, 1, x, x+1\}$, con il prodotto modulo il polinomio $x^2 + x + 1$.

3. Il gruppo ciclico $C_5 = \langle a \rangle$ ammette l'automorfismo $\sigma = (a, a^2, a^4, a^3)$ di ordine 4, e il prodotto semidiretto $C_5\langle\sigma\rangle$ è isomorfo al gruppo delle trasformazioni affini del campo $\mathbf{Z}_5$. Infatti, il gruppo additivo di questo campo è generato da 1; identificando 1 con la traslazione $\tau_1 : x \to x+1$, e coniugando questa con la moltiplicazione μ_2 si ha $\mu_2\tau_1\mu_2^{-1} : x \to x+2$. Si ha così l'automorfismo di $\mathbf{Z}_5(+)$ dato dalla permutazione ciclica $(1, 2, 4, 3)$. Facendo corrispondere questa a σ, e i (o τ_i) ad a^i si ha l'isomorfismo cercato.

4. Sia G il prodotto semidiretto di $C_7 = \langle b \rangle$ per $C_3 = \langle a \rangle$, dove a agisce su b secondo $b^a = b^2$, e dunque in G è $a^{-1}ba = b^2$. La permutazione indotta da a su C_7 è $(1)(b, b^2, b^4)(b^3, b^6, b^5)$. Solo 1 è fissato da a, e dunque anche da a^{-1}, e perciò G è di Frobenius. G ha ordine 21, ed è un sottogruppo del gruppo semplice di ordine 168 (normalizzante di un 7–Sylow). Un altro gruppo che contiene G è il gruppo delle affinità del campo $\mathbf{Z}_7$, che ha ordine 42, ed è prodotto semidiretto di C_6 e $\mathbf{Z}_7(+)$; il nostro gruppo G è il prodotto semidiretto del C_3 di C_6 e di $\mathbf{Z}_7(+)$.

Esercizi

49. Se σ è s.p.f. e x^σ è coniugato a x, allora $x = 1$. In altre parole, σ permuta le classi di coniugio del gruppo fissando soltanto la classe $\{1\}$. [*Sugg.*: Teor. 5.71, i)].

50. Se σ è s.p.f $o(\sigma) = n$, allora $xx^\sigma x^{\sigma^2} x^{\sigma^3} \cdots x^{\sigma^{n-1}} = 1$.

51. Se σ è s.p.f e $o(\sigma) = 3$, allora x e x^σ sono permutabili, per ogni x. (Si può dimostrare che il gruppo è nilpotente).

52. Se σ è s.p.f e I è il gruppo degli automorfismi interni di G, allora la classe laterale σI di I in $\mathbf{Aut}(G)$ consta di automorfismi senza punti fissi, e tutti fra loro coniugati.

53. Un p–sottogruppo P σ–invariante di G è contenuto nell'unico p–Sylow S σ–invariante di G. [*Sugg.* : si consideri un sottogruppo H massimale rispetto alla proprietà di contenere P e di essere σ–invariante, e dimostrare che $H = S$].

54. Due automorfismi s.p.f. e permutabili fissano lo stesso p–Sylow (v. Teor. 5.71, iii)). In particolare, se H è un gruppo abeliano di automorfismi s.p.f. di un gruppo G, gli elementi di H fissano tutti lo stesso p–Sylow di G.

55. Sia $\alpha \in \mathbf{Aut}(G)$ (non necessariamente s.p.f.) che fissa un solo p–Sylow S per ogni p. Allora $\mathbf{C}_G(\alpha) = \{x \in G \mid x^\alpha = x\}$ è nilpotente. [*Sugg.*: dimostrare che $\mathbf{C}_G(\alpha) \subseteq \mathbf{N}_G(S)$].

56. Se G è infinito, il Lemma 5.83 non è più vero. [*Sugg.*: considerare D_∞ (*Es.* 3 di 4.49)].

57. Scrivere esplicitamente le 12 affinità dell'*Es.* 2 di 5.85.

58. Sia G un gruppo di Frobenius di nucleo K e complemento H. Dimostrare che se $N \trianglelefteq G$, allora o $N \subseteq K$ oppure $K \subseteq N$.

5.5 Gruppi risolubili

Una serie centrale è una serie invariante nella quale un quoziente H/K è contenuto nel centro di G/K, e dunque è in particolare abeliano. Possiamo allora generalizzare la nozione di serie centrale a quella di serie invariante a quozienti abeliani. La successiva generalizzazione, serie normale a quozienti abeliani è fittizia in quanto non si ottiene una più larga classe di gruppi. È ciò che vedremo tra un momento. Questo fatto è legato all'esistenza della serie derivata, che ora definiamo.

5.86 Definizione. La catena di sottogruppi:

$$G = G^{(0)} \supseteq G' = [G,G] \supseteq G'' = [G',G'] \supseteq \ldots \supseteq G^{(i)} \supseteq \ldots \qquad (5.14)$$

è la *catena dei derivati* di G. Essendo $G^{(i+1)}$ il derivato di $G^{(i)}$, i quozienti $G^{(i)}/G^{(i+1)}$ sono abeliani.

Se $G^{(n)} = \{1\}$ per qualche n, allora la (5.14) è la *serie derivata* di G.

I sottogruppi $G^{(i)}$ sono caratteristici in G: se α è un automorfismo di $G = G^{(0)}$ si ha $(G^{(0)})^\alpha = G^{(0)}$; per induzione allora $(G^{(i)})^\alpha = G^{(i)}$, e dunque $(G^{(i+1)})^\alpha = [G^{(i)},G^{(i)}]^\alpha = [(G^{(i)})^\alpha,(G^{(i)})^\alpha] = [G^{(i)},G^{(i)}] = G^{(i+1)}$.

5.87 Teorema. *Sia*

$$G = H^{(0)} \supseteq H^{(1)} \supseteq H^{(2)} \supseteq \ldots \supseteq H^{(m-1)} \supseteq H^{(m)} = \{1\},$$

una serie normale a quozienti abeliani. Allora $G^{(i)} \subseteq H^{(i)}$, $i = 1, 2, \ldots, m$. In altri termini, se una serie normale a quozienti abeliani arriva a $\{1\}$ in un numero m di passi la serie derivata arriva a $\{1\}$ in al più m passi.

Dim. Per induzione su m. Si ha $G = G^{(0)} \subseteq H^{(0)} = G$; supponiamo $G^{(i)} \subseteq H^{(i)}$. Essendo H_i/H_{i+1} abeliano è $H_i' \subseteq H_{i+1}$, e in particolare $(G^{(i)})' = G^{(i+1)} \subseteq H_{i+1}$. $\diamond$

Si ha così che se un gruppo ha una serie normale a quozienti abeliani ha anche la serie derivata e quindi anche una serie invariante a quozienti abeliani. In altri termini:

5.88 Teorema. *In un gruppo G, le seguenti proprietà sono equivalenti:*

i) G ha una serie invariante a quozienti abeliani;

ii) G ha una serie normale a quozienti abeliani;

iii) G ha la serie derivata $G^{(i)}$.

5.89 Definizione. Un gruppo si dice *risolubile* se soddisfa una delle condizioni equivalenti del Teor. 5.88. L'intero n per il quale si ha $G^{(n)} = \{1\}$ si chiama *lunghezza derivata* di G.

5.90 Esempi. 1. Un gruppo abeliano è risolubile, di lunghezza derivata 1. Un gruppo nilpotente è risolubile: $G' = \Gamma_2$; per induzione, $G^{(i)} = [G^{(i-1)}, G^{(i-1)}] \subseteq [\Gamma_i, G] = \Gamma_{i+1}$.

2. S^3 è risolubile, con serie derivata $S^3 \supset C_3 \supset \{1\}$, e anche S^4, con serie $S^4 \supset A^4 \supset V \supset \{1\}$. La semplicità di A^n, $n \geq 5$, implica che S^n non è risolubile: i termini della serie derivata coincidono con A^n da $G' = A^n$ in poi.

3. Un gruppo semplice risolubile ha ordine primo.

5.91 Teorema. *i) Sottogruppi e quozienti di un gruppo risolubile G sono risolubili di lunghezza derivata al più quella di G;*

ii) se $N \trianglelefteq G$ è risolubile e G/N è risolubile allora G è risolubile.

Dim. i) Se $H \leq G$ è $H^{(i)} \subseteq G^{(i)}$, e dunque se $G^{(n)} = \{1\}$ anche $H^{(n)} = \{1\}$. Se $N \trianglelefteq G$ si ha $(G/N)^{(i)} = G^{(i)}N/N$, come segue facilmente per induzione.

ii) Se $(G/N)^{(m)} = N$, allora $G^{(m)}N/N = N$ e quindi $G^{(m)} \subseteq N$. Se $N^{(r)} = \{1\}$, $G^{(m+r)} = (G^{(m)})^r \subseteq N^{(r)} = \{1\}$. ◇

5.92 Nota. Come sappiamo, la *ii)* del teorema precedente non è più vera se si sostituisce "risolubile" con "nilpotente".

Sia ora N un sottogruppo normale minimale di un gruppo risolubile G. Essendo N anch'esso risolubile, il derivato N' è propriamente contenuto in N. Ma N' caratteristico in $N \trianglelefteq G$ implica $N' \trianglelefteq G$, e quindi, per la minimalità, $N' = \{1\}$, e perciò N è abeliano. Se N è finito, sia p un primo che divide $|N|$. Gli elementi di ordine p formano allora un sottogruppo che, essendo caratteristico e non identico, deve coincidere con N. Pertanto, N è un p−gruppo abeliano elementare.

5.93 Teorema. *Sia N un sottogruppo normale minimale di un gruppo risolubile G. Allora:*

i) N è abeliano;

ii) se G è finito, N è un p−gruppo abeliano elementare.

Si ha così il fatto notevole che in un gruppo finito risolubile esiste sempre un p−sottogruppo normale $N \neq \{1\}$ per qualche p (supporremo tacitamente qui e nel seguito che il gruppo non è banale). L'intersezione dei p−Sylow relativi al primo p, contenente N, è diversa da $\{1\}$.

5.94 Nota. In un gruppo nilpotente, anche infinito, un sottogruppo normale minimale è uno $\mathbf{Z}_p$. In un gruppo risolubile finito un sottogruppo normale minimale è una somma diretta di copie di $\mathbf{Z}_p$.

5.95 Corollario. *I quozienti principali di un gruppo finito risolubile sono abeliani elementari.*

5.96 Corollario. *In un gruppo finito risolubile G un sottogruppo normale minimale è contenuto nel centro di $\mathbf{F}(G)$. In particolare, $\mathbf{F}(G) \neq \{1\}$ e un sottogruppo normale di G incontra $\mathbf{F}(G)$ in modo non banale.*

Dim. Per il Teor. 5.29, $\mathbf{F}(G)$ centralizza i sottogruppi normali minimali di G. Se N è un tale sottogruppo, N è un p–gruppo, dunque nilpotente. Ne segue $N \subseteq \mathbf{F}(G)$ e quindi $N \subseteq \mathbf{Z}(\mathbf{F}(G))$. Se $H \trianglelefteq G$, H contiene un sottogruppo normale minimale N, che è contenuto in $\mathbf{F}(G)$, e così $H \cap \mathbf{F}(G) \neq \{1\}$. $\diamond$

5.97 Nota. Nei gruppi finiti risolubili il sottogruppo di Fitting ha quindi il ruolo che il centro ha nei gruppi nilpotenti.

Se un gruppo risolubile ha una serie di composizione, i quozienti di composizione, essendo semplici e risolubili, hanno ordine primo (in particolare, il gruppo è finito). Viceversa, una serie di composizione a quozienti di ordine primo è una serie normale a quozienti abeliani che arriva a $\{1\}$: un gruppo con una tale serie è quindi risolubile. Tenuto conto del Cor. 5.95, abbiamo la seguente caratterizzazione dei gruppi risolubili finiti:

5.98 Teorema. *Sia G un gruppo finito. Allora sono equivalenti:*
  i) G è risolubile;
  ii) i quozienti di una serie principale di G sono abeliani elementari;
  iii) i quozienti di composizione hanno ordine primo. $\diamond$

5.99 Corollario. *Un gruppo risolubile ammette una serie di composizione se e solo se è finito.* $\diamond$

Il Cor. 5.96 si può utilizzare nel caso di un gruppo finito risolubile per costruire una serie invariante la cui lunghezza si può considerare una misura di quanto il gruppo si discosti dall'essere nilpotente. Definiamo induttivamente

$$F_0 = \{1\}, \ F_1 = \mathbf{F}(G), \ F_{i+1} = \mathbf{F}(G/F_i),$$

F_{i+1} è quindi la controimmagine del sottogruppo di Fitting $\mathbf{F}(G/F_i)$ nell'omomorfismo canonico $G \to G/F_i$. Si ha così una catena di sottogruppi

$$\{1\} = F_0 \leq F_1 \leq F_2 \leq \cdots$$

nella quale, se G è risolubile, le inclusioni sono proprie (Cor. 5.96), e dunque essa si ferma solo quando arriva a G.

5.100 Definizione. Sia G un gruppo finito risolubile. La serie

$$\{1\} = F_0 \subset F_1 \subset F_2 \subset \ldots \subset F_{n-1} \subset F_n = G$$

prende il nome di *serie di Fitting* di G, e l'intero n *altezza*, o lunghezza di Fitting di G.

5.101 Esempi. 1. $F_0 = G$ se e solo se $G = \{1\}$; $F_1 = G$ se e solo se G è nilpotente. Inoltre, se $F_n = G$ per un certo n, G è risolubile: F_1 è risolubile perché nilpotente, e supponendo per induzione F_i risolubile, si ha F_{i+1}/F_i nilpotente, quindi risolubile, da cui F_{i+1} risolubile (Teor. 5.91, ii)).

2. La serie di Fitting di S^4 è $\{1\} \subset V \subset A^4 \subset S^4$.

Se H e K sono due sottogruppi normali di un gruppo G con $K \subset H$ per azione di G su H/K si ha un omomorfismo $G \to \mathbf{Aut}(H/K)$ di nucleo $\mathbf{C}_G(H/K)$ (v. Def. 5.31). Se denotiamo con $\mathbf{Aut}_G(H/K)$ l'immagine abbiamo

$$\mathbf{Aut}_G(H/K) \simeq G/\mathbf{C}_G(H/K).$$

Nel Teor. 5.33 abbiamo visto che il sottogruppo di Fitting si ottiene come intersezione dei centralizzanti in G dei quozienti di una serie principale $\{H_i\}$, $i = 1, 2, \ldots, l$, di G. Ne segue:

$$G/\mathbf{F}(G) \leq \prod_{i=1}^{l} \mathbf{Aut}_G(H_i/H_{i+1}).$$

Se G è risolubile, i quozienti H_i/H_{i+1} sono abeliani elementari, e quindi spazi vettoriali su campi con un numero primo di elementi, per vari primi. $\mathbf{Aut}_G(H_i/H_{i+1})$ è allora un gruppo lineare. Inoltre, poiché non vi sono sottogruppi normali di G tra H_i e H_{i+1}, questi spazi non hanno sottospazi G−invarianti: G è *irriducibile*. Se G è un gruppo finito risolubile, la struttura di $G/\mathbf{F}(G)$ è quindi determinata da quella dei sottogruppi risolubili irriducibili dei gruppi lineari di dimensione finita su campi primi finiti.

Vediamo ora alcune proprietà del sottogruppo di Fitting di un gruppo finito risolubile.

5.102 Teorema. *Sia G un gruppo finito risolubile, $F = \mathbf{F}(G)$ il suo sottogruppo di Fitting. Allora:*
  i) $\mathbf{C}_G(F) = \mathbf{Z}(F)$;
Sia F ciclico; allora:
  ii) G' *ciclico;*
  iii) *se $p \nmid |F|$ un $p−$Sylow è abeliano;*
  iv) *se F è un $p−$gruppo ciclico, p è il più grande divisore primo di $|G|$.*

Dim. i) Sia $H = F\mathbf{C}_G(F)$. Si ha $\mathbf{F}(H) = F$, $\mathbf{C}_H(F) = \mathbf{C}_G(F)$, e dunque, se $H < G$, per induzione $\mathbf{C}_H(F) = \mathbf{Z}(F(H))$ e si ha la tesi. Sia allora $G = F\mathbf{C}_G(F)$; ne segue:.

$$\{1\} \neq \mathbf{Z}(F) \subseteq F \cap \mathbf{C}_G(F) \subseteq \mathbf{Z}(G) = Z,$$

e

$$\mathbf{C}_G(F)/Z \subseteq \mathbf{C}_{G/Z}(F/Z) = \mathbf{Z}(\mathbf{F}(G/Z)) = F/Z,$$

dove la prima uguaglianza si ha per induzione. Allora $\mathbf{C}_G(F) \subseteq F$ e si ha la tesi.

ii) Poiché F è abeliano, $F \subseteq \mathbf{C}_G(F) = \mathbf{Z}(F) \subseteq F$, e dunque $\mathbf{C}_G(F) = F$. Avendosi $G/F = \mathbf{N}_G(F)/\mathbf{C}_G(F)$ isomorfo a un sottogruppo di $\mathbf{Aut}(F)$, che è abeliano perché F è ciclico, si ha $G' \subseteq F$, ciclico.

iii) Se $|F| = p^n$, $|G/F|$ divide $|\mathbf{Aut}(F)| = \varphi(p^n) = p^{n-1}(p-1)$. Se $q \neq p$ è un primo che divide $|G|$, allora $q||G/F|$ e dunque $q|(p-1)$ e $q < p$. $\Diamond$)

Il teorema che ora dimostriamo può essere visto come una generalizzazione del teorema di Sylow nel caso dei gruppi risolubili. Se $|G| = p^n m$, con $p \nmid m$ e dunque $(p^n, m) = 1$, il teorema di Sylow assicura l'esistenza di un sottogruppo di ordine p^n. Se però consideriamo un altro spezzamento dell'ordine di G in interi relativamente primi, $|G| = ab$, con $(a, b) = 1$, nulla si può dire a proposito dell'esistenza o meno di un sottogruppo di ordine a. Senza ulteriori ipotesi su G, non è detto che un tale sottogruppo esista. Ad esempio, il gruppo A_5 ha ordine $60 = 15 \cdot 4$, $(15, 4) = 1$, ma, come sappiamo A_5, non ha sottogruppi di ordine 15. Se però il gruppo è risolubile, allora un tale sottogruppo esiste sempre, e si hanno anche opportune generalizzazioni delle altre parti del teorema di Sylow.

5.103 Teorema (PH. HALL). *Sia G un gruppo finito risolubile di ordine $|G| = ab$, con $(a, b) = 1$. Allora:*

i) *esiste in G un sottogruppo di ordine a;*

ii) *due sottogruppi di ordine a sono coniugati;*

iii) *se A' è un sottogruppo il cui ordine divide a, allora A' è contenuto in un sottogruppo di ordine a.*

Dim. Per induzione sull'ordine di G. Sia N un sottogruppo normale minimale di G. N è un p–gruppo, $|N| = p^k$ per un certo p. Dimostriamo assieme *i*) e *ii*) distinguendo due casi.

1. $p|a$. Consideriamo G/N. Allora,

$$|G/N| = \frac{a}{p^k} \cdot b.$$

Per induzione, esiste $A/N \leq G/N$ di ordine $|A/N| = a/p^k$, e dunque $|A| = a$, e si ha *i*). Quanto a *ii*), essendo A di ordine primo con l'indice e $p||A|$, tutta la potenza di p che divide $|G|$ divide $|A|$. In altri termini, A contiene un p–Sylow S di G. Se A_1 è un altro sottogruppo di ordine a, anche A_1 contiene, per lo stesso motivo, un p–Sylow di G, e sia S_1. Essendo N normale, N è contenuto in tutti i p–Sylow; in particolare, N è contenuto in S e in S_1 e dunque anche in A e in A_1. Allora A/N e A_1/N sono due sottogruppi di G/N di ordine

a/p^k, e quindi sono coniugati in G/N. Ne segue che A e A_1 sono coniugati in G, e ciò dimostra $ii)$.

2. $p|b$. In tal caso,

$$|G/N| = a \cdot \frac{b}{p^k},$$

e, sempre per induzione, esiste in G/N un sottogruppo L/N di ordine a. Allora $|L| = a \cdot p^k$. Se $L < G$, ancora per induzione esiste in L (e dunque in G) un sottogruppo di ordine a. Sia allora $L = G$; si ha:

$$|G| = a \cdot p^k,$$

e pertanto N è Sylow in G. Consideriamo ora un sottogruppo normale minimale K/N di G/N. È $|K/N| = q^t$, dove q è un primo diverso da p perché essendo N un p–Sylow, p non divide $|G/N|$. Allora $|K| = q^t p^k$ e $K = QN$, dove Q è un q–Sylow di K. Essendo $K \trianglelefteq G$, per l'argomento di Frattini si ha:

$$G = K \cdot \mathbf{N}_G(Q) = NQ \cdot \mathbf{N}_G(Q) = N \cdot \mathbf{N}_G(Q).$$

Allora,

$$a \cdot p^k = |G| = \frac{|N| \cdot |\mathbf{N}_G(Q)|}{|N \cap \mathbf{N}_G(Q)|},$$

da cui $a = |\mathbf{N}_G(Q)|/|N \cap \mathbf{N}_G(Q)|$, e perciò a divide $|\mathbf{N}_G(Q)|$. Se $\mathbf{N}_G(Q) < G$, l'esistenza di un sottogruppo di ordine a in $\mathbf{N}_G(Q)$, e dunque in G, si ha per induzione. Se $\mathbf{N}_G(Q) = G$, G contiene un q–sottogruppo normale il cui ordine divide a. Si proceda allora come nel caso 1, con q al posto di p. Ciò dimostra l'esistenza nel caso 2.

Per quanto riguarda il coniugio, siano A e A_1 di ordine a; allora anche AN/N ed A_1N/N hanno ordine a (in quanto $A \cap N = \{1\}$ perché $p \nmid a$) e sono perciò coniugati in G/N. Ne segue che AN e A_1N sono coniugati in G: $AN = (A_1N)^g = A_1^g N$, e dunque $A, A_1^g \subseteq AN$. Se $AN < G$, avendosi $|AN| = a \cdot p^k$, per induzione A e A_1^g sono coniugati in AN, $A = A_1^{gx}$, $x \in AN$, e perciò in G. Sia allora $AN = G$. N è Sylow e normale, e possiamo supporre che si tratti dell'unico sottogruppo normale minimale (se ce n'è un altro, questo non può essere un p–gruppo per lo stesso p di $|N|$, altrimenti sarebbe contenuto in N, perché N è l'unico p–Sylow, e ciò contraddice la minimalità di N; allora è un q–gruppo, $q \neq p$, e perciò il suo ordine divide a, e siamo nel caso $i)$).

Sia K/N normale minimale in G/N. Allora K/N è un q–gruppo, con $q \neq p$ (N è Sylow, e quindi $p \nmid |K/N|$), e perciò $K = NQ$, dove Q è un q–Sylow di K. Poiché $K \trianglelefteq G$, l'argomento di Frattini porge $G = N \cdot \mathbf{N}_G(Q)$.

Faremo vedere che $H = \mathbf{N}_G(Q)$ ha ordine a, e che un qualunque sottogruppo di ordine a è coniugato ad H.

Consideriamo $N \cap H$; questo sottogruppo centralizza Q ($N \cap H$, normale in H perché $N \trianglelefteq G$, e $Q \trianglelefteq H$, hanno intersezione $\{1\}$ e sono normali in H) e centralizza N (perché N è abeliano). Quindi, $N \cap H \subseteq \mathbf{Z}(K)$, e $\mathbf{Z}(K) \trianglelefteq G$

perché $\mathbf{Z}(K)$ è caratteristico in $K \trianglelefteq G$. Se $N \cap H \neq \{1\}$, è $\mathbf{Z}(K) \neq \{1\}$ e perciò quest'ultimo sottogruppo contiene un sottogruppo normale minimale, cioè N, che è l'unico tale sottogruppo. Quindi N centralizza K, e dunque Q, e pertanto $G = N \cdot H = H$, $Q \trianglelefteq G$, $N \trianglelefteq Q$, assurdo. Allora $N \cap H = \{1\}$, e $G = N \cdot H$ implica $|G| = |N| \cdot |H|$, e perciò $|H| = a$.

Sia A di ordine a, e consideriamo AK. Si ha $AK = G = AH$, $|AK/K| = |G/K| = ap^k/|Q|p^k = a/|Q|$, e dalla $|AK/K| = |A/(A \cap K)| = a/|Q|$ segue $|A \cap K| = |Q|$. Perciò $Q_1 = A \cap K$ è Sylow in K e pertanto ivi coniugato a Q. Inoltre, da $K \trianglelefteq G$ segue $A \cap K \trianglelefteq A$, per cui $A \subseteq \mathbf{N}_G(Q_1) = H_1$. Ma $Q_1 \sim Q$ implica $H_1 \sim H$, e dunque $|H_1| = |H| = a$. Allora $A = H_1$, e perciò $A \sim H$.

Passiamo ora alla dimostrazione di $iii)$. Come sopra, distinguiamo due casi.

1. $p^k|a$. In questo caso, $|A'N|$ divide a; altrimenti, c'è un primo q che divide $|A'N|$ e b, e dunque q divide $|A'|$ e b, o $|N|$ e b, casi entrambi esclusi. Ne segue che $|A'N/N|$ divide a/p^k; per induzione, $A'N/N \subseteq A/N$, dove $|A/N| = a/p^k$. Allora $A'N \subseteq A$, e così $A' \subseteq A$, dove $|A| = a$.

2. $p^k|b$. In questo caso, $A' \cap N = \{1\}$ per cui $|A'N/N| = |A'|$, e dunque, per induzione, $A'N/N \subseteq B/N$, con $|B/N| = a$. Allora $A'N \subseteq B$, e $|B| = a \cdot p^k$. Se $B < G$, per induzione A' è contenuto in un sottogruppo di B, e quindi di G, di ordine a. Sia allora $B = G$. L'ordine di G è adesso $|G| = a \cdot p^k$, e per $i)$ esiste in G un sottogruppo A di ordine a. Allora $G = AN$, e a fortiori $G = A \cdot NA'$. Allora:

$$a \cdot p^k = |G| = \frac{|A| \cdot |NA'|}{|A \cap NA'|},$$

da cui $|A \cap NA'| = |A'|$, essendo $|NA'| = p^k|A'|$ in quanto $p \nmid a$. I due sottogruppi $A \cap NA'$ e A' hanno ordine $|A'|$, sono contenuti in NA' e avendo ordine primo con l'indice in NA' sono ivi coniugati per la $ii)$: $A' = (NA' \cap A)^g$, con $g \in NA'$. Allora $A' = NA' \cap A^g$, da cui $A' \subseteq A^g$, e A^g è il sottogruppo cercato. $\diamond$

Se il gruppo non è risolubile, vi sono controesempi per tutte e tre le parti del teorema. $|A^5| = 4 \cdot 15$, ma A^5 non ha sottogruppi di ordine 15. Inoltre, $|A^5| = 12 \cdot 5$, e vi sono sottogruppi di ordine 6 (ad esempio il gruppo S^3 generato da $(1,2,3)$ e $(1,2)(4,5)$) non contenuti in un sottogruppo di ordine 12 (che sono tutti degli A^4). Cadono dunque $i)$ e $iii)$. Per la $ii)$, nel gruppo semplice $GL(3,2)$, di ordine $168 = 24 \cdot 7$, vi sono sottogruppi di ordine 24 non coniugati (v. 3.7.1, $viii)$).

5.104 Definizione. Un sottogruppo di ordine primo con l'indice di un gruppo finito G (anche non risolubile) si chiama *sottogruppo di Hall*.

Se H è un sottogruppo di Hall di un gruppo G, e l'indice di H è una potenza di un primo p (e quindi necessariamente tutta la potenza di p che divide $|G|$), allora, se S è un p–Sylow, è $S \cap H = \{1\}$ e $G = SH$. H è allora un p–complemento di G (v. Def. 5.56). Con questa terminologia, la $i)$ del teorema di Hall si può dunque esprimere dicendo che *un gruppo risolubile ha un p−complemento per ogni $p^\dagger$*. Un p−complemento in un gruppo risolubile non è in generale unico (come invece è il caso per un p−complemento normale): basta pensare ai C_2 di S^3 che sono 3−complementi.

5.105 Definizione. Una *base di Sylow* di un gruppo G è una famiglia di sottogruppi di Sylow, $S_1, S_2, \ldots, S_t$, uno per ogni primo che divide $|G|$, che sono due a due permutabili: $S_i S_j = S_j S_i$, $i,j = 1, 2, \ldots, t$.

5.106 Teorema. *In un gruppo risolubile G esiste sempre una base di Sylow.*

Dim. Sia $|G| = \prod_{i=1}^{t} p_i^{k_i}$, e siano K_i p_i−complementi, uno per ogni p_i. Allora i K_i hanno indici relativamente primi, e pertanto l'intersezione di un numero qualunque di essi ha per indice il prodotto degli indici (Cor. 2.7). Consideriamo $\bigcap_{i \neq j} K_i$; questo sottogruppo ha per indice il·prodotto di tutti i $p_i^{k_i}$ salvo $p_j^{k_j}$, e dunque il suo ordine è proprio $p_j^{k_j}$. Si tratta perciò di un p_j−Sylow. I Sylow ottenuti in questo modo formano un base di Sylow. Siano, infatti, $S_j = \bigcap_{i \neq j} K_i$ e $S_h = \bigcap_{i \neq h} K_i$, e facciamo vedere che $S_j S_h = S_h S_j$. Intanto, $S_j = \bigcap_{i \neq j} K_i \subseteq \bigcap_{i \neq j,h} K_i$, e lo stesso accade per S_h. Allora $S_j, S_h \subseteq \bigcap_{i \neq j,h} K_i$, e questa intersezione è un sottogruppo di ordine $p_j^{k_j} p_h^{k_h}$ e contenendo l'insieme $S_j S_h$, che ha lo stesso numero di elementi, lo eguaglia. Allora $S_j S_h$ è un sottogruppo, e dunque $S_j S_h = S_h S_j$.   ◇

Il teorema di Hall mostra come, in un gruppo risolubile, i sottogruppi di Hall abbiano proprietà analoghe a quelle dei sottogruppi di Sylow. Nel caso di un Sylow S di un gruppo G sappiamo che $\mathbf{N}_G(\mathbf{N}_G(S)) = \mathbf{N}_G(S)$, e abbiamo dimostrato questo risultato come applicazione dell'argomento di Frattini. Generalizzando opportunamente questo argomento avremo lo stesso risultato per i sottogruppi di Hall di un gruppo risolubile.

5.107 Teorema. (Argomento di Frattini generalizzato). *Siano K_1 e K_2 due sottogruppi di un sottogruppo normale H di un gruppo finito G con la proprietà che, se sono coniugati in G, allora lo sono già in H. Allora:*

$$G = H \cdot \mathbf{N}_G(K_1).$$

Dim. Sia $g \in G$. Allora $K_1^g = K_2$ è contenuto in H, e dunque esiste $h \in H$ tale che $K_1 = K_1^{gh}$. Ne segue $gh \in \mathbf{N}_G(K_1)$ e la tesi.   ◇

Se $H \trianglelefteq G$ e K_1 è di Hall in H, allora $K_2 = K_1^g$ è contenuto in H ed è ivi di Hall. Per la *ii)* del teorema di Hall applicato ad H, K_1 e K_2 sono coniugati in H, e le ipotesi del Teor. 5.107 sono soddisfatte.

5.108 Corollario. *Sia H un sottogruppo di Hall di un gruppo risolubile G. Allora:*

---

† Sussiste anche il viceversa, che non dimostriamo: se un gruppo finito ha un p−complemento per ogni p allora è risolubile.

$$\mathbf{N}_G(\mathbf{N}_G(H)) = \mathbf{N}_G(H).$$

Dim. Ponendo nel Teorema 5.107 $K_1 = H$, $H = \mathbf{N}_G(H)$ e $G = \mathbf{N}_G(\mathbf{N}_G(H))$ si ha il risultato.   ◇

5.109 Definizione. Un sottogruppo H di un gruppo G è un *sottogruppo di Carter* se è nilpotente e si autonormalizza.

Un sottogruppo di Carter H è nilpotente massimale. Se infatti $H < K$ e K è nilpotente, allora $H < \mathbf{N}_K(H)$, contro l'ipotesi $H = \mathbf{N}_G(H)$.

5.110 Teorema (CARTER). *Un gruppo finito risolubile contiene sempre sottogruppi di Carter, e due tali sottogruppi sono coniugati.*

Dim. Dimostriamo dapprima l'esistenza. Sia N un sottogruppo normale minimale di G, $|N| = p^k$. Per induzione, G/N contiene un sottogruppo di Carter, e sia K/N. Per la nilpotenza, $K/N = S/N \times Q'/N$, dove S/N è un p–Sylow di K/N e Q'/N è di Hall. Allora $K = SQ'$ e $Q' = QN$, dove Q è di Hall. Avendosi $Q'/N \lhd K/N$, è $Q' = QN \lhd K$, ed essendo Q di Hall in QN l'argomento di Frattini generalizzato porge $K = QN\mathbf{N}_K(Q) = N\mathbf{N}_K(Q)$. Il sottogruppo $H = \mathbf{N}_K(Q)$ è un sottogruppo di Carter. Infatti:

1. H è nilpotente.

Si ha $K = SQ' = SNQ = SQ$ e perciò $H = H \cap K = Q \cdot (H \cap S)$ (identità di Dedekind, *es.* 19 di con $A = Q, B = S, C = H$). Inoltre, $S \lhd K$ in quanto $S/N \lhd K/N$, e quindi $H \cap S \lhd H$. Q è nilpotente perché Q'/N lo è: per questo quoziente si ha infatti $Q'/N = QN/N \simeq Q/(Q \cap N) \simeq Q$, essendo $Q \cap N = \{1\}$. Avendosi poi $Q \cap (H \cap S) = \{1\}$, i due sottogruppi permutano elemento per elemento e si ha $H = Q \times (H \cap S)$. H è allora prodotto diretto di due sottogruppi nilpotenti, e come tale è nilpotente.

2. $\mathbf{N}_G(H) = H$.

Sia $g \in G$ tale che $H^g = H$. Essendo $K = NH$, con $N \lhd G$, è $K^g = N^g H^g = NH = K$. Allora $(K/N)^{gN} = K/N$, e poiché K/N è di Carter in G/N si autonormalizza in G/N. Allora $gN \in K/N$, da cui $g \in K$. Ma in K il sottogruppo Q è di Hall, e quindi il suo normalizzante non cresce: $\mathbf{N}_K(H) = H$, e $g \in H$.

Dimostriamo ora che due sottogruppi di Carter sono coniugati. Per induzione, supponiamo che ciò sia vero per un gruppo risolubile di ordine minore dell'ordine di G, e, sotto questa ipotesi induttiva, facciamo vedere che se H è di Carter in G e $N \lhd G$ allora l'immagine HN/N di H è di Carter in G/N. La nilpotenza è ovvia. Sia $(HN/N)^{gN} = HN/N$. Allora $(HN)^g = HN$, ovvero $H^g N = HN$. Se $g \notin HN$, HN non coincide con G; i due sottogruppi di Carter H^g e H di HN sono allora, per induzione, coniugati in HN: $(H^g)^y = H$, con $y \in HN$. Ne segue $gy \in \mathbf{N}_G(H) = H$, $g \in Hy^{-1} \subseteq H \cdot HN = HN$. Si ha così la contraddizione che da $g \notin HN$ segue $g \in HN$. Allora $g \in HN$, $gN \in HN/N$, e HN/N si autonormalizza.

Sempre nella detta ipotesi induttiva, siano ora H_1 e H_2 due sottogruppi di Carter di G. Allora H_1N/N e H_2N/N sono di Carter in G/N e quindi, per induzione, coniugati in G/N. Allora H_1N e H_2N sono coniugati in G: $(H_1N)^g = H_2N$, $H_1^gN = H_2N$, e se questo sottogruppo è più piccolo di G, per induzione H_1^g e H_2 sono in esso coniugati, e perciò lo sono in G. Possiamo allora supporre $G = H_1N = H_2N$, e N abeliano (prendendo N normale minimale). Allora $H_1 \cap N \trianglelefteq N$ (perché N è abeliano), $H_1 \cap N \trianglelefteq H_1$ (perché $N \trianglelefteq G$, e dunque $H_1 \cap N \trianglelefteq G$). Per la minimalità di N, $H_1 \cap N = N$ o $H_1 \cap N = \{1\}$. Se $H_1 \cap N = N$ è $N \subseteq H_1$ e quindi $G = H_1$ e non c'è niente da dimostrare. Sia allora $H_1 \cap N = \{1\}$, e analogamente $H_2 \cap N = \{1\}$.

Inoltre, H_1 e H_2 sono massimali. Se infatti $H_1 \subseteq M \subseteq G$, si ha $M \cap N \trianglelefteq M$ (perché N è normale) e $M \cap N \trianglelefteq N$ (perché N è abeliano), e perciò $M \cap N \trianglelefteq G$ in quanto $G = H_1N = MN$. Per la minimalità di N si ha $M \cap N = \{1\}$ o $M \cap N = N$. Nel primo caso, $G/N = MN/N \simeq M$ e $G/N = H_1N/N \simeq H_1$ (se $M \cap N = \{1\}$ si ha a fortiori $H_1 \cap N = \{1\}$), e $M = H_1$. Nel secondo, $N \subseteq M$ e $M = G$.

Siano, infine, Q_1 e Q_2 due p–complementi in H_1 e H_2, rispettivamente. Allora essi sono due p–complementi in G e dunque, per il teorema di Hall, coniugati: $Q_1 = g^{-1}Q_2g$. Dimostriamo che g coniuga H_2 e H_1. Sia infatti $H_1 \neq g^{-1}H_2g$; allora $Q_1 \subseteq H_1$, $Q_1 \subseteq g^{-1}H_2g$, e Q_1 è di Hall in questi due sottogruppi, e dunque, per la nilpotenza, ivi normale. Allora è normale nel sottogruppo da essi generato, che, per la massimalità di H_1, è tutto G. Il quoziente G/Q_1 è un p–gruppo (Q_1 è un p–complemento) e contiene propriamente H_1/Q_1, che è di Carter in G/Q_1, e pertanto si autonormalizza; ma ciò è impossibile in un p–gruppo. Questa contraddizione dimostra che H_1 e H_2 sono coniugati. $\diamond$

Se G non è risolubile, sottogruppi di Carter possono non esistere. Nel gruppo semplice $G = A_5$ i soli sottogruppi nilpotenti sono i Sylow e i loro sottogruppi. Ma $\mathbf{N}_G(C_2) = V$ (Klein), $\mathbf{N}_G(V) = A_4$, $\mathbf{N}_G(C_3) = S_3$ e $\mathbf{N}_G(C_5) = D_5$.

5.111 Nota. La nozione di sottogruppo nilpotente che si autonormalizza corrisponde a quella di sottoalgebra di Cartan di un'algebra di Lie. Spieghiamo di che si tratta in questa breve digressione. Un'*algebra* è un anello che è anche uno spazio vettoriale. Più precisamente, sia K un campo, e A un anello con una struttura di spazio vettoriale sul gruppo additivo di A che rispetti il prodotto dell'anello, cioè tale che $\alpha(ab) = (a\alpha)b = a(\alpha b)$, $\alpha \in K$, $a, b \in A$. L'algebra è un'*algebra di Lie* $\mathcal{L}$ se inoltre:

  i) $ab + ba = 0$;
  ii) $(ab)c + (bc)a + (ca)b = 0$.

(La ii) va sotto il nome di *identità di Jacobi*). Il prodotto ab si denota allora con $[a, b]$ (*prodotto di Lie*). Una *sottoalgebra* $\mathcal{B}$ di un'algebra di Lie è un sottospazio chiuso rispetto al prodotto di Lie: se $a, b \in \mathcal{B}$, allora $[a, b] \in \mathcal{B}$. Un *ideale* di un'algebra di Lie è un sottospazio I tale che se $x \in I$, allora $[a, x] \in I$ per ogni $a \in \mathcal{L}$ (dato che $[a, b] = -[b, a]$, per la proprietà i), non ha luogo in un'algebra di Lie la distinzione tra ideali destri, sinistri e bilaterali). A partire da un'algebra associativa si può ottenere un'algebra di Lie ponendo $[a, b] = ab - ba$; è il caso, ad esempio, dell'algebra delle matrici su un campo. La nozione di sottoalgebra di Lie si definisce in modo ovvio. Sia $\mathcal{B}$ una sottoalgebra dell'algebra di Lie $\mathcal{L}$. Con $\mathcal{B}' = [\mathcal{B}, \mathcal{B}]$ denotiamo la sottoalgebra di $\mathcal{L}$ generata da tutti i prodotti $[b_1, b_2]$, al variare di b_1 e b_2 in $\mathcal{B}$, cioè la più piccola sottoalgebra di $\mathcal{L}$ che contiene tutti questi prodotti, e induttivamente $\mathcal{B}^{(k)} = [\mathcal{B}^{(k-1)}, \mathcal{B}]$ $(\mathcal{B}^{(0)} = \mathcal{B})$. Si ha $\mathcal{B}^{(k)} \supseteq \mathcal{B}^{(k+1)}$, e se $\mathcal{B}^{(n)} = \{0\}$ per un intero positivo n, la sottoalgebra si dice *nilpotente* (e, se $n = 1$, *abeliana*).). Il *normalizzante* $\mathbf{N}(\mathcal{B})$ della sottoalgebra $\mathcal{B}$ è l'insieme $\mathbf{N}(\mathcal{B}) = \{a \in \mathcal{L} \mid [a, b] \in \mathcal{B}, \ \forall b \in \mathcal{B}\}$, che è una sottoalgebra (come segue dall'identità di Jacobi). Si noti che si tratta della più grande sottoalgebra di $\mathcal{L}$ che contiene $\mathcal{B}$ come ideale (come nel caso dei gruppi, dove il normalizzante di un sottogruppo H di un gruppo G è il più grande sottogruppo di G che contiene H come sottogruppo normale). Una sottoalgebra $\mathcal{B}$ nilpotente e che si autonormalizza, $\mathbf{N}(\mathcal{B}) = \mathcal{B}$, si chiama *sottoalgebra di Cartan*. Un esempio di sottoalgebra di Cartan nell'algebra delle matrici (con il prodotto di Lie $[A, B] = AB - BA$, dove a secondo membro il prodotto è l'usuale prodotto di matrici) è dato dalla sottoalgebra $\mathcal{B}$ delle matrici diagonali. Si vede subito intanto che si tratta effettivamente di una sottoalgebra. Inoltre, avendosi $[A, B] = 0$, in quanto due matrici diagonali permutano, si ha $\mathcal{B}' = 0$, e dunque $\mathcal{B}$ è nilpotente (e anzi, abeliana). Facciamo vedere che si autonormalizza. Sia $[A, B] \in \mathcal{B}$, per ogni $B \in \mathcal{B}$, ovvero sia $[A, B]$ una matrice diagonale ogniqualvolta B lo è. Allora $AB - BA$ è diagonale; ma questa matrice ha tutti zeri sulla diagonale, ed essendo una matrice diagonale non può che essere la matrice nulla. Allora $AB = BA$, e poiché una matrice che permuta con tutte le matrici diagonali è essa stessa diagonale, si ha $A \in \mathcal{B}$.

Chiudiamo il capitolo con una condizione sufficiente di risolubilità per un gruppo finito dovuta a I. N. Herstein. La dimostrazione si basa sulla riduzione del gruppo a un gruppo di Frobenius con complemento abeliano. Saremo cioè nelle ipotesi del Teor. 5.80 con H abeliano, e in questo caso non è necessario il teorema di Frobenius per dimostrare che il nucleo è un sottogruppo: esso si trova infatti come nucleo del transfer di G nel sottogruppo H.

5.112 Lemma. *Nelle ipotesi del* Teor. 5.80 *sia inoltre* H *abeliano. Allora:*

i) la restrizione ad H *del transfer* $V : G \to H$ *è l'identità su* H*; si ha cioè* $V(h) = h$*, per ogni* $h \in H$*;*

ii) $G = HK$*,* $K = Ker(V)$ *e per i),* $H \cap K = \{1\}$*.*

Dim. i) Sappiamo che $V(h) = \prod_{i=1}^{t} x_i h^{r_i} x_i^{-1}$, dove $x_i h^{r_i} x_i^{-1} \in H$. Se $x_i \neq \{1\}$, $h^{r_i} \in H \cap H^{x_i^{-1}} = \{1\}$. Nel prodotto resta dunque solo il contributo dovuto a $x_1 = 1$: $V(h) = h^{r_1}$. Dalla (5.13) con $x_1 = 1$, il ciclo di σ cui appartiene 1 contiene solo 1: si ha infatti $1 \cdot h = h_1 x_{\sigma(1)}$, da cui $x_{\sigma(1)} = h_1^{-1} h \in H$, e così $x_{\sigma(1)} = 1$, $\sigma(1) = 1$ e $r_1 = 1$. Ne segue $V(h) = h$.

ii) Da *i)* si ha che V è surgettivo (lo è già su H), e perciò $H \simeq G/K$, $K = Ker(V)$, da cui $|G| = |H| \cdot |K| = |HK|$ in quanto $H \cap K = \{1\}$ (perché, per *i)*, $V(h) = 1$ implica $h = 1$). $\diamond$

Se H non è abeliano, questo lemma fornisce $V(G) = H/H'$, e la restrizione ad H di V è l'omomorfismo canonico $h \to hH'$.

Se in un gruppo di Frobenius lo stabilizzatore di un punto è abeliano, dal lemma precedente si ha che $G_\alpha = H$ ha $|K|$ coniugati, dove K è il nucleo del transfer di G in H; si hanno quindi $(|H| - 1)|K| = |G| - |K|$ elementi che muovono qualche punto; quelli che non muovono alcun punto sono allora $|K|$, ed esauriscono pertanto il sottogruppo K.

5.113 Teorema. (HERSTEIN) *Sia G un gruppo finito che ammette un sotto-gruppo H massimale e abeliano. Allora G è risolubile.*

Dim. Se $\mathbf{N}_G(H) > H$, per la massimalità di H si ha $\mathbf{N}_G(H) = G$, $H \trianglelefteq G$ e G/H ha ordine primo (sempre per la massimalità di H); H e G/H sono allora entrambi risolubili, e pertanto G lo è. Sia allora $\mathbf{N}_G(H) = H$, e sia $B = H \cap H^x \neq \{1\}$ per $x \notin H$. Allora B è normale in H e H^x (si tratta di gruppi abeliani), e perciò $\mathbf{N}_G(B)$ contiene propriamente H per cui $B \trianglelefteq G$. G/B contiene il sottogruppo massimale e abeliano H/B; per induzione sull'ordine di G, G/B è risolubile, e siccome B lo è, anche G è risolubile. Possiamo allora supporre $H \cap H^x = \{1\}$ per $x \notin H$. Sia K il nucleo del transfer di G in H, e sia S il p−Sylow di K fissato per coniugio dagli elementi di H (es. 54; si ricordi che $1 \neq h \in H$ agisce s.p.f. su K). Allora HS è un sottogruppo che contiene propriamente H, e pertanto $HS = G$, e poiché H normalizza S è $S \trianglelefteq G$ (essendo anche $HK = G$ è $S = K$). Ma S è nilpotente, e dunque risolubile, e $G/S \simeq H$ è abeliano, e allora G è risolubile. $\diamond$

5.114 Nota. Se si sostituisce l'ipotesi "H abeliano" con "H nilpotente", allora il Teor. 5.113 non è più vero in generale. Un risultato molto profondo di J. Thompson permette però di stabilire la risolubiltà sotto l'ipotesi che il gruppo ammetta un sottogruppo massimale nilpotente di ordine dispari.

5.115 Teorema (SCHMIDT–IWASAWA). *Sia G gruppo finito nel quale ogni sottogruppo proprio è nilpotente. Allora G è risolubile.*

Dim. Sia G un minimo controesempio. *i*) G è semplice. Neghiamo, e sia $\{1\} < N \triangleleft G$. N è nilpotente; se $H/N < G/N$, H è nilpotente e quindi anche H/N; per induzione, G/N è risolubile, ed essendo N nilpotente, G è risolubile, contro la scelta di G. *ii*) Se L ed M sono due sottogruppi massimali distinti di G, allora $L \cap M = \{1\}$. Neghiamo, e fra tutte le coppie a intersezione non identica, siano L ed M tali che $L \cap M = I$ sia di ordine massimo. Si ha $I < L$ e $I < M$ (in quanto $L \neq M$), e per la nilpotenza $I < \mathbf{N}_L(I)$, $I < \mathbf{N}_M(I)$; inoltre $\mathbf{N}_G(I) < G$, per la semplicità di G, e pertanto esiste un sottogruppo massimale H che contiene $\mathbf{N}_G(I)$; ne segue $L \cap H \supseteq L \cap \mathbf{N}_G(I) = \mathbf{N}_L(I) > I$, da cui $|L \cap H| > |I| = |L \cap M|$; per la scelta di L ed M ciò implica $H = L$; analogamente, $H = M$, e quindi $L = M$, mentre $L \neq M$. *iii*) Un gruppo G che soddisfi *i*) e *ii*) non esiste. Neghiamo; ogni elemento di G appartiene a un sottogruppo massimale e, per *ii*), a uno solo. Per *i*), nessuno di questi è normale, e per la massimalità si autonormalizzano. Il gruppo risulta allora unione di sottogruppi a due a due di intersezione $\{1\}$ e che si autonormalizzano; ma un tale gruppo non esiste (Cap. 2, *es.* 39).

Questo teorema si applica in particolare allo studio di gruppi non nilpotenti, ma nei quali ogni sottogruppo proprio è nilpotente (un tale gruppo di dice allora *minimale non nilpotente*). Il corollario che segue ne è un esempio.

5.116 Corollario. *Sia G un gruppo finito non nilpotente nel quale ogni sottogruppo proprio è nilpotente. Allora l'ordine di G è divisibile per esattamente due primi.*

Dim. Per il Teor. 5.115, G è risolubile, e pertanto esiste in G un sottogruppo normale H di indice primo p. Se Q è un q–Sylow, $q \neq p$, allora $Q \subset H$ ed è Sylow in H, quindi ivi caratteristico e perciò normale in G. Se $PQ < G$ per ogni Q, questi sottogruppi PQ sono nilpotenti: P è allora normalizzato da ogni q–Sylow, e dunque è normale in G. Già sappiamo che i q–Sylow sono normali, per cui G risulta nilpotente, contro l'ipotesi. Ne segue $PQ = G$, per un certo Q.   ◇

Esercizi

59. *i*) I gruppi non semplici visti negli esercizi 38, 41, 43 e 44 del Cap. 3 sono risolubili;

ii) i gruppi diedrali D_n sono risolubili, per ogni n.

60. Il teorema di Lagrange non si inverte, in generale, per i gruppi risolubili.

61. *i*) Il prodotto di due sottogruppi risolubili, di cui uno normale, è risolubile (cf. Teor. 5.24);

ii) il prodotto diretto di un numero finito di gruppi risolubili è risolubile.

62. Sia G un gruppo che ammette un automorfismo non identico che manda un elemento o in se stesso oppure nel suo inverso. Dimostrare che G è risolubile. [*Sugg.*: sia σ l'automorfismo, e sia H il sottogruppo degli elementi fissati da σ; H e G/H sono abeliani].

63. Sia G un gruppo finito risolubile e σ un automorfismo che fissa ogni elemento del sottogruppo di Fitting F di G. Dimostrare che $(o(\sigma), |G|) \neq 1$. [*Sugg.*: dato $g \in G$, sia $g^\sigma = gx$; facendo agire g su F per coniugio, dimostrare che x centralizza F, e dunque $x \in F$ e perciò è fissato da σ. Inoltre, $g^{\sigma^k} = gx^k$, per ogni k, e $o(x)|o(\sigma)]$.

64. Dimostrare l'equivalenza delle due seguenti proposizioni:

i) un gruppo di ordine dispari è risolubile[†];

ii) un gruppo semplice non abeliano ha ordine pari.

65. Sia G risolubile, $H \trianglelefteq G$. Allora $HG' < G$. (Cfr. *es.* 6).

66. Sia G finito risolubile nel quale ogni Sylow coincide con il proprio normalizzante. Dimostrare che G è un p–gruppo[‡]. [*Sugg.*: sia H normale di indice p, primo. Allora H contiene un q–Sylow Q; applicare l'argomento di Frattini].

[†] Questa proposizione è il contenuto di un celebre teorema di W. Feit e J. Thompson.

[‡] Il risultato sussiste anche senza l'ipotesi di risolubilità (Glauberman).

67. Sia G un gruppo di permutazioni primitivo di grado n e risolubile. Dimostrare che n è una potenza di un primo.

68. Un sottogruppo massimale di un gruppo finito risolubile ha indice una potenza di un primo (cfr. Cor. 5.14).

69. Sia G finito e risolubile, H e K due sottogruppi massimali di G di ordini relativamente primi. Allora anche i loro indici sono relativamente primi. Il viceversa non è vero.

70. Sia G finito risolubile nel quale ogni sottogruppo massimale ha ordine primo con l'indice. Dimostrare che per qualche p un $p-$Sylow è normale.

71. Sia G finito risolubile. Dimostrare che se $x_1 x_2 \ldots x_n = 1$ e gli x_i hanno ordini relativamente primi, allora $x_i = 1$ per ogni i.[†]

72. Sia G finito risolubile, e siano $S_1, S_2, \ldots, S_t$ sottogruppi di Sylow, uno per ciascun p che divide $|G|$. Dimostrare che il prodotto degli S_i in un ordine qualunque è tutto G (v. *Es.* 12 di 3.32).

73. Sia G un gruppo. Se due quozienti successivi di sottogruppi derivati G^{i-1}/G^i e G^i/G^{i+1}, $i > 1$, sono ciclici, allora $G^i = G^{i+1}$. [*Sugg.*: si dimostri che, posto $H = G^{i-2}/G^{i+1}$, si ha $H'/\mathbf{Z}(H')$ ciclico, e quindi H' abeliano].

74. Se G ha tutti i Sylow ciclici, allora:
   i) G è risolubile;
   ii) G' e G/G' sono ciclici (un tale gruppo si dice *metaciclico*).

75. Un sottogruppo risolubile massimale in un gruppo finito G si autonormalizza.

76. (Galois) Sia G un sottogruppo transitivo di S^p, il gruppo simmetrico su p elementi, p primo. Dimostrare che G è risolubile se e solo se contiene un sottogruppo di ordine p come sottogruppo normale. In altri termini, G è risolubile se e solo se la sua azione è affine (Cap. 3, *es.* 67).

5.117 Nota. In teoria di Galois, il risultato dell'*es.* precedente ha il seguente significato: un'equazione irriducibile di grado primo p è risolubile per radicali se e solo se le sue radici si possono esprimere come funzioni razionali di due qualunque di esse. Vediamo perché.[‡] Se il gruppo di Galois G è risolubile, allora, essendo un sottogruppo transitivo di S^p, si tratta di un gruppo affine, e pertanto se un elemento fissa due radici è l'identità. Aggiungendo al campo due radici α_i e α_j, G si abbassa a un sottogruppo H che fissa queste due radici, e perciò $H = \{1\}$, da cui $K(\alpha_1, \alpha_2, \ldots, \alpha_p) = K(\alpha_i, \alpha_j)$, e ogni radice è una funzione razionale di α_i e α_j. Viceversa, se ogni radice è una funzione razionale di due qualunque α_i e α_j, si ha $K(\alpha_1, \alpha_2, \ldots, \alpha_p) = K(\alpha_i, \alpha_j)$, e questa uguaglianza significa che se un elemento del gruppo di Galois fissa due radici le fissa tutte, e quindi è l'identità. G è allora un gruppo affine, e perciò risolubile.

77. Dimostrare che, nelle ipotesi del Teor. 5.113, si ha $G''' = \{1\}$.

[†] Questo fatto caratterizza i gruppi finiti risolubili (J. Thompson).

[‡] Ricordiamo che un'equazione è risolubile per radicali se e solo se il suo gruppo di Galois (Nota 2 di 3.68) è un gruppo risolubile.

78. Siano $p_1, p_2, \ldots, p_n$ i primi che compaiono come ordini dei quozienti di composizione di un gruppo risolubile G (con eventuali ripetizioni). Allora G è nilpotente se e solo se, per ogni permutazione $p_{i_1}, p_{i_2}, \ldots, p_{i_n}$ dei p_i, G ammette una serie di composizione i cui fattori compaiono nell'ordine $p_{i_1}, p_{i_2}, \ldots, p_{i_n}$.

79. Sia G un gruppo risolubile che ammette una serie invariante a quozienti ciclici (G si dice allora *supersolubile*). Dimostrare (Wendt) che il derivato G' è nilpotente. [*Sugg*. Sia H/K un quoziente della serie di G' ottenuta per intersezione di G' con una serie di G del tipo detto. Due elementi di G' inducono su H/K automorfismi permutabili: il loro commutatore induce allora l'identità, e la serie di G' è centrale].

80. Sia G un gruppo finito nel quale ogni sottogruppo massimale ha indice primo. Dimostrare che se q è il massimo primo che divide $|G|$, un q–Sylow è normale e G è risolubile. [*Sugg*: se Q non è normale, sia M massimale che contiene $\mathbf{N}_G(Q)$; considerare il numero dei q–Sylow di G e di M].

81. Un gruppo risolubile, finitamente generato e periodico è finito (cf. Teor. 5.34).

82. Sia G finito, $G = ABA$, dove A è un sottogruppo abeliano e B è ciclico di ordine primo. Dimostrare che G è risolubile [*Sugg*.: utilizzare il Teor. 5.113].

83. Dimostrare che :

  i) un sottogruppo A di un gruppo G è abeliano massimale se e solo se coincide con il proprio centralizzante;

  ii) se il sottogruppo di Fitting F di G è abeliano, allora si tratta dell'unico sottogruppo abeliano normale massimale;

  iii) se F è abeliano, e G è risolubile, allora F è abeliano massimale.

84. Il gruppo G dell'*Es*. 4 del Cap. 4 è risolubile (Cap. 4, *es*. 12), ma non policiclico (Teor. 5.41).

85. *i*) Sia G un gruppo semplice, H e K sottogruppi propri di G con H abeliano. Dimostrare che $H \cap K = \{1\}$.

  ii) Sia $|G| = p^a q^b$ e con i Sylow abeliani. Dimostrare che G è risolubile[†]. [*Sugg*. Basta dimostrare che G non è semplice (usare *i*)) e poi induzione].

[†] Il risultato sussiste anche senza l'ipotesi che i Sylow siano abeliani (Teor. 6.40).

6

Rappresentazioni lineari

6.1 Definizioni ed esempi

Nel Cap. 3 abbiamo visto come l'azione di un gruppo G su un insieme Ω dia luogo a un omomorfismo φ di G nel gruppo simmetrico S^Ω. Questo omomorfismo permette di rappresentare gli elementi di G per mezzo di permutazioni, e di sfruttare le proprietà di queste per lo studio della struttura di G. Analogamente, le rappresentazioni per mezzo di trasformazioni lineari di uno spazio vettoriale V permettono di ridurre alcuni problemi a problemi di algebra lineare.

6.1 Definizione Sia V uno spazio vettoriale di dimensione finita n su un campo K. Una *rappresentazione lineare* di un gruppo G è un omomorfismo $\rho : G \to GL(V)$. Il *grado* della rappresentazione è la dimensione di V. La rappresentazione è *fedele* se il nucleo $Ker(\rho)$ si riduce all'identità. Scelta una base in V, si può rappresentare G in $GL(n, K)$.

L'azione di G su Ω permette di costruire una rappresentazione nel senso della definizione precedente. Infatti, se consideriamo le combinazioni lineari formali a coefficienti in un campo K degli elementi di Ω, $v = c_1\alpha_1 + c_2\alpha_2 + \cdots + c_n\alpha_n$, $\alpha_i \in \Omega$, possiamo estendere l'azione di G a queste definendo, per $s \in G$, $v^s = c_1\alpha_1^s + c_2\alpha_2^s + \cdots + c_n\alpha_n^s$. Gli elementi v costituiscono uno spazio vettoriale V, del quale Ω è una base, e l'azione di G su Ω è data dalla matrice P_s definita dalla permutazione indotta da s (Teor. 3.2). La corrispondenza $s \to P_s$ è un omomorfismo di G nel gruppo $GL(n, K)$.

Una rappresentazione definisce a sua volta un'azione di G sullo spazio V data da $v^s = v\rho(s)$. Fissata una base $e_1, e_2, \ldots, e_n$ di V, sia R_s la matrice di $\rho(s)$ in questa base. Si ha $\det(R_s) \neq 0$, ed essendo ρ un omomorfismo, $R_{st} = R_s R_t$. Se $r_{i,j}(s)$ è l'elemento di posto (i, j) della matrice $\rho(s)$, l'ultima uguaglianza significa $r_{i,k}(st) = \sum_j r_{i,j}(s) r_{j,k}(t)$.

6.2 Esempi. 1. Se lo spazio è di dimensione 1, le rappresentazioni di G sono omomorfismi in K^*. Se $s \in G$ ha periodo m, $\rho(s)^m = \rho(s^m) = \rho(1) = 1$, per cui se G è finito, le immagini degli elementi di G sono radici dell'unità di K. In particolare, se il campo è il campo complesso $\mathbf{C}$, queste immagini sono di modulo 1.

2. Se $\rho(s) = 1$ per ogni $s \in G$, ρ è la *rappresentazione unità*.

3. Sia $\mathbf{R}$ il gruppo additivo dei reali, ρ l'applicazione di $\mathbf{R}$ in $GL(2, \mathbf{R})$ data da $\alpha \to \begin{pmatrix} \cos \alpha & -\operatorname{sen} \alpha \\ \operatorname{sen} \alpha & \cos \alpha \end{pmatrix}$ è una rappresentazione di $\mathbf{R}$.

Scriveremo ρ_s per $\rho(s)$.

4. Sia G finito, e sia e_t una base di V dove gli indici t sono gli elementi di G. Si ottiene allora la rappresentazione regolare destra di G definendo $(e_t)\rho_s = e_{ts}$, e la rappresentazione regolare sinistra mediante la $\rho_s(e_t) = e_{s^{-1}t}$. Si osservi che $e_s = \rho_s(e_1)$; in altri termini, i trasformati di e_1, dove 1 è l'unità di G, mediante i vari $\rho(s)$, costituiscono una base di V.

Viceversa, se lo spazio V contiene un vettore v tale che le sue immagini $\rho(s)$ costituiscono una base di V, allora ρ è equivalente alla rappresentazione regolare nel senso della seguente definizione.

6.3 Definizione. (v. Def. 3.15). Siano ρ e ρ' due rappresentazioni di un gruppo G con spazi V e W su uno stesso campo K. Allora ρ e ρ' sono *equivalenti* (o *isomorfe*, o *simili*) se esiste un isomorfismo $\tau : V \to W$ che permuta con l'azione di G:

$$\tau \rho_s = \rho'_s \tau, \ s \in G.$$

Se R_s é la matrice su K che esprime ρ_s in una data base, l'equivalenza significa che esiste una matrice T su K tale che $T R_s T^{-1} = R'_s$, per ogni $s \in G$.

Nel caso dell'*Es.* 4 qui sopra l'equivalenza si ottiene definendo $\tau(e_s) = \rho_s(v)$.

Siano ρ e ρ' due rappresentazioni di G su due spazi V e W su K. La *somma diretta* $\rho \oplus \rho'$ è la rappresentazione su $V \oplus W$ definita da:

$$(\rho \oplus \rho')_s(u + v) = \rho_s(u) + \rho'_s(v).$$

In termini di matrici, $(\rho \oplus \rho')_s$ è rappresentata da $\begin{pmatrix} R_s & 0 \\ 0 & R'_s \end{pmatrix}$, dove R_s e R'_s rappresentano ρ_s e ρ'_s, rispettivamente.

Se un sottospazio W di V è *invariante* per l'azione di G, o $G-invariante$, cioè se $\rho_s(w) \in W$, per ogni $s \in G$ e $w \in W$, allora ρ induce due rappresentazioni, una su W e una sullo spazio quoziente V/W. La prima è semplicemente la restrizione di ρ a W, la seconda si ottiene ponendo $\rho_s(v + W) = \rho_s(v) + W$ (l'invarianza di W implica che questa azione è ben definita). Queste due rappresentazioni su W e V/W si dicono *costituenti* di ρ.

6.4 Definizione. Una rappresentazione ρ si dice *riducibile* se esiste un sottospazio non banale invariante per l'azione di G, *irriducibile* nell'altro caso. Si dice *completamente riducibile* se lo spazio si spezza nella somma di sottospazi invarianti e irriducibili (si osservi che una rappresentazione irriducibile risulta allora completamente riducibile).

In termini di matrici, ρ è riducibile se esiste una matrice invertibile T su K, indipendente da s, tale che $TR_sT^{-1} = \begin{pmatrix} R'_s & 0 \\ * & R''_s \end{pmatrix}$, completamente riducibile se esiste T tale che

$$TR_sT^{-1} = \begin{pmatrix} R_s^{(1)} & & & \\ & R_s^{(2)} & & 0 \\ & & \ddots & \\ 0 & & & R_s^{(m)} \end{pmatrix}$$

per un certo m, e dove gli insiemi di matrici $\{R_s^{(i)}, s \in G\}, i = 1, 2, \ldots, m$, sono irriducibili.

La riducibilità o meno di una rappresentazione dipende dalla natura del campo K, come mostrano i seguenti esempi.

6.5 Esempi. 1. Sia $G = \{1, x, x^2\}$ il gruppo ciclico di ordine 3, e ρ la rappresentazione bidimensionale:

$$\rho_1 = \begin{pmatrix} 1 & 0 \\ 0 & 1 \end{pmatrix}, \; \rho_x = \begin{pmatrix} -1 & 1 \\ -1 & 0 \end{pmatrix}, \; \rho_{x^2} = \begin{pmatrix} 0 & -1 \\ 1 & -1 \end{pmatrix}.$$

Se il campo è il campo reale, questa rappresentazione è irriducibile. Non esiste infatti alcuna matrice reale T tale che

$$T\rho_x T^{-1} = \begin{pmatrix} a & 0 \\ * & b \end{pmatrix}$$

(uguagliando traccia e determinante si ha $a + b = -1$ e $ab = 1$, da cui $a^2 + a + 1 = 0$ che non ha radici reali). Sui complessi, invece, le matrici si possono ridurre alla forma:

$$\rho_1 = \begin{pmatrix} 1 & 0 \\ 0 & 1 \end{pmatrix}, \; \rho_x = \begin{pmatrix} w & 0 \\ 0 & w^2 \end{pmatrix}, \; \rho_{x^2} = \begin{pmatrix} w^2 & 0 \\ 0 & w \end{pmatrix}.$$

dove w è una radice primitiva terza dell'unità, e la rappresentazione è addirittura completamente riducibile. Può però accadere che una rappresentazione resti irriducibile in un qualunque ampliamento del campo: essa si dice allora *assolutamente irriducibile*.

2. (*Rappresentazione di permutazione.*) Riprendiamo l'esempio della rappresentazione che nasce da un'azione di un gruppo su un insieme Ω. Se spezziamo Ω in orbite, lo spazio V si spezza nella somma diretta di sottospazi, ciascuno con base gli elementi di un'orbita Δ, che però, se $|\Delta| > 1$, non sono mai irriducibili: la transitività non coincide con l'irriducibilità. L'introduzione della linearità permette infatti un'ulteriore decomposizione, oltre quella in orbite. Precisamente, se $\Delta = \{e_1, e_2, \ldots, e_t\}$, allora il sottospazio che ha come base gli elementi di Δ ha sempre un sottospazio invariante, di dimensione 1, e cioè $\langle v \rangle$, dove $v = e_1 + e_2 + \ldots + e_t$, che ha come complementare l'iperpiano di equazione $x_1 + x_2 + \cdots + x_n = 0$.

Supponiamo ora $G = S^n$, e siano $\Omega = \{e_1, e_2, \ldots, e_n\}$ e V uno spazio vettoriale di base Ω su un campo di caratteristica zero. Nella rappresentazione di S^n definita da $e_i^\sigma = e_{\sigma(i)}$, l'iperpiano W di equazione $x_1 + x_2 + \cdots + x_n = 0$ è invariante, e su questo iperpiano la rappresentazione è irriducibile. Sia infatti $U \neq \{0\}$ un sottospazio invariante di W. Se $0 \neq u = \sum_i x_i e_i \in U$, allora almeno due coefficienti sono distinti, e sia $x_1 \neq x_2$. Consideriamo la trasposizione $\tau = (1, 2)$ e la differenza $u - u^\tau$; abbiamo:

$$u - u^\tau = x_1 e_1 + x_2 e_2 + x_3 e_3 + \cdots + x_n e_n - x_2 e_1 - x_1 e_2 - x_3 e_3 - \cdots - x_n e_n$$
$$= (x_2 - x_1)(e_2 - e_1),$$

per cui se U è invariante, $(x_2 - x_1)(e_2 - e_1) \in U$, ed essendo $x_1 \neq x_2$, anche $e_2 - e_1 \in U$. Sempre per l'invarianza, con $\tau_i = (2, i)$, $i = 3, \ldots, n$, si ha $(e_2 - e_1)^{\tau_i} = e_i - e_1 \in U$. Ma questi vettori generano W: se $w \in W$,

$$w = x_1 e_1 + x_2 e_2 + \cdots + x_n e_n = -(x_2 + \cdots + x_n)e_1 + x_2 e_2 + \cdots + x_n e_n$$
$$= x_2(e_2 - e_1) + x_3(e_3 - e_1) + \cdots + x_n(e_n - e_1),$$

e pertanto $U = W$. Sullo spazio V, S^n ammette quindi una rappresentazione irriducibile di grado 1 sul sottospazio $\langle v \rangle$, dove $v = e_1 + e_2 + \ldots + e_n$, e una di grado $n - 1$ sul complementare di $\langle v \rangle$ anch'essa irriducibile.

Vediamo un esempio con il gruppo S^3. Sia $S^3 = \langle s = (12), t = (123) \rangle$ e la sua rappresentazione con matrici di permutazioni:

$$\rho_s = \begin{pmatrix} 0 & 1 & 0 \\ 1 & 0 & 0 \\ 0 & 0 & 1 \end{pmatrix}, \; \rho_t = \begin{pmatrix} 0 & 1 & 0 \\ 0 & 0 & 1 \\ 1 & 0 & 0 \end{pmatrix},$$

(basta definire ρ sui generatori e verificare che $\rho_s^2 = \rho_t^3 = (\rho_s \rho_t)^2 = 1$). ρ è riducibile: con la matrice $T = \begin{pmatrix} 1 & 1 & 1 \\ -1 & 1 & 0 \\ -1 & 0 & 1 \end{pmatrix}$, che permette di passare dalla base $\{e_1, e_2, e_3\}$ alla base $v = e_1 + e_2 + e_3, e_2 - e_1, e_3 - e_1$, corrispondente allo spezzamento in sottospazi invarianti $V = \langle v \rangle \oplus W$, si ha

$$T\rho_s T^{-1} = \begin{pmatrix} 1 & 0 & 0 \\ 0 & -1 & 0 \\ 0 & -1 & 1 \end{pmatrix}, \; T\rho_t T^{-1} = \begin{pmatrix} 1 & 0 & 0 \\ 0 & -1 & 1 \\ 0 & -1 & 0 \end{pmatrix}.$$

Verifichiamo che le matrici della rappresentazione su W costituiscono un insieme irriducibile. Se infatti S è tale che

$$S \begin{pmatrix} -1 & 0 \\ -1 & 1 \end{pmatrix} S^{-1} = \begin{pmatrix} r & 0 \\ * & s \end{pmatrix}, \; S \begin{pmatrix} -1 & 1 \\ -1 & 0 \end{pmatrix} S^{-1} = \begin{pmatrix} p & 0 \\ * & q \end{pmatrix},$$

uguagliando tracce e determinanti si ha $r+s = 0, rs = 1$, onde $r = \pm 1, s = \mp 1$, e $p + q = -1$, $pq = 1$, da cui $p = w, w^2$ e $q = w^2, w$ (radici terze dell'unità). Sommando i due membri si ha

$$S \begin{pmatrix} -2 & 1 \\ -2 & 1 \end{pmatrix} S^{-1} = \begin{pmatrix} \pm 1 \pm a & 0 \\ * & \mp 1 + b \end{pmatrix},$$

dove $a = w, w^2$ e $b = w^2, w$, che è impossibile su qualunque campo (il determinante della matrice a sinistra è zero, quello a destra no). Si tratta quindi di una rappresentazione assolutamente irriducibile.

6.2 Teorema di Maschke

Se $V = W \oplus W'$, e $v = w + w'$, il *proiettore* $\pi : V \to W$ fa corrispondere al vettore v la sua componente su W. Se $v \in W$, allora $\pi(v) = v$. Viceversa, se π è un'applicazione lineare di V in sé tale che $Im(\pi) = W$ e $\pi(w) = w$ se $w \in W$, allora $V = W \oplus Ker(\pi)$, somma diretta. Infatti, se $v \in W \cap Ker(\pi)$, allora $\pi(v) = v$ e $\pi(v) = 0$, da cui $v = 0$. Inoltre $v = \pi(v) + (v - \pi(v))$, $\pi(\pi(v)) = \pi(w) = w = \pi(v) \in W$ e $\pi(v - \pi(v)) = \pi(v) - \pi^2(v) = \pi(v) - \pi(v) = 0$, cioè $v - \pi(v) \in Ker(\pi)$. In altri termini, dato un sottospazio W e un complementare W', $V = W \oplus W'$, W' individua il proiettore π che fa corrispondere a un vettore v la sua componente in W; il sottospazio W' è allora il nucleo di π. Viceversa, se π è tale che $\pi(v) \in W$ e $\pi(w) = w$, abbiamo visto che $V = W \oplus Ker(\pi)$, e pertanto π individua un complementare di W (il suo nucleo). Abbiamo così una corrispondenza biunivoca tra proiettori di V su W e complementari di W in V.

6.6 Teorema (MASCHKE). *Se G è un gruppo finito e la caratteristica del campo non divide l'ordine del gruppo, allora ogni rappresentazione di G è completamente riducibile.*

Dim. Se la rappresentazione ρ è irriducibile, non c'è niente da dimostrare. Sia allora W un sottospazio invariante, e dimostriamo che esiste sempre un complementare di W anch'esso invariante. Sia V' un complementare di W, $V = W \oplus V'$, π il corrispondente proiettore, e consideriamo la media

$$\pi^\circ = \frac{1}{|G|} \sum_{t \in G} \rho_t \pi \rho_{t^{-1}}. \tag{6.1}$$

Facciamo vedere che π° è un proiettore di V su W. Siano $v \in V$, $t \in G$; allora

$$\rho_t \pi \rho_{t^{-1}}.v = \rho_t \pi(\rho_{t^{-1}}.v) = \rho_t.w \in W,$$

dove $w = \pi(\rho_{t^{-1}}.v) \in W$, e $\rho_t.w \in W$ per l'invarianza di W. $\pi^\circ(v)$ è quindi una somma di elementi di W moltiplicata per lo scalare $\frac{1}{|G|}$, e pertanto $\pi^\circ(v) \in W$.

Siano ora $w \in W$, $t \in G$. Si ha:

$$\rho_t \pi \rho_{t^{-1}}.w = \rho_t \pi(\rho_{t^{-1}}.w) = \rho_t \rho_{t^{-1}}.w = w,$$

in quanto $\rho_{t^{-1}}.w \in W$ e dunque π lo fissa, e ciò per ogni $t \in G$. Ne segue $\pi^\circ(w) = \frac{1}{|G|}(|G|w) = w$, per cui π° è un proiettore. Ad esso corrisponde un complementare W_0 (il suo nucleo): $V = W \oplus W_0$. Facciamo vedere che W_0 è G–invariante, cioè che $\pi^\circ(v) = 0$ implica $\pi^\circ(\rho_s.v) = 0$, $s \in G$; W_0 sarà allora il sottospazio cercato. A tale scopo mostriamo che π° permuta con l'azione di G, perché allora, se $\pi^\circ(v) = 0$, si avrà $\pi^\circ(\rho_s.v) = \rho_s \pi^\circ(v) = \rho_s.0 = 0$. Ora:

$$\rho_s \pi^\circ \rho_{s^{-1}} = \rho_s \left[\frac{1}{|G|} \sum_{t \in G} \rho_t \pi \rho_{t^{-1}} \right] \rho_{s^{-1}}$$

$$= \frac{1}{|G|} \sum_{t \in G} \rho_s \rho_t \pi \rho_{t^{-1}} \rho_{s^{-1}} = \frac{1}{|G|} \sum_{t \in G} \rho_{st} \pi \rho_{(st)^{-1}}.$$

Ma quando t varia in G, st percorre tutti gli elementi di G, e quindi l'ultimo termine è

$$\frac{1}{|G|} \sum_{t \in G} \rho_t \pi \rho_{t^{-1}} = \pi^\circ,$$

che è quanto si voleva. Si ha allora $\rho = \rho' \oplus \rho''$, dove ρ' e ρ'' sono le restrizioni di ρ a W e W_0. Se queste sono irriducibili, ci si ferma qui. Altrimenti, applicando più volte il procedimento ora visto, si decompone V in somma di sottospazi invarianti e ρ in somma di rappresentazioni irriducibili. $\Diamond$

L'ipotesi sulla caratteristica p del campo è necessaria nella dimostrazione in quanto si considera $1/|G|$, che perde di senso nel caso in cui p divide $|G|$. L'ipotesi non si può comunque lasciar cadere, come si vede dagli *Es.* 1 e 2 che seguono.

6.7 Esempi. 1. Il gruppo S^3 agisce sullo spazio $\mathbf{F}_2 \oplus \mathbf{F}_2 = \{0, u, v, u+v\}$ su $\mathbf{F}_2$; ρ_s, $s = (1,2)$, fissa $\{0, u\}$ e scambia tra loro $\{0, v\}$ e $\{0, u + v\}$. Il sottospazio $\{0, u\}$ ammette questi ultimi come supplementari, nessuno dei quali è però invariante per ρ_s. (La caratteristica del campo, che qui è 2, divide l'ordine 6 del gruppo).

2. Il gruppo ciclico $G = \langle s \rangle$ di ordine primo p ammette su $\mathbf{F}_p$ la rappresentazione riducibile:

$$\rho(s^k) = \begin{pmatrix} 1 & 0 \\ k & 1 \end{pmatrix}, \quad k = 0, 1, \ldots, p-1,$$

(se $V = \langle v_1, v_2 \rangle$, il sottospazio $\langle v_1 \rangle$ è invariante). Ma se $T\rho(s)T^{-1} = \begin{pmatrix} a & 0 \\ 0 & b \end{pmatrix}$, uguagliando traccia e determinante, si ha $a + b = 2, ab = 1$, da cui $a = b = 1$, assurdo.

3. Un argomento dello stesso tipo di quello dell'*Es.* precedente dimostra che il teorema non sussiste nel caso di un gruppo infinito. Le matrici

$\begin{pmatrix} 1 & 0 \\ k & 1 \end{pmatrix}$, $k \in \mathbf{Z}$, formano un gruppo isomorfo a $\mathbf{Z}$, e pertanto forniscono una rappresentazione fedele di questo gruppo in uno spazio di dimensione 2. Come sopra , si tratta di una rappresentazione riducibile, ma non completamente riducibile (anche qui, l'esistenza di T darebbe $a = b = 1$).

Sia ρ una rappresentazione del gruppo G sullo spazio V, e sia $K = \mathbf{C}$ il campo complesso. Ricordiamo che una forma hermitiana è un'applicazione $V \times V \to \mathbf{C}$ tale che:

i) $(u, v) = \overline{(v, u)}$;

ii) $(\alpha u + \beta v, v) = \alpha(u, v) + \beta(v, u)$;

iii) $(v, v) > 0$, per $v > 0$ (non degenere).

La forma è *G–invariante* se $(\rho_s(u), \rho_s(v)) = (u, v)$, $s \in G$. A partire da una data forma si può sempre determinare una forma G–invariante. Definendo infatti $(u|v) = \sum_s (\rho_s(u), \rho_s(v))$, si ha, per $t \in G$, $(\rho_t(u), \rho_t(v)) = \sum_s (\rho_s \rho_t(u), \rho_s \rho_t(v)) = \sum_s (\rho_{st}(u), \rho_{st}(v)) = \sum_s (\rho_s(u), \rho_s(v)) = (u|v)$. Questa invarianza significa che, in una base ortonormale di V la matrice di ρ_s è *unitaria* (l'inversa coincide con la coniugata della trasposta) e, nel caso reale, *ortogonale*.

L'ortogonale $W^\perp$ di un sottospazio G–invariante W è G–invariante. Infatti, se $v \in W^\perp$, $(w, v) = 0$, $w \in W$, e quindi $(\rho_s w, v) = 0$ per l'invarianza di W. Ne segue $0 = (\rho_s w, 1.v) = (\rho_s w, \rho_s \rho_{s^{-1}} v) = (w, \rho_{s^{-1}} v)$, dove la seconda uguaglianza segue dall'invarianza della forma per ρ_s, e la terza da quella di W per $\rho_{s^{-1}}$. Abbiamo allora $V = W \oplus W^\perp$, con entrambi i sottospazi invarianti: si ottiene in questo modo una nuova dimostrazione del teorema di Maschke.

6.3 Caratteri

Nel caso di un'azione di G su un insieme Ω, abbiamo definito il carattere χ dell'azione come la funzione che associa a un elemento di G il numero di punti che esso fissa. Rappresentando $g \in G$ con una matrice di permutazione, a un punto fissato da g corrisponde allora un 1 sulla diagonale, e dunque $\chi(g)$ è la somma degli elementi sulla diagonale, cioè la traccia della matrice.

6.8 Definizione. Sia ρ una rappresentazione del gruppo finito G sul campo complesso. La funzione $\chi_\rho : G \to \mathbf{C}$, che associa a $s \in G$ la traccia della matrice ρ_s:

$$\chi_\rho(s) = \text{tr}(\rho_s)$$

è il *carattere* della rappresentazione ρ. Se ρ è di grado 1, il carattere è *lineare*. Il carattere della rappresentazione unità è il carattere *principale* , e si denota con χ_1 o con 1_G.

6.9 Teorema. *Sia V di dimensione n, χ il carattere di una rappresentazione del gruppo G su V. Si ha:*

   i) $\chi(1) = n$;
   ii) se $o(s) = m$, $\chi(s)$ è somma di radici m-esime dell'unità;
   iii) $\chi(s^{-1}) = \overline{\chi(s)}$;
   iv) $\chi(tst^{-1}) = \chi(s)$.

Dim. i) $\chi(1)$ è la traccia della matrice identica.

ii) Gli autovalori di ρ_s sono radici dell'unità. Infatti, se $s^m = 1$, e $\rho_s(v) = \lambda v$, $v \neq 0$, allora $\rho_s^m(v) = \lambda^m v$. Ma $\rho_s^m = \rho_{s^m} = \rho_1 = I$, e dunque $v = Iv = \lambda^m v$, e in particolare $|\lambda| = 1$ (si osservi che ciò risulta anche dal fatto che ρ_s può essere data da una matrice unitaria).

iii) Essendo $\lambda \overline{\lambda} = 1$,

$$\overline{\chi(s)} = \overline{\text{tr}(\rho_s)} = \sum_i \overline{\lambda_i} = \sum_i \lambda_i^{-1} = \text{tr}(\rho_s^{-1}) = \text{tr}(\rho_{s^{-1}}) = \chi(s^{-1}).$$

iv) Matrici coniugate hanno la stessa traccia.   ◇

6.10 Nota. Ricordiamo che il prodotto tensoriale $T = V \otimes_K W$ di due spazi vettoriali su uno stesso campo K è lo spazio che ha per base le coppie di vettori delle basi di V e W, (v_i, w_j), $i = 1, 2, \ldots$, $j = 1, 2, \ldots$, per le quali si usa la notazione $v_i \otimes w_j$. Se $v = \sum_i \alpha_i v_i$ e $w = \sum_j \beta_j w_j$, il prodotto tensoriale di v per w è $v \otimes w = \sum_{i,j} \alpha_i \beta_j (v_i \otimes w_j)$; un elemento di T è una somma di elementi di questo tipo. Si vede facilmente che il prodotto così definito è bilineare. Se $A = (a_{i,j})$ e $B = (b_{i,j})$ sono matrici di due trasformazioni lineari di V e W, rispettivamente, si definisce il loro prodotto tensoriale, o di Kronecker, come l'applicazione lineare su $V \otimes_K W$ data da $(A \otimes B)(v_i \otimes w_j) = Av_i \otimes Bw_j$. Se le dimensioni di V e W sono finite, n ed m, scegliendo l'ordinamento lessicografico secondo il primo indice dei vettori della base di $V \otimes_K W$ $(v_1 \otimes w_1, v_1 \otimes w_2, \ldots, v_1 \otimes w_m, v_2 \otimes w_1, \ldots, v_n \otimes w_m)$, la matrice $A \otimes B$ ha nel posto (i, j) l'intera matrice B moltiplicata per $a_{i,j}$. Si vede subito che la traccia di $A \otimes B$ è il prodotto delle tracce: $\text{tr}(A \otimes B) = \text{tr}(A)\text{tr}(B)$, qualunque sia l'ordinamento scelto per la base di $V \otimes_K W$.

Il prodotto tensoriale di due spazi permette di definire un prodotto di due rappresentazioni su questi spazi: $\rho' \otimes \rho''$ è definito su $V \otimes_K W$ come $(\rho' \otimes \rho'')(v \otimes w) = \rho'(v) \otimes \rho''(w)$. L'interesse di questo prodotto tensoriale sta nel fatto che, come abbiamo visto nella Nota qui sopra, la traccia è moltiplicativa, e quindi il prodotto di due caratteri è ancora un carattere, e precisamente il carattere del prodotto tensoriale: $\chi(\rho' \otimes \rho'') = \chi' \cdot \chi''$.

6.11 Lemma (SCHUR). *Siano ρ' e ρ'' due rappresentazioni irriducibili su due spazi V_1 e V_2, φ una trasformazione lineare $V_1 \to V_2$ che commuta con l'azione di G: $\varphi \rho_s' = \rho_s'' \varphi$, $s \in G$. Si ha:*
   i) se ρ' e ρ'' non sono equivalenti, φ è l'applicazione nulla $V_1 \to \{0\}$;
   ii) se il campo è il campo complesso, $V_1 = V_2$ e $\rho' = \rho''$, allora φ è la moltiplicazione per uno scalare.

Dim. i) Sia $\varphi \neq 0$, W il suo nucleo. Si ha, per $w \in W$, $\varphi(\rho'_s(w)) = \rho''_s \varphi(w) = \rho''_s(0) = 0$; ne segue $\rho'_s(w) \in W$, e dunque W è $G-$invariante. Essendo ρ'_s irriducibile, è $W = V_1$ oppure $W = \{0\}$. Nel primo caso, $Ker(\varphi) = V_1$ e così $\varphi = 0$, escluso. Allora φ è iniettiva. Dimostriamo che è surgettiva. Avendosi $\rho''_s(\varphi(v)) = \varphi(\rho'_s(v)) \in Im(\varphi)$, $Im(\varphi)$ è $G-$invariante, e non potendo essere $Im(\varphi) = \{0\}$, perché $\varphi \neq 0$, è $Im(\varphi) = V_2$. Quindi φ è un isomorfismo, e l'ipotesi sulla commutatività implica l'equivalenza.

ii) Sia λ un autovalore di φ: $\varphi' = \varphi - \lambda I$. Allora il nucleo di φ' non è nullo, e per *i)* (anche φ' permuta con ρ), questo nucleo è tutto V, cioè $\varphi' = 0$ e $\varphi = \lambda I$. $\diamond$

In termini di matrici, il lemma di Schur si esprime come segue:

i) Siano $A(s), B(s)$ due sistemi irriducibili di matrici che dipendono da uno stesso parametro s e sono relativi a due spazi vettoriali di dimensione n ed m, rispettivamente. Supponiamo che esista una matrice $n \times m$ (in generale rettangolare) Φ tale che $\Phi A(s) = B(s)\Phi$. Allora o $\Phi = 0$, oppure Φ è invertibile, e in quest'ultimo caso $n = m$ e $A(s)$ e $B(s)$ sono equivalenti.

ii) Su $\mathbf{C}$, se una matrice Φ permuta con le matrici di un sistema irriducibile, allora Φ è scalare.

6.12 Corollario. *Sia $\mathbf{C}$ il campo complesso. Allora:*

i) Le rappresentazioni irriducibili di un gruppo abeliano sono unidimensionali;

ii) se un gruppo finito ammette una rappresentazione fedele e irriducibile, allora il centro è ciclico.

Dim. i) Gli elementi del gruppo permutano tra loro, e quindi ciò accade anche per le matrici di una rappresentazione irriducibile. Ma ogni matrice permuta con tutte le altre, e dunque per la *ii)* del lemma ogni matrice del gruppo è scalare. L'irriducibilità implica allora che ciò è possibile soltanto se si tratta di matrici 1×1, cioè se la dimensione dello spazio è 1.

ii) Poiché la rappresentazione è irriducibile, le matrici che rappresentano il centro sono scalari, e poiché la rappresentazione è fedele, queste matrici formano un gruppo isomorfo a un sottogruppo finito del campo complesso, che, pertanto è ciclico. $\diamond$

6.13 Corollario. *Sia $\varphi : V_1 \to V_2$ una trasformazione lineare, e poniamo:*

$$\varphi' = \frac{1}{|G|} \sum_{t \in G} (\rho'_t)^{-1} \varphi \rho''_t.$$

Si ha:

i) se ρ' e ρ'' non sono equivalenti, allora $\varphi' = 0$;

ii) se $V_1 = V_2$ e $\rho' = \rho''$, φ' è la moltiplicazione per $\frac{1}{n} tr(\varphi)$, dove n è la dimensione di V_1.

Dim. Per il lemma di Schur basta far vedere che, per $s \in G$, $\rho'_s \varphi' = \varphi' \rho''_s$. Si ha:

$$(\rho'_s)^{-1} \varphi' \rho''_s = \frac{1}{|G|} \sum_{t \in G} (\rho'_s)^{-1} (\rho'_t)^{-1} \varphi \rho''_t \rho''_s = \frac{1}{|G|} \sum_{t \in G} (\rho'_{ts})^{-1} \varphi \rho''_{ts} = \varphi. \qquad \Diamond$$

Consideriamo ora questo corollario in forma matriciale. Siano date ρ'_t da $A = (a_{i,j}(t))$ e ρ''_t da $B = (b_{i,j}(t))$, e sia φ la trasformazione rappresentata dalla matrice $E_{h,k} = (\delta_{h,k})$. Allora $AE_{h,k}B = (a_{i,h}b_{k,j})$; nel caso i), $\sum_t (\rho'_t)^{-1} \varphi \rho''_t = 0$, per cui, in termini di matrici, $\sum_t A(t^{-1}) E_{h,k} B(t) = 0$, ovvero $\sum_t a_{i,h}(t^{-1}) b_{k,j}(t) = 0$, per ogni i, h, k, j. Nel caso ii), $\frac{1}{|G|} \sum_t \rho(t^{-1}) \varphi \rho(t) = \frac{1}{n} \mathrm{tr}(\varphi) I$, dove I è la trasformazione identica. Con φ nella forma $E_{h,k}$ abbiamo $\sum_t A(t^{-1}) E_{h,k} A(t) = \frac{|G|}{n} \mathrm{tr}(\varphi) I$, dove ora I è la matrice identica. Trattandosi di una matrice scalare, i termini fuori dalla diagonale sono nulli: $\sum_t a_{i,h}(t^{-1}) a_{k,j}(t) = 0$, se $i \neq j$. Restano i termini $\sum_t a_{i,h}(t^{-1}) a_{k,i}(t)$, i quali, se $h \neq k$, sono nulli, in quanto $\mathrm{tr}(E_{h,k}) = 0$. Con $h = k$, $\mathrm{tr}(E_{h,k}) = 1$, e $\sum_t A(t^{-1}) E_{h,k} A(t) = \mathrm{diag}(\frac{|G|}{n})$, ovvero $\sum_t a_{i,h}(t^{-1}) a_{k,j}(t) = \frac{|G|}{n}$, per ogni i e h.

Riassumendo:

6.14 Corollario. *Siano ρ' e ρ'' rappresentate dalle matrici $A(t)$ e $B(t)$, rispettivamente. Allora:*

i) se ρ_1 non è equivalente a ρ_2,

$$\sum_t a_{i,h}(t^{-1}) b_{k,j}(t) = 0, \tag{6.2}$$

per ogni i, h, k, j;

ii) se $\rho_1 = \rho_2$,

$$\sum_t a_{i,h}(t^{-1}) a_{k,j}(t) = \begin{cases} 0, & \text{se } i \neq j \text{ o } h \neq k, \\ \frac{|G|}{n}, & \text{altrimenti.} \end{cases} \tag{6.3}$$

$\Diamond$

Supponiamo che le matrici A e B siano unitarie (come possiamo sempre fare, per quanto abbiamo visto). Allora $a_{i,j}(t^{-1}) = \overline{a_{j,i}(t^{-1})}$ (in quanto $A^{-1} = \bar{A}^t$. Le formule (6.2) e (6.3) esprimono allora delle relazioni di ortogonalità, nel senso di un prodotto scalare che ora definiamo.

Siano φ e ψ due funzioni a valori complessi definite su un gruppo finito G, e poniamo

$$(\varphi, \psi) = \frac{1}{|G|} \sum_{s \in G} \overline{\varphi(s)} \psi(s).$$

Si tratta di un prodotto scalare con le seguenti proprietà:

$i)$ è semilineare in φ:

$$(\alpha(\varphi_1 + \varphi_2), \psi) = \bar{\alpha}(\varphi_1, \psi) + \bar{\alpha}(\varphi_2, \psi);$$

$ii)$ è lineare in ψ;

$iii)$ $(\varphi, \varphi) > 0$ per $\varphi \neq 0$.

(La $i)$ e la $ii)$ seguono facilmente calcolando; per la $iii)$ si ha $(\varphi, \varphi) = \sum_{t \in G} \overline{\varphi(t)} \varphi(t) = \sum_{t \in G} |\varphi(t)|^2$, una somma di quadrati di numeri reali non tutti nulli in quanto, essendo $\varphi \neq 0$, per almeno un $t \in G$ è $\varphi(t) \neq 0$).

Diremo *ortogonali* φ e ψ se $(\varphi, \psi) = 0$. La *norma* di φ è $\sqrt{(\varphi, \varphi)}$.

L'importanza per la teoria delle rappresentazioni del prodotto ora definito sta nel fatto che, rispetto ad esso, i caratteri irriducibili di un gruppo hanno norma 1 e sono a due a due ortogonali, come mostra il risultato seguente.

6.15 Teorema. $i)$ *Se* χ *è il carattere di una rappresentazione irriducibile di un gruppo* G, *allora* $(\chi, \chi) = 1$;

$ii)$ *se* χ *e* χ' *sono i caratteri di due rappresentazioni irriducibili non equivalenti di un gruppo* G, *allora* $(\chi, \chi') = 0$.

Dim. $i)$ Si ha

$$(\chi, \chi) = \frac{1}{|G|} \sum_{t \in G} \overline{\chi(t)} \chi(t) = \frac{1}{|G|} \sum_{t \in G} \chi(t^{-1}) \chi(t).$$

Se ρ è data sotto forma matriciale, $\rho_t = (a_{i,j}(t))$, si ha $\chi(t) = \sum_i a_{i,i}(t)$, e dunque

$$(\chi, \chi) = \frac{1}{|G|} \sum_t \left(\sum_{i=1}^{n} (a_{i,i}(t^{-1}) \sum_{i=1}^{n} (a_{i,i}(t)) \right) = \frac{1}{|G|} \sum_t \left(\sum_{i=1}^{n} (a_{i,i}(t^{-1}) a_{i,i}(t)) \right),$$

essendo (per la (6.3)) uguali a zero i termini $\sum_{i=1}^{n} a_{i,i}(t^{-1}) a_{j,j}(t)$ per $i \neq j$. Sempre per la (6.3), gli addendi della somma valgono tutti $\frac{1}{n}$, per cui la somma vale $n\frac{1}{n} = 1$.

$ii)$ Si dimostra in modo analogo applicando la (6.2). $\diamond$

Raccogliamo il risultato del teorema come segue

$$\frac{1}{|G|} \sum_{s \in G} \chi_i(s) \chi_j(s^{-1}) = \delta_{i,j} \tag{6.4}$$

($\delta_{i,j}$ è il simbolo di Kronecker). La (6.4) è la *prima relazione di ortogonalità*.

Consideriamo ora alcune applicazioni di quanto ora visto.

6.16 Teorema. *Sia* ρ *una rappresentazione di un gruppo* G *su uno spazio* V, *sia* φ *il suo carattere, e supponiamo che* V *si spezzi nella somma diretta di sottospazi irriducibili* $V = W_1 \oplus W_2 \oplus \ldots \oplus W_k$. *Se* ρ_i *sono le relative* *rappresentazioni, il numero delle ρ_i tra loro equivalenti è uguale a (φ, χ_i), dove χ_i è il carattere di ρ_i.*

Dim. Per ipotesi, $\varphi = \chi_1 + \chi_2 + \cdots + \chi_k$, da cui $(\varphi, \chi_i) = (\chi_1, \chi_i) + (\chi_2, \chi_i) + \cdots + (\chi_k, \chi_i)$. Se $\rho_j \not\equiv \rho_i$, $(\chi_j, \chi_i) = 0$ (Teor. 6.14), per cui nella somma vi sono tanti 1 quante sono le ρ_j equivalenti a ρ_i.   ◊

Il prodotto (φ, χ) non dipende dalla decomposizione scelta per V (non dipende, ad esempio, dalla base scelta), e dunque:

6.17 Corollario. *Il numero delle ρ_i equivalenti a una rappresentazione irriducibile fissata non dipende dalla decomposizione scelta per V.*   ◊

Si parla in questo caso di *numero di volte che W interviene in V* ovvero di *molteplicità di W in V*, o di ρ_i in ρ, o di χ_i in φ.

Se W_i, irriducibile, compare m_i volte in V come addendo diretto, scriviamo $V = m_1 W_1 \oplus m_2 W_2 \oplus \cdots \oplus m_r W_r$, $\varphi = m_1 \chi_1 + m_2 \chi_2 + \cdots + m_r \chi_r$, e si ha

$$m_i = (\varphi, \chi_i). \tag{6.5}$$

Inoltre, $(\varphi, \varphi) = (\sum_i m_i \chi_i, \sum_i m_i \chi_i) = \sum_i m_i m_j (\chi_i, \chi_j)$, ed essendo $(\chi_i, \chi_j) = 0$ se $i \neq j$ e $(\chi_i, \chi_i) = 1$,

$$(\varphi, \varphi) = \sum_{i=1}^{r} m_i^2. \tag{6.6}$$

6.18 Teorema. *Sia φ un carattere; allora:*
   i) (φ, φ) è un intero;
   ii) $(\varphi, \varphi) = 1$ se e solo se φ è irriducibile.

Dim. i) Segue dalla (6.6).

ii) La somma in (6.6) è uguale a 1 se e solo se gli m_i sono tutti zero salvo uno, cioè se e solo se lo spazio V coincide con uno degli addendi irriducibili W_i.   ◊

6.19 Teorema. *Due rappresentazioni ρ' e ρ'' sono equivalenti se, e solo se, hanno lo stesso carattere.*

Dim. La necessità è stata già vista. Per la sufficienza, se le due rappresentazioni hanno lo stesso carattere, esse contengono una data rappresentazione irriducibile lo stesso numero di volte. Ne segue che, se $V' = \sum_{i,j}^{\oplus} W_{i,j}$ e $V'' = \sum_{i,j}^{\oplus} W'_{i,j}$, per ciascun $W_{i,j}$ esiste un isomorfismo $f_{i,j}$ tale che $f_{i,j} \rho'_t = \rho''_t f_{i,j}$. La trasformazione $f = \sum_{i,j} f_{i,j}$, che manda $v = \sum_{i,j} w_{i,j}$ nella somma $\sum_{i,j} f_{i,j}(w_{i,j})$ è tale che $\rho'_t f = f \rho''_t$, per ogni $t \in G$.   ◊

6.20 Nota. Nel Cap. 3, *Es.* 3.56 ed *es.* 78 e 79, abbiamo visto che due azioni di un gruppo G su un insieme Ω possono avere lo stesso carattere senza essere equivalenti. Ciò significa che può non esistere una permutazione φ di Ω tale che $\varphi(\alpha^g) = \varphi(\alpha)^g$, ovvero, in termini di matrici, che può non esistere una matrice di permutazione B tale che $BA(g)B^{-1} = A'(g)$, dove $A(g)$ e $A'(g)$, $g \in G$, sono le matrici delle permutazioni di Ω indotte dagli elementi di G nelle due azioni. Il teorema precedente afferma che, se si ammettono matrici a coefficienti complessi più generali delle matrici di permutazione, allora l'uguaglianza dei caratteri è sufficiente per l'esistenza di un matrice che stabilisca l'equivalenza. In altri termini, due azioni con lo stesso carattere possono non essere equivalenti come azioni, ma sono equivalenti come rappresentazioni lineari su $\mathbf{C}$.

La *rappresentazione regolare* su uno spazio V, di base e_t, $t \in G$ è definita da $(e_t)_s^\rho = e_{ts}$. Se $s \neq 1$, $st \neq t$, per cui gli elementi diagonali della matrice sono tutti nulli (nessun e_t resta fisso). In particolare, $\mathrm{tr}(\rho_s) = 0$. Per $s = 1$, invece, $\mathrm{tr}(\rho_1)$ è la traccia della matrice identica, e dunque è uguale alla dimensione di V, cioè $|G|$.

6.21 Teorema. *Sia φ il carattere della rappresentazione regolare. Allora:*
   i) $\varphi(1) = |G|$;
   ii) $\varphi(s) = 0$, $s \neq 1$.   ◇

6.22 Teorema. *Ogni rappresentazione irriducibile di un gruppo finito G è contenuta nella rappresentazione regolare un numero di volte uguale al proprio grado.*

Dim. Se φ è il carattere della rappresentazione regolare e χ il carattere della rappresentazione irriducibile in questione, di grado diciamo m, abbiamo dalla (6.5) che il numero cercato è (φ, χ). Ora,

$$(\varphi, \chi) = \frac{1}{|G|} \sum_s \overline{\varphi(s)} \chi(s).$$

Ma $\varphi(s) = 0$ se $s \neq 1$, e $\varphi(1) = |G|$, e pertanto

$$(\varphi, \chi) = \frac{1}{|G|} \sum_s \overline{\varphi(1)} \chi(1) = \frac{1}{|G|} |G| \cdot m = m,$$

come si voleva.   ◇

In particolare, vi sono soltanto un numero finito di rappresentazioni irriducibili per un gruppo finito.

6.23 Corollario. *I gradi n_i delle rappresentazioni irriducibili soddisfano la relazione:*

$$\sum_i n_i^2 = |G|. \tag{6.7}$$

Dim. Per il teorema precedente, e con la stessa notazione, $\varphi = \sum_i n_i \chi_i$. Calcolando in $1 \in G$,

$$|G| = \varphi(1) = \sum_i n_i \chi_i(1) = \sum_i n_i n_i = \sum_i n_i^2,$$

cioè la (6.7). $\qquad \qquad \Diamond$

Vedremo in seguito un'altra proprietà del grado di una rappresentazione irriducibile: è un divisore dell'ordine del gruppo.

Nel Cap. 3 abbiamo chiamato centrale o di classe una funzione f definita su un gruppo che assume lo stesso valore su elementi coniugati. Come sappiamo (Teor. 6.9, iii)) il carattere di una rappresentazione è una funzione centrale. Per una tale funzione f definiamo la sua *trasformata di Fourier* $\widehat{f}$ *relativa alla rappresentazione* ρ come

$$\widehat{f}(\rho) = \sum_{t \in G} f(t)\rho_t.$$

6.24 Teorema. *Se ρ è una rappresentazione irriducibile di grado n e carattere χ, allora $\widehat{f}(\rho)$ è la moltiplicazione per λ, dove*

$$\lambda = \frac{1}{n} \sum_t f(t)\chi(t) = \frac{|G|}{n}(\bar{f}, \chi).$$

Dim. Scriviamo $\widehat{f}$ per $\widehat{f}(\rho)$ e dimostriamo che $\widehat{f}\rho_s = \rho_s\widehat{f}$, $s \in S$:

$$\rho_s^{-1}\widehat{f}\rho_s = \sum_t f(t)\rho_s^{-1}\rho_t\rho_s = \sum_t f(t)\rho_{s^{-1}ts}.$$

Posto $u = s^{-1}ts$ si ha:

$$\rho_s^{-1}\widehat{f}\rho_s = \sum_u f(sus^{-1})\rho_u = \sum_u f(u)\rho_u = \widehat{f}.$$

Per il lemma di Schur, $\widehat{f}$ è la moltiplicazione per uno scalare λ, $\widehat{f} = \lambda I$, di traccia $n\lambda$. Ne segue:

$$n\lambda = \text{tr}(\widehat{f}) = \sum_t f(t)\text{tr}(\rho_t) = \sum_t f(t)\chi(t),$$

da cui

$$\lambda = \frac{1}{n} \sum_t f(t)\chi(t) = \frac{|G|}{n}(\bar{f}, \chi),$$

cioè la tesi. $\qquad \qquad \Diamond$

Le funzioni centrali a valori in $\mathbf{C}$ formano una spazio vettoriale $\mathcal{H}$ su $\mathbf{C}$ per il quale si ha:

6.25 Teorema. *I caratteri $\chi_i, i = 1, 2, \ldots, r$, delle rappresentazioni irriducibili formano una base ortonormale di $\mathcal{H}$.*

Dim. Sappiamo già che questi caratteri formano un sistema ortonormale; occorre dimostrare che si tratta di un sistema completo, cioè che un elemento f di $\mathcal{H}$ ortogonale ai χ_i è nullo. Consideriamo a questo scopo $\widehat{\overline{f}} = \sum_t \overline{f(t)}\rho_t$, dove ρ è una rappresentazione. Se ρ è irriducibile, per il teorema precedente $\widehat{\overline{f}}$ è la moltiplicazione per $\frac{|G|}{n}(f, \chi)$; ma $(f, \chi) = 0$, e pertanto $\widehat{\overline{f}} = 0$. Se ρ si riduce, $\rho = \rho' + \rho'' + \cdots + \rho^{(h)}$, $\sum_t \overline{f(t)}\rho_t = \sum_t \overline{f(t)}(\rho'_t + \rho''_t + \cdots + \rho^{(h)}_t) = \sum_{t,i} \overline{f(t)}\rho^i_t = 0$. In ogni caso, $\widehat{\overline{f}} = 0$. Sia ρ la rappresentazione regolare, e calcoliamo $\widehat{\overline{f}}$ in e_1:

$$0 = \widehat{\overline{f}}.e_1 = \sum_t \overline{f(t)}\rho_t.e_1 = \sum_t \overline{f(t)}e_t.$$

Ma gli e_t sono indipendenti; ne segue $\overline{f(t)} = 0$, per ogni t, per cui $\overline{f} = 0$ ed $f = 0$. $\Diamond$

6.26 Teorema. *Il numero delle rappresentazioni irriducibili non equivalenti di un gruppo G è uguale al numero delle classi di coniugio di G.*

Dim. Per il teorema precedente, la dimensione dello spazio $\mathcal{H}$ è uguale al numero dei caratteri irriducibili di G. Ma una funzione centrale resta determinata assegnandone arbitrariamente i valori sulle classi di coniugio di G: la dimensione di $\mathcal{H}$ è quindi anche uguale al numero di queste classi. $\Diamond$

Sia C_s la classe di coniugio che contiene l'elemento s, e sia f_s la funzione che vale 1 su C_s e zero sulle altre classi. Si tratta di una funzione di classe, e pertanto (Teor. 6.22) è una combinazione lineare dei caratteri χ_i: $f_s = \sum_{i=1}^h \alpha_i\chi_i$, dove

$$\alpha_i = (\chi_i, f_s) = \frac{1}{|G|}\sum_{t\in G}\overline{\chi_i(t)}f_s(t) = \frac{1}{|G|}\sum_{t\in C_s}\overline{\chi_i(t)} = \frac{1}{|G|}|C_s|\,\overline{\chi_i(t)},$$

e quindi $f_s(t) = \frac{|C_s|}{|G|}\sum_{i=1}^h \overline{\chi_i(s)}\chi_i(t)$. Ne segue:

$$\sum_{i=1}^h \overline{\chi_i(s)}\chi_i(t) = \begin{cases} \frac{|G|}{|C_s|}, & \text{se } t = s, \\ 0, & \text{se } t \text{ ed } s \text{ non sono coniugati.} \end{cases} \qquad (6.8)$$

La (6.8) è la *seconda relazione di ortogonalità*. Ricordiamo che un intero algebrico è una radice di un polinomio monico a coefficienti interi, e che somme e prodotti di interi algebrici sono ancora interi algebrici. Si ha:

6.27 Teorema. *I caratteri sono interi algebrici.*

Dim. $\chi(s)$ è la traccia della matrice ρ_s, e dunque è la somma degli autovalori di questa, che sono radici dell'unità (dimostrazione del Teor. 6.9, *ii)*) e quindi interi algebrici. $\Diamond$

6.28 Teorema. *Siano $C_i, i = 1, 2, \ldots, r$, di ordini k_i, le classi di coniugio di un gruppo G. Sia χ il carattere di una rappresentazione irriducibile ρ, e $\chi(x_i)$ il valore che assume sulla classe C_i. Allora,*

$$\frac{k_l \chi(x_l)}{n} \cdot \frac{k_p \chi(x_p)}{n} = \sum_{i=1}^{r} c_{l,p,i} \frac{k_i \chi(x_i)}{n}, \tag{6.9}$$

dove n è il grado di χ e i $c_{l,p,i}$ sono interi non negativi.

Dim. Sia $M_i = \sum_{s \in C_i} \rho(s)$. Per ogni $t \in G$ si ha $\rho(t^{-1})\rho(s)\rho(t) = \rho(t^{-1}st) = \rho(s)$, e perciò $\rho(t^{-1})M_i\rho(t) = M_i$. La matrice M_i permuta con tutte le matrici $\rho(t), t \in G$, ed essendo questo insieme irriducibile, M_i è scalare (Schur), $M_i = \text{diag}(\alpha_i)$, e $\text{tr}(M_i) = n\alpha_i$. Ma $\text{tr}(M_i) = \sum_{s \in K_i} \text{tr}(\rho(s)) = \sum_{i=1}^{k_i} \chi(x_i) = k_i\chi(x_i)$, e quindi

$$\alpha_i = \frac{k_i \chi(x_i)}{n}. \tag{6.10}$$

Siano, analogamente, $M_l = \sum_{s \in C_l} \rho(s)$, $M_p = \sum_{t \in C_p} \rho(s)$, e

$$M_l M_p = \sum_{s \in C_l, t \in C_p} \rho(st). \tag{6.11}$$

Ma per ogni $u \in G$,

$$\rho(u^{-1})M_l M_p \rho(u) = \rho(u^{-1})M_l\rho(u) \cdot \rho(u^{-1})M_p\rho(u) = M_l M_p,$$

e pertanto nella somma (6.11), assieme a ogni $\rho(s)$ vi sono anche tutti i $\rho(u^{-1}su)$. Ne segue che gli addendi della (6.11) compaiono a blocchi, ognuno dei quali corrisponde a una classe di coniugio di G, e che sommati danno luogo a una M_i. Denotiamo con $c_{l,p,i} \geq 0$ il numero di volte in cui compaiono i blocchi corrispondenti alla classe C_i; allora $M_l M_p = \sum_{i=1}^{r} c_{l,p,i} M_i$. Ma queste matrici sono scalari, come si è visto sopra, e quindi $\alpha_l\alpha_p = \sum_{i=1}^{r} c_{l,p,i}\alpha_i$, che assieme alla (6.7) dà il risultato. $\diamond$

6.29 Corollario. *Gli $\alpha_i = k_i\chi(x_i)/n$ sono interi algebrici.*

Dim. Consideriamo le uguaglianze $\alpha_l\alpha_p = \sum_{i=1}^{r} c_{l,p,i}\alpha_i$ al variare di $p = 1, 2, \ldots, r$ e tenendo fisso α_l:

$$\alpha_l\alpha_1 = c_{l,1,1}\alpha_1 + c_{l,1,2}\alpha_2 + \cdot + c_{l,1,r}\alpha_r$$
$$\alpha_l\alpha_2 = c_{l,2,1}\alpha_1 + c_{l,2,2}\alpha_2 + \cdot + c_{l,2,r}\alpha_r$$
$$\vdots$$
$$\alpha_l\alpha_r = c_{l,r,1}\alpha_1 + c_{l,r,2}\alpha_2 + \cdot + c_{l,r,r}\alpha_r.$$

Si ha così un sistema di equazioni lineari omogenee nelle α_p, di matrice

$$\begin{pmatrix} c_{l,1,1} - \alpha_l & c_{l,1,2} & \cdots & c_{l,1,r} \\ c_{l,2,1} & c_{l,2,2} - \alpha_l & \cdots & c_{l,2,r} \\ \vdots & \vdots & \vdots & \vdots \\ c_{l,r,1} & c_{l,r,2} & \cdots & c_{l,r,r} - \alpha_l \end{pmatrix}.$$

Il sistema ammette una soluzione $\alpha_1, \alpha_2, \ldots, \alpha_r$ con gli α_i non tutti nulli (si ha ad esempio $\alpha_1 = 1$) e quindi il determinante della matrice è nullo. Posto $x = \alpha_l$, questo determinante è un polinomio in x a coefficienti interi (i $c_{l,p,i}$ sono interi), a coefficiente direttore ± 1 e che ammette la radice α_l. Dunque α_l è un intero algebrico. ◇

6.30 Corollario. *Il grado di una rappresentazione irriducibile divide l'ordine del gruppo.*

Dim. χ irriducibile, $\sum_s \overline{\chi(s)}\chi(s) = |G|$, che scriviamo

$$\sum_i \frac{k_i \chi(x_i)}{n} \cdot \overline{\chi(x_i)} = \frac{|G|}{n},$$

con il solito significato dei simboli. I $\frac{k_i \chi(x_i)}{n}$ sono interi algebrici, per il corollario precedente, e anche i $\overline{\chi(x_i)}$ lo sono. Allora $\frac{|G|}{n}$, come somma di prodotti di interi algebrici è un intero algebrico, ed essendo razionale è un intero. In particolare, n divide $|G|$. ◇

Riassumiamo le relazioni che esistono tra i gradi n_i delle rappresentazioni irriducibili e l'ordine di un gruppo G:

i) n_i divide $|G|$, $i = 1, 2, \ldots, r$ (Cor. 6.30);

ii) $\sum_{i=1}^{r} n_i^2 = |G|$ (Cor. 6.23),

dove r è il numero delle classi di coniugio di G.

6.31 Esempi. 1. Il gruppo S^3 ha tre classi di coniugio, e quindi tre rappresentazioni irriducibili. C'è sempre la rappresentazione unità, con $n_1 = 1$. Ne abbiamo vista una di grado 2 (*Es.* 2 di 6.5), e d'altra parte che questa esista segue dalla $n_1^2 + n_2^2 + n_3^2 = 6$, in quanto, essendo $n_1 = 1$, l'unica possibilità è $n_2 = 1$ e $n_3 = 2$.
2. Il gruppo D_4 ha cinque classi di coniugio, come pure il gruppo Q dei quaternioni. Per entrambi i gruppi l'unica possibilità per i gradi è $1, 1, 1, 1, 2$.

Dalla (6.9) si ha che $c_{l,p,i}$ è il numero di volte in cui un elemento della classe di coniugio C_i si può scrivere come prodotto di un elemento della classe C_l per uno della C_p. Siano C_a e C_b le classi cui appartengono gli elementi a e b, rispettivamente, $c_{a,b}^x$ il numero di volte in cui un dato x si ottiene come prodotto $a_i b_j$, $a_i \in C_a$, $b_j \in C_b$; allora $\sum_{i,j} \chi(a_i b_j) = \sum_{x \in G} c_{a,b}^x \chi(x)$. Consideriamo $\chi(a_i b_j)$; avendosi $a_i = y^{-1} a y$ per un certo y, $\chi(a_i b_j) = \chi(y^{-1} a y b_j) = \chi(a \cdot y b_j y^{-1}) = \chi(a b_k)$. Se $h \neq j$, $\chi(a_i b_h) = \chi(y^{-1} a y b_h) = \chi(a y b_h y^{-1}) = \chi(a b_{h'})$, con

$h' \neq k$. Nella tabella seguente, allora, i valori su ogni riga sono uguali, a meno dell'ordine, a quelli della prima riga (poniamo $a_1 = a$):

$$\chi(ab_1), \quad \chi(ab_2), \quad \ldots, \quad \chi(ab_s),$$
$$\chi(a_2 b_1), \chi(a_2 b_2), \ldots, \chi(a_2 b_s),$$
$$\vdots \qquad \vdots \qquad \ldots \qquad \vdots$$
$$\chi(a_t b_1), \chi(a_t b_2), \ldots, \chi(a_t b_s),$$

e pertanto la somma di tutti gli elementi della tabella vale la somma di quelli della prima riga tante volte quanti sono gli elementi di C_a, e cioè k_a.

$$\sum_{i,j} \chi(a_i b_j) = k_a \sum_j \chi(ab_j). \tag{6.12}$$

Consideriamo ora la somma $\sum_{y \in G} \chi(ab^y)$. Due elementi $y, y' \in G$ danno luogo allo stesso coniugato di b se e solo se appartengono allo stesso laterale di $\mathbf{C}_G(b)$. In altre parole, se $C_b = \{b_1, b_2, \ldots, b_s\}$, ogni b_i si ottiene $|\mathbf{C}_G(b)| = \frac{|G|}{k_b}$ volte:

$$\sum_{y \in G} \chi(ab^y) = \sum_j |\mathbf{C}_G(b)| \chi(ab_j) = \frac{|G|}{k_b} \sum_j \chi(ab_j).$$

Sostituendo nella (6.12) si ha:

$$\sum_{i,j} \chi(a_i b_j) = \frac{k_a k_b}{|G|} \sum_y \chi(ab^y),$$

e quindi $\sum_x c_{ab}^x \chi(x) = \frac{k_a k_b}{|G|} \sum_y \chi(ab^y)$. La (6.9) è pertanto equivalente alla

$$\chi(a)\chi(b) = \frac{n}{|G|} \sum_y \chi(ab^y).$$

In particolare, per $b = a^{-1}$ si ottiene:

$$\chi(a)\overline{\chi(a)} = \frac{n}{|G|} \sum_y \chi([a, y]).$$

6.32 Teorema. *Il numero dei caratteri lineari di un gruppo G è uguale all'indice del derivato G' di G.*

Dim. Le rappresentazioni di G/G', che è abeliano, sono tutte lineari; composte con la proiezione $\pi : G \to G/G'$ danno rappresentazioni lineari di G. Viceversa, se $\rho : G \to C^*$ è una rappresentazione lineare di G, l'immagine di ρ è un gruppo abeliano, e pertanto il nucleo di ρ contiene G'. In altri termini, ρ si fattorizza mediante G/G', determinando una $\rho' : G/G' \to C^*$ tale che $\rho = \rho'\pi$. La corrispondenza $\rho \to \rho'$ è biunivoca. $\diamond$

Se φ è una funzione di classe definita su un sottogruppo H di un gruppo finito G, la funzione φ^G indotta a G si definisce come nel caso dell'azione indotta (Teor. 3.64):

$$\varphi^G(g) = \frac{1}{|H|} \sum_{x \in G} \varphi(xgx^{-1}),$$

con $g \in G$ e $\varphi(xgx^{-1}) = 0$ se $xgx^{-1} \notin H$.

Se φ è un carattere di H, φ^G è un carattere di G (*es. 7*), ma se φ è irriducibile φ^G non è in generale irriducibile (v. *Es.* 4 di 6.36). In termini di matrici, se ρ è una rappresentazione matriciale di H di grado n, e $t_1, t_2, \ldots, t_m$ sono rappresentanti dei laterali di H, allora $\rho^G(g)$ è la matrice che nel posto (i, j) ha il blocco $\rho(t_i g t_j^{-1})$.

6.33 Esempio. Sia $G = S^3$, $H = \{I, (2,3)\}$, e siano $t_1 = 1, t_2 = (1,2), t_3 = (1,3)$ rappresentanti dei laterali di H. Allora, con R la matrice $r \times r$ $\rho((2,3))$, le matrici:

$$\rho^G(I) = \begin{pmatrix} I & 0 & 0 \\ 0 & I & 0 \\ 0 & 0 & I \end{pmatrix}, \quad \rho^G((1,2)) = \begin{pmatrix} 0 & I & 0 \\ I & 0 & 0 \\ 0 & 0 & R \end{pmatrix}, \quad \rho^G((1,3)) = \begin{pmatrix} 0 & 0 & I \\ 0 & R & 0 \\ I & 0 & 0 \end{pmatrix}$$

$$\rho^G((2,3)) = \begin{pmatrix} I & 0 & 0 \\ 0 & 0 & R \\ 0 & R & 0 \end{pmatrix}, \quad \rho^G((1,2,3)) = \begin{pmatrix} I & R & 0 \\ 0 & 0 & I \\ R & 0 & 0 \end{pmatrix}, \quad \rho^G((1,3,2)) = \begin{pmatrix} 0 & 0 & R \\ I & 0 & 0 \\ 0 & I & 0 \end{pmatrix}$$

danno una rappresentazione di S^3 di grado $3r$.

6.34 Teorema (RECIPROCITÀ DI FROBENIUS). *Siano $H \leq G$, φ una funzione di classe definita su H e ψ una funzione di classe definita su G. Allora:*

$$(\varphi^G, \psi) = (\varphi, \psi_H).$$

In particolare, se φ e ψ sono caratteri irriducibili, la molteplicità di ψ_H in φ è uguale alla molteplicità di ψ in φ^G.

Dim. si ha, dalle definizioni,

$$(\varphi^G, \psi) = \frac{1}{|G|} \sum_{g \in G} \overline{\varphi^G(g)} \psi(g) = \frac{1}{|G|} \frac{1}{|H|} \sum_{g \in G} \sum_{x \in G} \overline{\varphi(xgx^{-1})} \psi(g).$$

Posto $y = xgx^{-1}$, e poiché $\psi(g) = \psi(y)$, si ha:

$$\frac{1}{|G|} \frac{1}{|H|} \sum_{y \in G} \sum_{x \in G} \overline{\varphi^G(y)} \psi(y) = \frac{1}{|G|} \frac{1}{|H|} |G| \sum_{y \in H} \overline{\varphi(y)} \psi(y) = (\varphi, \psi_H).$$

$\diamond$

6.35 Corollario. *Se $H < G$, e 1_H^G è il carattere principale di G indotto dal sottogruppo H, allora 1_H^G non è mai irriducibile.*

Dim. Per il teorema precedente, $(1_H^G, 1_G) = (1_H, 1_H) = 1$, e se 1_H^G fosse irriducibile si avrebbe $1_H^G = 1_G$ (Teor. 6.14), impossibile (se non altro perché il primo ha grado $[G : H]$ e il secondo grado 1).   ◊

6.4 Tavola dei caratteri

I caratteri irriducibili di un gruppo si possono raccogliere a formare una tabella, la *tavola dei caratteri*, nella quale le righe corrispondono ai caratteri (a cominciare dal carattere unità), e le colonne alle classi di coniugio (a cominciare dalla classe che contiene 1). Le righe sono tra loro ortogonali, come pure le colonne (prima e seconda relazione di ortogonalità, (6.4) e (6.8), rispettivamente).

6.36 Esempi 1. *Tavola di S^3*. Ogni gruppo simmetrico S^n ha due caratteri lineari in quanto il derivato è A^n che ha indice 2. Il carattere lineare non identico vale 1 sulle permutazioni pari e –1 sulle dispari (carattere *alternante*). In S^3 abbiamo tre classi di coniugio: $C_1 = \{1\}$, $C_2 = \{(1,2),(1,3),(2,3)\}$, $C_3 = \{(1,2,3),(1,3,2)\}$ e quindi tre caratteri. Oltre a χ_1 (unità) e χ_2 (alternante) abbiamo (*Es.* 2 di 6.5) una rappresentazione irriducibile di grado 2, il carattere della quale vale 0 su C_2 e –1 su C_3. I valori del carattere χ_3 si possono determinare anche senza conoscere la rappresentazione, utilizzando le relazioni di ortogonalità. Supponiamo infatti di avere la tavola:

	(1)	(1,2)	(1,2,3)
χ_1	1	1	1
χ_2	1	−1	1
χ_3	2	x	y

L'ortogonalità tra la prima e la seconda colonna e tra la prima e la terza fornisce:

$$1 \cdot 1 + 1 \cdot (-1) + 2 \cdot x = 0, \quad 1 \cdot 1 + 1 \cdot 1 + 2 \cdot y = 0,$$

da cui $x = 0$ e $y = -1$.

Se φ è il carattere della rappresentazione regolare, si ha $\varphi(1) = 6$ e $\varphi(g) = 0$ se $g \neq 1$. Per il Teor. 6.22, la rappresentazione contiene una volta le due lineari, due volte quella di grado 2: $\varphi = \chi_1 + \chi_2 + 2\chi_3$. Ad esempio, su $g = (1,2,3)$ si ha $\varphi(g) = \chi_1(g) + \chi_2(g) + 2\chi_3(g) = 1 + 1 + 2 \cdot -1 = 0$.

2. *Tavola di D_4*. $D_4 = \{1, a, a^2, a^3, b, ab, a^2, a^3b\}$ ha cinque classi di coniugio, e il derivato C_2 ha ordine 2, e pertanto D_4 ha quattro caratteri lineari, e dovendo essere 8 la somma dei quadrati dei gradi, il quinto ha grado 2. Inoltre, D_4/C_2 è un Klein, e quindi ha solo elementi di ordine 2 (o 1). Ma in $\mathbf{C}^*$ vi è solo –1 che ha ordine 2, e pertanto una rappresentazione lineare (che non sia ρ_1) ha immagine $\{1, -1\}$, e quindi nucleo di ordine 4. I tre sottogruppi di ordine 4 sono possibili nuclei, e infatti si hanno tre omomorfismi:

$$\rho_2 : \{1, a, a^2, a^3\} \to 1, \quad \{b, ab, a^2b, a^3b\} \to -1,$$

$$\rho_3 : \{1, a^2, b, a^2b\} \to 1, \ \{a, a^3, ab, a^3b\} \to -1,$$

$$\rho_4 : \{1, a^2, ab, a^3b\} \to 1, \ \{a, a^3, b, a^2b\} \to -1,$$

che permettono di completare le prime quattro righe della tavola dei caratteri:

	$\{1\}$	$\{a^2\}$	$\{a, a^3\}$	$\{b, a^2b\}$	$\{ab, a^3b\}$
χ_1	1	1	1	1	1
χ_2	1	1	1	-1	-1
χ_3	1	1	-1	1	-1
χ_4	1	1	-1	-1	1
χ_5	2	-2	0	0	0

dove l'ultima riga segue dalle relazioni di ortogonalità.

Con la stessa dimostrazione si vede che il gruppo dei quaternioni Q ha la stessa tavola dei caratteri di D_4. La tavola dei caratteri non determina quindi il gruppo.

6.37 Nota. I caratteri di D_4, come quelli di S^3, sono reali. La proprietà che interviene è la seguente: *sia G un gruppo nel quale ogni elemento è coniugato al proprio inverso. Allora tutti i caratteri sono reali.* Infatti, $\overline{\chi(s)} = \chi(s^{-1}) = \chi(s)$, in quanto $s^{-1} \sim s$. Nel gruppo simmetrico S^n un elemento e il suo inverso hanno la stessa struttura ciclica, e pertanto sono coniugati.

3. *Tavola di A^4.* Il derivato di A^4 è il Klein, e perciò i caratteri lineari sono in numero di 3. Abbiamo, inoltre, quattro classi di coniugio (Cap. 2, *es.* 14): C_1, C_2 che contiene gli elementi di ordine 2, e C_3 e C_4, entrambe con elementi di ordine 3. L'uguaglianza $1 + 1 + 1 + n_4^2 = 12$ implica $n_4 = 3$. Gli elementi di ordine 2 appartengono al Klein, e perciò anche al nucleo di ogni rappresentazione di grado 1. La prima colonna della tavola è quindi 1,1,1,3. La seconda ha 1,1,1 nei primi tre posti, e per l'ortogonalità con la prima nel quarto posto c'è -1:

	1	(1,2)(3,4)	(1,2,3)	(1,3,2)
χ_1	1	1	1	1
χ_2	1	1	x	
χ_3	1	1	y	
χ_4	3	-1	z	

L'ortogonalità della terza colonna alle prime due dà:

$$1 + x + y + 3z = 0, \ 1 + x + y - z = 0,$$

da cui $z = 0$. Lo stesso argomento applicato alla quarta colonna fornisce $\chi_4(C_4) = 0$. L'ortogonalità tra le colonne 1–3 e 2–3 fornisce ora $1 + x + y = 0$. Ora, gli elementi di C_3 sono di ordine 3, e pertanto x e y sono radici terze dell'unità, e sono distinte; poniamo quindi $x = w$ e $y = w^2$:

	1	(1,2)(3,4)	(1,2,3)	(1,3,2)
χ_1	1	1	1	1
χ_2	1	1	w	
χ_3	1	1	w^2	
χ_4	3	-1		0

Siano ora x e y i valori di χ_2 e χ_3 su C_4, e consideriamo l'ortogonalità tra le prime due righe:

$$1 \cdot 1 + 3(1 \cdot 1) + 4(1 \cdot w) + 4(1 \cdot x) = 0,$$

che fornisce $1 + w + x = 0$, cioè $x = w^2$. Analogamente, $y = w$. In definitiva,

	1	(1,2)(3,4)	(1,2,3)	(1,3,2)
χ_1	1	1	1	1
χ_2	1	1	w	w^2
χ_3	1	1	w^2	w
χ_4	3	-1		0

4.[†] A^5 ha 5 classi di coniugio (*es.* 7 di 2.8). Sia H uno dei sottogruppo A^4 contenuti in $G = A^5$, e determiniamo il carattere 1_H^G di G indotto dal carattere principale 1_H (v. (3.12)). I prodotti g di due trasposizioni di A^5 sono in numero di 15 e tutti coniugati in A^5 (*es.* 7 di 2.8), per cui $|\mathbf{C}_G(g)| = 4$. Gli elementi del tipo $(1,2)(3,4)$, che sono coniugati in A^5 lo sono anche in A^4, e pertanto $m = 1$. Inoltre, $|\mathbf{C}_H(g)| = 4$. Ne segue $1_H^G(g) = 4 \cdot \frac{1_H(x_1)}{4} = 4 \cdot \frac{1}{4} = 1$. I 3–cicli g formano due classi in A^4, e una sola in A^5, e sia in A^4 che in A^5 il centralizzante di un 3–ciclo ha ordine 3. Ne segue, con $x_1 = (1,2,3)$ e $x_2 = (1,3,2)$, $1_H^G(g) = 3 \cdot (\frac{1}{3} + \frac{1}{3}) = 2$. Sui 5–cicli di entrambe le classi 1_H^G vale 0 (non vi sono 5–cicli in A^4). (Si può verificare che 1_H^G non è irriducibile: $(1_H^G, 1_H^G) = \frac{1}{60}(1 \cdot 5 \cdot 5 + 15 \cdot 1 \cdot 1 + 20 \cdot 2 \cdot 2 + 12 \cdot 0 \cdot 0 + 12 \cdot 0 \cdot 0) = 2$ e Teor. 6.18)). Per l'*es.* 12, $\chi_2 = 1_H^G - 1_G$ è un carattere. Inoltre, è irriducibile: $(\chi_2, \chi_2) = \frac{1}{60}(1 \cdot 4 \cdot 4 + 15 \cdot 0 \cdot 0 + 20 \cdot 1 \cdot 1 + 12 \cdot -1 \cdot -1 + 12 \cdot -1 \cdot -1) = 1$; abbiamo così le prime due righe della tavola dei caratteri di A^5:

	1	(1,2)(3,4)	(1,2,3)	(1,2,3,4,5))	(1,3,5,2,4)
χ_1	1	1	1	1	1
χ_2	4	0	1	-1	-1

Sia ora λ un carattere lineare non principale di H. Si ha $\lambda(g) = 1$ se $o(g) = 1$ o 2, $\lambda = w$ su una classe di elementi di ordine 3 e $\lambda = w^2$ sull'altra. Se $o(g) = 3$, $|\mathbf{C}_G(g)| = |\mathbf{C}_H(g)| = 3$ e $\lambda^G(g) = 3 \cdot (\frac{w}{3} + \frac{w^2}{3}) = w + w^2 = -1$. Avendosi $(\lambda^G, \lambda^G) = \frac{1}{60}(25 + 15 + 20) = 1$, λ^G è irriducibile, e sia $\lambda^G = \chi_3$:

	1	(1,2)(3,4)	(1,2,3)	(1,2,3,4,5))	(1,3,5,2,4)
χ_1	1	1	1	1	1
χ_2	4	0	1	-1	-1
χ_3	5	1	-1	0	0

La somma dei quadrati dei gradi deve dare l'ordine del gruppo. Abbiamo quindi $1^2 + 4^2 + 5^2 + a^2 + b^2 = 60$, $a^2 + b^2 = 18$, e l'unica possibilità in interi è $a = b = 3$. Per il completamento della tavola si veda l'*es.* 13.

Vediamo ora un'importante applicazione di quanto visto fin qui. Si tratta di un famoso teorema, dovuto a Burnside, che per lungo tempo non è stato

---

[†] v. Isaacs, p. 64.

possibile dimostrare senza far uso della teoria dei caratteri. Vediamo prima
due lemmi.

6.38 Lemma. *Sia χ irriducibile e di grado n, C una classe di coniugio di
cardinalità prima con n. Allora se $s \in C$, si ha $\chi(s) = 0$ oppure $|\chi(s)| = n$.*

Dim. Dimostriamo dapprima che $\frac{\chi(s)}{n}$ è un intero algebrico. Siano a e b
interi tali che $a|C| + bn = 1$; moltiplicando questa uguaglianza per $\chi(s)$ e
dividendo per n abbiamo che $\frac{a|C|\chi(s)}{n} + b\chi(s) = \frac{\chi(s)}{n}$. Il primo addendo è un
intero algebrico (Cor. 6.29), e così pure $b\chi(s)$, e dunque anche $\frac{\chi(s)}{n}$. Inoltre,
$\chi(s)$ è somma di radici $|G|$−esime dell'unità:

$$\lambda = \frac{\chi(s)}{n} = \frac{w_1 + w_2 + \cdots + w_n}{n}.$$

Sia $\lambda_i = \frac{w_1^i + w_2^i + \cdots + w_n^i}{n}$, $i = 2, \ldots, |G|$, $\lambda_1 = \lambda$; allora

$$|\lambda_i| = |\frac{w_1^i + w_2^i + \cdots + w_n^i}{n}| \leq \frac{|w_1^i| + |w_2^i| + \cdots + |w_n^i|}{n} = \frac{n}{n} = 1.$$

Consideriamo il polinomio $f(x) = \prod_{i=1}^{|G|} (x - \lambda_i)$. Questo polinomio ha coeffi-
cienti che sono funzioni simmetriche delle λ_i, e perciò polinomi a coefficienti
razionali nelle funzioni simmetriche elementari di $w_1, w_2, \ldots, w_{|G|}$, cioè nei
coefficienti di $x^{|G|} - 1$, che sono 0, 1 o −1. I coefficienti di $f(x)$ sono quindi
numeri razionali. $f(x)$ ha la radice λ_1 in comune con $p(x)$, il polinomio minimo di λ, ed essendo questo irriducibile, $p(x)$ divide $f(x)$. Le altre radici di
$p(x)$ sono anch'esse radici di $f(x)$: sono allora tra le λ_i e hanno quindi modulo
minore o uguale a 1. Ma il prodotto di tutte queste radici è il termine noto di
$p(x)$, e sia a_m, che è un intero.[†] Se $a_m = 0$, per l'irriducibilità si ha $p(x) = x$
e dunque $\lambda = 0$. Ciò dimostra la prima parte. Se $|a_m| = 1$, allora $|\lambda| = 1$ (e
anche gli altri $|\lambda_i| = 1$), per cui $\frac{\chi(s)}{n} = 1$ e $|\chi(s)| = n$.   ◊

6.39 Lemma. *Se una classe di coniugio C di un gruppo G contiene un numero
di elementi che è una potenza di un primo, allora G non è semplice.*

Dim. Poiché $|G| = 1 + n_2^2 + \cdots + n_r^2$, e $p||G|$, esiste n_k tale che $(p, n_k) = 1$,
e dunque, per l'ipotesi su C, $(|C|, n_i) = 1$. Per il lemma precedente, per $s \in C$
si ha $\chi(s) = 0$ oppure $\chi(s) = n_k$. In quest'ultimo caso, per il Lemma, ρ_s è
scalare, e quindi permuta con tutte le $\rho_t, t \in G$, e perciò appartiene al centro
di $\rho(G)$. Se ρ è fedele, s appartiene al centro di G; altrimenti ha un nucleo, e
G non è semplice.

Se $\chi(s) = 0$, sia φ la rappresentazione regolare di G; sappiamo che $\rho(1) = |G|$, e $\rho(s) = 0, s \neq 1$. Allora $\varphi(s) = \sum_i n_i \chi_i(s) = 0$ e $1 + \sum_{i \neq 1} n_i \chi_i(s) = 0$.

[†] Segue da un teorema di Gauss (il prodotto di due polinomi primitivi è primitivo)
che il polinomio minimo di un intero algebrico ha la forma $x^m + a_1 x^{m-1} + \ldots + a_m$,
dove gli a_i sono interi.

Se $p \nmid n_i$, allora o $|\chi_i(s)| = n_i$, e G, per quanto visto sopra, non è semplice, oppure $\chi_i(s) = 0$. Se $\chi_i(s) = 0$, per ogni i, si avrebbe l'assurdo $1 = 0$. I soli termini non nulli della somma provengono dagli n_i tali che $p|n_i$. Sia $n_i = pk_i$. Allora $0 = 1 + \sum pk_i\chi_i(s) = 1 + p(\sum k_i\chi_i(s))$. Ora, i $\chi_i(s)$ sono interi algebrici, gli h_i sono interi, e dunque la somma precedente è una somma a di prodotti di interi algebrici, e quindi è un intero algebrico. Da $1 + pa = 0$ segue $a = -\frac{1}{p}$ razionale, e quindi intero, assurdo. $\diamondsuit$

6.40 Teorema (BURNSIDE). *Se l'ordine di un gruppo G è divisibile per al più due primi, $G = p^a q^b$, allora il gruppo è risolubile.*

Dim. Sia S un p–Sylow di G, e $1 \neq x \in \mathbf{Z}(S)$. Allora il centralizzante di x contiene S e dunque $|\mathbf{cl}(x)| = [G : \mathbf{C}_G(x)]$ divide q^b. $\diamondsuit$

Esercizi

1. Se ρ è una rappresentazione di G su V, dimostrare che ρ^* definita da $\rho_s^*(f).v = f(\rho_{s^{-1}}.v)$, dove $f \in V^*$, il duale di V, è una rappresentazione $G \to GL(n, V^*)$. Se ρ_s ha la matrice A, allora ρ^* ha come matrice la trasposta dell'inversa della A (rappresentazione *contragrediente*).

2. Dimostrare che se V è di dimensione finita n, e ρ è irriducibile, allora anche ρ_s^* è irriducibile. [*Sugg.*: considerare un sottospazio invariante W di V^*, dimostrare che il suo annullatore $W^0 = \{v \in V \mid f(v) = 0, f \in W\}$ è anch'esso invariante, e usare il fatto che $\dim W + \dim W^0 = n$].

3. La rappresentazione dei reali data nell'*Es.* 3 di 6.2 non è fedele. Determinarne il nucleo.

4. Sia V lo spazio dei polinomi a coefficienti reali e ρ_s la trasformazione lineare di V definita da $\sigma_s(f).v = f(v - s)$. Dimostrare che si tratta di una rappresentazione lineare del gruppo additivo di $\mathbf{R}$.

5. Dimostrare che un p–gruppo finito P ha una rappresentazione fedele e irriducibile se e solo se il centro è ciclico. [*Sugg.*: se ρ è fedele (ad esempio, ρ regolare) e $\rho = \sum_i m_i\rho_i$, ρ_i irriducibili, e dimostrare che una delle ρ_i è fedele].

6. Dimostrare che il carattere della rappresentazione come gruppo di permutazioni contiene il carattere principale un numero di volte uguale al numero delle orbite.

7. Un funzione di classe φ è un carattere se e solo se tutti i prodotti scalari con i caratteri irriducibili sono interi non negativi e $\varphi \neq 0$.

8. Considerare la rappresentazione di permutazione di S^4 su $V = \{e_1, e_2, e_3, e_4\}$ (v. *Es.* 2 di 6.5), e determinarne le matrici sul sottospazio W di equazione $x_1 + x_2 + x_3 + x_4 = 0$.

9. Sia G un gruppo di permutazioni, e sia $\chi(g)$ il numero dei punti fissi di $g \in G$. Dimostrare che la funzione $\nu(g) = \chi(g) - 1$ è un carattere di G.

10. Sia λ un carattere lineare di un gruppo finito G, e χ un carattere irriducibile. Dimostrare che il prodotto $\chi\lambda$ definito da $\chi\lambda(g) = \chi(g)\lambda(g)$ è anch'esso un carattere irriducibile. [*Sugg.*: ricordare che se α è una radice dell'unità, allora $\alpha\overline{\alpha} = 1$].

11. Determinare la tavola dei caratteri di S^4.

12. Se H è un sottogruppo di un gruppo finito G, dimostrare che $1_H^G - 1_G$ è un carattere.

13. Completare la tavola di A^5 come segue:

    i) determinare μ^G, dove μ è un carattere non identico di un sottogruppo H di ordine 5, $H = C_5 = \langle g \rangle$, $\mu(g) = \epsilon$, radice quinta dell'unità diversa da 1;

    ii) dimostrare che $\mu^G - \chi_3$ è un carattere;

    iii) dimostrare che $\chi_4 = \mu^G - \chi_3 - \chi_2$ è un carattere, e che è irriducibile;

    iv) se ν è un altro carattere irriducibile di H, $\nu(g) = \epsilon^2$, si ottiene χ_5 analogamente a χ_4.

14. (SOLOMON). Dimostrare che la somma degli elementi di una riga della tavola dei caratteri è un intero non negativo. [*Sugg.*: come nella rappresentazione regolare, siano v_s, $s \in G$, i vettori di una base di V e sia ρ la rappresentazione di G indotta dal coniugio: $\rho_t : v_s \to v_{t^{-1}st}$. Si ha $\chi(t) = |\mathbf{C}_G(t)|$. Considerare il numero di volte m_i in cui la rappresentazione ρ_i, di carattere χ_i, compare in ρ].

6.5 Gruppi compatti

Nella dimostrazione del teorema di Maschke sulla completa riducibilità abbiamo dimostrato l'esistenza di un complementare G–invariante W_0 del sottospazio G–invariante $W \subset V$ costruendo una proiezione $\pi^\circ : V \to W$ che permuta con l'azione di G. Tale proiezione è stata ottenuta facendo la media sul gruppo della proiezione π associata alla decomposizione $W \oplus V'$, dove V' è un qualunque complementare di W (v. (6.1)). Nel caso di gruppi infiniti non si può sempre ottenere la completa riducibilità, come abbiamo visto nell'*Es.* 3 di 6.7 per il gruppo degli interi. In questo paragrafo daremo alcuni cenni riguardo alla possibilità di estendere i suddetti risultati al caso di gruppi infiniti. Questa estensione si ottiene considerando, invece di gruppi finiti, gruppi topologici compatti. Se G è un tale gruppo, allora esiste una misura μ–invariante per l'azione di G, che assegna misura finita al gruppo G: la finitezza di G viene così sostituita dalla finitezza della misura $\mu(G)$. Nel caso discreto, la compattezza significa che il gruppo è finito, la misura invariante è quella che conta gli elementi, e $\mu(G)$ è semplicemente la cardinalità di G. Vediamo dapprima alcune definizioni ed esempi.

6.41 Definizione. Un *gruppo topologico* G è un gruppo dotato di una struttura di spazio topologico di Hausdorff, rispetto alla quale le applicazioni dallo spazio prodotto $G \times G$ in G, data da $(a, b) \to ab$, e da G in G data da $a \to a^{-1}$ sono continue.

Ogni gruppo diventa un gruppo topologico se viene dotato della topologia discreta.

6.42 Esempi. 1. Il gruppo dei reali $\mathbf{R}=\mathbf{R}(+)$ con la topologia della retta reale è un gruppo topologico. Le funzioni $(x,y) \to x + y$ e $x \to -x$ sono continue. Analogamente, sono gruppi topologici l'insieme $\mathbf{R}^n$ delle n−ple $x = (x_1, x_2, \ldots, x_n)$ con la topologia che ha come base di aperti i parallelepipedi aperti $a_k < x_k < b_k$, $k = 1, 2, \ldots, n$, e l'insieme $\mathbf{C}^n$ delle n−ple di numeri complessi $\mathbf{C}^n = (z_1, z_2, \ldots, z_n)$, $z_k = x_k + iy_k$, dove $x_k, y_k \in \mathbf{R}$, $k = 1, 2, \ldots, n$, rispetto all'usuale operazione di somma componente per componente. A una tale n−pla resta associata la $2n$−pla $(x_1, y_1, x_2, y_2, \ldots, x_n, y_n)$ di $\mathbf{R}^{2n}$; la corrispondenza che così si crea è biunivoca, e ciò permette di considerare come aperti di $\mathbf{C}^n$ le controimmagini degli aperti di $\mathbf{R}^{2n}$. Diremo *naturali* queste topologie su $\mathbf{R}^n$ e $\mathbf{C}^n$.

2. I gruppi $GL(n, \mathbf{R})$ e $GL(n, \mathbf{C})$. Una matrice $A = (a_{i,j})$ di $GL(n, \mathbf{R})$ si può considerare come un punto $(a_{1,1}, a_{1,2}, \ldots, a_{1,n}, a_{2,1}, \ldots, a_{2,n}, \ldots, a_{n,1}, \ldots,$ $a_{n,n})$ di $\mathbf{R}^{n^2}$, e si può quindi munire $GL(n, \mathbf{R})$ della topologia indotta da quella di $\mathbf{R}^{n^2}$. In questo modo, $GL(n, \mathbf{R})$ diventa uno spazio topologico, e anzi un gruppo topologico. Infatti, l'inversa di $A = (a_{i,j})$ è la matrice dei cofattori $(\frac{\Delta_{i,j}}{\det A})$, ma sia i cofattori che il determinante sono polinomi negli elementi della matrice, e quindi funzioni continue di questi. Analogamente, sono polinomi i prodotti righe per colonne che danno gli elementi della matrice prodotto. Ne segue che, munito della topologia naturale, $GL(n, \mathbf{R})$ è un gruppo topologico. Una base di intorni per una matrice $A = (a_{i,j})$ è data dalle matrici invertibili $B = (b_{i,j})$ per le quali, fissato $\epsilon > 0$, $|a_{i,j} - b_{i,j}| < \epsilon$, $i, j = 1, 2, \ldots, n$. Si osservi che $GL(n, \mathbf{R})$ è un aperto di $\mathbf{R}^{n^2}$: la funzione che associa a una matrice il suo determinante è una funzione continua $GL(n, \mathbf{R}) \to \mathbf{R}$, e $GL(n, \mathbf{R})$ è la controimmagine del complementare del chiuso $\{0\}$ di $\mathbf{R}$. Quanto detto sussiste, con ovvie modifiche, per $GL(n, \mathbf{C})$.

3. Un sottogruppo di un gruppo topologico diventa un gruppo topologico munendolo della topologia indotta. Con questa topologia, $SL(n, \mathbf{R})$ è un sottogruppo di $GL(n, \mathbf{R})$; come controimmagine di $\{1\}$ dell'applicazione continua data dal determinante, si tratta di un sottogruppo chiuso. Il gruppo *ortogonale* $O(n, \mathbf{R})$, o semplicemente $O(n)$, consta delle matrici $A = (a_{i,j})$ tali che $AA^t = I$; si ha allora $\sum_k a_{i,k} a_{j,k} = \delta_{i,j}$ (le righe sono ortonormali). Queste somme sono continue, e $O(n)$ è un sottogruppo chiuso $GL(n, \mathbf{R})$. Per intersezione con $SL(n, \mathbf{R})$ si ottiene il sottogruppo chiuso $SO(n)$ (*gruppo ortogonale speciale*). Analogamente, il gruppo *unitario* $U(n)$ (matrici tali che $A\overline{A}^t = I$) è un sottogruppo chiuso di $GL(n, \mathbf{C})$, come pure il suo sottogruppo $SU(n)$, ottenuto per intersezione con $SL(n, \mathbf{C})$.

4. Il gruppo $O(n)$ è compatto. Per la condizione di ortonormalità, la somma dei quadrati degli elementi di ogni riga è 1, e quindi la somma dei quadrati degli elementi della matrice è n. Una matrice di $O(n)$ è allora un punto sulla superfice della sfera di centro l'origine e raggio $\sqrt{n}$, per cui $O(n)$ è un insieme limitato di $\mathbf{R}^{n^2}$, ed essendo chiuso è compatto. Analogamente, il gruppo unitario è compatto.

5. Il gruppo $SO(n)$, come sottoinsieme chiuso dello spazio compatto $O(n)$, è anch'esso compatto. Consideriamo il caso $n = 2$. Sia $\begin{pmatrix} a_{1,1} & a_{1,2} \\ a_{2,1} & a_{2,2} \end{pmatrix} \in SO(n)$. La condizione di ortogonalità implica le uguaglianze

$$a_{1,1}^2 + a_{1,2}^2 = 1, \quad a_{2,1}^2 + a_{2,2}^2 = 1, \quad a_{1,1}a_{2,1} + a_{1,2}a_{2,2} = 0;$$

si ha poi l'ulteriore condizione $a_{1,1}a_{2,2} - a_{1,2}a_{2,1} = 1$ data dal fatto che il determinante è 1. La prima condizione permette di porre $a_{1,1} = \cos\alpha$ e $a_{1,2} = -\text{sen}\,\alpha$, $\alpha \in [0, 2\pi]$; dalle altre segue che la matrice è $\begin{pmatrix} \cos\alpha & -\text{sen}\,\alpha \\ \text{sen}\,\alpha & \cos\alpha \end{pmatrix}$. Il gruppo $SO(2)$ consta quindi delle matrici di rotazione rispetto all'origine del piano. Se a una matrice di rotazione di un angolo α facciamo corrispondere il numero complesso $e^{i\alpha}$ abbiamo un isomorfismo φ di $SO(2)$ sul gruppo $S^1 = \mathbf{R}/2\pi\mathbf{Z}$ della circonferenza di centro l'origine e raggio 1. Definendo gli aperti di S^1 come le immagini secondo φ degli aperti di $\mathbf{R}/2\pi\mathbf{Z}$, φ diventa un omeomorfismo.

6.43 Definizione. Una rappresentazione (complessa) di dimensione finita di un gruppo topologico G è un omomorfismo continuo di G nel gruppo topologico $GL(n, \mathbf{C})$.

6.44 Esempio. In questo esempio vediamo come, in una rappresentazione di un gruppo infinito, si possa effettuare un'operazione di media, analoga alla (6.1) del teorema di Maschke. Sia f una funzione continua di S^1 a valori in uno spazio V. Definiamo *media* di f su S^1 l'integrale

$$\langle f \rangle = \frac{1}{2\pi} \int_0^{2\pi} f(e^{i\theta})d\theta.$$

Grazie all'invarianza per traslazioni della misura di Lebesgue su $\mathbf{R}$, e alla periodicità della funzione $\theta \mapsto f(e^{i\theta})$, si ha che $\langle f \circ L_g \rangle = \langle f \rangle$ per ogni $g \in S^1$, dove L_g indica la moltiplicazione a sinistra per g. Se $\rho : S^1 \to GL(V)$ è una rappresentazione di S^1 e $f(e^{i\theta}) = \rho(e^{i\theta}).v$ per qualche $v \in V$, allora f soddisfa anche la proprietà

$$\rho(e^{i\alpha})\langle f \rangle = \langle f \rangle,$$

come si vede calcolando:

$$\rho(e^{i\alpha})\langle f \rangle = \rho(e^{i\alpha})\frac{1}{2\pi} \int_0^{2\pi} \rho(e^{i\theta})v d\theta = \frac{1}{2\pi} \int_0^{2\pi} \rho(e^{i(\alpha+\theta)})v d\theta = \frac{1}{2\pi} \int_0^{2\pi} \rho(e^{i\theta'})v d\theta'.$$

Si vede così che la media $\langle f \rangle$ della funzione $f(e^{i\theta}) = \rho(e^{i\theta}).v$ fornisce un elemento G-invariante di V. Si noti che la continuità dell'azione ρ serve a garantire il passaggio dell'azione lineare sotto il segno di integrale.

Utilizzando questa operazione di media sul gruppo topologico S^1, la dimostrazione del teorema di Maschke continua a valere per S^1 in caratteristica zero: le rappresentazioni lineari complesse continue di S^1 sono quindi completamente riducibili. La possibilità di costruire una media invariante sulle funzioni definite su $S^1 = \mathbf{R}/2\pi\mathbf{Z}$ è stata permessa dalla proprietà della misura indotta su S^1 dalla misura di Lebesgue su $\mathbf{R}$, che è invariante per traslazione ed è finita sui compatti.

Come per la misura di Lebesgue sui reali, in un qualunque gruppo localmente compatto si può definire una misura invariante per traslazione e finita sui compatti.

6.45 Definizione. Sia G un gruppo topologico localmente compatto. Una *misura di Haar invariante a sinistra* (risp. destra) per G è una misura μ definita sulla σ-algebra di Borel[†] di G tale che:

    i) $\mu(U) = \mu(gU)$ (risp. $\mu(U) = \mu(Ug)$) per ogni $U \subset G, g \in G$;

    ii) $\mu(U) > 0$ se U un sottoinsieme aperto di G;

    iii) $\mu(K) < +\infty$ per ogni compatto $K \subset G$.

6.46 Teorema (HAAR). *Ogni gruppo topologico localmente compatto G possiede una misura di Haar invariante a sinistra, che è unica a meno di moltiplicazione per scalari. Se G è compatto (o anche se G è abeliano, nel qual caso l'invarianza destra e quella sinistra coincidono) tale misura è anche invariante a destra.*

Se ora G è un gruppo compatto, e μ è una misura di Haar su G, allora $\mu(G)$ è finita. Se $\rho : G \to GL(n, \mathbf{C})$ è una rappresentazione lineare continua di G, allora la *media*:

$$\langle v \rangle = \frac{1}{\mu(G)} \int_G \rho(g)v \, d\mu,$$

è un elemento G–invariante di V. Ciò permette di costruire, come nel caso finito, proiettori G–invarianti. L'esistenza di una misura di Haar per un gruppo compatto G permette quindi di stabilire, come visto in precedenza, la completa riducibilità delle rappresentazioni continue di G.

[†] La σ-algebra di Borel di uno spazio topologico X è la più piccola σ-algebra di X tra quelle che contengono tutti gli aperti di X.

7

Ampliamenti e coomologia

Tra gli argomenti dei quali ci occuperemo in questo capitolo c'è il problema degli ampliamenti, problema al quale abbiamo accennato nel Cap. 2 a proposito del programma di Hölder per la classificazione dei gruppi finiti. Come vedremo, la soluzione di questo problema, proposta da Schreier negli anni venti del '900, permette di classificare i gruppi che sono ampliamenti di un gruppo abeliano A mediante un gruppo π tramite classi di equivalenza di funzioni $\pi \times \pi \to A$. Non si ha però un sistema di invarianti per le classi di isomorfismo dei gruppi che così si ottengono, perché funzioni non equivalenti possono dar luogo a gruppi isomorfi.

7.1 Omomorfismi crociati

7.1 Definizione. Dati due gruppi π e G, e un omomorfismo $\varphi : \pi \to \mathbf{Aut}(G)$, il gruppo π agisce su G mediante la $g^\sigma = g^{\varphi(\sigma)}$. Diremo allora che G è un π–*gruppo* e, se è abeliano, un π–*modulo*.

Sia G un π–gruppo; denotiamo con G^π l'insieme

$$G^\pi = \{x \in G \mid x^\sigma = x,\ \forall \sigma \in \pi\},$$

cioè l'insieme dei punti fissi di π in G. Si tratta, ovviamente, di un sottogruppo, ed è il più grande sottogruppo di G sul quale π agisce banalmente. Nel prodotto semi-diretto $\pi \times_\varphi G$, G^π è, dopo l'identificazione di G^* con G e di π^* con π, il centralizzante in G di π (per questo motivo, G^π si denota anche con $\mathbf{C}_G(\pi)$).

Data un'azione di π su G, abbiamo visto come costruire il prodotto semi-diretto $\pi \times_\varphi G$. In questo gruppo esistono, in generale, oltre a π altri complementi di G. Lo scopo del presente paragrafo è quello di classificare questi complementi per mezzo di certe funzioni $f : \pi \to G$.

Se ω è un complemento per G e $\sigma \in \pi$ esiste un unico elemento $g \in G$ tale che $\sigma g \in \omega$. Infatti, se σg e σh sono due elementi di ω, allora $\sigma g(\sigma h)^{-1} =$

$\sigma(gh^{-1})\sigma^{-1}$ appartiene a ω e, per la normalità di G, anche a G, e perciò è uguale a 1. Ne segue $h = g$. Possiamo allora definire una funzione $f : \pi \to G$ che associa a $\sigma \in \pi$ l'elemento $g \in G$ tale che σg appartiene a ω.

La f gode della proprietà

$$f(\sigma\tau) = f(\sigma)^\tau f(\tau). \tag{7.1}$$

Infatti, da un lato $\sigma g \cdot \tau h = \sigma\tau g^\tau h = \sigma\tau f(\sigma\tau)$ e dall'altro $\sigma g \cdot \tau h = \sigma f(\sigma)\tau f(\tau) = \sigma\tau f(\sigma)^\tau f(\tau)$, ricordando che in $\pi \times_\varphi G$ il coniugio mediante un elemento $\sigma \in \pi$ coincide con l'azione di σ. Uguagliando si ha la (7.1). Si osservi che $f(1) = 1$, come si vede ponendo $\sigma = \tau = 1$ nella (7.1), e che se l'azione è banale f è un omomorfismo.

Una $f : \pi \to G$ che soddisfa la (7.1) prende il nome di *omomorfismo crociato*. Viceversa, dato un omomofismo crociato, le coppie $(\sigma, f(\sigma))$ formano un sottogruppo di $\pi \times_\varphi G$: i) $\sigma f(\sigma)\tau f(\tau) = \sigma\tau f(\sigma)^\tau f(\tau) = \sigma\tau f(\sigma\tau)$; ii) $1 = 1 \cdot 1 = 1 \cdot f(1)$; iii) $(\sigma f(\sigma))^{-1} = \sigma^{-1} f(\sigma^{-1})$; infatti: $\sigma f(\sigma) \cdot \sigma^{-1} f(\sigma^{-1}) = \sigma\sigma^{-1} f(\sigma)^{\sigma^{-1}} f(\sigma^{-1}) = 1 \cdot f(\sigma\sigma^{-1}) = f(1) = 1$.

Denotiamo con ω questo sottogruppo. Se $x \in \pi \times_\varphi G$, è $x = \sigma g$, e poiché $f(\sigma) \in G$, esiste $g_1 \in G$ tale che $g = f(\sigma)g_1$, e quindi $x = \sigma g = \sigma f(\sigma)g_1 \in \omega G$, per cui $\omega G = \pi \times_\varphi G$. Se $\sigma f(\sigma) = g \in G$, allora $f(\sigma) = 1$, per l'unicità della scrittura, per cui $f(\sigma) = 1$ e $g = 1$; in altri termini, $\omega \cap G = \{1\}$. Allora ω è un complemento di G nel prodotto semi-diretto $\pi \times_\varphi G$: anche gli elementi di ω formano, come quelli di π, un sistema completo di rappresentanti delle classi laterali di G in $\pi \times_\varphi G$.

Inoltre, è subito visto che la funzione $\pi \to G$ cui ω dà origine è la f che è servita per costruirlo, e che il complemento $\omega = \pi$ corrisponde alla f tale che $f(\sigma) = 1$ per ogni $\sigma \in \pi$. Abbiamo così:

7.2 Teorema. *Esiste una corrispondenza biunivoca tra gli omomorfismi crociati $f : \pi \to G$ e i complementi di G nel prodotto semi-diretto $\pi \times_\varphi G$.*

Un complemento ω di G, corrispondente a un omomorfismo crociato f, è l'immagine di π nell'applicazione $s : \pi \to \pi \times_\varphi G$, data da $s(\sigma) = (\sigma, f(\sigma))$. Questa s è un omomorfismo, perchè f è un omomorfismo crociato, e viceversa. Se ψ è l'omomorfismo $\psi : \pi \times_\varphi G \to \pi$, dato da $\psi(\sigma, g) = \sigma$, allora $\psi s = id_\pi$; un omomorfismo s che gode di questa proprietà prende il nome di *spezzamento*[†]. Abbiamo così che gli omomorfismi crociati sono in corrispondenza biunivoca con gli spezzamenti.

Siano ora ω_1 e ω_2 due complementi per G in $\pi \times_\varphi G$, e siano essi coniugati: $\omega_1^x = \omega_2$; ma $x = yg_1$, $y \in \omega_1$ e $g_1 \in G$, e dunque $\omega_1^x = \omega_1^{g_1} = \omega_2$. Siano f_1 e f_2 gli omomorfismi crociati corrispondenti a ω_1 e ω_2; allora $(\sigma f_1(\sigma))^{g_1} = \tau f_2(\tau)$, per un certo $\tau \in \pi$, e $\sigma[\sigma^{-1}\sigma^{g_1}f_1(\sigma)^{g_1}] = \tau f_2(\tau)$, con $\sigma^{-1}\sigma^{g_1} \in G$, per la normalità di G. L'espressione in parentesi quadre è perciò un elemento di G; ne segue, per l'unicità, $\sigma = \tau$ e $(g_1^{-1})^\sigma f_1(\sigma)g_1 = f_2(\sigma)$, e posto $g_1^{-1} = g$,

---

[†] *Splitting*, in inglese.

$$f_2(\sigma) = g^\sigma f_1(\sigma) g^{-1}, \; \forall \sigma \in \pi. \tag{7.2}$$

È chiaro, viceversa, che se, per un certo $g \in G$, f_1 e f_2 sono legati dalla (7.2), allora ω_1 e ω_2 sono coniugati mediante g^{-1}, e questa relazione tra f_1 e f_2 è una relazione di equivalenza $f_1 \sim f_2$.

7.3 Teorema. *Esiste una corrispondenza biunivoca tra le classi di coniugio dei complementi di G nel prodotto semi-diretto $\pi \times_\varphi G$ e le classi $[f]$ dell'equivalenza data dalla (7.2).* $\diamond$

Abbiamo visto come l'omomorfismo crociato f corrispondente al complemento π è quello per cui $f(\sigma) = 1$ per ogni $\sigma \in \pi$; gli omomorfismi crociati a esso equivalenti sono quelli per cui esiste un fissato elemento $g \in G$ tale che

$$f(\sigma) = g^\sigma g^{-1}, \; \forall \sigma \in \pi. \tag{7.3}$$

Un omomorfismo crociato f che soddisfa la (7.3) si chiama *principale*. Si ha così:

7.4 Corollario. *Se due qualunque complementi di G nel prodotto semi-diretto $\pi \times_\varphi G$ sono coniugati, ogni omomorfismo crociato è principale, e viceversa.*

Se $H \leq G$ è π−invariante, π agisce sui laterali di H: $(Hg)^\sigma = Hg^\sigma$. È chiaro che, se π fissa un elemento di un laterale, allora fissa quel laterale: basta prendere per rappresentante l'elemento fissato. Viceversa, sia Hg fissato da ogni elemento di π; allora $g^\sigma g^{-1} \in H$, per ogni $\sigma \in \pi$, e la corrispondenza $f : \sigma \to g^\sigma g^{-1}$ è un omomorfismo crociato di π in H:

$$f(\sigma\tau) = g^{\sigma\tau} g^{-1} = g^{\sigma\tau} \cdot g^{-\tau} g^\tau \cdot g^{-1} = (g^\sigma g^{-1})^\tau g^\tau g^{-1} = f(\sigma)^\tau f(\tau).$$

Se due complementi di H nel prodotto semidiretto di π per H sono coniugati, ogni omomorfismo crociato di π in H è principale, e dunque esiste $h \in H$ tale che $g^\sigma g^{-1} = h^\sigma h^{-1}$, da cui $(h^{-1}g)^\sigma = h^{-1}g$.

7.5 Corollario. *Se $H \leq G$ è π−invariante, e due complementi di H nel prodotto semidiretto di π per H sono coniugati, allora π fissa un laterale di H se e solo se fissa un elemento di quel laterale.* $\diamond$

Sia $H \trianglelefteq G$ e π−invariante. L'immagine dei punti fissi G^π nell'omomorfismo canonico $G \to G/H$ è ovviamente contenuta in $(G/H)^\pi$, ma può non coincidere con esso come mostrano i seguenti esempi.

7.6 Esempi. 1. Sia $G = \{1, a, b, c\}$ il gruppo di Klein, σ l'automorfismo di G che scambia a e b e fissa c. Se $\pi = \{1, \sigma\}$, $H = \{1, c\}$ è normale e π−invariante, e si ha $G^\pi = H$, l'immagine di G^π in G/H è l'identità, mentre $(G/H)^\pi = G/H$.

2. Sia G il gruppo degli interi, $\pi = \{1, \sigma\}$, dove $\sigma : n \to -n$. Si ha $G^\pi = \{0\}$, e se $H = \langle 2 \rangle$, $(G/H)^\pi = G/H$.

7.7 Corollario. *Se H è come nel Cor. 7.5, allora l'immagine dei punti fissi di π in G è l'insieme dei punti fissi dell'immagine: $G^\pi H/H = (G/H)^\pi$.*

Nel primo dei due esempi precedenti il prodotto semidiretto di π per H è il gruppo V di Klein, e dunque, essendo V abeliano, vi sono due classi di coniugio, ciascuna con un solo elemento, di complementi per H in V. Anche nel secondo esempio vi sono due classi di coniugio (v. *Es.* 2 di 7.10).

7.8 Nota. Quella da noi definita è un'azione a destra. Con l'azione a sinistra la (7.1) diventa $f(\sigma\tau) = (\sigma f(\tau))f(\sigma)$.

7.2 Il primo gruppo di coomologia

Sia ora A un $\pi-$*modulo*, scritto additivamente. Gli omomorfismi crociati di π in A prendono il nome di $1-$*cocicli*, e l'insieme degli $1-$cocicli si denota con $Z^1(\pi, A)$. A questo insieme si può dare una struttura di gruppo abeliano mediante l'operazione $(f_1+f_2)(\sigma) = f_1(\sigma)+f_2(\sigma)$, $\sigma \in \pi$; lo zero è l'$1-$cociclo f tale che $f(\sigma) = 0$ per ogni $\sigma \in \pi$, e l'opposto di un $1-$cociclo f è $-f : \sigma \rightarrow -f(\sigma)$. Gli omomorfismi crociati principali prendono il nome di $1-$*cobordi*, e formano un sottogruppo $B^1(\pi, A)$ di $Z^1(\pi, A)$: se, $f_1(\sigma) = x^\sigma - x$, $f_2(\sigma) = y^\sigma - y$ allora $(f_1 + f_2)(\sigma) = (x + y)^\sigma - (x + y)$, e $-f(\sigma) = (-x)^\sigma - (-x)$.

7.9 Definizione. Il quoziente $H^1(\pi, A) = Z^1(\pi, A)/B^1(\pi, A)$ è il *primo gruppo di coomologia di π a coefficienti in A*.

Il Teor. 7.3 si può allora riformulare come segue: *l'ordine di $H^1(\pi, A)$ dà il numero delle classi di coniugio dei complementi di A nel prodotto semidiretto di π per A*.

7.10 Esempi. 1. Sia π finito, $\mathbf{Z}$ il gruppo degli interi, e sia l'azione di π su $\mathbf{Z}$ banale. Poiché l'azione è banale, ogni $1-$cociclo è un omomorfismo, e poiché il solo omomorfismo tra un gruppo finito e $\mathbf{Z}$ è quello che manda tutto in $\{0\}$, è $Z^1(\pi, \mathbf{Z}) = \{0\}$, e, a fortiori, $H^1(\pi, \mathbf{Z}) = \{0\}$.

2. Se $\pi = \{1, \sigma\}$ è il gruppo di automorfismi di $\mathbf{Z}$, dove $\sigma(n) = -n$, il prodotto semidiretto è il gruppo D_∞ e i complementi di $\mathbf{Z}$ sono i gruppi $\{(1, 0), (\sigma, n)\}$, di ordine 2. Due complementi $\{(1, 0), (\sigma, n)\}$ e $\{(1, 0), (\sigma, m)\}$ sono coniugati se e solo se m e n hanno la stessa parità, come si verifica facilmente; ne segue $|H^1(\pi, \mathbf{Z})| = 2$.

3. Se π è finito, $|\pi| = n$, e D è un gruppo $n-$divisibile (ogni elemento di D è divisibile per n) e privo di torsione, allora

$$H^1(\pi, D) = 0.$$

Per $f \in Z^1(\pi, D)$ si ha $nf \in B^1(\pi, D)$, cioè $nf(\sigma) = d^\sigma - d$, per ogni σ e un certo $d \in D$. Essendo D $n-$divisibile, $d = nd_1$ e perciò $nf(\sigma) = (nd_1)^\sigma - nd_1 =$

$n(d_1^\sigma - d_1) = nf'(\sigma)$, dove $f' \in B^1$ è definito da $f'(\sigma) = d_1^\sigma - d_1$. Ne segue $n(f(\sigma) - f'(\sigma)) = 0$ e dunque, essendo D privo di torsione, $f(\sigma) - f'(\sigma) = 0$, $f(\sigma) = f'(\sigma)$, e valendo questa uguaglianza per ogni σ, $f = f'$ e quindi $f \in B^1$.

4. Determiniamo $H^1(\pi, A)$ nel caso in cui π è un gruppo ciclico. Intanto, un 1−cociclo f è determinato una volta nota l'immagine $a = f(\sigma)$ del generatore σ di π. Infatti, $f(\sigma^2) = f(\sigma \cdot \sigma) = f(\sigma)^\sigma + f(\sigma) = a^\sigma + a$, e, in generale, per $k \geq 0$, $f(\sigma^k) = a + a^\sigma + \cdots + a^{\sigma^{k-1}}$. Inoltre, da $0 = f(1) = f(\sigma \cdot \sigma^{-1})$ segue $0 = f(\sigma)^{\sigma^{-1}} + f(\sigma^{-1}) = a^{\sigma^{-1}} + f(\sigma^{-1})$, da cui $f(\sigma^{-1}) = -a^{\sigma^{-1}}$, e, in generale, per potenze negative di σ, $f(\sigma^{-k}) = -a^{\sigma^{-k}} - a^{\sigma^{-(k-1)}} - \cdots - a^{\sigma^{-1}}$. Associando allora f ad $a = f(\sigma)$ si ottiene un omomorfismo iniettivo

$$Z^1(\pi, A) \to A. \tag{7.4}$$

Si osservi poi che se $f(\sigma) = a^\sigma - a$, allora f è un 1−cobordo: per ogni k,

$$f(\sigma^k) = (a^\sigma - a) + (a^\sigma - a)^\sigma + \cdots + (a^\sigma - a)^{\sigma^{k-1}} = a^{\sigma^k} - a.$$

Viceversa, per un 1−cobordo si ha, per definizione, $f(\sigma^k) = a^{\sigma^k} - a$, e quindi in particolare $f(\sigma) = a^\sigma - a$.

Distinguiamo ora i due casi π finito e π infinito.

i) π finito, $|\pi| = n$. Nel caso di un gruppo finito, non necessariamente ciclico, definiamo *norma* di $a \in A$ la somma delle immagini di a secondo i vari elementi di π:

$$N(a) = \sum_{\sigma \in \pi} a^\sigma.$$

Al variare di $a \in A$, gli elementi della forma $N(a)$ formano un sottogruppo (perché A è abeliano). Inoltre, $N(a)$ è fissato da ogni elemento di π, in quanto se $\tau \in \pi$, i prodotti $\sigma\tau$ percorrono tutto π al variare di τ; il sottogruppo degli elementi della forma $N(a)$ è quindi contenuto in A^π. Gli elementi di A di norma nulla formano anch'essi un sottogruppo di A^π.

Se ora π è ciclico, f è un 1−cociclo e $f(\sigma) = a$ allora, per la (7.2), $0 = f(1) = f(\sigma^{n-1}) = N(a)$, e quindi l'immagine a di σ secondo f ha norma nulla. Viceversa, se $N(a) = 0$, ponendo $f(\sigma) = a$ resta definito un 1−cociclo. L'immagine di $Z^1(\pi, A)$ nella (7.4) è dunque $\{a \in A \mid N(a) = 0\}$. Gli elementi di A della forma $a^\sigma - a$ hanno norma nulla, e costituiscono l'immagine di $B^1(\pi, A)$; pertanto:

$$H^1(\pi, A) = \frac{Z^1(\pi, A)}{B^1(\pi, A)} \simeq \frac{\{a \in A \mid N(a) = 0\}}{\{a^\sigma - a, \ a \in A\}}.$$

ii) π infinito. In questo caso per ogni $a \in A$, ponendo $f(\sigma) = a$ si definisce un cociclo: l'applicazione (7.4) è surgettiva, dunque un isomorfismo; si ha

$$H^1(\pi, A) \simeq \frac{A}{\{a^\sigma - a, \ a \in A\}}.$$

7.11 Lemma. *Sia π finito, $|\pi| = n$. Allora $nH^1(\pi, A) = 0$, e quindi ogni elemento di $H^1(\pi, A)$ ha ordine che divide n.*

Dim. Nella (7.1) fissiamo τ e sommiamo su σ: $\sum_\sigma f(\sigma\tau) = \sum_\sigma f(\sigma)^\tau + \sum_\sigma f(\tau)$. Al variare di σ, il prodotto $\sigma\tau$ percorre tutto π; la precedente diventa $\sum_\sigma f(\sigma) = (\sum_\sigma f(\sigma))^\tau + nf(\tau)$. Posto $\sum_\sigma f(\sigma) = -g$ abbiamo $nf(\tau) = g^\tau - g$, per ogni $\tau \in \pi$, cioè $nf \in B^1(\pi, A)$. $\diamondsuit$

In particolare, se $|A| = m$ e $(n, m) = 1$, esiste r tale che $rn \equiv 1 \bmod m$. Moltiplicando per r la precedente relazione si ha, per ogni τ, $rnf(\tau) = (rg)^\tau - rg = g_1^\tau - g_1$. Ma come elemento di A è $rnf(\tau) = f(\tau)$, e poiché ciò vale per ogni τ, è $rnf = f$, ed essendo $nf \in B^1(\pi, A)$ è anche $f \in B^1(\pi, A)$, cioè $H^1(\pi, A) = 0$. In altre parole,

7.12 Teorema. *Se $(|\pi|, |A|) = 1$, due complementi di un gruppo abeliano A nel prodotto semi-diretto di π per A sono coniugati.*

Questo teorema sussiste anche nel caso più generale in cui A è un gruppo risolubile.

7.13 Lemma. *Sia G un $\pi-$gruppo, $H \trianglelefteq G$ e $\pi-$invariante. Se ogni omomorfismo crociato di π in H e di π in G/H è principale, allora ogni omomorfismo crociato di π in G è principale.*

Dim. Sia f un omomorfismo crociato di π in G. La corrispondenza $g : \pi \to G/H$ data da $\sigma \to Hf(\sigma)$ si vede subito essere un omomorfismo crociato di π in G/H, e come tale principale. Esiste allora $Hx \in G/H$ tale che $g(\sigma) = (Hx)^\sigma(Hx)^{-1} = Hx^\sigma x^{-1}$, $\sigma \in \pi$. Ne segue $Hf(\sigma) = Hx^\sigma x^{-1}$ e $f(\sigma)xx^{-\sigma} \in H$, e quindi anche $x^{-\sigma}f(\sigma)x \in H$. La corrispondenza $g_1 : \sigma \to f(\sigma)xx^{-\sigma}$ è un omomorfismo crociato di π in H e così principale. Esiste allora $h \in H$ tale che $x^{-\sigma}f(\sigma)x = h^\sigma h^{-1}$. Ma allora $f(\sigma) = x^\sigma h^\sigma h^{-1}x^{-1} = (xh)^\sigma(xh)^{-1}$, $\sigma \in \pi$, e dunque f è principale. $\diamondsuit$

7.14 Teorema. *Se G è un $\pi-$gruppo risolubile e $(|\pi|, |G|) = 1$, allora i complementi di G nel prodotto semidiretto di π per G sono tutti tra loro coniugati.*

Dim. Induzione su $|G|$. Se G è abeliano, il teorema si è già visto. Sia allora $G' \neq \{1\}$. Essendo G' $\pi-$invariante (è addirittura caratteristico) e avendosi $G' < G$, e $|G/G'| < |G|$, per induzione i complementi nei rispettivi prodotti semidiretti sono tutti coniugati, e dunque gli omomorfismi crociati di π in G' e in G/G' sono tutti principali (Cor. 7.4). Per il lemma precedente anche quelli di π in G sono tutti principali, e, sempre per il Cor. 7.4, si ha la tesi. $\diamondsuit$

7.15 Esempio. Come applicazione di questo teorema dimostriamo il Cor. 5.54 nella forma seguente: *se un automorfismo σ di un $p-$gruppo finito P induce l'identità su P/Φ, dove Φ è il sottogruppo di Frattini di P, e $(p, o(\sigma)) = 1$, allora σ è l'identità su P.* Con $\pi = \langle\sigma\rangle$ abbiamo $(|P|, |\pi| = 1)$, e per il Teor.

7.12 e il Cor. 7.7, $P^\pi\Phi/\Phi = (P/\Phi)^\pi = (P/\Phi)$, da cui $P^\pi\Phi = P$, e dunque $P^\pi = P$.

La conclusione del Teor. 7.14 sussiste anche nel caso in cui, invece di G, è risolubile il gruppo π. È ciò che faremo vedere tra un momento. Osserviamo intanto che se π_1 è un sottogruppo normale di π, allora il quoziente π/π_1 agisce su G_1^π, i punti fissi di π_1: $g^{\pi_1\sigma} = g^\sigma$. Si ha un lemma "duale" del Lemma 7.13:

7.16 Lemma. *Se $\pi_1 \trianglelefteq \pi$, e ogni omomorfismo crociato di π_1 in G e di π/π_1 in G_1^π è principale, allora ogni omomorfismo crociato di π in G è principale.*

Dim. Se f è un omomorfismo crociato di π in G, la sua restrizione a π_1 è un omomorfismo crociato di π_1 in G, e dunque principale. Allora esiste $x \in G$ tale che $f(\tau) = x^\tau x^{-1}$, per ogni $\tau \in \pi_1$. Per $\sigma \in \pi$ poniamo $g(\sigma) = x^{-\sigma}f(\sigma)x$, ottenendo così un omomorfismo crociato di π in G e tale che $g(\sigma) = 1$ per $\sigma \in \pi_1$. Per $\eta, \eta' \in \pi_1$ si ha $g(\eta\sigma) = g(\eta)^\sigma g(\sigma) = g(\sigma)$, e analogamente per $g(\eta'\sigma)$, per cui g è costante sui laterali di π_1. Inoltre, se $\tau \in \pi_1$ e $\sigma \in \pi$, $g(\sigma\tau) = g(\sigma)^\tau g(\tau) = g(\sigma^\tau)$, e avendosi, per la normalità di π_1, $\sigma\tau = \tau'\sigma$, $\tau' \in \pi_1$, $g(\tau'\sigma) = g(\tau')^\sigma g(\sigma) = g(\sigma)$, e quindi $g(\sigma)^\tau = g(\sigma)$, per ogni $\sigma \in \pi$ e $\tau \in \pi_1$, ovvero $g(\sigma) \in G_1^\pi$ per ogni $\sigma \in \pi$. La funzione $\bar{g} : \pi/\pi_1 \to G_1^\pi$, data da $\pi_1\sigma \to g(\sigma)$ è ben definita, ed è evidentemente un omomorfismo crociato di π/π_1 in G_1^π. Come tale è principale: esiste $y \in G_1^\pi$ tale che $\bar{g}(\pi_1\sigma) = y^{\pi_1\sigma}y^{-1} = y^\sigma y^{-1}$. Ne segue $g(\sigma) = y^\sigma y^{-1}$ e quindi $f(\sigma) = x^\sigma g(\sigma)x^{-1} = x^\sigma y^\sigma y^{-1}x^{-1} = (xy)^\sigma(xy)^{-1}$, cioè f è principale. $\diamond$

7.17 Teorema. *Se G è un π−gruppo con π risolubile e $(|\pi|, |G|) = 1$, allora i complementi di G nel prodotto semidiretto di π per G sono tutti tra loro coniugati.*

Dim. Se π non è semplice, la tesi segue, per induzione, dal lemma precedente e dal Cor. 7.4. Se è semplice, essendo risolubile ha ordine primo p, e da $(p, |G|) = 1$ segue che π è Sylow nel prodotto semidiretto di π per G. La tesi si ha allora dal teorema di Sylow. $\diamond$

Esercizi

1. Se $H \leq G$ è π−invariante, anche il suo centralizzante e il suo normalizzante lo sono.

2. Si definisca $[G, \pi] = \langle g^{-1}g^\sigma, g \in G, \sigma \in \pi \rangle$, e si dimostri che $[G, \pi]$ è il più piccolo sottogruppo normale π−invariante di G tale che π agisca banalmente sul quoziente (si tratta dunque del sottogruppo "duale" di G^π).

3. Sia G un gruppo. Fissato $z \in G$, la funzione $f_z : x \to [x, z]$, è un omomorfismo crociato $G \to G'$.

4. Se $V = \{1, a, b, c\}$ è il gruppo di Klein e $\pi = \{1, \sigma\}$ agisce su V secondo $a^\sigma = b$, $b^\sigma = a$, $c^\sigma = c$, dimostrare che $H^1(\pi, V) = \{0\}$. Se l'azione di π su V è banale, $H^1(\pi, V) \simeq V$.

5. Dimostrare che se due complementi di G nel prodotto semidiretto di π per G sono coniugati, allora:

  $i)$ $G = G^\pi [G, \pi]$;

  $ii)$ $[G, \pi, \pi] = [G, \pi]$.

Sappiamo che se G è un π–gruppo e A un sottogruppo di G normale e π–invariante, l'inclusione

$$G^\pi A / A \subseteq (G/A)^\pi. \tag{7.5}$$

può essere propria (v. *Es.* 7.6), e che se due complementi di A nel prodotto semidiretto $\pi \times_\varphi A$ sono coniugati si ha uguaglianza. Se A è abeliano, la condizione che due complementi siano coniugati si traduce,come sappiamo,nella $H^1(\pi, A) = 0$.

Se A e B sono due π–moduli, un *π-morfismo* $\alpha : A \to B$ è un omomorfismo che permuta con l'azione di π, $\alpha(x^\sigma) = \alpha(x)^\sigma$, $x \in A$, $\sigma \in \pi$. Una successione $\cdots \to A_{i-1} \overset{\alpha_{i-1}}{\to} A_i \overset{\alpha_i}{\to} A_{i+1} \to \cdots$ di gruppi A_i e omomorfismi α_i si dice *esatta nel punto A_i* se $Ker(\alpha_i) = Im(\alpha_{i-1})$; si dice *esatta* se è esatta in ogni suo punto. L'esattezza della successione

$$\{0\} \to A \overset{\alpha}{\to} B \overset{\beta}{\to} C \to \{0\} \tag{7.6}$$

significa che α è iniettiva e β è surgettiva. Una tale successione esatta prende il nome di *successione esatta corta*.

6. Se nella (7.6) α e β sono π–morfismi, dimostrare che, definendo $\alpha^\pi : A^\pi \to B^\pi$ secondo la $\alpha^\pi : a \to \alpha(a)$, $a \in A^\pi$, e analogamente β^π, si ha $\alpha^\pi(A^\pi) \subseteq B^\pi$ e $\beta^\pi(B^\pi) \subseteq C^\pi$, e che la successione di gruppi abeliani (π–moduli banali)

$$0 \to A^\pi \overset{\alpha^\pi}{\to} B^\pi \overset{\beta^\pi}{\to} C^\pi$$

è esatta.

Il fatto che l'inclusione (7.5) possa essere propria dimostra che, in generale, la successione ottenuta dalla precedente aggiungendo $\to \{0\}$ non è esatta nel punto C^π. Vediamo allora cosa si può aggiungere per renderla esatta, cioè per ristabilire l'esattezza perduta passando da $(-)$ a $(-)^\pi$. Consideriamo, per semplicità, il caso in cui α è l'iniezione, cioè $A \subseteq B$.

Sia $c \in C^\pi$; essendo β surgettiva, esiste b tale che $\beta(b) = c$. Se $\sigma \in \pi$, $c^\sigma = c$, cioè $\beta(b)^\sigma = \beta(b)$ ed essendo β un π–morfismo, $\beta(b^\sigma) = \beta(b)$, $b^\sigma - b \in Ker(\beta) = A$. La funzione $f : \pi \to A$, data da $\sigma \to b^\sigma - b$ è un 1–cociclo di π in A: si tratta infatti di un 1–cobordo di π in B.

Se $c = \beta(b')$, si ottiene allo stesso modo un 1–cociclo f' di π in A dato da $f'(\sigma) = b'^\sigma - b'$. Ora, $c = \beta(b') = \beta(b)$ implica $b' - b \in Ker(\beta) = A$, e dunque $b' - b = a$, per un certo $a \in A$, da cui $b' = a + b$ e

$$f'(\sigma) = b'^\sigma - b' = (a + b)^\sigma - (a + b) = (a^\sigma - a) + (b^\sigma - b) = f(\sigma) + a^\sigma - a$$

e perciò $f' \sim f$.

7. Dimostrare che l'applicazione $\delta : C^\pi \to H^1(\pi, A)$, definita nel modo visto sopra da $c \to [f] = f + B^1(\pi, A)$, è un omomorfismo che rende esatta la successione

$$0 \to A^\pi \overset{\alpha^\pi}{\to} B^\pi \overset{\beta^\pi}{\to} C^\pi \overset{\delta}{\to} H^1(\pi, A).$$

Un π−morfismo $\alpha : A \to B$ induce un omomorfismo

$$\alpha' : Z^1(\pi, A) \to Z^1(\pi, B),$$

dato da $f \to \alpha f$. Inoltre, se $f_1 \sim f_2$, $f_2(\sigma) = f_1(\sigma) + a^\sigma - a$ e dunque

$$\alpha f_2(\sigma) = \alpha(f_1(\sigma) + a^\sigma - a) = \alpha(f_1(\sigma)) + \alpha(a)^\sigma - \alpha(a),$$

e quindi αf_1 e αf_2 differiscono per l'1−cobordo $\sigma \to \alpha(a)^\sigma - \alpha(a)$.

Possiamo allora considerare i due morfismi

$$H^1(\pi, A) \xrightarrow{\overline{\alpha}} H^1(\pi, B), \; H^1(\pi, B) \xrightarrow{\overline{\beta}} H^1(\pi, C),$$

indotti da α e β secondo le $\overline{\alpha}[f] = [\alpha f]$ e $\overline{\beta}[f] = [\beta f]$.

8. Dimostrare che la successione

$$0 \to H^0(\pi, A) \xrightarrow{\alpha^\pi} H^0(\pi, B) \xrightarrow{\beta^\pi} H^0(\pi, C) \xrightarrow{\delta} H^1(\pi, A) \xrightarrow{\overline{\alpha}} H^1(\pi, B) \xrightarrow{\overline{\beta}} H^1(\pi, C),$$

dove si è posto $(-)^\pi = H^0(\pi, -)$, è esatta.

Che la successione non sia necessariamente esatta nel punto $H^1(\pi, C)$ si può vedere considerando la successione esatta $0 \to \mathbf{Z} \xrightarrow{\alpha} \mathbf{Z} \xrightarrow{\beta} \mathbf{Z}_2 \to 0$ dove $\pi = C_2$ è il gruppo ciclico di ordine 2, $\alpha : n \to 2n$, β è l'omomorfismo canonico e l'azione di π è banale. Allora $H^1(\pi, \mathbf{Z}) = 0$, mentre $H^1(\pi, \mathbf{Z}_2)$ ha due elementi essendoci due omomorfismi $C_2 \to \mathbf{Z}_2$. Ciò significa che, se $\beta : B \to C$ è un π−morfismo surgettivo, il morfismo indotto $\overline{\beta} : H^1(\pi, B) \to H^1(\pi, C)$ non è necessariamente surgettivo.

La successione non si può quindi in generale prolungare con "$\to 0$". Vedremo come si può prolungare (es. 9 e 10).

7.2.1 L'anello di gruppo $\mathbf{Z}\pi$

Se $\mathbf{Z}$ è l'anello degli interi e π un gruppo, consideriamo l'insieme delle funzioni $u : \pi \to \mathbf{Z}$ a supporto finito ($u(\sigma) \neq 0$ per al più un numero finito di elementi σ di π). Denotiamo con $\mathbf{Z}\pi$ questo insieme. Esso si può dotare della struttura di gruppo abeliano libero rispetto alla somma $(u + v)(\sigma) = u(\sigma) + v(\sigma)$, una base essendo data dalle funzioni u_σ così definite:

$$u_\sigma(\tau) = \begin{cases} 1 \text{ if } \tau = \sigma, \\ 0 \text{ altrimenti.} \end{cases}$$

Se infatti $u \in \mathbf{Z}\pi$, e $\{\sigma_1, \sigma_2, \ldots, \sigma_n\}$ è il supporto di u, allora $u = u(\sigma_1)u_{\sigma_1} + u(\sigma_2)u_{\sigma_2} + \cdots + u(\sigma_n)u_{\sigma_n}$, e se $u = 0$ allora $u(\sigma) = 0$ per ogni $\sigma \in \pi$. Per $\sigma = \sigma_i$ si ha $\sum_{i=1}^n u(\sigma_i)u_{\sigma_i} = u(\sigma_i) = 0$, e quindi i coefficienti di u sono tutti uguali a zero. Ogni elemento di $\mathbf{Z}\pi$ si scrive dunque in modo unico come

$$u = \sum_{\sigma \in \pi} u(\sigma)u_\sigma, \tag{7.7}$$

e pertanto $\mathbf{Z}\pi$ è un gruppo libero. $\mathbf{Z}\pi$ ha anche una struttura di anello, con il prodotto definito estendendo per linearità il prodotto del gruppo. Si ottiene così il *prodotto di convoluzione*:

$$u \circ v(\sigma) = \sum_{\tau \in \pi} u(\tau)v(\tau^{-1}\sigma) \qquad (7.8)$$

(scriveremo semplicemente uv per $u \circ v$). Si verifica facilmente che si tratta di un prodotto associativo e che vale la proprietà distributiva rispetto all'addizione.

Consideriamo ora l'applicazione $\pi \to \mathbf{Z}\pi$ data da $\sigma \to u_\sigma$. Si osservi che $u_\sigma u_\tau(\eta) = \sum_{\gamma \in \pi} u_\sigma(\gamma)u_\tau(\gamma^{-1}\eta)$, e poiché se $\gamma \neq \sigma$ o se $\gamma^{-1}\eta \neq \tau$ i termini della somma valgono zero, resta soltanto il termine per $\gamma = \sigma$ e $\gamma^{-1}\eta = \tau$, cioè $\eta = \sigma\tau$; in altre parole:

$$u_\sigma u_\tau(\eta) = \begin{cases} 1 \text{ if } \eta = \sigma\tau, \\ 0 \text{ altrimenti,} \end{cases}$$

e quindi per definizione $u_\sigma u_\tau = u_{\sigma\tau}$. Gli elementi u_σ si combinano quindi come quelli di π, e questo fatto permette di immergere π in $\mathbf{Z}\pi$ identificando σ con u_σ. La (7.7) si può allora scrivere più semplicemente come

$$u = \sum_{\sigma \in \pi} u(\sigma)\sigma . \qquad (7.9)$$

In questo modo $\mathbf{Z}\pi$ diventa l'insieme delle combinazioni lineari formali a coefficienti interi degli elementi di π. Per il prodotto di due elementi $u = \sum_{\sigma \in \pi} u(\sigma)\sigma$ e $v = \sum_{\tau \in \pi} u(\tau)\tau$ si ha $uv = \sum_{\sigma,\tau \in \pi} u(\sigma)v(\tau)\sigma\tau$. Scrivendo uv nella forma (7.9), il coefficiente di $\eta \in \pi$ è quello che si ottiene per $\sigma\tau = \eta$, e quindi per $\tau = \sigma^{-1}$; questo coefficiente è allora $\sum_{\sigma \in \pi} u(\sigma)v(\sigma^{-1}\eta)$. Si ha perciò $uv = \sum_{\eta \in \pi}(\sum_{\sigma \in \pi} u(\sigma)v(\sigma^{-1}\eta))\eta$. (Si osservi che da $\sigma\tau = \eta$ segue $\sigma = \eta\tau^{-1}$, e dunque $\sum_{\sigma \in \pi} u(\sigma)v(\sigma^{-1}\eta) = \sum_{\tau \in \pi} u(\eta\tau^{-1})v(\tau)$).

Un π–modulo A diventa uno $\mathbf{Z}\pi$–modulo definendo, per $a \in A$, e u come nella (7.7),

$$a.u = \sum_\sigma u_\sigma a^\sigma.$$

Viceversa, se A è uno $\mathbf{Z}\pi$–modulo, A diventa un π–modulo immergendo π in $\mathbf{Z}\pi$ ($\sigma \to 1\sigma$) e definendo $a^\sigma = a.1\sigma$.

Come sappiamo, dire che A è un π–modulo significa dire che è stato assegnato un omomorfismo di π nel gruppo degli automorfismi $\mathbf{Aut}(A)$ del gruppo abeliano A. Componendo questo omomorfismo con l'inclusione $\mathbf{Aut}(A) \subseteq \mathbf{End}(A)$ si ha un'applicazione $\varphi : \pi \to \mathbf{End}(A)$ tale che $\varphi(\sigma\tau) = \varphi(\sigma)\varphi(\tau)$ e $\varphi(1) = I_A$. Questa applicazione φ si estende a un omomorfismo φ' tra gli anelli $\mathbf{Z}\pi$ e $\mathbf{End}(A)$[†]: $\varphi'(\sum_\sigma u_\sigma\sigma) = \sum_\sigma u_\sigma\varphi(\sigma)$. Definendo allora $a.\sum_\sigma u_\sigma\sigma = \varphi'(\sum_\sigma u_\sigma\sigma)(a)$, A diventa uno $\mathbf{Z}\pi$–modulo. Viceversa,

---

[†] È noto che gli endomorfismi di un gruppo abeliano formano un anello.

se A è uno $\mathbf{Z}\pi$–modulo, si ha per definizione un omomorfismo $\mathbf{Z}\pi \to \mathbf{End}(A)$ che induce un omomorfismo $\pi \to \mathbf{Aut}(A)$ (elementi invertibili di $\mathbf{Z}\pi$ vanno in elementi invertibili di $\mathbf{End}(A)$, cioè in elementi di $\mathbf{Aut}(A)$). Le due nozioni di π–modulo e di $\mathbf{Z}\pi$–modulo sono dunque equivalenti; in questo senso è giustificato parlare di modulo, una nozione che appartiene alla teoria degli anelli, per un gruppo abeliano sul quale agisce un gruppo.

L'applicazione $\pi \to \mathbf{Z}$ che manda tutti i $\sigma \in \pi$ in 1 (*applicazione d'aumento*) induce l'omomorfismo tra gli anelli $\mathbf{Z}\pi$ e $\mathbf{Z}$ che manda un elemento di $\mathbf{Z}\pi$ nella somma dei propri coefficienti $\sum u_\sigma \sigma \to \sum u_\sigma$, e che è surgettivo. Il suo nucleo, che si denota con $\mathbf{I}\pi$, è l'ideale degli elementi di $\mathbf{Z}\pi$ per i quali $\sum u_\sigma = 0$ (*ideale d'aumento*).

7.18 Lemma. *i)* $\mathbf{I}\pi$ *è un gruppo abeliano libero di base* $\sigma - 1$, $1 \neq \sigma \in \pi$;
ii) se $\{\sigma_i\}$ *è un sistema di generatori per* π, *allora* $\{\sigma_i - 1\}$ *è un sistema di generatori per* $\mathbf{I}\pi$ *come ideale.*

Dim. i) Se $\sum_\sigma u_\sigma \sigma \in \mathbf{I}\pi$, allora $\sum_\sigma u_\sigma = 0$ e $\sum_\sigma u_\sigma \sigma = \sum_\sigma u_\sigma (\sigma - 1)$. Pertanto gli elementi $\sigma - 1$ generano $\mathbf{I}\pi$. Da questa uguaglianza si ha anche che si tratta di generatori liberi: da $0 = \sum u_\sigma (\sigma - 1) = \sum_\sigma u_\sigma$ segue $u_\sigma = 0$ in quanto i σ sono generatori liberi per $\mathbf{Z}\pi$.

ii) Dimostriamo che $\sigma - 1 \in \mathbf{I}\pi$ per ogni $\sigma \in \pi$. Ciò è vero per le parole di lunghezza 1 negli elementi σ_i; si ha, infatti, $\sigma_i - 1 \in \mathbf{I}\pi$ e $\sigma_i^{-1} = -\sigma_i^{-1}(\sigma_i - 1) \in \mathbf{I}\pi$. Supponiamo il risultato vero per parole di lunghezza m. Una parola di lunghezza $m + 1$ ha la forma $\sigma_i^{\pm 1}\sigma$, con σ di lunghezza m, e si ha $\sigma_i^{\pm 1}\sigma - 1 = \sigma_i^{\pm 1}(\sigma - 1) + (\sigma_i^{\pm 1} - 1)$, con entrambi gli addendi in $\mathbf{I}\pi$. $\Diamond$

Si noti che $\mathbf{Z}\pi = \mathbf{I}\pi \oplus \mathbf{Z}$ come gruppi abeliani: si ha infatti $\sum u_\sigma \sigma = \sum u_\sigma \cdot (\sigma - 1) + \sum u_\sigma \cdot 1$.

Se A e B sono due π–moduli, all'insieme $\mathbf{Hom}(A, B)$ dei morfismi da A a B si può dare una struttura di π–modulo mediante la somma $(f + g)(a) = f(a) + g(a)$ e l'azione di π data da $f^\sigma(a) = (f(a^{\sigma^{-1}}))^\sigma, \sigma \in \pi$. L'insieme $\mathbf{Hom}_\pi(A, B)$ dei π–morfismi che conservano la struttura di modulo ($f(a^\sigma) = f(a)^\sigma$) è un gruppo abeliano, con l'ovvia operazione di somma. Se $\varphi : \mathbf{Z}\pi \to A$ è un π–morfismo e $\varphi(1) = a$, allora $\varphi(\sigma) = \varphi(1\sigma) = \varphi(1^\sigma) = \varphi(1)^\sigma = a^\sigma$, e quindi $\varphi(\sum u_\sigma \sigma) = \sum u_\sigma \varphi(\sigma) = \sum u_\sigma a^\sigma = (\sum u_\sigma a)^\sigma$. Un π–morfismo φ è quindi determinato dall'immagine di 1; se $\varphi(1) = a$, scriviamo così $\varphi = \varphi_a$. Si vede facilmente che ogni elemento $a \in A$ determina il un morfismo $\varphi(\sigma) = a^\sigma$ morfismo che manda 1 in a, cioè φ_a. Si ha quindi un isomorfismo $\mathbf{Hom}_\pi(\mathbf{Z}\pi, A) \simeq A$.

L'inclusione $\iota : \mathbf{I}\pi \to \mathbf{Z}\pi$ induce un omomorfismo

$$\iota^* : \mathbf{Hom}_\pi(\mathbf{Z}\pi, A) \to \mathbf{Hom}_\pi(\mathbf{I}\pi, A) \qquad (7.10)$$

ottenuto mandando un π–morfismo $\varphi_a : \mathbf{I}\pi \to A$ in φ_a composto con la detta inclusione: $\varphi_a \to \varphi_a \circ \iota$. Per gli elementi di $\mathbf{I}\pi$ si ha $\iota^*(\sigma - 1) = \varphi_a \circ \iota(\sigma - 1) = \varphi_a(\sigma - 1) = \varphi_a(\sigma) - \varphi_a(1) = a^\sigma - a$.

7.19 Lemma. *i)* $\mathbf{Hom}_\pi(\mathbf{I}\pi, A) \simeq Z^1(\pi, A)$;

ii) se π è un gruppo libero di base $\{\sigma_i\}$, allora $\mathbf{I}\pi$ è un π–modulo libero di base $\{\sigma_i - 1\}$.

Dim. i) Se $g \in \mathbf{Hom}_\pi(\mathbf{I}\pi, A)$ la funzione $f : \sigma \to g(\sigma - 1)$ è un omomorfismo crociato di π in A. Si ha infatti $f(\sigma\tau) = g(\sigma\tau - 1) = g(\sigma\tau - \tau + \tau - 1) = g((\sigma - 1)\tau + \tau - 1) = g(\sigma - 1)^\tau + g(\tau - 1) = f(\sigma)^\tau + f(\tau)$. È inoltre chiaro che l'applicazione $g \to f$ è un omomorfismo. Viceversa, se $f \in Z^1(\pi, A)$ definiamo $g : \sigma - 1 \to f(\sigma)$, e facciamo vedere che $g \in \mathbf{Hom}_\pi(\mathbf{I}\pi, A)$. Intanto, essendo $\mathbf{I}\pi$ un gruppo abeliano libero su $\{\sigma - 1, \ \sigma \in \pi\}$, g si estende a un omomorfismo di gruppi abeliani $\mathbf{I}\pi \to A$; ma questa estensione è un π–morfismo: $g((\sigma - 1)\tau) = g(\sigma\tau - \tau) = g((\sigma\tau - 1) - (\tau - 1)) = g(\sigma\tau - 1) - g(\tau - 1) = f(\sigma\tau) - f(\tau) = f(\sigma)^\tau + f(\tau) - f(\tau) = f(\sigma)^\tau = g(\sigma - 1)^\tau$.

ii) Dobbiamo dimostrare che ogni applicazione φ di $\{\sigma_i - 1\}$ in un π–modulo A si estende a un π–morfismo di $\mathbf{I}\pi$ in A. Se E è il prodotto semidiretto del gruppo π per il gruppo abeliano A, φ si estende a un'applicazione di $\{\sigma_i\}$ in E data da $\sigma_i \to (\sigma_i, \varphi(\sigma_i - 1))$, e poiché π è libero, questa si estende a un omomorfismo φ' di π in E: $\varphi'(\sigma) = (\sigma, f(\sigma))$, per una certa funzione f di π in A. Il fatto che φ' è un omomorfismo implica che f è un omomorfismo crociato (e viceversa): $\varphi'(\sigma)\varphi'(\tau) = (\sigma, f(\sigma))(\tau, f(\tau)) = (\sigma\tau, f(\sigma)^\tau f(\tau))$, e $\varphi'(\sigma\tau) = (\sigma\tau, f(\sigma\tau))$. L'isomorfismo i) fornisce allora un π–morfismo di $\mathbf{I}\pi$ in A, e cioè $\tilde\varphi(\sigma - 1) = f(\sigma)$. Ora, $\varphi(\sigma_i) = \varphi'(\sigma_i) = (\sigma_i, f(\sigma_i))$, da cui $\tilde\varphi(\sigma - 1) = \varphi(\sigma - 1)$, e ciò dimostra che $\tilde\varphi$ estende φ. ◇

Se f è principale, $f(\sigma) = a^\sigma - a$, e il corrispondente $g : \mathbf{I}\pi \to A$ è dato da $g(\sigma - 1) = a^\sigma - a$. Possiamo allora prolungare la (7.10) con "$\to H^1(\pi, A)$", e si ha:

7.20 Teorema. *La successione*

$$\mathbf{Hom}_\pi(\mathbf{Z}\pi, A) \overset{\iota^*}{\to} \mathbf{Hom}_\pi(\mathbf{I}\pi, A) \overset{\varphi^*}{\to} H^1(\pi, A) \to 0 \qquad (7.11)$$

è esatta, ovvero:

$$H^1(\pi, A) \simeq \mathbf{Hom}_\pi(\mathbf{I}\pi, A)/\iota^*(\mathbf{Hom}_\pi(\mathbf{Z}\pi, A)).$$

Dim. Il nucleo di φ^* consta degli elementi g tali che il corrispondente f è principale. Per quanto osservato prima del Lemma 7.19, questi g sono gli elementi dell'immagine di ι^*. ◇

Gli omomorfismi crociati principali di π in A corrispondono, come abbiamo visto, alle immagini di $\mathbf{Hom}_\pi(\mathbf{Z}\pi, A)$, e dunque ai morfismi di $\mathbf{I}\pi$ in A che si sollevano a $\mathbf{Z}\pi$. Se φ si solleva a φ', si ha $\varphi(\sigma - 1) = \varphi'(\sigma - 1) = \varphi'(\sigma) - \varphi'(1)$ ($\varphi'(\sigma)$ ha senso perché φ' è definita su tutto $\mathbf{Z}\pi$; la seconda uguaglianza è dunque legittima). Ora, $\varphi'(\sigma) = \varphi'(1 \cdot \sigma) = \varphi'(1)^\sigma$, e posto $\varphi'(1) = a$, abbiamo $\varphi(\sigma - 1) = \varphi'(\sigma - 1) = a^\sigma - a$. Concludendo:

7.21 Teorema. *Sia A un π–modulo. Se ogni π–morfismo di $I\pi$ in A si solleva a uno di $\mathbf{Z}\pi$ in A, allora $H^1(\pi, A) = \{0\}$.*   ◇

Come nel caso dei gruppi abeliani, anche per i π–moduli si può dare la definizione di π–modulo iniettivo: A è iniettivo se per ogni modulo C e ogni sottomodulo B di C, un morfismo di π–moduli di B in A si solleva a uno di C in A.

7.22 Corollario. *Il primo gruppo di coomologia di un gruppo π a coefficienti in un π–modulo iniettivo è $\{0\}$.*

Esercizi

9. Sia π un gruppo ciclico di ordine n e sia $\mathbf{Z}[x]$ l'anello dei polinomi in x a coefficienti interi. Dimostrare che $\mathbf{Z}\pi \simeq \mathbf{Z}[x]/(x^n - 1)$.

10. Sia $\pi_1 \leq \pi$, e sia T un sistema di rappresentanti per i laterali sinistri di π_1. Dimostrare che $\mathbf{Z}\pi$ è uno $\mathbf{Z}\pi_1$ modulo destro libero di base T.

11. Sia $\{C_\lambda\}_{\lambda \in \Lambda}$ l'insieme delle classi di coniugio finite di π, e sia $\{\overline{C}_\lambda\} = \{\sum_{\sigma \in \mathbf{C}_\lambda} \sigma\}$. Dimostrare che il centro di $\mathbf{Z}\pi$ è un gruppo abeliano libero di base $\{\overline{C}_\lambda\}_{\lambda \in \Lambda}$.

12. Dimostrare l'uguaglianza $\mathbf{Hom}_\pi(A, B) = (\mathbf{Hom}(A, B))^\pi$.

13. Se A è un π–modulo e $\mathbf{Z}$ è un π–modulo banale, dimostrare che $\mathbf{Hom}_\pi(\mathbf{Z}, A) \simeq A^\pi$. [*Sugg.* : considerare l'applicazione $f \to f(1)$].

7.3 Il secondo gruppo di coomologia

Sia A un gruppo abeliano, E un ampliamento di A. Allora A acquista una struttura di E/A–modulo definendo

$$a^{Ax} = x^{-1}ax,$$

che, essendo A abeliano, è ben definita (se $Ax = Ay$, è $y = a_1 x$, e $y^{-1}ay = x^{-1}a_1^{-1}aa_1 x = x^{-1}ax$). Si ha così un omomorfismo $\psi : E/A \to \mathbf{Aut}(A)$. Si osservi che A è un E/A–modulo banale se e solo se A è contenuto nel centro di E. In tal caso l'ampliamento si dice *centrale*

Se ora A è un π–modulo secondo un omomorfismo $\varphi : \pi \to \mathbf{Aut}(A)$, ed E un ampliamento di A (come gruppo abeliano) con $E/A \simeq \pi$, non è detto che la struttura di $E/A \simeq \pi$–modulo concida con quella originaria (in altri termini, non è detto che i due omomorfismi φ e ψ siano lo stesso). Se coincidono, diremo che l'ampliamento E di A mediante π *realizza* il gruppo di operatori π. Il *problema dell'ampliamento per il π–modulo A* si pone allora in questi termini: determinare tutti gli ampliamenti E del gruppo abeliano A che realizzano π.

Questo problema ha sempre almeno una soluzione: il prodotto semi-diretto $E = \pi \times_{\varphi} A$, dove si ha $(\sigma, 1)^{-1}(1, a)(\sigma, 1) = (1, a^{\varphi(\sigma)})$, e dunque identificando π^* con π e A^* con A, $\sigma^{-1}a\sigma = a^{\sigma}$, per cui E realizza π.

Vediamo ora di determinare gli altri ampliamenti, se ce ne sono. Dicendo "determinare" intendiamo "stabilire qual è il prodotto" nei gruppi E, e ciò verrà fatto mediante certe funzioni $\pi \times \pi \to A$ che nascono nel modo che ora vedremo. Come già osservato all'inizio del capitolo, la soluzione del problema dell'ampliamento che presentiamo non fornisce un sistema di invarianti per le classi di isomorfismo. Le funzioni dette, a meno di una certa equivalenza, permettono di costruire la tavola di moltiplicazione dei gruppi, ma funzioni non equivalenti possono dar luogo a gruppi isomorfi.

Sia E un ampliamento che realizza π, e sia λ una funzione di scelta dei rappresentanti dei laterali $\sigma \in \pi$ di A in E. Se $\lambda(\sigma)$ e $\lambda(\tau)$ sono rappresentanti di σ e τ, si ha $\sigma\tau = \lambda(\sigma)A \cdot \lambda(\tau)A = \lambda(\sigma)\lambda(\tau)A$, e dunque, per un certo elemento $g(\sigma, \tau)$ di A dipendente da σ e da τ, $\lambda(\sigma)\lambda(\tau) = \lambda(\sigma\tau)g(\sigma, \tau)$. La funzione di scelta λ determina quindi una funzione $g : \pi \times \pi \to A$. Ora,

$$(\lambda(\sigma)\lambda(\tau))\lambda(\eta) = \lambda(\sigma\tau)g(\sigma, \tau)\lambda(\eta) = \lambda(\sigma\tau)\lambda(\eta) \cdot \lambda(\eta)^{-1}g(\sigma, \tau)\lambda(\eta),$$

e, poiché E realizza π, è $\lambda(\eta)^{-1}g(\sigma, \tau)\lambda(\eta) = g(\sigma, \tau)^{\eta}$, per cui

$$(\lambda(\sigma)\lambda(\tau))\lambda(\eta) = \lambda(\sigma\tau)\lambda(\eta)g(\sigma, \tau)^{\eta} = \lambda(\sigma\tau\eta)g(\sigma\tau, \eta)g(\sigma, \tau)^{\eta}.$$

Analogamente, $\lambda(\sigma)(\lambda(\tau)\lambda(\eta)) = \lambda(\sigma\tau\eta)g(\sigma, \tau\eta)g(\tau, \eta)$. Per la proprietà associativa si ha allora, usando per A la notazione additiva,

$$g(\sigma, \tau\eta) + g(\tau, \eta) = g(\sigma\tau, \eta) + g(\sigma, \tau)^{\eta}. \tag{7.12}$$

Una funzione $g : \pi \times \pi \to A$ che soddisfa la (7.12) si chiama *sistema di fattori* o $2-cociclo$. Se λ sceglie l'elemento neutro come rappresentante di A abbiamo $g(\sigma, 1) = 0$, per ogni $\sigma \in \pi$, e da questa uguaglianza, ponendo $\tau = 1$ nella (7.12), segue $g(1, \sigma) = 0$. Se $g(\sigma, 1) = 0$ per ogni $\sigma \in \pi$, il sistema di fattori g si dice *normalizzato*.

Se μ è un'altra funzione di scelta dei rappresentanti si ha $\mu(\sigma) = \lambda(\sigma)h(\sigma)$, per $h(\sigma) \in A$, ed essendo, come prima, $\mu(\sigma)\mu(\tau) = \mu(\sigma\tau)g'(\sigma, \tau)$ abbiamo:

$$\mu(\sigma)\mu(\tau) = \lambda(\sigma)h(\sigma)\lambda(\tau)h(\tau) = \lambda(\sigma)\lambda(\tau)h(\sigma)^{\tau}h(\tau) = \lambda(\sigma\tau)g(\sigma, \tau)h(\sigma)^{\tau}h(\tau)$$

e $\mu(\sigma\tau)g'(\sigma, \tau) = \lambda(\sigma\tau)h(\sigma\tau)g'(\sigma, \tau)$. Si ha quindi la seguente relazione tra g' e g (in notazione additiva):

$$g'(\sigma, \tau) = g(\sigma, \tau) - h(\sigma\tau) + h(\sigma)^{\tau} + h(\tau). \tag{7.13}$$

Diremo *equivalenti* due $2-cocicli$ g' e g quando esiste una funzione $h : \pi \to A$ tale che la (7.13) sia soddisfatta. Un ampliamento che realizza π determina quindi una classe di $2-cocicli$ equivalenti.

Se g non è normalizzato (cioè $\lambda(1)$ non è l'elemento neutro di A), si ha $\lambda(1)\lambda(\tau) = \lambda(\tau)g(1, \tau)$, cioè $g(1, \tau) = \lambda(\tau)^{-1}\lambda(1)\lambda(\tau) = \lambda(1)^{\tau}$. Se μ sceglie l'elemento neutro di A come rappresentante di A, per quanto visto sopra, si ha $1 = \mu(1) = \lambda(1)h(1)$, cioè $\lambda(1) = h(1)^{-1}$, ovvero in notazione additiva $\lambda(1) = -h(1)$. Dalla (7.13) si ha allora: $g'(1,\tau) = g(1,\tau) - h(\tau) + h(1)^{\tau} + h(\tau) = g(1,\tau) + h(1)^{\tau} = \lambda(1)^{\tau} - \lambda(1)^{\tau} = 0$. Poiché g' definito dalla (7.13) è per definizione equivalente a g, abbiamo che un sistema di fattori non normalizzato è equivalente a uno normalizzato.

Se, per una certa $h : \pi \to A$, si ha

$$g(\sigma,\tau) = -h(\sigma\tau) + h(\sigma)^{\tau} + h(\tau) \qquad (7.14)$$

allora g è un $2-cobordo$. È chiaro che, se g è un $2-$cobordo, anche $-g$, lo è, dove $-g$ è determinato da $-h$ definita da $(-h)(\sigma) = -h(\sigma)$. Due $2-$cocicli sono allora equivalenti quando la loro differenza è un $2-$cobordo.

Facciamo ora vedere che dato un $2-$cociclo $g : \pi \times \pi \to A$ è possibile costruire un ampliamento E di A che realizza π. Come sostegno di E prendiamo il prodotto cartesiano $\pi \times A$ e introduciamo l'operazione

$$(\sigma,a_1)(\tau,a_2) = (\sigma\tau, g(\sigma,\tau) + a_1^{\tau} + a_2). \qquad (7.15)$$

La coppia $(1,0)$ è l'elemento neutro e $(\sigma,a)^{-1} = (\sigma^{-1}, -a^{\sigma^{-1}} - g(\sigma^{-1},\sigma)^{\sigma^{-1}})$. La corrispondenza $(\sigma,a) \to \pi$ è un omomorfismo surgettivo di nucleo $A^* = \{(1,a), a \in A\} \simeq A$ e $E/A^* \simeq \pi$. Scegliendo come rappresentanti di A^* le coppie $(\sigma,0)$ abbiamo: $(\sigma,0)^{-1}(1,a)(\sigma,0) = (\sigma^{-1}, -g(\sigma^{-1},\sigma)^{\sigma^{-1}})(1,a)(\sigma,0) = (\sigma^{-1}, -g(\sigma^{-1},\sigma)^{\sigma^{-1}} + a)(\sigma,0) = (1, g(\sigma^{-1},\sigma) - g(\sigma^{-1},\sigma) + a^{\sigma}) = (1,a^{\sigma})$, per cui, identificando $(1,a)$ con a, il gruppo E realizza π.

Con la scelta dei rappresentanti di A^* che abbiamo fatto, e cioè $\lambda(\sigma) = (\sigma,0)$, il gruppo E riproduce il $2-$cociclo g che serve a costruirlo; si ha infatti $(\sigma,0)(\tau,0) = (\sigma\tau,0)(1,g_1(\sigma,\tau))$, per un certo elemento $g_1(\sigma,\tau) \in A^*$. Ma $(\sigma,0)(\tau,0) = (\sigma\tau,0)(1,g(\sigma,\tau))$, e dunque $g_1(\sigma,\tau) = g(\sigma,\tau)$, per ogni $\sigma,\tau \in \pi$, e $g_1 = g$.

Se $g' \sim g$, i gruppi ottenuti con l'operazione (7.15) mediante g e g' sono isomorfi. Un isomorfismo è dato da $(\sigma,a) \to (\sigma, -h(\sigma)+a)$, dove h è la funzione della (7.14) che dà l'equivalenza. La detta corrispondenza è evidentemente biunivoca. Inoltre, $(\sigma, -h(\sigma)+a_1)(\tau, -h(\tau)+a_2) = (\sigma\tau, g'(\sigma,\tau) - h(\sigma)^{\tau} + a_1^{\tau} - h(\tau) + a_2) = (\sigma\tau, g(\sigma,\tau) - h(\sigma\tau) + h(\sigma)^{\tau} + h(\tau) - h(\sigma)^{\tau} + a_1^{\tau} - h(\tau) + a_2) = (\sigma\tau, -h(\sigma\tau) + g(\sigma,\tau) + a_1^{\tau} + a_2)$, che è l'immagine di $(\sigma\tau, g(\sigma,\tau) + a_1^{\tau} + a_2) = (\sigma,a_1)(\tau,a_2)$.

Abbiamo così determinato tutti gli ampliamenti di A che realizzano π. Come già osservato, non si ha una corrispondenza biunivoca tra le classi di $2-$cocicli equivalenti e le classi di ampliamenti che come gruppi sono isomorfi, in quanto può accadere che due $2-$cocicli non equivalenti diano luogo a gruppi E ed E' che sono isomorfi come gruppi ma non come ampliamenti, come mostra il seguente esempio.

7.23 Esempio. Siano $\pi = \{1,\sigma,\tau\}$ e $A = \{0, x_1, x_2\}$, entrambi isomorfi al gruppo ciclico di ordine 3. Poiché $\mathbf{Aut}(A) \simeq \mathbf{C}_2$, l'azione di π su A non può che essere banale. Un ampliamento E di A che realizza l'azione banale è il gruppo ciclico C_9, che si ottiene con il 2−cociclo:

$$g_1(\sigma, \tau) = \begin{cases} 0, & \text{se } \sigma = 1 \text{ o } \tau = 1, \\ x_1, & \text{altrimenti.} \end{cases}$$

La coppia (σ, x_1) è un generatore per E (si ha $(\sigma, x_1)^2 = (\tau, g_1(\sigma, \sigma) + 2x_1) = (\tau, 0), \ldots, (\sigma, x_1)^8 = (\tau, x_1), (\sigma, x_1)^9 = (1, 0)$). Il gruppo E' ottenuto in modo analogo con il 2−cociclo

$$g_2(\sigma, \tau) = \begin{cases} 0, & \text{se } \sigma = 1 \text{ o } \tau = 1, \\ x_2, & \text{altrimenti,} \end{cases}$$

è anch'esso ciclico di ordine 9 (e anche qui la coppia (σ, x_2) è un generatore). Ma g_1 e g_2 non sono equivalenti. Infatti, supponiamo che esista h tale che

$$g_2(\sigma, \tau) = g_1(\sigma, \tau) + h(\sigma) + h(\tau) - h(\sigma\tau), \qquad (7.16)$$

per ogni coppia $\sigma, \tau \in \pi$. Allora per $\sigma = 1$ si ha $0 = 0 + h(1) + h(\tau) - h(\tau)$, e dunque $h(1) = 0$. Consideriamo ora la (7.16) per $\tau = \sigma$ (si ricordi che $\sigma^2 = \tau$):

$$g_2(\sigma, \sigma) = g_1(\sigma, \sigma) + h(\sigma) + h(\sigma) - h(\tau). \qquad (7.17)$$

Se $h(\sigma) = 0$, la (7.17) fornisce $x_2 = x_1 - h(\tau)$, cioè $h(\tau) = x_2$, e la (7.16) diventa allora $x_2 = x_1 + x_2$ e $x_1 = 0$, assurdo. Se $h(\sigma) = x_1$, la (7.17) fornisce $x_2 = 3x_1 - h(\tau)$, ed essendo $3x_1 = 0$ è $h(\tau) = x_1$; ma allora dalla (7.16) si ha $x_2 = 3x_1 = 0$, assurdo. Infine, se $h(\sigma) = x_2$, dalla (7.17) si ha $x_2 = x_1 + 2x_2 - h(\tau)$, e $h(\tau) = 0$, e la (7.16) porge $x_2 = x_1 + x_2$ e l'assurdo $x_1 = 0$. La relazione di equivalenza stabilita tra i 2−cocicli è dunque in generale più fine della relazione di isomorfismo.

La funzione g tale che $g(\sigma, \tau) = 0$ per ogni $\sigma, \tau \in \pi$ è un 2−cociclo, il 2−cociclo *nullo*. Con questo g la (7.15) diventa $(\sigma, a_1)(\tau, a_2) = (\sigma\tau, a_1^\tau + a_2)$, e l'ampliamento E è il prodotto semi-diretto; si dice anche che l'ampliamento *si spezza*. Inoltre, se g' è equivalente al 2−cociclo nullo g allora è della forma (7.14), cioè è un 2−cobordo, e i gruppi ottenuti mediante g e g' sono isomorfi. Abbiamo pertanto:

7.24 Teorema. *Un ampliamento E di A che realizza π si spezza se e solo se il 2−cociclo relativo a E è un 2−cobordo.* ◇

7.25 Nota. La funzione λ che sceglie i rappresentanti dei laterali di A è uno spezzamento: se $\psi : E \to \pi$ è la funzione che associa a un elemento di E il suo laterale modulo A, si ha $\psi\lambda = id_\pi$. Questa è in generale una uguaglianza di applicazioni tra insiemi, e non tra gruppi. Se λ è un omomorfismo tra i gruppi π ed E, l'ampliamento E si spezza (da cui il nome dato a λ), e si ha $g = 0$. La presenza di un 2−cociclo $g \neq 0$ segnala il fatto che λ non è un omomorfismo.

All'insieme dei 2−cocicli si può dare una struttura di gruppo abeliano mediante l'ovvia operazione di somma, e così pure all'insieme dei 2−cobordi; il primo si denota con $Z^2(\pi, A)$, il secondo con $B^2(\pi, A)$.

7.26 Definizione. Il quoziente $H^2(\pi, A) = Z^2(\pi, A)/B^2(\pi, A)$ è il *secondo gruppo di coomologia di π a coefficienti in A.*

La discussione precedente si può ora riassumere come segue:

7.27 Teorema. *Esiste una corrispondenza biunivoca tra gli elementi di $H^2(\pi, A)$ e le classi di equivalenza di ampliamenti di A che realizzano π. Questa corrispondenza porta lo zero di $H^2(\pi, A)$ nella classe del prodotto semi−diretto.*

Se π e A sono finiti, vi sono solo un numero finito di funzioni $\pi \times \pi \to A$, e dunque solo un numero finito di 2−cocicli. In particolare, $H^2(\pi, A)$ è finito. (Che il numero degli ampliamenti E sia finito si ha anche dal fatto che se $E/A \simeq \pi$, allora $|E| = |\pi||A|$, e quindi vi sono soltanto un numero finito di gruppi E).

Come nel caso di H^1, abbiamo anche qui per ogni A:

7.28 Teorema. *Se $|\pi| = n$, allora $nH^2(\pi, A) = 0$.*

Dim. La dimostrazione è analoga a quella per H^1. Fissiamo τ e η nella (7.12) e sommiamo su σ: $\sum_\sigma g(\sigma, \tau\eta) + \sum_\sigma g(\tau, \eta) = \sum_\sigma g(\sigma\tau, \eta) + \sum_\sigma g(\sigma, \tau)^\eta$. Posto $\sum_\sigma g(\sigma, \tau) = \gamma(\tau)$, e tenendo presente che $\sigma\tau$ percorre tutto π al variare di σ in π, abbiamo

$$\gamma(\tau\eta) + ng(\tau, \eta) = \gamma(\eta) + \gamma(\tau)^\eta, \tag{7.18}$$

e $ng(\tau, \eta) = \gamma(\eta) + \gamma(\tau)^\eta - \gamma(\tau\eta) \in B^2(\pi, A)$ (si ponga $h = \gamma$ nella (7.14)).◊

Come per H^1, consideriamo anche qui il caso A finito, $|A| = m$, e $(n, m) = 1$; allora esiste r tale che $rn \equiv 1 \bmod m$. Moltiplicando la (7.18) per r otteniamo $g(\tau, \eta) = r\gamma(\eta) + (r\gamma(\tau))^\eta - r\gamma(\tau\eta)$, e posto $r\gamma = h$ si ha $g(\tau, \eta) \in B^2(\pi, A)$: in questo caso è già $H^2(\pi, A) = 0$. Ne segue:

7.29 Teorema (SCHUR–ZASSENHAUS). *Siano A un gruppo abeliano, E un ampliamento di A tale che $(|A|, |E/A|) = 1$. Allora E è un prodotto semi-diretto.*

Dim. Applicare l'argomento precedente con $\pi = E/A$.   ◊

7.30 Nota. Sappiamo che, nelle ipotesi del teorema, si ha anche $H^1(\pi, A) = 0$, e dunque due complementi di A nel prodotto semi-diretto di π per A sono coniugati. Un altro caso nel quale ogni ampliamento di A mediante π si spezza, per qualunque A, è quello in cui π è un gruppo libero (v. *Es.* 3 di 7.32 qui sotto).

Il Teor. 7.29 sussiste anche quando A non è abeliano:

7.31 Corollario. *Sia E un ampliamento di N con $(|N|, |E/N|) = 1$. Allora E è un prodotto semi–diretto.*

Dim. La dimostrazione consiste nel ridursi al caso abeliano e applicare poi il teorema precedente. Si osservi che basta dimostrare che E contiene un sottogruppo di ordine $|E/N|$. Per induzione su $|N|$. Se $|N| = \{1\}$ non c'è niente da dimostrare. Sia $n = |N| > 1$ e S un p–Sylow di N. Per l'argomento di Frattini, se $H = \mathbf{N}_G(N)$ si ha $E = NH$ e $m = |E/N| = |NH/N| = |H/(N \cap H)|$. Il gruppo H/S contiene $(H \cap N)/S$ come sottogruppo normale, che ha ordine un divisore proprio (perchè $|S| > 1$) di n, e che ha indice m in H/S. Per induzione, H/S contiene un sottogruppo L/S di ordine m. $Z = \mathbf{Z}(S)$ è normale in L, S/Z lo è in L/Z e ha indice m, e poiché $p \nmid m$, per induzione L/Z contiene un sottogruppo K/Z di ordine m. Questo K è dunque un ampliamento del gruppo abeliano Z, di ordine una potenza di p, mediante K/S, di ordine m primo con p. Per il teorema precedente, K contiene un sottogruppo di ordine m, e lo stesso accade allora per E. $\Diamond$

Se N o E/N è risolubile, sappiamo che l'ipotesi $(|N|, |E/N|) = 1$ implica che due complementi per N sono coniugati (Teor. 7.14 e 7.17).[†]

7.32 Esempi. 1. Come nel caso di H^1, anche qui abbiamo $H^2(\pi, A) = 0$ se π è finito e A è divisibile e privo di torsione. La dimostrazione è la stessa di quella per H^1.

2. Tornando all'*Es.* 7.23, ricordiamo che, per ogni primo p, vi sono, a meno di isomorfismi, due gruppi di ordine p^2 e cioè Z_{p^2} (che non è un prodotto semidiretto) e $Z_p \times Z_p$ (che lo è, e anzi è diretto). Ne segue $|H^2(Z_p, Z_p)| > 1$ ed essendo $pH^2(Z_p, Z_p) = 0$, il gruppo $H^2(Z_p, Z_p)$ ha almeno p elementi. Se $p > 2$ vi sono dunque certamente ampliamenti di Z_p mediante Z_p che sono isomorfi ma non equivalenti.. (Anche in questo caso più generale, essendo $\mathbf{Aut}(Z_p) \simeq Z_{p-1}$, un'azione di Z_p su Z_p non può che essere banale, e quindi un ampliamento che la realizza non può che essere centrale).

3. Se $\pi = \mathbf{Z}$, allora $H^2(\pi, A) = 0$ per ogni A. Infatti, se E realizza π e $E/A \simeq \pi$, allora $E/A = \langle Ae \rangle$ per un certo $e \in E$, e avendo Ae ordine infinito, non può aversi $e^n \in A$ per alcun $n \neq 0$. Dunque $\langle e \rangle \cap A = \{1\}$, $E = \langle e \rangle A$, e il gruppo E è il prodotto semidiretto di $\mathbf{Z} \simeq \langle e \rangle$ per A. La dimostrazione è analoga nel caso di π libero non abeliano. Sia infatti $E/A \simeq \langle e_\lambda, \lambda \in \Lambda \rangle \simeq \pi$, con gli Ae_λ generatori liberi. Essendo π libero, nessun prodotto $Ae_{\lambda_1} Ae_{\lambda_2} \cdots Ae_{\lambda_k} = Ae_{\lambda_1} e_{\lambda_2} \cdots e_{\lambda_k}$ può essere uguale ad A, e dunque nessun prodotto $e_{\lambda_1} e_{\lambda_2} \cdots e_{\lambda_k}$ appartiene ad A. Allora $A \cap \langle e_\lambda \ \lambda \in \Lambda \rangle = \{1\}$ e perciò $E = A\langle e_\lambda \ \lambda \in \Lambda \rangle \simeq A\pi$, un prodotto semidiretto.

[†] Avendosi $(|N|, |E/N|) = 1$ uno dei due gruppi ha ordine dispari, e quindi per il teorema di Feit e Thompson, già citato nel Cap. 5, è risolubile. Due complementi per N sono dunque sempre coniugati.

4. Sia $A = C_2$. Un'azione di un qualunque gruppo π su A non può che essere banale in quanto $\mathbf{Aut}(C_2) = \{1\}$. Sia $\pi = V$, il gruppo di Klein; allora un ampliamento di C_2 mediante V ha ordine 8, ed è centrale. Vi sono 5 gruppi di ordine 8; uno è quello ciclico, e dunque non può avere V come quoziente. Gli altri quattro, $C_2 \times C_2 \times C_2, C_4 \times C_2, D_4$ e Q, sono tutti ampliamenti centrali di C_2 mediante V. Per il primo ciò è ovvio. Il secondo è il gruppo $U(15)$, con $C_4 = \{1, 2, 4, 8\}$ e $C_2 = \{1, 11\}$. Ma quest'ultimo non è il C_2 che serve in quanto il quoziente è C_4 e quindi non è isomorfo a V; occorre prendere $C_2 = \{1, 4\}$. Per il diedrale e i quaternioni si prendano i rispettivi centri. I gruppi di ordine 8 si ottengono anche come ampliamenti (centrali e non) di V e C_4 mediante C_2 (cfr. 2.74, *Es.* 5).

7.3.1 Ampliamenti e H^1

Se E è un ampliamento del gruppo abeliano A, abbiamo visto come A acquisti una struttura di $E/A-$modulo. Vogliamo ora determinare la struttura di $H^1(E/A, A)$ a partire da E. Consideriamo il sottogruppo D del gruppo degli automorfismi di E che consta dagli automorfismi che fissano A e E/A elemento per elemento $a^\alpha = a$, $(Ax)^\alpha = Ax$ per ogni $a \in A$ e $x \in E$ ("trasvezioni"); la seconda uguaglianza è equivalente a $x^{-1}x^\alpha \in A$. Vedremo che $H^1(E/A, A)$ è isomorfo a un quoziente di D. Il gruppo D è abeliano: dati $\alpha, \beta \in D$ si ha, per ogni $x \in E$, $x^{-1}x^\alpha = a$ e $x^{-1}x^\beta = a'$, per certi $a, a' \in A$; dunque: $x^{\alpha\beta} = (xa)^\beta = x^\beta a = xa'a$ e $x^{\beta\alpha} = (xa')^\alpha = x^\alpha a' = xaa'$.

La funzione $f_\alpha : Ax \to x^{-1}x^\alpha$, $\alpha \in D$, è un $1-$cociclo dell'$E/A-$modulo A. Innanzitutto è ben definita: se $Ax = Ay$, allora $y = ax$ e $y^{-1}y^\alpha = x^{-1}a^{-1}(ax)^\alpha = x^{-1}a^{-1}ax^\alpha = x^{-1}x^\alpha$. Inoltre, $f_\alpha(Ax \cdot Ay) = (xy)^{-1}(xy)^\alpha = y^{-1}x^{-1}x^\alpha y^\alpha = y^{-1}x^{-1}x^\alpha yy^{-1}y^\alpha = (x^{-1}x^\alpha)^y(y^{-1}y^\alpha) = f_\alpha(Ax)^{Ay}f_\alpha(Ay)$.

In effetti, la corrispondenza $D \to Z^1(E/A, A)$ data da $\alpha \to f_\alpha$, è un isomorfismo: se $\beta \to f_\beta$, allora $f_{\alpha\beta}(Ax) = x^{-1}x^{\alpha\beta} = x^{-1}x^\alpha(x^{-1})^\alpha x^{\alpha\beta} = x^{-1}x^\alpha(x^{-1})^\alpha x^{\beta\alpha} = x^{-1}x^\alpha(x^{-1}x^\beta)^\alpha = x^{-1}x^\alpha(x^{-1}x^\beta) = f_\alpha(Ax)f_\beta(Ax)$, ricordando che α è banale su A. Se $f_\alpha = f_\beta$, allora $x^{-1}x^\alpha = x^{-1}x^\beta$, $x^\alpha = x^\beta$ per ogni $x \in E$, e dunque $\alpha = \beta$; la corrispondenza è quindi iniettiva. È anche surgettiva: dato un $1-$cociclo f, definiamo $\alpha : x \to xf(Ax)$, e facciamo vedere che α è un automorfismo di E. È biunivoca: su ogni laterale xA di A, la moltiplicazione per $f(xA)$ è una permutazione degli elementi di quel laterale: se x_i è un rappresentante di xA, e $y \in xA$ si ha $y = x_ia$ per un certo a, ed essendo $a = a'f(xA)$ per un certo a', y è l'immagine dell'(unico) elemento x_ia'. Ne segue che α è una permutazione su tutto E. Inoltre, α conserva l'operazione: $(xy)^\alpha = xyf(AxAy) = xyf(Ax)^yf(Ay) = xf(Ax) \cdot yf(Ay) = x^\alpha y^\alpha$. Dunque α è un automorfismo di E. Infine, se $x \in A$, allora $f(Ax) = 1$ e $x^\alpha = x$; per definizione poi $x^{-1}x^\alpha = f(Ax) \in A$, e perciò α è banale su A e su E/A.

Se α corrisponde a un cobordo, $f(Ax) = a^xa^{-1}$ per un fissato $a \in A$, e perciò $x^\alpha = xa^xa^{-1} = axa^{-1}$. Allora α è il coniugio mediante a^{-1}, $\alpha = \gamma_{a^{-1}}$. Viceversa, il coniugio mediante un elemento a di A appartiene a D in quanto fissa tutti gli elementi di A (essendo A abeliano) e $x^{-1}x^a = x^{-1}a^{-1}xa =$

$(x^{-1}a^{-1}x)a \in A$ (essendo A normale). Il gruppo D contiene quindi un sotto-gruppo D_0 isomorfo ad A (mediante l'isomorfismo $a \to \gamma_{a^{-1}}$). Possiamo allora concludere come segue:

7.33 Teorema. *Se E è un ampliamento del gruppo abeliano A, il primo gruppo di coomologia $H^1(E/A, A)$ è isomorfo al gruppo quoziente D/D_0, dove D è il gruppo degli automorfismi di E che fissano A ed E/A elemento per elemento, e $D_0 \simeq A$ è il sottogruppo degli automorfismi interni indotti dagli elementi del gruppo A.*

7.3.2 $H^2(\pi, A)$ per π ciclico finito

Sia $\pi = \{1, \sigma, \sigma^2, \dots, \sigma^{n-1}\}$, A un π–modulo ed E un ampliamento di A che realizza π. Sia inoltre $E/A = \{A, Ax, Ax^2, \dots, Ax^{n-1}\} \simeq \pi$, nell'isomorfismo $\sigma^i \to Ax^i$, e λ la funzione che sceglie il rappresentante x^i della classe associata a σ^i, $\lambda(\sigma^i) = x^i$, (si osservi che si ha $\lambda(\sigma^i) = \lambda(\sigma)^i$).

Se $i + j < n$, il prodotto $x^i x^j$ vale x^{i+j}, che è il rappresentante della classe associata al prodotto $\sigma^i \sigma^j$: $\lambda(\sigma^i)\lambda(\sigma^j) = \lambda(\sigma^i \sigma^j)$. Se $i + j \geq n$, l'elemento x^{i+j} non è più un rappresentante; la classe cui esso appartiene è rappresentata da x^k, dove $i + j = n + k$: $x^i x^j = x^{i+j} = x^{n+k} = x^n x^k$, e quindi $\lambda(\sigma^i)\lambda(\sigma^j) = a\lambda(\sigma^k) = a\lambda(\sigma^i \sigma^j)$, dove $a = x^n$. La funzione di scelta λ determina pertanto il 2–cociclo

$$g(\sigma^i, \sigma^j) = \begin{cases} 1, \text{ se } i + j < n \\ a, \text{ se } i + j \geq n. \end{cases} \tag{7.19}$$

Ora $a = x^n$ permuta con x, e poiché E realizza π, si ha $a^\sigma = \lambda(\sigma)^{-1}a\lambda(\sigma) = x^{-1}ax = a$, e dunque a è fissato da ogni elemento di π, cioè $a \in A^\pi$. Viceversa, per ogni $a \in A^\pi$ la g data dalla (7.19) è un 2–cociclo. Dimostriamo, infatti, che si ha $g(\sigma^i, \sigma^j \sigma^k)g(\sigma^j, \sigma^k) = g(\sigma^{i+j}, \sigma^k)g(\sigma^i, \sigma^j)$, per ogni $i, j, k < n$ (che è la (7.12) scritta moltiplicativamente, e ricordando che π è banale su a e quindi su $g(\sigma^i, \sigma^j)$ che vale 1 o a). Scriviamo la precedente come $uv = zt$, e consideriamo vari casi.

1. $i + j < n$; allora $t = 1$.

    1a. $j + k < n$. Allora $v = 1$; se $i + j + k \geq n$, $u = z = a$; se $i + j + k < n$, $u = z = 1$. In ogni caso $uv = zt$.

    1b. $j + k \geq n$, e quindi $v = a$; inoltre, $(i + j) + k = i + (j + k) \geq n$, e perciò $z = a$. Ora, $\sigma^j \sigma^k = \sigma^{j+k} = \sigma^{j+k-n}$, ed è necessariamente $i + j + k - n < n$, essendo $i + j < n$ e $k < n$. Dunque $u = 1$, e anche in questo caso $uv = zt$.

2. $i + j \geq n$; $t = a$.

    2a. $j + k < n$; $v = 1$. Inoltre $z = 1$ in quanto, essendo i e $j + k$ minori di n, si ha $i + j - n + k < n$, e $u = a$ perchè $i + j + k = (i + j) + k \geq n + k \geq n$.

    2b. $j + k \geq n$; $v = a$. Inoltre $i + (j + k - n) = (i + j - n) + k$, e dunque entrambi minori o entrambi maggiori di n, e perciò $u = z$.

Abbiamo così una corrispondenza biunivoca tra A^π e $Z^2(\pi, A)$, che si vede subito essere un isomorfismo: $A^\pi \simeq Z^2(\pi, A)$.

Se g è un 2–cobordo, per una certa funzione $h : \pi \to A$, si ha $g(\sigma^i, \sigma^j) = h(\sigma^i)^{\sigma^j} h(\sigma^j) h(\sigma^{i+j})^{-1}$, e dovendo valere la (7.19),

$$h(\sigma^i)^{\sigma^j} h(\sigma^j) h(\sigma^{i+j})^{-1} = \begin{cases} 1, \text{ se } i + j < n \\ a, \text{ se } i + j \geq n, \end{cases} \qquad (7.20)$$

con $a \in A^\pi$. Sia $h(\sigma) = b \in A$. Dalla prima delle (7.19) segue, per $i = 0$ e j qualunque, che $h(1) = 1$. Per $i = 1$ e $j = 1$, $b^\sigma b = h(\sigma^2)$; per $i = 1$ e $j = 2$, $b^{\sigma^2} h(\sigma^2) = h(\sigma^3)$, che con la precedente implica $h(\sigma^3) = b^{\sigma^2} b^\sigma b$. In generale, per $i = 1, 2, \ldots, n - 1$, e ricordando che A è abeliano, $h(\sigma^i) = b b^\sigma b^{\sigma^2} \cdots b^{\sigma^{i-1}}$. Il valore di h su π resta così determinato dalla prima delle (7.19). Dato ora h come nella (7.20) e con $h(1) = 1$ si ha, se $i + j < n$,

$$h(\sigma^i)^{\sigma^j} h(\sigma^j) = b^{\sigma^j} b^{\sigma^{j+1}} b^{\sigma^{j+2}} \cdots b^{\sigma^{j+i-1}} \cdot b b^\sigma b^{\sigma^2} \cdots b^{\sigma^{j-1}}$$

$$= b b^\sigma b^{\sigma^2} \cdots b^{\sigma^{j+i-1}} = h(\sigma^{i+j}).$$

Se $i + j \geq n$, calcoliamo $h(\sigma^i)^{\sigma^j}$:

$$h(\sigma^i)^{\sigma^j} = (b b^\sigma b^{\sigma^2} \cdots b^{\sigma^{i-1}})^{\sigma^j} = b^{\sigma^j} b^{\sigma^{j+1}} \cdots b^{\sigma^{j+i-1}}$$

$$= b^{\sigma^j} b^{\sigma^{j+1}} \cdots b^{\sigma^{j+(n-j)}} b^{\sigma^{j+(n-j+1)}} b^{\sigma^{j+(n-j+k-1)}}$$

$$= b^{\sigma^j} b^{\sigma^{j+1}} \cdots b^{\sigma^{n-1}} \cdot b^{\sigma^n} = b \cdot b^\sigma \cdots b^{\sigma^{k-1}},$$

dove $i + j = n + k$ (e quindi $i = n + k - j$). Con $h(\sigma^j) = b b^\sigma b^{\sigma^2} \cdots b^{\sigma^{j-1}}$ e $h(\sigma^{i+j})^{-1} = h(\sigma^{n+k})^{-1} = (b b^\sigma b^{\sigma^2} \cdots b^{\sigma^{k-1}})^{-1}$ abbiamo:

$h(\sigma^i)^{\sigma^j} h(\sigma^j) h(\sigma^{i+j})^{-1} =$
$b^{\sigma^j} b^{\sigma^{j+1}} \cdots b^{\sigma^{n-1}} b b^\sigma \cdots b^{\sigma^{j-1}} \cdots b^{\sigma^{k-1}} \cdot b b^\sigma \cdots b^{\sigma^{j-1}} \cdot (b b^\sigma \cdots b^{\sigma^{k-1}})^{-1} =$
$b b^\sigma \cdots b^{\sigma^{n-1}},$

e con $a = b b^\sigma b^{\sigma^2} \cdots b^{\sigma^{n-1}} = N(b)$, la norma di b, si ha la (7.19). Se a è della forma $N(b)$ per qualche b, allora resta individuato il 2–cobordo (7.19), con h definito dalla (7.20), e dunque:

$$B^2(\pi, A) \simeq \{N(b), \ b \in A\}.$$

Componendo l'isomorfismo $A^\pi \simeq Z^2(\pi, A)$ con la proiezione

$$Z^2(\pi, A) \to Z^2(\pi, A)/B^2(\pi, A)$$

otteniamo un omomorfismo surgettivo il cui nucleo è precisamente l'insieme $\{N(b), \ b \in A\}$.

Possiamo allora concludere con il

7.34 Teorema. *Se π è un gruppo ciclico finito di ordine n e A un π–modulo, allora:*

$$H^2(\pi, A) \simeq \frac{A^\pi}{\{N(a),\ a \in A\}}.$$

In particolare, se A è un π–modulo banale, $H^2(\pi, A) \simeq A/A^n$. Inoltre, A è n–divisibile, $A^n = A$, allora $H^2(\pi, A) = \{1\}$.   ◇

7.35 Nota. Gli elementi della forma (7.20) nascono cambiando i rappresentanti delle classi laterali di A, e precisamente prendendo come rappresentanti $z^i = (bx)^i$. Con una tale scelta si ha infatti:

$$\begin{aligned}
z^n = (bx)^n &= bxbx\cdots bx = b \cdot xbx^{-1} \cdot x^2 bx \cdots bx \\
&= b \cdot xbx^{-1} \cdot x^2 bx^{-2} \cdot x^3 bx^{-3} \cdots x^{(n-1)} bx^{-(n-1)} \cdot x^n \\
&= bb^{x^{-1}} b^{x^{-2}} \cdots b^{x^{-(n-1)}} x^n \\
&= bb^x b^{x^2} \cdots b^{x^{n-1}} x^n
\end{aligned}$$

in quanto x^{-i} percorre tutto π al variare di i. Ricordando poi che E realizza π, è $b^{x^i} = b^{\sigma^i}$. Se g e g' sono i 2–cocicli relativi alle scelte dei rappresentanti x^i e z^i, rispettivamente, abbiamo:

$$g'g^{-1} = \begin{cases} 1, & \text{se } i + j < n \\ z^n x^{-n} = bb^\sigma b^{\sigma^2} \cdots b^{\sigma^{n-1}}, & \text{se } i + j \geq n. \end{cases}$$

Esercizi

Con riferimento all'*es.* 8, Sia f un 1–cociclo $\pi \to C$, $f(\sigma) = c_\sigma = \beta(b_\sigma)$. Allora $\beta(b_{\sigma\tau}) = c_{\sigma\tau} = c_\sigma^\tau + c_\tau = \beta(b_\sigma)^\tau + \beta(b_\tau) = \beta(b_\sigma^\tau) + \beta(b_\tau)$ e quindi $b_{\sigma\tau} - b_\sigma^\tau - b_\tau \in Ker(\beta) = A$. Pertanto, esiste $a_{\sigma,\tau}$ tale che $a_{\sigma,\tau} = b_{\sigma\tau} - b_\sigma^\tau - b_\tau$.

14. Dimostrare che la funzione $g : \pi \times \pi \to A$ definita da $(\sigma, \tau) \to a_{\sigma,\tau}$, dove $a_{\sigma,\tau}$ è determinato come qui sopra da un 1–cociclo $f : \pi \to C$, è un 2–cociclo di π in A. Inoltre, se g e g' sono determinati da f e f' con $f' \sim f$ allora $g' = g$.

Una scelta di diversi elementi come controimmagini di c_σ dà luogo alla relazione di equivalenza tra 2–cocicli che conosciamo. Sia infatti $c_\sigma = \beta(b_\sigma) = \beta(b_\sigma')$. Allora $b_\sigma - b_\sigma' \in Ker(\beta) = A$ e si ha $b_\sigma - b_\sigma' = a_\sigma$. Se $a_{\sigma,\tau}'$ e $a_{\sigma\tau}$ sono determinate da b' e da b si ha

$$\begin{aligned}
a_{\sigma,\tau}' &= b_{\sigma\tau}' - b_\sigma'^\tau - b'^\tau = b_{\sigma\tau} - b_\sigma^\tau - a_{\sigma\tau} + a_\sigma^\tau + a_\tau \\
&= a_{\sigma,\tau} - a_{\sigma\tau} + a_\sigma^\tau + a_\tau.
\end{aligned}$$

A una classe $[f]$ di 1–cocicli di π in C associamo la classe $[g]$ di 2–cocicli di π in A, dove g è ottenuto da f come visto in precedenza: $\delta : [f] \to [g]$.

15. Dimostrare che la successione

$$\cdots \to H^1(\pi, B) \xrightarrow{\bar{\beta}} H^1(\pi, C) \xrightarrow{\delta} H^2(\pi, A)$$

è esatta in $H^1(\pi, C)$.

Se g è un 2–cociclo di π in A, componendo g con α si ha un 2–cociclo di π in B; in tal modo α induce $\bar{\alpha} : [g] \to [\alpha g]$.

16. Dimostrare che la successione:

$$\cdots \to H^1(\pi, C) \stackrel{\delta}{\to} H^2(\pi, A) \stackrel{\overline{\alpha}}{\to} H^2(\pi, B)$$

è esatta in $H^2(\pi, A)$.

Consideriamo infine la successione

$$\cdots \to H^2(\pi, A) \stackrel{\overline{\alpha}}{\to} H^2(\pi, B) \stackrel{\overline{\beta}}{\to} H^2(\pi, C)$$

dove $\overline{\beta}$ è definito per composizione: $\overline{\beta}[g] = [\beta g]$.

17. Dimostrare che la successione precedente è esatta in $H^2(\pi, B)$.

Possiamo riassumere gli esercizi precedenti come segue: *la successione*

$$0 \to H^0(\pi, A) \stackrel{\alpha^\pi}{\to} H^0(\pi, B) \stackrel{\beta^\pi}{\to} H^0(\pi, C) \stackrel{\delta}{\to} H^1(\pi, A) \stackrel{\overline{\alpha}}{\to} H^1(\pi, B) \stackrel{\overline{\beta}}{\to} H^1(\pi, C) \stackrel{\delta}{\to}$$
$$H^2(\pi, A) \stackrel{\overline{\alpha}}{\to} H^2(\pi, B) \stackrel{\overline{\beta}}{\to} H^2(\pi, C)$$

è esatta (*successione esatta di coomologia*).

18. Dimostrare che se π è finito, e $\mathbf{Z}$ ed $\mathbf{R}/\mathbf{Z}$ sono π−moduli banali (qui $\mathbf{R}$ è il gruppo additivo dei reali) si ha $H^2(\pi, \mathbf{Z}) \simeq \mathbf{Hom}(\pi, \mathbf{R}/\mathbf{Z})$. In particolare, se π è ciclico di ordine n, anche $H^2(\pi, \mathbf{Z})$ è ciclico di ordine n.

7.4 Il moltiplicatore di Schur

7.36 Definizione. Sia π un gruppo finito, $\mathbf{C}^*$ il gruppo moltiplicativo dei numeri complessi non nulli considerato come π−modulo banale. Si definisce *moltiplicatore di Schur* $M(\pi)$ del gruppo π il secondo gruppo di coomologia di π a coefficienti in $\mathbf{C}^*$:

$$M(\pi) = H^2(\pi, \mathbf{C}^*).$$

7.37 Lemma. *Sia* $|\pi| = n$. *Allora, per ogni* 2−*cociclo* g *di* π *in* $\mathbf{C}^*$, *esiste un* 2−*cociclo* $g' \sim g$ *i cui valori sono tutti radici* n−*esime dell'unità.*

Dim. Posto $\prod_{\tau \in \pi} g(\sigma, \tau) = \gamma(\sigma)$, sia $h(\sigma)$ una radice n−esima di $\gamma(\sigma)^{-1}$, con $h(1) = 1$. Definiamo $g'(\sigma, \tau) = g(\sigma, \tau)h(\sigma)h(\tau)h(\sigma\tau)^{-1}$. Si ha $g' \sim g$ e $g'(\sigma, \tau)^n = g(\sigma, \tau)^n h(\sigma)^n h(\tau)^n h(\sigma\tau)^{-n}$. Per la (7.18), scritta moltiplicativamente, e considerando che l'azione di π banale, abbiamo $g(\sigma, \tau)^n = \gamma(\sigma)\gamma(\tau)\gamma(\sigma\tau)^{-1} = h(\sigma)^{-n}h(\tau)^{-n}h(\sigma\tau)^n$, da cui $g'(\sigma, \tau)^n = 1$, per ogni $\sigma, \tau \in \pi$. ◇

7.38 Teorema. $M(\pi)$ *è finito.*

Dim. Se $|\pi| = n$, poiché le radici n−esime dell'unità sono in numero di n, e vi sono n^{n^2} funzioni da $\pi \times \pi$ a un insieme con n elementi, vi sono al più n^{n^2} 2−cocicli del tipo del g' del lemma. ◇

7.39 Corollario. *Se* π *è un* $p-$*gruppo, anche* $M(\pi)$ *lo è.*

Dim. Sappiamo che se $|\pi| = p^k$, ogni elemento di $M(\pi)$ ha un ordine che divide p^k, e dunque ordine una potenza di p. $\diamond$

Dal Teor. 7.34 abbiamo poi:

7.40 Corollario. *Se* π *è ciclico finito,* $M(\pi) = \{1\}$. $\diamond$

Se $\pi \simeq \mathbf{Z}$ sappiamo che il secondo gruppo di coomologia di π è sempre identico, per qualunque π–modulo dei coefficienti.

7.4.1 Rappresentazioni proiettive

Come abbiamo visto nel Cap. 3, §3.7.2, il gruppo proiettivo è il quoziente $GL(V)/Z = PGL(V)$ del gruppo lineare generale su un campo K rispetto al sottogruppo delle omotetie (moltiplicazioni per uno scalare). Un omomorfismo

$$\theta : \pi \to PGL(V)$$

è una *rappresentazione proiettiva* del gruppo π di grado n, dove n è la dimensione di V. Dato ora un sottogruppo A del centro $Z(G)$ di un gruppo G, e una una rappresentazione irriducibile ordinaria ρ di G su $\mathbf{C}$, per il lemma di Schur $\rho(a)$ è scalare, $a \in A$, e dunque appartiene al centro di $GL(V)$. La rappresentazione ρ induce allora un omomorfismo

$$\tilde{\rho} : G/A \to GL(V)/Z = PGL(V) \tag{7.21}$$

e così una rappresentazione proiettiva del gruppo $\pi = G/A$. Come vedremo nel prossimo paragrafo, questo fatto si inverte nella forma seguente: dato un gruppo finito π, esistono un gruppo G e un suo sottogruppo centrale A con $G/A \simeq \pi$ tale che *ogni* rappresentazione proiettiva θ di π su $K = \mathbf{C}$ si ottiene come $\theta = \tilde{\rho}$ da una rappresentazione ordinaria ρ di G, dove $\tilde{\rho}$ è data dalla (7.21). Data una rappresentazione proiettiva di π, abbiamo $\theta(\sigma)\theta(\tau) = \theta(\sigma\tau)$. Sia P una funzione di scelta dei rappresentanti delle classi $\theta(\sigma)$, $\sigma \in \pi$; allora

$$P(\sigma)P(\tau) = \alpha(\sigma,\tau)P(\sigma\tau) \tag{7.22}$$

dove $\alpha(\sigma,\tau)I \in Z$ (I è la matrice identica). α è un cociclo di π in K (per la proprietà associativa del prodotto di matrici). Se $P(1) = I$, α è normalizzato. Abbiamo così una funzione (non un omomorfismo, se $\alpha \neq 1$):

$$P : \pi \to GL(V), \tag{7.23}$$

tale che sussista la (7.22). Se Q è un'altra scelta di rappresentanti, si ha $Q(\sigma) = h(\sigma)P(\sigma)$, e se α' è il cociclo relativo a Q, α e α' differiscono per il cobordo determinato da h.

La rappresentazione θ determina in questo modo una classe $[\alpha]$ di cocicli (un elemento di $H^2(\pi, K^*)$, con l'azione banale di π). D'altra parte, una funzione P con la proprietà (7.22) riproduce la rappresentazione θ una volta composta con l'omomorfismo canonico $GL(V) \to GL(V)/Z$. Possiamo allora prendere la (7.23) come definizione alternativa di rappresentazione proiettiva di π.

Diremo che P è irriducibile se non esistono sottospazi non banali di V invarianti per ogni trasformazione lineare $P(\sigma)$. Due rappresentazioni proiettive P_1 e P_2 su due spazi V_1 e V_2 si dicono *equivalenti* se esiste una trasformazione lineare invertibile T di V_1 in V_2 tale che

$$P_1(\sigma) = h(\sigma)T^{-1}P_2(\sigma)T, \quad \sigma \in \pi,$$

per una certa $h : \pi \to K^*$. Questa equivalenza induce quella dei cocicli α_1 e α_2 relativi a P_1 e P_2 mediante il cobordo determinato da h, come si vede facilmente.

Le rappresentazioni viste nel Cap. 6 (rappresentazioni *ordinarie*) sono particolari rappresentazioni proiettive: quelle per le quali α è il cociclo nullo, $\alpha(\sigma, \tau) = 1$ per ogni $\sigma, \tau \in \pi$ (e quindi P è un omomorfismo). Se α è equivalente al cociclo nullo, cioè se α è un cobordo, allora la rappresentazione proiettiva P_1 corrispondente è equivalente a una ordinaria. Infatti, sia $\alpha(\sigma, \tau) = h(\sigma)h(\tau)h(\sigma\tau)^{-1}$. Allora con $Q(\sigma) = h(\sigma)P(\sigma)$ si ha una rappresentazione Q equivalente a P (con T trasformazione identica), e tale che $Q(\sigma)Q(\tau) = Q(\sigma\tau)$, e quindi Q è ordinaria.

Ogni cociclo α di π in K^* determina una rappresentazione proiettiva di π. Prendiamo infatti uno spazio vettoriale di dimensione uguale all'ordine m di π, e una base $v_{\sigma_1}, v_{\sigma_2}, \ldots, v_{\sigma_m}$ di π. Definiamo, per ogni σ, la trasformazione lineare $(v_{\sigma_i})P(\sigma) = \alpha(\sigma_i, \sigma)v_{\sigma_i\sigma}$. Chiamando ancora $P(\sigma)$ la matrice ad essa associata in una data base, questa ha $\alpha(\sigma_i, \sigma)$ all'incrocio della riga corrispondente a σ_i con la colonna corrispondente a $\sigma_i\sigma$. Ne segue:

$$
\begin{aligned}
v_{\sigma_i}P(\sigma)P(\tau) &= \alpha(\sigma_i, \sigma)v_{\sigma_i\sigma}P(\tau) \\
&= \alpha(\sigma_i, \sigma)\alpha(\sigma_i\sigma, \tau)v_{\sigma_i\sigma\tau}\alpha(\sigma, \tau)\alpha(\sigma_i, \sigma\tau)v_{\sigma_i\sigma\tau} \\
&= \alpha(\sigma, \tau)v_{\sigma_i}P(\sigma\tau) \\
&= v_{\sigma_i}\alpha(\sigma, \tau)P(\sigma\tau),
\end{aligned}
$$

per ogni $i = 1, 2, \ldots, m$, e quindi $P(\sigma)P(\tau) = \alpha(\sigma, \tau)P(\sigma\tau)$.

7.41. Esempio. Sia $\pi = \{1, a, b, ab\}$ il gruppo di Klein, e sia α il cociclo normalizzato dato da:

$$
\begin{aligned}
&\alpha(a, b) = \alpha(b, ab) = \alpha(ab, a) = 1, \\
&\alpha(x, y) = -1, \text{ altrimenti.}
\end{aligned}
$$

Allora,

$$v_1 P(a) = \alpha(1,a)v_{1\cdot a} = 1 \cdot v_a,$$
$$v_a P(a) = \alpha(a,a)v_{aa} = -1 \cdot v_1,$$
$$v_b P(a) = \alpha(b,a)v_{ba} = -1 \cdot v_{ab},$$
$$v_{ab} P(a) = \alpha(ab,a)v_{aba} = 1 \cdot b,$$

e dunque,

$$P(a) = \begin{pmatrix} 0 & 1 & 0 & 0 \\ -1 & 0 & 0 & 0 \\ 0 & 0 & 0 & -1 \\ 0 & 0 & 1 & 0 \end{pmatrix}$$

(indici $1, a, b, ab$, nell'ordine, a righe e colonne). Analogamente per gli altri elementi di π.

7.4.2 Ricoprimenti

Sia θ una rappresentazione proiettiva sul campo complesso $\mathbf{C}$ di π tale che $\theta = \widetilde{\rho}$ dove ρ è una rappresentazione ordinaria di un gruppo G con $G/A \simeq \pi$ e $A \subseteq \mathbf{Z}(G)$. Diremo in questo caso che θ *si solleva a* G. Vediamo ora che condizioni deve soddisfare G affinché θ si sollevi a G. Poiché G dipende da una classe di cocicli $[g]$ di π in A, e θ da una classe $[\alpha]$ di cocicli di π in $\mathbf{C}$, è chiaro che queste condizioni riguarderanno relazioni tra $[g]$ e $[\alpha]$.

Cominciamo da una condizione necessaria. Se θ si solleva a G, abbiamo

$$\rho(\lambda(\sigma)a)Z = \theta(\sigma),$$

dove λ è una funzione che sceglie i rappresentanti dei laterali di A (e $\lambda(\sigma)A \to \sigma$ è un omomorfismo). Ne segue:

$$\rho(\lambda(\sigma)a) = \mu(\sigma,a)\theta(\sigma) \tag{7.24}$$

per $\mu(\sigma,a) \in \mathbf{C}^*$. Sia g un cociclo relativo all'ampliamento G, α uno relativo a θ. Dalla (7.24) si ha:

$$\rho(\lambda(\sigma)a \cdot \lambda(\tau)b) = \rho(\lambda(\sigma)a)\rho(\lambda(\tau)b)$$
$$= \mu(\sigma,a)\mu(\tau,b)\theta(\sigma)\theta(\tau)$$
$$= \mu(\sigma,a)\mu(\tau,b)\alpha(\sigma,\tau)\theta(\sigma\tau)$$

e

$$\rho(\lambda(\sigma)a \cdot \lambda(\tau)b) = \rho(\lambda(\sigma)\lambda(\tau)g(\sigma,\tau)ab)$$
$$= \mu(\sigma\tau,g(\sigma,\tau)ab)\theta(\sigma\tau),$$

e dunque $\mu(\sigma,a)\mu(\tau,b)\alpha(\sigma,\tau) = \mu(\sigma\tau,g(\sigma,\tau)ab)$. Per $\sigma = \tau = 1$, da questa uguaglianza si ottiene $\mu(1,a)\mu(1,b) = \mu(1,ab)$, e dunque resta individuato un omomorfismo (carattere) $\chi : A \to \mathbf{C}^*$ dato da $\chi(a) = \mu(1,a)$.

Per $a = b = 1$,

$$\mu(\sigma, 1)\mu(\tau, 1)\alpha(\sigma, \tau) = \mu(\sigma\tau, g(\sigma, \tau)), \qquad (7.25)$$

e, per $\tau = 1$ e $a = 1$, $\mu(\sigma, 1)\mu(1, b) = \mu(\sigma, b)$, da cui:

$$\mu(\sigma\tau, g(\sigma, \tau)) = \mu(\sigma\tau, 1)\mu(1, g(\sigma, \tau)).$$

Dalla (7.25) abbiamo allora:

$$\chi(g(\sigma, \tau)) = \alpha(\sigma, \tau)\mu(\sigma, 1)\mu(\tau, 1)\mu(\sigma\tau, 1)^{-1},$$

cioè

$$\chi(g(\sigma, \tau)) \sim \alpha(\sigma, \tau).$$

È chiaro che la composizione χg definita da $(\chi g)(\sigma, \tau) = \chi(g(\sigma, \tau))$ è un cociclo di π in $\mathbf{C}^*$. Inoltre, se $g' \sim g$ mediante h, allora $\chi g' \sim \chi g$ mediante χh.

La relazione che cerchiamo tra $[g]$ e $[\alpha]$ affinché θ si sollevi a G è dunque la seguente: esiste un carattere χ di A tale che $[\chi g] = [\alpha]$. Abbiamo visto che ogni $[\alpha] \in M(\pi)$ determina una rappresentazione proiettiva di π. Possiamo allora riassumere quanto detto nel

7.43 Lemma. *Sia G un ampliamento centrale di A con $G/A \simeq \pi$, e $[g]$ la classe di cocicli relativa a questo ampliamento. Allora condizione necessaria affinché ogni rappresentazione proiettiva di π si sollevi a G è che l'applicazione $\delta : \widehat{A} \to M(\pi)$ data da $\chi \to [\chi g]$ sia surgettiva.*

L'applicazione δ è detta *trasgressione*. La condizione di questo lemma è anche sufficiente:

7.44 Lemma. *Siano G e $[g]$ come nel lemma precedente. Allora, se l'applicazione δ è surgettiva, ogni rappresentazione proiettiva θ di π si solleva a G.*

Dim. Sia $[\alpha]$ relativa a θ, e sia $\chi \in \widehat{A}$ tale che $[\chi g] = [\alpha]$. Si ha:

$$\chi g(\sigma, \tau) = \alpha(\sigma, \tau)h(\sigma)h(\tau)h(\sigma\tau)^{-1}.$$

Definiamo allora:

$$\rho(\lambda(\sigma)a) = \chi(a)h(\sigma)\theta(\sigma),$$

e verifichiamo che si tratta di un omomorfismo. Abbiamo, da un lato:

$$\begin{aligned}
\rho(\lambda(\sigma)a \cdot \lambda(\tau)b) &= \rho(\lambda(\sigma\tau)g(\sigma, \tau)ab) \\
&= \chi(g(\sigma\tau)ab)h(\sigma\tau)\theta(\sigma\tau) \\
&= \chi(g(\sigma\tau))\chi(ab)h(\sigma\tau)\theta(\sigma\tau),
\end{aligned}$$

e dall'altro:

$$\rho(\lambda(\sigma)a)\rho(\lambda(\tau)b) = \chi(a)h(\sigma)\theta(\sigma)\chi(b)h(\tau)\theta(\tau)$$
$$= \chi(a)\chi(b)h(\sigma)h(\tau)\theta(\sigma)\theta(\tau).$$

Inoltre, $\chi(a)h(\sigma) \in \mathbf{C}^*$ e dunque $\chi(a)h(\sigma)I$ appartiene al centro di $GL(n, \mathbf{C})$. Ne segue $\rho(\lambda(\sigma)a)Z = \theta(\sigma)$, cioè θ si solleva a G.   ◇

Riassumiamo i due lemmi precedenti nel seguente

7.45 Teorema. *Sia G un gruppo finito, $A \subseteq Z(G)$, $G/A \simeq \pi$, $[g]$ la classe di cocicli relativa all'ampliamento G. Allora ogni rappresentazione proiettiva di π si solleva a G se e solo se la trasgressione $\delta : \widehat{A} \to M(\pi)$ è surgettiva.*

In particolare, $|A| = |\widehat{A}| \geq |M(\pi)|$, e quindi $|G| \geq |A| \cdot |M(\pi)|$. Un gruppo G di ordine minimo prende il nome di *ricoprimento di π* (o *gruppo di rappresentazione di π*), e si ottiene quando si ha l'uguaglianza $|\widehat{A}| = |M(\pi)|$.

Se la trasgressione δ è surgettiva, la condizione $|\widehat{A}| = |M(\pi)|$ implica che essa è anche iniettiva. Nel lemma che segue vediamo che δ è sempre un omomorfismo, e viene data una condizione necessaria e sufficiente affinché δ sia iniettiva.

7.46 Lemma. *Sia g un 2–cociclo di un gruppo finito π nel gruppo abeliano A (non necessariamente finito), G l'ampliamento centrale di A corrispondente. Allora:*
   i) la trasgressione $\delta : \chi \to [\chi g]$ è un omomorfismo di $\widehat{A}$ in $M(\pi)$ il cui nucleo consta dei caratteri di A che valgono 1 sugli elementi di $A \cap G'$:

$$Ker(\delta) = \{\chi \in \widehat{A} \mid \chi(a) = 1, \ a \in A \cap G'\};$$

   ii) $\delta(\widehat{A}) \simeq A \cap G'$, che è un gruppo finito;
   iii) δ è iniettiva se e solo se $A \subseteq G'$.

Dim. i) Sia $\chi \in Ker(\delta)$, cioè $\chi g \in B^2(\pi, \mathbf{C}^*)$. Allora:

$$\chi g(\sigma, \tau) = h(\sigma)h(\tau)h(\sigma\tau)^{-1},$$

per una certa $h : \pi \to \mathbf{C}^*$. Consideriamo l'applicazione $\psi : G \to \mathbf{C}^*$ data da

$$a\lambda(\sigma) \to \chi(a)h(\sigma).$$

Si tratta di un omomorfismo; infatti:

$$\psi(a\lambda(\sigma) \cdot b\lambda(\tau)) = \chi(ab)\chi(g(\sigma, \tau))h(\sigma\tau)$$
$$= \chi(a)\chi(b) \cdot h(\sigma)h(\tau)h(\sigma\tau)^{-1}$$
$$= \chi(a)h(\sigma) \cdot \chi(b)h(\tau)$$
$$= \psi(a\lambda(\sigma)) \cdot \psi(b\lambda(\tau)).$$

Inoltre ψ coincide con χ su A. Poiché $\mathbf{C}^*$ è abeliano, il nucleo di ψ contiene G'. Ora, $\lambda(1)$ rappresenta A e dunque $\lambda(1) \in A$, e si ha:

$$1 = \psi(\lambda(1)^{-1}\lambda(1)) = \chi(\lambda(1)^{-1})h(1).$$

Ne segue, per ogni $a \in A$,

$$\psi(a) = \psi(a\lambda(1)^{-1}\lambda(1)) = \chi(a)\chi(\lambda(1)^{-1})h(1) = \chi(a)$$

e quindi, se $a \in A \cap G'$, si ha $1 = \psi(a) = \chi(a)$.

Viceversa, sia χ tale che $\chi(a) = 1$ per $a \in A \cap G'$; allora possiamo estendere χ a G in questo modo. Estendiamo dapprima χ ad AG', definendo

$$\beta : AG' \to \mathbf{C}^*$$

mediante la $\beta : ax \to \chi(a)$, $a \in A$, $x \in G'$. L'applicazione β è ben definita perchè se $ax = a_1y$, $a_1^{-1}a = yx^{-1} \in G'$, $a_1^{-1}a \in A \cap G'$ e dunque $\chi(a_1^{-1}a) = 1$ e $\chi(a_1) = \chi(a)$. Inoltre β è un omomorfismo:

$$\beta(ax \cdot a_1y) = \beta(aa_1 \cdot x'y) = \chi(aa_1) = \chi(a)\chi(a_1) = \beta(ax) \cdot \beta(a_1y).$$

Essendo $\mathbf{C}^*$ abeliano, $Ker(\beta) \supseteq G'$, e dunque β si fattorizza tramite un omomorfismo β_1 di AG'/G' su $\mathbf{C}^*$. Essendo poi $\mathbf{C}^*$ divisibile, β_1 si estende a un omomorfismo η di G/G' in $\mathbf{C}^*$, e questo, composto con l'omomorfismo canonico $G \to G/G'$, a uno γ di G in $\mathbf{C}^*$. Riassumiamo gli omomorfismi che intervengono nel seguente diagramma:

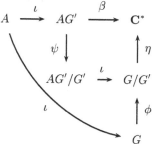

dove ϕ e ψ denotano gli omomorfismi canonici, ι l'inclusione; inoltre, $\beta\iota = \chi$ e $\eta\psi = \gamma$.

Se $a \in A$, abbiamo allora:

$$\gamma(a) = \eta\psi(a) = \eta(aG') = b_1(ag') = \beta_1\psi(a) = \beta(a) = \chi(a),$$

e dunque γ estende χ. In particolare ciò vale per $a = g(\sigma, \tau)$; ne segue:

$$\gamma(\lambda(\sigma))\gamma(\lambda(\tau)) = \gamma(g(\sigma, \tau)\lambda(\sigma\tau)) = \gamma(g(\sigma, \tau)\gamma(\lambda(\sigma\tau)) = \chi(g(\sigma, \tau))\gamma(\lambda(\sigma\tau))$$

e perciò

$$\chi g(\sigma, \tau) = \gamma(\lambda(\sigma))\gamma(\lambda(\tau))\gamma(\lambda(\sigma\tau))^{-1},$$

cioè $\chi g \in B^2(\pi, \mathbf{C}^*)$.

ii) La restrizione di un carattere χ di A al sottogruppo $A \cap G'$ dà un carattere χ_1 di $A \cap G'$, e l'applicazione $f : \widehat{A} \to \widehat{A \cap G'}$, data da $\chi \to \chi_1$, è un omomorfismo. D'altra parte, essendo $\mathbf{C}^*$ divisibile e $A \cap G' \subseteq A$, ogni carattere di $A \cap G'$ si estende a uno di A, e la f è perciò surgettiva. Il nucleo è dato dai χ tali che χ_1 è il carattere identico $\widehat{1}$ di $A \cap G'$, e quindi dai χ che valgono 1 su $A \cap G'$. Ne segue $Ker(f) = Ker(\delta)$, e perciò:

$$\widehat{A \cap G'} \simeq \widehat{A}/Ker(\delta) = Im(\delta),$$

ed essendo $\widehat{A \cap G'} \simeq A \cap G'$ si ha il risultato. (Avendosi G/A finito e $A \subseteq \mathbf{Z}(G)$, per il teorema di Schur G' è finito, e quindi anche $A \cap G'$ lo è).

iii) Poiché il carattere identico $\widehat{1}$ di A vale 1 su tutto A, $Ker(\delta) = \{\widehat{1}\}$ se e solo se $A \cap G' = A$, cioè $A \subseteq G'$. $\diamond$

7.47 Esempio. Questo lemma si può utilizzare per dimostrare che il moltiplicatore di certi gruppi è non banale. Sia $\pi = V$ il gruppo di Klein e G il gruppo diedrale D_4 o quello dei quaternioni Q, di ordine 8. In entrambi i casi G è un ampliamento di $A \simeq \mathbf{Z}_2$ mediante V, ed essendo $A = \mathbf{Z}(G) = G'$, G è un ampliamento centrale di A con $A \subseteq G'$. Per la *iii*) del lemma, δ è iniettiva e quindi $M(V)$ contiene un sottogruppo isomorfo a $\mathbf{Z}_2$, e perciò è diverso da $\{1\}$ (vedremo in seguito (*Es.* 7.55) che $M(V) \simeq \mathbf{Z}_2$).

Veniamo ora all'esistenza di un ricoprimento. Per quanto visto, deve essere $|A| = |M(\pi)|$, o ciò che è lo stesso per il Teor. 7.45 e il Lemma 7.46, $A \simeq M(\pi)$. Il gruppo $M(\pi)$ è prodotto diretto di gruppi ciclici:

$$M(\pi) = C_1 \times C_2 \times \cdots \times C_d,$$

con $|C_i| = e_i$, $i = 1, 2, \ldots, d$. Prendiamo allora un gruppo A isomorfo a $M(\pi)$:

$$A = A_1 \times A_2 \times \cdots \times A_d,$$

dove $A_i = \langle a_i \rangle$, $o(a_i) = e_i$. Per avere un ricoprimento abbiamo bisogno di un cociclo g, che costruiamo come segue. Un elemento generatore di C_i è una classe di cocicli; come rappresentante di questa classe possiamo prendere un cociclo i cui valori sono radici e_i–esime dell'unità (Lemma 7.37). Se w_i è una radice primitiva e_i–esima dell'unità abbiamo:

$$g_i(\sigma, \tau) = w_i^{n_i(\sigma, \tau)}, \tag{7.26}$$

dove $n_i(\sigma, \tau)$ è un intero dipendente da σ e da τ. La proprietà dei cocicli si traduce nelle seguenti proprietà degli interi n_i:

$$n_i(\sigma, 1) \equiv 0 \equiv n_i(1, \sigma) \bmod e_i,$$
$$n_i(\sigma, \tau\eta) + n_i(\tau, \eta) \equiv n_i(\sigma\tau, \eta) + n_i(\sigma, \tau) \bmod n_i.$$

Poniamo allora:

$$g(\sigma,\tau) = \prod a_i^{n_i(\sigma,\tau)}.$$

La g così definita è un 2–cociclo di π in A per l'azione banale di π su A:

$$g(\sigma,\tau\eta)g(\tau,\eta) = \prod a_i^{n_i(\sigma,\tau\eta)+n_i(\tau,\eta)}$$

$$g(\sigma\tau,\eta)g(\sigma,\tau) = \prod a_i^{n_i(\sigma\tau,\eta)+n_i(\tau,\eta)}$$

e i due prodotti sono uguali grazie alle proprietà viste degli n_i.

Affinchè l'ampliamento centrale G di A relativo a g sia un ricoprimento occorre, per il Teor. 7.45, che la trasgressione δ sia surgettiva. Dimostriamo allora che se $[g'] \in M(\pi)$ esiste $\chi \in \widehat{A}$ tale che $\delta(\chi) = [\chi g] = [g']$. Si ha $[g'] = \prod[g_i]^{k_i}$, con i g_i dati dalla (7.26) e per certi k_i. Il carattere χ definito da $\chi(a_i) = w_i^{k_i}$ è tale che, composto con g, fornisce:

$$\chi g(\sigma,\tau) = \chi(\prod a_i^{n_i(\sigma,\tau)}) = \prod \chi(a_i)^{n_i(\sigma,\tau)}$$
$$= \prod w_i^{n_i(\sigma,\tau)k_i} = \prod g_i(\sigma,\tau)^{k_i},$$

e poiché $[\prod g_i^{k_i}] = \prod[g_i]^{k_i} = [g']$, abbiamo $\chi g \sim g'$.

7.48 Teorema. *Sia π un gruppo finito. Allora esiste un ricoprimento di π, cioè un ampliamento G di un gruppo abeliano A, tale che:*
i) $A \subseteq Z(G) \cap G'$;
ii) $A \simeq M(\pi)$;
iii) $G/A \simeq \pi$.

Ogni rappresentazione proiettiva di π si solleva a una rappresentazione ordinaria di G. Ogni rappresentazione proiettiva di π è equivalente a una ordinaria se e solo se $M(\pi) = \{1\}$.

7.4.3 $M(\pi)$ e presentazioni di π

Sia $F/R \simeq \pi$ una presentazione di π con F libero di rango finito. Se $\pi \simeq G/A$ abbiamo un omomorfismo surgettivo $F \to G/A$ che, per la proprietà dei gruppi liberi, si solleva a un omomorfismo $F \to G$. Quest'ultimo non è più in generale surgettivo; lo è se $A \subseteq \Phi(G)$, come ora dimostriamo.

7.49 Lemma. *Sia $F/R \simeq \pi \simeq G/A$, con F libero di rango finito e $A \subseteq \Phi(G)$. Allora l'omomorfismo $\mu : F \to G$ che estende l'omomorfismo canonico $\nu : F \to \pi$ è surgettivo.*

Dim. Consideriamo il diagramma:

$$
\begin{array}{ccccccccc}
 & & & & & & G & & \\
 & & & & \mu\nearrow & & \big\downarrow\gamma & & \\
1 & \to & R & \to & F & \overset{\nu}{\to} & \pi & \to & 1
\end{array}
$$

Sia $F = \langle y_1, y_2, \ldots, y_n \rangle$, e siano $g_1, g_2, \ldots, g_n \in G$ tali che $\gamma(g_i) = \nu(y_i)$. Allora G/A è generato dalle immagini $g_i A$, per cui G è generato dai g_i e da A, ed essendo $A \subseteq \Phi(G)$, solo dai g_i. Inoltre,

$$\gamma\mu(y_i) = \nu(y_i) = \gamma(g_i),$$

da cui $\mu(y_i)g_i^{-1} \in Ker(\gamma) = A$, e $\mu(y_i) = x_i g_i, x_i \in A$. Allora

$$\mu(F) = \langle x_i g_i, \ i = 1, 2, \ldots, n \rangle = G,$$

dove la seconda uguaglianza segue dal Lemma 5.51. (Si noti che non è necessario che A sia abeliano). $\diamond$

Se $A \subseteq \mathbf{Z}(G) \cap G'$ come nel Teor. 7.48, allora la condizione $A \subseteq \Phi(G)$ è soddisfatta, in virtù del seguente lemma.

7.50 Lemma. (GASCHÜTZ) *In un qualunque gruppo G :*

$$\mathbf{Z}(G) \cap G' \subseteq \Phi(G).$$

Dim. Se $\Phi(G) = G$ non c'è niente da dimostrare. Altrimenti, sia M massimale in G che non contiene $\mathbf{Z}(G) \cap G'$. Allora $G = M(\mathbf{Z}(G) \cap G')$ per la massimalità di M e $M \trianglelefteq G$ perchè $\mathbf{Z}(G) \cap G' \subseteq \mathbf{Z}(G)$. Allora $G/M \simeq \mathbf{Z}_p$, p primo, per cui $G' \subseteq M$, e a fortiori $\mathbf{Z}(G) \cap G' \subseteq M$, una contraddizione. $\diamond$

7.51 Lemma. *Sia $F/R \simeq \pi \simeq G/A$, con F libero di rango finito e $A \subseteq \mathbf{Z}(G) \cap G'$. Si ha allora un omomorfismo surgettivo:*   •

$$\frac{R \cap F'}{[R, F]} \to A.$$

Dim. Sia $w \in F$; allora $\mu(w) \in A$ se e solo se $\gamma\mu(w) = 1 = \nu(w)$, e dunque se e solo se $w \in R$. Ne segue $\mu(R) = A$ e

$$\mu([R, F]) = [\mu(R), \mu(F)] = [A, G] = 1.$$

Si ha allora un omomorfismo surgettivo $\bar{\mu} : F/[R, F] \to G$, e in questo omomorfismo:

$$\bar{\mu}\left(\frac{R \cap F'}{[R, F]}\right) = \mu(R) \cap \mu(F') = A \cap G' = A.$$

$\diamond$

7.52 Corollario. *Con $A = M(\pi)$ nel lemma precedente, si ha un omomorfismo surgettivo:*

$$\frac{R \cap F'}{[R, F]} \to M(\pi).$$

Dim. Per il Teor. 7.48 esiste un ampliamento centrale G di $M(\pi)$ mediante π, con $M(\pi) \subseteq G'$. Per il lemma precedente si ha il risultato.   ◊

7.53 Teorema. *Sia π un gruppo finito, $\pi = F/R$ con F libero di rango n. Sia*

$$H = \frac{F}{[R,F]}, \quad I = \frac{R}{[R,F]}.$$

Allora:

i) I è un gruppo abeliano f.g., sottogruppo di $\mathbf{Z}(H)$, e

$$\frac{R \cap F'}{[R,F]}$$

è il sottogruppo di torsione $T(I)$, dunque finito, di I;

ii) I è di rango n.

iii)

$$\left| \frac{R \cap F'}{[R,F]} \right| \leq M(\pi).$$

Dim. i) È chiaro che $I \subseteq \mathbf{Z}(H)$; inoltre:

$$|H/\mathbf{Z}(H)| = |(H/I)/(\mathbf{Z}(H)/I| \leq |H/I| = |F/R| = |\pi| < \infty,$$

e quindi $\mathbf{Z}(H)$ ha indice finito in H. Per il teorema di Schur, il derivato H' è finito. Ora $H' = F'/[R,F]$, e $I \cap H' = R \cap F'/[R,F]$ è finito, e perciò è contenuto nel sottogruppo di torsione di I. Ma

$$(R/[R,F])/(R \cap F'/[R,F]) \simeq R/R \cap F' \simeq F'R/F',$$

e quest'ultimo, come sottogruppo di F/F' è abeliano libero. Ne segue che il sottogruppo di torsione di I è contenuto in $R \cap F'/[R,F]$ e quindi

$$T(I) = \frac{R \cap F'}{[R,F]}.$$

ii) RF/F' è abeliano libero e ha indice finito in F/F':

$$[F/F' : RF'/F'] = |F/RF'| \leq |F/R| = |\pi| < \infty,$$

e quindi ha lo stesso rango n di F/F'. Ma $I/T(I)$ è isomorfo a RF'/F', e così anche I ha rango n.

iii) Il sottogruppo di torsione di un gruppo abeliano f.g. è un fattore diretto:

$$\frac{R}{[R,F]} = \frac{R \cap F'}{[R,F]} \times \frac{S}{[R,F]}$$

per un certo S. Ora $R/[R,F]$ è contenuto nel centro di $F/[R,F]$ e quindi ogni suo sottogruppo è normale in $F/[R,F]$; in particolare, $S/[R,F] \trianglelefteq F/[R,F]$ e perciò $S \trianglelefteq F$. Abbiamo allora che F/S è un ampliamento centrale di $R/S \simeq (R \cap F')/[R,F]$ mediante π, e poiché $R/S \subseteq \mathbf{Z}(F/S) \cap (F/S)'$, la trasgressione

$$\delta : \frac{\widehat{R}}{S} \to M(\pi),$$

è iniettiva (Lemma 7.46, iii)). In particolare:

$$\left| \frac{R \cap F'}{[R,F]} \right| = \left| \frac{R}{S} \right| = \left| \frac{\widehat{R}}{S} \right| \leq |M(\pi)| \, ,$$

cioè la iii).   ◇

Da questo teorema e dal corollario precedente si ha:

7.54 Corollario.
   i)

$$M(\pi) \simeq \frac{R \cap F'}{[R,F]} ;$$

ii) *con le notazioni del Teor. 7.53, F/S è un ricoprimento di π.*   ◇

7.55 Esempio. Dimostriamo che il moltiplicatore di Schur $M(V)$ del gruppo di Klein ha ordine 2. Sappiamo che $|M(V)| \geq 2$ (*Es.* 7.47). Consideriamo la presentazione $F/R \simeq V$, con $F = \langle x, y \rangle$ libero di rango 2. Poiché V è abeliano, $F' \subseteq R$, e dunque $M(V) \simeq F'/[R,F]$. Ora,

$$M(V) \simeq \frac{F'}{[F',F]} / \frac{[R,F]}{[F',F]},$$

e $F'/[F',F] = \Gamma_2(F)/\Gamma_3(F)$ è ciclico, generato dalla classe $[x,y]$ modulo $\Gamma_3(F)$ (Cor. 5.36). Allora $M(V)$, come quoziente di un gruppo ciclico, è anch'esso ciclico. Facciamo vedere che $[x,y]^2 \in [R,F]$. Si ha $[\bar{x},\bar{y}] \in \mathbf{Z}(\overline{F})$ (la barra indica modulo $[R,F]$), in quanto per il Teor. 7.45, i), $\overline{R} \subseteq \mathbf{Z}(\overline{F})$, e inoltre $\bar{x}^2 \in \mathbf{Z}(\overline{F})$ perchè $x^2 \in R$ e perciò $[x^2,g] \in [R,F]$, per ogni $g \in F$. Ne segue

$$[\bar{x},\bar{y}]^2 \bar{x}^2 = ([\bar{x},\bar{y}]\bar{x})^2 = (\bar{y}\bar{x})^{-1} \bar{x}^2 (\bar{y}\bar{x}) = \bar{x}^2,$$

e cancellando $[\bar{x},\bar{y}]^2 = \bar{1}$, cioè $[x,y]^2 \in [R,F]$. Nel gruppo ciclico $M(V)$ il quadrato di ogni elemento è 1, e quindi $M(V) = \{1\}$ oppure $M(V) = \mathbf{Z}_2$. La prima possibilità è esclusa perchè $|M(V)| \geq 2$, e dunque sussiste la seconda.

Si osservi che in questo esempio si è dimostrato che il moltiplicatore di Schur di un gruppo abeliano finito a due generatori è ciclico (ciò è vero anche per gruppi abeliani infiniti a due generatori; v. Nota 2 di 7.57 qui sotto).

7.56 Corollario. *Se F/R e F_1/R_1 sono due presentazioni finite di un gruppo finito, allora:*

$$\frac{R \cap F'}{[R, F]} \simeq \frac{R_1 \cap F_1'}{[R_1, F_1]}.$$

7.57 Note. 1. Il corollario precedente sussiste anche senza l'ipotesi di finitezza del gruppo F/R e del rango dei due gruppi liberi.

2. Nel caso di un gruppo infinito π, si definisce direttamente $M(\pi)$ come:

$$M(\pi) = \frac{R \cap F'}{[R, F]}.$$

Ma nel caso infinito $M(\pi)$ e $H^2(\pi, \mathbf{C}^*)$ sono in generale gruppi diversi. Consideriamo, a titolo di esempio, il gruppo infinito $\pi = \mathbf{Z} \times \mathbf{Z}$. Sappiamo che $\pi = F/F'$, con F libero di rango 2 (*Es.* 4.46), e pertanto abbiamo una presentazione F/R di π con $R = F'$; ne segue:

$$\frac{R \cap F'}{[R, F]} = \frac{F'}{[F', F]},$$

gruppo che, come osservato nell'esempio precedente, è ciclico, isomorfo a $\mathbf{Z}$ (i quozienti della serie centrale discendente di un gruppo libero sono privi di torsione):

$$M(\mathbf{Z} \times \mathbf{Z}) \simeq \mathbf{Z}.$$

Ora, $\mathbf{Z}$ non è isomorfo al proprio duale. Si ha infatti $\mathbf{Hom_Z}(\mathbf{Z}, \mathbf{C}^*) \simeq \mathbf{C}^*$, nell'isomorfismo che associa a un elemento h di $\mathbf{Hom_Z}(\mathbf{Z}, \mathbf{C}^*)$ il valore che esso assume su 1: $h \to h(1)$. Ma si può dimostrare che $H^2(\pi, \mathbf{C}^*)$ è isomorfo al duale di $M(\pi)$[†]: $H^2(\pi, \mathbf{C}^*) \simeq \mathbf{Hom_Z}(M(\pi), \mathbf{C}^*)$, e dunque

$$H^2(\mathbf{Z} \times \mathbf{Z}, \mathbf{C}^*) \simeq \mathbf{C}^*.$$

Il gruppo di Heisenberg fornisce un ampliamento centrale di $M(\mathbf{Z} \times \mathbf{Z}) \simeq \mathbf{Z}$ mediante $\mathbf{Z} \times \mathbf{Z}$ (*Es.* 4.13).

7.58 Corollario. *Se π è finitamente presentato, allora $M(\pi)$ è di rango finito. Più precisamente, se π è generato da n elementi con r relazioni, e se s è il minimo numero di generatori di $M(\pi)$, allora*

$$s \leq r - n.$$

In particolare, se $r = n$ si ha $s = 0$ e quindi $M(\pi) = \{1\}$, e se $r = n+1$ allora $M(\pi)$ è ciclico.

Dim. Sia $\pi = F/R$, con F libero di rango n. Allora $I/M(\pi)$ è di rango n (Teor. 7.53, *ii*)), e dunque il minimo numero di generatori per I è $n + s$. Se $\rho_i = 1, i = 1, 2, \ldots, r$ sono le relazioni di π, R è generato dai coniugati dei ρ_i, e poiché $I = R/[R, F]$ è centrale in $F/[R, F]$, I è generato dalle immagini dei soli ρ_i. Pertanto, $r \geq n + s$.   ◊

[†] Mediante un risultato noto come "teorema dei coefficienti universali".

8
Soluzione degli esercizi

8.1 Esercizi del Capitolo 1

1. $a^{-1}b$ e ba^{-1} risolvono le due equazioni. Viceversa, se $ax = a$ ha soluzione, esiste e_d tale che $ae_d = a$; se $b \in G$, allora $b = ya$ per un certo y, e quindi $be_d = (ya)e_d = y(ae_d) = ya = b$; e_d è dunque neutro "a destra" per ogni $b \in G$, e analogamente esiste e_s, neutro a sinistra. Moltiplicando i due elementi si ha $e_se_d = e_s$, $e_se_d = e_d$, e la *ii*). Per la *iii*), risolvendo $ax = e$ e $ya = e$, se $ax = az$ si ha $y(ax) = y(az)$ da cui $(ya)x = (ya)z$ cioè $ex = ez$ e $x = z$, per cui l'"inverso destro" è unico, e analogamente quello sinistro. Se $ax = e$, allora $xa = exa = yaxa = y(ax)a = yea = ya = e$, e dunque $ax = e = xa$.

2. Se $o(x)$ è infinito, e $o(\varphi(x)) = n$, allora $\varphi(x)^n = \varphi(x^n) = \varphi(1) = 1$ implica $x^n = 1$, contro l'iptesi; dunque anche $o(\varphi(x))$ è infinito. Se $o(x) = n$, $1 = \varphi(1) = \varphi(x^n) = \varphi(x)^n$, e $o(\varphi(x))|n$. Lo stesso argomento con φ^{-1} implica $n|o(\varphi(x))$.

3. *i*) $(ab)^2 = abab$, $a^2b^2 = aabb$, da cui, cancellando, il risultato. *ii*) $(ab)^{n+1} = (ab)^nab = a^nb^nab = a^{n+1}b^{n+1}$, da cui $b^na = ab^n$; sostituendo n con $n+1$ abbiamo $b^{n+1}a = ab^{n+1}$, cioè $b \cdot b^na = ab^{n+1}$, che con la precedente dà $b \cdot ab^n = ab^{n+1}$, da cui, cancellando, $ba = ab$.

4. $o(a^d) = o(a)/(o(a), d) = o(a)/d$, $o(b^d) = o(b)/d$ e $(o(a)/d, o(b)/d) = 1$. Ne segue $o((ab)^d) = o(a^db^d) = o(a)/d \cdot o(b)/d = o(a)o(b)/d^2 = m/d$.

5. $a_ia_{i+1} \cdots a_n$ è l'inverso di $a_1a_2 \cdots a_{i-1}$.

6. Se a è unico del proprio ordine, poiché $o(a^{-1}) = o(a)$, è $a = a^{-1}$, $a^2 = 1$ e il risultato.

7. Se nessun elemento diverso da 1 coincide con il proprio inverso, accoppiando un elemento e il suo inverso otteniamo un numero pari di elementi, che assieme all'unità danno un gruppo di ordine dispari.

9. Ordine 3. Siano $1, a, b$ i tre elementi distinti di G. Il gruppo deve contenere anche il prodotto ab: se $ab = a$, è $b = 1$, escluso; se $ab = b$ è $a = 1$, escluso. Allora $ab = 1$ cioè $b = a^{-1}$. Ora, a^2 deve appartenere a G: se $a^2 = a$, $a = 1$, escluso; se $a^2 = 1$, $a = a^{-1} = b$, escluso. Allora $a^2 = a^{-1}$, e $G = \{1, a, a^2\}$, ciclico, generato da a.

10. L'operazione non è la stessa.

11. In C_6, $o(a) = 6$, $b = a^2$, $o(b) = 3$, $o(ab) = o(a^3) = 2$, mentre mcm$(o(a), o(b)) = 6$.

12. Se tutti gli elementi hanno periodo finito, i sottogruppi da essi generati sono in numero infinito, altrimenti il gruppo è finito. Se c'è un elemento di periodo infinito, esso genera un sottogruppo isomorfo a $\mathbf{Z}$, che ha infiniti sottogruppi.

13. Se $a \in H$, allora con $b = a$, $aa = a^2 \in H$, e quindi con $b = a^2$, $a^2 a = a^3 \in H$, ecc., per cui, se $o(a) = n$, $a^n = 1 \in H$.

14. Per i teoremi 1.33 e 1.35 un gruppo ciclico di ordine n ha $\varphi(d)$ elementi di ordine d per ogni $d|n$, e questi sono tutti e soli gli elementi del gruppo.

15. *i)* Sia $n = rs$, $(r, s) = 1$, $ur + vs = 1$, $a = a^1 = a^{ur+vs} = a^{ur} a^{vs}$. Allora $o(a^{ur}) = \frac{n}{(n,ur)} = \frac{rs}{(rs,ur)} = \frac{rs}{r} = s$, e analogamente $o(a^{vs}) = r$. Con $x = a^{vs}$ e $y = a^{ur}$ si ha $a = xy$, del tipo richiesto. Se $a = tz$, con t e z permutabili e di ordini r ed s, rispettivamente, abbiamo $a^r = x^r y^r = t^r z^r = y^r = z^r$, ed essendo $ur \equiv 1 \bmod s$ e $o(y) = o(z) = s$ è $y = y^{ur} = z$ e $x = x^{vs} = t^{vs} = t$. Il caso generale segue subito da questo.

ii) $\varphi(n)$ è il numero dei generatori di un gruppo ciclico di ordine n, $\varphi(p_i^{h_i})$ quello dei generatori dell'unico sottogruppo di ordine $p_i^{h_i}$. Un prodotto $x_1 x_2 \cdots x_r$, $o(x_i) = p_i^{h_i}$, $i = 1, 2, \ldots, r$, è un elemento di ordine n, mentre per *i)* un elemento di ordine n si esprime in modo unico in questo modo. Per la seconda parte, si osservi che gli elementi che generano un gruppo ciclico di ordine p^n sono gli elementi che non appartengono al sottogruppo di ordine p^{n-1}.

16. Se $n \geq 4$, una permutazione che scambia due vertici consecutivi del poligono e fissa gli altri non è una simmetria.

22. Ogni numero razionale si può esprimere come un prodotto di primi a esponenti in $\mathbf{Z}$, e ogni polinomio a coefficienti in $\mathbf{Z}$ si può esprimere come una combinazione lineare dei monomi $1, x, x^2, \ldots$ Fissiamo un ordinamento dei numeri primi, ad esempio quello secondo la grandezza: $p_0 = 2, p_1 = 3, p_2 = 5, \ldots$ Una n−pla ordinata di interi $m_0, m_1, \ldots, m_{n-1}$ determina un unico elemento di Q: $r/s = p_0^{m_0} p_1^{m_1} \cdots p_{n-1}^{m_{n-1}}$, e un unico polinomio $p(x) = m_0 + m_1 x + \cdots + m_{n-1} x^{n-1}$. La corrispondenza $\frac{r}{s} \to p(x)$ è l'isomorfismo cercato. Ad esempio, a $\frac{7}{18} = 2^{-1} 3^{-2} 7$ corrisponde il polinomio $-1 - 2x + 7x^3$.

27. I generatori sono tutti contenuti in un sottogruppo della catena.

28. Se $H < C_{p^\infty}$, e H è infinito, allora contiene radici primitive p−esime dell'unità di grado comunque elevato (ciascun C_{p^n} si può scrivere come unione di radici primitive p^m−esime dell'unità con $m \leq n$). H contiene allora tutte le radici $p^n - esime$ per ogni $n = 1, 2, \ldots$, e dunque coincide con C_{p^∞}. Se H è finito, $H \subseteq C_{p^k}$, per un certo k, e quindi $H = C_{p^h}$ per un certo $h \leq k$.

29. Altrimenti, $G = H \cup \langle S \rangle$, escluso dal Teor. 1.18.

30. $a \rho b \Rightarrow a^{-1} a \rho a^{-1} b$, e dunque $a^{-1} b \rho 1$. Facciamo vedere che gli elementi equivalenti a 1 formano un sottogruppo. Se $x \rho 1$, $x^{-1} x \rho x^{-1}$, e quindi anche $x^{-1} \rho 1$; se $a \sim 1$, $b \rho 1$ allora $ab \rho a \rho 1$.

31. È l'unico che contiene l'unità.

32. $Hab^{-1} = K$, un sottogruppo; v. *es.* precedente.

33. $a = nq + r$, $0 < r < n$, $a^{\varphi(n)} = (nq + r)^{\varphi(n)} = \sum_{k=0}^{\varphi(n)} \binom{\varphi(n)}{k}(nq)^k r^{\varphi(n)-k}$. Per $k > 0$, tutti i termini della somma sono multipli di n, e quindi valgono 0 mod n. Resta il termine per $k = 0$, cioè $r^{\varphi(n)}$. Ma $r < n$ e $(r, n) = 1$, e perciò r appartiene al gruppo $U(n)$ che ha ordine $\varphi(n)$, per cui $r^{\varphi(n)} = 1$.

34. $\varphi(p) = p - 1$; v. *es.* precedente.

37. $1 = x^{2n-1} = x^{2n}x^{-1}$; con $y = x^n$ si ha $x = y^2$.

38. Se $H = \{h_1, h_2, \ldots, h_n\}$ e $x \notin H$, $Hx = \{h_1x, h_2x, \ldots, h_nx\}$, quindi $Hx \cap H = \emptyset$ in quanto se $h_i = h_j x$ allora $x = h_j^{-1}h_i \in H$, escluso. Se $y \notin H \cup Hx$, $Hy = \{h_1y, h_2y, \ldots, h_ny\}$ ha intersezione vuota con Hx (in quanto se $h_ix = h_jy$, allora $yx^{-1} = h_j^{-1}h_i \in H$, $y = h_kx$, escluso) e con H (come sopra per x), ecc. Gli elementi del gruppo si ripartiscono allora in sottoinsiemi tutti della stessa cardinalità $|H|$.

40. Sia $[G{:}H] < \infty$ e K infinito. Se $H \cap K = \{1\}$, i distinti elementi di K appartengono a laterali distinti di H ($Hk = Hk_1 \Rightarrow kk_1^{-1} \in H \cap K = \{1\}$ e $k = k_1$) e H ha almeno tanti laterali quanti sono gli elementi di K.

8.2 Esercizi del Capitolo 2

4. Sia H un altro sottogruppo di ordine primo con l'indice. $HN \leq G$ ($N \trianglelefteq G$), $|HN|$ divide $|G|$, $|HN/N|$ divide $|G/N|$, per cui $(|HN/N|, |N|) = (|HN/N|, |H|) = 1$. Se $|HN/N| \neq 1$, sia p un primo che divide $|HN/N|$; allora $p||H/(H \cap N)|(= |HN/N|)$, e quindi $p||H|$, assurdo.

8. H, K sono massimali (indice p) e normali, $HK \leq G$, $HK = G$ per la massimalità di H o K; $p = |G/K| = |H/(H \cap K)| = |H|$, e analogamente $|K| = p$. G non è ciclico perché ha due sottogruppi di indice p.

9. Se $L/H = (A/H)(B/H)$, $AB = L$ è il sottogruppo cercato: se $g \in L$, $gH = aH \cdot bH = abH$, $g = ab'$ ($H \subseteq B$) e $L \subseteq AB$; viceversa, $A/H \subseteq L/H$ e $A \subseteq L$; analogamente $B \subseteq L$ e $AB = L$.

12. Essendo $n \geq 3$, esistono i, j, k distinti. Se $\sigma \neq 1$, sia $\sigma(i) = j$; allora σ non permuta con τ tale che $\tau(j) = k$ e $\tau(i) = i$.

13. Se $x = ar^i$ è centrale, $ar^i \cdot r = r \cdot ar^i$, $r^{i+1} = r^{i-1}$, $r = r^{-1}$, escluso. Allora $x = r^i$, $a \cdot r^i = r^i \cdot a$, $r^i = r^{-i}$, $o(r^i) \leq 2$. Se n è dispari, $x = r^i = 1$; se è pari, $r^i = \frac{n}{2}$ e il centro è $\{1, r^{\frac{n}{2}}\}$.

16. $H = \langle x \rangle$ è normale, e, come nell'*es.* precedente, $xy^{p-1} = y^{p-1}x$, e $y^{p-1} \in \mathbf{C}_G(x)$. Ma $(p - 1, o(y)) = 1$ in quanto non vi sono divisori dell'ordine del gruppo minori di p, e quindi già $y \in \mathbf{C}_G(x)$.

17. $x^n = (xy \cdot y^{-1})^n = (y^{-1}xy)^n = y^{-1}x^ny$, e $x^n \in \mathbf{Z}(G)$; viceversa, $ab \sim ba$ e dunque anche $(ab)^n \sim (ba)^n$, ecc.

18. Se $x \sim y$, $x = ab$, $y = ba$; $xy = abba = ab^2a = a^2b^2$ per l'*es.* precedente; analogamente, $yx = a^2b^2$.

23. Se $H \leq \mathbf{Z}(G)$, $G/H = \langle Ha \rangle$ e $G = \langle H, a \rangle$ e G è generato da elementi permutabili.

24. $G/\mathbf{Z}(G) \simeq \mathbf{I}(G)$ ciclico implica G abeliano (*es.* precedente), e dunque ammette l'automorfismo $\sigma : a \to a^{-1}$ di ordine 2. In entrambi i casi ($\mathbf{Z}$ e di ordine dispari) $\sigma = 1$ e $a = a^{-1}$ per ogni $a \in G$, per cui G è uno spazio vettoriale su $\mathbf{F}_2$, che se ha più di due elementi ha gruppo di automorfismi che ha elementi di ordine 2 (ad esempio, quelli che scambiano due elementi di una base e fissano gli altri).

25. Se $\gamma_y = (\gamma_x)^k = \gamma_{x^k}$ per ogni x, è $x^{\gamma_y} = x^{-k}xx^k = x$ per ogni x. *ii*) segue da *i*).

26. $\alpha \in \mathbf{Aut}(S^3)$ permuta i tre elementi di ordine 2 di S^3, e si ha un omomorfismo $\mathbf{Aut}(S^3) \to S^3$ iniettivo (se α e β inducono la stessa permutazione, $\alpha\beta^{-1}$ induce l'identità sui tre elementi e dunque su S^3 che è generato da questi). Ma $\mathbf{Z}(S^3) = \{1\}$, e dunque $\mathbf{I}(S^3) \simeq S^3$. Ne segue $\mathbf{Aut}(S^3) = \mathbf{I}(S^3) \simeq S^3$.

27. $Z = \mathbf{Z}(G) \neq \{1\}$; se $Z \nsubseteq M$, $MZ = G$, $m' \in M$ e $x = mz$,

$$x^{-1}m'x = (mz)^{-1}m'(mz) = z^{-1}m^{-1}m'mz = z^{-1}m''z = m'' \in M;$$

per cui $M \trianglelefteq G$ e $|G/M| = p$ in quanto G/M non ha sottogruppi propri (Teor. 1.44). Se $Z \subseteq M$, M/Z è massimale in G/Z, e dunque, per induzione, normale e di indice p. Applicare ora il Teor. 2.12.

29. $|\mathbf{cl}_H(x)| = [H : \mathbf{C}_H(x)] = [G : \mathbf{C}_H(x)]/[G : H] = [G : \mathbf{C}_G(x)][\mathbf{C}_G(x) : \mathbf{C}_H(x)]/2 = |\mathbf{cl}_G(x)|[\mathbf{C}_G(x) : \mathbf{C}_G(x) \cap H]/2 = |\mathbf{cl}_G(x)||\mathbf{C}_G(x)H/H|$, e poiché $\mathbf{C}_G(x)H/H \leq G/H$, si ha $|\mathbf{C}_G(x)H/H| = 1, 2$, e il risultato.

30. Se $x \notin H$, $\mathbf{C}_G(x) \cap H = \{1\}$ (se $xh = hx$, $x \in \mathbf{C}_G(h) \subseteq H$) e quindi $|\mathbf{C}_G(x)| = 2$, da cui $o(x) = 2$, $|\mathbf{cl}(x)| = [G : \mathbf{C}_G(x)] = \frac{|G|}{2}$, e perciò $\mathbf{cl}(x) = G \setminus H$ (gli elementi di $\mathbf{cl}(x)$ sono gli $h^{-1}xh$, $h \in H$).

31. Sia α l'automorfismo. Se $G \neq \mathbf{Z}(G)$, essendo $\mathbf{Z}(G) \leq \frac{1}{2}|G|$, esiste $x \notin \mathbf{Z}(G)$ tale che $x^\alpha = x^{-1}$, e avendosi $|G \setminus \mathbf{C}_G(x)| \geq \frac{1}{2}|G|$ esiste $y \in G \setminus \mathbf{C}_G(x)$ tale che $y^\alpha = y^{-1}$. Se $(xy)^\alpha = (xy)^{-1}$, si ha $(xy)^\alpha = y^{-1}x^{-1} = x^\alpha y^\alpha = x^{-1}y^{-1}$ e $y \in \mathbf{C}_G(x)$, contro la scelta di y. Per ogni $y \in G \setminus \mathbf{C}_G(x)$ che va nel proprio inverso esiste quindi un elemento (e cioè xy) che non ci va: quest'ultimo fatto accade allora per almeno la metà degli elementi di $G \setminus \mathbf{C}_G(x)$, cioè per almeno $\frac{1}{2}|G \setminus \mathbf{C}_G(x)| \geq \frac{1}{4}|G|$, mentre più di $\frac{1}{4}$ degli elementi vanno nel proprio inverso. Ne segue $G = \mathbf{Z}(G)$. Riguardo all'esempio, considerare l'automorfismo identico del gruppo D_4.

32. Se G ha tutti gli elementi di ordine 2, G è uno spazio vettoriale V su $\mathbf{F}_2$, che se $|V| > 2$ ha gruppo di automorfismi non banale. Se esiste $x \neq x^{-1}$ e G è abeliano, l'automorfismo $g \to g^{-1}$ non è identico perché non fissa x. Se G non è abeliano, e $xy \neq yx$, l'automorfismo interno indotto da y non è identico.

33. Dimostriamo di più: se α permuta con ogni automorfismo interno allora è l'identità. Se $\alpha^{-1}\gamma_x\alpha = \gamma_x$, allora $\gamma_{x^\alpha} = \gamma_x$, $x^{-1}x^\alpha \in \mathbf{Z}(G) = \{1\}$ e $x^\alpha = x$.

34. *i*) Posto $\delta_{a,b^2} = 1$ se $a = b^2$ e zero altrimenti, si ha $\rho(a) = \sum_b \delta_{a,b^2}$, da cui $\rho(a)^2 = \sum_b \rho(a)\delta_{a,b^2}$ e dunque $\sum_a \rho(a)^2 = \sum_a \sum_b \rho(a)\delta_{a,b^2}$. Se $a \neq b^2$ gli addendi interni sono zero; restano quelli per cui $a = b^2$, e perciò $\sum_a \rho(a)^2 = \sum_b \rho(b^2)$, e variando b come a in G si ha il risultato.

ii) Per *i*), la somma a sinistra vale

$$\sum_{a \in G} \rho(a^2) = \sum_{c} \sum_{a} \delta_{b^2, c^2} = \sum_{c} \sum_{b} \delta_{(bc)^2, c^2} = \sum_{b} \sum_{c} \delta_{(bc)^2, c^2},$$

e $(bc)^2 = c^2$ se e solo se $c^{-1}bc = b^{-1}$. La somma interna vale dunque $|I(b)|$, e il totale $\sum_b |I(b)|$ (si osservi che questa somma non è mai zero, perché si conta anche $b = 1$, che essendo $1^{-1} = 1$, viene invertito da tutti gli elementi di G: $|I(b)| = |G|$).

iii) Se $a \sim a^{-1}$, $|I(a)| = |\mathbf{C}_G(a)|$. Se $x \in \mathbf{cl}(a)$, $|\mathbf{C}_G(x)| = |\mathbf{C}_G(a)|$, il contributo di una classe di coniugio alla somma è $|\mathbf{C}_G(a)| \cdot |\mathbf{cl}(a)| = |G|$; se vi sono $c'(G)$ classi il contributo è $|G| \cdot c'(G)$.

iv) Ricordare che in un gruppo di ordine dispari ogni elemento è un quadrato.

36. Siano $\{1\} \neq K \subseteq H$ e $y \in \mathbf{N}_G(K)$. Allora $\{1\} \neq K = K^y \subseteq H \cap H^y$, per cui $H = H^y$ e $y \in \mathbf{N}_G(K)$. Viceversa, se $y \in \mathbf{N}_G(H)$, allora $y \in \mathbf{N}_G(K)$ in quanto K è caratteristico in H.

37. Sia $xy^{-1} = hk$; allora $x = hky$ e $H^x = H^{hky} = H^{ky}$, e con $g = ky$ si ha $H^x K^y = H^g K^g = (HK)^g = G^g = G$.

39. Sia $G = \bigcup H_i$, $H_i \cap H_j = \{1\}$. Se $|H_i| = h_i$, ogni classe di coniugio degli H_i contiene $\frac{|G|}{h_i}$ sottogruppi, in quanto $\mathbf{N}_G(H_i) = H_i$, e quindi, essendo $H_i \cap H_j = \{1\}$, il contributo di una classe al numero di elementi di G è $\frac{|G|}{h_i}(h_i - 1)$, per cui aggiungendo l'unità $|G| = 1 + \sum_{i=1}^{s} \frac{|G|}{h_i}(h_i - 1)$, dove s è il numero delle classi. Ma $\frac{h_i}{(h_i - 1)} \geq \frac{1}{2}$ (è $h_i \geq 2$), e dunque $|G| \geq 1 + s|G| \cdot \frac{1}{2}$. Se $s \geq 2$, $|G| \geq 1 + |G|$, assurdo. Allora $s = 1$, $|G| = 1 + \frac{|G|}{h_1}(h_1 - 1)$, $h_1(|G| - 1) = |G|(h_1 - 1)$, $|G| = h_1$ e $G = H_1$.

41. Se $H \cap H^x = \{1\}$, allora $|HH^x| = |H||H^x| = n^2$ e $HH^x = G$, assurdo.

42. *i*) $H^x K = (K^{x^{-1}})^x = (K^{x^{-1}} H)^x = KH^x$; *ii*) $HH^x = H^x H$, per cui $HH^x \leq G$ ed è permutabile con ogni sottogruppo di G. Se $H \subset HH^x$ si va contro la massimalità di H; ma $HH^x = G$ è impossibile, e quindi $HH^x = H$, cioè $H^x = H$ e $H \triangleleft G$.

43. Sia $g \in \mathbf{N}_G(K)$; allora $g \in \langle H, g^{-1}Hg \rangle \subseteq \langle K, g^{-1}Kg \rangle = K$, e dunque $\mathbf{N}_G(K) = K$, e si ha *i*). Sia $H \subseteq K \cap gKg^{-1}$; allora $g \in \langle H, g^{-1}Hg \rangle \subseteq \langle K, K \cap gKg^{-1} \rangle = K$, e dunque $gKg^{-1} = K$, e si ha *ii*). Viceversa, se $K = \langle H, g^{-1}Hg \rangle$, allora $H, g^{-1}Hg \subseteq K$, ovvero $H \subseteq gKg^{-1}$, cioè $H \subseteq K \cap gKg^{-1}$. Per *ii*), $K = gKg^{-1}$, e poiché $K \supseteq H$ e $g \in \mathbf{N}_G(K)$, per *i*) si ha $g \in K = \langle H, g^{-1}Hg \rangle$.

45. *i*) Se $\alpha \neq 1$ permuta con γ_x, allora $x^{-1}x^{\alpha} \in \mathbf{Z}(G) = \{1, -1\}$ e $x^{\alpha} = x, -x, \forall x \in G$. Se $i^{\alpha} = i$, allora non può aversi anche $j^{\alpha} = j$ altrimenti $\alpha = 1$; allora è $j^{\alpha} = -j$, e analogamente $k^{\alpha} = -k$. α coincide allora con il coniugio indotto da i sui generatori j e k, e quindi $\alpha = \gamma_i$.

ii) Poiché H è un Klein, gli automorfismi indicati appartengono a un laterale di H che non è H; ne segue che G/H ha ordine divisibile per 2 e per 3 e quindi per 6, e avendosi $G/H \leq S^3$ è $G/H \simeq S^3$, e $|G| = |V||S^3| = 24$.

46. Se $A \subset \mathbf{C}_G(A)$, e $x \in \mathbf{C}_G(A) \setminus A$, $\langle A, x \rangle$ è abeliano e contiene propriamente A: A abeliano massimale implica allora $A = \mathbf{C}_G(A)$. Viceversa, sia $A \subset H$, H abeliano; allora H centralizza A, e quindi $\mathbf{C}_G(A) = A \subset H \subseteq \mathbf{C}_G(A)$, assurdo.

47. Se, per ogni $x \in G$, si ha $\alpha^{-1}\gamma_x \alpha = \gamma_{x^{\alpha}} = \gamma_x$, allora $x^{\alpha}x^{-1} \in \mathbf{Z}(G) = \{1\}$, $x^{\alpha} = x$ e $\alpha = 1$.

48. Sia $G = \bigcup_{i=1}^{n} H_i$, e sia $H_1 x^{-1} \neq H_1$ un laterale di H_1; allora $H_1 \cap H_1 x^{-1} = \emptyset$, e pertanto $H_1 x^{-1} \subseteq \bigcup_{i=2}^{n} H_i$ da cui $G = \bigcap_{i=2}^{n} (H_i \cup H_i x)$. Si consideri ora un laterale di H_i, $i \neq 1$, che non compare nella scrittura precedente, e proseguire come sopra. Dopo un numero finito di passi, si arriva a una scrittura di G come unione di laterali di uno dei sottogruppi H_i, che dunque avrà indice finito. (Questo risultato si può utilizzare per dimostrare che uno spazio vettoriale V su un campo K infinito non può essere unione insiemistica finita di sottospazi. Infatti, se lo fosse, uno di questi sottospazi W avrebbe indice finito, come sottogruppo di $V(+)$, e lo spazio V/W consterebbe di un numero finito di vettori. Ma se K è infinito e $v \notin W$, esistono infiniti multipli di $v + W$).

49. La corrispondenza $(H \cap K)h \to (H^x \cap K^x)x^{-1}hx$ è biunivoca.

50. Se $x \in H_{i-1}$, è $H_i^x \subseteq G_i^x = G_i$ per la normalità di G_i in G_{i-1}; ne segue $H_i^x \subseteq G_i \cap H = H_i$, e analogamente per x^{-1}. Inoltre, $H_{i-1}/H_i = H_{i-1}/(G_i \cap H_{i-1}) \simeq H_{i-1}G_i/G_i \leq G_{i-1}/G_i$.

51. $i)$ Se $\{G_i\}$ è una serie normale di G contenente H, allora $\{G_i \cap K\}$ è una serie normale di K contenente $H \cap K$. $ii)$ Se $\{H_i\}$ è una serie normale di G contenente K, allora $G = H_0 \supseteq H_1 \supseteq \ldots \supseteq K \supseteq G_1 \cap K \supseteq \ldots \supseteq \{1\}$ è una serie normale di G contenente $H \cap K$. $iv)$ Considerare i sottogruppi $\{1, a\}$ e $\{1, ar\}$ di D_4; il loro prodotto non è nemmeno un sottogruppo. $v)$ Se $G = G_0 \supseteq G_1 \supseteq \ldots \supseteq G_i = H$, H è normale e di ordine primo con l'indice in G_{i-1}, dunque unico del proprio ordine in G_{i-1} e pertanto ivi caratteristico e quindi normale in G_{i-2}, ecc.

54. Basta considerare il caso $n = 2$. $i)$ Sia $x = h_1 h_2 \in K$, $o(h_1) = m_1, o(h_2) = m_2$. Allora $x^{m_2} = h_1^{m_2} \in K \cap H_1$, $x^{m_1} = h_2^{m-1} \in (K \cap H_2)$, e se $m_1 r + m_2 s = 1$ si ha $x = x^{m_1 r} x^{m_2 s} \in (K \cap H_1)(K \cap H_2)$ e il prodotto è certamente diretto. $ii)$ I due fattori sono caratteristici (normali e di ordine primo con l'indice), e quindi $\alpha \in \mathbf{Aut}(G)$ induce un automorfismo α_i su H_i, e la corrispondenza $\alpha \to (\alpha_1, \alpha_2)$ è un isomorfismo $\mathbf{Aut}(G) \to \mathbf{Aut}(H_1) \times \mathbf{Aut}(H_2)$. L'esempio di $V = C_2 \times C_2$ mostra che l'ipotesi $(|H_1|, |H_2|) = 1$ è necessaria.

59. Dimostriamo qualcosa di più, e cioè che se H è completo, e $H \leq G$, allora $G = H \times \mathbf{C}_G(H)$. Se $g \in G$, la corrispondenza $h \to g^{-1}hg$ è un automorfismo di H, e dunque è interno: $g^{-1}hg = h_1^{-1}hh_1, \forall h \in H$. Ne segue $gh_1^{-1} \in \mathbf{C}_G(H)$, $g \in \mathbf{C}_G(H)H$ e $G = \mathbf{C}_G(H)H$. Ma $\mathbf{C}_G(H) \cap H = \mathbf{Z}(H) = \{1\}$ e $\mathbf{C}_G(H) \trianglelefteq G$ in quanto $H \trianglelefteq G$.

61. Se H è massimale, si ha $\{1\} \neq A_1 \triangleleft A$, $A_1 \subset A$. Allora $H \subset HA_1$, da cui $G = HA_1$. Ma $|A| = |G/H| = |HA_1/H| = |A_1/A_1 \cap H| = |A_1|$, e $A = A_1$. Viceversa, sia A normale minimale, e sia $H \supset M$. Allora $G = MA$, $G/A = MA/A \simeq M/(M \cap A)$. Ma $M \cap A$ è normale in A, perché A è abeliano, e in M (perché $A \triangleleft G$), e dunque $M \cap A \triangleleft G$. Per la minimalità, $M \cap A = \{1\}$, e allora $G/A \simeq M$; ma è anche $G/A \simeq H$, e quindi $|M| = |H|$ e $M = H$.

62. $(1,2)^{(2,3)} = (1,3)$, $(1,3)^{(3,4)} = (1,4)$, ecc. Si ottengono così le trasposizioni $(1, i), i = 2, 3, \ldots, n$, che generano S^n.

63. Coniugando $(1,2)$ con le potenze di $(1, 2, \ldots, n)$ si ottengono le trasposizioni $(i, i+1)$ che generano S^n (v. *es.* precedente).

67. *i*) 3 divide 12, un elemento di ordine 3 in S^4 è un 3−ciclo, quindi un sottogruppo di ordine 12 contiene un 3−ciclo, ed essendo normale perché di indice 2, li contiene tutti (sono tutti coniugati). Allora si tratta di A^4. Per l'*Es.* 6 di 1.45, vi sono tre D_4 che si intersecano nel Klein $V = \{I, (1,2)(3,4), (1,3)(2,4), (1,4)(2,3)\}$, che è anche il Klein di A^4. I D_4 contengono complessivamente tre C_4 e quattro Klein. In S^4 un elemento di ordine 4 è un 4−ciclo, e ve ne sono $(4-1)! = 6$, divisi in tre coppie contenenti ciascuna un elemento e il suo inverso. Quindi vi sono al più tre C_4, ed essendocene tre nei tre D_4, esattamente tre. Vi sono nove elementi di ordine 2, le sei trasposizioni e i tre prodotti di due trasposizioni, e sono contenuti nei quattro Klein dei D_4. Se H ha ordine 4 e $H \not\subset A^4$, si ha $2 = |S^4/A^4| = |HA^4|/|H{\cap}A^4| = 4/|H{\cap}A^4|$, da cui $|H \cap A^4| = 2$. Un elemento di ordine 2 di A^4 sta nel Klein di A^4 e quindi in tutti i D_4. Un altro elemento di ordine 2 di H sta in qualche D_4, e quindi anche H, che pertanto è già stato contato. Ciò dimostra *iv*) e *vi*). Se $|H| = 8$, $HA^4 = S^4$ e $|H \cap A^4| = 4$, per cui H contiene il Klein di A^4. H non può avere tutti gli elementi di ordine 2, altrimenti avrebbe sette sottogruppi di ordine 4, mentre in tutto S^4 ve ne sono soltanto quattro; contiene quindi un elemento di ordine 4, e quindi un sottogruppo di tale ordine, che è contenuto in un D_4. Poiché anche $H \cap D_4$ sta in questo D_4, $|H{\cap}D_4| > 4$, e quindi $H = D_4$, e si ha *ii*). Vi sono otto elementi di ordine 3 che vanno a due a due in quattro sottogruppi di ordine 3, e si ha *v*). Si hanno quattro S^3 ottenuti fissando una delle cifre. Se $|H| = 6$, un suo 3−elemento è un 3−ciclo; un elemento di ordine 2 non è una permutazione pari in quanto $|H \cap A^4| = 3$, e quindi è una trasposizione; questa deve coinvolgere solo cifre già presenti in un 3−ciclo di H, altrimenti per prodotto con tale 3−ciclo darebbe un elemento di ordine 4 (esempio: (1,2,3)(1,4)=(1,2,3,4)); ma 4 non divide 6. D'altra parte, H ha un solo sottogruppo di ordine 3 (come sappiamo, ma segue anche da $|H \cap A^4| = 3$), e quindi gli elementi di H sono un 3−ciclo, il suo inverso, e trasposizioni in cui non compare l'elemento assente nel 3−ciclo. Questo elemento resta dunque fissato da tutti gli elementi di H, e H è uno degli S^3 già considerati. Ne segue *iii*).

68. Vi sono 7 partizioni di 5, e pertanto vi sono 7 classi di coniugio di S^5, con gli elementi indicati nella seguente tabella:

Classi	Struttura ciclica	n. di elementi	ordine	Parità
C_1	(1)(2)(3)(4)(5)	1	1	pari
C_2	(1,2)(3)(4)(5)	10	2	dispari
C_3	(1,2,3)(4)(5)	20	3	pari
C_4	(1,2,3,4)(5)	30	4	dispari
C_5	(1,2,3,4,5)	24	5	pari
C_6	(1,2)(3,4)(5)	15	2	pari
C_7	(1,2,3)(4,5)	20	6	dispari

Il numero di k−cicli si determina usando l'*es.* 4. Per gli altri, consideriamo ad esempio quelli del tipo $(1,2)(3,4)$: vi sono 5 modi di scegliere il primo elemento, 4 il secondo, 3 il terzo e 2 il quarto; una trasposizione si può scrivere in due modi, e anche il prodotto di due trasposizioni: $2 \cdot 2 \cdot 2 = 8$ modi; in tutto $5 \cdot 4 \cdot 3 \cdot 2/8 = 15$. I 5−cicli non possono essere tutti coniugati in A^5 in quanto $24 \nmid 60 = |A^5|$, e quindi (*es.* 29) A^5 ha due classi di coniugio di 5−cicli, con 12 elementi ciascuna. Si può verificare che un 5−ciclo non è coniugato in A^5 al proprio quadrato: un elemento che li coniuga è necessariamente dispari. Due 3−cicli sono coniugati in A^5: se hanno una sola cifra in comune, $(i,j,k)^{(j,h)(k,l)} = (i,h,l)$; se ne hanno due, $(i,j,k)^{(i,j)(k,l)} = (i,j,l)$. I

15 elementi di C_6 non possono essere divisi in due parti con lo stesso numero di elementi, e ancora per l'*es.* 29 sono allora tutti coniugati in A^5. Riassumendo, A^5 ha cinque classi di coniugio contenenti 1,20,12,12 e 15 elementi. Che A^5 sia semplice si può vedere dal fatto che un suo sottogruppo normale non banale è unione di classi di coniugio, e perciò il suo ordine si ottiene come somma di interi tra i cinque detti: ma nessuna somma di questi dà un divisore di 60, a meno che non si prendano tutti.

70. Se $D_n = \langle a, r \rangle$, $\langle r^2 \rangle$ è caratteristico in $\langle r \rangle$ e quindi normale in D_n. Ma $o(r^2) = n$ o $\frac{n}{2}$, e dunque $D_n/\langle r^2 \rangle$ ha ordine 2 o 4 e perciò è abeliano. Inoltre $r^2 = [a, r]$, ecc.

76. Da $|G|r + ns = 1$ si ha $abG' = (abG')^{|G|r+ns} = (abG')^{ns} = (a^n b^n G')^s = (cG')^{ns} = (cG')^{-|G|r+1} = cG'$, in quanto $o(cG')$ divide $|G|$.

78. Se il centro ha indice p, il centro e un elemento non appartenente ad esso generano il gruppo, che quindi risulta abeliano. Il quoziente rispetto a un sottogruppo normale di ordine p^2 (che esiste, v. *Es.* 2 di 2.37) ha ordine p^2, è abeliano (Teor. 2.36), e quindi contiene G'.

79. *i*) Un coniugato di x^α è immagine secondo α di un coniugato di x ($y^{-1}x^\alpha y = (y^{-\alpha^{-1}}xy^{\alpha^{-1}})^\alpha$), e dunque $|\mathbf{cl}(x^\alpha)| \leq |\mathbf{cl}(x)|$. *ii*) Se $x_1, x_2, \ldots, x_n$ generano H, $[H : \mathbf{C}_G(x_i)]$ è finito per ogni i, e dunque anche $\mathbf{Z}(G) = \bigcap \mathbf{C}_G(x_i)$ ha indice finito. Per il teorema di Schur 2.94, H' è finito. *iii*) Se un tale sottogruppo H esiste, un suo elemento h di ordine primo p ha tutti i suoi coniugati in H, e quindi $h \in \Delta(G)$. Viceversa, sia $h \in \Delta(G)$, e H generato dai coniugati di h, di ordine p. Poiché il coniugato di un prodotto è il prodotto dei coniugati, si ha $H \subseteq \Delta(G)$ e $H \unlhd G$. Per *ii*), H' è finito, come pure H/H' (H è finitamente generato da elementi di periodo finito), e pertanto H è finito, e contenendo un elemento di ordine p, il suo ordine è divisibile per p.

80. Per l'*es.* 18, $b^{-1}ab$ permuta con a e quindi con a^{-1}. Ne segue $[a, b]^2 = [a, b][b, a^{-1}] = a^{-1}b^{-1}a^2ba^{-1} = 1$ perché $a^2 \in \mathbf{Z}(G)$ (*es.* 17). Ma un commutatore è prodotto di quadrati (*es.* 77), e dunque $G' \subseteq \mathbf{Z}(G)$. Il risultato segue.

82. $G' \subseteq \mathbf{Z}(G)$ perchè normale e di ordine 2. Se $x_1 x_2 = x_2 x_1$ o $x_2 x_3 = x_3 x_2$ non c'è niente da dimostrare. Allora $x_1 x_2 x_3 = x_1 x_3 x_2 c$. Se $x_1 x_3 = x_3 x_1$, allora $x_1 x_3 x_2 c = x_3 x_1 x_2 c = x_3 x_2 x_1 c^2 = x_3 x_2 x_1$, e se $x_1 x_3 \neq x_3 x_1$, allora $x_1 x_3 x_2 c = x_3 x_1 c x_2 c = x_3 x_1 x_2$. Se sussiste la proprietà detta, consideriamo $y^{-1}xy$, che a seconda delle sei permutazioni vale x oppure yxy^{-1}, cioè $y^{-2}xy^2 = x$: pertanto, o $y \in \mathbf{Z}(G)$, e a fortiori $y^2 \in \mathbf{Z}(G)$, oppure $y^2 \in \mathbf{Z}(G)$.

8.3 Esercizi del Capitolo 3

3. *i*) Sotto l'azione di K, lo stabilizzatore di H è $K_H = H \cap K$, e l'orbita è $\{Hk, k \in K\}$, cioè l'insieme dei laterali di H contenuti in HK. *ii*) Tra i laterali di H in $H \cap K$ vi sono quelli di H in HK.

5. Per azione del gruppo G sui laterali di un sottogruppo H di indice 3 si ha un omomorfismo $G \to S^3$, di nucleo contenuto in H. Se il nucleo è $\{1\}$, $G \simeq S^3$; se è H, che ha ordine 2, esso permuta elemento per elemento con il sottogruppo di ordine 3, che è normale perché di indice 2, e allora G è ciclico.

6. Sia $[G : H] = n$, per azione sui laterali di H si ha $G \to S^n$ di nucleo K; allora G/K è isomorfo a un sottogruppo di S^n, e K è il sottogruppo normale cercato.

7. i) Sono le orbite dell'azione di K sui laterali destri di H. ii) Il numero cercato è l'indice dello stabilizzatore di Ha in K; ma $Hak = Ha$ se e solo se $k \in H^a$, e dunque l'indice vale $[K : H^a \cap K]$. Ogni laterale contiene $|H|$ elementi. iv) $|H^{xk} \cap K| = |(H^{xk} \cap K)^{k^{-1}}| = |H^x \cap K|$. v) I laterali della forma Hxk sono in numero di $t = [K : H^x \cap K]$, in quanto $Hxk = Hxk_1 \Leftrightarrow Hxkk_1^{-1}x^{-1} = H \Leftrightarrow kk_1 \in H^x$. Abbiamo dunque i laterali distinti $Hx, Hxk_2, \ldots, Hxk_t$. Se Hy non è fra questi, e $[K : H^y \cap K] = t$, allora $Hy, Hyk_2, \ldots, Hyk_t$ sono altri t laterali distinti. I rappresentanti x_i si suddividono quindi in blocchi, contenenti $t_1, t_2, \ldots, t_s$ elementi dove $[K : H^{x_i} \cap K] = t_i$. (Si generalizza il caso $K = G$, $[K : H^{x_i} \cap K] = [G : H^{x_i}] = t$ per ogni i, dove c'è un solo blocco). vi) In S^3, con $H = \{I, (1,2)\}, K = \{I, (1,3)\}$, abbiamo due laterali doppi, di cardinalità 2 e 4: $\{(2,3), (1,2,3)\}$ e $\{I, (1,2), (1,3), (1,3,2)\}$. vii) Il numero cercato è l'indice dello stabilizzatore di aK in H. Ma $haK = aK \Leftrightarrow a^{-1}ha \in K \Leftrightarrow h \in aKa^{-1}$, e dunque il numero è $[H : aKa^{-1}] = [a^{-1}Ha : a^{-1}Ha \cap K]$.

10. Con $\varphi : Ha \to a^{-1}H$ e θ l'identità.

11. $\varphi : (H^x)^g \to \mathbf{N}_G(H)xg$ e $\theta = 1$.

12. i) Se $\alpha \in \Gamma$ e $a \in \alpha$, allora $1 = aa^{-1} \in \alpha a^{-1} = \beta \in \Gamma$, e se $x \in G$ si ha $x = 1 \cdot x \in \beta x = \gamma \in \Gamma$. ii) Il sottoinsieme α_i che contiene 1 è il sottogruppo cercato. Sia $1 \in \alpha$; se $x, y \in \alpha$, allora $1 = yy^{-1} \in \alpha y^{-1}$, e dunque $\alpha y^{-1} = \alpha$, e $1 \in \alpha$. Inoltre $xy^{-1} \in \alpha y^{-1} = \alpha$.

13. Sia $\alpha \in \Delta$, $g \in \mathbf{N}_G(H)$. Sia $h \in H$ che fissa α; allora $(\alpha^g)^{g^{-1}hg} = (\alpha^h)^g = \alpha^g$ e $(\alpha^g) \in \Delta$ perché $g^{-1}hg \in H$.

19. i) Sia $K = H \cap \mathbf{Z}(G)$. È $K \neq \{1\}$ (Cor. 3.24), e $H/K \trianglelefteq G/K$; per induzione, G/K contiene un sottogruppo H_1/K di indice p in H/K e normale in G/K. Allora $[H : H_1] = p$ e $H_1 \trianglelefteq G$.

ii) Se A è l'unico sottogruppo abeliano di indice p di H, allora A è caratteristico in H e quindi normale in G. Sia A_1 un altro; gli elementi di $A \cap A_1$ permutano con gli elementi di A e di A_1 (abeliani) e quindi con $H = AA_1$; ne segue, posto $Z = \mathbf{Z}(H)$, $A \cap A_1 \subseteq Z$. Si hanno due casi: a) $A \cap A_1 \subset Z$. Avendosi $[H : A \cap A_1] = p^2$, si ha $[H : Z] \leq p$ e H abeliano. Sia $K = H \cap \mathbf{Z}(G)$; K è contenuto in un sottogruppo massimale A' di H, per cui A'/K è massimale in H/K. Per induzione, esiste $B/K \subseteq H/K$ di indice p in H/K e normale in G/K, da cui $B \trianglelefteq G$ ed è abeliano perché contenuto in H. b) $A \cap A_1 = Z$ che è normale in G. Allora A/Z ha indice p in H/Z, e per induzione esiste B/Z di indice p in H/Z e normale in G/Z. Allora $B \trianglelefteq G$ e $[H : B] = p$. $A \cap A_1 = Z$ ha ordine p^{n-2}, e poiché $Z \subseteq B$ è $Z \subseteq \mathbf{Z}(B)$, per cui $[B : \mathbf{Z}(B)] \leq p$ e B è abeliano.

20. Viceversa, se $S \cap G' < S$, è $\{1\} \neq S/(S \cap G') \simeq SG'/G' \leq G/G'$, e p divide l'ordine del gruppo abeliano G/G' che ha pertanto un sottogruppo K/G' di indice p. K è allora normale in G e di indice p.

23. $\Omega \setminus \Gamma$ o è vuoto, oppure è unione di orbite di cardinalità divisibile per p.

24. Seguendo il suggerimento, $\langle x \rangle$ agisce su Δ_1 e Δ_2, che sono orbite, e per l'$es.$ precedente $|\Delta_1| \equiv 1 \bmod p$, $|\Delta_2| \equiv 0 \bmod p$. Analogamente, $|\Delta_1| \equiv 0 \bmod p$ e $|\Delta_2| \equiv 1 \bmod p$, una contraddizione. Esiste allora una sola orbita.

25. Come nella dimostrazione del teorema di Sylow (parte iii), a), S_0 non fissa alcun Sylow nell'insieme Ω degli altri Sylow. Quindi $|\Gamma| = 0$, e, per l'$es.$ 23, $|\Omega| = kp$. Ne segue $n_p = 1 + kp$. G agisce per coniugio sull'insieme Ω dei p–Sylow; nell'$es.$ precedente, prendendo come H un p–Sylow S, S è l'unico punto di Ω fissato da S. Allora l'azione di G è transitiva, cioè i p–Sylow sono tutti tra loro coniugati.

27. Se $x^g = y$, x e y hanno lo stesso ordine, e $x = x_1 x_2 \cdots x_m$, $y = y_1 y_2 \cdots y_m$, $o(x_i) = o(y_i) = p_i^{h_i}$, $x_i x_j = x_j x_i$, $y_i y_j = y_j y_i$. Se $s_i = o(\prod_{j \neq i} x_j) = o(\prod_{j \neq i} y_j)$ esiste r_i tale che $r_i s_i \equiv 1 \bmod o(x_i)$, e dunque anche $r_i s_i \equiv 1 \bmod o(y_i)$; allora $y_i = y_i^{r_i s_i} = y^{r_i s_i} = (x_1 x_2 \cdots x_m)^g)^{r_i s_i} = (x_1 x_2 \cdots x_m)^{r_i s_i})^g = (x_i^{r_i s_i})^g = x_i^g$. Se $x_i \in P$, $y_i \in Q$ (Sylow), sia $t \in G$ tale che $P = Q^t$. Allora $y_i^t = x_i^{gt} \in P$, e il coniugio tra x e y si riporta a quello tra x_i e x_i^{gt}, entrambi appartenenti a P.

30. I p–cicli, sono in numero di $(p-1)!$, e si distribuiscono a $p-1$ a $p-1$ in sottogruppi di ordine p. Il numero cercato è pertanto $(p-1)!/(p-1) = (p-2)!$. Il numero dei p–Sylow di S^p è congruo a 1 mod p, e dunque $(p-2)! \equiv 1 \bmod p$; moltiplicando per $p-1$ si ha $(p-1)! \equiv p-1 \equiv -1 \bmod p$.

31. ii) Per azione di G sui laterali di H si ha $G \to S^p$, $|G/K|$ divide $p!$ e perciò $p^2 \nmid |G/K|$; da $[G:H][H:K] = [G:K]$ si ha che $p \nmid [H:K]$: ogni p–sottogruppo di H è allora contenuto in K, e in particolare lo è $O_p(H)$, che allora è contenuto in $O_p(K)$; ma $K \trianglelefteq H$, $O_p(K)$ è caratteristico in K e dunque normale in H, da cui $O_p(K) \subseteq O_p(H)$, $O_p(K) = O_p(H) \trianglelefteq G$.

32. Sia $H = O^p(G)$; se p divide $|H/H'|$, sia $o(H'x) = p$, $x = x_1 x_2 \cdots x_r$, con $p \nmid o(x_i)$, $H'x = \prod H'x_i$, e $o(H'x) | \operatorname{mcm} o(H'x_i)$ (gli $H'x_i$ permutano perché H/H' è abeliano). Ma $o(Hx_i) | o(x_i)$, e dunque $p \nmid o(H'x_i)$ per alcun i.

33. S è ciclico o abeliano elementare, e dunque $\mathbf{Aut}(S)$ ha ordine $p(p-1)$ o $(p^2 - 1)(p^2 - p) = (p-1)^2 p(p+1)$; se $C = \mathbf{C}_G(S)$, $|G/C|$ divide $\mathbf{Aut}(S)$ ma $p \nmid |G/C|$. Se q primo divide $|G/C|$, $q > p$ e $p \nmid (p-1)$; se $q \nmid (p+1)$, allora $q = p+1$, escluso. Ne segue $G/C = \{1\}$ cioè $S \subseteq \mathbf{Z}(G)$.

34. $|\alpha^S| = [S:S_\alpha] = [S:S \cap G_\alpha] = p^h$ e avendosi $[G:S \cap G_\alpha] = [G:S][S:S \cap G_\alpha]$, p^h è la massima potenza di p che divide $[G:S \cap G_\alpha]$ che è uguale a $[G:G_\alpha][G_\alpha : S \cap G_\alpha]$. Se p^k divide $|\alpha^G| = [G:G_\alpha]$, allora p^k divide $p^h = |\alpha^S|$.

35. $o(x) = o(y) = 2, y \in Sx \Rightarrow y = sx$, $sxsx = 1$, $xsx = s^{-1} \in S \cap S^x = \{1\}$), $y = x$.

36. Se $x, y \in S'$, $xy^{-1} \in S'$ e quindi è anch'esso un p–elemento; ma $xy^{-1} \in \mathbf{N}_G(S)$ e dunque $xy^{-1} \in S$, $xy^{-1} \in S \cap S' = \{1\}$ e $x = y$. Due p–elementi di un laterale di $\mathbf{N}_G(S)$ appartengono allora a due p–Sylow distinti, e perciò il numero dei p–elementi di $\mathbf{N}_G(S)$ è al più uguale al numero n_p dei p–Sylow, e poiché nessuno di questi p–elementi appartiene a S, il loro numero è al più $n_p - 1$.

38. $n_q = 1, p, p^2$. Se $n_q = p \equiv 1 \bmod q$, $q|(p-1)$ mentre $q > p$. Se $n_q = p^2 \equiv 1 \bmod q$, $q|(p^2 - 1) = (p-1)(p+1)$ e $q|(p+1)$; ma $q \geq p+1$ e dunque $q = p+1$, da cui $p = 2$ e $q = 3$.

39. $x \in S$, $y \in S' \neq S$ involuzioni. Se $x \not\sim y$, x e y centralizzano l'involuzione $z = (xy)^k$. Ma $(xz)^2 = xzxz = 1 \Rightarrow zxz = x \Rightarrow x \in S \cap S^z \Rightarrow x = 1$, escluso, oppure $S = S^z$ e $z \in S$; analogamente, $z \in S'$, e quindi $z = 1$, escluso. Se $x, y \in S$, e $x \in S^g, \forall g \in G$, allora $x \in S \cap S^g = \{1\}$, e o $x = 1$, escluso, oppure $S^g = S$, $\forall g$, e $S \unlhd G$, escluso. Allora esiste $g \in G$ tale che $g^{-1}xg \notin S$; per quanto visto prima $g^{-1}xg \sim y$ e quindi $x \sim y$.

40. Se $y^{-1}xy = x^{-1}$, allora $y^{-2}xy^2 = x$, cioè $y^2 \in \mathbf{C}_G(x)$; se $o(y)$ è dispari, $y \in \mathbf{C}_G(x)$, $x = x^{-1}$, escluso. Se $o(y)$ è pari, $o(y) = 2^k r$, $2 \nmid r$, $y = tu$ con $t = y^r$, $o(t) = 2^k$, $o(u) = r$. Ora, $y \in \mathbf{N}_G(\langle x \rangle)$, per cui $t = y^r \in \mathbf{N}_G(\langle x \rangle)$, e dunque t appartiene a un 2–Sylow di $\mathbf{N}_G(\langle x \rangle)$, che come $\langle x \rangle$ è ivi normale. L'intersezione tra i due sottogruppi è $\{1\}$ ($o(x)$ è dispari), e pertanto t centralizza x. Ne segue $x^{-1} = y^{-1}xy = (tu)^{-1}x(tu) = u^{-1}t^{-1}xtu = u^{-1}xu$, con $o(u)$ dispari, già escluso in precedenza.

43. Se $p > 11$, $n_p = 1$, e se $p = 11$ è $n_p = 1, 12$. Se $n_p = 12$, vi sono $11 \cdot 12 = 120$ elementi di ordine 11, e in tal caso non può essere $n_3 = 22$ (troppi elementi), ma se $n_3 = 1, 4$, G non è semplice. Se $p < 11$, è $p = 7$, e un 7–Sylow è normale.

44. $180 = 2^2 \cdot 3^2 \cdot 5$. Se $n_5 = 6$ e G è semplice, G si immerge in A^6 con indice 2, assurdo. Sia $n_5 = 36$; allora si hanno $(5 - 1)36 = 144$ 5–elementi. Se $n_2 = 5$, e G è semplice, G si immerge in A^5, assurdo. $n_3 = 10$; se l'intersezione massima è $\{1\}$, vi sono $(9 - 1)10 = 80$ 3–elementi che aggiunti ai precedenti danno 220 elementi, troppi. Allora l'intersezione massima è 3, il normalizzante di questa ha ordine almeno $9 \cdot 4 = 36$ e dunque indice al più 5, e se G è semplice si immerge in A^5, assurdo.

$288 = 2^5 \cdot 3^2$. $n_2 = 9, n_3 = 16$. Poiché $16 \not\equiv 1 \bmod 3^2$, abbiamo due 3–Sylow la cui intersezione non è $\{1\}$, e dunque è un C_3. $N = \mathbf{N}_G(C_3)$ contiene almeno 4 3–Sylow, e così $|N| \geq 4 \cdot 9 = 36$. Se $|N| = 36$, poiché il 3–Sylow non è normale, il 2–Sylow P lo è (3.32, *Es.* 9), e ha ordine 4. Ma un gruppo di ordine 4 è normalizzato da un 2–sottogruppo di ordine almeno 8, e dunque $|\mathbf{N}_G(P)|$ ha ordine almeno $9 \cdot 8 = 72$ e perciò indice al più 4.

$315 = 3^2 \cdot 5 \cdot 7$. $n_3 = 7 \not\equiv 1 \bmod 9$, $P \cap Q = C_3$, $N = \mathbf{N}_G(C_3)$, $9||N|$, e poiché N ha più di un 3–Sylow, ne ha 7. Dunque $7||N|$, e $7 \cdot 9 = 63||N|$, $[G : N] \leq 5$. Se è 5 ed è semplice, G si immerge in A^5, assurdo.

$400 = 2^4 \cdot 5^2$, $n_5 = 16 \not\equiv 1 \bmod 5^2$, $S_5 \cap S_5' = C_5$, e il normalizzante N di C_5 ha 16 5–Sylow, ha ordine divisibile per 16 e per 25 e dunque per il prodotto che è 400. Ne segue N normale.

$900 = 2^2 \cdot 3^2 \cdot 5^2$, $n_5 = 1, 6, 36$. Se $n_5 = 6$, e G è semplice, G si immerge in A^6, assurdo. Allora $n_5 = 36 \not\equiv 1 \bmod 5^2$, $S_5 \cap S_5' = C_5$, il normalizzante di C_5 ha almeno sei 5–Sylow e dunque ordine almeno $6 \cdot 5^2 = 150$ e indice 2,3 o 6.

52. Se α fissa i quattro 3–Sylow, sia $x^{-1}P_i x = P_j$, $(x^{-1})^\alpha P_i x^\alpha = P_j^\alpha = P_j = x^{-1}P_i x$, $x^\alpha x^{-1} \in C_G(P_i) = \{1\}$, e ciò vale per ogni x. Se α fissa tutti i 3–Sylow, allora fissa anche tutti gli elementi di S^4. Pertanto, se due automorfismi inducono la stessa permutazione dei 3–Sylow, essi sono uguali; ne segue che $\mathbf{Aut}(S^4)$ ha al più 24 automorfismi, ma avendo centro identico, S^4 ha almeno 24 automorfismi interni. Ne segue $\mathbf{Aut}(S^4) = \mathbf{I}(S^4)$.

54. a^2 permuta con s^t, $\forall t$, e $a^t s^k = s^{-k} a^t$, $t = \pm 1$. Inoltre, $s^k a^{-1} = s^{k-n} s^n a^{-1} = s^{k-n} a^2 a^{-1} = s^{k-n} a$. Un prodotto di potenze di s e di a si può allora ridurre alla forma $s^k a^t$, $0 \leq k < 2n$, $t = 0, 1$. Ne segue $|G| = 4n$. Il quoziente rispetto ad $\langle a^2 \rangle$ è generato da $\bar{s}$ e $\bar{a}$ tali che $\bar{s}^n = \bar{a}^2 = \bar{1}$ e $\bar{a}^{-1}\bar{s}\bar{a} = \bar{s}^{-1}$; si tratta appunto del gruppo diedrale D_n.

55. Se $H \leq S^n$ ha indice k, si ha $G \to S^k$ di nucleo diverso da $\{1\}$ (perché $k < n$) e contenuto in S^k, e quindi è A^n, l'unico normale in S^n. Ne segue $k = 2$. S^{n-1}, ottenuto fissando una cifra, ha indice n.

57. *i)* Il nucleo dell'azione detta è $\{1\}$ (non può essere A^5); identificando i sei 5–Sylow con le cifre da 1 a 6, S^6 contiene un gruppo transitivo isomorfo ad S^5, e anzi ne contiene 6 in quanto il normalizzante di questo S^5 in S^6 ha indice al più 6, e quindi esattamente 6 (v. *es.* 56).

ii) Sia $(1, 2, 3, 4, 5)$ un 5–ciclo; se (i, j) è una trasposizione, per la transitività esiste una permutazione σ che porta j in 6, $j^\sigma = 6$, per cui $(i, j)^\sigma = (i^\sigma, 6)$, con $i^\sigma = k \neq 6$. Coniugando $(k, 6)$ con le potenze del 5–ciclo si ottengono le trasposizioni $(1, 6), (2, 6), (3, 6), (4, 6), (5, 6)$ che generano S^6.

iii) Il nucleo di φ è $\{1\}$, per cui φ è iniettiva, dunque surgettiva, e perciò è un automorfismo.

iv) Se $(H^\sigma)^\tau = H^\sigma$, allora $\sigma\tau\sigma^{-1} \in \mathbf{N}_G(H) = H$, e H contiene la trasposizione $\sigma\tau\sigma^{-1}$, contro la *ii)*.

v) $\varphi^{-1}\psi \in \mathbf{I}(S^5)$, e perciò vi sono soltanto due classi nel quoziente.

vi) $\mathbf{I}(S^5) \simeq S^5$, e perciò $\mathbf{Aut}(S^6)$ ha ordine 1440.

58. Se A normalizza S, e $A = TwT'$ con $T, T' \in B$, e $w \neq I$, si ha che $w = T^{-1}AT'^{-1}$ normalizza S, assurdo; dunque $w = I$ e $A = TT' \in \mathbf{N}_G(S)$.

59. Nel gruppo A^5 vi sono 10 3-Sylow, e in $A^4 < A^5$ ve ne sono 4.

60. $p^r m = \sum_{i=1}^{m} \frac{p^r p^r}{d_i}$ da cui $m = \sum_{i=1}^{m} \frac{p^r}{d_i}$. Ma $K \cap a_i^{-1}Ha_i \subseteq K$, e quindi $d_i | p^r$, d_i è una potenza di p, e la somma precedente è una somma di potenze di p, che non possono essere tutte diverse da 1 perché $p \nmid m$. Allora per almeno un i si ha $\frac{p^r}{d_i} = 1$, $d_i = p^r$, cioè $|K \cap a_i^{-1}Ha_i| = p^r = |K|$, e $K = a_i^{-1}Ha_i$.

62. *i)* Vi sono $\varphi(\frac{n}{d})$ elementi di ordine n/d e sono i generatori di $\langle g^d \rangle$; per il Teor. 3.53, *ii)*, questi elementi fissano lo stesso numero di punti. Ogni elemento di G ha ordine $\frac{n}{d}$ per un opportuno divisore d di n.

ii) Il gruppo rilevante è $C_n = \langle g \rangle$. Se $d|n$, l'elemento x^d ripartisce le perle in d gruppi di $\frac{n}{d}$ perle ciascuno (le perle che vanno una sull'altra nella rotazione g^d). Affinché una collana sia fissata da g^d, le perle di ciascun gruppo devono avere lo stesso colore, e poiché vi sono a scelte per ciascun gruppo, g^d fissa a^d collane. Per l'*es.* 61 il numero cercato è $\frac{1}{n}(\sum_{d|n} a^d \varphi(n/d))$.

64. Seguendo il suggerimento, se $g \notin H$, allora $\mathbf{C}_H(g) < \mathbf{C}_G(g)$ da cui $c(H) < (1/|H|)\sum_{g \in G} |\mathbf{C}_G(g)| = [G : H](1/|G|)\sum_{g \in G} |\mathbf{C}_G(g)| = [G : H]c(G)$. Per l'*es.* 4, $|\mathbf{C}_G(x)| \leq [G : H]|\mathbf{C}_H(x)|$; ne segue $|G|c(G)\sum_{x \in G} |\mathbf{C}_G(x)| \leq [G : H]\sum_{x \in G} |\mathbf{C}_H(x)|$. Ma l'ultima espressione uguaglia $[G : H]\sum_{y \in H} |\mathbf{C}_G(y)| \leq [G : H]^2 \sum_{x \in G} |\mathbf{C}_H(x)| = |H|c(H)$, e pertanto $[G : H][G : H]|H|c(H) = |G|[G : H]c(H)$, da cui $c(G) \leq [G : H]c(H)$. Se vale il segno $=$, due elementi coniugati di G lo sono mediante un elemento di H, e ciò implica $H \trianglelefteq G$ (se $h \in H$, allora $g^{-1}hg = h_1^{-1}hh_1 \in H$). Per il controesempio, in D_4 si ha $c(G) = 5, c(V) = 4, [G : V] = 2$ e $5 < 2 \cdot 4$.

65. Se $\chi(g) \geq N$, $\forall g$, $\sum_{g \in G} \chi(g) \geq |G|N$. Ma $\chi(1) = |\Omega|$ implica $\sum_{1 \neq g \in G} \chi(g) \geq (|G|-1)N + |\Omega| = |G|N + (|\Omega| - N)$. Se $|\Omega| > N$ si contraddice la (3.7), e se $|\Omega| = N$ l'azione è banale.

66. Gli elementi di G che fissano qualche punto di Ω appartengono a $\bigcup_{\alpha \in \Omega} G_\alpha$, e pertanto sono al più $\sum_{\alpha \in \Omega}(|G_\alpha| - 1) + 1$. Ora $|G_\alpha| = |G|/|\Omega|$, per cui la somma precedente vale $|\Omega|(|G|/|\Omega| - 1) + 1 = |G| - |\Omega| + 1$, e la differenza tra $|G|$ e questo numero è $|\Omega| - 1$.

67. *i*) Nel primo membro della (3.8) la somma vale $a_1 + n$, in quanto $a_n = 1$ e $a_2 = a_3 = \ldots = a_{n-1} = 0$. Nel secondo, con $N = 1$, la somma vale allora $a_0 + a_1 + 1$, da cui $a_0 = n - 1$. Viceversa, se $a_0 = n - 1$, allora $n - 1 + a_1 + \cdots + a_{n-1} + 1 = n + a_1 + \cdots a_{n-1} = a_1 + 2a_2 + \cdots + (n-1)a_{n-1} + n$, da cui $a_2 + 2a_3 + \cdots + (n-2)a_{n-1} = 0$; ma $a_i \geq 0$ implica $a_2 = a_3 = \ldots = a_{n-1} = 0$.

ii) Per la transitività, $p||G|$, e pertanto esiste un sottogruppo di ordine p che in S^p è generato da un p−ciclo i cui elementi non fissano alcun punto, sono in numero di $p - 1$, e dunque sono i soli.

69. α fissa $\mathbf{cl}(g)$ ma non ne fissa alcun punto; $\mathbf{cl}(g)$ si spezza pertanto in orbite di cardinalità che divide $o(\alpha)$ e perciò di cardinalità p. Ne segue $|\mathbf{cl}(g)| = kp$ e quindi $p||G|$.

76. *i*) Se G contiene $(1, 2)$, essendo 2−transitivo contiene σ tale che $\sigma(1) = 1, \sigma(2) = i$, $i = 3, \ldots, n$; allora $(1, 2)^\sigma = (1, i) \in G$, e queste trasposizioni generano S^n (Cor. 2.76).

ii) Se $(1, 2, 3) \in G$, esiste $\sigma \in G$ tale che $\sigma(3) = 3, \sigma(1) = i$, $i = 4, \ldots, n$. Allora, se $\sigma(2) \neq 2$, $\tau = (1, 2, 3)^\sigma = (i, 2^\sigma, 3)$ e $(1, 2, 3)^\tau = (1, 2, i)$, e se $\sigma(2) = 2$, $(1, 2, 3)^\sigma = (1, 3, 4)$, e il prodotto $(1, 2, 3)(1, 3, 4) = (1, 2, 4) \in G$. Questi 3−cicli generano A^n (Teor. 2.80).

79. Se $G = \{1, a, b, c\}$ sia, nella prima azione,

$$a = (1, 2)(3, 4)(5, 6)(7, 8), b = (1, 3)(2, 4)(5, 7)(6, 8), c = (1, 4)(2, 3)(5, 8)(6, 7),$$

e nella seconda:

$$a = (5, 6)(7, 8)(9, 10)(11, 12), b = (1, 2)(3, 4)(9, 10)(11, 12), c = (1, 2)(3, 4)(5, 6)(7, 8).$$

Si ha in entrambi i casi $\chi(1) = 12, \chi(a) = \chi(b) = \chi(c) = 4$, ma le due azioni non sono equivalenti in quanto nella prima vi sono quattro punti fissati da ogni elemento di G, mentre nella seconda ciò non accade.

80. *i*) Se τ e σ contengono c, allora $\tau\sigma^{-1} \in H$.

ii) Se σ fissa c, σ deve contenere c o una sua potenza, e viceversa. G_c ha allora la forma detta, in quanto $\sigma^k \in H$.

iii) Segue da *ii*).

iv) Ogni orbita contribuisce di $|G|/k|H| \cdot k|H| = |G|$ alla somma.

vi) Il numero richiesto è la somma $\sum_{k=1}^n P_k = \sum_{k=1}^n ((1/|G|) \sum_{\sigma \in G} kz_k(\sigma)) = (1/|G|) \sum_{\sigma \in G} (\sum_{k=1}^n kz_k(\sigma)) = (1/|G|)|G|n = n$.

(*Osservazione*: la somma $\sum kz_k(\sigma)$ su k dà n, mentre su $\sigma \in G$ dà $P_k|G|$).

82. $y \in K \Rightarrow \chi(xyx^{-1}) = |\Omega|$. Ne segue $\chi^*(y) = (1/|H|)|G| \cdot |\Omega|$, che è il grado di G. Nell'azione indotta a G, y fissa allora tutti gli elementi di $\Omega \times T$, e appartiene quindi al nucleo K_1 di questa azione.

83. Sia Γ l'insieme su cui agisce H e Ω quello su cui agisce G. $g \in G$ agisce allora su $\Omega \times (\Gamma \times T)$ come $(\alpha, (\gamma, x_i))^g = (\alpha^g, (\gamma^h, x_j))$, dove $x_i g = hx_j$, e su $(\Omega \times \Gamma) \times T$

come $((\alpha,\gamma),x_i)^g = ((\alpha^h,\gamma^h),x_j)$. Se nella prima azione g fissa $(\alpha,(\gamma,x_i))$, allora $\alpha^h = \alpha$, $\gamma^h = \gamma$ e $x_j = x_i$, e quindi $g = x_i^{-1}hx_i$. Ne segue che g fissa $((\alpha^{x_i},\gamma),x_i)$ nella seconda, e viceversa.

84. Le due azioni hanno lo stesso grado $[G:H] = [K:H\cap K]$, e come rappresentanti dei laterali di H in G si possono prendere i rappresentanti k_i dei laterali di $H\cap K$ in K. Ne segue $k_i k = h_j k_j$ e $(\alpha,k_i)^k = (\alpha^{h_j},k_j)$, con $h_j = k_i k k_j^{-1} \in H\cap K$.

85. Le due azioni hanno lo stesso grado ($es.$ 7). I laterali di H contenuti in HaK sono della forma ak_i. I k_i sono allora rappresentanti dei laterali di $a^{-1}Ha\cap K$ in K, in quanto $ak_i(ak_j)^{-1} = ak_i k_j^{-1}a^{-1} \in H$ se e solo se $k_i k_j^{-1} \in a^{-1}Ha\cap K$. Con $ak_i k = h_{i,j}ak_j$, $(\alpha,ak_i)^k = (\alpha^{h_{i,j}},ak_j)$ si ha i), e con $k_i k = a^{-1}h_{i,j}ak_j$, $(\alpha,k_i)^k = (\alpha^{a^{-1}h_{i,j}a},ak_j) = (\alpha^{h_{i,j}},ak_j)$ si ha ii).

86. (Cfr. (3.11)). Al variare di x in G, $xgx^{-1} = x_i$ per $|\mathbf{C}_G(g)|$ valori di x.

88. i) $\Rightarrow$ ii) Sia $|H| = p$. Se il nucleo dell'azione di G sui laterali di H non è H stesso, allora è 1, e l'azione, transitiva e fedele, non è regolare ($|G| > |\Omega| = [G:H]$). ii) $\Rightarrow$ i) L'azione è simile a quella sui laterali di un sottogruppo H, e il nucleo contiene un sottogruppo di ordine p (Cauchy) che dunque è normale, e l'azione non è fedele.

91. Siano $\alpha^h = \alpha$, $\beta \in \Omega$, $\alpha^x = \beta$ con $x \in \mathbf{C}_G(H)$ (transitività). Allora $\beta = \alpha^x = \alpha^{hx} = \alpha^{xh} = (\alpha^x)^h = \beta^h$, e $h = 1$.

93. $\mathbf{C}_G(\mathbf{C}_G(H)) \supseteq H$, transitivo, da cui $\mathbf{C}_G(H)$ semiregolare ($es.$ 91), e quindi regolare. Ma se $\mathbf{C}_G(H)$ è transitivo, H è semiregolare, e quindi regolare. Ne segue $|H| = |\Omega| = |\mathbf{C}_G(H)|$; ma $H \supseteq \mathbf{C}_G(H)$ implica $\mathbf{C}_G(\mathbf{C}_G(H)) = H$.

94. Se x è regolare, $x = (\alpha_1,\alpha_2,\ldots,\alpha_k)(\beta_1,\beta_2,\ldots,\beta_k)\cdots(\gamma_1,\gamma_2,\ldots,\gamma_k)$, con d cicli, allora $x = (\alpha_1,\beta_1,\ldots,\gamma_1,\alpha_2,\beta_2,\ldots,\gamma_2,\ldots,\alpha_k,\beta_k,\ldots,\gamma_k)$. Viceversa, $x = (1,2,\ldots,n)^h$ è prodotto di (n,h) cicli di lunghezza $\frac{n}{(n,h)}$.

96. $\emptyset \neq (\Delta\cap\Delta_1)\cap(\Delta\cap\Delta_1)^x \Rightarrow \emptyset \neq (\Delta\cap\Delta^x)\cap(\Delta_1\cap\Delta_1^x) \Rightarrow \Delta = \Delta^x$ e $\Delta_1 = \Delta_1^x$.

98. Se Δ è un blocco, siano $\alpha,\beta \in \Delta$ e $\gamma \notin \Delta$. Per la 2–transitività, esiste $g \in G$ tale che $\alpha^g = \alpha$, $\beta^g = \gamma$. Ne segue $\alpha \in \Delta\cap\Delta^g \neq \emptyset$, e quindi deve essere $\Delta = \Delta^g$. Ma $\gamma \notin \Delta$ e $\gamma \in \Delta^g$, e $\Delta \neq \Delta^g$. Pertanto $\Delta \neq \Delta^g$.

99. i) $\emptyset \neq \alpha^H \cap (\alpha^H)^x \Rightarrow \alpha^h = \alpha^{h_1 x} \Rightarrow h_1 x h^{-1} \in G_\alpha \subseteq H \Rightarrow x \in H$, da cui $\alpha^H = (\alpha^H)^x$.

ii) Se $\alpha^H = \alpha^K$, per ogni $k \in K$ esiste $h \in H$ tale che $\alpha^h = \alpha^k$, $hk^{-1} \in G_\alpha \subseteq H$ e $k \in H$.

iii) $x,y \in \theta(\Delta) \Rightarrow \alpha^x \in \Delta \Rightarrow \alpha^{xy^{-1}} \in \Delta^{y^{-1}}$; $\alpha^{-1} \in \Delta \Rightarrow \alpha \in \Delta^{y^{-1}}$. Ne segue $\Delta \cap \Delta' \neq \emptyset \Rightarrow \Delta = \Delta^{y^{-1}} \Rightarrow \alpha^{xy^{-1}} \in \Delta^{y^{-1}} = \Delta$.

iv) $\theta'\theta(h) = \{x \in G \mid \alpha^x \in \alpha^H\}$ e $\alpha^x \in \alpha^H \Leftrightarrow$ esiste $h \in H$ tale che $\alpha^x = \alpha^h$, cioè $\alpha^{hx^{-1}} = \alpha$, $hx^{-1} \in G_\alpha \subseteq H \Rightarrow x \in H$, e $\theta'\theta = I$. $\theta\theta'(\Delta) \subseteq \Delta$; sia $\beta \in \Delta$. Esiste $x \in G$ tale che $\beta = \alpha^x \Rightarrow x \in \theta'(\Delta)$; allora $\alpha^x \in \theta\theta'(\Delta)$ e $\theta\theta' = I$.

103. Se $Z = \mathbf{Z}(G) \subseteq G_\alpha$, allora $Z \subseteq \bigcap_{\alpha \in \Omega} G_\alpha = \{1\}$; se $ZG_\alpha = G$ (G_α massimale), $G_\alpha \trianglelefteq G$ e $G_\alpha = \{1\}$. Allora $\{1\}$ è massimale, e $|G| = p$.

105. N normale non banale è transitivo ($es.$ 102), e se non è regolare $\{1\} \neq N_\alpha = N \cap G_\alpha \trianglelefteq G_\alpha$, ed $N \cap G_\alpha = G_\alpha$ per la semplicità di G_α. Se $N = G_\alpha$, $G_\alpha = \{1\}$

ed $N = \{1\}$, escluso per la transitività di N. La massimalità di G_α implica allora $N = G$ e G semplice.

106. *i*) $G_\alpha \cap H_1 = \{1\}$ (H_1 regolare) e $G = G_\alpha H_1$ (H_1 transitivo); allora $G_\alpha \simeq G_\alpha/(G_\alpha \cap H_1) = G_\alpha H_1/H_1 = G/H_1 \simeq H_2$ (e analogamente $G_\alpha \simeq H_1$).

ii) Dimostriamo che G_α è massimale. Sia $K \supseteq G_\alpha$; si ha $G/H_1 = KH_1/H_1 \simeq K/(K \cap H_1)$, e dunque se $K \cap H_1 = \{1\}$, $G_\alpha \simeq K$ e $K = G_\alpha$. Sia $L = K \cap H_1 \neq \{1\}$; è $L \trianglelefteq G$ in quanto da $G = G_\alpha H_2 = KH_2$ e $g \in G$ segue $g = kh, k \in K, h \in H_2$ e $L^g = L^{kh} = L^h = L$ ($L \triangleleft K$ e $L \subseteq H_1$ commuta con gli elementi di H_2). Allora $L = K \cap H_1 \trianglelefteq H_1$, $K \cap H_1 = H_1$, e $H_1 \subseteq K$. Analogamente, $H_2 \subseteq K$, $K = G$, e G_α è massimale.

107. Sia $n > 5$; lo stabilizzatore di una cifra è A^{n-1}, che per induzione è semplice, e A^n è 2−transitivo e pertanto primitivo. Per l'*es*. 105, se A^n non è semplice contiene $\{1\} \neq N$ normale regolare. Sia $x \in N$, $i^x = j$, $h^x = k$, tutti distinti. Se $y = (i,j)(h,k,l,m)$ (più eventuali 1−cicli), $1 \neq xx^y \in N$ fissa i, contro la regolarità di N.

108. *i*) Se $n = 1$, $I = (1) \cdot (1)$, se $n = 2$, $I = (1,2) \cdot (1,2)$. Sia $n \geq 3$. Se $\sigma = I$, $\sigma = c \cdot c^{-1}$; se $\sigma \neq I$, siano $\sigma(1) = 2$, e $k \neq 1,2$. Allora $\sigma \cdot (1,k,2) = (1)\sigma'$, con $\sigma' \in S^{n-1}$. Per induzione, $\sigma' = c'c''$ e $\sigma = (1)c' \cdot (1)c'' \cdot (1,2)(1,k)$, da cui $\sigma = [(1)c'(1,k)][(1)c''(1,2)]^{(1,k)}$, prodotto di due n−cicli.

ii) Se $n = 1$ non vi sono permutazioni dispari; se $n = 2$, $(1,2) = (1,2)(1)$, un 2−ciclo e un 1−ciclo. Se $n \geq 3$, come in *i*) sia $\sigma(1,k,2) = (1)\sigma'$ e $\sigma = (1)c' \cdot (1)(j)c'' \cdot (1,2)(1,k)$, con c' un $(n-1)$−ciclo e c'' un $(n-2)$−ciclo. Vi sono due casi: *a*) se $j = 2$, allora $(1,2)$ permuta con $(1)(2)c''$ e si ha $\sigma = [(1)c'(1,2)] \cdot [(1)(2)c''(1,k)]$, prodotto di un n− ciclo e un $(n-1)$−ciclo; *b*) se $j \neq 2$, $\sigma = [(1)c'(1,k)][(1)(j)c''(1,2)]^{(1,k)}$, ancora un n− ciclo e un $(n-1)$−ciclo.

109. Se $i < j$, poiché nella $12\ldots j \ldots i \ldots n$, le cifre k, $i < k < j$, sono invertite ciascuna una volta, e sono in numero di $(j-i)-1$, abbiamo intanto questo numero di inversioni. La cifra i è minore delle dette cifre k, e quindi presenta intanto $(j-i)-1$ inversioni, ma essendo invertita anche rispetto a j, ne presenta $j-i$. Le altre cifre non presentano inversioni. In totale dunque la trasposizione (i,j) presenta $(j-i) - 1 + (j-i) = 2(j-i) - 1$ inversioni.

110. *i*) Se σ si scrive come un prodotto di k trasposizioni del tipo $(i, i+1)$, lo stesso accade per σ^{-1}. Il numero è quindi lo stesso.

ii) Se una cifra non è invertita in una delle due permutazioni, allora lo è nell'altra. Se i presenta t_i inversioni nella prima e t'_i nella seconda, la somma $t_i + t'_i$ è allora il numero totale di inversioni che può presentare la cifra i, cioè $n - i$. Ne segue $\sum_i(t_i + t'_i) = \sum_i(n - i) = \frac{n(n-1)}{2}$, per cui se la prima permutazione presenta $\sum_i t_i = t$ inversioni, la seconda ne presenta $\sum_i t'_i = \frac{n(n-1)}{2} - t$.

111. *i*) I $k - 1$ elementi si possono ordinare in $(k - 1)!$ modi, e i restanti $n - k$ in $(n - k)!$: in tutto $\binom{n-1}{k-1}(k - 1)!(n - k)! = (n - 1)!$ modi. La probabilità è quindi $\frac{(n-1)!}{n!} = \frac{1}{n}$, indipendente da k. Altra soluzione[†]: scrivere una permutazione σ come prodotto di cicli (compresi i punti fissi) in modo che ogni ciclo termini con la cifra più piccola e questi ultimi elementi siano in ordine crescente. Il primo ciclo termina

---

[†] L. Lovasz, *Combinatorial Problems and Exercices*, North–Holland, 1979, p. 197.

quindi con 1. Togliendo le parentesi si ha un'altra permutazione σ', dalla quale si può risalire univocamente a σ: il primo ciclo termina con 1, il secondo con la più piccola cifra che non sta nel primo ciclo, ecc. La lunghezza del ciclo di σ che contiene 1 è determinata dalla posizione di 1 in σ', ed è chiaro che questa può essere una qualunque delle n posizioni con la stessa probabilità, che dunque è $1/n$.

ii) Oltre a contare come in precedenza, si possono considerare anche qui le due permutazioni σ e σ'; allora 1 e 2 stanno nello stesso ciclo di σ se e solo se 2 si trova prima di 1 nella σ'. Poiché può trovarsi prima o dopo con la stessa probabilità, la probabilità cercata è $\frac{1}{2}$. Altro modo: sia A l'insieme delle permutazioni in cui 1 e 2 stanno nello stesso ciclo, e sia $\tau = (1, 2)$. Moltiplicando le permutazioni di A per τ si ottiene l'insieme delle permutazioni in cui 1 e 2 stanno in cicli diversi (Lemma di Serret). Ovviamente, $S^n = A \cup A\tau$, $A \cap A\tau = \emptyset$ e $|A| = |A\tau| = \frac{n!}{2}$, per cui una permutazione sta in A con probabilità $1/2$.

112. Fissiamo i e j tra 1 ed $n+2$, e sia $\sigma \in S^n$. Allora se σ è pari, $\sigma(i)(j)$ è ancora pari; se è dispari, $\sigma(i, j)$ è pari. In entrambi i casi si tratta di elementi di A^{n+2}.

113. Se $\alpha = \gamma^{-1}\sigma\gamma$, $\gamma \notin A^n$, sia $\tau = (i, j)$, dove i e j sono fissate da σ. Allora $\tau\gamma \in A^n$ e $(\tau\gamma)^{-1}\sigma\tau\gamma = \gamma^{-1}\tau\sigma\tau\gamma = \gamma^{-1}\sigma\gamma = \alpha$.

122. Poiché $n \geq 3$, esistono i, j, k distinti. Allora

$$E_{i,j}(\alpha) = E_{i,k}(\alpha)E_{k,j}(1)E_{i,k}(-\alpha)E_{k,j}(-1).$$

8.4 Esercizi del Capitolo 4

1. La corrispondenza $G \to nG$, data da $x \to nx$ è un omomorfismo surgettivo di nucleo $G[n]$.

2. $o(a)b + nc = 1 \Rightarrow o(a)ba + nca = a \Rightarrow a = n(ca)$.

3. *i*) Se G è finito, $|G|y = 0$ per ogni y, e dunque nessun $x \neq 0$ è divisibile per $|G|$. Inoltre, dato n e la classe $x + H$, $x \notin H$, si ha $x = ny$ e $x + H = n(y + H)$.

ii) Se $o(x) = m$ è finito, e $x = ny$, allora $0 = mx = mny$, e anche l'ordine di y è finito.

v) Una direzione è ovvia. Per l'altra, se $pG = G$, allora $p^2G = p(pG) = pG = G$, e così per ogni potenza di p. Se $n = qp$, $nG = qpG = q(pG) = qG = G$, ecc.

vi) Se G ha un sottogruppo massimale M, il quoziente G/M è finito (di ordine primo), che non è divisibile, e quindi nemmeno G lo è. Viceversa, se G non è divisibile, allora per qualche p si ha $pG < G$. In G/pG tutti gli elementi hanno ordine p, per cui G/pG è una somma diretta $\sum_\lambda G_\lambda/pG$, dove gli addendi sono tutti isomorfi a $\mathbf{Z}_p$ (si tratta di uno spazio vettoriale su un campo con p−elementi). Sia $H/pG = \sum_{\lambda \neq \mu} G_\lambda/pG$; allora $G/H \simeq (G/pG)/(H/pG) \simeq G_\mu/pG \simeq \mathbf{Z}_p$, e H è massimale.

viii) Se se n è un intero, e a e b sono divisibili per n, $a = na'$ e $b = nb'$, allora anche $a + b$ lo è: $a + b = n(a' + b')$. L'estensione a un numero finito o infinito di addendi è immediata.

4. C_{p^∞} non ha sottogruppi massimali. Dimostrazione diretta (notazione additiva; v. Es. 3 di 1.36): sia $g = sa_k$, $n = p^h m$, $(p, m) = 1$. Si ha $p^k d + mf = 1$, $p^k dg + mfg = g$, e $g = mfg$ in quanto $p^k g = p^k sa_k = 0$, e se h è tale che $p^h a_{k+h} = a_k$, allora $g =$

$mfg = mfsa_k = mfsp^h a_{k+h} = p^h m(fsa_{k+h}) = n(fsa_{k+h})$, e fsa_{k+h} è l'elemento cercato.

5. Per l'*es.* 1, con $A = C_{p^\infty}$, $p^n A \simeq A/A[p^n]$, ed essendo A divisibile, $p^n A = A$.

6. Avendosi $\mathbf{Q} = \bigcup_k \langle \frac{1}{k!} \rangle$, ogni insieme finito di elementi è contenuto in qualche $\langle \frac{1}{k!} \rangle$.

9. Un elemento di G determina un sottoinsieme finito di interi (gli esponenti dei generatori che servono per scriverlo). Ne segue che la cardinalità di G è quella dell'insieme dei sottoinsiemi finiti di un insieme numerabile, e quindi è numerabile.

10. Si ha $x_i x_j = n_{i,j} x_k, x_i x_j x_l = n_{i,j} x_k x_l = n_{i,j} n_{k,l}$, ecc.; gli $n_{i,j} \in N$ generano un gruppo finito e quindi anche gli x_i.

13. Sia M il sottogruppo massimale, $x \notin M$. Se $\langle x \rangle \neq G$, allora $\langle x \rangle$ è contenuto in un sottogruppo massimale (Teor. 4.9), che dovrebbe essere M, escluso. Allora $\langle x \rangle = G$, e G è ciclico. Se è infinito, ha infiniti sottogruppi massimali. Dunque è finito, e se è divisibile per più di un primo ha più di un sottogruppo di indice primo, quindi massimale.

14. C_{p^∞} non ha sottogruppi massimali.

15. Un intero del Frattini è divisibile per ogni numero primo, quindi è zero.

16. M massimale ha indice p, primo, e quindi ha ordine n/p ed è pertanto generato da x^p. Inoltre, $\langle x^p \rangle \cap \langle x^q \rangle = \langle x^{pq} \rangle$, ecc.

22. Si tratta, rispettivamente, di $\mathbf{Z}$ e di $\mathbf{Z}_{13}$.

23. Se $C_2 = \langle a \rangle$ e $C_8 = \langle b \rangle$, $H = \langle ab^2 \rangle$ ha una sola decomposizione in prodotto diretto, e cioè se stesso, e non è contenuto in alcun sottogruppo di ordine 8 di G.

24. Se G è un p–gruppo, siano $p^{h_1} \geq p^{h_2} \geq \ldots \geq p^{h_t}$ i divisori elementari di G. Allora se $p^{k_1} \geq p^{k_2} \geq \ldots \geq p^{k_t}$ sono i divisori elementari di G/H si ha $h_i \geq k_i$, e pertanto P contiene un sottogruppo di divisori elementari p^{k_i}, $i = 1, 2, \ldots, t$. Operando in questo modo per ogni p–Sylow di G/H si ha il risultato.

26. *i)* Poiché $x \neq 0$, esiste un sistema di generatori x_i tale che $x = h_1 x_1 + h_2 x_2 + \cdots + h_n x_n$, con gli h_i non tutti nulli. Ma anche i $-x_i$ sono un sistema di generatori, per cui in qualche sistema di generatori uno degli h_i è positivo; il minimo di questi è l'$h(x)$ cercato. *ii)* Se x_i è un sistema di generatori per cui $x = h(x) x_1 + \cdots h_2 x_2 + \cdots h_n x_n$, allora posto $h_i = q_i h(x) + r_i$, $0 \leq r_i \leq h(x)$, si ha $x = h(x) y + r_i x_i$, dove $y = x_1 + q_2 x_2 + \cdots + q_n x_n$, e $y, x_2, \ldots, x_n$ sono un sistema di generatori del tipo richiesto. Ne segue $r_i = 0$ e $y = h(x) y$. Se $S = \{x_i\}$ e $y = h_1 x_1 + h_2 x_2 + \cdots h_n x_n$, allora $x = h(x) y = h_1 h(x) x_1 + h_2 h(x) x_2 + \cdots + h_n h(x) x_n$, per cui $h(x)$ divide ogni coefficiente e pertanto divide il loro massimo comun divisore. Viceversa, se $x = k_1 x_1 + k_2 x_2 + \cdots k_n x_n$ e h divide tutti i k_i, allora $k_i = h s_i$ e $x = h(s_1 x_1 + s_2 x_2 + \cdots + s_n x_n) = hz$, e se $z = m_1 y + m_2 y_2 + \cdots + m_n y_n$, allora $x = hz = m_1 hy + m_2 hy_2 + \cdots + m_n hy_n$, da cui $m_1 h = h(x)$, e $h(x)$ divide h.

29. Sia G proiettivo, quoziente di A libero. L'identità $G \to G$ si estende a un omomorfismo $G \to A$, che è iniettivo, e immerge G in A. Per il Teor. 4.27 G è libero.

30. Sia $G = A/R$ con A libero, $A = \sum^{\oplus} \mathbf{Z}_\lambda$, e si immerga ciascuna copia $\mathbf{Z}_\lambda$ in una copia $\mathbf{Q}_\lambda$ di $\mathbf{Q}$. Allora $G = A/R = (\sum^{\oplus} \mathbf{Z}_\lambda)/R \subseteq (\sum^{\oplus} \mathbf{Q}_\lambda)/R$, e quest'ultimo gruppo è divisibile.

33. Se G è ciclico, applicare l'*Es*. 1, i), di 1.59 e l'*es*. 15 dello stesso Cap. 1; se G è abeliano elementare, G è uno spazio vettoriale su $\mathbf{F}_p$, e l'*Es*. 2 di 1.21 si applica; altrimenti G è prodotto diretto di gruppi ciclici $S_1 \times S_2 \times \cdots \times S_t$ almeno uno dei quali ha ordine $p^k, k > 1$, e un automorfismo α di ordine p di S_1 si estende a tutto il gruppo mediante la $\alpha'(x_1 x_2 \cdots x_t) = \alpha(x_1) x_2 \cdots x_t$, e $o(\alpha') = p$.

35. Se $x \neq 1$, $[G : \langle x \rangle]$ è finito, e dunque G è f.g.; il centralizzante di ogni generatore ha indice finito, e perciò il centro, intersezione di questi centralizzanti, ha indice finito. Per il teorema di Schur 2.94 il derivato G' è finito, e pertanto, avendo indice finito, è $G' = \{1\}$ (G è infinito), e G è abeliano. G non ha torsione (il sottogruppo di torsione sarebbe finitamente generato e quindi finito, e avendo indice finito, G sarebbe finito). Per il Cor. 4.18, G è somma diretta di copie di $\mathbf{Z}$; ma se c'è più di un addendo uno di questi ha indice infinito. C'è allora un solo addendo, e $G \simeq \mathbf{Z}$.

38. Un prodotto di potenze delle due matrici uguale alla matrice unità fornisce un polinomio che si annulla su λ, assurdo.

39. Sia $w = x_1^{\epsilon_1} x_2^{\epsilon_2} \ldots x_m^{\epsilon_m}$ ridotta e sia $w^n = 1$, $n > 0$. Se w è ciclicamente ridotta, la forma ridotta di w^n è

$$w^n = x_1^{\epsilon_1} x_2^{\epsilon_2} \ldots x_m^{\epsilon_m} x_1^{\epsilon_1} x_2^{\epsilon_2} \ldots x_m^{\epsilon_m} \ldots x_1^{\epsilon_1} x_2^{\epsilon_2} \ldots x_m^{\epsilon_m},$$

e quindi ha lunghezza mn. Ma questa lunghezza è 0, perché $w^n = 1$, e dunque o $n = 0$, escluso, oppure $m = 0$, cioè $w = 1$. Se w non è ciclicamente ridotta, sia

$$w = y_r^{\eta_r} y_{r-1}^{\eta_{r-1}} \ldots y_1^{\eta_1} x_1^{\epsilon_1} x_2^{\epsilon_2} \ldots x_m^{\epsilon_m} y_1^{-\eta_1} y_2^{-\eta_2} \ldots y_r^{-\eta_r}$$

con gli $\eta = \pm 1$. Allora

$$w^n = y_r^{\eta_r} y_{r-1}^{\eta_{r-1}} \ldots y_1^{\eta_1} (x_1^{\epsilon_1} x_2^{\epsilon_2} \ldots x_m^{\epsilon_m})^n y_1^{-\eta_1} y_2^{-\eta_2} \ldots y_r^{-\eta_r}$$

e quindi la forma ridotta di w^n ha lunghezza $2r + mn$, e come prima $r = 0$ e $m = 0$.

41. I casi $n = 1, 2$ sono ovvi. (Denotiamo i generatori con a, b, c, d). Per $n = 3$ da $ba = c$ si ha $c = ba^{-1}$, e da $ab = c$ segue $ab = b^{-1}a$; da $b = a^{-1}c$, moltiplicando per a si ottiene $ba = a^{-1}b$ (a, b, c si comportano come i, j, k, e si ha il gruppo dei quaternioni). Per $n = 4$, moltiplicando $ab = c$ e $bc = d$ abbiamo $ab^2c = cd = a$ e $c = b^{-2}, ab = b^{-2}, a = b^{-3}, d = bc = bb^{-2} = b^{-1}$; $ad = b$ implica $b^{-3}b^{-1} = b$ e $b^5 = 1$. Il gruppo ha allora al più cinque elementi. Ma la corrispondenza $G \to C_5 = \langle x \rangle$ data da $a \to x^2, b \to x, c \to x^3, d \to x^4$ è surgettiva, e quindi $G \simeq C_5$.

43. Da $x^{-1}yx = y^2$ segue $y = (y^{-1}x^{-1}y)x = x^{-2}x = x^{-1}$, che sostituita nella precedente dà $x = 1$, e quindi anche $y = 1$ (più in generale, si ottiene il gruppo identico con le relazioni $x^{-1}y^n x = y^{n+1}$ e $y^{-1}x^n y = x^{n+1}$, per ogni intero n).

44. Se N è generato da y_i e G/N da Nx_j, allora $x_j^{-1} y_i x_j \in N$ e dunque è una parola nelle y_i: $x_j^{-1} y_i x_j = u_{i,j}$. Una relazione r_k di G/N è un prodotto di laterali Nx_j che è uguale a N, e dunque la controimmagine r_k' di r_k è una parola nelle y_i: $r_k' = w_k$. Se ne conclude che G è generato dagli y_i e x_j, con le relazioni di N alle quali vanno aggiunte le $x_j^{-1} y_i x_j u_{i,j}^{-1} = 1$ e $r_k' w_k^{-1} = 1$.

45. Il sottogruppo generato da u e v è libero, ed è di rango al più 2. Ha rango 2 se e solo se $\{u,v\}$ è una base: ma ciò non è possibile, e pertanto il sottogruppo ha rango 1, cioè è ciclico.

47. Per l'*es.* 45, $x\rho y$ implica $x = u^r, y = u^s$, e $y\rho z$ che $y = v^p, z = v^q$. Allora $u^s = v^p$ (entrambi uguali a y) implica, per l'*es.* precedente, che u e v sono potenze di uno stesso elemento w: $u = w^h, v = w^k$. Ne segue $x = w^{hr}$ e $z = w^{kq}$, e $x\rho z$.

49. Se $y^{-1}uy = u^{-1}$, allora y^2 centralizza u (questo vale in qualunque gruppo, v. Cap. 2, *es.* 14), e poiché y^2 e u sono permutabili, anche y e u lo sono (*es.* 46).

52. *ii*) I quozienti propri di $\mathbf{Q}$ sono finiti, e quindi $\mathbf{Q}$ è hopfiano. Un omomorfismo α di $\mathbf{Q}$ in sé è determinato dall'immagine di 1 (v. 1.59, *Es.* 3): $\alpha(x) = x\alpha(1)$; un numero razionale y è allora immagine di $y/\alpha(y)$, α è surgettivo, e G è co–hopfiano.

    iv) I sottogruppi propri di $\mathbf{C}_{p^\infty}$ sono finiti, quindi il gruppo è co–hopfiano. Per l'*es.* 5, non è hopfiano.

8.5 Esercizi del Capitolo 5

4. *i*) La congruenza è vera per $m = 1$; suppostala vera per $m > 1$ si ha

$$(1 + p)^{p^m} = ((1 + p)^{p^{m-1}})^p = (1 + kp^m)^p = \sum_{i=0}^{p} \binom{p}{i}(kp^m)^i$$

$$= 1 + \sum_{i=1}^{p-1} \binom{p}{i}(kp^m)^i + k^p p^{mp}.$$

I termini della somma sono multipli di p^{mi+1} e dunque di p^{m+1}. Inoltre, $mp \geq m+1$, e perciò anche l'ultimo termine è multiplo di p^{m+1}. Il risultato segue.

5. *i*) Se G fosse nilpotente, avrebbe una classe c, e ogni suo sottogruppo avrebbe classe al più c. Ma in G esistono sottogruppi di classe comunque elevata.

7. Se $x \in Z_2$, $[x,g] = x^{-1}g^{-1}xg \in \mathbf{Z}(G)$, per ogni $g \in G$. Ma se il prodotto di due elementi sta nel centro, i due elementi sono permutabili (Cap. 2, *es.* 19 *i*)).

12. $A \subseteq \mathbf{C}_G(A) = C$. Se $A \neq C$, $C/A \neq \bar{1}$ è normale in G/A (è $C \trianglelefteq G$), e dunque (Teor. 5.16) $C/A \cap \mathbf{Z}(G/A) \neq \bar{1}$. Sia $x \notin A$; $K/A = \langle Ax \rangle \subseteq C/A \cap \mathbf{Z}(G/A)$. Poiché $K \subseteq C$, è $A \subseteq \mathbf{Z}(K)$, ed essendo K/A ciclico, K è abeliano; ma $K/A \trianglelefteq G/A$, in quanto sottogruppo del centro, implica $K \trianglelefteq G$, e K contiene propriamente A, contro la massimalità di A.

14. *i*) Altrimenti, in G/G', che è abeliano, esiste al più un sottogruppo per ogni possibile ordine, e G/G' è ciclico (2.11, *Es.* 2), e quindi anche $G/\mathbf{\Phi}(G)$ lo è. Ma allora $G = \langle \mathbf{\Phi}(G)x \rangle = \langle x \rangle$.

    ii) Se $\langle x \rangle \neq G$, $\langle x \rangle \subseteq M$, massimale, e quindi normale. Allora tutti i coniugati di x appartengono a M.

15. Se p divide $|M|$ e $[G:M]$, sia $P \in Syl_p(M)$, $P \subseteq S \in Syl_p(G)$. Ma $\mathbf{N}_S(P) \supset P$, e $M \subseteq \mathbf{N}_G(P)$ (è $P \trianglelefteq M$). Ne segue che M ed $\mathbf{N}_G(P)$ sono contenuti in $\mathbf{N}_G(P)$, e, per la massimalità di M, $\mathbf{N}_G(P) = G$ e $P \trianglelefteq G$.

17. H esiste perché c'è almeno $H = G$. Se $N \cap H \not\subseteq \Phi(H)$, sia $M \leq H$ massimale e $N \cap H \not\subseteq M$. Essendo $N \unlhd G$, è $N \cap H \unlhd H$, e quindi $(N \cap H)M$ è un sottogruppo di H, contiene propriamente M e dunque è tutto H. Allora $G = NH = N(N \cap H)M = NM$, con $N < H$, contro la minimalità di H.

18. Sia H minimale tale che $G = NH$. Sia $G/N \in \mathcal{C}$. Avendosi $G = NH$ è $G/N = HN/N \simeq H/(H \cap N) \in \mathcal{C}$. Ora, $H/\Phi(H) \simeq (H/(N \cap H))/(\Phi(H)/(N \cap H))$, un quoziente di un gruppo di $\mathcal{C}$, e dunque $H \in \mathcal{C}$ ($N \cap H \subseteq \Phi(H)$ per l'*es.* precedente).

19. $c \in C \subseteq AB \Rightarrow c = ab \Rightarrow b = a^{-1}c \in B \cap C$ e $C \subseteq A(B \cap C)$, e poiché sia A che $B \cap C$ sono contenuti in C, si ha l'altra inclusione.

20. *i)* Se $\Phi(N) \not\subseteq \Phi(G)$ esiste M massimale in G e $\Phi(N) \not\subseteq M$, ed essendo $\Phi(N) \unlhd G$ perché caratteristico in $N \unlhd G$, è $\Phi(N)M = G$. Ma con $A = \Phi(N), B = M$ e $C = N$ si ha, dall'identità di Dedekind, $N = N \cap G = N \cap \Phi(N)M = \Phi(N)(M \cap N)$, cioè $N = \langle \Phi(N), M \cap N \rangle$, $N = M \cap N$, $N \subseteq M$, $\Phi(N) \subseteq M$, contro la scelta di M.

22. G è nilpotente in quanto $SZ/Z \unlhd G/Z$, $SZ \unlhd G$, $S \unlhd G$. Se p e q primi dividono $|G|$, P e Q i Sylow rispettivi, $PQ/Q \leq G/Q$, abeliano; ma $PQ/Q \simeq P/(P \cap Q) \simeq P$, e tutti i Sylow sono abeliani, ed essendo normali G è abeliano. Allora c'è un solo primo che divide $|G|$, e G è un p-gruppo.

23. Se $\alpha, \beta \in A$, $(x^{-1}x^\alpha)^\beta = (x^\beta)^{-1}x^{\alpha\beta}$. Ma $x^{-1}x^\alpha \in H$ implica $(x^{-1}x^\alpha)^\beta = x^{-1}x^\alpha$. Ne segue $xx^{-\beta} = x^\alpha x^{-\alpha\beta}$. Ma $xx^\beta \in H$ (con $x = y^{-1}$), e dunque $(xx^{-\beta})^\alpha = xx^{-\beta}$, cioè $x^\alpha x^{-\beta\alpha} = x^\alpha x^{-\alpha\beta}$, $x^{-\beta\alpha} = x^{-\alpha\beta}$, per ogni $x \in G$, e quindi $\alpha\beta = \beta\alpha$.

25. Per $g \in G$ si ha $N_1^g \unlhd H_n$ in quanto, se $h \in H_n$, $(N_1^g)^h = (N_1^{h'})^g = N_1^g$. Inoltre, N_1^g è minimale in H_n (se $N_2 \subseteq N_1^g$ e normale in H_n, allora $N_2^{g^{-1}} \unlhd H_n$ e $N_2^{g^{-1}} < N_1$). Per induzione, $N_1^g \subseteq N_G(H)$, e ciò vale per ogni $g \in G$. Ma il sottogruppo $K = \langle N_1^g, g \in G \rangle \neq \{1\}$ è normale in G e contenuto in N, e perciò $K = N$ e $N \subseteq N_G(H)$.

27. Se G è nilpotente, si prenda $K = G$. Altrimenti, esiste un sottogruppo massimale M non normale. Per induzione, $M = \langle K^g, g \in M \rangle$, e quindi $\langle K^g, g \in G \rangle \supseteq M$, ma essendo $\langle K^g, g \in G \rangle$ normale non può essere uguale a M; allora contiene propriamente M, e per la massimalità di M è uguale a G.

31. $G = SK$, $p \mid |N| \Rightarrow N \not\subseteq K \Rightarrow N \cap K = \{1\}$ (minimalità di N), $NK/K \simeq N/(N \cap K) \simeq N$, per cui N è isomorfo a un sottogruppo di $G/K = SK/K \simeq S$, un p-Sylow, e pertanto è un p-gruppo. Essendo normale, è contenuto in tutti i p-Sylow, e se $N \subseteq S$, si ha $N \cap \mathbf{Z}(S) \neq \{1\}$ e normale in $SK = G$; per la minimalità di N, si ha $N \subseteq \mathbf{Z}(S)$ e quindi $N \subseteq \mathbf{Z}(G)$.

32. $\mathbf{Z}(S)K/K$ è il centro di $SK/K = G/K$.

34. *iii)* Per l'*es.* 32, $\mathbf{Z}(S)K \unlhd G$, e se $x \in G$, $(\mathbf{Z}(S)K)^x = \mathbf{Z}(S)^x K$. Sia $\mathbf{Z}(S)^x \subseteq S$; allora $\mathbf{Z}(S)^x = K\mathbf{Z}(S)^x \cap S = K\mathbf{Z}(S) \cap S = \mathbf{Z}(S)$. *iv)* Ognuna delle tre involuzioni del Klein comune ai tre 2-Sylow costituisce, assieme all'unità, il centro di uno dei 2-Sylow.

35. Sia A massimale abeliano nel p-Sylow S. Se $A < S$, $A < \mathbf{N}_S(A) = \mathbf{N}_G(A) \cap S = \mathbf{C}_G(A) \cap S$, e pertanto esiste $x \in \mathbf{C}_G(A) \cap S$ e $x \notin A$. Allora $\langle A, x \rangle$ è abeliano, contiene A e quindi $\langle A, x \rangle = S$ e S è abeliano. Avendosi $\mathbf{N}_G(S) = \mathbf{C}_G(S)$, G è p-nilpotente per ogni p, e dunque nilpotente, e avendo i Sylow abeliani è abeliano.

36. *i*) Il punto fisso è solo S (se $S_1^x = S_1$, allora $(S_1)^S = S_1$, $S \subseteq \mathbf{N}_G(S_1)$ e $S = S_1$) e le altre orbite hanno cardinalità p.

ii) Siano $N = \mathbf{N}_G(S), C = \mathbf{C}_G(S)$, $y \in N \setminus C$, $P^y = P, P_1^y = P_1$, con P e P_1 nella stessa orbita di S. Esiste $z \in S$, tale che $P^z = P_1$; ne segue $P^{zy} = P_1^y = P_1 = P^z = (P^y)^z = P^{yz}$, $[y, z]$ fissa P e appartiene a S ($[y, x] = (y^{-1}x^{-1}y)x \in S$ in quanto $y \in N$). Ne segue $[y, z] = 1$ e $y \in C$, contro l'ipotesi, e non può essere che P sia il punto fisso di S perché c'è anche P_1 nella sua orbita.

37. $|G| = 264 = 2^3 \cdot 3 \cdot 11$, $p = 11$, $|\mathbf{N}_G(S_p)| = 22$ o 11 (se ha ordine 33 è ciclico, e il Teor. 5.62 si applica). $x \in S_p$ agisce sui p–Sylow con due orbite, di lunghezza 1 e 11 rispettivamente. Se $1 \neq y \in N \setminus C$, $o(y) = 2$, y fissa S_p e un altro p–Sylow nell'altra orbita, e su quest'ultima opera per trasposizioni sui 10 elementi restanti. Dunque y si rappresenta in S^{12} con una permutazione dispari.

38. $|G| = 1008 = 2^4 \cdot 3^2 \cdot 7$, $n_7 = 36$, $|\mathbf{N}_G(S)| = 28$, $|\mathbf{C}_G(S)| = 14$, $x \in \mathbf{C}_G(S)$, $o(x) = 14$. x^2 agisce con un punto fisso e cinque orbite di lunghezza 7, e dunque x con un'orbita di lunghezza 1, una di lunghezza 7 e due di lunghezza 14. Ne segue $\chi(x^7) = 8$. Se $y \in N \setminus C$, $\chi(y) \leq 6$, e perciò x^7 non è coniugato a y. Ma c'è un solo elemento di ordine 2 in $\mathbf{C}_G(S)$ (che è ciclico), e dunque $|\mathbf{cl}(x^7) \cap \mathbf{N}_G(S)| = 1$. Dalla (3.9) si ha allora

$$|\mathbf{cl}(x^7)| = \frac{|\mathbf{cl}(x^7) \cap \mathbf{N}_G(S)| \cdot |G : \mathbf{N}_G(S)|}{\chi(x^7)} = \frac{1 \cdot 36}{8},$$

che non è un intero.

$2016 = 2^5 3^2 7$, e se $n_7 = 8$, e G è semplice, G si immerge in A^8; ma $|N/C| = 1, 2, 3, 6$ (N normalizzante e C centralizzante di C_7), 2 divide $|N|$, e quindi esiste un elemento di ordine 14 che non può stare in A^8. Con $n_7 = 36$, $1 \neq x \in S \in Syl_7(G)$ si rappresenta sui 7–Sylow con 1 punto fisso e 5 orbite di lunghezza 7; $y \in N \setminus C$ di ordine 3 ha 7 coniugati in N, agisce sulle orbite di $\langle x \rangle$ e pertanto fissa due orbite più il punto fisso, e quindi un elemento in ogni orbita (non può fissarne più di uno), e si ha $\chi(y) = 3$, oppure tutte le orbite, e $\chi(y) = 6$. Dalla

$$\mathbf{cl}(x) = \frac{|\mathbf{cl}(x) \cap N| \cdot [G : N]}{\chi(x)}|$$

segue allora $\mathbf{cl}(x) = 7 \cdot 36/3 = 7 \cdot 12$, e il centralizzante di x, avendo indice $7 \cdot 12$ avrebbe ordine 24, ma contenendo il 3–Sylow deve essere divisibile per 9; oppure $\mathbf{cl}(x) = 7 \cdot 36/6 = 7 \cdot 6 = 42$, e il centralizzante di x avrebbe ordine 48, ancora non divisibile per 9.

39. Sia G un controesempio; $p \nmid |\mathbf{Aut}(G)|$ e quindi $p \nmid |\mathbf{I}(G)| = |G/\mathbf{Z}(G)|$. Il centro di G contiene allora un p–Sylow S; per Burnside (Teor. 5.62) $G = NS$, $N \trianglelefteq G$, $N \cap S = \{1\}$ e $G = S \times N$. $p^2 | |S|$, e quindi S ammette un automorfismo α di ordine p (*es.* 33 del Cap. 4). Se $x = st, s \in S, t \in N$, $\alpha'(x) = \alpha(s)t$ è un automorfismo di ordine p di $|G|$, e $p | |\mathbf{Aut}(G)|$.

42. $y = x^g \in \mathbf{C}_G(H^g) \Rightarrow H^g, H \subseteq \mathbf{C}_G(y)$; se P è un p–Sylow di $\mathbf{C}_G(y)$ che contiene H, $z \in \mathbf{C}_G(y)$ è tale che $(H^g)^z \subseteq P$, e $u \in G$ è tale che $P^u \subseteq S$, allora $H^{gzu} \subseteq S$. Per ipotesi, $H^{gzu} = H = H^u$, da cui $gzu, u \in \mathbf{N}_G(H)$, e quindi $gz \in \mathbf{N}_G(H)$; inoltre, $x^{gz} = y^z = y$.

43. $1 \neq y = x^g \in S^g \Rightarrow y \in S \cap S^g$. Se $S^g \neq S$, $y \in S \cap S^g = \{1\}$, escluso. Allora $S^g = S$ e $g \in \mathbf{N}_G(S)$.

44. *i)* Sia $G = SK$, $S^g = S_1$, $g = sx$, $s \in S, x \in K$ e $S^x = S_1$. Sia $y \in S \cap S_1$; allora $y^x \in S_1$, $y^{-1}y^x = [y,x] \in S_1 \cap K = \{1\}$ ($K \lhd G \Rightarrow [y,x] \in K$), $y^x = y$ e $x \in \mathbf{C}_G(S \cap S_1)$.

ii) Se $x^{uv} = y, u \in S, v \in K$, allora $x^u = y$. Infatti, $(x^u)^{-1}y \in S$; ma $(x^u)^{-1}y = (x^u)^{-1}x^{uv} = ((x^u)^{-1}v^{-1}x^u)v \in K$, e dunque $(x^u)^{-1}y = 1$.

iii) $N = \mathbf{N}_G(P)$ è p–nilpotente, con $N \cap K$ come p–complemento normale. Sia $x \in P$, $y \in N \cap K$; allora $x^{-1}(y^{-1}xy) \in P$ e $(x^{-1}y^{-1}x)y \in K$, da cui $x^{-1}x^y = 1$, $y \in C = \mathbf{C}_G(P)$ e $N \cap K \subseteq C$. Ma $N/C \simeq (N/(N \cap K)/(C/(N \cap K))$ quoziente di un p–gruppo in quanto $N/(N \cap K) \simeq NK/K \leq G/K$, un p–gruppo.

45. n è privo di quadrati (se $n = p^k m$, $k > 1$, allora $\varphi(n) = (p-1)p^{k-1}\varphi(m)$ e p divide sia n che $\varphi(n)$), e dunque i p–Sylow sono ciclici di ordine primo. G è p–nilpotente, dove p è il più piccolo primo (Teor. 5.63, *i)*), $G = C_p K$. Se $|K| = m$, avendosi $(m, \varphi(m)) = 1$, per induzione K è ciclico. C_p agisce per coniugio su K; ma $p \nmid \varphi(m) = |\mathbf{Aut}(K)|$, e dunque C_p centralizza K, e G è ciclico. Viceversa, se $(n, \varphi(n)) \neq 1$, allora $p^2 | n$ per qualche p, $n = p^2 m$, e si ha il gruppo non ciclico $C_p \times C_p \times C_m$.

46. I sottogruppi che realizzano l'$\mathcal{F}$–coniugio tra A e $A^g = B$ realizzano quello tra C e C^g.

47. Ovvio per $m = 1$. Per induzione, A_1 è $\mathcal{F}$–coniugato ad A_m mediante l'elemento $h_1 h_2 \cdots h_{m-1} = h$. Se $y_1, y_2, \ldots, y_r$ e $U_1, U_2, \ldots, U_r$ realizzano l'$\mathcal{F}$–coniugio tra A_1 e A_m mediante h, e $z_1, z_2, \ldots, z_s$ e $V_1, V_2, \ldots, V_s$ quello tra A_m e A_{m+1} mediante h_m, allora $x_1, x_2, \ldots, x_n$ e $T_1, T_2, \ldots, T_n$ realizzano l'$\mathcal{F}$–coniugio tra A_1 e A_m mediante $hh_m = h_1 h_2 \cdots h_{m-1}h_m$, dove $n = r + S$ e

$$x_i = \begin{cases} y_i, & \text{se } 1 \leq i \leq r \\ z_{i-r}, & \text{se } r + 1 \leq i \leq n \end{cases}, \quad T_i = \begin{cases} U_i, & \text{se } 1 \leq i \leq r \\ V_{i-r}, & \text{se } r + 1 \leq i \leq n. \end{cases}$$

48. Se $AC = CB$, con C della forma $\begin{pmatrix} 1 & a & b \\ 0 & 1 & c \\ 0 & 0 & 1 \end{pmatrix}$, si ha una contraddizione.

49. Sia $x^\sigma = g^{-1}xg$, e $g = y^{-1}y^\sigma$. Ne segue $x^\sigma = y^{-\sigma}yxy^{-1}y^\sigma$, $(yxy^{-1})^\sigma = yxy^{-1}$, da cui $yxy^{-1} = 1$ e $x = 1$.

50. Si ha $y^\sigma = x^\sigma x^{\sigma^2} \cdots x^{\sigma^{n-1}} x^{\sigma^n} = x^{-1}yx$, e per l'*es.* precedente $y = 1$.

51. Per l'*es.* precedente, $xx^\sigma x^{\sigma^2} = 1 = x^{\sigma^2} x^\sigma x$, e xx^σ e $x^\sigma x$ sono entrambi uguali a $(x^{\sigma^2})^{-1}$.

52. Se γ_a è interno, e $x^{\sigma\gamma_a} = x$, allora $a^{-1}x^\sigma a = x$, e $x = 1$ (*es.* 49). Ma ciò si vede anche dal fatto che i $\sigma\gamma_a$ sono tutti coniugati a σ: dato a, esiste b tale che $a = b^\sigma b^{-1}$; allora $\sigma\gamma_a = \gamma_b \sigma \gamma_b^{-1}$.

53. Sia $N = \mathbf{N}_G(H)$; σ induce un automorfismo s.p.f di N, e sia P_1 il p–Sylow invariante di N. $H \subseteq P_1$ perché $H \unlhd N$, e per la massimalità $P_1 = H$. Se S è un p–Sylow di G che contiene H, si ha $H = N \cap S = N_S(H)$, ed essendo S un p–gruppo ciò implica $H = S$.

54. Sia $S^\sigma = S$; $S^\tau = S^{\sigma\tau} = S^{\tau\sigma} = (S^\tau)^\sigma$, per cui $S^\tau = S$.

55. Se $x \in \mathbf{C}_G(\alpha)$, $(S^x)^\alpha = (S^\alpha)^x = S^x$, e $S^x = S$. Ne segue che $\mathbf{C}_G(\alpha)S \leq G$ ed S è ivi normale e perciò unico, e $\mathbf{C}_G(\alpha) \cap S$ è Sylow in $\mathbf{C}_G(\alpha)$. Se $x \in \mathbf{C}_G(\alpha)$, $(\mathbf{C}_G(\alpha) \cap S)^x = \mathbf{C}_G(\alpha)^x \cap S^x = \mathbf{C}_G(\alpha) \cap S$, e $\mathbf{C}_G(\alpha) \cap S \trianglelefteq G$.

56. Se $x \in D_\infty$, $x = bcbc \cdots bc$. La corrispondenza che scambia b e c è un automorfismo s.p.f. di ordine 2, ma D_∞ non è abeliano.

61. *i)* $HN/N \simeq H/(H \cap N)$ risolubile, N lo è, e quindi anche HN.

62. $H \neq G$ perché $\sigma \neq 1$. Se $a \notin H$, $(ah)^\sigma = a^{-1}h = (ah)^{-1} = h^{-1}a^{-1}$, da cui $a^{-1}ha = h^{-1}$, e $H \trianglelefteq G$. L'automorfismo indotto per coniugio da $a \in G$ inverte gli elementi di H, e quello indotto da σ su G/H inverte gli elementi Ha, $a \notin H$: $(Ha)^\sigma = Ha^\sigma = Ha^{-1} = (Ha)^{-1}$. H e G/H sono allora abeliani, e G è risolubile.

63. Poiché $\sigma \neq 1$, esiste $g \in G$ tale che $g^\sigma = gx$ con $x \neq 1$. Per ogni $g \in G$, la corrispondenza $h \to g^{-1}hg$ è un automorfismo di F. Sia $h \in F$, $h = g^{-1}h_1 g$; allora $h = h^\sigma = (g^{-1}h_1 g)^\sigma = (g^\sigma)^{-1}h_1^\sigma g^\sigma) = (gx)^{-1}h_1(gx) = x^{-1}g^{-1}h_1 gx = x^{-1}hx$, e $x \in \mathbf{C}_G(F) \subseteq F$, per cui $x^\alpha = x$. Ne segue, $g^{\sigma^2} = (g^\sigma)^\sigma = (gx)\sigma = g^\sigma x^\sigma = g^\sigma x = gx \cdot x = gx^2$, e $g^{\sigma^k} = gx^k$ per ogni k. Se $k = o(\sigma)$, $g = g^{\sigma^n} = gx^n$ e $x^n = 1$, e $o(x)|k$. Pertanto, $o(x) \neq 1$ e divide sia $o(\sigma)$ che $|G|$.

64. *i)* $\Rightarrow$ *ii)* Un gruppo semplice e risolubile ha ordine primo e dunque è abeliano. *ii)* $\Rightarrow$ *i)* Se G ha ordine dispari, per ipotesi non è semplice. Se è abeliano è risolubile. Altrimenti, ammette un sottogruppo normale proprio N. Ma N e G/N hanno ordine dispari, e, per induzione, sono risolubili, per cui G lo è.

66. H esiste (il secondo termine di una serie di composizione), e per l'argomento di Frattini si ha $G = H\mathbf{N}_G(Q) = HQ = H$, assurdo. Ne segue che q non esiste, e G è un p−gruppo.

67. N normale minimale è transitivo ed è un p−gruppo abeliano, e pertanto è regolare, quindi di ordine uguale al grado n.

68. L'azione del gruppo sui laterali di un sottogruppo massimale è primitiva. Applicare l'*es.* precedente. Altro modo: con M massimale, N normale minimale, $N \not\subseteq M$ si ha $[G : M] = [MN : M] = [N : M \cap N]$, un divisore di $|N|$. Se $N \subseteq M$, per induzione, $[G/N : M/N]$ è potenza di un primo, e dunque anche $[G : M]$ lo è.

69. Se gli indici non sono relativamente primi, allora sono potenze dello stesso primo p. Ne segue che se $q \neq p$, q divide gli ordini dei due sottogruppi.

70. *a)* Se $N \subseteq \Phi$, M/Φ massimale in G/Φ ha ordine primo con l'indice. Per induzione esiste un p−Sylow $S\Phi/\Phi$ normale in G/Φ e quindi $S \trianglelefteq G$. *b)* $N \not\subseteq \Phi$, M massimale che non contiene N. In tal caso N è Sylow: da $M \cap N = \{1\}$ segue $|G| = |M||N|$, e N è un p−sottogruppo il cui indice non è diviso da p.

71. Nel quoziente rispetto a G' le classi degli x_i sono permutabili, l'ordine del loro prodotto è il prodotto degli ordini, e quindi sono tutte uguali all'unità, cioè a G': in altri termini, $x_i \in G'$ per ogni i. Lo stesso argomento applicato a G' porta ora gli x_i in G'', ecc.

72. Sia $S_1 S_2 \cdots S_t$ il prodotto in un ordine scelto, e sia N un sottogruppo normale minimale, $|N| = p^k$. Per induzione, il prodotto dei Sylow $S_i N/N$ è tutto G/N, e quindi il prodotto degli $S_i N$ è tutto G. Portando le varie copie di N vicino al p–Sylow S_j nel quale esso è contenuto, si ha $S_j N = S_j$ e G è il prodotto degli S_i.

73. $H' = G^{i-1}/G^{i+1}$, $H'' = G^i/G^{i+1}$, ciclico, e $(H'/H'' = G^{i-1}/G^{i+1})/(G^i/G^{i+1}) \simeq G^{i-1}/G^i$, ciclico per cui $H''' = \{1\}$. Ora $H/\mathbf{C}_H(H'')$ è abeliano (isomorfo a un sottogruppo di $\mathbf{Aut}(H'')$), e quindi $H' \subseteq \mathbf{C}_H(H'')$ e $H'' \subseteq \mathbf{Z}(H')$. Ne segue $H'/\mathbf{Z}(H')$ ciclico (isomorfo al quoziente $(H'/H'')/(\mathbf{Z}(H')/H'')$ del gruppo ciclico H'/H''); allora H' è abeliano e $H'' = \{1\}$. Ma $H'' = G^i/G^{i+1}$.

74. *i)* Se p è il più piccolo divisore di $|G|$, G è p–nilpotente (Teor. 5.63, *i*)), $G = SK$, K è risolubile per induzione, G/K è risolubile (ciclico), e G lo è.

ii) La serie derivata è a quozienti abeliani con Sylow ciclici, e dunque a quozienti ciclici. In particolare, G'/G'' e G''/G''' sono ciclici. Per l'*es.* 15, $G'' = G'''$, e la risolubilità implica $G'' = \{1\}$ per cui anche G' è ciclico.

75. Sia H risolubile massimale, $N = \mathbf{N}_G(H)$. Se $N \neq H$, sia $p||N/H|$, p–primo, e $K/H \leq G/H$ di ordine p. K/H è risolubile (è ciclico), H è risolubile, e quindi K lo è, contro la massimalità di H.

76. *i)* $P = C_p$ è centralizzato solo da P, G/P è ciclico (automorfismi di C_p), e G è risolubile e metaciclico (*es.* 74). Se $P \trianglelefteq G$, allora $G \subseteq \mathbf{N}_{S^p}(P)$, e questo normalizzante ha ordine $p(p-1)$ (Teor. 2.55). *ii)* Se G è risolubile, sia N normale minimale; N è transitivo (Teor. 3.21), $p||N|$, e $|N| = p$, e N è Sylow e normale.

77. Se $G'' \subset A$, si ha il risultato. Se $G'' \not\subseteq A$, è $G'' A = G$ e $G'' A/G'' \simeq A/(A \cap G'')$, abeliano, da cui $G' \subseteq G''$, $G'' = G'$ e $G' = \{1\}$.

78. Se un p–Sylow ha ordine p^n, esiste una serie di composizione in cui gli ultimi $n+1$ termini sono a quozienti di ordine p: ... $\supseteq H_1 \supseteq H_2 \supseteq ... \supseteq H_{n+1} = \{1\}$. Allora H_1 è Sylow, è subnormale perché compare in una serie normale, e quindi è normale, e G è nilpotente. Viceversa, se G è nilpotente, G ha un sottogruppo normale per ogni divisore dell'ordine (*Es.* 26), e se $p_{i_1}, p_{i_2}, ..., p_{i_n}$ è una disposizione dei primi che dividono $|G|$, G ha un sottogruppo normale H di ordine $p_{i_2}, ..., p_{i_n}$, e dunque di indice p_{i_1}; H ha un sottogruppo normale di indice p_{i_2}, ecc.

79. H/K è ciclico, il suo gruppo di automorfismi è abeliano. Un elemento $x \in G$ induce in H/K il coniugio $(hK)^{xK} = h^x K$, e per quanto visto, $(hK)^{xyK} = (hK)^{yxK}$, da cui $(hK)^{[x,y]K} = hK$: ogni commutatore induce per coniugio l'identità in H/K. Allora $H/K \subseteq \mathbf{Z}(G'/K)$, e la serie è centrale.

80. $[G : \mathbf{N}_G(Q)] = [G : M][M : \mathbf{N}_G(Q)]$, $[G : \mathbf{N}_G(Q)] \equiv 1 \bmod q$; analogamente $[M : \mathbf{N}_G(Q)] = [M : \mathbf{N}_M(Q)] \equiv 1 \bmod q$, e quindi anche $[G : M] \equiv 1 \bmod q$. Ma $[G : M] = p$, primo, e $p \equiv 1 \bmod q$ implica $q|(p-1)$, assurdo perché $p \leq q$. Per quanto riguarda la risolubilità, sia $[M : Q]$ massimale in G/Q; allora $[G : M] = p$, ogni sottogruppo massimale di G/Q ha indice primo, e per induzione G/Q è risolubile, Q lo è, e quindi anche G.

81. Induzione sulla lunghezza n della serie derivata del gruppo G. Se $n = 1$, G è abeliano, e dunque finito. G/G' è abeliano e di torsione, e dunque finito; allora G' è f.g., e per induzione è finito, e pertanto anche G lo è.

82. Sia $A \subset M$; allora esiste $x = ab^k a' \in M$, $a, a' \in A$, $b^k \neq 1$, $\langle x \rangle = B$, e poiché $A \subset M$, si ha $b^k \in M$, e quindi anche $b \in M$ da cui $ABA \subseteq M$ e $M = G$.

83. *i)* È sempre $A \subseteq \mathbf{C}_G(A)$. Se $A \subset \mathbf{C}_G(A)$, sia $x \in \mathbf{C}_G(A) \setminus A$; allora $\langle A, x \rangle \supset A$ ed è abeliano. Pertanto, se A è abeliano massimale, $A = \mathbf{C}_G(A)$. Viceversa, se $A = \mathbf{C}_G(A)$ e $A \subset M$, M abeliano, si ha $M \subseteq \mathbf{C}_G(A)$, e dunque $\mathbf{C}_G(A) = A \subset M \subseteq \mathbf{C}_G(A)$, assurdo.

ii) il sottogruppo di Fitting $F = \mathbf{F}(G)$ contiene tutti i sottogruppi abeliani normali;

iii) se F è abeliano e G è risolubile, allora $F = \mathbf{C}_G(F)$; applicare *i)*.

85. *i)* Sia $L = H \cap K \neq \{1\}$; allora, per $g \in G$, si ha $g = hk$ ed $L^g = L^{hk} = L^k \subseteq K$. Dunque $\{1\} \neq \langle L^g \rangle \subseteq K$ ed $\langle L^g \rangle$ è un sottogruppo normale proprio di G.

ii) Per assurdo, sia G semplice. Sia Q un q–Sylow, $N = \mathbf{N}_G(Q)$. Se $Q < N$, si ha $p \| N |$, e, per un certo p–Sylow P, $\{1\} \neq P \cap N$ è Sylow in N. Ne segue $G = PQ = PN$, ma per *i)* ciò non è possibile. Allora $N = Q$, e dunque $\mathbf{C}_G(Q) = N$; per Burnside, G ha un q–complemento normale, $G = QK$, $K = P \lhd G$ contro l'ipotesi G semplice.

8.6 Esercizi del Capitolo 6

1. Se $A = (a_{i,j})$ ed $A^* = (b_{i,j})$, in una base e_i e nella duale ϵ_i, allora $[\rho_s^*(\epsilon_i)](\rho_s(e_j)) = \epsilon_i(e_j) = \delta_{i,j}$, e poiché $\rho_s^*(\epsilon_i) = \sum_h b_{h,i} e_h$ e $\rho_s(e_j) = \sum_k a_{k,j} e_j$, si ha $[\rho_s^*(\epsilon_i)](\rho_s(e_j)) = \sum_h b_{h,i} a_{h,j} = \delta_{i,j}$. Il risultato segue.

2. W^0 è invariante: se $f \in W$ e $v \in W^0$, $f(\rho_s(v)) = (\rho_s^{*-1} f)(v) = 0$, in quanto $\rho_s^{*-1} f \in W$. Ne segue $W^0 = \{0\}$ oppure $W^0 = V$, e dalla formula sulle dimensioni si ha il risultato.

3. $Ker(\rho)$ è l'insieme dei multipli interi di π.

5. Sia N normale minimale. Allora N è l'unico sottogruppo normale minimale ($N \subseteq \mathbf{Z}(P)$ e ha ordine p, e quindi è unico perché $\mathbf{Z}(P)$ è ciclico). Se $1 \neq x \in N$, e ρ è fedele, $x \notin Ker(\rho)$ e dunque, per qualche i, $x \notin Ker(\rho_i)$, e dunque $N \nsubseteq Ker(\rho_i)$. Se ρ_i non è fedele, il suo nucleo deve contenere N, escluso.

7. $\varphi = \sum_{i=1}^r \alpha_i \chi_i$, con i χ_i caratteri irriducibili (Teor. 6.23). Se gli α_i sono interi, allora φ è il carattere della rappresentazione ottenuta sommando α_i volte χ_i, $i = 1, 2, \ldots, r$. Se φ è un carattere, $(\varphi, \chi_i) = \alpha_i$ è la molteplicità di χ_i in φ, e perciò è un intero.

9. La rappresentazione come gruppo di permutazioni ha carattere χ, e come nel caso di S^n si spezza in una rappresentazione di grado 1, su cui il carattere vale 1, più una di grado $|G| - 1$. Se ν è il carattere di quest'ultima, allora $\chi = 1 + \nu$.

10. Si ha:

$$(\chi, \lambda) = \frac{1}{|G|} \sum_{s \in G} \overline{\chi(s)\lambda(s)} \chi(s)\lambda(s) = \frac{1}{|G|} \sum_{s \in G} \overline{\chi(s)} \chi(s) = (\chi, \chi),$$

ricordando che $\lambda(s)$ è una radice dell'unità. Applicare il Teor. 6.17.

11. S^4 ha 5 classi di coniugio, le classi 1, (1,2), (1,2)(3,4), (1,2,3) e (1,2,3,4). Oltre alle due rappresentazioni di grado 1 (unità e alternante), abbiamo la rappresentazione di grado 3 sull'iperpiano W (*Es.* 2 di 6.4), per cui la somma dei quadrati dei gradi dà $1^2 + 1^2 + 3^2 + a^2 + b^2 = 24$, $a^2 + b^2 = 13$, e $a = 2$ e $b = 3$:

	1	(1,2)	(1,2)(3,4)	(1,2,3)	(1,2,3,4)
χ_1	1	1	1	1	1
χ_2	1	-1	1	1	-1
χ_3	2				
χ_4	3	1	-1	0	-1
χ_5	3				

Il prodotto di χ_4 con χ_2 (*es.* precedente) fornisce i valori di χ_5: 3, –1, –1, 0, 1, e l'ortogonalità per colonne permette di completare la tavola:

	1	(1,2)	(1,2)(3,4)	(1,2,3)	(1,2,3,4)
χ_1	1	1	1	1	1
χ_2	1	-1	1	1	-1
χ_3	2	0	2	-1	0
χ_4	3	1	-1	0	-1
χ_5	3	-1	-1	0	1

12. Sia $\chi_i \neq 1_G$ un carattere irriducibile di G, $i = 2, \ldots, r$. Allora $(1_H^G - 1_G, \chi_i) = (1_H^G, \chi_i) - (1_G, \chi_i) = m_i - 0$, ed $m_i \neq 0$ per qualche i in quanto, essendo $1_H^G \neq 1_G$, qualche χ_i, $i \neq 1$, deve comparire in 1_H^G. Inoltre, $(1_H^G - 1_G, 1_G) = (1_H^G, 1_G) - (1_G, 1_G) = 1 - 1 = 0$. Ciò dimostra che $1_H^G - 1_G$ è un carattere (*es.* 7).

13. *i*) Sappiamo che $g \sim g^{-1}$, ma $g \not\sim g^2$ e pertanto abbiamo due rappresentanti delle classi di coniugio di H (che in questo caso sono formate da un solo elemento) contenuti in una classe di G. Ne segue che, sulla classe di g, μ vale $|\mathbf{C}_G(g)|(\frac{\epsilon}{|\mathbf{C}_H(g)|} + \frac{\epsilon^4}{|\mathbf{C}_H(g)|}) = 5 \cdot (\frac{\epsilon}{5} + \frac{\epsilon^4}{5}) = \epsilon + \epsilon^4$. Analogamente, sulla classe di ϵ^2 il valore di μ^G è $\epsilon^2 + \epsilon^3$. Poiché non vi sono elementi di ordine 2 e 3 in H, il valore di μ^G su questi elementi è zero. Avendosi $(\mu^G, \mu^G) = \frac{1}{60}(1 \cdot 12 + 12\overline{(\epsilon + \epsilon^4)}(\epsilon + \epsilon^4) + 12\overline{(\epsilon^2 + \epsilon^3)}(\epsilon^2 + \epsilon^3)) = \frac{1}{60}(144 + 12(\epsilon + \epsilon^2 + \epsilon^3 + \epsilon^4 + 4)) = \frac{1}{60}(144 + 12 \cdot 3) = 3$, μ^G non è irriducibile.

ii) $(\mu^G, \chi_3) = \frac{1}{60}(1 \cdot 5 \cdot 12) = 1$, e dunque, $(\mu^G - \chi_3, \chi_3) = (\mu^G, \chi_3) - (\chi_3, \chi_3) = 1 - 1 = 0$; se $\chi \neq \chi_3$, $(\mu^G - \chi, \chi) = (\mu^G, \chi) - (\chi, \chi) = m - 1$, dove m è il numero di volte in cui χ compare in μ^G. Ne segue (*es.* 7) che $\mu^G - \chi_3$ è un carattere, i cui valori sulle cinque classi sono, nell'ordine, 7, –1, 1, $\epsilon + \epsilon^4$, $\epsilon^2 + \epsilon^3$. Avendosi $(\mu^G - \chi_3, \mu^G - \chi_3) = \frac{1}{60}(7 \cdot 7 + 15 + 20 + 36) = 2$, $\mu^G - \chi_3$ non è irriducibile.

iii) $(\mu^G, \chi_2) = \frac{1}{60}(48 - 12(\epsilon + \epsilon^4) - 12(\epsilon^2 + \epsilon^3)) = \frac{1}{60}(48 - 12 \cdot -1) = 1$, da cui $(\mu^G - \chi_3 - \chi_2, \chi_2) = (\mu^G, \chi_2) - (\chi_3, \chi_2) - (\chi_2, \chi_2) = 1 + 0 - 1 = 0$, e analogamente per il prodotto con χ_3. Se χ irriducibile è diverso da χ_2 e da χ_3, il prodotto con χ vale (μ^G, χ), che è intero perché χ è un carattere. I valori di $\mu^G - \chi_3 - \chi_2$ sono, nell'ordine, 3, –1, 0, $\epsilon + \epsilon^4 + 1$, $\epsilon^2 + \epsilon^3 + 1$, e il prodotto di questo carattere per se stesso vale $\frac{1}{60}(9 + 15 + 36) = 1$, per cui è irriducibile, e sia χ_4.

iv) Scambiando ϵ con ϵ^2 nei valori di χ_4 otteniamo la quinta riga della tavola:

	1	(1,2)(3,4)	(1,2,3)	(1,2,3,4,5)	(1,3,5,2,4)
χ_1	1	1	1	1	1
χ_2	4	0	1	-1	-1
χ_3	5	1	-1	0	0
χ_4	3	-1	0	α	β
χ_5	3	-1	0	β	α

dove $\alpha = \epsilon + \epsilon^4 + 1 = \frac{1+\sqrt{5}}{2}$, $\beta = \epsilon^2 + \epsilon^3 + 1 = \frac{1-\sqrt{5}}{2}$.

14. La matrice di ρ_t è un matrice di permutazione la cui traccia $\chi(t)$ è il numero di elementi fissati da t per coniugio, e pertanto $\chi(t) = |\mathbf{C}_G(t)|$. Il numero di volte m_i in cui la rappresentazione ρ_i, di carattere χ_i, compare in ρ è:

$$m_i = \frac{1}{|G|} \sum_t \chi(t)\chi_i(t) = \frac{1}{|G|} \sum_j k_j \chi(s_j)\chi_i(s_j) = \frac{1}{|G|} \sum_j k_j \frac{|G|}{k_j} \chi_i(s_j),$$

in quanto $\chi(s_j) = |\mathbf{C}_G(s_j)| = \frac{|G|}{k_j}$, e l'ultima somma è uguale a $\sum_j \chi_i(s_j)$, che dunque, essendo uguale a m_i, è un intero.

8.7 Esercizi del Capitolo 7

2. i) $x^{-1}(y^\sigma y^{-1})x = (x^{-\sigma}x)^{-1} \cdot [(x^{-1}y)^\sigma (x^{-1}y)^{-1}]$, prodotto di due elementi di $[G, \pi]$. ii) $(x^\sigma x^{-1})^\tau = (x^{\sigma\tau}x^{-1})(x^\tau x^{-1})^{-1}$. iii) Se π è banale su G/H, allora, per ogni $g \in G$, $(Hg)^\sigma = Hg^\sigma = Hg$, e quindi $g^\sigma g^{-1} \in H$ e $[G, \pi] \subseteq H$.

4. Con la prima azione, vi è un solo omomorfismo crociato non banale, ed è $f(\sigma) = c$: $1 = f(1) = f(\sigma\sigma) = f(\sigma)^\sigma f(\sigma) = c \cdot c = 1$, e questo è principale, in quanto $f(\sigma) = a^\sigma a = ba = c$. Se l'azione è banale, $f(\sigma) = a$ è un omomorfismo crociato: $1 = f(\sigma\sigma) = f(\sigma)^\sigma f(\sigma) = a \cdot a = 1$. Analogamente per b e c.

5. i) Posto $H = [G, \pi]$, se $g \in G$, allora $g \in Hg$ e π fissa Hg; per il Cor. 7.5 esiste $hg \in Hg$ con $hg \in G^\pi$. Ne segue $g \in HG^\pi$, $G = HG^\pi = G^\pi H$. ii) L'inclusione $[G, \pi, \pi] \subseteq [G, \pi]$ segue dal fatto che $[G, \pi]$ è π−invariante. Per l'altra inclusione, si osservi che, per $g \in G$, da i) si ha $g = hx$ con $h \in [G, \pi]$ e $x \in G^\pi$. Allora $g^\sigma g^{-1} = (hx)^\sigma (hx)^{-1} = h^\sigma h^{-1} \in [G, \pi, \pi]$.

7. Se $c_1 = \beta(b_1)$, $c_2 = \beta(b_2)$ e $c_1 \xrightarrow{\delta} [f_1]$, $c_2 \xrightarrow{\delta} [f_2]$, poiché $c_1 + c_2 = \beta(b_1 + b_2)$ si ha l'1−cociclo di π in A

$$f(\sigma) = (b_1 + b_2)^\sigma - (b_1 + b_2) = (b_1^\sigma - b_1) + (b_2^\sigma - b_2) = f_1(\sigma) + f_2(\sigma)$$

dove f_1 e f_2 sono determinati da b_1 e b_2. La classe determinata da $c_1 + c_2$ è allora $[f_1 + f_2]$, che è la somma $[f_1] + [f_2]$; ne segue che δ è un omomorfismo.

Facciamo ora vedere che la successione è esatta nel punto C^π, l'esattezza negli altri punti essendo già nota. Se $c \in Im(\beta^\pi)$, è $c = \beta(b)$ con $b \in B^\pi$, per cui $f(\sigma) = b^\sigma - b = b - b = 0$, e quindi c determina la classe $[0]$. Pertanto,

$$Im(\beta^\pi) \subseteq Ker(\delta).$$

Viceversa, sia $c \in Ker(\delta)$; allora $f : \sigma \rightarrow b^\sigma - b$ è un 1−cobordo di π in A, e perciò, per un certo $a \in A$, si ha $b^\sigma - b = a^\sigma - a$, da cui $(b - a)^\sigma = b - a$ ovvero $b - a \in B^\pi$. Ma $\beta^\pi(b - a) = \beta(b - a) = \beta(b) - \beta(a) = \beta(b) = c$, in quanto $a \in A = Ker(\beta)$. Quindi $c \in Ker(\delta)$ proviene, secondo β, dall'elemento $b - a$, e pertanto

$$Ker(\delta) \subseteq Im(\beta^\pi).$$

È chiaro che $H^1(\pi, A)$ non è il solo gruppo che rende esatta la successione: se G è un qualunque gruppo, anche il prodotto diretto $H^1(\pi, A) \times G$ la rende esatta.

Inoltre, nella dimostrazione precedente è contenuto il fatto che se β^π è surgettiva, l'immagine di δ è 0.

8. La successione è esatta nel punto $H^1(\pi, A)$. Infatti, se $[f]$ proviene da $c \in \mathbf{C}^\pi$, allora $f(\sigma) = b^\sigma - b$, e dunque è un 1-cobordo di π in B. Ne segue $Im(\delta) \subseteq Ker(\overline\alpha)$. Se αf è un cobordo, la sua immagine secondo β è tale che $\beta\alpha(f(\sigma)) = b^\sigma - b = 0$, in quanto $\beta\alpha = 0$. Ne segue $\beta(b)^\sigma = \beta(b)$ e $\beta(b) \in C^\pi$. Posto $c = \beta(b)$, c determina f tale che $\alpha(f(\sigma)) = b^\sigma - b$. Per definizione di δ, $\delta(c) = [f]$, e dunque $[f]$ proviene da $c \in C^\pi$. Allora $Ker(\overline\alpha) \subseteq Im(\delta)$.

La successione è esatta nel punto $H^1(\pi, B)$. Dalla $\overline\alpha([f]) = [\alpha f] \xrightarrow{\overline\beta} [\beta\alpha f] = [0]$ segue $Im(\overline\alpha) \subseteq Ker(\overline\beta)$. Un elemento del nucleo di $\overline\beta$ è del tipo $[\beta f]$, dove βf è un 1-cobordo: $\beta f : \sigma \to c^\sigma - c$, $c \in C$. Per la surgettività di β, $c = \beta(b)$ e quindi $\beta f(\sigma) = \beta(b)^\sigma - \beta(b)$ e $\beta(f(\sigma) - b^\sigma + b) = 0$, cioè $f(\sigma) - b^\sigma + b \in Ker(\beta) = A$. Esiste allora $a_\sigma \in A$ tale che $\alpha(a_\sigma) = f(\sigma) - b^\sigma + b$, e la corrispondenza $f' : \pi \to B$ che associa a σ l'elemento $f(\sigma) - (b^\sigma - b)$ è un 1-cociclo equivalente a f. Ora $g : \sigma \to a_\sigma$ è un 1-cociclo $\pi \to A$, e $\alpha g : \sigma \to \alpha(g(\sigma)) = \alpha(a_\sigma) = f'(\sigma)$; quindi $\alpha g = f'$ e $\overline\alpha[g] = [\alpha g] = [f'] = [f]$, per cui $Ker(\overline\beta) \subseteq Im(\overline\alpha)$. L'esattezza negli altri punti è già stata osservata.

14. Si ha, con un semplice calcolo, $a_{\sigma, \tau\eta} + a_{\tau, \eta} = a_{\sigma\tau, \eta} + a^\eta_{\sigma, \tau}$. Per la seconda parte, si ha $f'(\sigma) = x^\sigma - x + f(\sigma)$, $\forall \sigma \in \pi$, per un certo $x \in C$. Sia $f'(\sigma) = \beta(b')$ e $x = \beta(b)$; allora:

$$\beta(b') = x^\sigma - x + f(\sigma) = \beta(b^\sigma) - \beta(b) + \beta(b_\sigma) = \beta(b^\sigma - b + b_\sigma),$$

e pertanto $b'_\sigma - b^\sigma + b - b_\sigma \in Ker(\beta) = A$. Esiste allora $a_\sigma \in A$ tale che $b'_\sigma = a_\sigma + b^\sigma - b + b_\sigma$, da cui

$$b'_{\sigma\tau} = b^{\sigma\tau} - b + b_{\sigma\tau} + a_{\sigma\tau} = b'^\tau_\sigma + b'^\tau = b^{\sigma\tau} - b^\tau + b^\tau_\sigma + a^\tau_\sigma + b^\tau - b + b_\tau - a_\tau,$$

e quindi $a_{\sigma\tau} = a^\tau_\sigma + a_\tau$. Posto $a'_{\sigma, \tau} = b'^{\sigma\tau} - b'^\tau_\sigma - b'_\tau$, si ha

$$
\begin{aligned}
a'_{\sigma, \tau} &= b'_{\sigma\tau} - b'^\tau_\sigma - b'^\tau \\
&= a_{\sigma, \tau} + b^{\sigma\tau} - b + b_{\sigma\tau} - a^\tau_\sigma - b^{\sigma\tau} + b^\tau - b^\tau_\sigma - a_\tau - b^\tau + b - b_\tau \\
&= a_{\sigma, \tau} - a^\tau_\sigma - a_\tau + b_{\sigma\tau} - b^\tau_\sigma - b_\tau \\
&= b_{\sigma\tau} - b^\tau_\sigma - b_\tau \\
&= a_{\sigma\tau},
\end{aligned}
$$

come si voleva.

15. Se $[g] = [0]$, g è della forma (7.15); se $f(\sigma) = c_\sigma = \beta(b_\sigma)$, ponendo $f_1(\sigma) = b_\sigma$, $\beta(f_1(\sigma)) = f(\sigma)$ e $f_1(\sigma\tau) - f_1(\sigma)^\tau - f_1(\tau) = g(\sigma, \tau)$, da $f_1(\sigma\tau) - f_1(\sigma)^\tau - f_1(\tau) = g(\sigma, \tau) = h(\sigma\tau) - h(\sigma)^\tau - h(\tau)$, e quindi $f_1 - h$ è un 1-cociclo di π in B. Si ha:

$$\overline\beta[f_1 - h] = [\beta(f_1 - h)] = [\beta f_1 - \beta h] = [\beta f_1] = [f],$$

e dunque, se $[f] \in Ker(\delta)$, allora $[f] \in Im(\overline\beta)$, e abbiamo la prima inclusione $Ker(\delta) \subseteq Im(\overline\beta)$. Viceversa se $[f'] \in H^1(\pi, B)$, per la g determinata da $\beta f'$ si ha $f'(\sigma\tau) - f'(\sigma)^\tau - f'(\tau) = g(\sigma, \tau)$; ma il primo membro è zero (f è un 1-cociclo), e quindi anche il secondo, e perciò $g(\sigma, \tau) = 0$. Allora $\delta[\beta f'] = 0$, e abbiamo l'altra inclusione $Im(\overline\beta) \subseteq Ker(\delta)$.

16. Se $[g] \in Im(\delta)$, è $[g] = \delta[f]$,

$$\alpha g(\sigma, \tau) = f(\sigma\tau) - f(\sigma)^\tau - f(\tau),$$

e perciò $[\alpha g] = [0]$. Per definizione, $[\alpha g] = \overline{\alpha}[g]$, e dunque $[g] \in Ker(\overline{\alpha})$.

Viceversa, sia $\overline{\alpha}[g] = [0]$, cioè $[\alpha g] = [0]$. Allora gh è della forma (7.15), e βh è un cociclo di π in C in quanto

$$\beta h(\sigma\tau) - \beta h(\sigma)^\tau - \beta h(\tau) = \beta \alpha g(\sigma\tau) = 0,$$

essendo $\beta \alpha = 0$. Inoltre, l'immagine di $[\beta h] \in H^1(\pi, C)$ è proprio $[g]$, per cui $[g] \in Im(\delta)$. La successione è quindi esatta in $H^2(\pi, A)$.

17. Se $g \in Z^2(\pi, A)$, abbiamo $\overline{\beta}[\alpha g] = [\beta \alpha g] = [0]$, in quanto $\beta \alpha = 0$, e perciò $Im(\overline{\alpha}) \subseteq Ker(\overline{\beta})$.

Per l'altra inclusione, sia $g \in Z^2(\pi, B)$ tale che $\overline{\beta}[g] = [0]$; allora $[\beta g] = [0]$ e $\beta g(\sigma, \tau) = h(\sigma, \tau) - h(\sigma)^\tau - h(\tau)$, dove $h : \pi \to C$. La β è surgettiva; scegliamo per ogni σ un elemento di B che ha per immagine $h(\sigma)$ secondo β (scegliamo cioè un rappresentante per la classe $h(\sigma)$). Si definisce così una funzione f di π in B tale che $\beta f(\sigma) = h(\sigma)$. Si ha:

$$\beta g(\sigma, \tau) = \beta f(\sigma\tau) - \beta f(\sigma)^\tau - \beta f(\tau).$$

La funzione g' definita come $g'(\sigma, \tau) = g(\sigma, \tau) - f(\sigma\tau) + f(\sigma)^\tau + f(\tau)$ è, per definizione, un 2−cociclo equivalente a g. Se f_1 dà un'altra scelta di rappresentanti, si ottiene una g'' equivalente a g; la classe $[g]$ è dunque la stessa. Ora, $\beta g'(\sigma, \tau) = 0$, e così $g'(\sigma, \tau) \in Ker(\beta) = Im(\alpha)$, $g'(\sigma, \tau) = \alpha(a_{\sigma,\tau})$. La funzione $g_1 : \pi \times \pi \to A$ data da $(\sigma, \tau) \to a_{\sigma,\tau}$ è ben definita (α è iniettiva), ed è un 2−cociclo in quanto $g' = \alpha g$ e quest'ultimo è un 2−cociclo e α è iniettiva. Pertanto, $[\alpha g_1] = [g'] = [g]$, e per definizione $[\alpha g_1] = \overline{\alpha}[g_1]$. Ne segue $[g] = \overline{\alpha}[g_1] \in Im(\overline{\alpha})$. La successione è quindi esatta in $H^2(\pi, B)$.

18. Dalla successione esatta $0 \to \mathbf{Z} \to \mathbf{R} \to \mathbf{R}/\mathbf{Z} \to 0$ si ha la successione esatta:

$$H^1(\pi, \mathbf{R}) \to H^1(\pi, \mathbf{R}/\mathbf{Z}) \to H^2(\pi, \mathbf{Z}) \to H^2(\pi, \mathbf{R}).$$

Ma i termini estremi di questa successione sono uguali a zero perchè $\mathbf{R}$ è divisibile e privo di torsione; ne segue $H^2(\pi, \mathbf{Z}) \simeq H^1(\pi, \mathbf{R}/\mathbf{Z})$, ed essendo l'azione di π banale, gli omomorfismi crociati sono omomorfismi, e si ha il risultato. Inoltre, $\mathbf{R}/\mathbf{Z}$ è isomorfo al gruppo moltiplicativo dei numeri complessi di modulo 1. Ne segue che se π è ciclico di ordine n anche $H^2(\pi, \mathbf{Z})$ è ciclico di ordine n.

Bibliografia

Segnaliamo solo alcuni tra i numerosi testi di teoria dei gruppi disponibili.

Di carattere generale:

R. D. Carmichael, *Introduction to the theory of groups of finite order*, Dover, New York, 1956.

D. Gorenstein, *Finite groups*, Harper & Row, New York, 1968.

M. Hall, *The theory of groups*, McMillan, New York, 1959.

B. Huppert, *Endliche Gruppen* I, Springer, Berlin–New York, 1967.

M. Kargapolov, Iou. Merzliakov, *Eléments de la théorie des groupes*, Editions MIR, Moscou, 1985 (esiste una traduzione in inglese presso Springer di una precedente edizione nella quale manca il Cap. 8).

J. J. Rotman, *An introduction to the theory of groups*, 4th ed., Springer, Berlin–New York, 1995.

H. Zassenhaus, *The theory of groups*, Chelsea, New York, 1958.

Per la teoria geometrica e combinatoria dei gruppi:

P. de la Harpe, *Topics in geometric group theory*, The University of Chicago Press, 2000.

D. L. Johnson, *Presentations of groups*, LMS Lecture Notes Series, 1976.

R. C. Lyndon, P. E. Schupp, *Combinatorial Group Theory*, Springer, Berlin–New York, 1977.

W. Magnus, A. Karrass, D. Solitar, *Combinatorial Group Theory*, Dover, New York, 1976.

Per gruppi di permutazioni:

P. Cameron, *Permutation groups*, LMS Student texts, 45, Cambridge, C. U. P. 1999.

H. Wielandt, *Finite permutation groups*, Academic Press, New York, 1964.

Per rappresentazioni e caratteri:

C. W. Curtis, I. Reiner, *Representation theory of finite groups and associative algebras. Interscience Publ., London, 1962,*

I. Martin Isaacs, *Character theory of finite groups*, Dover, New York, 1976.

M. A. Najmark e A. I. Stern, *Teoria delle rappresentazioni dei gruppi*, Editori Riuniti– Edizioni Mir, Roma, 1984.

Per la coomologia dei gruppi:

K. S. Brown, *Cohomology of groups*, Springer, Berlin–New York, 1982.

G. Karpilovsky, *The Schur multiplier*, Claredon Press, Oxford, 1987.

J.-P. Serre, *Corps locaux*, Hermann, Paris, 1968.

Indice analitico

Collana Unitext - La Matematica per il 3+2

a cura di

F. Brezzi
P. Biscari
C. Ciliberto
A. Quarteroni
G. Rinaldi
W.J. Runggaldier

Volumi pubblicati

A. Bernasconi, B. Codenotti
Introduzione alla complessità computazionale
1998, X+260 pp. ISBN 88-470-0020-3

A. Bernasconi, B. Codenotti, G. Resta
Metodi matematici in complessità computazionale
1999, X+364 pp, ISBN 88-470-0060-2

E. Salinelli, F. Tomarelli
Modelli dinamici discreti
2002, XII+354 pp, ISBN 88-470-0187-0

S. Bosch
Algebra
2003, VIII+380 pp, ISBN 88-470-0221-4

S. Graffi, M. Degli Esposti
Fisica matematica discreta
2003, X+248 pp, ISBN 88-470-0212-5

S. Margarita, E. Salinelli
MultiMath - Matematica Multimediale per l'Università
2004, XX+270 pp, ISBN 88-470-0228-1

A. Quarteroni, R. Sacco, F. Saleri
Matematica numerica (2a Ed.)
2000, XIV+448 pp, ISBN 88-470-0077-7
2002, 2004 ristampa riveduta e corretta
(1a edizione 1998, ISBN 88-470-0010-6)

A partire dal 2004, i volumi della serie sono contrassegnati da un numero di identificazione. I volumi indicati in grigio si riferiscono a edizioni non più in commercio

13. A. Quarteroni, F. Saleri
    Introduzione al Calcolo Scientifico (2a Ed.)
    2004, X+262 pp, ISBN 88-470-0256-7
    (1a edizione 2002, ISBN 88-470-0149-8)

14. S. Salsa
    Equazioni a derivate parziali - Metodi, modelli e applicazioni
    2004, XII+426 pp, ISBN 88-470-0259-1

15. G. Riccardi
    Calcolo differenziale ed integrale
    2004, XII+314 pp, ISBN 88-470-0285-0

16. M. Impedovo
    Matematica generale con il calcolatore
    2005, X+526 pp, ISBN 88-470-0258-3

17. L. Formaggia, F. Saleri, A. Veneziani
    Applicazioni ed esercizi di modellistica numerica
    per problemi differenziali
    2005, VIII+396 pp, ISBN 88-470-0257-5

18. S. Salsa, G. Verzini
    Equazioni a derivate parziali - Complementi ed esercizi
    2005, VIII+406 pp, ISBN 88-470-0260-5
    2007, ristampa con modifiche

19. C. Canuto, A. Tabacco
    Analisi Matematica I (2a Ed.)
    2005, XII+448 pp, ISBN 88-470-0337-7
    (1a edizione, 2003, XII+376 pp, ISBN 88-470-0220-6)

20. F. Biagini, M. Campanino
    Elementi di Probabilità e Statistica
    2006, XII+236 pp, ISBN 88-470-0330-X

21. S. Leonesi, C. Toffalori
    Numeri e Crittografia
    2006, VIII+178 pp, ISBN 88-470-0331-8

22. A. Quarteroni, F. Saleri
    Introduzione al Calcolo Scientifico (3a Ed.)
    2006, X+306 pp, ISBN 88-470-0480-2

23. S. Leonesi, C. Toffalori
    Un invito all'Algebra
    2006, XVII+432 pp, ISBN 88-470-0313-X

24. W.M. Baldoni, C. Ciliberto, G.M. Piacentini Cattaneo
    Aritmetica, Crittografia e Codici
    2006, XVI+518 pp, ISBN 88-470-0455-1

25. A. Quarteroni
    Modellistica numerica per problemi differenziali (3a Ed.)
    2006, XIV+452 pp, ISBN 88-470-0493-4
    (1a edizione 2000, ISBN 88-470-0108-0)
    (2a edizione 2003, ISBN 88-470-0203-6)

26. M. Abate, F. Tovena
    Curve e superfici
    2006, XIV+394 pp, ISBN 88-470-0535-3

27. L. Giuzzi
    Codici correttori
    2006, XVI+402 pp, ISBN 88-470-0539-6

28. L. Robbiano
    Algebra lineare
    2007, XVI+210 pp, ISBN 88-470-0446-2

29. E. Rosazza Gianin, C. Sgarra
    Esercizi di finanza matematica
    2007, X+184 pp, ISBN 978-88-470-0610-2

30. A. Machì
    Gruppi - Una introduzione a idee e metodi della Teoria dei Gruppi
    2007, XII+349 pp, ISBN 978-88-470-0622-5

Finito di stampare(giugno 2007

Printed in the United States
By Bookmasters